Wörterbuch der Telekommunikationstechnik
Dictionary of telecommunication technology
Dictionnaire du technique de télécommunication

Deutsch-Englisch-Französisch
English-German-French
Français-Allemand-Anglais

Springer

Berlin
Heidelberg
New York
Barcelona
Budapest
Hongkong
London
Mailand
Paris
Santa Clara
Singapur
Tokio

Wörterbuch der Telekommunikationstechnik

Deutsch-Englisch-Französisch

Dictionary of telecommunication technology

English-German-French

Dictionnaire du technique de télécommunication

Français-Allemand-Anglais

3., überarbeitete Auflage

Herausgegeben von Bosch Telecom GmbH

Springer

ISBN 3-540-62068-0 Springer-Verlag Berlin Heidelberg New York

Die Deutsche Bibliothek – Cip-Einheitsaufnahme
Fachwörterbuch der Telekommunikation:deutsch - english -
français = Dictionary of telecommunication technology /
hrsg. von Bosch Telecom GmbH. - 3., überarbeitete Aufl. - Berlin;
Heidelberg; New York; Barcelona; Budapest; Hongkong;
London; Mailand; Paris; Santa Clara; Singapur; Tokio:
Springer, 1997
ISBN 3-350-62068-0
NE: Bosch Telecom GmbH
<Frankfurt am Main>; Dictionary of telecommunication technology

Leitender Redakteur: Eckhard Schmid, Frankfurt am Main
Mitarbeiter: Andrea Kahmann, Justino Parigi, Roberto Cortès
Herstellung: ProduServ GmbH Verlagsservice, Berlin
Satz: KUNZ Satz·Grafik·Layout, Berlin
Druck und Verarbeitung: Koninklijke Wöhrmann B.V., Zutphen

SPIN: 10560507 68/3020 - 5 4 3 2 1 0 - Gedruckt auf säurefreiem Papier

Inhalt

Contents

Contenu

Bezeichnung der verwendeten Abkürzungen

Meaning of used abbreviations

Signification des abréviations emloyées

m	=	männlich masculinum
f	=	weiblich femininum
n	=	sächlich neutrum
pl	=	Mehrzahl pluralis
(Brit)	=	nur im britischem Sprachgebrauch gebräuchlich British term terme anglais
(Am)	=	nur im amerikanischen Sprachraum gebräuchlich American term terme américain
IEC 757	=	Code zur Farbkennzeichnung Code for designation of colours Code de désignation de couleurs

Fachwörterbuch
Telecom

Teil 1
Deutsch Englisch Französisch

A

AAF (Abk.) = alphanumerisches Anzeigefeld	alphanumeric display field	affichage alphanumérique *m*
AB (Abk.) = Adressenpuffer	address buffer	adresse bus *f*
Abbildung *f*	figure; picture; illustration; image	figure *f*; illustration *f*; schéma *m*
Abbruch, EDV *m*	abort, EDP	troncature *f (ordinateur)*; annulation *f*
Abdeckblech *n*	cover plate	plaque de couverture *f*; tôle de protection *f*; couvercle de protection *m*
abdecken	cover	couvrir
Abdeckung *f*	cover(ing)	couverture *f*; couvercle *m*; capot *m*
Abdeckungsbereich *m*	coverage area	zone de recouvrement *f*; zone de couverture *f*
Abfallverzögerung *f*	release delay; delayed release	retard au déclenchement *m*; retombée temporisée *f*
Abfallzeit *f (Impuls)*	decay time *(pulse)*	temps de mise à zéro *m* (*impulsion*)
Abfallzeit *f* (*Relais*)	release time (*relay*)	temps de déplacement *m* (*relais*); temps de relâchement *m* (*relais*)
Abfallzeit *f* (*Schalttransistor und Impulse*)	fall time (*switching transistor and pulses*)	temps de décroissance *m* (*transistor*)
abfangen	intercept; pick up	intercepter; capter
Abfrage *f* (*Computer*)	scanning (*computer*)	scrutation *f* (*ordinateur*)
Abfrage *f* (*Telefon*)	answering (*telephone*)	réponse *f*, abr.: REP
Abfrageapparat *m*	answering set; operator position; answering position; answering station	position de réponse *f*; position d'opératrice *f*
Abfragebaustein *m*	answering module	module de réponse *m*
Abfragebefehl *m* (*Fernwirktechnik*)	interrogation command (*telecontrol*)	commande d'interrogation *f* (*télécommande*)
Abfrageeinrichtung *f*	answering equipment	pupitre d'opérateur *m*
Abfrageeinrichtung für Datenverkehr *f*, Abk.: AED	inquiry device; interrogator unit for data traffic	dispositif d'interrogation du trafic des données *m*
abfragen	accept a call; answer; enquire (*Brit*); inquire (*Am*)	se renseigner; répondre; interroger
Abfragen, gezielte ~ *f, pl*	selective call acceptance	réponse sélective *f*
Abfrageplatz (PABX) *m*	operator set (PABX) (*Brit*); attendant console (PABX) (*Am*)	poste d'opérateur / ~ d'opératrice (PABX) *m*, abr.: P.O.; position d'opératrice (PABX) *f*, abr.: P.O.
Abfragestelle für Amtsleitungen *f*	answering station for external lines	position d'opératrice pour les lignes réseau *f*
Abfragestelle(n) *f f, pl*, Abk.: AbfrSt	answering set(s); operator position(s); answering position(s); answering station(s)	position(s) de réponse *f f, pl*; position(s) d'opératrice *f f, pl*
Abfragesteuerung *f*	answering control	gestion de réponse *f*
Abfragetakt *m*	interrogation clock pulse	rythme de scrutation *m*; cycle de scrutation *m*
Abfragetaste *f*, Abk.: A-Taste	answering button; answering key	touche de réponse *f*; bouton de réponse *m*
Abfragetisch *m*	operator desk; operator console	table d'opératrice *f*; console d'opératrice *f*
AbfrSt (Abk.) = Abfragestelle(n)	answering set(s); operator position(s); answering position(s); answering station(s)	position(s) de réponse *f f, pl*; position(s) d'opératrice *f f, pl*
abgehend, Abk.: g	outgoing, abbr.: og	sortant; de départ *m*; spécialisé départ *m*, abr.: SPA
abgehende Leitung *f*	outgoing line	ligne départ *f*

abgehender Auslandsverkehr *m*	outgoing international traffic	trafic sortant international *m*
abgehender Fernverkehr *m*	outgoing long-distance traffic; outgoing trunk traffic	trafic sortant international *m*
abgehender Ruf *m*	outgoing call	appel sortant *m*
abgehender Verkehr *m*	outgoing traffic	trafic sortant *m*
abgehendes Amtsgespräch *n*	outgoing exchange call	appel PTT sortant *m*
abgehende Verbindung *f*	outgoing connection	liaison sortante *f*
abgeriegelte Fernmeldeleitung *f*	DC-isolated communication line	ligne de communication imperméable au CC *f* (*courant continu*)
abgerundet (*Zahl*)	rounded off (*number*)	arrondi (*nombre*)
abgeschaltet (*Zustand*)	interrupted (*state*); cut off (*state*); disconnected (*state*); switched off (*state*)	déconnecté (*état*); coupé (*état*)
abgeschirmt	screened; protected (*Brit*); shielded (*Am*)	blindé (*inf.: blinder*); protégé (*inf.: protéger*)
abgesetzter Anlagenteil *m*	remote system part (*concentrator*)	concentrateur numérique éloigné *m*, abr.: CNE
abgesetzte Wahl *f*	transmitted dialing	numérotation transmise *f*
Abgleich *m*	alignment	alignement *m*
Abgleichgenauigkeit *f*	adjustment accuracy	précision d'alignement *f*; précision d'équilibrage *f*
Abgleichschraube *f*	tuning screw; trimming screw	vis à syntoniser *f*
Abgleichwiderstand *m*	adjustable resistor; balancing resistor	résistance de tarage *f*; résistance d'équilibrage *f*
abheben (*den Hörer ~*)	pick up (*the handset*); lift (*the handset*); go off-hook	décrocher (*le combiné*)
abhören	intercept; pick up	intercepter; capter
Abhörschaltung *f*	monitoring circuit	circuit d'écoute *m*
Abklingzeit *f* (*Signal*)	release time (*signal*); decay time (*signal*)	durée de retour au zéro *f*; temps d'amortissement *m*
Abkürzungsverzeichnis *n*	abbreviations	index des abréviations *m*
Ablauf *m* (*Verfahren*)	procedure	procédure *f*
Ablauffolge *f*	sequence	séquence *f*
Ablaufsteuerung *f* (*BTX-Modem*)	process control (*videotex modem*)	commande séquentielle *f*
Ableitung *f* (*Verlust*)	derivation; leakage	dérivation *f* (*perte*)
Ableitungswiderstand *m*	leak resistance, resistor	résistance de fuite *f*
Ablenkung *f*	deviation	déviation *f*
abmelden, sich ~ (*Programm*)	log off (*program*)	se déloguer
Abmessung *f*	dimension; dimensioning	dimension *f*; taille *f*; dimensionnement *m*
abnehmbar	removable; dismountable	déconnectable; séparable; démontable
abnehmen (*Spannung vom Verstärker*)	tap (*voltage from amplifier*)	prendre (*la tension d'un amplificateur*)
abnehmen	decrease; reduce	réduire
Abnehmer *m*	user	usager *m*; agent *m* (*ACD*)
Abnehmeradresse *f*	customer address	adresse de l'usager *f*
Abnehmerbündel *n*	customer bundle	faisceau d'usagers *m*
Abrechnungsverfahren *n*	accounting method; billing method	méthode de facturation *f*; méthode de taxation *f*
Abrechnung zwischen Postverwaltungen *f*	accounting between postal administrations	facturation entre administrations des postes *f*
abrufen	request	demander; exiger; interroger
abschalten	switch off	mettre hors circuit *m*
Abschaltung *f*	disconnection	déconnexion *f*
abschirmen	shield; screen (*Brit*)	blinder; protéger
Abschirmung *f*	shielding	écran (électrostatique) *m*; blindage *m*
abschließen (~ des Telefons)	locking (~ the telephone)	verrouiller (~ le téléphone)
Abschluß *m* (*Ende*)	termination (*end*)	extrémité *f* (*fin*); terminaison *f*
Abschlußwiderstand *m*	terminal resistance; terminal resistor	résistance terminale *f*
Abschnitt *m*	section	segment *m*; section *f*
abschnittweise	in sections; section by section	par sections *f*, *pl*; par tranches *f*, *pl*; section par section *f*

abschnittweise Signalisierung *f*	link-by-link signaling	signalisation (section) par section *f*; signalisation de proche en proche *f*
Abschwächung *f* (*eines Signals*)	loss (*circuit*); attenuation (*transmit signal*)	affaiblissement *m* (*circuit*); atténuation *f*; amortissement *m*
Absender *m* (*eines Rufes*)	calling party; caller; originator	appelant *m*; abonné appelant *m*; usager appelant *m*
Absicherung *f*	fusing; fuse protection	protection fusible *f*
absoluter Pegel *m*	absolute level	niveau absolu *m*
abspeichern, EDV	store, EDP; save, EDP	mémoriser, Edp; mettre en mémoire, Edp *f*; sauvegarder, Edp
A/B Sprechader *f*	A/B speaking wire	fil A/B de conversation *m*
Absuchvorgang, geordneter ~ *m*	sequential hunting	appel tournant *m*; acheminement séquentiel de l'appel sur une ligne *m*
Abtaster *m*	scanner; sampler	dispositif de balayage *m*
Abtastfrequenz *f*	scanning frequency; sampling frequency	fréquence de balayage *f*
Abtastimpuls *m*	sample pulse	impulsion d'échantillonnage *f*
Abtastsystem *n*	scanning system	système de scrutation *m*
Abtast- und Haltetechnik *f*	sample-and-hold technique	technique d'échantillonnage *f*
abweichen (*Frequenz*)	deviate (*frequency*)	dévier (*fréquence*)
Abweichung *f*	deviation	déviation *f*
abwesender Teilnehmer *m*	absent subscriber	abonné absent *m*, abr.: ABS
Abwesenheitsdienst *m*	absent-subscriber service	service des abonnés absents *m*
Abwurf *m* (*Verbindung*)	release (*connection*); clear down (*connection*); disconnect (*connection*)	déblocage *m* (*connexion*); retour *m* (*connexion*); libération *f* (*connexion*), abr.: LIB; couper le circuit
Abwurf zum Platz / ~ zur AbfrSt *m*	return to operator / ~ ~ attendant	retour sur opérateur *m*; retour d'appel sur opérateur *m*; renvoi à l'opérateur *m*
Abzweigleitung *f*	branch line	ligne de branchement *f*; ligne de dérivation *f*
AC (Abk.) = Akkumulator	accumulator	accumulateur *m*
ACD (Abk.) = Automatic Call Distribution = automatische Anrufverteilung *f*	ACD, abbr.: Automatic Call Distribution	dispositif de distribution d'appels automatique *m*
Achtung *f*	attention; caution; warning; precaution	attention *f*; précaution *f*
ACSM (Abk.) = Alternating Current Signaling Sub Module, Subbaugruppe für Wechselstromsignalisierung	ACSM, abbr.: Alternating Current Signaling Sub Module	ACSM, abr.: Alternating Current Signaling Sub Module, sous-carte de signalisation en courant alternatif
AD (Abk.) = Adresse	address, EDP	adresse, Edp *f*
Adaptation *f*	adaptation; matching	adaptation *f*
Adapter *m*	adapter; transfer plug	adapteur *m*; adaptateur *m*; fiche de tranfert *f*
Adapterschaltung *f*	adapter circuit	circuit d'adaptation *m*
Ader *f*	wire	fil *m*; brin (d'un câble) *m*
Aderndicke *f*	wire diameter	diamètre de brin / ~ ~ fil *m*
Adernpaar *n*	wire pair	paire de conducteurs *f*
ADO (Abk.) = Anschlußdose	connecting box; junction box; connection box	boîtier de raccordement *m*; boîte de jonction *f*; douille de connexion *f*; boîte de connexion *f*
Adresse, EDV *f*, Abk.: AD	address, EDP	adresse, Edp *f*
Adressenkennzeichnung *f*	address signal	signal d'adresse *m*
Adressenpuffer *m*, Abk.: AB	address buffer	adresse bus *f*
adressierbar	addressable	adressable
Adressierung *f*	addressing	adressage
AED (Abk.) = Abfrageeinrichtung für Datenverkehr	inquiry device; interrogator unit for data traffic	dispositif d'interrogation du trafic des données *m*
Afrikanische Post- und Fernmeldeunion *f*	African Postal and Telecommunications Union	Union Africaine des Postes et Télécommunications *f*, abr.: UAPT
Akkumulator *m*, Abk.: AC	accumulator	accumulateur *m*

AKS (Abk.) = Anklopfsperre	knocking prevention	protection offre en tiers *f*
aktivieren	activate; enable	activer
aktualisieren (*Daten*)	update (*data*)	actualiser; mettre à jour
Aktualisierung *f*	upgrading	mise à jour *f*
akustisches Datenerfassungssystem *n*	acoustic data entry system	système acoustique d'entrée de données *m*; système acoustique d'écriture de données *m*
akustisches Zeichen *n*	audible signal	signal acoustique *m*; signal audible *m*
AKZ (Abk.) = Ausscheidungskennziffer	selection code; programmable access code; discriminating code	code d'accès programmable *m*
Al (Abk.) = Amtsleitung	exchange line (*Brit*); trunk line (*Am*)	ligne réseau *f*, abr.: LR; ligne principale *f*
Alarmmeldung *f*	alarm signal; trouble signal; fault signal; fault report; failure indication	signal d'alarme *m*; message de perturbation *m*; indication de dérangement *f*
Alarmsignalgeber *m* (*bei PCM*)	alarm indicator (PCM ~)	signal indicateur d'alarme (en MIC) *m*, abr.: SIA
ALI (Abk.) = Autofahrer-Leit- und Infosystem	Route Guidance and Info system	système de radioguidage et d'information routière *m*
Allband-Tuner *m*	all-band tuner	tuner à large bande *m*
allgemeiner Anruf *m*	common ringing; general call	signalisation collective des appels *f*; signalisation collective de réseau *f*; appel général *m*
Allgemeines *n*	general	généralités *f, pl*
alphanumerisches Anzeigenfeld *n*, Abk.: AAF	alphanumeric display field	affichage alphanumérique *m*
alphanumerische Tastatur *f*	alphanumeric keyboard	clavier alphanumérique *m*
ALSM (Abk.) = Active Loop Sub Module, Subbaugruppe für aktives Schleifenkennzeichen	ALSM, abbr.: Active Loop Sub Module	ALSM, abr.: Active Loop Sub Module, sous-carte de signalisation active des boucles
Alterung *f*	aging; degradation (*Brit*)	vieillissement *m*
Alterungsbeständigkeit *f*	aging stability	résistance au vieillissement *f*
ALU (Abk.) = arithmetische Logikeinheit	ALU, abbr.: arithmetic logic unit	unité arithmétique et logique *f*
Amplitude *f*	amplitude	amplitude *f*
Amt *n*	public exchange; exchange; central office, abbr.: CO (*Am*); switching center; exchange office; telephone exchange (*Brit*)	central public *m*; central téléphonique *m*; commutateur *m* (*central public*); installation téléphonique *f*
Ämtersignalisierung *f*	interexchange signaling	signalisation inter-centraux *f*
Amtsabfrage, offene ~ *f*	unassigned answer	réponse non affectée *f*; réponse non attributée *f*
Amtsaufschaltung *f*	cut-in on exchange line	routage de la connexion *m*
Amtsbatterie *f*	exchange battery	batterie du central (public) *f*
amtsberechtigt	nonrestricted	non discriminé; indiscriminé; ayant la prise directe *f*
Amtsberechtigung *f*	class of service, abbr.: COS; authorization; access status	classe de service *f*; catégorie *f*
Amtsberechtigungsanzeige *f*	COS display	visualisation de la classe de service *f*
Amtsbündel *n*	exchange line trunk group; exchange line bundle	faisceau de lignes réseau *m*
Amtsgabel *f*	exchange hybrid	circuit hybride *m*
Amtsgespräch *n*	external call; exchange line call; CO call = city call = exchange call; exchange call (*Brit*)	appel externe *m*; appel réseau *m*; communication réseau *f*
Amtshaltedrossel *f*	exchange line holding coil	self de garde du réseau *f*; bobine de garde du réseau *f*
Amtskartei *f*	exchange file	fichier réseau *m*
Amtskennzahl, -ziffer *f*	exchange code (*Brit*); external line code; trunk code (*Am*)	code réseau *m*; code de numérotation réseau *m*
Amtsleitung *f*, Abk.: Al	exchange line (*Brit*); trunk line (*Am*)	ligne réseau *f*, abr.: LR; ligne principale *f*

Amtsleitungsrangierung *f*	exchange line jumpering	répartition des lignes de réseau *f*
Amtsleitungs-Schutzzeit *f*	line protection time	temps de protection de ligne *m*
Amtsleitungsübertrager *m*	exchange line repeater coil; exchange line transformer	translateur de ligne réseau *m*
Amtsleitungsübertrager *m* (*Wählanlage*)	exchange line relay set	relais de ligne réseau *m*
Amtsleitungsübertragung *f*, Abk.: AUE	exchange line junction; exchange line circuit	joncteur réseau *m*, abr.: JAR; translateur de ligne réseau *m*; circuit de ligne réseau *m*
Amtsleitungs-Zustandsanzeige *f*	display of line status	indication d'état pour la ligne réseau *f*
Amtsorgan *n*	exchange circuit	organe circuit réseau *m*
Amtsrufnummer *f*	exchange call number	numéro d'appel réseau *m*
Amtssperrtaste *f*	exchange line barring button	touche d'interdiction réseau *f*
Amtsteilnehmer *m*	public exchange subscriber	abonné du réseau public *m*
Amtsübertrager *m*	exchange line junction; exchange line circuit	joncteur réseau *m*, abr.: JAR; translateur de ligne réseau *m*; circuit de ligne réseau *m*
Amtsübertragung *f*, Abk.: AUE	exchange line junction; exchange line circuit	joncteur réseau *m*, abr.: JAR; translateur de ligne réseau *m*; circuit de ligne réseau *m*
Amtsverbindung *f*	exchange line connection	connexion réseau *f* (*ligne au central*)
Amtsverbindungssatz *m*	exchange line junction; exchange line circuit	joncteur réseau *m*, abr.: JAR; translateur de ligne réseau *m*; circuit de ligne réseau *m*
Amtsverbindungssatzsteuerung *f*	exchange line junction control	gestion des joncteurs réseau *f*
Amtswählton *m*	exchange dial tone	tonalité d'invitation à numéroter *f*
Amtszeichen *n*	exchange dial tone	tonalité d'invitation à numéroter *f*
Amtsziffer *f*	exchange code (*Brit*); external line code; trunk code (*Am*)	code réseau *m*; code de numérotation réseau *m*
Amtszugriff *m*	access to public exchange	accès au central public *m*
Amt, übergeordnetes ~ *n*	higher-rank exchange; higher-parent exchange; master exchange; host exchange	central directeur / ~ maître *m*; autocommutateur maître *m*
Amt, untergeordnetes ~ *n*	slave exchange; subsidiary exchange	central esclave *m*
analog	analog; analogue (*Brit*)	analogique
Analoganschluß *m*	analog line	ligne analogique *f*
Analog-Digitalkonverter *m*	analog-digital converter	convertisseur analogique/numérique *m*, abr.: CAN
Analog-Digital-Umsetzung/(Um)wandlung *f*	analog-digital conversion, analog-to-digital conversion, abbr.: A/D conversion	conversion analogique-numérique *m*; transformation analogique-numérique *f*
Analogsignal, analoges Kennzeichen *n*	analog signal	signal analogique *m*
Analogsystem *n*	analog system	système analogique *m*
Analyse *f*	analysis	analyse *f*
Anbietezeichen *n*	offering signal	signal d'offre *m*
Anbietezeichenverstärker *m*	offering signal amplifier; offering signal regenerator	amplificateur du signal d'offre *m*
Anbindung an ... *f*	connection to ...	connexion avec ... *f*
anbringen *n* (*Aufkleber ~*)	attach (*label, plate*); glue (*label*); stick (*label*)	fixer/coller (*étiquette adhésive*)
Änderung *f*	modification; change	modification *f*
Änderungsgrund *m*	reason for modification	raison de modification *f*; motif de modification *m*
Änderungsmaßnahme *f*	modification measure; modification step	décision de modification *f*; mesure de modification *f*
Änderungsschaltung *f*	modification circuit	circuit de modification *m*
AND-Gatter *n*	AND gate	porte ET *f*
Andruckverbinder *m*	pressure connector	connecteur par pression *m*
anfordern	request	demander; exiger; interroger
Anforderung des Dienstes *f*	request for service	demande de service *f*
Anforderungen *f, pl*	requirements	exigences *f, pl*; conditions *f, pl*

Anforderung Register *f*	register request	demande de registre *f*
Anforderungsdienst *m*	demand service	service de demandes *f, pl*
Anhang *m*	appendix; annex	appendice *m*; annexe *f*
Anklopfen *n*	knocking; call waiting, abbr.: CW	signalisation d'appel en instance *f*; offre en tiers *f*; attente *f*
anklopfen	knock	frapper
Anklopfsperre *f*, Abk.: AKS	knocking prevention	protection offre en tiers *f*
Anklopfton *m*	knocking tone; call waiting tone	tonalité de frappe *f*; tonalité d'avertissement *f*; tonalité d'indication d'appel en instance *f*
Anklopfverhinderung *f*	knocking prevention	protection offre en tiers *f*
ankommend, Abk.: k	incoming, abbr.: ic	entrant; spécialisé arrivée *f*, abr.: SPB
ankommende Auslandsverbindung *f*	incoming international call	appel international entrant *m*
ankommende Fernverbindung *f*	incoming long-distance call; incoming trunk call	appel interurbain entrant *m*; appel réseau entrant *m*
ankommender Auslandsverkehr *m*	incoming international traffic	trafic international entrant *m*
ankommender Verkehr *m*	incoming traffic	trafic entrant *m*
Anlage *f*, Abk.: Anl.	system	système *m*
Anlage zur Gebührenzählung *f*	call charge equipment; call charge metering system	équipement de taxation *m*
anlassen	start up (*power supply*); start	démarrer (*alimentation*); mettre en marche *f*; mise en service *f*
anlaufen (*Stromversorgung*)	start up (*power supply*); start	démarrer (*alimentation*); mettre en marche *f*; mise en service *f*
anlegen (*Spannung*)	apply (*voltage*)	appliquer (*tension*)
Anmerkung *f*	note	remarque *f*; note *f*; observation *f*
Annahme der Gebührenübernahme *f*	reverse charging acceptance	acceptation d'appel en PCV *f*
annehmen	adopt; accept; pick up (call)	adopter; reprendre; accepter
annulieren	annul	annuler
annuliert	erased; canceled; deleted; cleared	effacé (*instrument*); annulé
Annullieren, allgemeines ~ *n*	general cancellation	annulation générale *f*
Anordnung *f*	configuration; equipment; outfitting	configuration *f*, abr.: CONFIG; équipement *m*, abr.: éqt; implantation *f*
Anpassung *f*	adaptation; matching	adaptation *f*
Anpassungsdämpfung *f*	return loss; matching attenuation	affaiblissement d'adaptation *m*
Anpassungskoeffizient *m*	return current coefficient / ~ ~ factor	coefficient d'adaptation *m*
Anpassungsschaltung *f*	adapter circuit	circuit d'adaptation *m*
anregen (*Impulsfolge*)	stimulate (*pulse train*)	exciter (*train d'impulsions*); stimuler
Anreiz *m*	event	excitation *f*; événement *m*
Anreizbit *n*	event bit	bit d'excitation *m*; bit d'événement *m*
Anreizindikator *m*	event indicator	indicateur d'événement *m*
Anreizsucher *m*	event detector	détecteur (d'excitation) *m*
Anruf *m* (*Telefon~*)	conversation; talk; call (*telephone ~*); calling	conversation *f* (*~ téléphonique*); appel *m*; coup de téléphone *m*; sonnerie *f*
Anrufanzeige *f*	call waiting indication	indication d'appels en attente *f*
Anrufanzeiger *m*	call indicator	indicateur d'appel *m*
Anrufart identifizieren *f*	call type identification	identifier le type d'appel *m*
Anrufaufnahme *f*	call recording	enregistrement d'appel *m*
Anrufbeantworter *m*	answering machine; responder	répondeur d'appels *m*; répondeur (téléphonique) *m*
Anrufbestätigung *f*	call confirmation signal	signal de confirmation d'appel *m*
Anrufe im Wartezustand *m, pl*	standby condition; calls on hold	appel en attente *m*
Anrufempfänger *m*	call receiver	récepteur d'appel *m*
anrufen (*telefonieren*)	ringing; ring; phone; give a ring; ring up; call; call up	appeler; téléphoner; sonner
Anrufer *m*	calling party; caller; originator	appelant *m*; abonné appelant *m*; usager appelant *m*
Anruferkenner *m*	call identifier	identificateur d'appels *m*

Anrufflanke *f*	call signal edge	front du signal d'appel *m*
Anrufkonzentration *f*	concentrated call facility	concentration d'appels *f*
Anruflampe *f*	calling lamp	voyant d'appel *m*
Anrufliste *f*	call list	liste d'appels *f*
Anrufordner *m*	allotter; traffic distributor	classeur d'appels *m*
Anrufordnung *f*	call queuing; holding circuit	file d'attente sur poste opérateur *f* (*P.O.*); circuit d'attente *m*
Anruforgan *n*	ringing unit; calling device; calling equipment; calling unit	sonnerie *f*; dispositif de sonnerie *m*; bloc d'appel *m*
Anrufschutz *m* (*Leistungsmerkmal*)	do-not-disturb service; do-not-disturb facility, abbr.: DND; station guarding; don't disturb	interdiction de déranger *f*; ne pas déranger; repos téléphonique *m*; faculté "ne pas déranger" *f*; fonction "ne pas déranger" *f*; limitation des appels en arrivée *f*
Anrufschutz durchbrechen *m*	do-not-disturb override, abbr.: DNDO; override don't disturb	passer outre "ne pas déranger"; percer le repos téléphonique *m*
Anrufsignal *n*	calling signal	signal d'appel *m*
Anrufsignalisierung, kommende ~ *f*	incoming call signaling	signalisation des appels en arrivés *f*; signalisation d'appel entrante *f*
Anrufsucher *m*	call finder; line finder; line selector	chercheur d'appel *m*
Anrufteilung *f*	call sharing	division d'appels *f*
Anrufton *m*	ringing tone; ringback tone, abbr.: RBT	retour d'appel *m*; sonnerie *f*; tonalité de retour d'appel *f*; tonalité de poste libre *f*; signal d'appel *m*
Anrufübernahme *f*	call pick-up, abbr.: CPU	interception d'appels *f*
Anrufumleitung *f*	call diversion	renvoi d'un poste *m*; renvoi d'appel *m*; suivez-moi *m*; renvoi *m*
Anrufumleitung ständig *f*	call diversion unconditional	renvoi permanent *m*
Anrufverteiler *m*	call distributor	distributeur d'appel *m*
Anrufverteilsystem *n*	call distribution system	système d'allocation d'appels *m*
Anrufverteilung *f*	call distribution	répartition des appels *f*; distribution des appels *f*
Anrufverteilung, automatische ~ *f*, Abk.: ACD	Automatic Call Distribution, abbr.: ACD	dispositif de distribution d'appels automatique *m*
Anrufweiterschaltung *f*	call forwarding	transfert de base *m*; transfert en cas de non-réponse *m*; transfert *m*, abr.: TRF; renvoi temporaire *m*; renvoi automatique
Anruf zuteilen *m*	call assignment; assign a call	répartition d'appels *f*
Ansage *f*	announcement; talk-through	annonce *f*
Ansagedienst *m*	recorded information service	service des annonces *m*; appels renseignements *m, pl*
ansammeln	accumulate	accumuler
Anschaltekasten *m*	connecting box; junction box; connection box	boîtier de raccordement *m*; boîte de jonction *f*; douille de connexion *f*; boîte de connexion *f*
anschalten	switch through; through-connect; link; connect (to)	commuter (~ *une communication*); brancher; connecter (à); relier
Anschaltetaste *f*	connect button	bouton de connexion *m*
Anschaltsatz *m*	connecting set; connecting junction; connector	appareil branché *m*; joncteur *m*, abr.: JCT; équipement de connexion *m*
Anschaltung an ... *f*	connection to ...	connexion avec ... *f*
anschließen (an)	switch through; through-connect; link; connect (to)	commuter (~ *une communication*); brancher; connecter (à); relier
Anschluß *m*	line; connection; path	ligne *f*; raccordement *m*; connexion *f*; chaîne de connexion *f*; liaison *f*
Anschlußart *f*	type of connection; connecting mode	type de connexion *m*; mode de connexion *m*, abr.: MCX
Anschlußbedingungen *f, pl*	interface conditions; terminal conditions	conditions de branchement *f, pl*
Anschlußberechtigung *f*	user class of service; class of line	classe de service *f*; catégorie de poste *f*; classe d'abonné *f*

Anschlußbereich *m*	exchange area; service area; line circuit area	circonscription téléphonique *f*
Anschlußbesetztton *m*	line-busy tone	tonalité d'occupation *f*
Anschlußdose *f*, Abk.: ADO	connecting box; junction box; connection box	boîtier de raccordement *m*; boîte de jonction *f*; douille de connexion *f*; boîte de connexion *f*
Anschlußeinheit *f*	connecting unit; port	unité de raccordement *f*, abr.: UR; port *m*
Anschlußeinheit entfernter Teilnehmer *f*	remote subscriber connecting unit	unité de raccordement d'abonnés distante *f*, abr.: URAD
Anschlußerkennung *f*	line identification code	code l'identification de ligne *m*
Anschlußfähigkeit *f*	access capability	capacité d'accès *f*
Anschluß gesperrt oder aufgehoben *m*	line blocked or ceased	terminal verrouillé/hors-service *m*
Anschluß je Anschlußleitung *m*	terminal per line	raccordement par ligne *m*; terminal par ligne *m*
Anschluß je Sprechstelle *m*	terminal per station	terminal par poste téléphonique *m*; raccordement par poste téléphonique *m*
Anschlußkabel *n*	connecting cable	câble de raccordement *m*
Anschlußkanal *m*	access channel	canal d'accès *m*
Anschlußkapazität *f*	access capability	capacité d'accès *f*
Anschlußkasten *m*	connecting box; junction box; connection box	boîtier de raccordement *m*; boîte de jonction *f*; douille de connexion *f*; boîte de connexion *f*
Anschlußklasse *f*	user class of service; class of line	classe de service *f*; catégorie de poste *f*; classe d'abonné *f*
Anschlußklemme *f*	connecting clamp; terminal clamp	bornier de raccordement *m*
Anschlußlage *f*	location; line location; site	localité *f*; emplacement *m*; site *m*; couche de raccordement *f*; position de raccordement *f*
Anschlußleitung *f*	subscriber line	ligne d'abonné *f*; ligne d'usager *f*
Anschlußorgan *n*, Abk.: AO	connecting device; connecting circuit	équipement de raccordement *m*; circuit de raccordement *m*; circuit de connexion *m*
Anschlußplatte *f*	connecting board	carte de raccordement *f*
Anschlußschnur *f*	connecting cord; connecting flex	cordon de raccordement *m*; câble *m*
Anschlußseite *f*	connection side	côté raccordement *m*
Anschlußspannung *f*	mains voltage; a.c. voltage (*rectifier*)	tension secteur *f*
Anschlußsperre *f*	interface lockout	couper la ligne à un utilisateur *f*; blocage de terminal *m*
Anschlußstelle *f*	connecting terminal; connecting position	borne de jonction *f*; borne de raccordement *f*
Ansicht *f*	view	vue d'ensemble *f*
ansprechen (*Relais*)	energize (*relay*); operate (*relay*); pick-up (*relay*); excite (*relay*)	exciter (*un relais*)
Ansprechgeschwindigkeit *f*	response rate	vitesse de réponse *f*
Ansprechschwelle *f*	response threshold; threshold value; threshold	valeur seuil *f*; seuil *m*; seuil de réponse *m*
Ansprechverzögerung *f*	response delay	retard de réponse *m*
Ansprechwert *m*	response threshold; threshold value; threshold	valeur seuil *f*; seuil *m*; seuil de réponse *m*
ansteuern	drive; trigger; activate	exciter
Anstieg *m* (*Signal*)	rise (*signal*)	montée *f* (*signal*)
Antennenausrichtmechanismus *m*	antenna pointing mechanism	dispositif d'orientation d'antenne *m*
Antennensystem *n*	antenna system	système d'antenne *m*
Antriebsrolle *f*	capstan	cabestan *m*
anwählen (*eine Nummer ~*)	dial (*a number*); choose; select	composer *m* (*~ un numéro*); numéroter; sélectionner
Anweisung *f* (*Verordnung*)	order; directive (*EU*); instruction	directive *f*; instruction *f*; ordre *m*
anwenden	apply	appliquer
Anwender *m*	consumer	consommateur *m*; utilisateur *m*

Anwenderprogramm *n*	user program	programme utilisateur *m*
Anwenderzugriff *m*	user access	accès d'usager *m*; accès usager *m*; accès des usagers *m*
Anwendung *f*	use; application	utilisation *f*; application *f*; usage *m*; emploi *m*
Anwendungsschicht *f*	application layer	couche d'application *f*
Anwesenheitskennung *f*, Abk.: KZA	presence signal	indicateur de présence *m*
ANZ (Abk.) = Anzeige	display; indication	affichage *m*; écran *m* (*affichage*)
Anzahl *f*	quantity; number, abbr.: no.	quantité *f*; numéro *m*; nombre *m*
Anzeichnen *n*	lettering; marking; labeling	repérage *m*; marquage *m*; étiquetage *m*
Anzeige *f*, Abk.: ANZ	display; indication	affichage *m*; écran *m* (*affichage*)
Anzeigeart *f*	type of display	type d'affichage *m*, abr.: TAF
Anzeige aus *f*	display off; indication off	affichage éteint *m*
Anzeige der Rufnummer des rufenden Teilnehmers beim gerufenen Teilnehmer *f*	Calling Line Identification Presentation, abbr.: CLIP	affichage du numéro de l'appelant sur le poste de l'appelé *m*
Anzeige des Namens des gerufenen Teilnehmers beim rufenden Teilnehmer *f*	Called Name Identification Presentation	affichage du nom de l'appelé sur le poste appelant *m*
Anzeige ein *f*	display on; indication on	affichage allumé *m*
Anzeigeeinrichtung *f*	display unit; display device; display equipment; CRT display / ~ console	afficheur *m*
Anzeigefeld *n* (*Telefon*), Abk.: AZF	display area (*telephone*); display panel; display field	zone d'affichage *f*; écran *m* (*téléphone*); bloc afficheur *m*
Anzeigegerät *n*	display unit; display device; display equipment; CRT display / ~ console	afficheur *m*
Anzeigenblock *m*	display block	bloc d'affichage *m*
Anzeigesystem *n*	display system	système d'affichage *m*
Anzeigetafel *f*	display panel	tableau d'affichage *m*
Anzeigeteil *m*	display section	zone d'affichage *f*
Anzeige- und Bediensystem *n*	display and control system	système de contrôle et d'affichage *m*
Anzeigeverteilung *f*	display distribution	répartition d'affichage *f*
AO (Abk.) = Anschlußorgan	connecting device; connecting circuit	équipement de raccordement *m*; circuit de raccordement *m*; circuit de connexion *m*
AP (Abk.) = Ausgabepuffer	output buffer	buffer de sortie *m*
Apparat *m* (*Telefon~*)	instrument (*telephone*); telephone; set (*telephone*); phone (*tele~*)	poste téléphonique *m*
Apparaturraum *m*	equipment room	cabine *f*
Arabische Fernmeldeunion *f*	Arab Telecommunication Union, abbr.: ATU	Union Arabe des Télécommunications *f*
arbeiten	operate	opérer; manœuvrer; mettre en action *f*
Arbeitsbereich *m* (*Gerät*)	operating range (*equipment*)	domaine d'utilisation *m*
Arbeitsgerät *n*	tool; implement	outil *m*; outillage *m*
Arbeitsgeschwindigkeit *f*	switching speed; working speed	vitesse de fonctionnement *f*
Arbeitsplatz *m*	workstation	poste de travail *m*; workstation *f*; position de travail *f*
Arbeitsspeicher *m*, Abk.: AS	main memory	mémoire principale *f*
Arbeitsunterbrechung *f*	pause	pause *f*
Arbeitsweise, grundsätzliche ~ *f*	mode of operation; basic principles of operation	mode opératoire de base *m*
arithmetische Logikeinheit *f*, Abk.: ALU	arithmetic logic unit, abbr.: ALU	unité arithmétique et logique *f*
AS (Abk.) = Arbeitsspeicher	main memory	mémoire principale *f*
ASCII-Code (Abk.) = Amerik. Standard-Code = Code DIN 66 003 = CCITT	ASCII, abbr.: American Standard Code for Information Interchange	mémoire principale code ASCII *f*
assoziierte Kanalzeichengabe *f*	channel associated signaling	signalisation voie par voie *f*
ASU (Abk.) = Asynchron/Synchron-Umsetzer	asynchronous-to-synchronous converter	convertisseur synchrone-asynchrone *m*

Asynchron/Synchron-Umsetzer *m*, Abk.: ASU	asynchronous-to-synchronous converter	convertisseur synchrone-asynchrone *m*
AT (Abk.) = Aufschalteton	intrusion tone; intervention tone; cut-in tone	signal d'entrée en tiers de l'opératrice *m*; tonalité d'entrée en tiers *f*
A-Taste (Abk.) = Abfragetaste	answering button; answering key	touche de réponse *f*; bouton de réponse *m*
ATLC (Abk.) = Analog Tie Line Circuit, analoge Leitungsübertragung, analoge Querverbindungsleitung	ATLC, abbr.: Analog Tie Line Circuit	ATLC, abr.: Analog Tie Line Circuit, circuit pour ligne privée analogique
ätzen	etch	corroder
Audiotechnik *f*	audio engineering	technique du son *f*; technique audio *f*
AUE (Abk.) = Amtsübertragung, Amtsleitungsübertragung	exchange line junction; exchange line circuit	JAR, abr.: joncteur réseau *m*; translateur de ligne réseau *m*; circuit de ligne réseau *m*
Aufbau *m*	arrangement	arrangement *m*; structure *f*; disposition *f*; ordre *m* (*structure*); exposé *m*; tracé *m*; groupement *m*; appareillage *m*
Aufbauanleitung *f*	installation instructions	instructions de montage *f, pl*
aufbauen (*Verbindung, Gespräch*)	set up (*connection, call*); establish (*connection, call*)	établir (*une communication / liaison*)
Aufbausystem *n*	module system	système de construction *m*
Aufbauzeichung *f*	component layout plan	schéma de montage *m*
Aufbauzeit einer Verbindung *f*	connection setup time	temps d'établissement d'une communication *m*; durée d'établissement d'une communication *f*
Aufbereitung Systemtakt *f*	system clock processing	gestion de l'horloge système *f*
auffinden	detect	détecter
Aufhebung des geheimen Internverkehrs *f*	station override security	désactivation du trafic local confidentiel *f*
Aufkleber *m*	label; sticker; adhesive label	étiquette (adhésive) *f*; autocollant *m*
aufladen	charge (*action*); load	charger
Aufladezeit *f*	charging time	temps de charge *m*
auflegen (*den Hörer ~*)	replace (*the handset*); go on-hook; hang up	raccrocher (~ *le combiné*)
auflösen	erase; clear (*memory*); cancel; delete	effacer; rayer
Auflösung des Zugriffskonfliktes *f*	access contention resolution	résolution de conflit d'accès *f*
Aufmerksamkeitssignal *n*	special information signal	signal d'attention *m*; signal de mise en garde *m*
Aufnahme *f* (*Strom-*)	consumption (*current, power*)	consommation *f* (*courant*)
aufnehmen (*den Hörer ~*)	pick up (*the handset*); lift (*the handset*); go off-hook	décrocher (*le combiné*)
Aufputzmontage *f*	mounting on plaster; surface mounting	installation sur crépi *f*; encastrement sur crépi *m*
Aufruf *m*	call-in; call-up; call	recherche *f*; appel de recherche *m*
Aufrufanzeige *f*	call-up display	affichage d'appel *m*
aufrufbar	addressable	adressable
aufschalten	cut in; intrude	entrer
Aufschalten (bei besetzt) *n*	break-in; priority break-in; cut-in; busy override; call offer(ing), abbr.: CO; assist	intervention en ligne *f*; priorité avec écoute *f*; appel opératrice *m* (*faculté*)
Aufschaltesperre *f*	cut-in prevention; break-in prevention; privacy; do-not-disturb	protection intrusion *f*; blocage d'entrée en tiers *f*
Aufschaltetaste *f*, Abk.: AU-Taste	cut-in key	touche d'entrée en tiers *f*
Aufschalteton *m*, Abk.: AT	intrusion tone; intervention tone; cut-in tone	signal d'entrée en tiers de l'opératrice *m*; tonalité d'entrée en tiers *f*
Aufschaltsatz *m*	cut-in set	appareil d'entrée en tiers *m*
Aufschaltung *f*	intrusion, abbr.: INTR	intrusion *f*
Aufschaltverhinderung *f*	cut-in prevention; break-in prevention; privacy; do-not-disturb	protection intrusion *f*; blocage d'entrée en tiers *f*
aufschließen (~ des Telefons)	unlocking (~ the telephone)	déverrouiller (~ le téléphone)

aufsetzbarer Bausatz *m*	detachable kit	module enfichable *m*
Aufsichtsplatz *m*	supervisor position	table de contrôle *f*; P.O. superviseur *m*
Aufstellungshöhe *f*	installation height	hauteur d'installation *f*; hauteur *f*
Auftraggeber *m*	customer; client	client *m*; donneur d'ordre *m*; commettant *m*
Auftragnehmer *m*	supplier; contractor	fournisseur *m*; adjudicataire *m*; titulaire *m*
auftrennen	cut off; break; isolate; cut	déconnecter; couper; séparer; débrancher
Aufzeichnung *f*	recording	enregistrement *m*
Aufzeichnungssystem *n*	recorder system	système d'enregistrement *m*
Auge, durchplattiertes ~ *n* (*LP*)	plated-through hole (*PCB*); feed-through (*PCB*)	trou métallisé *m*
Ausbau *m*	call handling capacity; traffic handling capacity; capacity	rendement *m*; capacité *f*
ausbauen	remove; dismount	enlever; démonter; retirer
Ausbaustufe *f*	version; execution	version *f*; exécution *f*
Ausdehnung *f*	expansion; extension (*functions*); enlargement	expansion *f*; extension *f*
Ausdruck *m*	printout	sortie machine *f*; impression *f*; édition *f* (*impression*)
außen	outside; external	extérieur; externe
Außenband-Kennzeichengabe *f*	out-slot signaling	signalisation hors créneau temporel *f*
Außenband-Signalisierung *f*	out-slot signaling	signalisation hors créneau temporel *f*
Außenkamera *f*	outside camera	caméra extérieure *f*
Außennebenstelle *f*	off-premises extension / ~ station, abbr.: OPX; outside extension / ~ station; external extension / ~ station	poste distant *m*
Ausfall *m*	malfunction; failure; disturbance; trouble; breakdown; outage (*Am*)	défaut de fonctionnement *m*; perturbation *f*; dérangement *m*; panne *f*; avarie *f*; coupure *f*
Ausfallhäufigkeitsdichte *f*	failure density	taux de pannes *m*
Ausfallrate *f*	failure rate	taux de pannes *m*
Ausfallzeitraum *m*	downtime	temps d'arrêt *m*
ausführen (z. B. *Signal*)	execute (*e.g. signal*)	exécuter (*p.ex. signal*)
Ausführung *f*	version; execution	version *f*; exécution *f*
Ausgabe *f*	edition; release (*software ~*)	édition *f* (*logiciel*); sortie *f*
Ausgabepuffer *m*, Abk.: AP	output buffer	buffer de sortie *m*
Ausgang *m*	outlet	sortie *f*
Ausgangsleistung *f*	output	output *m*; puissance de sortie *f*
Ausgangsleitwert *m* (*Halbleiter*)	output conductance (*semiconductor*)	conductance de sortie *f*
ausgangsseitig	output	output *m*; puissance de sortie *f*
Ausgangsspannung *f*	output voltage	tension de sortie *f*
Ausgangsstufe *f*	output stage	étage de sortie *m*
Ausgangstreiber *m*	output driver	driver de sortie *m*
ausgeben (*Werte, Signale*)	read out (*data*); output (*information, signals*)	émettre (*signal*); écrire (*données*)
Ausgleichserdung *f*	compensating earth	terre de compensation *f*
Ausgleichsschaltung *f*	compensating circuit	réseau correcteur *m*
aushängen (*den Hörer ~*)	pick up (*the handset*); lift (*the handset*); go off-hook	décrocher (*le combiné*)
Auskunftsdienst *m*	information service	service d'information *m*; service de renseignements *m*
Auskunftsplatz *m*	information position	poste de renseignements *m*
Auskunftssystem *n*	information system	système d'interrogation *m*; système de renseignements *m*
Auslandsbündel *n*	international line group; international line bundle	faisceau de lignes internationales *m*
Auslandsgebühren *f, pl*	international call charge rates	taxes internationales *f, pl*
Auslandskennziffer *f*	international line code	code d'appels internationaux *m*

Auslandsleitung *f*	international circuit; international line	circuit international *m*; ligne internationale *f*
Auslandsverbindung *f*	international call; international connection	communication internationale *f*; liaison internationale *f*
Auslandsverkehr *m*	international traffic	trafic international *m*
Auslandsvermittlung *f*	international call exchange	centre international *m*; central international *m*
Auslandswahl *f*	international dialing	numérotation internationale *f*
Auslandswählverkehr *m*	automatic international traffic	trafic international automatique *m*
Auslaß *m*	outlet	sortie *f*
Auslösedauer *f*	release time	temps de libération *m*
Auslöseimpuls *m*	release pulse; clearing pulse	impulsion de libération *f*
auslösen	release (*button*); clear (*button*)	relâcher (*touche*)
Auslösen durch den gerufenen Teilnehmer *n*	called-party release	libération de la ligne par l'abonné demandé *f*
Auslösen durch den rufenden Teilnehmer *n*	calling party release	libération de la ligne par l'abonné demandeur *f*
Auslösen durch den zuerst auflegenden Teilnehmer *n*	first-party release	libération par raccrochage du premier abonné *f*
Auslösen durch den zuletzt auflegenden Teilnehmer *n*	last-party release	libération de la ligne par raccrochage du dernier abonné *f*
Auslösequittungszeichen *n*	release guard signal	signal d'acquit de libération *m*
Auslöseverzögerungszeit *f*	release delay time	retard de libération *m*
Auslösezeichen *n*	release signal	signal de libération *m*, (de ligne)
Auslösung *f* (*Verbindung*)	release (*connection*); clear down (*connection*); disconnect (*connection*)	déblocage *m* (*connexion*); retour *m* (*connexion*); libération *f* (*connexion*), abr.: LIB; couper le circuit
Auslösung, automatische ~ *f*	automatic release	libération automatique *f*
auslöten	unsolder	dessouder
Ausmaß *n* (*Größe*)	size; extent	grandeur *f*
ausnehmen	exempt; except; exclude	faire une exception *f*; exclure
Ausnutzung des ersten Gebührenimpulses *f*	utilization of first metering pulse	utilisation de la première impulsion de taxation *f*
Ausrüstung *f*	configuration; equipment; outfitting	configuration *f*, abr.: CONFIG; équipement *m*, abr.: éqt; implantation *f*
Aussage *f*	statement	affirmation *f*
ausschalten	switch off	mettre hors circuit *m*
Ausschaltzeit *f* (*Halbleiter*)	turn-off time (*semiconductor*)	temps de coupure *m* (*semiconducteur*)
Ausscheidungskennziffer *f*, Abk.: AKZ	selection code; programmable access code; discriminating code	code d'accès programmable *m*
Ausscheidungskette *f*	discrimination chain	chaîne de discrimination / ~ ~ sélection *f*
Ausscheidungsziffer *f*	selection code; programmable access code; discriminating code	code d'accès programmable *m*
Ausschlag *m* (*Anzeige*)	deflection (*meter*)	déviation *f* (*indication*); excursion *f* (*indication*)
ausschließen	exempt; except; exclude	faire une exception *f*; exclure
ausschneiden	cut off; break; isolate; cut	déconnecter; couper; séparer; débrancher
ausspeichern	read out; roll out	lire la mémoire *f*; extraire
aussteuern (*Relaiskontakt*)	drive (*relay contact*)	régler au maximum *m*
austauschen	interchange; change; replace; exchange	échanger; remplacer; changer
Austauschgerät *n*	exchange device; replacement device; replacement unit; exchange part	unité d'échange *f*, abr.: UE
Austauschteil *n*	exchange device; replacement device; replacement unit; exchange part	unité d'échange *f*, abr.: UE
Austritt *m*	outlet	sortie *f*

Auswahl bei ankommenden Gesprächen *f*	selective call acceptance	réponse sélective *f*
auswählen	dial (*a number*); choose; select	composer *m* (~ un numéro); numéroter; sélectionner
Auswahlkennziffer *f*	selection code; programmable access code; discriminating code	code d'accès programmable *m*
Auswählkette *f*	select chain; pick-out chain	chaîne de sélection *f*
Auswahlspeicher *m*	selection memory	mémoire de sélection *f*
Auswahlverteiler *m*	selection distributor	répartiteur de sélection *m*
auswechseln	interchange; change; replace; exchange	échanger; remplacer; changer
Ausweisleser *m*	identity card reader, abbr.: ID card-reader; badge reader	lecteur de carte d'identité *m*
Auswerteeinrichtung *f*	evaluation unit	interpréteur *m*; analyseur *m*
auswerten (*Daten usw.*)	evaluate; analyze (*error listing etc.*); interpret (*statement, signal*)	interpréter; utiliser; évaluer
Auswertung *f*	evaluation	évaluation *f*
Auswirkung *f*	effect	effet *m*
ausziehbar	extendible; extensible; pull-out	extensible
Auszug *m*	extract; excerpt	extrait *m*
AU-Taste (Abk.) *f* = Aufschaltetaste	cut-in key	touche d'entrée en tiers *f*
Autofahrer-Leit- und Infosystem *n*, Abk.: ALI	Route Guidance and Info system	système de radioguidage et d'information routière *m*
automatische Abfrage *f*	automatic answer	réponse automatique *f*
automatische Anrufverteilung *f*, Abk.: ACD	Automatic Call Distribution, abbr.: ACD	dispositif de distribution d'appels automatique *m*
automatische Anschaltung von Amtsleitungen *f*	automatic line connection	connexion automatique des lignes réseau *f*
automatische Auslösung *f*	automatic release	libération automatique *f*
automatische Berechtigungsumschaltung *f*	automatic class of service switchover	modification automatique de la classe de service *f*
automatische Gebührenregistrierung *f*	automatic call charge recording	enregistrement automatique de taxes *m*
automatische Leitweglenkung *f*	automatic route selection	acheminement automatique *m*; routage automatique *m*
automatischer Abgleich *m*	automatic alignment	alignement automatique *m*
automatischer Arbeitsmodus *m*	auto mode; manual mode	mode auto *m*; mode manu *m*
automatische Regelung *f*	automatic control; loop control	contrôle automatique *m*
automatischer Prüfteilnehmer *m*	automatic test extension	poste de test automatique *m*
automatischer Rückruf *m*	automatic callback; completion of calls on no reply, abbr.: CNCR; outgoing trunk queuing; automatic recall; completion of call to busy subscriber, abbr.: CCBS	rappel automatique *m*; rétro-appel *m*
automatische Rückauslösung *f*	automatic back release	libération inverse automatique *f*
automatische Rückfrage *f*	automatic refer-back	rétro-appel automatique *m*
automatische Rufbeantwortung *f*	automatic answering	réponse automatique *f*
automatische Rufwiederholung *f*	automatic retry; call repetition	rappel automatique *m*
automatischer Wählverkehr *m*	automatic traffic	trafic automatique *m*
automatischer Wecker *m*	automatic wake-up	réveil automatique *m*
automatisches Heranholen eines Rufes *n*	automatic pickup	interception automatique d'un appel *f*
automatische Wahl *f*	automatic dialing; automatic selection; direct dialing; autodial; direct access	numérotation automatique *f*; sélection directe *f*; prise directe *f*; appel automatique *m*
automatische Wähleinrichtung *f*	automatic dialing equipment; automatic call unit, abbr.: ACU; automatic calling equipment	équipement de numérotation automatique *m*; numérotation automatique pour liaison de données *f*
Automatische Wähleinrichtung für Datenverbindungen im Fernsprechnetz *f*, Abk.: AWD	automatic dialing unit for data connection in telephone networks	numérotation automatique pour lignes de données *f*
Autoreverse *n*	auto-reverse	auto-reverse

Autotelefon *n*	car (tele)phone	téléphone-radio *m*; autotéléphone *m*
AV-Anschluß (Abk.) *m*	AV jack	connecteur AV *m*
AWD (Abk.) = Automatische Wähleinrichtung für Datenverbindungen im Fernsprechnetz	automatic dialing unit for data connection in telephone networks	numérotation automatique pour lignes de données *f*
AZF (Abk.) = Anzeigefeld (*Telefon*)	display area (*telephone*); display panel; display field	zone d'affichage *f*; écran *m* (*téléphone*); bloc afficheur *m*

B

B (Abk.) = Betriebsdämpfung gemessen in dB (Dezibel)	overall attenuation measured in decibels	amortissement d'exploitation mésuré en décibels (dB) *m*
Babbeln *n*	babble	murmure confus *m*
Ballastlampe *f*	ballast lamp	lampe ballast *f*; lampe à résistance *f*
BAM (Abk.) = Besetztanzeige-modul	busy display module	module d'occupation des postes *m*
Bandansage *f*	recorded announcement	message enregistré *m*; annonce enregistrée *f*
Bandaufnahme *f*	tape recording	enregistrement sur bande *m*
Bandkabel *n*	ribbon cable; flat cable; flat conductor cable	câble plat *m*
Basisanschluß *m*	basic access	accès de base *m*
Basisleiterplatte *f*	wiring plate; wiring board; motherboard	plaque de câblage *f*; carte de câblage *f*; carte principale *f*; carte mère *f*
Basismerkmal *n*	basic feature	faculté de base *f*
Basisstation *f*	base station	station de base *f*
Batterie *f*	battery	batterie *f*; pile *f*
batteriebetrieben, ~gespeist	battery-powered	alimenté par batterie *f*
Bauelement *n*	part; component part; component	composant *m* (*électronique*); pièce *f*; pièce détachée *f*
Baugruppe *f*	circuit board, abbr.: CB; PC board, abbr.: PCB; printed circuit board, abbr.: PCB	circuit imprimé *m*, abr.: CI; carte *f*; module *m*
Baugruppe (LP) *f*, Abk.: BG	assembly (PCB)	ensemble (CI) *m*
Baugruppenpaß *m*	PC board ID data	mot de passe de carte *m*
Baugruppenrahmen *m*	subrack; module frame	châssis *m*; rack *m*; cage *f*
Baugruppenträger *m*	subrack; module frame	châssis *m*; rack *m*; cage *f*
Baukastenprinzip *m*	modularity; modular concept; modular principle	système à éléments standardisés *m*
Bausatz *m*	built-in set; assembly set	lot de montage *m*; ensemble de montage *m*; jeu de montage *m*
Bauschaltplan *m*	wiring diagram	schéma de connexions *m*
Baustein *m*	chip; module, abbr.: Mod	puce *f*; module *m*; composant *m* (*module*)
Bausteinsystem *n*	modular system	système modulaire *m*
Baustufe *f*	version; execution	version *f*; exécution *f*
Bauteil *n*	part; component part; component	composant *m* (*électronique*); pièce *f*; pièce détachée *f*
Bauteilausfall *m*	component failure	défaut de composant *m*; panne de composant *f*
Bauteile entfallen *n, pl*	parts dropped; parts not required	composants supprimés *m, pl*
Bauteile hinzu *n, pl*	parts added	composants supplémentaires *m, pl*
Bauteilseite *f*	components side	côté composants *m*
Bauteilseiten-Nummer *f*	components side no.	numéro côté composants *m*
Bauweise *f*	construction; design; style	système de construction *m*; exécution *f* (*construction*)
BE (Abk.) = Bedienungseinrichtung	operating control; operating facility (facilities); operating equipment; operator control (*user*)	équipement de commande *m*; équipement opérateur *m*
beachten	observe; mind; take into account; follow (*comply with*)	observer; prendre en considération *f*; tenir compte
bearbeiten	edit (*data*); process	éditer
Bearbeitung *f* (*EDV*)	processing (*EDP*)	traitement *m*
Bedarf *m*	demand; need	besoin *m*; demande *f*
Bedarfsänderungsschaltung *f*	required circuit modification	modification optionnelle de circuit *f*
bedecken	cover	couvrir

Bedienaufruf *m*	call to operator; attendant call; console request	appel P.O. / ~ opératrice *m*
Bedienbarkeit *f*	ease of operation	facilité d'opération *f*
Bedienerführung *f*	user prompting	procédure de guidage *f*; guide opérateur *m*
Bedienfeld *n*	control panel	panneau de service *m*; tableau de commande *m*
Bedienplatz *m*	console	console *f*
Bedientableau *n*	operator panel	tableau d'opérateur *m*
Bedienungsanleitung *f*	operating instructions; user manual	mode d'emploi *m*
Bedienungseinrichtung *f*, Abk.: BE	operating control; operating facility (facilities); operating equipment; operator control (*user*)	équipement de commande *m*; équipement opérateur *m*
Bedienungselement *n*	control element	élément de commande *m*
Bedienungsfehler *m*	operator's mistake; operating error	erreur de manipulation *f*; erreur d'opération *f*
bedienungsfreundlich	user-friendly	convivial
Bedienungsperson *f* (*Nebenstellenanlage*)	attendant; operator; attendant operator (*PABX*)	opérateur *m* (*PABX*); opératrice *f*
Bedingung *f*	status; state; condition	état *m*; condition *f*
Befehl *m* (*Computer*)	command; instruction (*computer*)	commande *f*; instruction *f* (*computer*)
Befehlsbus *m*	instruction bus	bus de commande *m*
Befestigungsbügel *m*	mounting bracket	réglette de fixation *f*
Befestigungsschelle *f*	mounting clip	anneau de fixation *m*
befreien	disengage	libérer
befreit	disengaged; non-connected	libéré
Beginnzeichen *n*	start signal	signal de début *m*
begrenzen	limit	limiter
Begrenzer *m*	delimiter; limiter	limiteur *m*
Behörde *f*	public authority; government agencies and services	autorités *f, pl*
Belastung *f*	load (*electrical*); charge (*load*); strain (*mechanical*); stress (*mechanical*)	charge *f*
Belastungsbereich *m*	load range	régime de charge *m*
Belastungstal *n*	off-peak	creux de charge *m*
belegen (*Leitung*)	seize (*line*); engage (*line*)	occuper (*un circuit*); affecter (*un circuit*)
Belegt-Zeitüberwachung *f*	holding time supervision	supervision du temps d'occupation *f*; contrôle du temps d'occupation *m*
Belegtzustand *m*	busy condition	état d'occupation *m*
Belegung *f* (*Leitung*)	seizing (*line*); seizure (*line*); occupancy; busying	occupation *f* (*ligne*); prise *f* (*ligne*); adjonction *f* (*ligne*)
Belegungsdauer *f*	seizure time; holding time; duration of holding	temps d'occupation *m*; durée d'occupation *f*
Belegungsplan *m*	location plan; layout diagram	plan d'implantion *m*
Belegungssignal *n*	seizing signal	signal de prise *m*; signal d'occupation *m*
Belegungssteuerung *f*	seizure control	gestion de prise *f*
Belegungsversuch *m*	call attempt	tentative de prise *f*
Belegungsverzeichnis *n*	layout index	index d'implantation *m*
Belegungswahrscheinlichkeit *f*	utilization factor; traffic probability	probabilité d'occupation *f*
Belegungswunsch *m*	call request	demande de communication *f*; demande de prise *f*
Belegungszählung *f*	seizure counter	comptage du temps d'occupation *m*
Belegungszeit *f*	seizure time; holding time; duration of holding	temps d'occupation *m*; durée d'occupation *f*
Belegung von Buchten *f*	allocation of bays	affectation des baies *f*
Bemerkung *f*	note	remarque *f*; note *f*; observation *f*
Bemessung *f*	dimension; dimensioning	dimension *f*; taille *f*; dimensionnement *m*
Benennung *f*	designation	désignation *f*; nomenclature *f*

Benutzer *m*	user	usager *m*; agent *m* (*ACD*)
Benutzeranschluß / ~zugang *m*	user access	accès d'usager *m*; accès usager *m*; accès des usagers *m*
benutzerfreundlich	user-friendly	convivial
Benutzerklasse *f*	user class of service; class of line	classe de service *f*; catégorie de poste *f*; classe d'abonné *f*
Benutzer-Netzzugang *m*	user-network access	accès usager-réseau *m*
Benutzeroberfläche *f*	user interface; user surface	interface usager *f*
Benutzerprotokoll *n*	user-(to-)user protocol	protocole d'usager à usager *m*; protocole usager *m*
Benutzerschnittstelle *f*	user interface; user surface	interface usager *f*
BER (Abk.) = Berechtigung	class of service, abbr.: COS; authorization; access status	classe de service *f*; catégorie *f*
Berechnung *f*	calculation; invoicing; billing	calcul *m*; facturation *f*
Berechtigung *f*, Abk.: BER	class of service, abbr.: COS; authorization; access status	classe de service *f*; catégorie *f*
Berechtigung für Rufweiterschaltung *f*	call transfer facility	abonné ayant droit au service des abonnés absents *m*, abr.: AAB
Berechtigungskarte *f*	authorization card	carte d'accès *f*
Berechtigungsklasse *f*	class of service, abbr.: COS; authorization; access status	classe de service *f*; catégorie *f*
Berechtigungsumschaltetaste *f*, Abk.: BU-Taste	COS switchover button	bouton de changement de classe *m*
Berechtigungsumschaltung *f*, Abk.: BU	modification of COS; COS changeover; COS switchover; class of service switchover	modification de la classe de service *f*
Berechtigungsumschaltung, automatische ~ *f*	automatic class of service switchover	modification automatique de la classe de service *f*
Berechtigungszeichen *n*	right-of-access code; class-of-service code	code de classe de service *m*
Bereich *m*	range	portée *f*; gamme *f*; plage *f*
Bereichsaufteilung *f*	area partitioning	répartition de zones *f*
Bereitschaftstaste *f*	ready-to-operate button; ready key	bouton de disponibilité *m*
Bereitstellung *f*	provision; load (*DP*)	préparation *f*; mise en place *f*; mise à disposition *f*
Bereitzustand *m*	ready condition	prêt
berücksichtigen	observe; mind; take into account; follow (*comply with*)	observer; prendre en considération *f*; tenir compte
Beschaffungszeitraum *m*	acquisition time; procurement time	temps d'approvisionnement *m*
Beschallungsanlage *f*	public address system, abbr.: PA system	système d'annonces *m*
Beschallungssystem *n*	public address system, abbr.: PA system	système d'annonces *m*
Beschaltungsliste *f*	assignment list; allocation list	liste de connexion des lignes *f*
Bescheiddienst *m*	intercept service; interception of calls service	service d'information *m*; service d'interception d'appels d'informations *m*; service d'informations *m*
Beschreibung *f*	description	description *f*; descriptif *m*
Beschriftung *f*	lettering; marking; labeling	repérage *m*; marquage *m*; étiquetage *m*
Beschriftungsbeispiel *n*	lettering example	exemple de repérage *m*; exemple de marquage *m*; exemple d'étiquetage *m*
Beschriftungsfilm *n*	lettering film	film de repérage *m*; film de marquage *m*; film d'étiquetage *m*
besetzt	busy; engaged	occupé
Besetztanzeige *f*	extension busy indication; busy lamp display; busy display; busy lamp field	indication de poste occupé *f*; signal lumineux d'occupation *m*; signal lumineux de prise *m*
Besetztanzeigefeld *n*	busy lamp panel; busy lamp display panel	tableau des voyants d'occupation *m*; afficheur d'occupation *m*
Besetztanzeigemodul *n*, Abk.: BAM	busy display module	module d'occupation des postes *m*

Besetztanzeigenfeld *n*	busy indication field	écran de visualisation de l'occupation *m*
Besetztanzeiger *m*	busy indicator	indicateur d'occupation *m*
Besetztlampenfeld *n*	busy lamp panel; busy lamp display panel	tableau des voyants d'occupation *m*; afficheur d'occupation *m*
Besetztprüfung *f*	busy test	test d'occupation *m*
Besetztschauzeichen *n*	visual busy indicator	signal lumineux d'occupation *m*
Besetztton *m*, Abk.: BT	busy signal; busy tone	signal d'occupation *m*; tonalité d'occupation *f*
Besetztzählgerät *n*	busy counter	compteur d'occupation *m*
Besetztzeichen *n*	busy signal; busy tone	signal d'occupation *m*; tonalité d'occupation *f*
Besetztzustand *m*	busy condition	état d'occupation *m*
bespultes Kabel *n*	coiled cable; loaded cable	câble pupinisé *m*
Bestandteil *m*	element	élément *m*
Bestätigung *f*	confirmation	confirmation *f*
Bestimmung *f*	definition	définition *f*; détermination *f*
bestückt	assembled; provided; fitted	équipé
Bestückung *f*	configuration; equipment; outfitting	configuration *f*, abr.: CONFIG; équipement *m*, abr.: éqt; implantation *f*
Bestückungsseite *f*	components side	côté composants *m*
Bestückungsvariante *f*	equipping variant	variante d'équipement *f*
Besuchsschaltung, feste ~ *f*	fixed call transfer	transfert fixe *m*
Besuchsschaltung, veränderliche ~ *f*	flexible call transfer	renvoi d'appel variable *m*; transfert variable *m*
betätigen	operate	opérer; manœuvrer; mettre en action *f*
Betätigung *f*	operation	opération *f*; manipulation *f*
betreiben	operate	opérer; manœuvrer; mettre en action *f*
Betrieb *m*	service	service *m*, abr.: SER
Betrieb eines Netzes *m*	network operation	exploitation en réseau *f*
Betriebsart *f*	operating mode	mode opératoire *m*
Betriebsbedingungen *f, pl*	operating conditions	conditions opératoires *f, pl*
Betriebsberechtigung *f*	class of service, abbr.: COS; authorization; access status	classe de service *f*; catégorie *f*
betriebsbereit	ready for operation; ready; operative	prêt à fonctionner
Betriebsdämpfung *f*	overall loss; net loss (*Am*); overall attenuation	affaiblissement effectif *m*; affaiblissement composite *m*
Betriebsdämpfung gemessen in dB (Dezibel) *f*, Abk.: B	overall attenuation measured in decibels	amortissement d'exploitation mésuré en décibels (dB) *m*
Betriebsdatenerfassung *f*	industrial data acquisition	saisie de données industrielles *f*
Betriebseinheit *f*	operating unit	unité d'exploitation *f*, abr.: UEX
Betriebserde *f*	operating earth; operational earth	terre *f*
Betriebsfall *m*	type of operation	type d'exploitation *m*; type de fonctionnement *m*
Betriebsgüte *f*	traffic quality; grade of service; operational quality	qualité de trafic *f*; qualité de service *f*
Betriebskapazität *f*	mutual capacitance; operating capacity	capacité effective *f*
Betriebsmerkmal *n*	operating feature	caractéristique d'exploitation *f*; faculté de service *f*
Betriebssicherheit *f*	operating reliability; operational security	sécurité de service *f*; sécurité de fonctionnement *f*; sécurité opérationelle *f*
Betriebssoftware *f*	system software	logiciel d'exploitation *m*
Betriebsspannung *f*	operating voltage; operating current	tension de service *f*; courant de trafic *m*, abr.: CTF; tension de fonctionnement *f*; tension d'exploitation *f*
Betriebsstrom *m*	operating voltage; operating current	tension de service *f*; courant de trafic *m*, abr.: CTF; tension de fonctionnement *f*; tension d'exploitation *f*
Betriebssystem *n*, Abk.: BS	operating system, abbr.: OS	système d'exploitation *m*, abr.: OS

Betriebsüberwachung *f*	supervision; monitoring; operating observation	contrôle *m*; surveillance (système) *f*; observation *f*, abr.: OBS
Betriebs- und Wartungszentrum *n*	operation and maintenance center, abbr.: O&M center	Centre d'Exploitation et Maintenance *m*, abr.: CEM
Betriebsverfahren *n*	operation mode	procédé d'exploitation *m*
Betriebsverstärkung *f*	overall amplification	gain composite *m*
Betriebszuverlässigkeit *f*	operational reliability	fiabilité opérationnelle *f*
bevorrechtigte Nebenstelle *f*	priority extension	poste prioritaire *m*
Bevorrechtigungstaste *f*	priority button	bouton priorité *m*; touche priorité *f*
Bewegtbild *n*	moving image; full-motion image	image mobile *f*
Bezeichnung *f*	designation	désignation *f*; nomenclature *f*
Bezeichnungsschild *n*	nameplate; designation plate	plaque signalétique *f*
Bezeichnungsstreifen *m*	designation strip	réglette de poste-étiquettes *f*; étiquette de repérage *f*
Bezirksnetz *n*	district network	réseau régional *m*
Bezirkssprung *m*	intradistrict traffic	trafic régional *m*
Bezugsdämpfung *f*	reference equivalent	affaiblissement équivalent *m*
Bezugskonfiguration *f*	reference configuration, abbr.: RC	configuration de référence *f*
Bezugspegel *m*	reference level	niveau de référence *m*
Bezugspunkt *m*	reference point	point de référence *m*
Bezugsverbindung *f*	reference circuit; standard transmission line	circuit de référence *m*; ligne d'étalonnage *f*; circuit d'étalon *m*
BG (Abk.) = Baugruppe	assembly (PCB)	ensemble (CI) *m*
BIGFON (Abk.) = Breitbandiges Integriertes Glasfaser-Fernmelde-Ortsnetz	BIGFON, abbr.: wideband integrated optical fiber local communications network	BIGFON, abr.: réseau intégré de fibre optique à large bande
Bild *n*	figure; picture; illustration; image	figure *f*; illustration *f*; schéma *m*
Bildauflösung *f*	image resolution	résolution d'image *f*
Bildfernsprecher *m*	videophone; video telephone; display telephone; picture phone	visiotéléphone *m*; vidéophone *m*; visiophone *m*
Bildgeometrie *f*	image geometry	géométrie d'image *f*
Bildingenieur *m*	picture engineer	ingénieur d'image *m*
Bildkodierer *m*	video coder	encodeur vidéo *m*
Bildmischer *m*	video mixer	vidéo-mixeur *m*
Bildmischgerät *n*	video mixing equipment	équipement mixeur d'image *m*
Bildschärfe *f*	picture sharpness	définition de l'image *f*
Bildschirm *m* (*Monitor*)	screen (*monitor*)	écran *m* (*moniteur*)
Bildschirmarbeitsplatz *m*	video workstation	poste de travail vidéo *m*
Bildschirmtext *m*, Abk.: Btx	interactive videotex, abbr.: Btx; videotex, abbr.: VDX	vidéotext *m*; télétel *m*
Bildschirmtextbenutzer *m*	Btx user	utilisateur vidéotext *m*
Bildschirmtext-Eingabegerät *n*	Btx workstation	poste de travail vidéotext *m*
Bildschirmtext-Zentrale *f*	Btx center	centre vidéotext *m*
Bildtechnik *f*	video engineering	technique vidéo *f*
Bildtelefon *n*	videophone; video telephone; display telephone; picture phone	visiotéléphone *m*; vidéophone *m*; visiophone *m*
Bildtelefondienst *m*	videophone service	service visiophonique *m*
Bildtelefonie *f*	video telephony	visiophonie *f*
Bildübertragung *f*	picture transmission; video transmission	transfert d'images *m*; transmission d'image *f*
Bildvorlage *f*	picture original	modèle *m*
Bildzeile *f*	picture line	ligne d'image *f*
Binärcode *m*	binary code	code binaire *m*
Binärzähler *m*	binary counter	compteur binaire *m*
B-ISDN (Abk.) = Breitband-ISDN	broadband ISDN	large bande RNIS *f*; NUMERIS à large bande
Bit *n*	bit	bit *m*; élément binaire *m*, abr.: eb
Bitrate *f*	bit rate	débit binaire *m*
Bit/s (Abk.) (*Maßeinheit für die Übertragungsgeschwindigkeit*)	bits per second, abbr.: bps (*unit for transmission speed*)	bit/s, (abr.)
Bitübertragungsschicht *f*	physical layer	couche physique *f*
BK (Abk.) = black (schwarz) = IEC 757	BK, abbr.: black	BK, abr.: noir

B-Kanal (Abk.) = 64-kbit/s-Informationskanal	B channel = 64 kbit information channel, basic access	canal B *m*
BKBN (Abk.) = black brown (braun schwarz) = IEC 757	BKBN, abbr.: black brown	BKBN, abr.: brun noir
BKBU (Abk.) = black blue (blau schwarz) = IEC 757	BKBU, abbr.: black blue	BKBU, abr.: bleu noir
BKGN (Abk.) = black green (grün schwarz) = IEC 757	BKGN, abbr.: black green	BKGN, abr.: vert noir
BKGY (Abk.) = black grey (grau schwarz) = IEC 757	BKGY, abbr.: black grey	BKGY, abr.: gris noir
BKPK (Abk.) = black pink (rosa schwarz) = IEC 757	BKPK, abbr.: black pink	BKPK, abr.: rose noir
BKRD (Abk.) = black red (rot schwarz) = IEC 757	BKRD, abbr.: black red	BKRD, abr.: rouge noir
BKWH (Abk.) = black white (weiß schwarz) = IEC 757	BKWH, abbr.: black white	BKWH, abr.: blanc noir
BKYE (Abk.) = black yellow (gelb schwarz) = IEC 757	BKYE, abbr.: black yellow	BKYE, abr.: jaune noir
Blankdraht *m*	bare wire; naked wire	fil dénudé *m*
Blankdrahtbrücke *f*	bare wire strap	strap de fil *m*
Blatt *n*	sheet	feuille *f*
blau, Abk.: BU = IEC 757	blue, abbr.: BU	bleu, abr.: BU
blau schwarz, Abk.: BKBU = IEC 757	black blue, abbr.: BKBU	bleu noir, abr.: BKBU
blendfrei	nonglare	antiaveuglant
Blindbelegung *f*	dummy connection	occupation fictive *f*
Blindbuchse *f*	dummy jack	douille entretoise *f*
Blindenplatz *m*	sight-impaired operator position; blindoperator position	position pour opérateur non-voyant *f*
Blindstopfen *m*	dummy plug	bouchon *m*
Blindverkehr *m*	blind traffic; dummy traffic	trafic fictif *m*
blinken (*Displayanzeige*)	blink; flash(ing)	scintiller; clignoter
Blinklicht *n*	flashing light	lumière clignotante *f*
Blitzschutz *m*	lightning protection; surge arrester	parafoudre *m*; éclateur *m*
Block *m*	block	bloc *m*
Blockierung *f*	congestion; blocking	blocage *m*
Blockierung, äußere ~ *f*	external blocking	blocage extérieur *m*
Blockierung, innere ~ *f*	internal blocking	blocage intérieur *m*
blockierungsfrei (*Durchschaltung*)	non-blocking (*switching*)	système non bloquant *m*
Blockschaltbild *n*	diagram; block diagram	diagramme *m*
BN (Abk.) = brown (braun) = IEC 757	BN, abbr.: brown	BN, abr.: brun
BNBU (Abk.) = brown blue (braun blau) = IEC 757	BNBU, abbr.: brown blue	BNBU, abr.: brun bleu
B-Netz *n*	B-network	réseau B *m*
BNGN (Abk.) = brown green (braun grün) = IEC 757	BNGN, abbr.: brown green	BNGN, abbr.: brun vert
BNGY (Abk.) = brown grey (grau braun) = IEC 757	BNGY, abbr.: brown grey	BNGY, abr.: gris brun
BNPK (Abk.) = brown pink (rosa braun) = IEC 757	BNPK, abbr.: brown pink	BNPK, abr.: rose brun
BNRD (Abk.) = brown red (braun rot) = IEC 757	BNRD, abbr.: brown red	BNRD, abr.: brun rouge
BNYE (Abk.) = brown yellow (gelb braun) = IEC 757	BNYE, abbr.: brown yellow	BNYE, abr.: jaune brun
Boden *m*	base; plinth	socle *m*; embase *f* (*général*); sol *m*
Bodenstation *f*	earth station	station au sol *f*
bohren	drill	percer
Bohrloch *n*	bore hole	trou *m*
Bohrung *f*	boring; drilling	perçage *m*

Bolzen *m*	pin; bolt	broche *f*
Bosch-Text-Übertragungssystem *n*	Bosch text transmission system, abbr.: BOTE	système de transmission de texte Bosch *m*
Braille-Text *m*	Braille text	texte Braille *m*
Brandmelderzentrale *f*	fire alarm terminal station	centrale de détection incendie *f*
Brandmeldesystem *n*	fire alarm system	système d'alarme incendie *m*; système de détection d'incendie *m*
braun, Abk.: BN = IEC 757	brown, abbr.: BN	brun, abr.: BN
braun blau, Abk.: BNBU = IEC 757	brown blue, abbr.: BNBU	brun bleu, abr.: BNBU
braun grün, Abk.: BNGN = IEC 757	brown green, abbr.: BNGN	brun vert, abr.: BNGN
braun rot, Abk.: BNRD = IEC 757	brown red, abbr.: BNRD	brun rouge, abr.: BNRD
braun schwarz, Abk.: BKBN = IEC 757	black brown, abbr.: BKBN	brun noir, abr.: BKBN
Brechung *f*	refraction	réfraction *f*
Breitband-Datenkanal *m*	broadband data channel; wideband data channel	canal de données large bande *m*
Breitband ISDN *n*, Abk.: B-ISDN	broadband ISDN	large bande RNIS *f*; NUMERIS à large bande
Breitbandkabelnetz *n*	broadband cable network	réseau câblé large bande *m*
Breitbandkommunikation *f*	broadband communication	communication large bande *f*
Breitbandnetz *n*	broadband network	réseau à large bande *m*
Breitbandrichtfunk *m*	broadband microwave transmission	transmission ondes courtes large bande *f*
Breitbandrichtfunksystem *n*	broadband microwave radio system	système ondes courtes à large bande *m*
Breitbandsystem *n*	broadband system	système large bande *m*
Breitbandverteilernetz *n*	broadband distributor network	réseau de distribution large bande *m*
Breitbandverteilkommunikation *f*	broadband distributor communications	distributeur de communications large bande *m*
Breite *f*	width	largeur *f*
Brennpunkt *m*	focus	focus *m*
Bruch *m*	interruption; break (*line*)	interruption *f* (*ligne*)
Brücke *f*	solder jumper; strap; jumper; hookup wire; wire bridge	strap à souder *m*; fil de connexion *m*; strap *m*; cavalier *m*
Brücke einlegen *f*	bridge; set up a bridge; jumper	ponter; straper
Brücken *f, pl*	bridges; links	straps *m, pl*; pontages *m, pl*
Brückenstecker *m*	bridging plug	fil de pont *m*; fiche de programmation *f*
BS (Abk.) = Betriebssystem	operating system, abbr.: OS	système d'exploitation *m*, abr.: OS
BT (Abk.) = Besetztton	busy signal; busy tone	signal d'occupation *m*; tonalité d'occupation *f*
Btx (Abk.) = Bildschirmtext	interactive videotex, abbr.: Btx; videotex, abbr.: VDX	vidéotext *m*; télétel *m*
Btx-Decoder *m*	Btx decoder	décodeur vidéotext *m*
BU (Abk.) = Berechtigungsumschaltung	modification of COS; COS changeover; COS switchover; class of service switchover	modification de la classe de service *f*
BU (Abk.) = blue (blau) = IEC 757	BU, abbr.: blue	BU, abr.: bleu
Buchse *f*	sleeve	douille *f*
Buchsenklemmleiste *f*	sleeve connector strip	plaque à bornes *f*
Buchstabiertafel *f*	spelling list	table d'épellation *f*
Bucht *f*	bay	baie *f*
Buchtsignale *n, pl*	bay signals	signaux de baie *m, pl*
Buchungsanlage *f*	automatic call distribution system, abbr.: ACD system; reservation system	distributeur automatique d'appels *m*; système de réservation *m*
Bügel *m*	bracket; support; brace; base (*fuse*)	support *m*; fixation *f*
BUGY (Abk.) = blue grey (grau blau) = IEC 757	BUGY, abbr.: blue grey	BUGY, abr.: gris bleu

Bündel *m*	group; bundle; trunk group; line group; line bundle	faisceau *m*, abr.: FSC; faisceau de lignes *m*; faisceau de circuits *m*
Bündelauswahl *f*	bundle selection	sélection de faisceaux *f*
Bündelbelastung *f*	bundle usage load	charge du faisceau *f*; densité de trafic du faisceau *f*
Bündelbeschreibung *f*	bundle description	description de faisceau *f*
Bündel besetzt *n*	bundle busy	faisceau occupé *m*
Bündelbetriebsart *f*	bundle operating mode	mode de fonctionnement du faisceau *m*
Bündelereigniszähler *m*	bundle event counter	compteur d'événements du faisceau *m*
Bündelerkennung *f*	bundle identification	identificateur de faisceau *m*
Bündelerweiterungstabelle *f*	bundle expansion table	table d'extension du faisceau *f*
Bündelfunk *m*	paging	recherche de personne *f*
Bündelgröße *f*	bundle size	taille de faisceaux *f*; taille du faisceau *f*
Bündellampe *f*	bundle lamp	voyant d'occupation de faisceau *m*
Bündelleitung *f*	bundle line	ligne du faisceau *f*
Bündelliste *f*	bundle list	liste de faisceau *f*
Bündelmischung *f*	mixing of bundles	mixage de faisceaux *m*; faisceau mixte *m*
bündeln (*Übertragungskanäle ~*)	multiplex	multiplexer (*voies de transmission*); multiplex
Bündelnummer *f*	bundle number	numéro de faisceau *m*
Bündelspaltung *f*	bundle splitting	répartition du trafic sur les faisceaux *f*
Bündelstärke *f*	bundle size	taille de faisceaux *f*; taille du faisceau *f*
Bündeltaste *f*	bundle button	touche de sélection de faisceaux *f*
Bündeltrennung *f*	bundle separation	séparation de faisceaux *f*
Bündelüberlauf *m*	bundle overflow	surcharge de faisceau *f*
Bündelwarteliste *f*	bundle waiting list	file d'attente de faisceau *f*
Bündelweiche *f*	bundle switch; group switch	aiguillage de faisceau *m*
Bündelzuordnung *f*	bundle association	assignation de faisceau *f*
Bundespost (veraltet) *f* = heute: Deutsche Telekom	German Federal Post Office (outdated) = see: German Telecom; German Federal Postal Administration (outdated) = see: German Telecom	Administration des PTT en Allemagne *f* = voir: Télécom allemand; PTT allemands (ancien) = voir: Télécom allemand
BUNI (Abk.) = Breitband User-/Network Interface (RACE-Projekt)	Broadband User/Network Interface (RACE-project)	interface usager à large bande *f*
BUPK (Abk.) = blue pink (rosa blau) = IEC 757	BUPK, abbr.: blue pink	BUPK, abr.: rose bleu
Burn-in *m* (*Einbrennen*)	burn-in	surchauffe *f*
Büro-Arbeitsplatz *m*	office workstation	poste de travail de bureau *m*
Büroinformationstechnik *f*	office-information technology	bureautique *f*
Bürokommunikation *f*	office communications	bureautique *f*
Bürotelefonanlage *f*	office telephone system	installation téléphonique de bureau *f*
Bus *m*	bus(bar)	bus *m*; barre collectrice *f*
Buskoppler *m*	bus coupler	coupleur de bus *m*
BU-Taste (Abk.) = Berechtigungsumschaltetaste	COS switchover button	bouton de changement de classe *m*
BUWH (Abk.) = blue white (weiß blau) = IEC 757	BUWH, abbr.: blue white	BUWH, abr.: blanc bleu
Byte *n*	byte; octet	octet *m*

C

CAD (Abk.) = computergestützte Entwicklung	CAD, abbr.: computer-aided design	DAO, abr.: dessin assisté par ordinateur *m*
CAM (Abk.) = computergestützte Fertigung	CAM, abbr.: computer-aided manufacturing	FAO, abr.: fabrication assistée par ordinateur *f*
CAS (Abk.) = Channel Associated Signaling = digitale Anschlußorganbaugruppe	CAS, abbr.: Channel Associated Signaling	CAS, abr.: Channel Associated Signaling = carte d'équipement numérique
Cassettendeck *n*	cassette deck	pochette de cassette *f*
CCITT (Abk.) = internationaler beratender Ausschuß für den Telegrafen- u. Fernsprechdienst	CCITT, abbr.: International Telegraph and Telephone Consultative Committee	CCITT abr.: Comité Consultatif International Téléphonique et Télégraphique *m*
CCITT-Empfehlung *f*	CCITT recommendation	recommandation de CCITT *f*
CEE (Abk.) = Wirtschaftskommission der Vereinten Nationen für Europa	CEE, abbr.: United Nations Economic Commission for Europe	CEE, abr.: Commission Économique des Nations Unies pour l' Europe *f*
CEPT (Abk.) = Europäische Konferenz für das Post- u. Fernmeldewesen	CEPT, abbr.: Conference of European Postal and Telecommunications Administrations	CEPT, abr.: Conférence Européene des Administrations des Postes et Télécommunications *f*
Chefanlage *f*	executive/secretary extensions	postes patron/secrétaire *m, pl*
Chefapparat *m*	executive set	poste de directeur *m*
Chef/Sekretär-Funktion *f*	executive/secretary function; executive/secretary working	fonction patron/secrétaire *f*
Chip *m*	chip; module, abbr.: Mod	puce *f*; module *m*; composant *m* (module)
Chipkarte *f*	chipcard	carte à mémoire *f*
Chipkartentelefon *n*	card-operated telephone; cardphone	poste téléphonique à carte *m*
CID (Abk.) = Verbindungsidentifikation	CID, abbr.: connection identification	identification de ligne *f*
CITEL (Abk.) = Interamerikanische Konferenz für das Fernmeldewesen	CITEL, abbr.: Committee for Inter-American Telecommunications	CITEL, abr.: Conférence Interaméricaine pour les Télécommunications *f*
C-Netz *n*	C-network	réseau C *m*
Code *m*	code	indicatif *m*; code *m*
Code 1 aus 10 *m*	one-out-of-ten code	code 1 parmi 10 *m*
Codefehler *m*	code error	erreur de code *f*
Codeprüfung *f*	code check	vérification de code *f*; test de code *m*
Codewahl *f*, Abk.: CW (*Anlagenleistungsmerkmal*)	code dialing (*system feature*)	numérotation automatique (par central) *f*
codewahlberechtigter Teilnehmer *m* (TENOCODE)	TENOCODE-authorized extension	abonné ayant accès à la numérotation abrégée *m* (TENOCODE)
Codewahl, gemeinsame ~ *f*	common code dial	numérotation abrégée commune *f*
Codewahl, individuelle ~ *f*	individual code dialing	numérotation abrégée individuelle *f*
Codewahl-Kennzeichen *n*	abbreviated dialing code	préfixe de numérotation abrégée *m*
Codewahltaste *f*, Abk.: C-Taste	code dialing key	touche de numérotation abrégée *f*
Codewandler *m*	code converter	convertisseur de code *m*
COFI (Abk.) = Kodierer/Dekodierer, Filter	CODEC, abbr.: coder/decoder/filter	COFIDEC, abr.: codeur/décodeur/filtre
Computer *m*	computer	computer *m*; ordinateur *m*
Computerdialog *m*	computer dialog	dialogue avec l'ordinateur *m*
computergesteuert	computer-controlled	géré par ordinateur *m*; piloté par ordinateur *m*
computergestützte Entwicklung *f*, Abk.: CAD	computer-aided design, abbr.: CAD	dessin assisté par ordinateur *m*, abr.: DAO
computergestützte Fertigung *f*, Abk.: CAM	computer-aided manufacturing, abbr.: CAM	fabrication assistée par ordinateur *f*, abr.: FAO
COMSAT (Abk.)	COMSAT, abbr.: Communications Satellite Corporation	COMSAT, abr.

CPU (Abk.) = Central Processing Unit = Zentraleinheit	CPU, abbr.: central processing unit	UC, abr.: unité centrale *f*; unité centrale de traitement *f*
crimpen	crimp	sertir; emboutir
Crimpwerkzeug *n*	crimping tool	outil de sertissage *m*
C-Taste (Abk.) *f* = Codewahltaste	code dialing key	touche de numérotation abrégée *f*
CTD (Abk.) = Zentrum zur Förderung des Fernmeldewesens (in Entwicklungsländern)	CTD, abbr.: Center for Telecommunication Development (in developing countries)	Centre pour le Développement des Télécommunications (dans les pays en voie de développement) *m*
CW (Abk.) = Codewahl	code dialing (*system feature*)	numérotation automatique (par central) *f*

D

DA (Abk.) = Doppelader	wire pair	paire de conducteurs *f*
DACT (Abk.) = Oberste französische Fernmeldebehörde für kommerzielle und Masseninformatik-Angelegenheiten	French supreme authority for telecommunication and telematics affairs	DACT, abr.: Direction des Affaires Commerciales et Télématiques *f*
DAE (Abk.) = digitale Anschlußeinheit	digital connecting unit	unité de raccordement numérique *f*
Dämpfung *f* (*Leitung*)	loss (*circuit*); attenuation (*transmit signal*)	affaiblissement *m* (*circuit*); atténuation *f*; amortissement *m*
Dämpfungsglied *n*	attenuator; attenuator pad	atténuateur *m*
Dämpfungskonstante *f*	attenuation coefficient; attenuation constant (*Am*)	constante d'affaiblissement *f*; coefficient d'affaiblissement *m*; constante d'atténuation *f*; coefficient d'atténuation *m*
Dämpfungsmaß *n* (*einer Leitung*)	attenuation measure (*of a line*); attenuation constant (*of a line*); attenuation equivalent	taux d'affaiblissement *m* (*d'une ligne*)
Dämpfungsplan *m*	overall loss plan; overall attenuation plan	plan d'affaiblissement *m*
Dämpfungsverlauf *m*	attenuation characteristic	courbe d'atténuation *f*; caractéristique d'atténuation *f*
Dämpfungsverzerrung *f*	attenuation distortion; frequency distortion (*Am*)	distorsion d'affaiblissement en fonction de la fréquence *f*
Darstellungsschicht *f*	presentation layer	couche de présentation *f*
Datei *f*, EDV	data file, EDP; file, EDP	fichier de données *m*
Dateimanager *m*	file manager	gestionnaire de fichiers *m*
Daten *n, pl*	data	données *f, pl*
Datenadresse *f*	data address	adresse des données *f*
Datenanzeigeeinrichtung *f*	data display equipment; data display unit	console de visualisation de données *f*
Datenaufbereitung *f*	data preparation	préparation des données *f*
Datenausgabe *f*	data output	sortie de données *f*
Datenaustausch *m*	data exchange	échange de données *m*
Datenbestand, EDV *m*	data stock, EDP; database, EDP, abbr.: DB	base de données, Edp *f*
Datenblatt *n*	data sheet	fiche de caractéristiques *f*; feuille de caractéristiques *f*; fiche technique *f*
Datenblock *m*	data block	paquet de données *m*
Dateneingabe *f*	data input; data entry; data acquisition, EDP; data collection; data recording	introduction des données *f*; entrée de données *f*; acquisition des données *f*; notation des données *f*; saisie de données *f*
Datenendeinrichtung *f*, Abk.: DEE	data terminal; data terminal equipment	terminal de données *m*; terminal de transmission de données *m*
Datenerfassung, EDV *f*	data input; data entry; data acquisition, EDP; data collection; data recording	introduction des données *f*; entrée de données *f*; acquisition des données *f*; notation des données *f*; saisie de données *f*
Datenerfassungsgerät *n*	data acquisition unit	unité d'acquisition de données *f*
Datenerfassungssystem *n*	data acquisition system	système d'acquisition de données *m*
Datenfernübertragung *f*, Abk.: DFÜ	remote data transmission	télétransmission de données *f*
Datenfernverarbeitung *f*	remote data processing; teleprocessing	télégestion de données *f*
Datenfunk *m*	data radio	données radio *f, pl*
Datengeber *m*	data transmitter	émetteur de données *m*

Datenkanal *m*	data channel	canal de données *m*
Datenkommunikation *f*	data communication	communication de données *f*
Datenladegerät *n*, Abk.: LG	data loader	moyen de chargement de données *m*
Datenleitung *f*	data line	ligne de transmission de données *f*; ligne de données *f*
Datenleser *m*	data reader	lecteur de données *m*
Datennetz *n*	data network	réseau de données *m*
Datennetzabschlußeinrichtung *f*, Abk.: DNAE	data network terminating equipment	terminal de réseau de données *m*
Datennetzabschlußgerät *n*, Abk.: DNG	data network terminal	appareil terminal de données *m*
Datennetzkontrollzentrum *n*, Abk.: DNKZ	data network control center, abbr.: NCC	centre de contrôle du réseau de données *m*
Datenprüfung *f*	data validation	scrutation de données *f*; contrôle de données *m*
Datenquelle *f*	data source	source de données *f*
Datenrate *f*	data rate	flux de données *m*
Datenregistriereinrichtung *f*	data recording equipment	équipement d'enregistrement de données *m*
Datenrückkopplung *f*	data feedback	asservissement de données *m*
Datenschnittstelle *f*	data interface	interface de données *f*
Datenschutz *m*	data protection	protection de données *f*
Datenselektor *m*, Abk.: DSEL	data selector	sélecteur de données *m*
Datensicherheit *f*	data security; data backup; backup (*data*)	sécurité de données *f*; sauvegarde de données *f*
Datensicherung *f*	data security; data backup; backup (*data*)	sécurité de données *f*; sauvegarde de données *f*
Datensichtgerät *n*	visual display unit, abbr.: VDU	appareil de visualisation *m*; appareil console de visualisation des données *m*; unité de visualisation *f*
Datenspeicher *m*	data storage device; data storage equipment	dispositif enregistreur de données *m*; dispositif de mise en mémoire *m*
Datenstelle *f*	data station	terminal de données *m*
Datensystem *n*	data system; data-processing system	système de données *m*; installation de traitement de données *f*
Datentechnik *f*	data engineering	technique de l'informatique *f*
Datenterminal *m*	data terminal; data terminal equipment	terminal de données *m*; terminal de transmission de données *m*
Datenträger *m*	data support; data carrier; data medium	support de données *m*
Datenübertragung *f*	data transmission; data transfer	transfert de données *m*; transmission de données *f*
Datenübertragungseinrichtung *f*, Abk.: DÜE	data communications equipment, abbr.: DCE	appareil de transmission de données *m*
Datenübertragungs-Steuereinheit, EDV *f*	multiplexer, abbr.: MUX	multiplexeur *m*
Datenumsetzerstelle *f*, Abk.: DUST	data converter center	poste de conversion de données *m*
Datenverarbeitung *f*	data processing, abbr.: DP	traitement de données *m*
Datenverarbeitungsanlage *f*, Abk.: DVA	data system; data-processing system	système de données *m*; installation de traitement de données *f*
Datenverbindung *f*	data connection; data link	liaison sémaphore de données *f*, abr.: LSD
datenverkehrsberechtigt	nonrestricted data traffic	accès au trafic de données *m*
Datenvermittlungsstelle *f*, Abk.: DVST	data switching exchange, abbr.: DSE	poste de commutation de données *m*
Datenvermittlungsstelle, leitungsvermittelt *f*, Abk.: DVSt-L	data switching exchange, circuit-switched	poste de commutation de données par circuits *m*
Datenvermittlungsstelle, paketvermittelt *f*, Abk.: DVSt-P	data switching exchange, packet-switched	poste de commutation de données par paquets *m*
Datenvielfach *n*	data multiple	multiplex de données *m*
Datenvorbereitung *f*	data preparation	préparation des données *f*
Datenwandler *m*	data converter	convertisseur de données *m*

Datum *n*	date	date *f*
Datumgeber *m*	date transmitter	émetteur de la date *m*
Dauergeräusch *n*	continuous noise	bruit blanc *m*
Dauerkennzeichen *n*	continuous signal	signal continu *m*
Dauerton *m*	continuous tone	tonalité continue *f*
D/A-Wandlung/Umsetzung (Abk.) = Digital-Analog-Wandlung/ Umsetzung	D-A conversion, abbr.: digital(-to)-analog conversion	conversion numérique-analogique *f*
D/B (Abk.) = digitale Bitratenanpassung	digital bit rate adaption	adaptation numérique de débit *f*
dB (Abk.) = Dezibel	decibel(s)	décibel *m*
DBP (veraltet) (Abk.) = Deutsche Bundespost = siehe: Deutsche Telekom	German Federal Post Office (outdated) = see: German Telecom; German Federal Postal Administration (outdated) = see: German Telecom	Administration des PTT en Allemagne *f* = voir: Télécom allemand; PTT allemands (ancien) = voir: Télécom allemand
DCM (Abk.) = Terminal Adapter von IBM	terminal adapter from IBM	adaptateur de terminal de IBM *m*
D/D (Abk.) = Digital-Digital-Geschwindigkeitsanpassung	digital-digital speed adaption	adaptateur de vitesse numérique-numérique *m*
Deckblatt *n*	cover sheet	page de garde *f*
Deckel *m*	cover(ing)	couverture *f*; couvercle *m*; capot *m*
Deckplatte *f*	cover plate	plaque de couverture *f*; tôle de protection *f*; couvercle de protection *m*
DEE (Abk.) = Datenendeinrichtung	data terminal; data terminal equipment	terminal de données *m*; terminal de transmission de données *m*
defekt	defective	défectueux; faux; fautif
definieren	define (*criteria*); determine	définir (*critères*); déterminer
Definition *f*	definition	définition *f*; détermination *f*
Dekodierer *m*	decoder	décodeur *m*
Detektor *m*	detector; call point; alarm device	détecteur *m* (*général*)
Deutsche Bundespost (veraltet) *f*, Abk.: DBP, siehe: Deutsche Telekom	German Federal Post Office (outdated) = see: German Telecom; German Federal Postal Administration (outdated) = see: German Telecom	Administration des PTT en Allemagne *f* = voir: Télécom allemand; PTT allemands (ancien) = voir: Télécom allemand
Deutsche Telekom	German Telecom	Télécom allemand
dezentral	decentralized	décentralisé
Dezibel *n*, Abk.: dB	decibel(s)	décibel *m*
DFG (Abk.) = Deutsche Fernsprechgesellschaft	German telephone association	Société Téléphonique Allemande *f*
DFÜ (Abk.) = Datenfernübertragung	remote data transmission	télétransmission de données *f*
DGT (Abk.) = Generaldirektion für Telekommunikation (franz. Behörde)	DGT, abbr.: French general telecoms directorate	DGT, abr.: Direction Générale des Télécommunications *f*
Diaabtaster *m*	slide scanner	balayage de diapositive *m*
Diagramm *n*	diagram; block diagram	diagramme *m*
Dialogfeld *n*	dialog box	boîte de dialogue *f*
Dialoggerät *n*	acoustic data entry system	système acoustique d'entrée de données *m*; système acoustique d'écriture de données *m*
DIC (Abk.) = digitaler Konzentrator	digital concentrator	concentrateur numérique *m*
Dichte *f* (*Netz~*)	coverage (~ *of network*); density (~ *of network*)	densité *f* (~ *du réseau*)
Dichtungsring *m*	washer	rondelle *f*
Dickschicht *f*	thick-film	couche épaisse *f*
Dickschichthybrid *n*	thick-film hybrid	hybride couche épaisse *m*
Diebstahlsicherung *f*	anti-theft protection	protection antivol *f*
Dienst *m*	service	service *m*, abr.: SER
Diensteanbieter *m*	service provider	prestataire de services *m*

diensteintegrierendes digitales Fernmeldenetz *n*, Abk.: ISDN	Integrated Services Digital Network, abbr.: ISDN	réseau Numéris *m*; Réseau Numérique à Intégration de Services *m*, abr.: RNIS; réseau numérique avec intégration des services *m*, abr.: RNIS
diensteintegrierendes Fernmeldenetz *n*	integrated services network	réseau avec intégration des services *m*
Dienstgang *m*	official trip	démarche administrative *f*
Dienstgespräch *n*	business call	appel de service *m*
Dienstgüte *f*	service quality	qualité de service *f*
Dienstmerkmal *n*	service attribute	attribut de service (de télécommunications) *m*
Dienst mit festen Verbindungen *m*	permanent circuit (telecommunication) service	service de circuit (de télécommunications) permanent *m*
Dienstreise *f*	business trip	voyage d'affaires *m*
Dienststelle *f*	public service office	bureau de service public *m*
Dienstübergang *m*, Abk.: DÜ	service interworking	changement de service *m*
Differentialkuppler *m*	differential coupler	couple différentiel *m*
differenzieren	differentiate	différencier
DigFeAp (Abk.) = digitaler Fernsprechapparat	digital telephone	poste numérique *m*
digital	digital	numérique
Digital-Analog-Konverter *m*	digital-analog converter	convertisseur numérique/analogique *m*, abr.: CNA
Digital-Analog-Wandlung/Umsetzung *f*, Abk.: D/A Wandlung/Umsetzung	digital(-to)-analog conversion, abbr.: D-A conversion	conversion numérique-analogique *f*
Digitalanschluß *m*	digital line	ligne numérique *f*
Digitalanzeige *f*	digital display	affichage numérique *m*
Digital-Digital-Geschwindigkeitsanpassung *f*, Abk.: D/D	digital-digital speed adaption	adaptateur de vitesse numérique-numérique *m*
digitale Anschlußeinheit *f*, Abk.: DAE	digital connecting unit	unité de raccordement numérique *f*
digitale Bilderfassung und ~fernübertragung *f*	digital image recording and transmission	ANTILOPE, abr.: acquisition numérique et télévisualisation d'images *f*
digitale Bitratenanpassung *f*, Abk.: D/B	digital bit rate adaption	adaptation numérique de débit *f*
digitale Durchschaltung *f*	digital switching, abbr.: DS	commutation numérique *f*
digitale Leitung *f* (*Schaltkreis*)	digital circuit	circuit numérique *m*
digitaler Durchschalteknoten *m*	digital switching node	nœud de commutation numérique *m*
digitaler Fernkopierer *m*	digital telecopier	télécopieur numérique *m*
digitaler Fernsprechapparat *m*, Abk.: DigFeAp	digital telephone	poste numérique *m*
digitaler Filter *m*	digital filter	filtrage numérique *m*, abr.: FNU
digitaler Konzentrator *m*, Abk.: DIC	digital concentrator	concentrateur numérique *m*
digitaler Netzabschluß *m*	digital network termination	terminal numérique de réseau *m*, abr.: TNR
digitaler Übertragungsabschnitt *m*	digital transmission link; digital link	ligne de transmission numérique *f*; liaison numérique *f*; liaison de transmission numérique *f*
digitaler Übertragungskanal *m*	digital channel; digital transmission channel	voie numérique *f*; voie de transmission numérique *f*
digitaler Vermittlungsknoten *m*	digital switching node	nœud de commutation numérique *m*
digitales Endgerät *n*	digital terminal	terminal numérique *m*
digitales Großsystem *n*	large-scale digital system	système numérique grande capacité *m*
digitales Netz *n*	digital network	réseau numérique *m*
digitales Signal *n*	digital signal	signal numérique *m*
digitale Straßenkarte *f*	digital road map	carte routière numérique *f*
digitales Vermitteln *n*	digital switching, abbr.: DS	commutation numérique *f*
digitale Teilnehmerendeinrichtung *f*	digital subscriber terminal	terminaison numérique d'abonné *f*, abr.: TNA

digitale Teilnehmerschaltung *f*, Abk.: TDN	digital subscriber circuit	circuit d'abonné numérique *m*; joncteur d'abonné numérique *m*, abr.: JAN
digitale Telekommunikationsleitung *f*	digital telecommunication circuit	circuit numérique de télécommunications *m*
digitale Übertragerverbindung *f*, Abk.: DUEV	digital transmission link; digital link	ligne de transmission numérique *f*; liaison numérique *f*; liaison de transmission numérique *f*
digitale Übertragung *f*	digital transmission	transmission numérique *f*
digitale Unteranlage *f*	digital subexchange	concentrateur satellite numérique *m*, abr.: CSN
digitale Vermittlung(sstelle) *f*, Abk.: DIV	digital exchange	commutateur numérique *m*; central numérique *m*
digitale zentrale Einrichtung *f*	digital exchange	commutateur numérique *m*; central numérique *m*
Digitalisierung *f*	digitalization; digitization	numérisation *f*
Digitalsignal *n*	digital signal	signal numérique *m*
Digitalsignalverbindung *f*, Abk.: DSV	digital path	connexion par signaux numériques *f*
Digitalsystem *n*	digital system	système numérique *m*
Digitaltechnik *f*	digital technology	technique numérique *f*
Digitalverbindung *f*	digital connection	connexion numérique *f*
Digital-Vermittlungseinrichtung *f*	digital exchange	commutateur numérique *m*; central numérique *m*
Digital-Wählsystem *n*	digital dialing system	système de sélection numérique *m*
DIN (Abk.) = Deutsches Institut für Normung = Deutsche Industrienorm	DIN, abbr.: German Institute for Standardization	DIN, abr.: norme industrielle allemande
Diode *f*	diode	diode *f*
Direktanruf *m*	direct call	appel direct *m*
Direktbündel *n*	primary trunk group; direct circuit group	faisceau de premier choix *m*; faisceau de lignes directes *m*
direkte Amtswahl *f*	direct access to external lines	accès direct aux lignes réseau *m*
direkter Wahlverkehr zwischen Teilnehmern *m*	direct extension-extension dialing	appel direct d'abonné à abonné *m*
direktes Bündel *n*	primary trunk group; direct circuit group	faisceau de premier choix *m*; faisceau de lignes directes *m*
direkt gesteuertes System *n*	direct-control system	système à contrôle direct *m*; système à commande directe *m*
Direktruf *m*	hot line; direct line; direct-access call	appel direct (usagers internes) *m*; appel au décroché *m*
Direktrufdienst *m*	hot-line service; direct connection; trunk junction circuit (*Brit*); toll switching trunk (*Am*)	ligne directe *f*, abr.: LD
Direktrufeinrichtung *f*	direct-access facility	faculté d'appel au décroché *f*
Direktrufnetz *n*, Abk.: DRN	network for fixed connections	réseau d'appel direct *m*
Direktruf, selbsttätiger ~ *m*	automatic direct call	appel direct automatique *m*
Direktrufteilnehmer *m*	direct-access extension	poste d'appel au décroché *m*
Direktverbindung *f*	hot-line service; direct connection; trunk junction circuit (*Brit*); toll switching trunk (*Am*)	ligne directe *f*, abr.: LD
Direktwahl *f*	automatic dialing; automatic selection; direct dialing; autodial; direct access	numérotation automatique *f*; sélection directe *f*; prise directe *f*; appel automatique *m*
Direktwahlverkehr *m*	direct-dialing traffic	trafic d'appel au décroché *m*
Direktweg *m*	high-usage route; direct route	voie à fort trafic *f*; acheminement direct *m*
Diskette *f*	diskette; floppy disk	disquette *f*
diskret-getaktetes Signal *n*	discretely-timed signal	signal discret *m*; signal temporel discret *m*
Diskrimination *f*	barring; inhibiting; discrimination	interdiction *f*; discrimination *f*, abr.: DISCRI

Display *n*	display; indication	affichage *m*; écran *m* (*affichage*)
Distanzrohre *n, pl*	spacers; distance pieces	entretoises *f, pl*
DIV (Abk.) = digitale Vermittlung(sstelle)	digital exchange	commutateur numérique *m*; central numérique *m*
dividieren	divide	diviser
D-Kanal *m* = ISDN-Steuerkanal = Steuerkanal auf der Teilnehmer-Anschlußleitung	D channel, abbr.: ISDN channel on the subscriber line	canal D RNIS, abr.
DKZ-N1 (Abk.) = digitales Kennzeichenverfahren für Nebenstellenanlagen Nr. 1	digital signaling method for private branch exchanges	signalisation numérique *f*
DNAE (Abk.) = Datennetzabschlußeinrichtung	data network terminating equipment	terminal de réseau de données *m*
D-Netz *n*	D-network	réseau D *m*
DNG (Abk.) = Datennetzabschlußgerät	data network terminal	appareil terminal de données *m*
DNKZ (Abk.) = Datennetzkontrollzentrum	NCC, abbr.: data network control center	centre de contrôle du réseau de données *m*
Doppelader *f*, Abk.: DA	wire pair	paire de conducteurs *f*
Doppelanschluß *m*	dual-telephone connection	connecteur téléphonique double *m*
doppelt gerichtet, Abk.: gk	both-way; two-way; incoming-outgoing, abbr.: ic-og	bidirectionnel
Doppelverbindung *f*	double connection	connexion bidirectionnelle *f*
Dose *f*	socket; wall socket; plug receptacle (*Am*)	prise femelle *f*; prise de courant *f*
Draht *m*, Abk.: Dr	wire	fil *m*; brin (d'un câble) *m*
Drahtbrücke *f*	solder jumper; strap; jumper; hookup wire; wire bridge	strap à souder *m*; fil de connexion *m*; strap *m*; cavalier *m*
Drahtbrücken-Zweipunktverbindung *f*	jumper 2-point connection	strap *m*
drahtlos	wireless	sans fil *m*
Drängellampe *f*	reminder lamp; hurry-up lamp; urgent lamp	voyant d'appel en attente *m*
Draufsicht *f*	top view	vue de dessus *f*
DRE (Abk.) = Einberufer Chefapparat	DKC, abbr.: convener executive set; originator executive set	maître de conférence *m* (*poste chef*)
Drehpotentiometer *n*	rotary potentiometer	potentiomètre variable *m*
Drehrahmengestell *n*	hinged frame rack	bâti pivotant *m*
Dreiergespräch *n*	three-party call / ~-~ conference, abbr.: 3PTY; three-way calling	conférence à trois *f*
Dreipunktschaltung *f*	three-point connection (*circuit*); Hartley circuit (*oscillator*)	montage de Hartley *m*
Drittel *n*	one-third	tiers *m*, abr.: TRS
Dritter *m*	third party	tiers *m*, abr.: TRS
DRN (Abk.) = Direktrufnetz	network for fixed connections	réseau d'appel direct *m*
Dropout *m*	dropout	perte d'information *f*
Drossel *f*	choke	bobine *f*; self *f*
drücken	press; depress	appuyer; actionner
Drucker *m*	printer	imprimante *f*
Druckeranschluß *m*	printer connection	raccordement imprimante *m*
Druckrolle *f* (*Drucker*)	print roll	rouleau d'impression *m*
Druckverbinder *m*	pressure connector	connecteur par pression *m*
DS0 (Abk.) = Digital Linecard S0 = digitale Teilnehmerschaltung	DS0, abbr.: Digital Linecard S0	DS0, abr.: Digital Linecard S0, circuit d'abonné numérique
DSEL (Abk.) = Datenselektor	data selector	sélecteur de données *m*
DSP (Abk.) = dynamischer Speicher	dynamic memory	mémoire vive dynamique *f*
DSV (Abk.) = Digitalsignalverbindung	digital path	connexion par signaux numériques *f*
DT0 (Abk.) = Digital Linecard TIE/T0 = digitale Anschlußorganbaugruppe	DT0, abbr.: Digital Linecard TIE/T0	DT0, abr.: Digital Linecard T0/TIE = circuit numérique avec diverses possibilités de configuration
DÜ (Abk.) = Dienstübergang	service interworking	changement de service *m*

DUART (Abk.) = Dual Asynchronous Receiver/Transmitter	DUART, abbr.: Dual Asynchronous Receiver/Transmitter	DUART, abr.: Dual Universal Asynchronous Receiver/Transmitter
DUE (Abk.) = Durchwahlübertragung	in-dialing circuit; DID circuit; direct inward dialing circuit	circuit de sélection directe à l'arrivée *m*
DÜE (Abk.) = Datenübertragungseinrichtung	DCE, abbr.: data communications equipment	appareil de transmission de données *m*
DUEV (Abk.) = digitale Übertragerverbindung	digital transmission link; digital link	ligne de transmission numérique *f*; liaison numérique *f*; liaison de transmission numérique *f*
Dünnschichtschaltung *f*	thin-film circuit	circuit couche fine *m*
DUP0 (Abk.) = Digital Linecard UP0 = digitale Teilnehmerschaltung	DUP0, abbr.: Digital Linecard UP0	DUP0, abr.: Digital Linecard UP0 = circuit d'abonné numérique
duplex, Abk.: dx	duplex	duplex *m*
Duplexbetrieb *m*	duplex operation; duplex communication	fonctionnement en duplex *m*; téléphonie bidirectionelle *f*; téléphonie duplex *f*
duplizierte Rechnersteuerung *f*	duplicated computer control	gestion dupliquée par ordinateur *f*
durchbrechen (*Anrufschutz ~*)	override (*DND*); abort (*program*); interrupt (*program*)	percer (*repos téléphonique*); interrompre (*programme, repos téléphonique*)
durchführen	carry out; conduct; make	exécuter; conduire; faire
Durchgang *m*	transit	transit *m*, abr.: TRAN
Durchgangsamt *n*	transit exchange, abbr.: TEX; tandem switching center / ~ ~ exchange, abbr.: TSX; transit switching center	central de transit *m*; réseau d'autocommutateurs *m*; autocommutateurs en réseau *m*, *pl*; centre de transit *m*, abr.: CLASS 4, abr.: CT
Durchgangsdämpfung *f*	insertion loss	affaiblissement d'insertion *m*
Durchgangsprüfung *f*	continuity check	test de continuité *m*
Durchgangsregister *n*	transit register	registre de transit *m*
Durchgangsverkehr *m*	transit traffic	trafic de transit *m*
Durchgangsvermittlungsstelle *f*	transit exchange, abbr.: TEX; tandem switching center / ~ ~ exchange, abbr.: TSX; transit switching center	central de transit *m*; réseau d'autocommutateurs *m*; autocommutateurs en réseau *m*, *pl*; centre de transit *m*, abr.: CLASS 4, abr.: CT
durchgehende Signalisierung *f*	end-to-end signaling	signalisation de bout en bout *f*
durchkontaktierte Bohrung *f*	plated-through hole (*PCB*); feed-through (*PCB*)	trou métallisé *m*
Durchsage *f*	announcement; talk-through	annonce *f*
Durchschalteknoten *m*	switching node	nœud de commutation *m*
durchschalten (*ein Gespräch ~*)	switch through; through-connect; link; connect (to)	commuter (*~ une communication*); brancher; connecter (à); relier
Durchschaltephase *f*	switching phase; through-connect phase	phase de commutation *f*
Durchschaltesignal *n*	through-connection signal	signal de commutation *m*
Durchschaltetechnik *f*	circuit switching, abbr.: CS	technique de commutation *f*
Durchschalteverbindungssatz *m*	through-switching junction	joncteur de commutation *m*
Durchschaltezusatz *m*	through-switching supplementary unit; through-switching attachment	équipement supplémentaire de commutation *m*
Durchschaltung *f*	switching; through-connection; routing; switchover; changeover	commutation *f*; acheminement *m*; basculement *m*
Durchschaltung, räumliche ~ *f*	space-division switching; space-spatial switching	commutation spatiale *f*
Durchschlagfestigkeit *f*	dielectric strength	résistance diélectrique *f*
Durchschlagspannung *f*	disruptive voltage; breakdown voltage	tension disruptive *f*
Durchsetztaste *f*	carry-through button	bouton de transfert *m*
Durchwahl *f*, Abk.: DUWA	direct inward dialing, abbr.: DID	sélection directe à l'arrivée *f*, abr.: SDA
Durchwahlprüfteilnehmer *m*	in-dialing test extension	combiné d'essai de sélection directe à l'arrivée *m*

Durchwahlübertragung *f*, Abk.: DUE	in-dialing circuit; DID circuit; direct inward dialing circuit	circuit de sélection directe à l'arrivée *m*
Durchwahlzusatz *m*	through-dialing attachment	dispositif de sélection directe à l'arrivée *m*
DUST (Abk.) = Datenumsetzerstelle	data converter center	poste de conversion de données *m*
DUWA (Abk.) = Durchwahl = Nebenstellendurchwahl	DID, abbr.: direct inward dialing	SDA, abr.: sélection directe à l'arrivée *f*,
DVA (Abk.) = Datenverarbeitungsanlage	data system; data-processing system	système de données *m*; installation de traitement de données *f*
DVST (Abk.) = Datenvermittlungsstelle	DSE, abbr.: data switching exchange	poste de commutation de données *m*
DVSt-L (Abk.) = Datenvermittlungsstelle, leitungsvermittelt	data switching exchange, circuit-switched	poste de commutation de données par circuits *m*
DVSt-P (Abk.) = Datenvermittlungsstelle, paketvermittelt	data switching exchange, packet-switched	poste de commutation de données par paquets *m*
dx (Abk.) = duplex	duplex	duplex *m*
Dynamik *f* (*der Sprache*)	dynamic range	dynamique *f*
dynamischer Speicher *m*, Abk.: DSP	dynamic memory	mémoire vive dynamique *f*

E

EA (Abk.) = Eingabe/Ausgabe	I/O, abbr.: Input (voltage earth), Output	entrée/sortie *f*
EBCDIC (Abk.) = 8-Bit-Code für IBM und kompatible Anlagen	EBCDIC, abbr.: 8-bit code for IBM and compatible systems	EBCDIC, abr.: code à 8 bits pour installations IBM et compatibles
Echo *n*	echo	écho *m*
Echodämpfung *f*	echo attenuation; active return loss (*Am*)	affaiblissement d'écho *m*
Echolaufzeit *f*	echo-transmission time	temps de propagation de l'écho *m*
Echtzeit *f*	real time	temps réel *m*; en temps réel *m*
Eckfrequenz *f*	limit frequency; cut-off frequency	fréquence limite *f*
editieren (*Daten*)	edit (*data*); process	éditer
Editiertasten *f, pl*	editing keys	touches d'édition *f, pl*
EDS (Abk.) = Elektronisches Datenvermittlungssystem	electronic data switching system	système électronique de commutation de données *m*
EDU = Error Display Unit = Fehleranzeige	EDU, abbr.: Error Display Unit	EDU, abr.: Error Display Unit = affichage des erreurs
EE (Abk.) = Endeinrichtung mit a/b- Schnittstelle (z.B. Modem)	terminal equipment with a/b interface (e.g. modem)	installation terminale avec interface a/b *f*
Effekt *m*	effect	effet *m*
EFTA (Abk.) = Europäische Freihandelsgesellschaft	EFTA, abbr.: European Free Trade Association	AELE, abr.: Association Européenne de Libre Échange *f*
EHKP (Abk.) = einheitliche höhere Kommunikationsprotokolle	uniform higher-level communications protocols	protocole unitaire de communications *m*
Eichleitung *f*	reference circuit; standard transmission line	circuit de référence *m*; ligne d'étalonnage *f*; circuit d'étalon *m*
Eigendämpfung *f* (*Gerät*)	intrinsic loss (*equipment*)	affaiblissement intrinsèque *m* (*appareil*)
eigensicher	intrinsically safe	antidéflagrant
Eigenzuweisung *f*	self-assignment	affectation particulière *f*
ein/aus (*Anzeige*)	on/off (*display*)	allumé/éteint (*affichage*)
Ein-/Ausgabeanschluß *m*	I/O port	port entrée sortie *m*
Ein-/Ausgabeschnittstelle *f*	I/O interface	interface entrée sortie *f*
Einbau-...	built-in ...; built-in; integrated	encastré; inséré; incorporé; intégré
Einbaubuchse *f*	panel jack	jack encastré *m*
Einbaumaß *n*	mounting dimensions	dimension de montage *f*
Einbausatz *m*	built-in set; assembly set	lot de montage *m*; ensemble de montage *m*; jeu de montage *m*
Einbausatz *m* (*Gestell~*)	kit (*rack*)	kit *m* (*bâti*)
Einbauschiene *f*	built-in bar	réglette incorporée *f*
Einbautaster *m*	built-in pushbutton	bouton-poussoir encastré *m*
Einberufer-Chefapparat *m*, Abk.: DRE	convener executive set, abbr.: DKC; originator executive set, abbr.: DKC	maître de conférence *m* (*poste chef*)
Einbruchmeldesystem *n*	burglar-alarm system	avertisseur d'effraction *m*
einfache Datenübertragung *f*	simple data transmission	transmission simple de données *f*
einfacher Datendienst *m*	simple data service	service simple de données *m*
Einfachzählung *f*	single metering	taxation simple *f*
Einfallabstand, Ruf~ *m*	interval time of calls	intervalle de temps entre appels *m*
Einfügungsdämpfung *f*	insertion loss	affaiblissement d'insertion *m*
Einfügungsgewinn *m*	insertion gain	gain d'insertion *m*
Einfügungsverlust *m*	insertion loss	affaiblissement d'insertion *m*
Eingabe *f*	input	entrée *f*
Eingabe/Ausgabe *f*, Abk.: EA	Input (voltage earth), Output, abbr.: I/O	entrée/sortie *f*
Eingabe/Ausgabe-Schaltung *f*	input/output circuit	circuit d'entrée sortie *m*
Eingabegerät *n*	input unit	unité d'entrée *f*
Eingabetastatur *f*	input keyboard	clavier d'entrée *m*

Eingabe-Terminal *m*	input terminal	terminal d'entrée *m*
Eingang *m*	input	entrée *f*
Eingangschaltung *f*	input circuit	circuit d'entrée *m*
Eingangsfeld *n*	input panel	tableau d'entrée *m*
Eingangsscheinwiderstand *m*	input impedance; sending end impedance	impédance d'entrée *f*
eingangsseitige Stifte *m, pl*	input side pins	broches d'entrée *f, pl*
Eingangsspannung *f*	input voltage	tension d'entrée *f*
Eingangssymmetriedämpfung *f*	input balance attenuation	affaiblissement d'équilibre d'entrée *m*
eingebaut	built-in ...; built-in; integrated	encastré; inséré; incorporé; intégré
Einhandbedienung *f*	one-hand control	contrôle d'une seule main *m*
einhängen (*den Hörer ~*)	replace (*the handset*); go on-hook; hang up	raccrocher (*~ le combiné*)
Einhängezeichen *n*	on-hook; clearing signal	signal de raccrochage *m*
Einheit *f* (*Maßeinheit*)	unit (of measurement)	unité (de mesure) *f*
einheitliche höhere Kommunikationsprotokolle *n, pl*, Abk.: EHKP	uniform higher-level communications protocols	protocole unitaire de communications *m*
Einigungstakt *m*	agreement pulse	top de synchronisation *m*
einkoppeln	couple; switch over; change over	coupler; commuter; basculer
Einlegestreifen *m*	legend strip	bande d'étiquetage *f*
einlöten	solder	souder
einmalige Gebühr *f*	non-recurring charge; one-off charge; one-time charge	taxation simple *f*; taxation unique *f*
Einmannumlegung *f*	hold-for pickup; simplified call transfer	transfert non-supervisé *m*
einpegeln	adjust (*level*)	ajuster; régler
Einphasung Synchrontakt *f*, Abk.: ESY	sync clock phase-in	synchronisation *f*
einrasten	latch; snap in; catch; engage; lock	enficher; encliqueter
Einrichtung *f*	facility	facilité *f*
Einsatz *m* (*Anwendung*)	use; application	utilisation *f*; application *f*; usage *m*; emploi *m*
Einsatz *m* (*Einfügung*)	insert(ion)	insert *m*; insertion *f*
Einsatzteil *n*	insert(ion)	insert *m*; insertion *f*
einschalten	switch on	mettre en circuit *m*; mettre sous tension *f*
Einschaltroutine *f*, Abk.: ER, Abk.: ESR	power-up routine; start routine	routine de mise sous tension *f*; programme de mise en route *m*
Einschaltung *f*	cut-over; starting; switching on	mise sous tension *f*; démarrage *m*
einschleifen	loop in	roder; meuler; insérer dans la boucle *f*
einschnappen	latch; snap in; catch; engage; lock	enficher; encliqueter
Einschränken des Internverkehrs *n*	limitation of internal traffic	limitation du trafic interne *f*
Einschränkung *f*	limitation; restriction	limitation *f*; restriction *f*
Einschubtechnik *f*	slide-in technique	principe d'enfichage de carte *m*
Einschwingzeit *f* (*Oszillator*)	response time (*oscillator*)	temps de réponse *m* (*oscillateur*)
einseitig	single-sided; one-way	à sens unique *m*; simple face *f*
einspeichern, EDV	store, EDP; save, EDP	mémoriser, Edp; mettre en mémoire, Edp *f*; sauvegarder, Edp
Einspeichersteuerung *f*	storing control; read-in control	commande de sauvegarde *f*
einstecken (*LP, Modul*)	insert (*PCB, module*)	insérer; enficher (*CI, module*)
Einsteckplatz *m*	plug-in position	emplacement de la carte *m*
Einstellanleitung, ~vorschrift *f*	adjustment instructions	instruction de réglage *f*
einstellbar	adjustable	ajustable; réglable
einstellige Kennzahl *f*	single-digit code	code à un chiffre *m*
Einstelltaste *f*	adjusting button	bouton de réglage *m*
Einstellung *f*	setting; adjustment	réglage *m*; ajustement *m*
einstufige Koppelung *f*	single-stage switching array; single-stage switching coupling	réseau de connexion à un étage *m*
eintasten	key in	saisir
Eintreteanruf *m*	break-in; priority break-in; cut-in; busy override; call offer(ing), abbr.: CO; assist	intervention en ligne *f*; priorité avec écoute *f*; appel opératrice *m* (*faculté*)

Eintreteaufforderung *f*	break-in; priority break-in; cut-in; busy override; call offer(ing), abbr.: CO; assist	intervention en ligne *f*; priorité avec écoute *f*; appel opératrice *m* (*faculté*)
Eintreten *n*	break-in; priority break-in; cut-in; busy override; call offer(ing), abbr.: CO; assist	intervention en ligne *f*; priorité avec écoute *f*; appel opératrice *m* (*faculté*)
Eintretezeichen *n*	intrusion tone; intervention tone; cut-in tone	signal d'entrée en tiers de l'opératrice *m*; tonalité d'entrée en tiers *f*
einwirken	effect	effectuer
Einzelabrechnung *f* (*Gebühr*)	detailed bill; charge-per-call basis; itemized billing	facturation détaillée *f*; facturation détaillée par communication *f*
Einzelabtastimpuls *m*	discrete sampling pulse	impulsion d'échantillonnage unique *f*
Einzelanschluß *m*	single line	ligne individuelle *f*
Einzelanschlußleitung *f*	single-line circuit; single-line subscriber	ligne individuelle d'abonné *f*
Einzeleingabe *f*	individual input	entrée individuelle *f*
Einzelgebührenerfassung *f*	call detail recording	saisie individuelle de la taxation *f*
Einzelgesprächsbericht *m*	exceptional call report	rapport individuel de communication *m*
Einzelgesprächserfassung *f*	detailed registration of call charges	enregistrement détaillé de taxes *m*; facturation détaillée des communications *f*
Einzelgesprächszählung *f*	single call counting	compte détaillé des taxes *m*
einzeln	single; individual	seul; unique; individuel
Einzelruf *m*	direct individual access	accès direct individuel *m*
Einzeltakt *m*	single clock; single pulse; single timing pulse	impulsions d'horloge *f, pl*
elektrische Daten *n, pl*	electrical data	caractéristiques électriques *f, pl*
Elektrolyt-Kondensator *m*, Abk.: Elko	electrolytic capacitor	condensateur électrolytique *m*
elektro-magnetische Verträglichkeit *f*, Abk.: EMV	electromagnetic compatibility, abbr.: EMC	compatibilité électromagnétique *f*, abr.: EMC
elektronische Nachrichten *f, pl*	electronic mail	messagerie électronique *f*
elektronische Post *f*	electronic mail	messagerie électronique *f*
elektronischer Schnitt *m*	electronic cut	coupure électronique *f*
Elektronischer Verkehrslotse für Autofahrer *m*	autonomous traffic pilot for motorists	pilote électronique pour les automobilistes *m*
Elektronisches Datenvermittlungssystem *n*, Abk.: EDS	electronic data switching system	système électronique de commutation de données *m*
Elektronisches Telefonbuch *n*, Abk.: ETB	electronic telephone directory	annuaire électronique *m*
elektronische Unteranlage *f*	electronic subsystem	concentrateur satellite électronique *m*, abr.: CSE
elektrostatische Entladung *f*	electrostatic discharge	décharge électrostatique *f*, abr.: DES
Elektrotechnik *f*	electrotechnics; electrical engineering	électrotechnique *f*
Element *n*	element	élément *m*
Elko (Abk.) = Elektrolyt-Kondensator	electrolytic capacitor	condensateur électrolytique *m*
eloxieren	anodize	oxyder électrolytiquement; anodiser
E-Mail	E-mail	messagerie électronique *f*
EMK (Abk.) = elektromotorische Kraft	EMF, abbr.: electromotive force, (resistance)	fem, abr.: force électromotrice *f*
Empfang *m*	reception; receiving; receipt	réception *f*
empfangen	receive	recevoir
Empfänger *m* (*einer Nachricht*)	receiver; addressee; recipient	destinataire *m*; récepteur *m*
Empfängererkennung *f*	destination identifier	code de destination *m*
Empfangsader *f*	receive wire	fil de réception *m*
Empfangsanlage *f*	reception facility; reception equipment	équipement de réception *m*

Empfangsbestätigung *f*	acknowledgement, abbr.: ACK; answer back; message; reply; checkback; reception confirmation; confirmation of receipt	acquit(tement) *m*; confirmation de réception *f*
Empfangsbezugdämpfung *f*	receiving reference loss	équivalent de référence à la réception *m*; affaiblissement de référence de réception *m*
Empfangseinrichtung *f*	receiver (*equipment*); receiving equipment	appareil de réception *m*; récepteur *m* (*appareil*)
Empfangsfrequenz *f*	receiving frequency	fréquence de réception *f*
Empfangsgerät *n*	receiver (*equipment*); receiving equipment	appareil de réception *m*; récepteur *m* (*appareil*)
Empfangsleitung *f*	receive path	ligne de réception *f*
Empfangsmodul *n*	receiving module	module récepteur *m*
Empfangsmonitor *m*	reception monitor	moniteur de réception *m*
Empfangsqualität *f*	reception quality	qualité de réception *f*
Empfangssammelschiene *f*, Abk.: ESA	receiving bus	bus de réception *m*
Empfangstakt *m*	received clock pulse	impulsion de réception *f*
Empfangsteilnehmer *m*	receiving subscriber	abonné destinataire *m*; abonné récepteur *m*
Empfehlung *f*	recommendation	recommandation *f*
Empfindlichkeit *f* (*Meßgerät*)	sensitivity (*measuring instrument*)	sensibilité *f*
empfohlen	recommended; suggested	recommandé
E & M-Signalisierung *f*	E & M signaling	procédure RON et TRON *f*
EMV (Abk.) = elektro-magnetische Verträglichkeit	EMC, abbr.: electromagnetic compatibility	EMC, abr.: compatibilité électromagnétique *f*
Endamt *n*	local office; local exchange, abbr.: LEX; terminal exchange; end exchange	central local *m*, abr.: CLASS 5; centre de commutation local *m*; service urbain des télécommunications *m*; centre local *m*, abr.: CL; central régional *m*; centre terminal de commutation *m*; central terminal / ~ urbain *m*
Endausbau *m*	final capacity	capacité finale
Ende *n*	end	bout *m*; fin *f*
Endeinrichtung *f*	terminal equipment, abbr.: TE	équipement terminal *m* (*général*)
Endeinrichtung mit a/b-Schnittstelle (z.B. Modem) *f*, Abk.: EE	terminal equipment with a/b interface (e.g. modem)	installation terminale avec interface a/b *f*
End-End-Verkehr *m*	end-to-end traffic	trafic point à point *m*
Endetaste *f*	clearing button / key; end button	bouton de fin *m*; bouton de libération *m*
Endgerät *n*	terminal; station	terminal *m*
Endgeräte-Anpassung *f*	terminal adapter, abbr.: TA	adaptateur de terminal *m*, abr.: AT
Endgeräteauswahl *f*	terminal selection	sélection de terminaux *f*
Endgeräte der Kommunikationstechnik *n, pl*	communication terminals	terminaux de communication *m, pl*
Endmarkierer *m*	end marker; final marker	marqueur final *m*
Endregler *m*	final control	commande finale *f*
Endschaltung *f*	terminating circuit	circuit termineur *m*
Endstelle *f*	terminal station	poste terminal *m*
Endstelleneinrichtung *f*	subscriber apparatus	équipement terminal *m* (*terminal d'abonné*)
Endvermittlungsstelle *f*, Abk.: EVSt	local office; local exchange, abbr.: LEX; terminal exchange; end exchange	central local *m*, abr.: CLASS 5; centre de commutation local *m*; service urbain des télécommunications *m*; centre local *m*, abr.: CL; central régional *m*; centre terminal de commutation *m*; central terminal / ~ urbain *m*
Endverstärker *m*	terminal repeater; terminal amplifier	amplificateur final *m*
Endzeichen *n*	terminating character	caractère final *m*

Energiebedarf *m*	power consumption (*watts*); current consumption	consommation en énergie *f*; consommation de courant / ~ ~ puissance *f*
Energieversorgung *f*	power supply, abbr.: PS	alimentation de courant *f*; alimentation *f*; alimentation en énergie *f*; approvisionnement en énergie *m*
Engpass *m*	traffic bottleneck	surcharge de trafic *m*
Entdämpfung *f*	deattenuation; regeneration	compensation de l'armortissement *f*; régénération *f*
entfällt	omitted; not applicable; not required	supprimé
entfällt (*bei Ausbau*)	removed; dropped	démonté
entfernen	remove; dismount	enlever; démonter; retirer
Entfernung *f* (*Abstand*)	distance; pitch	distance *f*
Entkopplungskondensator *m*	isolating capacitor; decoupling capacitor	condensateur de découplage *m*
Entkopplungsschaltung *f*	decoupling circuit	circuit de découplage *m*
Entladung *f* (*Stromkreis*)	discharge (*circuit*)	décharge *f*
Entlötgerät *n*	unsoldering set; solder extraction device	dessoudeur *m*; appareil à dessouder *m*
Entmagnetisierung *f*	demagnetization	démagnétisation *f*
Entprellung *f*	debounce	anti-rebonds *m*
entriegeln	cut off; break; isolate; cut	déconnecter; couper; séparer; débrancher
Entsperren einer Leitung *f*	unblocking a line; clearing a line; releasing a line; enabling a line	déblocage d'une ligne *m*
Entstörfilter *m*	noise suppression filter	filtre anti-parasite *m*
Entstörglied *n*	interference suppressor	élément d'antiparasitage *m*
Entstörkondensator *m*	anti-interference capacitor	condensateur anti-parasite *m*
Entwurfsverfahren *n*	design method	méthode de conception *f*; design *m*
Entwurftechnik *f*	design techniques	technique de conception *f*
Entzerrbereich *m* (*Empfangssignal*)	equalization range (*received signal*)	domaine de correction *m*
EOC (Abk.) = Electrical Optical Converter = elektr./optischer Umformer	EOC, abbr.: Electrical Optical Converter	EOC, abr.: Electrical Optical Converter = convertisseur opto-électronique
ER (Abk.) = Einschaltroutine	power-up routine; start routine	routine de mise sous tension *f*; programme de mise en route *m*
ER (Abk.) = externer Rechner	information provider database (*Vtx*)	calculateur extérieur *m*
Erdanschlußklemme *f*	earthing terminal	borne de terre *f*
erdfrei	ungrounded; earth-free	montage flottant *m*; non relié à la terre *f*
Erdfunkstelle *f*	earth station	station au sol *f*
Erdkapazität *f*	earth capacitance; capacity to earth	capacité par rapport à la terre *f*
Erdsammelschiene *f* (*Kabelschrank*)	earth bus (*cable cabinet*)	bus de terre *m*
Erdschiene *f*	earth bar; earth bus	barre de masse *f*
Erdtaste *f*	earth button	bouton de terre *m*; touche de mise à la terre *f*
Erdtastenerkennung *f*	earth button identification; ground button identification (*Am*)	identification du bouton de terre *f*
Erdung *f*	grounding system; earthing (*Brit*)	système de mise à la terre *m*; mise à la terre *f*
Ereignis *n*	event	excitation *f*; événement *m*
erfolgloser Anruf *m*	ineffective call; unsuccessful call	appel infructueux *m*; appel non abouti *m*
erfolglose Verbindung *f*	ineffective connection; unsuccessful connection	connexion non réalisée *f*
Ergänzung(seinrichtung) *f*	supplementary equipment / ~ unit	équipement supplémentaire *m*; équipement complémentaire *m*; options *f, pl*; équipements optionnels *m, pl*
erhöhen	increase	augmentation *f*; augmenter
Erhöhung *f*	increase	augmentation *f*; augmenter

Erhöhung der Betriebssicherheit *f*	increase of operational reliability	augmentation de la sécurité de fonctionnement *f*
Erkenner *m*	identifier, abbr.: ID; recognition circuit; recognizer	identificateur *m*
Erkennung *f* (*Signalisierung*)	recognition (*signal*)	reconnaissance *f*; détection *f*
Erkennung des Wähltons *f*	dial tone detection	détection du signal de numérotation *f*
Erkennungsmethode *f*	recognition system	méthode de reconnaissance *f*
Erlang *n*	erlang (*traffic unit*)	erlang *m*
erneuter Anruf *m*	renewed call	appel renouvelé, ~ réitéré; nouvel appel *m*
erregen (*Relais*)	energize (*relay*); operate (*relay*); pick-up (*relay*); excite (*relay*)	exciter (*un relais*)
Erreichbarkeit *f*	accessibility	accessibilité *f*
erreichen	access; reach	atteindre; parvenir à; obtenir
Ersatzblatt *n*	replacement sheet	feuille de mise à jour *f*
Ersatzleitung *f*	standby path	ligne d'attente *f*
Ersatzschaltung *f*	standby circuit; equivalent circuit	circuit équivalent *m*; réseau équivalent *m*
Ersatzteilliste *f*	spare parts list	liste de pièces détachées *f*
Ersatzweg *m*	alternative route	chemin alternatif *m*
ersetzt (*durch*)	replaced (*by*)	remplacé (*par*)
Erstanruf *m*	first call	appel initial *m*
Erstausbau *m*	initial capacity; basic capacity; basic design	capacité initiale *f*; exécution de base *f*; équipement de base *m*
Erstprogrammierung *f*	initialization programming	programme d'initialisation *m*
Erstweg *m*	first-choice route	chemin de premier choix *m*
Erweiterung *f*	expansion; extension (*functions*); enlargement	expansion *f*; extension *f*
Erweiterungsbaugruppe *f*	expansion module	module d'extension *m*
ESA (Abk.) = Empfangssammelschiene	receiving bus	bus de réception *m*
ESR (Abk.) = Einschaltroutine	power-up routine; start routine	routine de mise sous tension *f*; programme de mise en route *m*
ESY (Abk.) = Einphasung Synchrontakt	sync clock phase-in	synchronisation *f*
ETB (Abk.) = Elektonisches Telefonbuch	electronic telephone directory	annuaire électronique *m*
Etikett *n*	label; sticker; adhesive label	étiquette (adhésive) *f*; autocollant *m*
ETSI (Abk.) = Europäisches Institut für Telekommunikationsstandards	ETSI, abbr.: European Telecommunications Standards Institute	Institut Européen des Normes de Télécommunications *m*
EU (Abk.) = Europäische Union	EU, abbr.: European Union	UE, abr.: Union Européenne
Europäische Freihandelsgesellschaft *f*, Abk.: EFTA	European Free Trade Association, abbr.: EFTA	Association Européenne de Libre Échange *f*, abr.: AELE
Europäische Norm *f*	European Standard	Européenne Norme *f*, abr.: EN
Europäische Norm für Telekommunikation *f*	European Telecommunications Standard	Norme Européenne de Télécommunications *f*, abr.: NET
Europäisches Institut für Telekommunikationsstandards *n*, Abk.: ETSI	European Telecommunications Standards Institute, abbr.: ETSI	Institut Européen des Normes de Télécommunications *m*
Europäisches Komitee für elektrotechnische Normung *n*	European Committee for Electrotechnical Standardization	Comité Européen de Normalisation Électrotechnique *m*, abr.: CENELEC
Europäisches Komitee für Normung *n*	European Committee for Standardization	Comité Européen de Normalisation *m*, abr.: CEN
Europäische Union *f*, Abk.: EU	European Union, abbr.: EU	Union Européenne *f*, abr.: UE
Europäische Vornorm *f*	European Pre-Standard, abbr.: ENV	Prénorme Européenne *f*;
Europakartenformat *n*	Eurocard (*Euroformat card*)	carte européenne *f*
Eurosignal *n*	Eurosignal	Eurosignal *m*
Eurosignalempfänger *m*	Eurosignal receiver	récepteur Eurosignal *m*

EVSt (Abk.) = Endvermittlungsstelle	local office; local exchange, abbr.: LEX; terminal exchange; end exchange	central local *m*, abr.: CLASS 5; centre de commutation local *m*; service urbain des télécommunications *m*; centre local *m*, abr.: CL; central régional *m*; centre terminal de commutation *m*; central terminal / ~ urbain *m*
EWSD (Abk.) = elektronisches Vermittlungssystem der Fa. Siemens	Siemens digital switching system	système de commutation numérique de Siemens *m*
Expansion *f*	expansion; extension (*functions*); enlargement	expansion *f*; extension *f*
explosionsgeschützt	intrinsically safe	antidéflagrant
EXSYN (Abk.) = externer Synchrontakt	external sync clock	top de synchronisation externe *m*
extern	outside; external	extérieur; externe
Extern-Besetztkennung *f* (*Vermittlungsplatz*)	external busy indication (*operator position*)	signalisation occupé externe *f* (*P.O.*)
externer Rechner *m*, Abk.: ER	information provider database (*Vtx*)	calculateur extérieur *m*
externer Synchrontakt *m*, Abk.: EXSYN	external sync clock	top de synchronisation externe *m*
externes Gespräch *n*	external call; exchange line call; CO call = city call = exchange call; exchange call (*Brit*)	appel externe *m*; appel réseau *m*; communication réseau *f*
Externverbindung *f*	external connection	communication externe *f*; liaison externe *f*
Externwahl *f*	external dialing	numérotation externe *f*; sélection externe *f*

F

FA (Abk.) = Fernmeldeamt	telecommunications office	bureau des PTT *m*
Fach *n*, Modul~	module compartment	compartiment de module *m*
Fachausdruck *m*	technical term	terme technique *m*
Fachgemeinschaft Büro- und Informationstechnik *f*, Abk.: FG BIT	Professional community for office and information technology	Association Professionnelle de l'Informatique *f*
Fahrzeugfunkgerät *n*	in-vehicle radio unit	appareil radio pour véhicules *m*
Fahrzeugnavigationssystem *n*	vehicle navigation system	système de navigation *m*
Fahrzeugsystem *n*	in-car system	système véhicule *m*
Falschverbindung *f*	wrong connection; faulty switching	fausse connexion *f*; connexion erronée *f*
Falschwahl *f*	faulty selection; wrong selection	fausse numérotation *f*
falsch wählen	faulty dialing; wrong dialing; incorrect dial	numérotation erronée *f*
Fangen *n*	malicious call tracing (circuit); malicious call identification, abbr.: MCID	détection d'appels malveillants *f*; appel malveillant *m*, abr.: AMV
Fangschaltung *f*	malicious call tracing (circuit); malicious call identification, abbr.: MCID	détection d'appels malveillants *f*; appel malveillant *m*, abr.: AMV
Fangtaste *f*	intercept key	touche d'interception *f*
Farbbild-Qualitäts-Kontroll-Empfänger *m*	color-quality control monitor	moniteur de contrôle de qualité de couleur *m*
Farbbildrohr *n*	color picture tube	tube image en couleurs *f*
Farbdatensichtgerät *n*	high-resolution color data display	appareil de visualisation de données couleur *m*
Farbe *f*	colour (*Brit*); color (*Am*)	couleur *f*
Farbfernsehmonitor *m*	color video monitor	moniteur vidéo en couleur *m*
Farbkamera *f*	color TV camera	caméra couleur *f*
Farbtreue *f*	color accuracy	précision de couleur *f*
Farbvideosignal *n*	color TV images	vidéo-signal couleur *m*
Fassung *f*	socket; wall socket; plug receptacle (*Am*)	prise femelle *f*; prise de courant *f*
Fax *n* (*Schriftstück*)	telefax (*writing*); fax (*writing*)	télécopie *f* (*message*)
Fax G3 - Fax G4 - Umsetzer *m*, Abk.: FFU	FAX group 3 - FAX group 4 converter	convertisseur de téléfax G3/G4 *m*
Faxgerät *n*	fax (*recorder*); facsimile, recorder; fax machine; telecopier	télécopieur *m* (*enregistreur*)
FBO (Abk.) = Fernmeldebauordnung	telecommunications regulations	réglementation de la construction téléphonique *f*
FDV (Abk.) = Ferndiagnose/Fernverwaltung	remote diagnosis/remote maintenance	télémaintenance/télégestion *f*
FE (Abk.) = Fernmeldebetriebserde = Funktionserde	system earth; functional earth	terre téléphonique *f*; terre de protection des fonctions *f*
Fe (Abk.) = Fernsprechnetz	telephone network; telecommunications network	réseau téléphonique *m*
FeAp (Abk.) = Fernsprechapparat	telephone instrument; telephone set; subscriber set	poste téléphonique *m*; téléphone *m*; poste d'abonné *m*; appareil téléphonique *m*
Federleiste *f*	spring connector strip; socket connector; female multipoint connector	jack à ressorts *m*
Federleistenhalter *m*	socket connector bracket	connecteur à jack à ressorts *m*
Federleistenträger *m*	socket connector support	support à jack à ressorts *m*
Fehler *m*	defect; error; fault	défaut *m*; erreur *f*; panne *f*
Fehleranzeige *f*; Abk.: EDU	Error Display Unit, abbr.: EDU	affichage des erreurs, abr.: EDU (Error Display Unit)

Fehlerdämpfung *f*	balance return loss; return loss between line and network (*Am*)	affaiblissement d'équilibrage *m*
Fehlerdiagnose *f*	error diagnosis; fault diagnosis	diagnostic d'erreur *m*
fehlererkennender Code *m*	self-checking code	code détecteur d'erreur *m*
Fehlererkennung *f*	error detection	détection d'erreur *f*
Fehlerfortpflanzung *f*	error propagation	propagation de l'erreur *f*
fehlerhaft	defective	défectueux; faux; fautif
Fehlerimpulshäufigkeit *f*	error pulse rate	taux d'impulsion d'erreur *m*
fehlerkorrigierender Code *m*	self-correcting code	code auto-correcteur *m*; code correcteur d'erreur *m*
Fehlermeldung *f*	error message; fault report / ~ signal; fault message	message d'erreur *m*
Fehlerortung *f*	fault location	localisation de défauts *f*
Fehlerquelle *f*	error source	source d'erreurs *f*
Fehlerrate *f*	error rate	taux d'erreurs *m*
Fehlerstörung *f*	malfunction; failure; disturbance; trouble; breakdown; outage (*Am*)	défaut de fonctionnement *m*; perturbation *f*; dérangement *m*; panne *f*; avarie *f*; coupure *f*
Fehlersuche *f* (*Hardware*)	fault location (*hardware*); troubleshooting	dépannage *m* (matériel)
Fehlersuche *f* (*Software*)	debugging (*software*)	dépannage *m* (*logiciel*)
Fehlersuchprogramm *n*	debugger	programme de recherche d'erreurs *m*
Fehler Taktsystem *m*, Abk.: FTS	system clock error	erreur de l'horloge système *f*
Fehlerüberwachung *f*	error control; fault monitoring	surveillance d'erreurs *f*
Fehlfunktion *f*	malfunction; failure; disturbance; trouble; breakdown; outage (*Am*) avarie *f*; coupure *f*	défaut de fonctionnement *m*; perturbation *f*; dérangement *m*; panne *f*;
Fehlschaltung *f*	wrong connection; faulty switching	fausse connexion *f*; connexion erronée *f*
Feineinstellbereich *m*	fine adjustment range	domaine de réglage fin *m*
Feld *n*	field	champ *m*; plaine *f*
Feld, elektrisches ~ *n*	electric field	champ électrique *m*
Feldfernkabel *n*	field trunk cable	câble de télécommunication de campagne *m*
Feldfernsprecher *m*	field telephone	téléphone de campagne *m*
Feldkabel *n*	field cable	câble de campagne *m*
Feld, magnetisches ~ *n*	magnetic field	champ magnétique *m*
Fenster *n*	window	fenêtre *f*
Fernbedienung *f*	remote control; telecommand	commande à distance *f*; contrôle à distance *m*; télécommande *f*
Ferndiagnose *f*	remote diagnosis	télémaintenance *f*
Ferndiagnose / Fernverwaltung *f*, Abk.: FDV	remote diagnosis/remote maintenance	télémaintenance/télégestion *f*
Ferneinstellen *n*	remote adjustment	réglage à distance *m*
Ferngespräch *n*	trunk call (*Brit*); toll call (*Am*); long-distance call	appel tandem *m*; appel interurbain *m*; communication téléphonique interurbaine *f*
Fernkabel *n*	long-distance cable	câble longue distance *f*
Fernkennzeichen *n*	trunk call signal	signal d'appel réseau *m*
Fernkopieren *n*	telecopying	télécopie *f*
Fernkopierer *m* (*Gerät*)	fax (*recorder*); facsimile (*recorder*); fax machine; telecopier	télécopieur *m* (*enregistreur*)
Fernleitung *f*	long-distance line; long-trunk line	ligne réseau interurbain *f*
Fernmeldeamt *n*, Abk.: FA	telecommunications office	bureau des PTT *m*
Fernmeldeanlage *f*	telecommunications system	système de télécommunication *m*; installation de télécommunication *f*
Fernmeldeanlage mit Glasfaserkabel *f*	fiber-optic telecommunications system	système de télécommunications par fibre optique *m*
Fernmeldebauordnung *f*, Abk.: FBO	telecommunications regulations	réglementation de la construction téléphonique *f*
Fernmeldebehörde *f*	telecommunications authorities	administration des télécommunications *f*

Fernmeldebetriebserde *f*, Abk.: FE	system earth; functional earth	terre téléphonique *f*; terre de protection des fonctions *f*
Fernmeldedienst *m*	telecommunication service; telephone service	service de télécommunications *m*; service téléphonique *m*
Fernmeldenetz *n*	telephone network; telecommunications network	réseau téléphonique *m*
Fernmeldeordnung *f*, Abk.: FO	Telecommunications Act	règlements des télécommunications *m, pl*; réglementation des télécommunications *f*
Fernmeldeschutzschalter *m*	automatic circuit-breaker; miniature circuit-breaker, abbr.: mcb; circuit-breaker; automatic cutout; fuse switch	disjoncteur de protection *m*; coupe-circuit (automatique) *m*
Fernmeldetechnisches Zentralamt *n*, Abk.: FTZ	Federal Bureau for Telecommunications (*telecommunications engineering centre*)	Département Technique Central des Télécommunications (*centre technique de télécommunications*)
Fernmeldewesen *n*	telecommunication(s)	télécommunication *f*
Fernmessen *n*	telemetering; telemetry	télémesure *f*
Fernnebensprechen *n*	far-end crosstalk	télédiaphonie *f*
Fernnetz *n*	long-distance network; toll network (*Am*)	réseau interurbain *m*
Fernschalten *n*	remote switching	commutation à distance *f*
Fernschreiber *m*	teleprinter (*Brit*); teletype machine; teletypewriter (*Am*)	téléscripteur *m*; télétype *m*, abr.: TTY
Fernsehanstalt *f*	TV broadcasting corporation; TV station	station de télédiffusion / ~ télévision *f*
Fernsehempfang *m*	TV reception	téléréception *f*
Fernsehen *n*	television, abbr.: TV	télévision *f*
Fernsehregie *f*	production direction	régie de production *f*
Fernsehsendung, interkontinentale ~ *f*	intercontinental telecasting	télédiffusion intercontinentale *f*
Fernsehsignal *n*	TV signal	signal télévisuel *m*
Fernsehstation *f*	TV broadcasting corporation; TV station	station de télédiffusion / ~ télévision *f*
Fernsehstudio *n*	television studio	studio de télévision *m*
Fernsehtechnik *f*	television technology; TV technology	technique télévisuelle *f*
Fernsehtelefonie *f*	video telephony	visiophonie *f*
Fernsehübertragung *f*	television transmission; telecast	transmission de télévision *f*
Fernsehübertragungsnetz *n*	TV network	réseau de télédiffusion *m*
Fernsehüberwachung *f*	TV surveillance; TV monitoring	surveillance de télévision *f*; surveillance par télévision *f*
Fernsehüberwachungssystem *n*	video monitor system	système de moniteur vidéo *m*
Fernseh- und Rundfunktechnik *f*	radio and television engineering	technique radio et télévision *f*
Fernseh- und Studiotechnik *f*	television and studio equipment	équipement de studio et télévision *m*
Fernsprechamt *n*	public exchange; exchange; central office, abbr.: CO (*Am*); switching center; exchange office; telephone exchange (*Brit*)	central public *m*; central téléphonique *m*; commutateur *m* (*central public*); installation téléphonique *f*
Fernsprechanschluß *m*	telephone connection; subscriber set (*device*)	connexion téléphonique *f*; poste téléphonique *m* (*organe*)
Fernsprechapparat *m*, Abk.: FeAp	telephone instrument; telephone set; subscriber set	poste téléphonique *m*; téléphone *m*; poste d'abonné *m*; appareil téléphonique *m*
Fernsprechauskunft *f*	directory inquiries (*service*)	information téléphonique *f*
Fernsprechbuch *n*	telephone directory; directory; telephone book	annuaire téléphonique *m*
Fernsprecheinrichtung *f*	telephone equipment	équipement téléphonique *m*
Fernsprechkommunikation *f*	telephone communication	communication téléphonique *f*
Fernsprechleitung *f*	telephone circuit	circuit téléphonique *m*; ligne téléphonique *f*

Fernsprechnebenstellenanlage *f*, Abk.: PABX	Private Automatic Branch Exchange, abbr.: PABX	commutateur *m* (*PABX*); commutateur central *m* (*PABX*); installation téléphonique *f*; installation téléphonique privée *f*; autocommutateur privé *m*
Fernsprechnetz *n*, Abk.: Fe	telephone network; telecommunications network	réseau téléphonique *m*
Fernsprechnetz, öffentliches ~ *n*	PTT network; Public Switched Telephone Network, abbr.: PSTN	réseau PTT *m*; réseau téléphonique public *m*; réseau téléphonique commuté *m*
Fernsprechsystem *n*	telephone system	installation téléphonique *f*; système téléphonique *m*
Fernsprechtechnik *f*	telephone technology	technique téléphonique *f*
Fernsprechtischapparat *m*	desk telephone; desk set; desk instrument	poste de bureau *m*
Fernsprechverkehr *m*	telephone traffic	trafic téléphonique *m*
Fernsprechvermittlungsnetz *n*	telephone switching network	réseau de commutation téléphonique *m*
Fernsprech-Wandapparat *m*	wall telephone instrument / ~ ~ set	poste téléphonique mural *m*
Fernsprechwesen *n*	telephony, abbr.: TEL	téléphonie *f*
Fernsprechzelle *f*	coin telephone; payphone (*Am*); pay telephone	taxiphone *m*; appareil téléphonique à jetons *m*; cabine téléphonique *f*
Fernsteuern *n*	remote control; telecommand	commande à distance *f*; contrôle à distance *m*; télécommande *f*
Fernsteuerung *f*	remote control; telecommand	commande à distance *f*; contrôle à distance *m*; télécommande *f*
Ferntarif *m*	long-distance rate	tarif interurbain *m*
Fernteilnehmer *m*	long-distance subscriber	abonné interurbain *m*
Fernteilnehmeranschluß *m*	long-distance subscriber circuit	circuit d'abonné interurbain *m*
Fernübermittlung von Informationen *f*	remote data transmission	télétransmission de données *f*
Fernübertragung *f*	remote transmission	étage de joncteur éloigné *m*, abr.: EJE
Fernüberwachung *f*	remote monitoring	surveillance à distance *f*
Fernverbindung *f*	long-distance trunk call; interoffice trunk call	communication interurbain *f*; connexion à grande distance *f*
Fernverkehr *m*	long-distance traffic; long-distance calls; trunk calls	trafic interurbain *m*
Fernverkehrsebene *f*	long-distance traffic level	étage d'abonné éloigné *m*, abr.: EAE
Fernverkehrskennziffer *f*	long-distance code	préfixe interurbain *m*; indicatif interurbain *m*
Fernverkehrszone *f*	telephone trunk zone	zone interurbaine *f*
Fernvermittlung *f*	trunk exchange, abbr.: TEX; toll exchange; trunk switching center; long-distance exchange	central distant *m*; central interurbain *m*
Fernvermittlungsleitung *f*	hot-line service; direct connection; trunk junction circuit (*Brit*); toll switching trunk (*Am*)	ligne directe *f*, abr.: LD
Fernvermittlungsstelle *f*	long-distance center; toll office (*Am*)	centre interurbain *m*
Fernverwaltung *f*	remote maintenance	télégestion *f*
Fernwahl *f*	long-distance dialing; trunk dialing	sélection interurbaine automatique *f*; numérotation interurbaine *f*
fernwahlberechtigt	nonrestricted trunk dialing	numérotation sans discrimination *f*
Fernwartung *f*	remote maintenance	télégestion *f*
Fernwirkanlage *f*	remote-control systems	système de contrôle à distance *m*
Fernwirkdienst *m*	teleaction service	service de téléaction *m*
Fernwirken *n*	telecontrol	action à distance *f*
Fernwirksignal *n*	remote-control signal	signal de contrôle à distance *m*
Fernzone *f*	long-distance zone	zone téléphonique interurbaine *f*
Fertigungsdatenerfassung *f*	production data acquisition	saisie de données de fabrication *f*
Fertigungsnummer *f*	serial number; manufacturing number	numéro de série *m*; numéro de fabrication *m*
Fertigungssteuerung *f*	production management	routage *m*

Festanschluß *m*	fixed access	accès fixe *m*
Festbildtelefonie *f*	fixed-image videotelephony	vidéo-téléphonie à images fixes *f*
feste monatliche Gebühr *f*	fixed monthly charge	abonnement mensuel *m*
feste Rufumleitung *f*	fixed call diversion	renvoi d'appel fixe *m*
festgeschaltete Leitung *f*	dedicated line; permanently connected line	liaison fixe *f*; ligne spécialisée *f*, abr.: LS
festgeschaltetes ISDN-Verbindungselement *n*	non-switched ISDN connection element	élément de connexion RNIS non commutée *m*
festgeschaltetes Verbindungselement *n*	non-switched connection element	élément de connexion non commutée *m*
festgeschaltete Verbindung *f*	permanent circuit; non-switched connection; point-to-point circuit; permanently connected circuit; dedicated circuit; fixed connection	circuit permanent *m*; circuit point-à-point *m*; connexion non commutée *f*; connexion fixe *f*
festlegen (*Kriterien*)	define (*criteria*); determine	définir (*critères*); déterminer
Festplatte *f*	harddisk	disque dur *m*
Festplattenspeicher *m*	harddisk storage	mémoire sur disque dur *f*
Festspeicher *m*, Abk.: ROM	read-only memory, abbr.: ROM	mémoire morte *f*, abr.: ROM
Festverbindung *f*, Abk.: FV	permanent circuit; non-switched connection; point-to-point circuit; permanently connected circuit; dedicated circuit; fixed connection	circuit permanent *m*; circuit point-à-point *m*; connexion non commutée *f*; connexion fixe *f*
Festverbindungsdienst *m*	permanent circuit (telecommunication) service	service de circuit (de télécommunications) permanent *m*
Festwertspeicher *m*, Abk.: ROM	read-only memory, abbr.: ROM	mémoire morte *f*, abr.: ROM
Festwiderstand *m*	fixed resistor	résistance fixe *f*
Feuermeldesystem *n*	fire alarm system	système d'alarme incendie *m*; système de détection d'incendie *m*
Feuerwehr *f*	fire department	service d'incendies *m*
FFU (Abk.) = Fax G3 - Fax G4 - Umsetzer	FAX group 3 - FAX group 4 converter	convertisseur de téléfax G3/G4 *m*
FG BIT (Abk.) = Fachgemeinschaft Büro- und Informationstechnik	Professional community for office and information technology	Association Professionnelle de l'Informatique *f*
Film *m*	film	film *m*
Filmabtaster *m*	film scanner; telecine	analyseur de films *m*
Filmbild *n*	frame	image de film *f*
Filter *m*	filter	filtre *m*
Filterung *f*	filtering	filtrage *m*, abr.: FILTR
FITCE (Abk.) = Förderation der Ingeniere des Fernmeldewesens der Europäischen Gemeinschaft *f*	FITCE, abbr.: Federation of Telecommunication Engineers of the European Community	FITCE, abr.: Fédération des Ingénieurs des Télécommunications de la Communauté Européenne *f*
Flachbandkabel *n*	ribbon cable; flat cable; flat conductor cable	câble plat *m*
Flachbaugruppe *f*	flat module	module plat *m*
Flächendeckung *f*	coverage area	zone de recouvrement *f*; zone de couverture *f*
Flächenkabelrost *m*	overhead cable rack	châssis de câble *m*
Flachstecker *m*	low-profile plug	connecteur plat *m*
flackern	flicker; flutter	trembloter; scintiller
Flashtaste *f*	flash key	bouton de coupure calibré *m*; bouton de flashing *m*
flink (*Sicherung*)	quick acting (*fuse*)	fusion rapide *f* (*fusible*)
Flip - Flop *n*	flip-flop	bascule *f*
FO (Abk.) = Fernmeldeordnung	Telecommunications Act	règlements des télécommunications *m, pl*; réglementation des télécommunications *f*
Föderation der Ingenieure des Fernmeldewesens der Europäischen Gemeinschaft *f*, Abk.: FITCE	Federation of Telecommunication Engineers of the European Community, abbr.: FITCE	Fédération des Ingénieurs des Télécommunications de la Communauté Européenne, abr.: FITCE
Fokus *m*	focus	focus *m*
Folgeanruf *m*	repeated call attempt	appel renouvelé *m*

Folientastatur *f*	membrane keyboard / ~ keypad	clavier à effleurement *m*
Follow me *n* (*Rufmitnahme*)	follow me	renvoi *m*; suivez-moi *m*; follow me *m*
Format *n*	format	format *m*
Fortpflanzungsgeschwindigkeit *f*	speed of propagation	vitesse de propagation *f*
Fortpflanzungskonstante *f*	propagation constant / ~ factor	constante de propagation *f*; constante de transmission *f*
FPE (Abk.) = Funktions- und Schutzerde	functional protective earth	terre de protection générale et des fonctions *f*
französische Betriebsnormen *f, pl*	French operating standards	normes d'exploitation françaises *f, pl*
französisches FTZ *n*	French central telecommunications engineering office	CNET, abr.: Centre National d'Etudes des Télécommunications *m*
französisches Paketvermittlungsnetz *n*	X.25 packet switched network used in France	TRANSPAC, abr.: réseau de commutation par paquets *m*
französische Telekom-Behörde *f*	French telecoms authority	France Telecom, abr.: FT
frei	idle; free	libre
Frei/Besetzt-Vielfach *n*	free/busy multiple	multiple libre-occupé *m*
Frei/Besetzt-Zustand *m*	free/busy status; free/busy condition	état libre/occupé *m*
freie Anschlußorganzuordnung *f*	free port assignment	port universel *m*
freie Leitung *f*	free-line condition; free line	circuit libre *m*; ligne libre *f*
freie Rufnummernzuordnung *f*	flexible numbering system	plan de numérotation programmable *m*
freie Zuordnung von Modems *f*	modem pools	pool de modems *m*
Freigabe *f* (*Verbindung*)	release (*connection*); clear down (*connection*); disconnect (*connection*)	déblocage *m* (*connexion*); retour *m* (*connexion*); libération *f* (*connexion*), abr.: LIB; couper le circuit
Freigabe einer Leitung *f*	unblocking a line; clearing a line; releasing a line; enabling a line	déblocage d'une ligne *m*
freigeben	release (*button*); clear (*button*)	relâcher (*touche*)
Freilandsicherung *f*	security system for open field	système de sécurité de plein champ *m*
Freileitung *f*	overhead line; open-air line	ligne aérienne *f*
freimachen	disengage	libérer
Freischalten *n*	disconnection	déconnexion *f*
Freisprechapparat *m*	handsfree telephone	poste mains-libres *m*; téléphone mains-libres *m*
Freisprecheinrichtung *f*	handsfree unit	équipement mains-libres *m*
Freisprechen *n*	handsfree operation	main(s)-libres *ff, pl*; conversation "mains libres" *f*
Freiton *m*, Abk.: Ft, Abk.: F-Ton	ringing tone; ringback tone, abbr.: RBT	retour d'appel *m*; sonnerie *f*; tonalité de retour d'appel *f*; tonalité de poste libre *f*; signal d'appel *m*
freizügige Rufnummernzuteilung *f*	flexible call numbering	assignation variable de la numérotation *f*
Freizustand *m*	idle condition	état libre *m*
Fremdspannung *f*	external voltage; unweighted noise voltage	tension indépendante *f*; tension externe *f*
Frequenzabweichung *f*	frequency deviation	déviation en fréquence *f*; fluctuation en fréquence *f*
Frequenzanhebung *f* (*Oktavfilterentzerrer*)	boost (*graphic equalizer*)	renforcement de fréquence *m*
Frequenzbereich *m*	frequency range	domaine des fréquences *m*
Frequenzeinstellung *f*	frequency setting	réglage de fréquence *m*
Frequenzknappheit *f*	congestion frequency	saturation de fréquence *f*
Frequenzmeßgerät *n*	frequency meter	fréquencemètre *m*
Frequenzmodulation *f*	frequency modulation, abbr.: FM	modulation en fréquence *f*
Frequenzmultiplex *n*	frequency-division multiplex, abbr.: FDM	multiplexage fréquentiel *m*
Frequenzmultiplexer *m*	frequency-division multiplexer	multiplexeur fréquentiel *m*; multiplexeur de fréquence *m*
Frequenzraster *m*	frequency pattern	grille de fréquences *f*
Frequenzverwerfung *f*	frequency shift	décalage de fréquence *m*
Frittpotential *n*	coherer potential; wetting potential	potentiel cohérent *m*
Front *f*	front plate; front panel	face avant *f*

Frontplatte *f*	front plate; front panel	plaque frontale *f*; face avant *f*
Frühwahl *f*	premature dialing	numérotation prématurée *f*
Ft (Abk.) = Freiton	RBT, abbr.: ringing tone; ringback tone	retour d'appel *m*; sonnerie *f*; tonalité de retour d'appel *f*; tonalité de poste libre *f*; signal d'appel *m*
F-Ton (Abk.) = Freiton	RBT, abbr.: ringing tone; ringback tone	retour d'appel *m*; sonnerie *f*; tonalité de retour d'appel *f*; tonalité de poste libre *f*; signal d'appel *m*
FTS (Abk.) = Fehler Taktsystem	system clock error	erreur de l'horloge système *f*
FTZ (Abk.) = Fernmeldetechnisches Zentralamt	Federal Bureau for Telecommunications (*telecommunications engineering centre*)	Département Technique Central des Télécommunications (*centre technique de télécommunications*)
Führungsblech *n*	guide plate	tôle de guidage *f*
Führungsrahmen *m*	guide frame	cadre de guidage *m*
Führungsschiene *f*	guide bar	barre de guidage *f*; rail de guidage *m*
Füllbit *n*	filler bit; stuffing bit	binaire vide *m*
Funkalarm *m*	radio alarm	alarme radio *f*
Funkalarmsystem *n*	radio alarm system	système d'alarme radio *m*
Funkfeld *n*	radio hop	champs hertzien *m*
Funkfernsprecher *m*	radio telephone	radiotéléphone *m*
Funkfernsprechsystem *n*	radio telephone system	installation radio-téléphonique *f*; système de radio-téléphone *m*
Funkgerät *n*	two-way radio	poste de radio *m*
Funknetz *n*	radio network	réseau de radio *m*
Funkrufdienst *m*	paging-service	service de recherche de personnes *m*
Funkruf-Feststation *f*	paging base station	station de recherche de personnes *f*
Funkrufnetz *n*	paging network	réseau de recherche de personnes *m*
Funkstörgrad *m*	degree of RFI	niveau de parasites *m*
Funksystem *n*	radio system	système radio *m*
Funktechnik *f*	radio technology	radiotechnique *f*
Funktelefon *n*	radio telephone	radiotéléphone *m*
Funktion *f*	function	fonction *f*, abr.: FCT; exploitation *f*
funktionelle Fähigkeit *f*	functional capability	capacité fonctionnelle *f*; faculté fonctionelle *f*
funktionelles Modell der Netzwerkarchitektur *n*	network architecture functional model	modèle fonctionnel d'architecture de réseau *m*
Funktionen höherer Schichten *f, pl*	higher-layer functions, abbr.: HLF	fonctions des couches supérieures *f, pl*
Funktionsalarm *m*	function alarm	fonction d'alarme *f*
Funktionserde *f*, Abk.: FE	system earth; functional earth	terre téléphonique *f*; terre de protection des fonctions *f*
Funktionsfähigkeit *f*	functional capability	capacité fonctionnelle *f*; faculté fonctionelle *f*
Funktionsgruppe *f*	functional group; functional grouping	groupe fonctionnel *m*; groupement fonctionnel *m*
Funktionskoppler *m*	functional coupling unit	coupleur de fonction *m*
Funktionstaste *f*	function key	touche de fonction *f*
Funktionstaste, frei programmierbare ~ *f*	function key, freely programmable ~	touche de fonction programmable *f*
Funktionsteilung *f*	function sharing	partage de fonction *m*
Funktions- und Schutzerde *f*, Abk.: FPE	functional protective earth	terre de protection générale et des fonctions *f*
Funktionszustand *m*	function state	état de fonctionnement *m*
Funkübertragung *f*	radio broadcasting	transmission radio *f*
Funkverbindung *f*	radio link	liaison radio *f*
Funkvermittlung *f*	mobile switching center	commutation radio *f*
Funkvermittlungseinrichtung *f*	radio-exchange facilities	dispositif de commutation radio *m*
Funkzentrale *f*	radio center	central radio *m*
Fußnote *f*	footnote	note infrapaginale *f*
Fußrahmen *m*	base frame	socle *m*
FV (Abk.) = Festverbindung	permanent circuit; non-switched connection; point-to-point circuit; permanently connected circuit; dedicated circuit; fixed connection	circuit permanent *m*; circuit point-à-point *m*; connexion non commutée *f*; connexion fixe *f*

G

g (Abk.) = gehend gerichtet; abgehend	og, abbr.: outgoing	SPA, abr.: sortant; de départ *m*; spécialisé départ *m*
Gabel *f* (*Abzweigung*)	branch connection	embranchement *m*; dérivation *f* (*branchement*)
Gabel *f* (*Gabelschaltung*)	hybrid; terminating circuit; termination	termineur *m*
Gabelfunktion *f*	hybrid function	fonction commutateur *f*
Gabelschlag *m*	hook flash	crochet commutateur *m*
Gabel(übergangs)dämpfung *f*	attenuation of a terminating circuit; attenuation of a terminating set; transhybrid loss	affaiblissement d'une terminaison *m*
Gabelumschalter *m*	hook switch; cradle switch	commutateur à crochet *m*; contacteur à crochet *m*; contacts du crochet *m, pl*; commutateur *m* (*télécommunication*)
Gabelung *f*	bifurcation	bifurcation *f*
Gabelverstärker *m*	hybrid amplifier	amplificateur d'un termineur *m*
GAP (Abk.) = Gruppe Analysen und Prognosen (SOGT Untergruppe)	analysis and prognosis group	Groupe d'Analyse et de Prévision *m*
gassenbesetzt	congested; all trunks busy; no-exit condition	encombrement *m*
Gatter *n*	gate	grille *f*; porte *f*
GDA (Abk.) = Gebührendatenauswertung; Gesprächsdatenauswertung	call data evaluation	évaluation des taxes *f*
GDV (Abk.) = Gebühren-/Gesprächsdatenverarbeitung	call charge data processing; call data processing	traitement de la taxation *m*; traitement des taxes *m*
Gebäudeüberwachung *f*	building surveillance	surveillance de bâtiment *f*
Geber *m*	transmitter	transmetteur *m*; émetteur *m*
Gebiet *n*	sector	secteur *m*
Gebühr *f*	charge (*billing*); fee	redevance *f*; taxe *f*; tarif *m*
Gebührenabrechnungsverfahren *n*	accounting method; billing method	méthode de facturation *f*; méthode de taxation *f*
Gebührenabrechnungszettel *m*	call charge ticket	ticket de taxation *m*
Gebührenanruf *m*	charged call	appel taxé *m*
Gebührenanzeige *f*	call charge display; tax indication; advice of charge, abbr.: AOC	visualisation de la taxation *f*
Gebührenaufzeichnung *f*	call charge recording / ~ ~ registration / ~ ~ registering; rate accounting; call charge data recording; call metering; Station Message Detail Recording, abbr.: SMDR (*Am*); call logging; call charge metering	enregistrement de la taxation *m*; taxation *f*; saisie de données d'appel *f*; comptage des taxes *m*
Gebührenberechnung *f*	call rate accounting; call charging; call billing	taxation *f*
Gebührenbezeichnung *f*	tariff designation	désignation de taxes *f*
Gebührendaten *n, pl*	call charge data; charging information	données de taxation *f, pl*
Gebührendatenauswertung *f*, Abk.: GDA	call data evaluation	évaluation des taxes *f*
Gebührendatenverarbeitung *f*, Abk.: GDV	call charge data processing; call data processing	traitement de la taxation *m*; traitement des taxes *m*
Gebührendatenzuschreibung *f*	call data notification	attribution de la taxation *f*
Gebühreneinheit *f*	call charge unit; unit fee	unité de taxe *f*
Gebührenempfangskreis *m*, Abk.: GEK	call charge receiving unit	circuit récepteur de taxe *m*

Gebührenerfassung *f*	call charge recording / ~ ~ registration / ~ ~ registering; rate accounting; call charge data recording; call metering; Station Message Detail Recording, abbr.: SMDR (*Am*); call logging; call charge metering	enregistrement de la taxation *m*; taxation *f*; saisie de données d'appel *f*; comptage des taxes *m*
Gebührenerfassungseinrichtung *f*	call charge equipment; call charge metering system	équipement de taxation *m*
Gebührenerkennung *f*	call charge recognition	identification des taxes *f*
gebührenfrei	non-chargeable; free (*no charge*)	non soumis à la taxation *f*; non-taxé; gratuit
gebührenfreie Verbindung *f*	non-chargeable call; free call	communication en franchise *f*; appel gratuit *m*
Gebührengestaltung *f*	rate structure	système de taxation *m* (*principe*)
gebührengünstig	cheap-rate; low-rate	tarif heures creuses *m*
Gebührenimpuls *m*	meter(ing) pulse	impulsion de comptage *f*; impulsion de taxe *f*
Gebühreninformation *f*	call charge data; charging information	données de taxation *f, pl*
Gebührenmeldung *f*	customer billing information	message de taxation *m*
Gebührenordnung *f*	schedule of rates; scale of charges	réglementation de la taxation *f*
gebührenpflichtig	chargeable	soumis à la taxe *f*; taxable
gebührenpflichtiger Anruf *m*	charged call	appel taxé *m*
gebührenpflichtige Verbindungsdauer *f*	chargeable call time	durée taxable d'une communication *f*; durée taxable d'un appel *f*
gebührenpflichtige Zeit *f*	chargeable time; billing time	durée taxable *f*; durée de communication taxable *f*
Gebührenrechnung des Teilnehmers *f*	extension rate bill	facturation abonné *f*
Gebührenspeicher *m*	call charge memory	mémoire de taxation *f*
Gebührentaktserie *f*	metering pulse train	impulsions de taxation *f, pl*
Gebührentarif *m*	call charge rate; tariff rate	tarif de taxation *m*; tarification *f*
Gebührenübernahme *f*	reversed charge call (*Brit*); collect call (*Am*); reverse charging	conversation payable à l'arrivée *f*, abr.: PCV
Gebührenumrechner *m*	call charge converter	convertisseur de taxes *m*
Gebührenumsetzer *m*	call charge translator	convertisseur de taxes *m*
Gebührenweiche *f*	call charge switch	détecteur de taxes *m*; aiguille de taxes *f*
Gebührenzähler *m*, Abk.: GZ	call charge meter	compteur des taxes *m*
Gebührenzählung *f*	call charge recording / ~ ~ registration / ~ ~ registering; rate accounting; call charge data recording; call metering; Station Message Detail Recording, abbr.: SMDR (*Am*); call logging; call charge metering	enregistrement de la taxation *m*; taxation *f*; saisie de données d'appel *f*; comptage des taxes *m*
Gebührenzählung *f* (*Nebenstelle*)	call charge metering (*extension*)	taxation des abonnés *f*
Gebührenzone *f*	meter pulse rate; tariff zone; metering zone; chargeband; tariff stage; rate district	circonscription de taxes *f*; zone de taxation *f*; niveau de taxes *m*
Gebührenzuschreibung *f*	notification of chargeable time	imputation des unités de taxation *f*
gedrückt (*Taste*)	pressed (*key*); depressed (*key*); pushed (*button*); punched (*key*)	appuyée (*touche*)
gedruckte Schaltung *f*	printed circuit, abbr.: PC	circuit imprimé *m*
Gefahrenmeldeanlage *f*	danger alarm system	système d'alarme *m*
gefaltetes Koppelnetz *n*	folded network	réseau de connexion replié *m*
GEGA (Abk.) = Gegenanlage	opposite system; distant system	système en duplex *m*; système distant *m*
Gegenamt *n*	distant exchange	central opposé *m*
Gegenanlage *f*, Abk.: GEGA	opposite system; distant system	système en duplex *m*; système distant *m*

Gegenschreiben *n*	full-duplex traffic operation	fonctionnement en full-duplex *m*
gegenseitige Beeinflussung *f* (*Signalkanal*)	mutual interference (*signaling channel*)	interférence mutuelle *f*
Gegensprechanlage *f*	two-way intercom system	système d'intercommunication *m*
Gegensprechen *n*	duplex operation; duplex communication	fonctionnement en duplex *m*; téléphonie bidirectionelle *f*; téléphonie duplex *f*
Gegenteilnehmer *m*	distant subscriber	abonné distant *m*
Gegenzelle *f*	countercell	contre-cellule *f*
Gehalt *m* (*Rauminhalt*)	content (*volume*); volume (*capacity*)	contenance *f* (*volume*); volume *m* (*capacité*)
Gehäuse *n*	cabinet housing; housing; casing; case	coffret *m*; boîtier *m*
geheimer Internverkehr *m*	internal call privacy; secret internal traffic	trafic interne privé *m*; secret des communications internes *m*
gehende Fernleitung *f*	outgoing trunk line	ligne réseau sortante *f*; circuit interurbain de sortie *m*
gehend gerichtet, Abk.: g	outgoing, abbr.: og	sortant; de départ *m*; spécialisé départ *m*, abr.: SPA
gehend-kommend, Abk.: gk	both-way; two-way; incoming-outgoing, abbr.: ic-og	bidirectionnel
Gehörschutz *m*	click suppression; acoustic shock absorber; click absorber	suppression de la friture *f*; limiteur de chocs acoustiques *m*; anti-choc acoustique *m*; circuit de protection anti-choc acoustique *m*
Gehörschutzdiode *f*	acoustic shock absorber diode	diode de protection *f*; diode anti-choc acoustique *f*
Gehörschutzgleichrichter *m*	acoustic shock absorber rectifier	redresseur anti-choc acoustique *m*
GEK (Abk.) = Gebührenempfangskreis	call charge receiving unit	circuit récepteur de taxe *m*
gelb, Abk.: YE = IEC 757	yellow, abbr.: YE	jaune, abr.: YE
gelb blau, Abk.: YEBU = IEC 757	yellow blue, abbr.: YEBU	jaune bleu, abr.: YEBU
gelb braun, Abk.: BNYE = IEC 757	brown yellow, abbr.: BNYE	jaune brun, abr.: BNYE
gelb grau, Abk.: YEGY = IEC 757	yellow grey, abbr.: YEGY	jaune gris, abr.: YEGY
gelb rosa, Abk.: YEPK = IEC 757	yellow pink, abbr.: YEPK	jaune rose, abr.: YEPK
gelb rot, Abk.: RDYE = IEC 757	red yellow, abbr.: RDYE	jaune rouge, abr.: RDYE
gelb schwarz, Abk.: BKYE = IEC 757	black yellow, abbr.: BKYE	jaune noir, abr.: BKYE
Geld *n*	money	monnaie *f*; argent *m*
Geldstücke *n, pl*	coins	pièces de monnaie *f, pl*
gelöscht	erased; canceled; deleted; cleared	effacé (*instrument*); annulé
gemeinsam	common	commun
gemeinsame Einrichtung *f*	common equipment	équipement commun *m*
Gemeinschaftsanschluß *m*	shared line	raccordement collectif *m*; lignes collectives *f, pl*
Gemeinschaftsantenne *f*	community antenna	antenne collective *f*
genehmigen	approve	confirmer; approuver
Genehmigung *f*	approval; permission	agrément *m*
Generallöschung *f*	general clearing	effacement général *m*
geordneter Absuchvorgang *m*	sequential hunting	appel tournant *m*; acheminement séquentiel de l'appel sur une ligne *m*
geprüft	checked; tested	vérifié; testé; contrôlé
gepuffert	buffered	tamponné; bufférisé
Gerät *n*	device; unit	appareil *m*; unité *f*; dispositif appareil *m*
Gerätealarm *m*	equipment alarm	alarme système *f*

Geräteausstattung *f*	arrangement	arrangement *m*; structure *f*; disposition *f*; ordre *m* (*structure*); exposé *m*; tracé *m*; groupement *m*; appareillage *m*
Geräteinterface *n*, Abk.: GI	device interface	interface d'unité *f*
Gerätetreiber *m*	device driver	driver d'unité *m*
Geräusch *n*	noise	bruit *m*
Geräuschabstand *m*	signal-to-noise ratio, abbr.: S/N	rapport signal sur bruit *m*; rapport signal/bruit *m*
Geräusch durch Einschwingvorgänge *n*	transient noise	bruits transitoires *m*, *pl*
Geräuschspannung *f*	weighted noise; psophometric voltage	bruit pondéré *m*; tension psophométrique *f*
gerufene Nebenstelle *f*	called subscriber; called party; called extension	abonné demandé *m*; abonné appelé *m*; poste appelé *m*; correspondant au téléphone *m*
gerufener Teilnehmer *m*, Abk.: GT	called subscriber; called party; called extension	abonné demandé *m*; abonné appelé *m*; poste appelé *m*; correspondant au téléphone *m*
Gesamtausfall *m*	blackout	panne générale *f*
Gesamtdauer *f*	total duration	durée totale *f*
Gesamtsteuerung *f*	overall control	commande générale *f*; supervision *f*
Gesamtverzerrung *f*	total distortion	distorsion totale *f*
Geschäftsbereich Mobile Kommunikation *m*	Mobile Communications Division	Département communication mobile *m*
geschaltete, virtuelle Verbindung *f*	switched virtual connection	circuit virtuel commuté *m*, abr.: CVC
geschlossene Benutzergruppe *f*	closed extension group; closed user group, abbr.: CUG	groupe fermé d'usagers *m*; groupement de postes *m*
geschlossene Teilnehmergruppe *f*	closed extension group; closed user group, abbr.: CUG	groupe fermé d'usagers *m*; groupement de postes *m*
geschützte Datenverbindung *f*	protected data connection	liaison de données protégée *f*
Gesellschaftsanschluß *m*	party-line (*station*)	branchement sur ligne commune *m*
gesickt	crimped; creased; flanged	serti
gesperrt	barred; blocked; disabled	verrouillé; bloqué
Gespräch *n*	conversation; talk; call, (telephone ~); calling	conversation *f* (~ téléphonique); appel *m*; coup de téléphone *m*; sonnerie *f*
Gesprächsanmeldung *f*	call request; call booking	demande d'appel *f*
Gesprächsart *f*	type of call	type de conversation *m*, abr.: TC
Gesprächsband *n*	voice channel; telephone channel	canal vocal *m*; bande vocale *f*
Gesprächsberechtigung der Vermittlung *f*	operator-position class of service	classe pour appel standard *f*, abr.: CLS
Gesprächsdatenauswertung *f*, Abk.: GDA	call data evaluation	évaluation des taxes *f*
Gesprächsdatenerfassung *f*	call charge recording / ~ ~ registration / ~ ~ registering; rate accounting; call charge data recording; call metering; Station Message Detail Recording, abbr.: SMDR (*Am*); call logging; call charge metering	enregistrement de la taxation *m*; taxation *f*; saisie de données d'appel *f*; comptage des taxes *m*
Gesprächsdatenverarbeitung *f*, Abk.: GDV	call charge data processing; call data processing	traitement de la taxation *m*; traitement des taxes *m*
Gesprächsdauer *f*	call duration; conversation time	durée de la conversation *f*; durée de la communication *f*
Gesprächsfilterung *f* (*Voranmeldung*)	call filtering	filtrage d'appel *m*
Gesprächskanal *m*	voice channel; telephone channel	canal vocal *m*; bande vocale *f*
Gesprächsumlegung *f*	call transfer; call assignment	transfert d'appel *m*; transfert de base *m*; transfert en cas de non-réponse *m*; transfert *m*; renvoi temporaire *m*

Gesprächsvermittlung *f*	call switching	commutation de parole *f*; commutation d'appels *f*
Gesprächszähler *m*	call meter	compteur de communication *m*; compteur d'appels *m*
Gesprächszustand *m*	conversation condition; call condition	état de la communication *m*
Gesprächszuteilung *f*	call assignment; assign a call	répartition d'appels *f*
gesteckt	plugged	enfiché
Gestell *n*	frame (*Am*); rack	baie *f* (*central automatique*); support *m*; rack *m*; bâti *m*
Gestellaufbau *m*	frame construction	construction de baie *f*
Gestelleinbausatz *m*	kit (*rack*)	kit *m* (*bâti*)
Gestellrahmen *m*	frame (*Am*); rack	baie *f* (*central automatique*); support *m*; rack *m*; bâti *m*
Gestellreihe *f*	rack line / ~ row	travée *f*
gesteuert	controlled	commandé; contrôlé (*ordinateurs*); dirigé
gestrichen	omitted; not applicable; not required	supprimé
Gewicht *n*	weight	poids *m*
Gewichtsdatenerfassung *f*	weight data gathering	acquisition de données de poids *f*; saisie des données concernant le poids *f*
GI (Abk.) = Geräteinterface	device interface	interface d'unité *f*
gk (Abk.) = gehend-kommend; doppelt gerichtet	ic-og, abbr.: both-way; two-way; incoming-outgoing	bidirectionnel
Glasfaser *f*	optical fiber; glass fiber	fibres optiques *f, pl*
Glasfaser-Anschluß *m*	fiber-optic connection	connexion fibres optiques *f*
Glasfaserkabel *n*	fiber optic(al) cable	câble de fibres optiques *m*
Glasfasernetz *n*	fiber-optics network	réseau à fibres optiques *m*
Glasfasertechnik *f*	fiber optics, abbr.: FO	technique des fibres optiques *f*
Gleichrichter *m*	rectifier	redresseur *m*
Gleichrichtergerät *n*	rectifier unit	appareil redresseur alimentation *m*
Gleichspannungsmodul *n*	DC voltage module	alimentation en courant continu *m*
Gleichspannungswandler *m*	DC voltage converter; DC voltage transformer	convertisseur continu-continu *m*; convertisseur à courant continu *m*
Gleichstrom *m*	direct current, abbr.: DC	courant continu *m*, abr.: CC
Gleichstrom-Durchlaßwiderstand *m* (*Halbleiter*)	DC forward resistance (*semiconductor*)	résistance passante *f* (*semiconducteur*)
Gleichstromsignalisierung *f*	DC signaling	signalisation en courant continu *f*
Gleichstrom-Tastwahl *f*	DC push-button dialing	sélection par clavier pour courant continu *f*
Gleichwellen-System *n*	common wave system	système à onde commune *m*
gleichwertig	equivalent	équivalent
gleichwertige Typen *f, pl*	equivalent types	types équivalents *m, pl*
Glimmentladung *f* (*Stromkreis*)	glow discharge (*circuit*)	décharge luminescente *f* (*circuit*)
Glossar *n*	glossary	glossaire *m*
GN (Abk.) = green (grün) = IEC 757	GN, abbr.: green	GN, abr.: vert
GNBU (Abk.) = green blue (grün blau) = IEC 757	GNBU, abbr.: green blue	GNBU, abr.: vert bleu
GNGY (Abk.) = green grey (grau grün) = IEC 757	GNGY, abbr.: green grey	GNGY, abr.: gris vert
GNPK (Abk.) = green pink (rosa grün) = IEC 757	GNPK, abbr.: green pink	GNPK, abr.: rose vert
GNWH (Abk.) = green white (grün weiß) = IEC 757	GNWH, abbr.: green white	GNWH, abr.: blanc vert
golddiffundierte Kontaktlamellen *f, pl*	gold-diffused reed contacts	contact reed en or *m*
grau, Abk.: GY = IEC 757	grey, abbr.: GY	gris, abr.: GY
grau blau, Abk.: BUGY = IEC 757	blue grey, abbr.: BUGY	gris bleu, abr.: BUGY
grau braun, Abk.: BNGY = IEC 757	brown grey, abbr.: BNGY	gris brun, abr.: BNGY

grau grün, Abk.: GNGY = IEC 757	green grey, abbr.: GNGY	gris vert, abr.: GNGY
grau rosa, Abk.: GYPK = IEC 757	grey pink, abbr.: GYPK	gris rose, abr.: GYPK
grau rot, Abk.: RDGY = IEC 757	red grey, abbr.: RDGY	gris rouge, abr.: RDGY
grau schwarz, Abk.: BKGY = IEC 757	black grey, abbr.: BKGY	gris noir, abr.: BKGY
Grenzfrequenz *f*	threshold frequency; limiting frequency	fréquence limite *f*
Griff *m*	handle	poignée *f*
Großanzeige *f*	large-scale display	grand affichage *m*
Größe *f*	size; extent	grandeur *f*
Groß-Fernsprechsystem *n*	large-capacity telephone system	système téléphonique à grande capacité *m*
Großrechner *m*	host computer; mainframe	ordinateur principal *m*; ordinateur central *m*
grün, Abk.: GN = IEC 757	green, abbr.: GN	vert, abr.: GN
grün blau, Abk.: GNBU = IEC 757	green blue, abbr.: GNBU	vert bleu, abr.: GNBU
Grundausbau *m*	initial capacity; basic capacity; basic design	capacité initiale *f*; exécution de base *f*; équipement de base *m*
grün rot, Abk.: RDGN = IEC 757	red green, abbr.: RDGN	vert rouge, abr.: RDGN
grün schwarz, Abk.: BKGN = IEC 757	black green, abbr.: BKGN	vert noir, abr.: BKGN
Grundbaustein *m*	basic unit	unité de base *f*; module de base *m*
Grundgebühr *f*	fixed charge	redevance d'abonnement *f*; taxe de base *f*
Grundsignal *n* (*Takt*)	basic signal (*clock pulse*)	signal de base *m*
Grundstellung *f* (*Gerät*)	normal position; initial position	position initiale *f*
Grundtakt *m*	basic clock signal; basic timing signal	horloge de référence *f*
Grundwert des Nebensprechens *m*	signal-to-crosstalk ratio	écart diaphonique *m*
Gruppenauswahl *f*	group selection	sélection de groupe *f*
Gruppendurchsage *f*	group call	accès direct à un groupe *m*
Gruppenerkenner *m*	group identifier	identificateur de groupes *m*
Gruppengeschwindigkeit *f*	envelope velocity; group velocity	vitesse de propagation de groupe *f*
Gruppenkoppelstufe *f*	group coupling stage	niveau de couplage du groupe *m*
Gruppenkoppler *m*	group coupler	coupleur de groupe *m*
Gruppenkurzwahl *f*	group abbreviated dialing; group code dial	numérotation abrégée du groupement *f*
Gruppenlaufzeit *f*	envelope delay; group delay	temps de propagation de groupe *m*
Gruppenlaufzeitverzerrung *f*	group delay distortion	distorsion du temps de propagation de groupe *f*
Gruppennummer *f*	group number	numéro du groupement *m*
Gruppennummernzuordner *m*	extension group number translator	traducteur du numéro de groupe d'abonnés *m*
Gruppenruf *m*	group call	accès direct à un groupe *m*
Gruppensignal *n*	group signal	signal de groupe *m*
Gruppensignalfeld *n*	group signaling panel	tableau de signalisation de groupe *m*
Gruppensignalfeld-Anzeigeteil *m*	group signaling display panel	afficheurs du tableau signalisation de groupement *m, pl*
Gruppensignal- und Zeittaktgeber *m*	group signal and clock	signal et horloge de groupe *m*
Gruppensteuerung *f*, Abk.: GS	group control	gestion de groupement *f*; unité de contrôle de groupe *f*
Gruppenteil *n*	subassembly	subdivision *f*
Gruppenverbinder *m*	group connector; trunk connector	connecteur de groupement *m*
Gruppenverbindungsplan *m*	trunking diagram	plan de groupement *m*; diagramme général des jonctions *m*
Gruppenverbindungssatz *m*	group junction equipment	joncteur de groupes *m*

Gruppenvielfachleitung *f*	group multiwire line	ligne multibrins *f*
Gruppenvorsatz *m*	group adapter	adaptateur de groupement *m*
Gruppenweiche *f*	group branching switch	sélection de groupement *f*
Gruppierung *f*	arrangement	arrangement *m*; structure *f*; disposition *f*; ordre *m* (*structure*); exposé *m*; tracé *m*; groupement *m*; appareillage *m*
Gruppierung des Wegevielfachs *f*	trunk scheme grouping; path-multiple grouping	groupement de multiples des routes *m*
Gruppierung, einstufig *f*	single-stage trunking	groupement à un étage *m*
Gruppierungsanordung *f*	trunking array	configuration de groupes *f*
Gruppierungsbaustein *m*	trunking unit	module de groupement *m*
GS (Abk.) = Gruppensteuerung	group control	gestion de groupement *f*; unité de contrôle de groupe *f*
GT (Abk.) = gerufener Teilnehmer	called subscriber; called party; called extension	abonné demandé *m*; abonné appelé *m*; poste appelé *m*; correspondant au téléphone *m*
Gültigkeit *f*	validity	validité *f*
Gummifuß *m*	rubber foot	patin en caoutchouc *m*
Güteprüfprotokoll *n*	quality control protocol	protocole de contrôle qualité *m*
GY (Abk.) = grey (grau) = IEC 757	GY, abbr.: grey	GY, abr.: gris
GYPK (Abk.) = grey pink (grau rosa) = IEC 757	GYPK, abbr.: grey pink	GYPK, abr.: gris rose
GYWH (Abk.) = grey white (weiß grau) = IEC 757	GYWH, abbr.: grey white	GYWH, abr.: blanc gris
GZ (Abk.) = Gebührenzähler	call charge meter	compteur des taxes *m*

H

H (Abk.) = Hausanschluß	internal connection; house connection	ligne de service *f*
H12 (Abk.) = Breitband-Informationskanal mit einer Bitrate von 1920 kbit/s	broadband information channel with a bit rate of 1920 kbit/s	canal d'information large bande avec un débit de 1920 kbit/s *m*
ha (Abk.) = halbamtsberechtigt	semirestricted	prise contrôlée du réseau *f*; discrimination partielle *f* (*faculté*); semi-discriminé; prise directe réseau *f*
HA (Abk.) = Handapparat	receiver (*handset*); handset	combiné *m*
Hakenschalter *m*	hook switch; cradle switch	commutateur à crochet *m*; contacteur à crochet *m*; contacts du crochet *m*, *pl*; commutateur *m* (télécommunication)
halbamtsberechtigt, Abk.: ha	semirestricted	prise contrôlée du réseau *f*; discrimination partielle *f* (*faculté*); semi-discriminé; prise directe réseau *f*
halbamtsberechtigter Teilnehmer *m*	semirestricted extension; partially-restricted extension	abonné ayant droit à prise *m*; directe réseau partielle discriminée *m*; poste à sortie limitée *m*
Halbduplexbetrieb *m*	half-duplex operation	fonctionnement en semi-duplex *m*
Halbkanalmessung *f*	half channel measurement	mesure sur demi-canal *f*
Halbleiter *m*	semiconductor	semi-conducteur *m*
Halbleitergleichrichtergerät *n*	semiconductor rectifier unit	redresseur à semi-conducteurs *m*
Halbleiterlaser *m*	semiconductor laser	laser à semi-conducteurs *m*
halbsynthetische Stimme *f*	semi-synthesized voice	voix à demi-synthétisée *f*
Halbwelle *f*	half-wave	demi-onde *f*
Haltedrossel *f*	holding coil	bobine de garde *f*
Haltelampe *f*	holding lamp	voyant de mise en garde *m*
halten	hold	mettre en garde *f*
Halten *n* (*ISDN-Dienstmerkmal*)	call hold, abbr.: HOLD (*ISDN feature*)	mise en garde *f* (*faculté RNIS*)
Halterung *f*	bracket; support; brace; base (*fuse*)	support *m*; fixation *f*
Haltetaste *f*	holding key	touche de mise en garde *f*
Haltevorrichtung *f*	carrying device	dispositif de support *m*
Haltezustand *m*	holding condition	état (de) mise en garde *m*; situation de mise en garde *f*
Handapparat *m*, Abk.: HA	receiver (*handset*); handset	combiné *m*
Handapparat-Ablage *f*	handset cradle	crochet combiné *m*
Handapparateschnur *f*	handset cord	cordon de combiné *m*
Handfunk *m*	hand-held two-way radio	poste émetteur-récepteur portatif *m*
Händler *m*	dealer	commerçant *m*
Handsprechfunk *m*	hand-held two-way radio	poste émetteur-récepteur portatif *m*
Handsprechfunkgerät *n*	walkie-talkie (*Am*)	walkie-talkie *m*; poste portatif radioélectrique *m*
Handtelefon mit integrierter Tastwahl *n*	hand-held telephone with integrated pushbutton dialing	poste portatif avec clavier incorporé *m*
handvermittelt	manually switched; manually put through	établi en service manuel *m*; passer une communication en manuel *f*
Handvermittlungsplatz *m*	manual operator position	standard manuel *m*
Hardware *f*	hardware, abbr.: HW	matériel *m*
harmonische Verzerrung *f*	harmonic distortion	distorsion harmonique *f*
HAs (Abk.) = Hauptanschluß	main line; main telephone; subscriber telephone	poste principal d'abonné *m*; poste d'abonné *m*

Hauptamt *n*	central switching office; central exchange; central office; district exchange; main exchange; primary exchange	centre autonomie d'acheminement *m*, abr.: CAA; central principal *m*; centre principal *m*
Hauptamtsverkehr *m*	district exchange traffic; main exchange traffic	trafic du central principal *m*
Hauptanlage *f*	main system; host PBX	centre primaire *m*, abr.: CP
Hauptanschluß *m*, Abk.: HAs	main line; main telephone; subscriber telephone	poste principal d'abonné *m*; poste d'abonné *m*
Hauptanschluß für Direktruf *m*, Abk.: HfD	main station for fixed connection	poste principal pour appel direct *m*
Hauptanschluß-Kennzeichen *n*, Abk.: HKZ	loop-disconnect signal	signalisation du poste principal *f*; identification du poste principal *f*; signalisation par rupture de boucle *f*
Hauptanschlußkennzeichengabe *f*, Abk.: Hkz	loop-disconnect signaling	signalisation du poste principal *f*
Hauptbild *n*	primary image	image primaire *f*
Hauptgruppen-Trennzeichen *n*	file separator	séparateur de fichiers *m*
Hauptkabel *n*, Abk.: HK	main cable	câble principal *m*
Hauptstelle *f*, Abk.: HSt	main station	poste principal *m*
Hauptteilnehmerbündler *m*	main subscriber concentrator	concentrateur principal d'abonnés *m*, abr.: CPA
Hauptverkehrsstunde *f*	main traffic; busy hour; peak hour	heure chargée *f*; heure de pointe *f*
Hauptvermittlungsstelle *f*, Abk.: HVSt	central switching office; central exchange; central office; district exchange; main exchange; primary exchange	centre autonomie d'acheminement *m*, abr.: CAA; central principal *m*; centre principal *m*
Hauptverteiler *m*, Abk.: HVT, Abk.: HV	main distribution frame, abbr.: MDF	répartiteur général *m*, abr.: RG; répartiteur principal *m*
Hausanschluß *m*, Abk.: H	internal connection; house connection	ligne de service *f*
hausberechtigt	fully-restricted	discrimination d'accès au réseau *f*; poste privé *m*
Hausgespräch *n*	internal call; extension-to-extension call	numérotation d'accès à l'opératrice *f*; appel intérieur *m*
Hausnotrufsystem *n*	in-house emergency alarm system	système d'alarme interne *m*
Hausnotrufzentrale *f*	in-house emergency alarm terminal	terminal d'alarme interne *m*
Hausverbindung *f*	internal call connection	communication interne *f*
Hausverbindungssatz *m*	internal connecting set	circuit des communications internes *m*
Hausverkehr *m*	internal call traffic	trafic des communications internes *m*
Hauszentrale *f*	Private Automatic Exchange, abbr.: PAX	central domestique *m*; autocommutateur local *m* (*central domestique*); autocommutateur privé *m* (*central domestique*)
Hebelverschluß *m*	locking lever	système de fermeture à levier *m*
heranholen	intercept; pick up	intercepter; capter
Heranholen eines Rufes, automatisches ~ *n*	automatic pickup	interception automatique d'un appel *f*
Heranholen von Anrufen *n*	call pick-up, abbr.: CPU	interception d'appels *f*
Herausschalten aus dem Sammelanschluß *n*	withdrawal from group hunting	poste déconnecté du groupement de postes *m*
herausschalten, sich ~	withdraw; opt out	retirer; se déconnecter
Hereinwahl *f*	direct dial-in, abbr.: DDI	sélection directe *f*
Herkon-Kontakt *m*	hermetically sealed dry-reed contact	relais à lames vibrantes *m*
Herkon-Relais *n*	reed relay	relais reed *m*
Herstellungsdatum *n*	manufacturing date; date of manufacture	date de fabrication *f*
Hexateilung *f*	hexa division	division en hexadécimal *f*
HF (Abk.) = Hochfrequenz	HF, abbr.: high-frequency	HF, abr.: haute-fréquence *f*
HfD (Abk.) = Hauptanschluß für Direktruf	main station for fixed connection	poste principal pour appel direct *m*
HGS (Abk.) = Hintergrundspeicher	background memory	mémoire de masse *f*

hierarchisches Netz *n*	hierarchical network	réseau hiérarchique *m*
Hilfskoppler *m*	auxiliary connector; auxiliary coupler	coupleur auxiliaire *m*
Hilfsleitung *f*	information line; intercept line	ligne pilote *f*; ligne de transmission d'informations *f*; ligne d'informations *f*
Hilfsmittel *n*	facility	facilité *f*
Hilfstaste *f*	auxiliary button	touche auxiliaire *f*
Hintereinanderschalten *n*	connection in series	montage en série *m*
Hintergrund-Diagnose *f*	automatic diagnosis	diagnostic à l'arrière-plan *m*
Hintergrundmusik *f*	background music, abbr.: BGM	musique de fond *f*
Hintergrundspeicher *m*, Abk.: HGS	background memory	mémoire de masse *f*
Hinweisdienst *m*	intercept service; interception of calls service	service d'information *m*; service d'interception d'appels d'informations *m*; service d'informations *m*
Hinweisfeld *n*	information field	champ d'information *m*
Hinweisleitung *f*	information line; intercept line	ligne pilote *f*; ligne de transmission d'informations *f*; ligne d'informations *f*
Hinweiston *m*	reference information tone; special information tone; reference tone	tonalité d'information spéciale *f*; tonalité modulée *f*
hinzu	added	supplémentaire; ajouté
hinzufügen	add	ajouter
HK (Abk.) = Hauptkabel	main cable	câble principal *m*
H-Kanal (Abk.) *m* = transparenter Breitband-Informationskanal	transparent broadband communications channel	canal d'information transparent à large bande *m*
HKZ (Abk.) = Hauptanschluß-Kennzeichen	loop-disconnect signal	signalisation du poste principal *f*; identification du poste principal *f*; signalisation par rupture de boucle *f*
Hkz (Abk.) = Hauptanschlußkennzeichengabe	loop-disconnect signaling	signalisation du poste principal *f*
HO (Abk.) = Breitband-Informationskanal mit einer Bitrate von 384 kbits/s	broadband information channel with a bit rate of 384 kbit/s	canal d'information large bande avec un débit de 384 kbit/s *m*
hochauflösend	high-resolution	haute résolution *f*
Hochfrequenz *f*, Abk.: HF	high-frequency, abbr.: HF	haute-fréquence *f*, abr.: HF
Hochfrequenzstörung *f*	radio frequency interference, abbr.: RFI	perturbation haute fréquence *f*
hochheben (*den Hörer ~*)	pick up (*the handset*); lift (*the handset*); go off-hook	décrocher (*le combiné*)
hochintegriert (*Schaltungen*)	large-scale integration, abbr.: LSI (*circuits*)	haute intégration *f* (*circuits intégrés*)
Hochpegelwahl *f*	high-level selection	sélection de niveaux hauts *f*
Höchstwert *m* (*Stromkreis*)	peak value (*circuit*); maximum	valeur pic *f* (*circuit*); valeur maximum *f* (*circuit*)
Höhe *f*	height	hauteur *f*
Homogenisierung des Anschlußnetzes *f*	homogenization of the subscriber network	homogénéisation du réseau d'abonnés *f*
Hörer *m*	receiver (*handset*); handset	combiné *m*
Hörfrequenz *f*	voice frequency, abbr.: VF; audio frequency, abbr.: AF; speech frequency	fréquence vocale *f*, abr.: FV; fréquence téléphonique *f*; fréquence acoustique *f*
Hörkapsel *f*	receiver inset; receiver capsule	capsule réceptrice *f*
Hörmuschel *f*	earpiece	capsule d'écoute *f*
Hörtöne *m, pl*	audible tones	signaux audibles *m, pl*; signaux tonalités *m, pl*
Hörtongenerator *m*, Abk.: HTG	audible tone generator	générateur de tonalités *m*
Host *m*	host computer; mainframe	ordinateur principal *m*; ordinateur central *m*
Hotline *f*	hot line; direct line; direct-access call	appel direct (usagers internes) *m*; appel au décroché *m*

Hotline-Dienst *m*	hot-line service; direct connection; trunk junction circuit (*Brit*); toll switching trunk (*Am*)	ligne directe *f*, abr.: LD
Hoyt-Nachbildung *f*	Hoyt balancing network	équilibreur Hoyt *m*
HSt (Abk.) = Hauptstelle	main station	poste principal *m*
HTG (Abk.) = Hörtongenerator	audible tone generator	générateur de tonalités *m*
Hülle *f*	sleeve	douille *f*
Hülsen *f, pl* = (Steck~) für Anschlußdraht	adapter plug(s)	douilles *f, pl*; cosses *f, pl*
HV (Abk.) = Hauptverteiler	MDF, abbr.: main distribution frame	RG, abr.: répartiteur général *m*; répartiteur principal *m*
HVSt (Abk.) = Hauptvermittlungsstelle	central switching office; central exchange; central office; district exchange; main exchange; primary exchange	CAA, abr.: centre autonomie d'acheminement *m*; central principal *m*; centre principal *m*
HVT (Abk.) = Hauptverteiler	MDF, abbr.: main distribution frame	RG, abr.: répartiteur général *m*; répartiteur principal *m*

I

IBFN (Abk.) = Integriertes Breitband-Fernmelde-Netz	integrated broadband communications network	réseau de télécommunications intégré à large bande *m*
IBRD (Abk.) = Internationale Bank für Wiederaufbau und Entwicklung (Weltbank)	IBRD, abbr.: International Bank for Reconstruction and Development (World Bank)	IBRD, abr.: Banque Internationale pour la Reconstruction et le Développement (Banque Mondiale) *f*
IC (Abk.) = integrierte Schaltung	IC, abbr.: integrated circuit	montage intégré *m*; circuit intégré *m*
ICU (Abk.) = Interface Control Unit	ICU, abbr.: Interface Control Unit	ICU, abr.: Interface Control Unit; unité de contrôle d'interface
identifizieren	identify	identifier
Identifizieren *n*	identification; marking	identification *f*; repérage *m*; marquage *m*
Identifizieren böswilliger Anrufer *n* (Fangen)	malicious call tracing (circuit); malicious call identification, abbr.: MCID	détection d'appels malveillants *f*; appel malveillant *m*, abr.: AMV
Identifizierung *f*	identification; marking	identification *f*; repérage *m*; marquage *m*
Identifizierung des Anrufers *f*	call identification	identification d'appel *f*; identification *f* (de l'appelant)
Identifizierung des Rufes, automatische ~ *f*	automatic call identification	identification automatique du demandeur *f*
Identifizierungseinrichtung *f*	identification facility	dispositif d'identification *m*
Identifizierungskasten *m*	identification box	boîtier auxiliaire d'identification *m*
Identifizierungskode *m*	identification code	code d'identification *m*
Identifizierungsspeicher *m*	identification store	sauvegarde de l'identification *f*
Identität *f*	identity, abbr.: ID; match	identité *f*; conformité *f*; concordance *f*
IDN (Abk.) = integriertes Datennetz; integriertes Text- und Datennetz	integrated text and data network	réseau intégré de données *m*; réseau de données intégré *m*
IFA (Abk.) = intelligenter Fernsprechapparat	automatic computerized telephone	poste téléphonique évolué *m*
I-Feld (Abk.) = Informationsfeld	information field	champ d'information *m*
I-frames (Abk.) = numerierte Informationsrahmen	I-frames, abbr.: numbered information frames	trames d'information numérisée *f, pl*
IKZ (Abk.) = Impulskennzeichen; Impulskennzeichengabe	pulse signal	code d'identification de l'impulsion *m*
Illustration *f*	figure; picture; illustration; image	figure *f*; illustration *f*; schéma *m*
Impedanz *f*	impedance	impédance *f*
Impuls *m*	pulse	impulsion *f*
Impulsdauer *f*	pulse duration	durée d'impulsion *f*
Impulsdiagramm *n*	timing diagram	chronogramme *m*; diagramme temporel *m*
Impulsfolge *f* (*Serie*)	pulse train	train d'impulsions *m*
Impulsgeber *m*	digit emitter; electronic pulse generator	générateur d'impulsions *m*
Impulskennzeichen *n*, Abk.: IKZ	pulse signal	code d'identification de l'impulsion *m*
Impulssignalisierung *f*	pulse signaling	signalisation par impulsions *f*
Impulsunterdrückung *f*	pulse absorbtion; pulse suppression	suppression des impulsions *f*
Impulsverfahren *n*	pulsing system	technique par impulsions *f*
Impulsverhalten *n*	pulse behaviour	comportement des impulsions *m*
Impulsverhältnis *n*	pulse ratio	rapport d'impulsions *m*
Impulsverzerrung *f*	pulse distortion	distorsion d'impulsion *f*
Impulswahl *f*	pulse dialing	numérotation décimale *f*
Impulswahlempfänger *m*	pulse dialing receiver	récepteur de numérotation décimale *m*
Impulswahlsender *m*	pulse dialing sender; pulse dialing transmitter	émetteur de numérotation décimale *f*

Impulswahlverfahren *n*, Abk.: IWV	pulse dialing method; pulse dialing system; pulse dialing principle	procédure de numérotation décimale *f*; système de numérotation décimale *m*; principe de numérotation décimale *m*
Impulswiederholung *f*	pulse repetition	répétition d'impulsion *f*
Impulszahlgeber *m*	pulsing key sender	générateur d'impulsions *m*
Inband-Kennzeichengabe *f*	in-slot signaling	signalisation dans le créneau temporel *f*
Inbetriebnahme *f*	commissioning	mise en service *f*
indirekt gesteuertes System *n*	indirect-control system	système à commande indirecte *m*
Induktionsschleife *f*	induction loop	boucle inductive *f*
Induktivwahl *f*	inductive dialing	sélection par induction *f*
Informationsabruf *m*	information retrieval	récupération d'information *f*
Informationsdichte *f*	information density	densité d'information *f*
Informationsdienst *m*	information service	service d'information *m*; service de renseignements *m*
Informationsfeld *n*, Abk.: I-Feld	information field	champ d'information *m*
Informationsfluß *m*	information flow	débit d'information *m*
Informationsgeber *m*	information generator	générateur d'information *m*
Informationskapazität *f*	information capacity	capacité d'informations *f*
Informationstechnik *f*	information technology, abbr.: IT	technique de l'information *f*
Informationsverarbeitung *f*	information processing	traitement des informations *m*
Informationsvielfach *n*	information multiple	ensemble d'informations *m*
Informationsvielfach-Verstärker *m*	information multiple amplifier	amplificateur d'informations multiples *m*
Informationszuordner *m*	information translator	translateur d'informations *m*
infrastrukturgebunden	infrastructural	infrastructurel
Inhalt *m*	contents	contenu *m*
Inhalt *m* (*Rauminhalt*)	content (*volume*); volume (*capacity*)	contenance *f* (*volume*); volume *m* (*capacité*)
Inhaltsverzeichnis *n*	table of contents	sommaire *m*; table des matières *f*
In-Haus-Datennetz *n*	in-house data network	réseau interne *m*
initialisieren (*Digitalschaltung*)	initialize (*digital circuit*)	initialiser
Initialisierung *f* (*Gerät*)	initialization; setup (*device*)	initialisation *f*
Inlands-Fernverbindung *f*	domestic trunk call	communication à longue distance nationale *f*; appel national *m*
Inlandsnetz *n*	domestic network	réseau national *m*
Inlandsverkehr *m*	domestic trunk traffic; national trunk traffic	trafic interurbain *m*; trafic national *m*
inlandswahlberechtigt, Abk.: sw1	domestic trunk access (*class of service*)	accès urbain *m* (*classe de service*)
innen	inside; internal	intérieur; interne
Innenkern *m* (*Glasfaser*)	core	âme *f* (*fibre optique*)
Innenverbindung *f*	internal connection; house connection	ligne de service *f*
Innenverbindungssatz *m*	internal link	circuit de connexion interne *m*
Innenverbindungsweg *m*	internal connection path	chemin de connexion interne *m*
innerbetriebliches Informationswesen *n*	intracompany information system	système d'information à usage interne *m*
integrierte Digitalübertragung und -durchschaltung *f*	integrated digital transmission and switching	transmission et commutation numériques intégrées *f*
integrierter Zuordner *m*	integrated translator	translateur intégré *m*
integrierter Zuordner-Sender *m*	integrated translator sender	translateur intégré émetteur *m*
integrierter Zuordner-Zentralteil A, B *m*	integrated translator central part A, B; integrated central part A, B	translateur intégré-point milieu A, B *m*
Integriertes Breitband-Fernmelde-Netz *n*, Abk.: IBFN	integrated broadband communications network	réseau de télécommunications intégré à large bande *m*
integrierte Schaltung *f*, Abk.: IC	integrated circuit, abbr.: IC	montage intégré *m*; circuit intégré *m*
integriertes Datennetz *n*, Abk.: IDN	integrated text and data network	réseau intégré de données *m*; réseau de données intégré *m*
integriertes Digitalnetz *n*	integrated digital network, abbr.: IDN	réseau numérique intégré *m*

integriertes Text- und Datennetz *n*, Abk.: IDN	integrated text and data network	réseau intégré de données *m*; réseau de données intégré *m*
intelligenter Fernsprechapparat *m*, Abk.: IFA	automatic computerized telephone	poste téléphonique évolué *m*
Intelligentes Netz *n*	intelligent network, abbr.: IN	réseau intelligent *m*
INTELSAT (Abk.) = Internationales Fernmeldesatellitenkonsortium	INTELSAT, abbr.: International Telecommunications Satellite Consortium	INTELSAT, abr.: Organisation Internationale des Télécommunications par Satellites *f*
Interface Peripheriebus *n*, Abk.: IPB	peripheral interface bus	bus d'interface périphérique *m*
Interface Sammelschiene Gruppen *n*, Abk.: ISSG	group busbars interface	interface barres omnibus - groupes *f*
Interface Systembus für Koppelfeldsteuerung *n*	system bus interface for switching matrix control	interface bus système pour la gestion des matrices de connexion *f*
Interferenz *f*	interference	interférence *f*
intern	inside; internal	intérieur; interne
Internationale Bank für Wiederaufbau und Entwicklung (Weltbank) *f*; Abk.: IBRD	International Bank for Reconstruction and Development (World Bank), abbr.: IBRD	Banque Internationale pour la Reconstruction et le Développement (Banque Mondiale) *f*; abr.: IBRD
Internationale Elektrotechnische Kommission *f*, Abk.: CEI	International Electrotechnical Commission, abbr.: CEI	Commission Electrotechnique Internationale *f*, abr.: CEI
Internationale Entwicklungsorganisation *f*	International Development Association, abbr.: IDA	Association Internationale de Développement *f*
Internationale Fernmeldeunion *f*, Abk.: ITU	International Telecommunication Union, abbr.: ITU	Union Internationale des Télécommunications *f*, abr.: UIT
internationale Leitung *f*	international circuit; international line	circuit international *m*; ligne internationale *f*
Internationaler Ausschuß zur Registrierung von Frequenzen *m*	International Frequency Registration Board, abbr.: IFRB	Comité International d'Enregistrement des Fréquences *m*
Internationaler beratender Funkausschuß *m*	International Radio Consultative Committee	Comité Consultatif International des Radiocommunications *m*
Internationales Fernmeldesatellitenkonsortium *n*, Abk.: INTELSAT	International Telecommunications Satellite Consortium, abbr.: INTELSAT	Organisation Internationale des Télécommunications par Satellites *f*, abr.: INTELSAT
interne Gespräche *n*, *pl*	internal calls	appels internes *m*, *pl*
internes Aufschalten *n*	internal cut-in	entrée en tiers dans une communication intérieure *m*
Interngespräch, internes Gespräch *n*	internal call; extension-to-extension call	numérotation d'accès à l'opératrice *f*; appel intérieur *m*
Intern-Konferenz *f*	internal conference	conférence intérieure *f*
Internruf *m*	internal call; extension-to-extension call	numérotation d'accès à l'opératrice *f*; appel intérieur *m*
Internrufnummer *f*	internal dialing number	numéro d'appel interne *m*
Internverkehr *m*	internal traffic	trafic interne *m*
Internwahl *f*	internal dialing	numérotation interne *f*; sélection interne *f*
Interruptroutine *f*	interrupt routine	sous-programme d'interruption *m*; routine d'interruption *f*
IPB (Abk.) = Interface Peripheriebus	peripheral interface bus	bus d'interface périphérique *m*
Irrungstaste *f*	error switch; erase button	touche de dérangement *f*
ISDN (Abk.) *n* = diensteintegrierendes digitales Fernmeldenetz	ISDN, abbr.: Integrated Services Digital Network	RNIS, abr.: Réseau Numérique à Intégration de Services *m*; Réseau Numérique avec Intégration des Services *m*; réseau Numéris *m*
ISDN-Anschlußart *f*	ISDN connection type	type de connexion RNIS *m*
ISDN-Anschlußeinheit *f*	ISDN connection; ISDN connection unit	connexion RNIS *f*
ISDN-Bezugskonfiguration *f*	ISDN reference configuration	configuration de référence du RNIS *f*
ISDN-Bezugspunkt *m*	ISDN reference point	point de référence du RNIS *m*
ISDN-Punkt-zu-Mehrpunkt-Verbindung *f*	point-to-multipoint ISDN connection	connexion RNIS point-multi-points *f*

ISDN-Punkt-zu-Punkt-Verbindung *f*	point-to-point ISDN connection	connexion RNIS point-à-point *f*
ISDN-Referenzpunkt *m*	ISDN reference point	point de référence du RNIS *m*
ISDN-Verbindung *f*	ISDN connection; ISDN connection unit	connexion RNIS *f*
ISDN-Verbindungsabschnitt *m*	ISDN connection element	élément de connexion RNIS *m*
ISDN-Verbindungsart *f*	ISDN connection type	type de connexion RNIS *m*
ISDN-Verbindungselement *n*	ISDN connection element	élément de connexion RNIS *m*
ISDN-Verbindungsmerkmal *n*	ISDN connection attribute	attribut de connexion RNIS *m*
ISDN-Wählverbindungselement *n*	switched ISDN connection element	élément de connexion RNIS commutée *m*
ISO *f* = Internationale Normungsorganisation	ISO, abbr.: International Standards Organisation	Organisation Internationale de Normalisation *f*
Isolationsfestigkeit *f*	insulation strength	résistance d'isolement *f*
Isolationswiderstand *m*	insulating resistance	résistance d'isolement *f*
Isolator *m*	insulator	isolateur *m*
Isolierung *f*	insulation (*electrical*); isolation (*separation*)	isolation *f*
ISSG (Abk.) = Interface Sammelschiene Gruppen	group busbars interface	interface barres omnibus - groupes *f*
ITU (Abk.) = International Telecommunication Union = Internationale Fernmeldeunion	ITU, abbr.: International Telecommunication Union	UIT, abr.: Union Internationale des Télécommunications *f*
IWV (Abk.) = Impulswahlverfahren	pulse dialing method; pulse dialing system; pulse dialing principle	procédure de numérotation décimale *f*; système de numérotation décimale *m*; principe de numérotation décimale *m*

J

jeweilig	respective; for the time being	respectif; chaque fois
justieren	adjust (*level*)	ajuster; régler
Justierrad *n*	adjusting wheel	roue de réglage *f*

K

k (Abk.) = kommend gerichtet; ankommend	ic, abbr.: incoming	SPB, abr.: entrant; spécialisé arrivée *f*
Kabelbaum *m*	cable form; wiring harness (*Am*); cable harness; harness	forme de câbles *f*; peigne de câbles *m*
Kabelbinder *m*	cable clip; cable tie	collier de serrage *m*
Kabelfernsehanlage *f*	cable TV system	télévision câblée *f*
Kabelinduktivität *f*	mutual inductance	induction effective *f*
Kabelkanal *m*	cable channel; cable duct; cable conduit	caniveau des câbles *m*; gorge de maintien *f*
Kamera-Aufzeichnungssystem *n*	TV camera recording system	système d'enregistrement par caméra *m*
Kameramonitor *m*	camera monitor	moniteur de caméra *m*
Kamerastation *f*	camera station	station caméra *f*
Kanal *m*	channel	voie *f*; canal *m*
Kanalaufbereitung *f*	channel processing equipment	traitement de canal *m*
Kanalfilter *m*	channel filter	filtre de canal *m*
kanalgebundene Signalisierung *f*	channel associated signaling	signalisation voie par voie *f*
Kanalsteuerung *f*, Abk.: KST	channel control device	dispositif de contrôle de canal *m*
Kanalstruktur *f*	channel structure	structure de canal *f*
Kanalumsetzer *m*	channel converter	convertisseur de canaux *m*
Kanalzuteilung *f*	channel allocation	affectation des canaux *f*
K-Anlagen (Abk.) *f, pl* = Kommunikationsanlagen	communications systems	installations de communications *f, pl*
Kapazität *f*	call handling capacity; traffic handling capacity; capacity	rendement *m*; capacité *f*
Kartenleser *m*	card reader	lecteur de carte (à puce) *m*
Kartentelefon *n*	card-operated telephone; cardphone	poste téléphonique à carte *m*
K. Bel (Abk.) = keine Belegung	no seizure	sans occupation *f*; sans charge *f*
KD (Abk.) = Kundendaten	customer data	données client *f, pl*
Kehrwert *m* (*Math.*)	reciprocal (*value*)	valeur réciproque *f*
keine Belegung *f*, Abk.: K. Bel	no seizure	sans occupation *f*; sans charge *f*
Kennung *f*	code	indicatif *m*; code *m*
Kennung, nachgesetzte ~ *f*	suffix	suffixe *m*
Kennungsaustausch *m*	exchange of identification	échange d'identification *m*
Kennungssystem *n*	identification system	système d'identification *m*
Kennung, vorgesetzte ~ *f*	prefix; area code	préfixe *m*
Kennwiderstand *m*	characteristic impedance; image impedance	impédance caractéristique *f*; impédance image *f*
Kennwort *n*	password; code word	mot de passe *m*; mot de code *m*
Kennzahl *f*	code	indicatif *m*; code *m*
Kennzeichen *n*	mark	repère *m*; marque *f*
Kennzeichengabe, Kennzeichnung *f*	signal transmission; signaling	transmission de signalisation *f*; transmission de signaux *f*; signalisation *f*
Kennziffer *f*	code digit	digit *m*
Kennziffer für Follow-me *f*	follow-me code	numéro de circuit de suivi *m*, abr.: NCS
Kennziffernwahl *f*	code selection; code digit dialing	sélection du code de service *f*
Keramik *f*	ceramic	céramique *f*
Keramik-Rohr-Kondensator *m*	ceramic tubular capacitor	condensateur céramique tubulaire *m*
Keramiksubstrat *n*	ceramic substrate	couche céramique *f*
Keramik-Vielschicht-Kondensator *m*	ceramic multiple layer capacitor	condensateur céramique multicouches *m*
Kernspeicher *m*	core memory	mémoire à noyau *f*; mémoire à ferrite *f*
Kette *f*	string	chaîne *f*
Kettendämpfung *f*	attenuation constant; iterative attenuation constant	affaiblissement itératif *m*

Kettengespräch *n*	sequential call; chain call; serial call, abbr.: SC; series call, abbr.: SC	chaînage d'appels *m*
Kettengesprächseinrichtung *f*	sequential call facility; sequential call transfer facility	facultés de chaînage *f, pl*
Kettenübertragungsmaß *n*	iterative propagation coefficient / ~ ~ constant	coefficient itératif de propagation *m*; constante itérative de propagation *f*
Kettenwiderstand *m*	iterative impedance	impédance itérative *f*
Kettenwinkelmaß *n*	phase constant; iterative phase coefficient / ~ ~ constant	déphasage itératif *m*
KF (Abk.) = Koppelfeld	SN, abbr.: switching matrix; coupling network; switching network	RCX, abr.: réseau de connexion *m*; réseau de connexion multiple *m*; matrice de commutation *f*; résau de couplage *m*
Kippschalter *m*	toggle switch	interrupteur à bascule *m*
Klammer *f*	clamp; crimp; clip	borne *f*; broche terminale *f*; pince *f*; agrafe *f*; attache *f*
Klammer(n) *f*, (eckige ~)	bracket(s)	crochet *m*
Klangbild *n*	sound pattern	image sonore *f*
Klangruf *m*	harmonious tone	bip sonore, abr.: BIP
Klartextanzeige *f*	text in clear display	plain language display *m*; afficheur de messages *m*
Klemme *f*	clamp; crimp; clip	borne *f*; broche terminale *f*; pince *f*; agrafe *f*; attache *f*
Klemmleiste *f*	terminal strip	barrette terminale *f*; réglette de repartiteur *f*; réglette terminale *f*; réglette à bornes *f*; bornier *m*
Klemmvorrichtung *f*	clamping arrangement	dispositif de verrouillage *m*
Klirrdämpfung *f*	harmonic distortion attenuation	affaiblissement de distorsion harmonique *m*
Klirrfaktor *m*	K factor; nonlinear distortion factor; distortion factor	coefficient de distorsion harmonique *m*
Knackgeräusche *n, pl*	clicks; clicking noise	friture *f*; clics *m, pl*
Knackschutz *m*	click suppression; acoustic shock absorber; click absorber	suppression de la friture *f*; limiteur de chocs acoustiques *m*; anti-choc acoustique *m*; circuit de protection anti-choc acoustique *m*
Knopf *m*, (Betätigungs~, Druck~)	pushbutton, abbr.: PB; button; key	bouton poussoir *m*; bouton *m*; touche *f*; bouton de commande *m*
Knoten *m*	node	nœud *m*
Knotenamt *n*	transit exchange, abbr.: TEX; tandem switching center / ~ ~ exchange, abbr.: TSX; transit switching center	central de transit *m*; réseau d'autocommutateurs *m*; autocommutateurs en réseau *m, pl*; centre de transit *m*, abr.: CLASS 4, abr.: CT
Knotenvermittlungsstelle *f*, Abk.: KVSt	tandem exchange	central nodal *m*; centre nodal *m*
Kodierer *m*	coder; encoder; coding device	codeur *m*
Kodierschalter *m*	coding switch	interrupteur de codage *m*
Kodierstecker *m*	coding plug	douille de codage *f*
Kodierung *f*	coding	codage *m*
Kohlemikrofon *n*	carbon microphone	microphone au carbone *m*; microphone à grenaille de carbone *m*
Kombinationston *m*	combination tone	tonalité composée *f*
Komfortapparat *m*	convenience telephone; feature set; deluxe set; feature telephone	poste évolué *m*; téléphone évolué *m*
Komfortausstattung *f*	convenience outfitting; deluxe outfitting	équipement de luxe *m*
Komforttelefon *n*	convenience telephone; feature set; deluxe set; feature telephone	poste évolué *m*; téléphone évolué *m*
kommende Fernleitung *f*	incoming trunk line	ligne réseau arrivée *f*, abr.: SPB
kommend gerichtet, Abk.: k	incoming, abbr.: ic	entrant; spécialisé arrivée *f*, abr.: SPB
kommt hinzu	added	supplémentaire; ajouté

kommunaler Verkehrsbetrieb *m*	public transport authority	autorité des transports publics *f*
Kommunikation *f*	communication	communication *f*, abr.: COM
Kommunikationsanlagen *f, pl,* Abk.: K-Anlagen	communications systems	installations de communications *f, pl*
Kommunikationsmittel *n*	means of communication	moyens de communication *m, pl*
Kommunikationsnetz *n*	communication network	réseau de communication *m*
Kommunikationsschnittstelle *f*	communication interface	interface de communication *f*
Kommunikationsschreibplatz *m*	communication workstation	poste de travail en communications *m*
Kommunikationssystem *n*	communication system	système de communications *m*
Kommunikationstechnik *f*	communication(s) technology	technique de communication *f*
Kommunikation zwischen offenen Systemen *f*	open systems interconnection	interconnexion des systèmes ouverts *f*
Kompensationsglied *n*	compensator	correcteur *m*; compensateur *m*
komplexes Nachbild *n*	complex terminal balance	équilibreur complexe *m*
Komponente *f*	part; component part; component	composant *m* (*électronique*); pièce *f*; pièce détachée *f*
Komponentenanlage *f*	component system	système de composants *m*
komprimieren	compress	compresser
Kondensator *m*	capacitor	condensateur *m*
Konferenz *f*	conference call; multi-party facility; conference calling add-on, abbr.: CONF	conférence *f*, abr.: CONF
Konferenzberechtigung *f*	conference access status	accès à la conférence *m*
Konferenzeinrichtung *f*	conference equipment	équipement de conférence *m*
Konferenzgespräch *n*	conference call; multi-party facility; conference calling add-on, abbr.: CONF	conférence *f*, abr.: CONF
Konferenzlampe *f*	conference lamp	voyant de conférence *m*
Konferenzsammelschiene *f*	conference bus	bus de conférence *m*
Konferenzschaltung *f*	conferencing; conference circuit; conference connection	circuit de conférence *m*
Konferenztaste *f*	conference key; conference button	touche de conférence *f*
Konfigurierung, Konfiguration *f*	configuration; equipment; outfitting	configuration *f*, abr.: CONFIG; équipement *m*, abr.: éqt; implantation *f*
konjugierte-komplexe Dämpfung *f*	conjugate attenuation constant	affaiblissement conjugué *m*
konjugiert-komplexer Widerstand *m*	conjugate impedance	impédance conjugée *f*
konjugiert-komplexes Übertragungsmaß *n*	conjugate transfer constant	exposant de transfert sur impédance conjuguée *m*
konjugiert-komplexes Winkelmaß *n*	conjugate phase constant	déphasage conjugué *m*
Konsole *f*	console	console *f*
Kontaktübergangswiderstand *m*	contact transition resistance	résistance de contact *f*
Kontakt- und Feldanzeige *f*	contact and square designation	repère de contacts et de colonnes *m*
Kontinuitätsprüfung *f*	continuity check	test de continuité *m*
Kontrastverstärkung *f*	contrast control	contrôle de contraste *m*
Kontrollampe *f*	pilot lamp	voyant de contrôle *m*; lampe pilote *f*
Kontrollbit *n*	check bit; note bit; flag bit	bit de test *m*; bit de repère *m*; bit de contrôle *m*
Kontrolle *f*	control; controller	commande *f*; gestion *f*
Kontrollfrequenz *f*	control frequency	fréquence de contrôle *f*, abr.: FC
Konversation *f*	conversation; talk; call (telephone ~); calling	conversation *f* (~ téléphonique); appel *m*; coup de téléphone *m*; sonnerie *f*
Konzentrator *m*	concentrator	concentrateur *m*
konzentrierte Abfrage *f*	concentrated answering	réponse concentrée *f*
konzentrierte Leitungsanschaltung *f*	concentrated line connection	raccordement concentré de lignes *m*
Koordinatenwähler *m*	crossbar switch	commutateur crossbar *m*
Kopfhörer *m*	headset; headphone(s)	casque *m*; écouteur *m*
Kopfrahmen *m*	top frame	châssis supérieur *m*

Kopfstation *f*	head-end station	station de tête *f*
Koppelabschnitt *m*	switching section	section de commutation *f*
Koppelanordnung *f*	switching matrix; coupling network; switching network, abbr.: SN	réseau de connexion multiple *m*; matrice de commutation *f*; réseau de connexion *m*, abr.: RCX; réseau de couplage *m*
Koppelbaustein *m*	switching component	composant de commutation *m*
Koppelbefehl *m*	through-switching instruction	instruction de connexion *f*
Koppelblock *m*	coupling block; matrix block	bloc de couplage *m*
Koppeleinheit *f*	coupling unit; coupler	coupleur *m*
Koppelelement *n*	switching element	élément de connexion *m*
Koppelfeld *n*, Abk.: KF	switching matrix; coupling network; switching network, abbr.: SN	réseau de connexion multiple *m*; matrice de commutation *f*; réseau de connexion *m*, abr.: RCX; réseau de couplage *m*
Koppelfeld, blockierungsfreies ~ *n*	non-blocking (switching) matrix	réseau de connexion sans blocage *m*
Koppelfeldeinstellzeit *f*	matrix setting time	temps d'établissement d'une connexion dans le réseau de connexion *m*
Koppelfeld, Koppelnetzwerk *n*	switching network	réseau de connexion *m*
Koppelfeld mit voller Erreichbarkeit *n*	non-blocking (switching) matrix	réseau de connexion sans blocage *m*
Koppelfeldsteuerung *f*, Abk.: KST	switching matrix control	commande de panneau de couplage *f*; gestion du réseau de connexion *f*; commande du réseau de connexion *f*
Koppelfeldsteuerungsbaugruppe *f*, Abk.: KS	switching matrix control module	module de gestion du réseau de connexion *m*
Koppelfeldweg *m*	matrix path	itinéraire dans le réseau de connexion *m*
Koppelgruppe *f*	matrix group	groupe de connexion *m*
Koppelkontrolle *f*	coupling control	gestion de couplage *f*
Koppelmatrix *f*	switching matrix; coupling network; switching network, abbr.: SN	réseau de connexion multiple *m*; matrice de commutation *f*; réseau de connexion *m*, abr.: RCX; réseau de couplage *m*
koppeln	couple; switch over; change over	coupler; commuter (coupler); basculer
Koppelnetz *n*	switching matrix; coupling network; switching network, abbr.: SN	réseau de connexion multiple *m*; matrice de commutation *f*; réseau de connexion *m*, abr.: RCX; réseau de couplage *m*
Koppelpunkt *m*	crosspoint	point de connexion *m*
Koppelpunkteinstellung *f*	crosspoint setting	établissement du point de connexion *m*
Koppelsteuerwerk *n*	coupling control unit	unité de commande du réseau de connexion *f*
Koppelstufe *f*	matrix stage; switching stage	étage du réseau de connexion *m*
Koppelverlust *m*	coupling loss	perte de couplage *f*
Koppelvielfach *n*	switching matrix; coupling network; switching network, abbr.: SN	réseau de connexion multiple *m*; matrice de commutation *f*; réseau de connexion *m*, abr.: RCX; réseau de couplage *m*
Koppler *m*	coupling unit; coupler	coupleur *m*
Kopplung *f*	coupling	couplage *m*
Korrektur *f*	correction	correction *f*; rectification *f*
korrigieren	correct	corriger
Kostenstelle *f*	cost center; accounting section	centre de frais *m*
Kostenstellennummer *f*	cost center code; payroll code	numéro de centre de frais *m*
Kraft, elektromotorische ~ *f*, Abk.: EMK (*Widerstand*)	electromotive force, abbr.: EMF (*resistance*)	force électromotrice *f*, abr.: fem
Kraftfahrzeugfunk *m*	in-car transceiver; private mobile radio; mobile radio	radio-téléphone *m*; radio mobile *f*

Kratzgeräusche *n, pl*	line scratches; contact noise (*Am*)	bruits de friture *m, pl*; bruits de contact *m, pl*
Kriterium *n*	criterion	critère *m*; critérium *m*
KS (Abk.) = Koppelfeldsteuerungsbaugruppe	switching matrix control module	module de gestion du réseau de connexion *m*
KST (Abk.) = Koppelfeldsteuerung	switching matrix control	commande de panneau de couplage *f*; gestion du réseau de connexion *f*; commande du réseau de connexion *f*
KST (Abk.) = Kanalsteuerung	channel control device	dispositif de contrôle de canal *m*
Kühler *m*	cooler	refroidisseur *m*; radiateur *m*
Kühlkörper *m*	heat sink	élément de refroidissement *m*; dissipateur de chaleur / ~ thermique *m*
Kunde *m*	customer; client	client *m*; donneur d'ordre *m*; commettant *m*
Kundendaten *n, pl*, Abk.: KD	customer data	données client *f, pl*
kundenspezifisch	customer-specific; customized	relatif aux données client *f, pl*
Kundenstatistik *f*	customer statistics	statistique de clients *f*
künstlicher Mund *m*	artificial mouth	voix artificielle *f*
künstliches Ohr *n*	artificial ear	oreille artificielle *f*
Kunststoffbeutel *m*	plastic bag	sac en plastique *m*
Kunststoff-Spritzgußteil *n*	injection-moulded plastic part	élément en plastique injecté *m*
Kupfer *n*	copper	cuivre *m*
Kurvenverlauf *m*	curve shape	allure de la courbe *f*
Kurzansage *f*	short announcement	message court *m*; message bref *m*
Kurzbeschreibung *f*	short description	descriptif condensé *m*
Kurzrufnummer *f*	abbreviated number; repertory code	numéro abrégé *m*
Kurzschlußbügel *m*	shorting plug	shunt *m*
kurzschlußfest	short-circuit-proof	protégé contre le court-circuit *m*
Kurzübersicht *f*	overview; general drawing; overall layout; overall plan	guide sommaire *m*; diagramme schématique *m*; plan général *m*
Kurzwahl *f* (*Apparateleistungsmerkmal*)	abbreviated dialing; short-code dial; repertory dialing; abbreviated code dialing; speed dialing	numérotation abrégée *f*; numéro court *m*
Kurzwahlprozessor *m*	abbreviated dialing processor	processeur de numérotation abrégée *m*
Kurzwahlzuordner *m*	abbreviated dialing translator	translateur de numéro abrégé *m*
Kurzwellenverbindung *f*	short-wave link	liaison par ondes courtes *f*, abr.: o.c.
KVSt (Abk.) = Knotenvermittlungsstelle	tandem exchange	central nodal *m*; centre nodal *m*
KZA (Abk.) = Anwesenheitskennung	presence signal	indicateur de présence *m*

L

L (Abk.) = Lampe	lamp	lampe *f*
LA (Abk.) = Leitungsanpassung	line matching; line adapter / ~ adaption	adaptation de lignes *f*; interface de ligne *f*
laden	charge (*action*); load	charger
Lage *f*, **räumliche ~**	location; line location; site	localité *f*; emplacement *m*; site *m*; couche de raccordement *f*; position de raccordement *f*
Lampe *f*, Abk.: L	lamp	lampe *f*
LAN (Abk.) = lokales Netz	LAN, abbr.: local area network	réseau local *m*
Landesfernwahl *f*	nationwide trunk dialing	numérotation interurbaine *f*
Landeskennzahl *f*	destination (country) code	indicatif national *m*
Langrufnummer *f*	non-abbreviated call number	numéro complet *m*
Last *f*	load (*electrical*); charge (*load*); strain (*mechanical*); stress (*mechanical*)	charge *f*
Lastteilung *f*	load sharing	partage de charge *m*
Lastverteilung *f*	load distribution; call load sharing	répartition de charge *f*; distribution de charge *f*
Lauf *m*	flow; run	marche *f*; course *f*
laufend, aktuell	current	courant
laufende Nummer *f*, Abk.: Lfd. Nr.	consecutive number; sequence number	numéro d'ordre *m*
Laufwerk, EDV *n*	disk drive, EDP; drive, EDP	pilote *m*, Edp; lecteur de disquette, Edp *m*; driver, Edp *m*; unité de disques, Edp *f*
Laufzeit *f*	transit time; propagation time	temps de propagation *m*
Laufzeitausgleich *m*	delay equalization	compensation du temps de propagation *f*
Laufzeitverzerrung *f*	frequency delay distortion; envelope delay distortion	distorsion de phase *f*; distorsion du temps de propagation *f*
Lauthören *n* (*Leistungsmerkmal*)	monitoring (*feature*); amplified voice; open listening	écoute amplifiée *f* (*facilité*); monitoring *m* (*facilité*)
Lautsprecher *m*	loudspeaker	haut-parleur *m*
Lautstärke *f*	volume (*level*)	volume *m* (*niveau*); niveau sonore *m*; intensité du son *f*
Lautstärketaste *f*	volume control	touche de volume *f*; bouton de réglage du volume *m*
LB (Abk.) = Leitungsbelegung	line seizure; line occupancy	OCR, abr.: occupation circuit *f*; prise *f* (~ de ligne)
LE (Abk.) = Leitungsempfänger	line receiver	récepteur de ligne *m*
Lebensdauer *f*	service life; useful time; lifetime	durée de vie *f*; durée d'utilisation *f*; longévité *f*
LED (Abk.) = Leuchtdiode	LED, abbr.: light-emitting diode	DEL, abr.: diode électroluminescente *f*
Leerbit *n*	filler bit; stuffing bit	binaire vide *m*
leeren	empty; drain	vider
Leertaste *f* (*Tastatur*)	space bar (*keyboard*)	touche d'espacement *f* (*clavier*); barre d'espacement *f* (*clavier*)
Leerzeichen *n*	space; blank	espace *m* (*clavier*)
leise	low (*quiet*)	bas; faible
Leiste *f*	strip	réglette *f*
Leistung *f*	call handling capacity; traffic handling capacity; capacity	rendement *m*; capacité *f*
Leistung *f*	power; performance	puissance *f*
Leistungsaufnahme *f*	power consumption (*watts*); current consumption	consommation en énergie *f*; consommation de courant / ~ ~ puissance *f*

Leistungsbeschreibung *f*	equipment specifications; specification	cahier de charges *m*
Leistungsfähigkeit *f*	call handling capacity; traffic handling capacity; capacity	rendement *m*; capacité *f*
Leistungsmerkmal *n*, Abk.: LM	feature; performance feature	faculté *f*; fonction *f*; facilité *f*; fonctionnalité *f*
Leistungsmesser *m*	power meter	wattmètre *m*
Leistungsschild *n*	output plate; rating plate	plaque indicatrice *f*; écusson indiquant la puissance *m*
Leistungsumfang *m*	scope of performance	ensemble des facultés *m*
Leistungsverbrauch *m* (*Watt*)	power consumption (*watts*); current consumption	consommation en énergie *f*; consommation de courant / ~ ~ puissance *f*
Leistungsverlust *m*	power dissipation	dissipation de puissance *f*
Leistungsverstärker *m*	power amplifier	amplificateur de puissance *m*
Leistungsverstärkung *f* (*Halbleiter*)	power-level gain (*semiconductor*); power amplification	amplification de puissance *f*
Leitader *f*	guide wire	fil de commande *m*
Leiter *m*	conductor	conducteur *m*
Leiterbahn *f*	conductor track; conducting path	conducteur imprimé *m*; voie conductrice *f*; piste *f*
Leiterbahntrennung *f*	conductor track cut; conductor track separation	séparation entre pistes *f*
Leiterplatte *f*, Abk.: LP	circuit board, abbr.: CB; PC board, abbr.: PCB; printed circuit board, abbr.: PCB	circuit imprimé *m*, abr.: CI; carte *f*; module *m*
Leiterplatte Vermittlungsplatz *f*	circuit board operator position; CB operator position	carte opérateur *f*, abr.: COP
Leiterseite *f*	solder(ing) side	côté soudure *m*
Leiterseitennummer *f*, Abk.: Ls Nr.	solder side no.	numéro côté soudure *m*
Leitfähigkeit *f*	conductivity	conductivité *f*
Leitregister *n*	originating register	registre de commande *m*
Leit- und Informationssystem Berlin *n*, Abk.: LISB	Navigation & Information System Berlin, abbr.: LISB	Système d'information et de navigation Berlin *m*
Leitung *f*, Abk.: Ltg	line; connection; path	ligne *f*; raccordement *m*; connexion *f*; chaîne de connexion *f*; liaison *f*
Leitung *f* (*Schaltkreis*)	circuit	circuit *m*; parcours du courant *m*
Leitung, Ausnutzungsgrad einer ~ *m*	line utilization rate	taux d'utilisation de la ligne *m*
Leitung, doppeltgerichtete ~ *f*	both-way line; two-way line	ligne bidirectionnelle *f*
Leitung, gerichtet betriebene ~ *f*	one-way trunk	ligne unidirectionnelle *f*
Leitungsabschluß *m*	line termination, abbr.: LT	terminaison de ligne *f*
Leitungsadresse *f*	line address	adresse ligne *f*, abr.: ADL
Leitungsanpassung *f*, Abk.: LA	line matching; line adapter / ~ adaption	adaptation de lignes *f*; interface de ligne *f*
Leitungsanschaltung *f*	line connection	connexion de lignes *f*
Leitungsausgleich, automatischer ~ *m*	automatic line equalization	équilibrage automatique de lignes *m*
Leitungsbelegung *f*, Abk.: LB	line seizure; line occupancy	prise *f* (~ de ligne); occupation circuit *f*, abr.: OC
Leitungsbruch *m*	line break; line interruption	interruption de ligne *f*
Leitungsbündel *n*	group; bundle; trunk group; line group; line bundle	faisceau *m*, abr.: FSC; faisceau de lignes *m*; faisceau de circuits *m*
Leitungsdämpfung *f*	line attenuation; transmission loss	pertes en ligne *f*, *pl*
Leitungseinrichtungen *f*, *pl*	line facilities; circuit facilites	facultés offertes sur la ligne *f*, *pl*
Leitungsempfänger *m*, Abk.: LE	line receiver	récepteur de ligne *m*
Leitungsendgerät *n*, Abk.: LE (*PCM*)	line-terminating equipment, abbr.: LTE; line termination unit	équipement de terminaison de ligne *m*; termineur de ligne *m*
Leitungsgeräusche *n*, *pl*	line noise	bruits de ligne *m*, *pl*
Leitungskennung *f*	circuit identification	identificateur de ligne *m*
Leitungskennwiderstand *m*	chacteristic line impedance	impédance caractéristique de ligne *f*, abr.: ZREF

Leitungskonzentrator *m*	line concentrator	concentrateur de lignes *m*
Leitungskosten *f, pl*	line expenses	frais de ligne *m, pl*
Leitungsmiete *f*	lease of circuits	location de ligne *f*
Leitungsnachbildung *f*	line balancing network	équilibreur de ligne artificielle *m*
Leitungsnetz *n*	network, abbr.: N	réseau *m*
Leitungspaar *n*	wire pair	paire de conducteurs *f*
Leitungsschnittstelle *f*	line interface	interface de ligne *f*
Leitungssignal, ~zeichen *n*	line signal	signal de ligne *m*
Leitungsstörung *f*	line fault	dérangement de ligne *m*
Leitungstaste *f*	line key	touche de lignes commutées *f*
Leitungsteil *m*	line section	section d'une ligne *f*
Leitungstreiber *m*, Abk.: LT	line driver	driver de ligne *m*
Leitungsumschaltung *f*	line switchover	basculement de ligne *m*
Leitungs- und Platzanschaltungsorgane *n, pl*	line and position connecting units	organes de connexion pour des lignes et du poste opérateur *m, pl*
Leitungsunterbrechung *f*	line break; line interruption	interruption de ligne *f*
Leitungsverstärker *m*	circuit release; line amplifier	répéteur *m* (de circuit)
Leitungsverzweigung *f*	line branching	branchement de ligne *m*
Leitungsvoranmeldedienst *m*	reserved circuit (telecommunication) service	service de circuit réservé *m*; service de circuit de télécommunications réservé
Leitungswähler *m*	final selector	sélecteur final *m*
Leitungswiderstand *m*	line resistance	résistance de ligne *f*
Leitung, ungerichtet betriebene ~ *f*	both-way trunk	ligne bidirectionnelle *f*
Leitweg *m*	route (*transmission*)	voie d'acheminement *f*; route *f*
Leitweglenkung *f*	alternate routing; route advance (*Am*); alternative routing; call routing	acheminement (du trafic) *m*; routage des appels *m*
Leitweglenkung, automatische ~ *f*	automatic route selection	acheminement automatique *m*; routage automatique *m*
Lesespeicher *m*, Abk.: ROM	read-only memory, abbr.: ROM	mémoire morte *f*, abr.: ROM
Lesestift *m*	decoder light pen	lecteur de code barre *m*
Letztweg *m*	last-choice route	dernière route accessible *f*; chemin de dernier choix *m*
Leuchtanzeige *f*	light display	écran de visualisation *m*
Leuchtdiode *f*, Abk.: LED	light-emitting diode, abbr.: LED	diode électroluminescente *f*, abr.: DEL
Leuchtdiodenmatrix *f*	LED matrix	matrice de DEL *f*
leuchten	light; be lit	allumer; briller; rayonner
Leuchttaste *f*	illuminated push-button; light-up push-button	bouton-poussoir lumineux *m*
Leuchtziffernanzeige *f*	luminous display; illuminated display	indication digitale lumineuse *f*; afficheur digital lumineux *m*
Lfd. Nr. (Abk.) = laufende Nummer	consecutive number; sequence number	numéro d'ordre *m*
LG (Abk.) = Datenladegerät	data loader	moyen de chargement de données *m*
Lichtblitz *m*	light impulse	impulsion optique *f*
Lichteinkopplung *f*	light insert	couplage de lumière *m*
lichtempfindliche Diode *f*	light-sensitive diode	diode photosensible *f*
Lichtrufsystem *n*	signal light system	système de signalisation lumineuse *m*
Lichtverlust *m*	light loss	perte de lumière *f*
Lichtwellenleiter *m*, Abk.: LWL	beam waveguide; optical waveguide; optical fiber waveguide	fibre optique *f*; câble à fibres optiques *m*; guide d'ondes optique *m*; guide d'ondes *m*; guide d'ondes lumineuses *m*
Lichtwellenleiterkabel *n*	fiber optic(al) cable	câble de fibres optiques *m*
Licht(wellen)leitfaser *f*	optical fiber; glass fiber	fibres optiques *f, pl*
Lichtzeicheneinrichtung *f*	light signal unit; luminous signal unit	équipement de signal lumineux *m*; afficheur lumineux *m*
Lieferant *m*	supplier; contractor	fournisseur *m*; adjudicataire *m*; titulaire *m*
Liefertermin *m*	date of delivery	date de livraison *m*

Lieferung *f*	delivery	livraison *f*
Lieferzeit *f*	time of delivery	durée de livraison *f*
Line-Plex Verfahren *n*	Lineplex process	méthode Line-Plex *f*
Linienruftaste *f*	line call button	bouton d'appel de ligne *m*
Linienverteilerplatte *f*	line distribution plate; line distribution board	carte de distribution de lignes *f*
LISB (Abk.) = Leit- und Informationssystem Berlin	LISB, abbr.: Navigation & Information System Berlin	Système d'information et de navigation Berlin *m*
Listing *n*	listing	liste *m*
LM (Abk.) = Leistungsmerkmal	feature; performance feature	faculté *f*; fonction *f*; facilité *f*; fonctionnalité *f*
Loch *n*	hole	perforation *f*; orifice *m*
Lochkartenleser *m*	punched card reader	lecteur de cartes perforées *m*
Lochstreifenleser *m*	punched tape reader	lecteur de rubans perforés *m*
lockern	release (*button*); clear (*button*)	relâcher (*touche*)
Lockruf *m*	automatic information call; mating call	appel AIC *m*; appel centre de maintenance *m*
Logatomliste *f*	logatom list	liste de logatome *f*
Logikdauerverbindung *f*	permanent logic connection	liaison logique permanente *f*, abr.: LLP
Logikschaltkreis *m*	logic circuit; virtual connection, abbr.: VC	circuit virtuel *m*, abr.: CV
lokale Referenz a *f*, Abk.: LRa	local reference a	référence locale a *f*
lokales Netz *n*, Abk.: LAN	local area network, abbr.: LAN	réseau local *m*
Löschdiode *f*	quenching diode	diode d'amortissement *f*
löschen (*Speicher*)	erase; clear (*memory*); cancel; delete	effacer; rayer
löschen (*verlöschen*)	extinguish; go out	éteindre
Löschsignal *n*	erase signal	signal d'effacement *m*
Löschtaste *f*	error switch; erase button	touche de dérangement *f*
lose machen	release (*button*); clear (*button*)	relâcher (*touche*)
loslassen (*Taste*)	release (*button*); clear (*button*)	relâcher (*touche*)
Lötanschluß *m*	soldered connection; solder terminal	borne de soudure *f*
Lötbrücke *f*	solder jumper; strap; jumper; hookup wire; wire bridge	strap à souder *m*; fil de connexion *m*; strap *m*; cavalier *m*
lötfrei (*Anschlußdraht auflegen*)	solderless	sans soudure *f*
Lötöse *f*	soldering lug; soldering tag; soldering eyelet	cosse à souder *f*
Lötpunkte *m, pl*	soldering points	points de soudure *m, pl*
Lötseite *f*	solder(ing) side	côté soudure *m*
Lötstift *m*	soldering pin	broche de brasage *f*; cheville *f*; plot à soudure *m*
Lötverteiler *m*	solder distributor	réglette à souder *f*
LP = Leiterplatte	CB, abbr.: circuit board; PC board, abbr.: PCB; printed circuit board, abbr.: PCB	CI, abbr.: circuit imprimé; carte *f*; module *m*
LP Vermittlungsplatz *f*	circuit board operator position; CB operator position	carte opérateur *f*, abr.: COP
LRa (Abk.) = lokale Referenz a	local reference a	référence locale a *f*
LT (Abk.) = Leitungstreiber	line driver	driver de ligne *m*
Ltg (Abk.) = Leitung	line; connection; path	ligne *f*; raccordement *m*; connexion *f*; chaîne de connexion *f*; liaison *f*
LWL (Abk.) = Lichtwellenleiter	beam waveguide; optical waveguide; optical fiber waveguide	fibre optique *f*; câble à fibres optiques *m*; guide d'ondes optique *m*; guide d'ondes *m*; guide d'ondes lumineuses *m*

M

MAC (Abk.) = TV-Standard	Multiplexed Analog Component,	composant analogique multiplexé *m* abbr.: MAC
Machart *f*	version; execution	version *f*; exécution *f*
Magnetaufzeichnungsgerät *n*, Abk.: MAZ	magnetic (tape-)recording equipment	appareil d'enregistrement magnétique *m*; équipement d'enregistrement magnétique *m*
Magnetbandleser *m*	tape reader	lecteur de bande magnétique *m*
Magnetbandmaschine *f*	tape unit	appareil à bandes magnétiques *m*
Makeln *n*	splitting; brokerage; conduct broker's calls; switch between lines (*Brit*); consultation hold (*Am*); broker's call	va-et-vient *m*; double appel courtier *m*
Makelverbindung *f*	splitting; brokerage; conduct broker's calls; switch between lines (*Brit*); consultation hold (*Am*); broker's call	va-et-vient *m*; double appel courtier *m*
Makleranlage *f*	brokerage system	système courtier *m*; système d'appel courtier *m*
Marke *f*	mark	repère *m*; marque *f*
markieren	mark	marquer; indiquer; repérer
Markierer *m*	marker	marqueur *m*
Markierrelais *n*	marking relay	relais de repère *m*
Maschinenbau *m*	mechanical engineering	industrie mécanique *f*
Maske *f*	mask	masque *m*
Maßnahme *f*	step; measure	mesure *f*; décision *f*
Masse *f*	earth; ground (*Am*)	terre *f*; masse *f*
Massenspeicher *m*	mass storage device	mémoire de masse *f*
Maßstab *m*	scale; graduation	échelle *f*; graduation *f*
Master-Arbeitsplatz *m*	master workstation	poste de travail maître *m*; station de travail principale *f*
Maßzeichnung *f*	dimensional drawing; scale drawing	plan échelonné *m*
Materialdatenerfassung *f*	materials data acquisition	saisie de données matériel *f*
Matrix-Drucker *m*	dot-matrix printer	imprimante à matrice *f*
matrixfähige Anzeigentafel *f*	matrix-capable display panel	tableau d'affichage matriciel *m*
Matrixsteuerung *f*	matrix control	gestion de matrice *f*
Maus *f*	mouse	souris *f*
MAZ (Abk.) = Magnetaufzeichnungsgerät	magnetic (tape-)recording equipment	appareil d'enregistrement magnétique *m*; équipement d'enregistrement magnétique *m*
Megahertz *n*, Abk.: MHz	megacycles per second	mégacycle *m*
Mehrfachabfrageplatz *m*	multiple operator position	P.O. multiple *m*
Mehrfachanschluß *m*	multiplex link; multi-access line; multipoint access	connexion multiple *f* (accès); accès multipoints *m*
Mehrfachanschrift *f*	multi-address	adresse multiple *f*
Mehrfachnebenstellenanlage *f*	multi-PBX	PBX multiple *m*
Mehrfach-Platzgruppe *f*	multiple position group	groupe de positions multiples *m*
Mehrfachrufnummer *f*, Abk.: MSN	Multiple Subscriber Number, abbr.: MSN	numéro d'appel multiple *m*
Mehrfachzählung *f*	multi-metering	taxation multiple *f*
Mehrfachzählung während einer Verbindung *f*	periodic metering during a connection	taxation périodique au cours d'une communication *f*
Mehrfrequenzsignalisierung *f*	dual-tone multifrequency signaling; DTMF signaling	signalisation multifréquence *f*
Mehrfrequenzwahlverfahren *n*,	dual-tone multifrequency dialing, abbr.: DTMF dialing; multi-frequency dialing	numérotation multifréquence *f*, abr.: MF
Mehrkanalausstattung *f*	multi-channel outfitting	équipement multicanaux *m*

Mehrlagen *f, pl*, Abk.: ML	multilayer	multicouches *f, pl*
Mehrplatzsystem *n*	multi-user system	poste de travail multiple *m*
mehrpolig	multipole	multipolaire
Mehrpunktanschluß *m*	multipoint connection	connexion multi-points *f*
Mehrpunktbetrieb, zentralgesteuerter ~ *m*	centralized multipoint facility	fonctionnement multi-points à commande centrale *m*
Mehrpunktverbindung *f*	multiport connection	liaison multi-points *f*
mehrstufiges Netzwerk *n*	multistage network	réseau à étages multiples *m*
Mehrwegführung *f* (*Vermittlung*)	multiple routing (*exchange*)	acheminement multiple *m* (*P.O.*)
Mehrwertdienste *m, pl*	value-added services, abbr.: VAS	services à valeur ajoutée *m, pl*
Meldeanruf *m*	service call	appel d'information *m*
Meldebit *n*	signaling bit	binaire de signalisation *m*
Meldebus *m*	signaling bus	bus de signalisation *m*
Meldeknoten *m*	alarm node	nœud d'alarme *m*
Meldeleitung *f*, Abk.: ML	operator line	ligne de service d'opérateur *f*; ligne de signalisation *f*
Meldeleitungsanruf *m*	internal call to operator	appel de ligne de signalisation *m*
Melder *m*	detector; call point; alarm device	détecteur *m* (*général*)
Meldesignal *n*	answering signal	signal de réponse *m*
Meldeterminal *n*	alarm terminal	terminal d'alarme *m*
Meldeverzug *m*	answering delay	délai de réponse *m*; retard de réponse *m*
Meldungsverkehr *m*	message traffic	trafic de messages *m*
Mensch-Maschinen-Sprache *f*, Abk.: MML	man-machine language, abbr.: MML; man-machine communication, abbr.: MMC	dialogue homme-machine *m*
Mensch-Maschine-Verhältnis *n*	man-machine relation	relations homme-machine *f, pl*, abr.: RHM
Mensch und Telefon *m*	human factors in telephony	facteurs humains en téléphonie *m, pl*
Menüzuordnung *f*	assign to menu; menu allocation	affecter à un menu
Merkbit *n*	check bit; note bit; flag bit	bit de test *m*; bit de repère *m*; bit de contrôle *m*
Meßfühler *m*	sensor	capteur *m*
Meßpegel *m*	test level; through level; expected level (*Am*)	niveau de mesure *m*; dénivellement *m*; niveau attendu *m*
Meßplatz *m*	test station	table de mesure *f*
Meßpunkt *m*	measuring point; test(ing) point	point de mesure *m*; point de contrôle *m* (test); point de test *m*; point de contrôle de service *m*, abr.: PCS
Messerleiste *f*	insulation displacement connector,	réglette de contacts à couteau *f* abbr.: IDC
Meßzelle *f*	sensor	capteur *m*
Metallschichtwiderstand *m*	metal film resistor	résistance à couche métallique *f*
MFT (Abk.) = Multifunktionsterminal	multifunctional terminal	terminal multifonctions *m*
MFV (Abk.) = Mehrfrequenz(wahl)verfahren	DTMF dialing; abbr.: dual-tone multifrequency dialing, multifrequency dialing	MF, abr.: numérotation multifréquence *f*
MFV-Empfänger *m*	DTMF receiver	récepteur MF (*Q 23*) de signalisation multifréquence *m*
MFV-Sender *m*	DTMF transmitter	émetteur MF *m* (*Q 23*)
MFV-Verfahren *n*	DTMF system	procédé de signalisation multifréquence *m*; technique MF *f*
MHz (Abk.) = Megahertz	megacycles per second	mégacycle *m*
Mietleitung *f*	leased circuit / ~ line	ligne louée *f*; circuit loué *m*; circuit de location *m*
Mikroelektronik *f*	microelectronics	microélectronique *f*
Mikrofon-Abschaltetaste *f*	microphone disconnect button	touche microphone marche / arrêt *f*
Mikrofongeräusch *n*	frying noise; transmitter noise	bruits parasites du microphone *m, pl*
Mikrokassettenmodul *n*	microcassette module	module à microcassettes *m*
Mikrowellen-Funkstrecke *f*	microwave radio link	liaison radio par ondes courtes *f*

Mindestausbau *m*	minimum configuration	configuration minimale *f*
Mindestgebühr *f*	minimum charge; minimum fee	taxe minimum *f*
MINITEL (Abk.) = elektronisches Telefonbuch in Frankreich	MINITEL, abbr.: electronic telephone directory in France	MINITEL, abr. *m*
MIS (Abk.) = Mischer	mixer	mélangeur *m*; mixeur *m*
Mischer *m*, Abk.: MIS	mixer	mélangeur *m*; mixeur *m*
Mischkoppelgruppe *f*	grading switching group	circuits de couplage *m, pl*
Mischpult *n*	mixer control panel; mixing desk	table de mixage *f*
Mischung *f*	combination	mélange *m*
Mithörapparat *m*	monitoring set	poste de surveillance *m*
Mithöraufforderungstaste *f*	monitoring request button	touche d'observation *f*
Mithöreinrichtung *f*	monitoring device	dispositif d'observation *m*
mithören	monitor; listen-in	observer; surveiller; être à l'écoute *f*
Mithörtaste *f*	listen-in key; monitoring button	touche d'observation *f*; touche d'écoute *f*; clé d'écoute *f*
Mithörverbindungstaste *f*	monitoring-connection button	touche de connexion pour observation *f*; touche de connexion pour écoute *f*
Mitsprecheinrichtung *f*	call participation device	équipement de conférence *m*
Mitteilungsnummer *f*	note number, abbr.: note no.	numéro d'information *m*; numéro de message *m*
Mittelbandsystem *n*	medium system	système bande moyenne *m*
Mittelpunkt *m*	centre (*Brit*); center (*Am*)	centre *m*; point milieu *m*
Mittelpunktschaltung *f*	mid-point tapping	circuit à point milieu *m*
Mittelteil *m*	middle part	partie centrale *f*
mittelträge (*Sicherung*)	semi time-lag (*fuse*)	action demi-retardée *f* (*fusible*)
mittlere Belegungsdauer *f*	mean holding duration	durée moyenne d'occupation de ligne *f*; durée moyenne de prise de ligne *f*
mittlere Belegungszeit *f*	mean holding time	temps moyen de prise *m* (de ligne)
mittlere Wartedauer *f*	mean delay	délai d'attente moyen *m*; durée moyenne d'attente *f*
ML (Abk.) = Mehrlagen	multilayer	multicouches *f, pl*
ML (Abk.) = Meldeleitung	operator line	ligne de service d'opérateur *f*; ligne de signalisation *f*
MMG (Abk.) = Module Manager	MMG, abbr.: Module Manager	MMG, abr.: Module Manager = gestionnaire de module
MML (Abk.) = Mensch-Maschinen-Sprache	MML, abbr.: man-machine language, MMC, abbr.: man-machine communication	dialogue homme-machine *m*
mobile Anschlußeinheit *f*	mobile connecting unit	unité de raccordement mobile *f*, abr.: URM
mobile Aufnahmeeinheit *f*	mobile studio unit	unité de studio mobile *f*
mobile Fernsprechtechnik *f*	mobile telephone technology	technique de téléphonie mobile *f*
mobile Informationstechnik *f*	mobile communications	communications mobiles *f, pl*
mobile Richtfunkstation *f*	mobile microwave station; mobile radio-relay station	station mobile ondes courtes *f*
mobiles Funksystem *n*	mobile radio system	système de radio mobile *m*
Mobilfunknetz *n*	mobile telephone network	réseau de téléphonie mobile *m*
Mobiltelefon *n*	mobile telephone	téléphonie mobile *f*
Modem *n*	modem	modem *m*
Modemschaltung *f*	modem circuit	circuit modem *m*
Modul *n*	chip; module, abbr.: Mod	puce *f*; module *m*; composant *m* (module)
modulares Mehrplatzsystem *n*	modular multi-user system	système multi-poste modulaire *m*
Modulationsfrequenz *f*	modulation frequency	fréquence de modulation *f*
Modulationsgerät *n*	modulator	modulateur *m*
Modulaufbau *m*	modular construction	construction modulaire *f*
Modulfach *n*	module compartment	compartiment de module *m*
moduliertes Licht *n*	modulated light	lumière modulée *f*
Modulplatz *m*	slot	encoche *f*; emplacement du module *m*
Monitor *m*	monitor	moniteur *m*

monolitische Halbleiterschaltung *f*	monolithic semiconductor circuit	circuit intégré monolithique à semiconducteurs *m*
Monomode-Faser *f*	single-mode fiber	fibre monomode *f*
Monomode-Technik *f*	single-mode technology	technique monomode *f*
Montage *f*	installation; mounting	montage *m*; installation *f*
Montageanleitung *f*	assembly instructions	notice de montage *f*
Montageanweisung *f*	mounting instructions	instruction de montage *f*
Montageboden *m*	mounting base	fond (de montage) *m*
Montagerahmen *m*	mounting frame	châssis de montage *m*
Montageschaltplan *m*	installation wiring diagram	plan de câblage *m*; schéma de câblage *m*
Morseruf *m*	manual signaling; Morse code	signalisation manuelle *f*
MSN (Abk.) = Multiple Subscriber Number = Mehrfachrufnummer	MSN, abbr.: Multiple Subscriber Number	numéro d'appel multiple *m*
MUL (Abk.) = Multiplexer	MUX, abbr.: multiplexer	multiplexeur *m*
Multifrequenzverfahren *n*, Abk.: MFV	dual-tone multifrequency dialing, abbr.: DTMF dialing; multi-frequency dialing	numérotation multifréquence *f*, abr.: MF
Multifunktionsterminal *n*, Abk.: MFT	multifunctional terminal	terminal multifonctions *m*
multiplex	multiplex	multiplexer (*voies de transmission*); multiplex
Multiplexbetrieb *m*	multiplex operation; multiplex mode	trafic multiplex *m*; mode multiplex *m*; en multipex *m*
Multiplexbetrieb, im ~ arbeiten *m*	perform a multiplex function; multiplexing	exploitation en multiplex *f*
Multiplexeinrichtung *f*	multiplexing equipment	équipement de multiplexage *m*
Multiplexer *m*, Abk.: MUL	multiplexer, abbr.: MUX	multiplexeur *m*
Multiplexgerät *n*	multiplex unit	appareil multiplex *m*
Multiplexleitung *f*	multiplex line	ligne multiplex *f*
Multiplexorkanal *m*	multiplexer channel	canal multiplexeur *m*
Multiplexsystem *n*	multiplex system	système multiplex *m*
Münzfernsprecher *m*	coin telephone; payphone (*Am*); pay telephone	taxiphone *m*; appareil téléphonique à jetons *m*; cabine téléphonique *f*;
Muschelantenne *f*	shell-type antenna	antenne coquille *f*
Musik in Wartestellung *f*	music on hold, abbr.: MOH	attente musicale *f*; musique d'ambiance *f*;
Mutter *f* (*Schrauben~*)	nut	écrou *m*
Muttervermittlungsstelle *f*	higher-rank exchange; higher-parent exchange; master exchange; host exchange	central directeur / ~ maître *m*; autocommutateur maître *m*

N

N (Abk.) = Nulleiter	neutral conductor	neutre *m*
na (Abk.) = nichtamtsberechtigt	fully-restricted	discrimination d'accès au réseau *f*; poste privé *m*
nachbearbeiten	edit (*data*); process	éditer
Nachbearbeitungszeit *f*, Abk.: Nbz	wrap-up time, abbr.: WRP; after-call work time	temps de récupération *m*
Nachbild-Fehlerdämpfung *f*	terminal balance return loss	écho et stabilité *m*; effet anti-local *m*
Nachbildung *f* (*Leitungs~*)	balancing network	équilibreur *m*
Nachbildung *f* (*allgemein*)	simulation	simulation *f*
Nachhall *m*	reverberation; double echo	réverbération *f*
nachlassen	release (*button*); clear (*button*)	relâcher (*touche*)
Nachprüfen einer Identitätsangabe *n*	verification	vérification d'une identification *f*
Nachrichtennetz *n*	communications network	réseau de communications *m*
Nachrichtenpfad *m*	information path; communication path	voie d'informations *f*
Nachrichtensatellit *m*	communications satellite	satellite de communications *m*
nachrichtentechnisch ...	communications . . .	de la technique de communications *f*
nachrichtentechnische Nutzlast *f*	telecommunications payload	charge utile de communications *f*
Nachrichtenträger *m*	carrier	porteur d'information *m*
Nachrichtenübermittlung *f*	transmission and switching of information	transmission et commutation d'information *f*
Nachrichtenübertragung *f*	information transmission	transmission d'information *f*
Nachrichtenübertragungs-systeme *n, pl*	transmission systems	systèmes de transmission (d'information) *m, pl*
Nachrichtenverbindung *f*	telecommunications link	liaison de télécommunications *f*
nachrüsten	retrofit	effectuer une extension *f* (*de l'équipement*)
Nachtrag *m*	addendum	addenda *m*; supplément *m*
Nachtrufnummer *f*	night service number	numéro d'appel de nuit *m*
Nachtschaltung *f*	night service, abbr.: NS; night switching; night service connection	renvoi des lignes pour le service de nuit *m*; service de nuit *m*; renvoi de nuit *m*
Nachtschaltung, automatische ~ *f*	automatic night service	renvoi de nuit automatique *m*
Nachtschaltung, flexible ~ *f*	flexible night service	renvoi de nuit flexible *m*
Nachtschaltung, manuelle ~ *f*	manual night service switching	renvoi de nuit manuel *m*
Nachtstelle *f*	subsidiary operator; night-answer station	poste de nuit *m*
Nachttarif *m*	night-time rate; overnight rate	tarif de nuit *m*
Nachtumschalter *m*	night changeover switch	commutateur pour renvoi de nuit *m*
Nachwahl *f*	suffix dialing; after-dial; subsequent dialing; postdialing	post-sélection *f*; suffixe *m*
nahbereichsberechtigt, Abk.: nb	access restricted to local calls	autorisé à des appels locaux *m, pl*; autorisé à accéder au réseau local *m*
Nahbereichszone *f*	local zone	zone locale *f*; zone urbaine *f*
Nahnebensprechen *n*	near-end crosstalk	paradiaphonie *f*
Nahzieheffekt *m*	lag effect	effet de rémance *m*
NAL (Abk.) = Nebenanschluß-leitung	extension line; sub-exchange line	ligne de poste secondaire *f*; poste supplémentaire *m*, abr.: P.S.; raccordement secondaire *m*
Namensanzeige *f*	caller identification; name display; calling party indication	affichage du nom *m*; visualisation du nom *f*
Namensanzeige des gerufenen Teilnehmers *f*	Connected Name Identification Presentation, abbr.: CONP	affichage du nom de l'abonné appelant *m*
Namensanzeige des rufenden Teilnehmers beim gerufenen Tln *f*	Calling Name Idendification Presentation, abbr.: CNIP	affichage du nom de l'appelant sur le poste de l'appelé *m*

NAND-Schaltung *f*	NAND circuit	circuit NAND *m*
nb (Abk.) = nahbereichsberechtigt	access restricted to local calls	autorisé à des appels locaux *m, pl*; autorisé à accéder au réseau local *m*
Nbz (Abk.) = Nachbearbeitungszeit	WRP, abbr.: wrap-up time, after-call work time	temps de récupération *m*
Nebenanschluß *m*	extension line; sub-exchange line	ligne de poste secondaire *f*; poste supplémentaire *m*, abr.: P.S.; raccordement secondaire *m*
Nebenanschlußleitung *f*, Abk.: NAL	extension line; sub-exchange line	ligne de poste secondaire *f*; poste supplémentaire *m*, abr.: P.S.; raccordement secondaire *m*
Nebensprechdämpfung *f*	crosstalk attenuation	affaiblissement de diaphonie *m*; affaiblissement diaphonique *m*
Nebensprechen *n*	crosstalk	diaphonie *f*
Nebensprechkopplung *f*	crosstalk coupling	capacité de couplage *f*
Nebenstelle *f*, Abk.: NSt	extension (*telephone*); extension set	poste supplémentaire *m*, abr.: P.S.
Nebenstelle, außenliegende ~ *f*	off-premises extension / ~ station, abbr.: OPX; outside extension / ~ station; external extension / ~ station	poste distant *m*
Nebenstelle, halbamtsberechtigte ~ *f*	semirestricted extension; partially-restricted extension	abonné ayant droit à prise *m*; directe réseau partielle discriminée *m*; poste à sortie limitée *m*
Nebenstellenanlage *f*, Abk.: NStAnl, Abk.: PABX	Private Automatic Branch Exchange, abbr.: PABX	commutateur *m*, (PABX); commutateur central *m*, (PABX); installation téléphonique *f*; installation téléphonique privée *f*; autocommutateur privé *m*
Nebenstellenanlage *f*, (~ mit Amtsanschluß)	Private Branch Exchange, abbr.: PBX	autocommutateur privé *m*, (~ avec connexion réseau)
Nebenstellenanlage, automatische ~ *f*	Private Telecommunication Network, abbr.: PTN	installation téléphonique d'abonnés *f*; réseau privé d'entreprise *m*
Nebenstellenapparat *m*	extension (*telephone*); extension set	poste supplémentaire *m*, abr.: P.S.
Nebenstellendurchwahl *f*	direct inward dialing, abbr.: DID	sélection directe à l'arrivée *f*, abr.: SDA
Nebenstelle, vollamtsberechtigte ~ *f*	nonrestricted extension	poste à sortie illimitée *m*
Nebenstelle zur Rufweiterleitung *f*	call transfer extension	poste destinataire des appels transférés *m*
Nebenuhr *f*	slave clock	horloge secondaire *f*
Nebenuhrwerk *n*	slave clock movement	mouvement récepteur *m*
Nennbitrate *f*	nominal bit rate	flux numérique nominal *m*
Nennfrequenz *f*	rated frequency; nominal frequency	fréquence nominale *f*; fréquence assignée *f*
Nennlast *f*	nominal load; rated load	charge nominale *f*
Nennspannung *f*	nominal voltage; rated voltage	tension nominale *f*
Nennstrom *m*	rated current; nominal current	courant nominal *m*
Nennstrom, Last *m*	rated current, load	courant nominal, charge *m*
Nennstrom, Leerlauf *m*	rated current, no load	courant nominal, tension à vide *m*
Netz *n* (Leitungs~)	network, abbr.: N	réseau *m*
Netzabschluß *m*	network termination(s), abbr.: NT	terminaison réseau *f*
Netzanschluß *m* (*Lichtnetz*)	network connection, abbr.: NC; power connection; mains connection	connexion réseau *f* (*alimentation*); branchement secteur *m*; alimentation secteur *f*
Netzanschlußkabel *n*	power connecting cable; mains connecting cable; power cord	câble d'alimentation *m*
Netzausfall *m*	mains failure; power outage (*Am*)	panne de secteur *f*
Netzausfall-Restart *m*	power fail restart	redémarrage après panne de secteur *m*
Netzausfallschaltung *f*	mains failure operation; power failure operation	connexion en cas de panne secteur *f*; fonctionnement sur alimentation secourue *f*
Netzebene *f*	network level	niveau de réseau *m*
Netzendeinrichtung *f*	network termination(s), abbr.: NT	terminaison réseau *f*

Netzersatzapparatur *f*	standby power supply; emergency power supply	alimentation secourue *f*
Netzfilter *n*	mains filter	filtre de secteur *m*
Netzfrequenzschwankungen *f, pl*	fluctuations of the mains frequency	variations de fréquences du réseau *f*; fluctuations *f, pl*, (~ de fréquences du secteur)
Netzführung *f*	network management	gestion du réseau *f*
Netzgerät *n*	mains unit; power supply unit, abbr.: PSU	bloc-secteur *m*; appareil d'alimentation *m*
netzinterner Takt *m*	internal network timing; internal network clock	horloge interne au réseau *f*
Netzkabel *n*	power connecting cable; mains connecting cable; power cord	câble d'alimentation *m*
Netzkabelanschluß *m*	power cable connection; mains cable connection	branchement de câble secteur *m*; branchement de câble d'alimentation *m*
Netzkennzahl *f*	network code number	numéro de code du réseau *m*; code réseau *m*
Netzladegerät *n*	line charger	chargeur de ligne *m*
Netzleitung *f*	power line; mains lead	câble secteur *m*
Netzmerkmal *n*	network utility; network parameter	caractéristique du secteur *f*
Netzschicht *f*	network layer, abbr.: NL	couche de réseau *f*
Netzsicherung *f*	mains fuse	fusible secteur *m*
Netzspeisegerät *n*, Abk.: NSG	mains unit; power supply unit, abbr.: PSU	bloc-secteur *m*; appareil d'alimentation *m*
Netzstecker *m*	mains connector; mains plug	douille secteur *f*; connecteur secteur *m*
Netzstruktur *f*	network structure	structure du réseau *f*
Netzüberwachung *f* (*elektr. Strom*)	mains supervision (*current network*)	surveillance du réseau *f* (*courant électrique*)
Netzüberwachung *f* (*Leitungsnetz*)	network monitoring	surveillance du réseau *f*
Netzverbund *m*	compound system	interconnexion de réseau *f*
NF (Abk.) = Niederfrequenz	LF, abbr.: low frequency	BF, abr.: basse fréquence *f*
nichtamtsberechtigt, Abk.: na	fully-restricted	discrimination d'accès au réseau *f*; poste privé *m*
nichtamtsberechtigte Nebenstelle *f*	fully-restricted extension	poste supplémentaire sans accès au réseau public *m*
nicht angeschlossen, ~ verbunden	disengaged; non-connected	libéré
nichtbedingte Wegsuche *f*	unconditional path / route search	recherche de lignes inconditionnelle *f*
nicht beschaltet	vacant; not wired; not connected	non connecté
nichtbeschaltete Nummer *f*	unused number	numéro non utilisé *m*, abr.: NNU
nicht empfangsbereit	receive not ready, abbr.: RNR	non disponible pour la réception *f*
nichtlineare Verzerrung *f*	nonlinear distortion	distorsion non linéaire *f*; distorsion de non-linéarité *f*
nichtrastend (*Taste*)	nonlocking (*key*)	non-maintenu (*touche*)
nichttransparente, schaltbare Verbindung in einem B-Kanal *f*	nontransparent switchable connection in a B channel	circuit commuté dans un canal B non transparent *m*
Niederfrequenz *f*, Abk.: NF	low frequency, abbr.: LF	basse fréquence *f*, abr.: BF
Niederfrequenzverbindung *f*	LF connection	correspondant BF *m*, abr.: CORBF
Niederfrequenzverstärker *m*	audio-frequency amplifier	amplification audio *f*
NN (Abk.) = Normalnull	MSL, abbr.: mean sea level	niveau moyen de la mer *m*
Nockenkontakt *m*	cam contact	contact à came *m*
Normalnull *n*, Abk.: NN	mean sea level, abbr.: MSL	niveau moyen de la mer *m*
NOSFER-Verfahren *n*; (Abk.)	new master system for the determination of reference equivalents	NOSFER, abr.: Nouveau Système Fondamental pour la détermination des Equivalents de Référence
Notanruf *m*	emergency call	appel d'urgence *m*; appel de secours *m*
Notbetrieb *m*	emergency operation	fonctionnement secouru *m*
Notbetriebsberechtigung *f*	emergency operation authorization	autorisation au service secouru *f*
Notiz *f* (*LM*), **Notizblock** *m*, **Notizbuch** *n*	notepad; scratchpad	bloc-notes *m*
Notruf *m*	emergency call	appel d'urgence *m*; appel de secours *m*

Notstrombetrieb *m*	mains failure operation; power failure operation	connexion en cas de panne secteur *f*; fonctionnement sur alimentation secourue *f*
Notstromversorgung *f*	standby power supply; emergency power supply	alimentation secourue *f*
Nr. (Abk.) = Nummer, Anzahl, Zahl	quantity; number, abbr.: no.	quantité *f*; numéro *m*; nombre *m*
NSG (Abk.) = Netzspeisegerät	PSU, abbr.: mains unit; power supply unit	bloc-secteur *m*; appareil d'alimentation *m*
NSt (Abk.) = Nebenstelle	extension (*telephone*); extension set	P.S., abr.: poste supplémentaire *m*
NStAnl = Nebenstellenanlage	PABX, abbr.: Private Automatic Branch Exchange	commutateur *m*, (PABX); commutateur central *m*, (PABX); installation téléphonique *f*; installation téléphonique privée *f*; autocommutateur privé *m*
Null *f*	zero	zéro *m*; nul *m*
Nulleiter *m*, Abk.: N	neutral conductor	neutre *m*
numerierte Informationsrahmen *m, pl*, Abk.: I-frames	numbered information frames, abbr.: I-frames	trames d'information numérisée *f, pl*
Numerierung *f*	numbering	numérotage *m*; numérotation *f*
Numerierung, offene ~ *f*	open numbering	numérotation ouverte *f*
Numerierungsplan *m*	numbering plan; numbering scheme	plan de numérotation *m*; plan de numérotage *m*
Numerierung, verdeckte ~ *f*	closed numbering	numérotation fermée *f*
Nummer *f*, Abk.: Nr.	quantity; number, abbr.: no.	quantité *f*; numéro *m*; nombre *m*
Nummerngeber *m*	electric key sender	émetteur de numéros *m*
Nummernschalter *m*	dialswitch; dial	cadran décimal *m*
Nummernschalterwahl *f*, Abk.: NW	dial selection; dial plate selection	émission d'impulsions du cadran *f*; numérotation décimale *f*
Nummernschalterwerk *n*	rotary dial	cadran d'appel *m*
Nummernscheibe *f*	rotary dial	cadran d'appel *m*
nur bei Bedarf *m*	only if required; optional	seulement en cas de nécessité *m*; optionnel; en option *f*
Nutzbitrate *f*	effective bit rate	flux numérique efficace *m*; débit efficace *m*
Nutzer *m*	user	usager *m*; agent *m* (*ACD*)
Nutzerzugang *m*	user access	accès d'usager *m*; accès usager *m*; accès des usagers *m*
Nutzkanal *m*	user channel; information channel	canal utile *m*
Nutzpegel *m*	usable level	niveau utile *m*
Nutzungsdauer *f*	service life; useful time; lifetime	durée de vie *f*; durée d'utilisation *f*; longévité *f*
Nutz(ungs)zeit *f*	utilization time	temps d'utilisation *m*
NW (Abk.) = Nummernschalterwahl	dial selection; dial plate selection	émission d'impulsions du cadran *f*; numérotation décimale *f*

O

OB (Abk.) = Ortsbatterie	LB, abbr.: local battery	BL, abr.: batterie locale *f*
OB-Betrieb *m*	local battery operation	fonctionnement en batterie locale *m*
OBDM (Abk.) = objektiver Bezugsdämpfungsmeßplatz	EATMS, abbr.: objective reference system test station; electroacoustic transmission measuring system	OREM, abr.: appareil de mesure objective d'affaiblissement équivalent *m*
Oberbitrate *f*	upper bit rate	limite du flux numérique *f*
Oberfläche *f*	surface	surface *f*
Oberflächentemperatur von ... *f*	surface temperature of ...	température surfacique de ... *f*
Oberste französische Fernmeldebehörde für kommerzielle und Masseninformatik-Angelegenheiten *f*, Abk.: DACT	French supreme authority for telecommunication and telematics affairs	Direction des Affaires Commerciales et Télématiques *f*, abr.: DACT
Oberteil *n*	upper part	partie supérieure *f*; sommet *f*; haut *m*
objektiver Bezugsdämpfungsmeßplatz *m*, Abk.: OBDM	objective reference system test station; electroacoustic transmission measuring system, abbr.: EATMS	appareil de mesure objective d'affaiblissement équivalent *m*, abr.: OREM
Objektivfehler *m*	lens aberrations	erreur d'objectif *m*
Objektschutzsystem *n*	property-protection system	système de protection des objets *m*
ODER-Schaltung *f*	OR circuit	porte OU *f*; circuit OU *m*
offen	open; unenclosed	découvert; ouvert
offene Kommunikationssysteme *n, pl*	open systems	systèmes ouverts *f*
öffentliche Kommunikationssysteme *n, pl*	public communications systems	systèmes de communications publics *m, pl*
öffentliches Datennetz *n*	public data network	réseau public de données *m*
öffentliches Digital-Vermittlungssystem *n*	public digital switching system	système numérique de commutation publique *m*
öffentliches Netz *n*	public telephone network, abbr.: ATN	réseau public *m*
öffentliches Vermittlungssystem *n*	public switching system	centre de commutation public *m*
öffentliche Vermittlungsstelle *f*	public exchange; exchange; central office, abbr.: CO (*Am*); switching center; exchange office; telephone exchange (*Brit*)	central public *m*; central téléphonique *m*; commutateur *m*, (central public); installation téléphonique *f*
öffentliche Vermittlungstechnik *f*	public exchange engineering	technique de commutation publique *f*
öffnen	open	ouvrir
OKE (Abk.) = Ortung von Kraftfahrzeugen für Einsatzfahrzeuge	automatic vehicle location system for fleet management	système de repérage de véhicules pour les véhicules d'intervention *m*
ON (Abk.) = Orts(leitungs)netz	LN, abbr.: local (line) network	réseau urbain *m*; réseau local *m*; réseau de distribution local *m*
Operation *f*	operation	opération *f*; manipulation *f*
optisch	optic(al); visual	optique
optisch-elektrischer Wandler *m*	opto-electrical converter	convertisseur opto-électrique *m*
optisches Übertragungssystem *n*	optical transmission system	système de transmission optique *m*
Optoelektronik *f*	optoelectronics	optoélectronique *f*
Optokoppler *m*	optocoupler	coupleur optique, ~ optoélectronique *m*
Organ *n*	organ	organe *m*
Organisation der Vereinten Nationen für industrielle Entwicklung *f*, Abk.: UNIDO	United Nations Industrial Development Organization, abbr.: UNIDO	Organisation des Nations Unies pour le Développement Industriel *f*, abr.: UNIDO

Ortsamt *n*	local office; local exchange, abbr.: LEX; terminal exchange; end exchange	central local *m*, abr.: CLASS 5; centre de commutation local *m*; service urbain des télécommunications *m*; centre local *m*, abr.: CL; central régional *m*; centre terminal de commutation *m*; central terminal / ~ urbain *m*
ortsamtsberechtigt	nonrestricted local exchange dialing	ayant accès aux appels locaux *m*; ayant accès au réseau urbain *m*
Ortsbatterie *f*, Abk.: OB	local battery, abbr.: LB	batterie locale *f*, abr.: BL
Ortsbatterievorsatz *m*	local battery adapter	adapteur de batterie locale *m*
Ortsbereich *m*	local area	zone locale *f*
ortsfeste Sprechfunkanlage *f*	base-station transceiver	installation fixe de radiotéléphonie *f*
Ortsgebühr *f*	local rate; local call fee; local tariff	taxe locale *f*; tarif urbain *m*; tarif local *m*
Ortsgespräch *n*	local call; city call	communication locale *f*
Ortskabel *n*	local cable	câble local *m*
Ortskabelnetz *n*	local cable network	réseau local câblé *m*
Ortsknotenamt *n*	local tandem exchange	centre nodal local / ~ ~ de transit *m*
Ortskreis *m*	local circuit	circuit local *m*
Ortskreisleitung *f*	local line	ligne locale *f*
Orts(leitungs)netz *n*, Abk.: ON	local (line) network, abbr.: LN	réseau urbain *m*; réseau local *m*; réseau de distribution local *m*
Ortsnetzkennzahl *f*	area code	indicatif interurbain *m*
Ortsspeisung *f* (*von Fernsprechgeräten*)	local feeding	alimentation locale *f*
Ortstarif *m*	local rate; local call fee; local tariff	taxe locale *f*; tarif urbain *m*; tarif local *m*
Ortsteilnehmer *m*	local subscriber; local subscriber station	poste d'abonné local *m*
Ortsverbindung *f*	local call connection	liaison locale *f*; liaison urbaine *f*
Ortsverbindungsleitung *f*	interoffice trunk junction line; interoffice local junction line	ligne locale *f*; ligne urbaine *f*
Ortsverkehr *m*	local traffic	service urbain *m*; trafic local *m*
Ortsvermittlung *f*	local office; local exchange, abbr.: LEX; terminal exchange; end exchange	central local *m*, abr.: CLASS 5; centre de commutation local *m*; service urbain des télécommunications *m*; centre local *m*, abr.: CL; central régional *m*; centre terminal de commutation *m*; central terminal / ~ urbain *m*
Ortsvermittlungsstelle *f*, Abk.: OVSt	local office; local exchange, abbr.: LEX; terminal exchange; end exchange	central local *m*, abr.: CLASS 5; centre de commutation local *m*; service urbain des télécommunications *m*; centre local *m*, abr.: CL; central régional *m*; centre terminal de commutation *m*; central terminal / ~ urbain *m*
Ortszeit *f*	local time	heure locale *f*
Ortszeitfehlerregister *n*	local time error register	registre d'erreurs d'heure locale *m*
Ortszeituhr *f*	local time clock	horloge d'heure locale *f*
Ortszeitzählung *f*, Abk.: OZZ	local time metering	enregistrement en heure locale *m*
Ortszone *f*	local zone	zone locale *f*; zone urbaine *f*
Ortung von Kraftfahrzeugen für Einsatzfahrzeuge *f*, Abk.: OKE	automatic vehicle location system for fleet management	système de repérage de véhicules pour les véhicules d'intervention *m*
OVSt (Abk.) = Ortsvermittlungsstelle	LEX, abbr.: local exchange; local office; terminal exchange; end exchange	CLASS 5, abr.: central local *m*; CL, abr.: centre local *m*; centre de commutation local *m*; service urbain des télécommunications *m*; central régional *m*; centre terminal de commutation *m*; central terminal / ~ urbain *m*

OZZ (Abk.) = Orts-Zeit-Zählung	local time metering	enregistrement en heure locale *m*

P

PABX (Abk.) = Nebenstellenanlage; Fernsprechnebenstellenanlage	PABX, abbr.: Private Automatic Branch Exchange	PABX, abr.: commutateur *m*; commutateur central *m*; installation téléphonique *f*; installation téléphonique privée *f*; autocommutateur privé *m*
Paket *n*	packet	paquet *m*
Paketvermittlung *f*	packet switching, abbr.: PS	commutation par/de paquets *f*
Paketvermittlungsnetz *n*	packet-switched network, abbr.: PSN	réseau de commutation par/de paquets *m*
PAL (Abk.) = TV-Standard	PAL, abbr.: Phase Alternation Line	PAL, abr.: norme TV allemande
PAM (Abk.) = Pulsamplitudenmodulation	PAM, abbr.: Pulse-Amplitude Modulation	MIA, abr.: modulation par amplitude d'impulsion *f*; modulation par impulsions en amplitude *f*, modulation d'impulsions en amplitude *f*
Panafrikanische Fernmeldeunion *f*	Panafrican Telecommunication Union, abbr.: PATU	Union Panafricaine des Télécommunications *f*
Papieralarm *m*	end-of-paper warning; paper-out alarm	alarme fin de papier *f*
Papierstau *m*	paper jam	engorgement de papier *m*
Papiervoralarm *m*	paper-supply-low alarm	présignalisation fin de papier *f*
PAR (Abk.) = Paritätsprüfer	parity checker	contrôleur de parité *m*
Parabolantenne *f*	parabolic antenna	antenne parabolique *f*
Parallelbetrieb *m*	parallel operation; parallel mode	service en parallèle *m*; exploitation en parallèle *f*
Parallelcode *m*	parallel code	code parallèle *m*
Parallelschaltung *f*	parallel connection	connexion parallèle *f*
Parallelzugriff *m*	simultaneous access	accès parallèle *m*
Paritätsbit *n*	parity bit	bit de parité *m*
Paritätskontrolle *f*	parity check	contrôle de parité *m*
Paritätsprüfer *m*, Abk.: PAR	parity checker	contrôleur de parité *m*
Paritätsprüfung *f*	parity check	contrôle de parité *m*
Parken *n*	call park, abbr.: CPK	parcage *m*
Partnerfunktion *f*	partner function	fonction "partenaire" *f*
PAS (Abk.) = Peripherie-Anschluß-Simulator	peripheral connection simulator	simulateur de connexion périphérique *m*
Paßwort *n*	password; code word	mot de passe *m*; mot de code *m*
Pauschalgebühr *f*	flat fee; flat rate; bulk connection charge; flat connection charge; flat-rate tariff	taxe forfaitaire *f*; tarif forfaitaire *m*
Pauschaltarif *m*	flat fee; flat rate; bulk connection charge; flat connection charge; flat-rate tariff	taxe forfaitaire *f*; tarif forfaitaire *m*
Pause *f*	pause	pause *f*
Pause zwischen zwei Impulsen *f*	interdigital interval / ~ pause; interdialing pause / ~ time	entre-train *m*; créneau entre deux impulsions intervalle *m*; pause inter-digit *f*
PB (Abk.) = Peripheriebus	peripheral bus	bus périphérique *m*
PCM (Abk.) = Pulscode-Modulation	PCM, abbr.: Pulse Code Modulation	MIC, abr.: modulation par impulsions et codage *f*; modulation par impulsions codée *f*
PCM der zweiten Generation *f*	PCM of the second generation	MIC de deuxième génération, abr.: MIC2G
PCM-System *n*	PCM system	système MIC *m*
PE (Abk.) = periphere Einrichtung	periphery; peripherals; peripheral equipment; peripheral unit	périphérie *f*, équipement périphérique *m*
PE (Abk.) = Prozessoreinheit	processor unit	processeur *m*; unité centrale *f*

PE (Abk.) = Schutzerde	PE, abbr.: protective earth, protective ground (*Am*)	terre de protection *f*
Pegel *m*	level	niveau *m*
Pegelüberwachung *f*	level monitoring	surveillance de niveau *f*
periphere Einrichtung *f*, Abk.: PE	periphery; peripherals; peripheral equipment; peripheral unit	périphérie *f*; équipement périphérique *m*
Peripherie *f*	periphery; peripherals; peripheral equipment; peripheral unit	périphérie *f*; équipement périphérique *m*
Peripherie-Anschluß-Simulator *m*, Abk.: PAS	peripheral connection simulator	simulateur de connexion périphérique *m*
Peripheriebus *m*, Abk.: PB	peripheral bus	bus périphérique *m*
Personalausweis *m*	identity card, abbr.: ID card	carte d'identité, ~ d'identification *f*
Personenrufempfänger *m*	pocket receiver	récepteur de poche *m*
Personenruf- und Informationsanlage *f*	radiopaging and information system	système d'information et recherche de personnes *m*
Personensuchanlage *f*	paging system; staff-location system; paging device	système de recherche de personnes *m*
Personensucheinrichtung *f*	paging system; staff-location system; paging device	système de recherche de personnes *m*
Personensuchsystem *n*	paging system; staff-location system; paging device	système de recherche de personnes *m*
persönliche Identifikationsnummer, Abk.: PIN	personal identification number, abbr.: PIN; ID number	numéro d'identification personnel *m*
Perspektivdarstellung *f*	perspective view	vue éclatée *f*
Pfeiltaste *f*	cursor key	touche de flèche *f*
Pflichtenheft *n*	equipment specifications; specification	cahier de charges *m*
PFM (Abk.) = Pulsfrequenzmodulation	PFM, abbr.: Pulse-Frequency Modulation	modulation par fréquence d'impulsion *f*
Phantomleitung *f*	phantom circuit	ligne fantôme *f*; circuit fantôme *m*
Phantomspeisung *f*	phantom power supply	alimentation fantôme *f*
Phase *f*	clock; phase	horloge *f*; phase *f*, abr.: PH
Phasengeschwindigkeit *f*	phase velocity; speed of phase	vitesse de phase *f*
Phasenlaufzeit *f*	phase delay; phase lag	temps de propagation de phase *m*; déphasage *m*
physikalische Schnittstelle *f*	physical interface	interface physique *f*
physikalische Schnittstellenspezifikation *f*	physical interface specification (*physical interface*)	spécification d'interface physique *f* (*interface physique*)
Pickup *n*	call pick-up, abbr.: CPU	interception d'appels *f*
Pickup, allgemeines ~ *n*	general pickup	interception générale *f*
Pickup-Schutz *m*	pickup protection	protection contre interception *f*
Pilotüberwachung *f*	pilot control	contrôle de porteuse *m*
PIN (Abk.) = Persönliche Identifikationsnummer	PIN, abbr.: personal identification number; ID number	numéro d'identification personnel *m*
PK (Abk.) = pink (rosa) = IEC 757	PK, abbr.: pink	PK, abr.: rose
PL (Abk.) = Programmliste	program list	liste de programme *f*
Plasmaanzeige *f*	plasma display	affichage plasma *m*
Platte *f* (*allgemein*)	plate	plaque *f*
Platte *f* (*Schallplatte*)	disk (*Brit*); disc (*Am*)	disque *m*
Plattengröße *f* (Leiterplatten~)	size of PCB; board size	format de carte *m*
Plattenlaufwerk, EDV *n*	disk drive, EDP; drive, EDP	pilote *m*, Edp; lecteur de disquette, Edp *m*; driver, Edp *m*; unité de disques, Edp *f*
Plattenspeicher *m*, EDV	disk storage, EDP	disque mémoire *m*
Platz *m*, (PABX)	operator set (PABX) (*Brit*); attendant console (PABX) (*Am*)	poste d'opérateur / ~ d'opératrice (PABX) *m*, abr.: P.O.; position d'opératrice (PABX) *f*, abr.: P.O.
Platz *m* (*Lage*)	position	position *f*
Platzanruf *m*	call to operator; attendant call; console request	appel P.O. / ~ opératrice *m*
Platzbedarf *m* (*Gerät/Baugruppe*)	space requirement (*device/module*)	dimensionnement *m* (*dispositif/module*)

Platzbelegung *f*	position seizure	prise de ligne opératrice *f*
Platzgruppe *f*	position group	standard *m*; pupitre *m*
Platzkontroll- und Mithörrelaissatz *m*	position control and monitoring relay set	système de relais pour oberservation d'une table *m*
Platzsucher *m*	position searcher; position finder	recherche d'une opératrice libre *f*
Platzüberweisung *f*	interposition call and transfer	appel transfert entre positions *m*
platzvermittelte Verbindung *f*	operator-assisted call	appel transféré par opératrice *m*
Platzwähler *m*	position selector	emplacement d'opératrice *m*
Platzzuordnung *f*	multiple attendant position	affectation de table d'opératrice *f*
PLSM (Abk.) = Passive Loop Sub Module = Subbaugruppe für passive Schleifenkennzeichen	PLSM, abbr.: Passive Loop Sub Module	PLSM, abr.: Passive Loop Sub Module = sous-carte signalisation passive de boucle
Plusspannungsüberwacher *m*	positive voltage monitor	contrôleur de tension positive *m*
Port *m*	connecting unit; port	unité de raccordement *f*, abr.: UR; port *m*
Position *f*	position	position *f*
Positionsnummer *f*	position number; item no.	numéro d'emplacement *m*
Positionsnummernvielfach *n*	equipment number program; equipment program	numéro d'équipement *m*, abr.: NE
Postbehörde *f*	PTT administration	autorités postales *f, pl*
Postbehörde, französische ~ *f*	French Postal and Telecommunication Authority; postal, telegraph and telephone administration	Postes et Télécommunications *f, pl*, abr.: PTT; Postes Télégraphe et Téléphone *f, pl*, abr.: PTT
Postnetz *n*	PTT network; Public Switched Telephone Network, abbr.: PSTN	réseau PTT *m*; réseau téléphonique public *m*; réseau téléphonique commuté *m*
Potentialausgleichschiene *f*	potential compensation bar	rail d'équilibrage de potentiel *m*; barre d'équipotentialité *f*
Potentiometer *n*, Abk.: Poti	potentiometer	potentiomètre *m*
Poti (Abk.) = Potentiometer	potentiometer	potentiomètre *m*
PRB (Abk.) = Prozessorbus	processor bus	bus du processeur *m*
primärgetaktete Stromversorgung *f*	primary-switched power supply	alimentation primaire commutée *f*
Primärmultiplexanschluß *m*	primary rate access	accès primaire multiplex *m*
Primärnetz *n*	primary network	réseau primaire *m*
Prinzipschaltbild *n*	basic circuit diagram; principle layout	schéma de principe *m*
privat	private	privé, abr.: PRV
private Einrichtung *f*	private system	installation privée *f*, abr.: IP
private Kommunikationstechnik *f*	private communications engineering	technique de communication privée *f*
privates Kommunikationssystem *n*	private communication system	système de communication privé *m*
privates Netz *n*	private network	réseau privé *m*
Privatfernsprechanlage *f*	private exchange, abbr.: PX	installation téléphonique privée *f*
Privatgespräch *n*	private call	conversation privée *f*; communication privée *f*
Privatleitung *f*	private line	ligne privée *f*
Programmabbruch *m*	program abort	interruption de programme *f*
Programmauswahl *f*	program selection	sélection de programme *f*
Programmdirektwahl *f*	program direct selection	sélection directe programmée *f*
Programmfeld *n*	program field; program panel	zone de programme *f*
Programmierstecker *m*	bridging plug	fil de pont *m*; fiche de programmation *f*
Programm im Speicher *n*	stored program	programme de mise en mémoire *m*
Programm in der Verdrahtung *n*	wired-program control	programme en logique câblée *m*
Programmlaufzeit *f*	program delay time	temps d'exécution de programme *m*
Programmliste *f*, Abk.: PL	program list	liste de programme *f*
Programmsteckerfeld *n*	program plug panel	tableau de fiches programme *m*
Programmsteuerung *f*	program control	gestion de programme *f*
Projekt *n*	project; plan	projet *m*; plan *m*
Projektnummer *f*	project number; project code; account code	numéro de projet *m*

PROM (Abk.) *f*	PROM, abbr.: programmable read only memory	PROM, abr.: mémoire programmable à lecture seule *f*
PROM-Steckplätze *m, pl*	PROM locations	emplacements des PROMs *m, pl*
Protokoll *n*	protocol; log; report	protocole *m*
Protokolldrucker *m*	printer	imprimante *f*
Protokoll-Referenzmodell *n*	protocol reference model	modèle de référence de protocoles *m*
Prozessorbus *m*, Abk.: PRB	processor bus	bus du processeur *m*
Prozessoreinheit *f*, Abk.: PE	processor unit	processeur *m*; unité centrale *f*
Prüfanschluß *m*	test connection	connexion de test *f*; connexion de contrôle *f*
prüfen	check; verify; test	vérifier; contrôler; tester
Prüfergebnis *n*	test result	résultat *m*, (d'un contrôle)
Prüfgerät *n*	test set; test unit; tester	dispositif de test *m*; dispositif de contrôle *m*; contrôleur *m*
Prüfgeräte-Koppelvielfach *n*	test set coupling matrix	matrice de couplage de dispositifs de test *f*
Prüfgerätezusatz *m*	test set attachment	adapteur des dispositifs de test *m*
Prüfprogramm *n*	test program	programme de contrôle *m*; programme de test *m*
Prüfpunkt *m*, Abk.: PT	measuring point; test(ing) point	point de mesure *m*; point de contrôle *m*; point de test *m*; point de contrôle de service *m*, abr.: PCS
Prüfschleife *f*	test loop	boucle d'essai *f*
Prüfteilnehmer *m*, Abk.: PT	test extension; test subscriber	abonné de contrôle *m*; poste de maintenance *m*
Prüfung *f*	check; examination	vérification *f*
Prüfverteiler *m*	test allotter	répartiteur de test *m*
PT (Abk.) = Prüfpunkt	measuring point; test(ing) point	PCS, abr.: point de contrôle de service *m*; point de mesure *m*; point de contrôle *m*; point de test *m*
PT (Abk.) = Prüfteilnehmer	test extension; test subscriber	abonné de contrôle *m*; poste de maintenance *m*
Puffer *m*	buffer	tampon *m*
Pufferbatterie *f*	buffer battery	batterie tampon *f*
Pufferspeicher *m*	intermediate electronic memory; intermediate electronic buffer; buffer memory	mémoire tampon *f*; mémoire intermédiaire *f*; tampon *m*
Pulsamplitudenmodulation *f*, Abk.: PAM	Pulse-Amplitude Modulation, abbr.: PAM	modulation par amplitude d'impulsion *f*; modulation par impulsions en amplitude *f*, abr.: MIA; modulation d'impulsions en amplitude *f*, abr.: MIA
Pulscode-Modulation *f*, Abk.: PCM	Pulse Code Modulation, abbr.: PCM	modulation par impulsions et codage *f*, abr.: MIC; modulation par impulsion codée *f*, abr.: MIC
Pulsflanke *f*	pulse edge	flanc d'impulsion *m*
Pulsform *f*	pulse shape	forme de l'impulsion *f*
Pulsfrequenz *f*	pulse frequency; repetition rate	fréquence d'impulsion *f*
Pulsfrequenzmodulation *f*, Abk.: PFM	Pulse-Frequency Modulation, abbr.: PFM	modulation par fréquence d'impulsion *f*
Puls/Pausenverhältnis *n*	mark-to-space ratio	intervalle d'impulsions *m*
Pulteinbau-Sprechstelle *f*	desk-mounted set	combiné monté sur pupitre *m*
Punktverbindung *f*	point connection	liaison point à point *f*
Punkt-zu-Mehrpunkt-Verbindung *f*	point-to-multipoint connection	connexion point à multi-points *f*
Punkt-zu-Punkt-Verbindung *f*	point-to-point communication; point-to-point connection	connexion point à point *f*
Pupinspule *f*	Pupin coil	bobine de pupinisation *f*

Q

QL (Abk.) = Querleitung	tie line	LIA, abr.: ligne interautomatique *f*; joncteur pour liaison interautomatique *m*; ligne spécialisée *f*
QUA (Abk.) = Querverbindung a/b Erde	tie line circuit a/b earth	connexion interautomatique a/b terre *f*
Qualitätsklasse *f*	quality class	classe de qualité *f*
Quantisierung *f*	quantization	quantification *f*
Quantisierungsgeräusch *n*	quantization noise	bruit de quantification *m*
QUE (Abk.) = Querleitungsübertrager, Querverbindungsübertragung	tie line circuit; tie line transmission	circuit de ligne spécialisée / ~ ~ ~ interautomatique *m*
Querleitung *f*, Abk.: QL	tie line	ligne interautomatique *f*, abr.: LIA; joncteur pour liaison interautomatique *m*; ligne spécialisée *f*
Querleitungsübertrager *m*, Abk.: QUE	tie line circuit; tie line transmission	circuit de ligne spécialisée / ~ ~ ~ interautomatique *m*
Querschnitt *m* (*Kabel~*)	cross section (*cable*)	diamètre *m* (*câble*); section *f* (*câble*)
Querspannung *f*	transverse voltage	tension transversale *f*
Querverbindung a/b Erde *f*, Abk.: QUA	tie line circuit a/b earth	connexion interautomatique a/b terre *f*
Querverbindung E+M-Kennzeichen *f*, Abk.: QUM	tie line E and M signaling	ligne interautomatique signalisation RON-TRON *f*
Querverbindungsleitung *f*	tie line	ligne interautomatique *f*, abr.: LIA; joncteur pour liaison interautomatique *m*; ligne spécialisée *f*
Querverbindungssatz *m*	tie line	ligne interautomatique *f*, abr.: LIA; joncteur pour liaison interautomatique *m*; ligne spécialisée *f*
Querverbindungsübertragung *f*, Abk.: QUE	tie line circuit; tie line transmission	circuit de ligne spécialisée / ~ ~ ~ interautomatique *m*
Querverbindung/Verbundleitung *f*	tie line connection; tandem tie trunk switching (*Am*)	ligne interautomatique en fonctionnement tandem *f*
Querverbindung Wechselstrom-Kennzeichen *f*	tie line a.c. signaling	ligne interautomatique signalisation en c.a. *f*
Querverkehrszusatz *m*	tie line attachment	adaptateur de trafic interautomatique *m*
Querweg *m*	high-usage route; direct route	voie à fort trafic *f*; acheminement direct *m*
Quetschvorrichtung *f*	clamp; crimp; clip	borne *f*; broche terminale *f*; pince *f*; agrafe *f*; attache *f*
quittieren (*Signal*)	acknowledge	acquitter (*signal*)
Quittung *f*	acknowledgement, abbr.: ACK; answer back; message; reply; checkback; reception confirmation; confirmation of receipt	acquit(tement) *m*; confirmation de réception *f*
Quittungston *m*	acknowledgement tone	tonalité d'accusé de réception *f*
Quittungszeichen *n*	acknowledgement signal; receipt signal	signal d'accusé / ~ d'acquit *m*; signal de confirmation *m*; signal de réception *m*
QUM (Abk.) = Querverbindung E+M-Kennzeichen	tie line E and M signaling	ligne interautomatique signalisation RON-TRON *f*

R

RA (Abk.) = Registeradresse	register address	adresse registre *f*
Rahmen *m*	frame (*Am*); rack	baie *f* (*central automatique*); support *m*; rack *m*; bâti *m*
Rahmentakt *m*	frame clock-timing	impulsion de trame *f*
RAM (Abk.) = Random Access Memory	RAM, abbr.: Random Access Memory	RAM, abr.: mémoire à accès aléatoire
Rangierdraht *m*	jumpering wire	jarretière de connexion *f*
Rangierfeld *n*	jumpering field	baie de connexion *f*
Rangierplatte *f*	jumper board	carte de connexions *f*
Rangierung *f*	wiring	câblage *m*; filerie *f*
Rangierverteiler *m*	jumpering distributor	répartiteur *m*
rastend	locking	automaintenu *m*
rastende Taste *f*	locking button	bouton maintenu *m*
Raster *n*	grid; screen	grille *f*; trame *f*
Raumgeräusch *n*	room noise	bruit de salle *m*; bruit de fond *m*
Raumhöhe *f*	headroom; clearance height; stud (*Am*)	hauteur de passage *f*
räumliche Wegedurchschaltung *f*	spatial path through-connection	commutation de voie spatiale *f*
Raummultiplex *n*	space-division multiplex, abbr.: SDM	commutation spatiale *f* (*méthode*); multiplex spatial *m*
Raummultiplexbetriebsweise *f*	space-division mode	exploitation en multiplex spatial *f*
Raummultiplexdurchschaltung *f*	space-division through-connection	commutation en multiplex spatial *f*
Raummultiplexkoppelfeld *n*	space-division matrix field / ~-~ coupling field	matrice de connexion de multiplex spatial *f*; réseau de connexion de multiplex spatial *m*
Raummultiplexnetzwerk *n*	space-division network	réseau en multiplex spatial *m*
Raummultiplexverfahren *n*	space-division multiplex method	principe de multiplex spatial *m*
Raumrückfrage *f*	internal consultation call; internal refer-back	double appel intérieur *m*
Raumrückfragetaste *f*	internal refer-back button	touche de double appel intérieur *f*
Raumsicherung *f*	home or office protection	protection domestique *f*
Raumvielfach *n*	space-division multiplex principle, abbr.: SDM principle	principe de multiplex spatial *m*
Raumvielfachsystem *n*	space-division multiplex system	système de communication spatiale *m*; système de multiplex spatial *m*
Rauschen *n*	noise	bruit *m*
Rauschunterdrückungssystem *n*	noise-reduction system	système de réduction de bruit *m*
RC-Glied *n*	RC element, abbr.: resistance-capacitance element	circuit RC *m*
RD (Abk.) = red (rot) = IEC 757	RD, abbr.: red	RD, abr.: rouge
RDBU (Abk.) = red blue (rot blau) = IEC 757	RDBU, abbr.: red blue	RDBU, abr.: rouge bleu
RDGN (Abk.) = red green (grün rot) = IEC 757	RDGN, abbr.: red green	RDGN, abr.: vert rouge
RDGY (Abk.) = red grey (grau rot) = IEC 757	RDGY, abbr.: red grey	RDGY, abr.: gris rouge
RDPK (Abk.) = red pink (rosa rot) = IEC 757	RDPK, abbr.: red pink	RDPK, abr.: rose rouge
RDS (Abk.)	RDS, abbr.: Radio Data System	RDS, abr.: sytème de données radio *m*
RDWH (Abk.) = red white (weiß rot) = IEC 757	RDWH, abbr.: red white	RDWH, abr.: blanc rouge
RDYE (Abk.) = red yellow (gelb rot) = IEC 757	RDYE, abbr.: red yellow	RDYE, abr.: jaune rouge
Rechner *m*	computer	computer *m*; ordinateur *m*

rechnergesteuert	computer-controlled	géré par ordinateur *m*; piloté par ordinateur *m*
rechnergesteuerter Prüfplatz *m*	computer-controlled test station	banc de test piloté par ordinateur *m*
rechnergesteuertes Vermittlungssystem *n*	computer-controlled switching system	autocommutateur géré par calculateur *m*
rechnergestützt	computerized; computer-assisted	assisté par ordinateur *m*
Rechner-Verbundnetz *n*	computer network	réseau d'ordinateurs *m*; ordinateurs en réseau *m, pl*
Rechnerverbundsystem *n*	computer communication system	système de téléinformatique *m*
Rechnung, detaillierte ~ *f*	itemized bill	facture détaillée *f*
Redundanz *f*	redundancy	redondance *f*
Reduzierungsfaktor *m*	reduction factor	facteur de réduction *m*
Referenzpunkt *m*	reference point	point de référence *m*
Reflexionsdämpfung *f*	return loss; matching attenuation	affaiblissement d'adaptation *m*
Reflexionsfaktor *m*	return current coefficient / ~ ~ factor	coefficient d'adaptation *m*
regeln	control	régler
Regelschaltung *f*	control circuit	circuit de réglage *m*
Regelung *f*	control; controller	commande *f*; gestion *f*
Regenerator *m*	regenerator	régénérateur *m*
regenerieren	regenerate	régénérer
Regionaltaste *f*	regional key	touche régionale *f*
Register *n*, Abk.: RG	register	index *m*; registre *m*
Registeradresse *f*, Abk.: RA	register address	adresse registre *f*
Registergerät *n*	register unit	enregistreur *m*
Registergruppenverbinder *m*	register group connector	connecteur de groupes de registre *m*
Registerkoppelgruppe *f*	register coupling group	groupe de connexions de registre *m*
Registerkoppelnetz *n*	register switching network	réseau de connexion de registre *m*
Register-Markierer *m*	register marker	marqueur de registre *m*
Registersignal *n*	register character; register mark	signal de registre *m*
Registerspeicher *m*	register store	mémoire de registre *f*
Registersteuerung *f*	register control	gestion de registre *f*
Registerzeichen *n*	register signal	signal de registre *m*
Registriersatz *m*	recording set	équipement d'enregistrement *m*
Registrierspeicher *m*	recording store	mémoire d'enregistrement *f*
Reichweite *f*	range	portée *f*; gamme *f*; plage *f*
Reihe *f*	row	rangée *f*
Reihenanlage *f*	intercom system; key telephone system, abbr.: KTS; key system; press-to-talk system; two-way telephone system	système d'intercommunication *m*; intercom *m*; installation d'intercommunication *f*
Reihencode *m*	series code	code série *m*
Reihenparallelschaltung *f*	series-parallel circuit	connexion série-parallèle *f*
Reihenteilnehmer *m*, Abk.: R-Teilnehmer	four-wire extension	poste à quatre fils *m*
Relais *n*	relay	relais *m*
Relaissatz *m*	relay set	jeu de relais *m*
Relaisschiene *f*	relay bus	bus relais *m*
Relaisspeicher *m*	relay store	mémoire à relais *f*
Relaisstation *f*	relay station; repeater station	station relais *f*; répétiteur *m*
Relaisstreifen *m*	relay strip	barrette à relais *f*
Relaisverstärker *m*	relay repeater	station répétrice *f*; amplificateur de relais *m*
Relaiszahlengeber *m*	relay keysender	clavier à relais *m*
relative Luftfeuchte *f*	relative humidity	humidité relative *f*
relativer Pegel *m*	relative level	niveau relatif *m*
Reserve *f*	spare; standby	réserve *f*
Reserve-Blei-Akkubatterie *f*	standby lead-acid accumulator; standby lead-acid battery	accumulateur de secours au plomb *m*; batterie de secours au plomb *f*
reservieren	reserve	réserver
reserviert	reserved	réservé

Reservierungsdienst *m*	reserved circuit (telecommunication) service	service de circuit réservé *m*; service de circuit de télécommunications réservé *m*
Reservierung von Amtsleitungen *f*	pre-selection of external lines	pré-sélection de lignes externes *f*
Restart *m*	restart	remise sous tension *f*; redémarrage *m*
Restdämpfung *f*	overall loss; net loss (*Am*); overall attenuation	affaiblissement effectif *m*; affaiblissement composite *m*
restliche, Rest...	remaining; residual	résiduel
Restspannung *f*	residual voltage	tension résiduelle *f*
Reststrom *m*	residual current	courant résiduel *m*
Rfr (Abk.) = Rückfrage	refer-back call; consultation call (*Brit*); inquiry; call hold (*Am*)	double appel *m*, abr.: DA; attente pour recherche *f*
RG (Abk.) = Register	register	index *m*; registre *m*
R-Gespräch *n*	reversed charge call (*Brit*); collect call (*Am*); reverse charging	conversation payable à l'arrivée *f*, abr.: PCV
Richtantenne *f*	directional antenna	antenne directionnelle *f*
Richtfunkanlage *f*	radio-link installation	installation de liaison radio *f*
Richtfunkfrequenz *f*	microwave frequency	fréquence des micro-ondes *f*
Richtfunkgerät *n*	microwave equipment	équipement de liaison hertzienne *f*
Richtfunkrelaisstation *f*	microwave relay station; radio-relay station	station relais à micro-ondes *f*
Richtfunk(system) *n*	microwave (radio) system; radio-relay system	système (radio) à micro-ondes *m*
Richtfunktechnik *f*	microwave radio-link technology	technique radio à micro-ondes *f*
Richtfunkverbindung *f*	microwave connection	connexion par micro-ondes *f*; faisceau hertzien *m*; liaison hertzienne *f*
Richtfunkverbindungseinrichtung *f*	microwave equipment	équipement de liaison hertzienne *f*
Richtlinie *f*, Abk.: RL	order; directive (*EU*); instruction	directive *f*; instruction *f*; ordre *m*
Richtmaß *n*	standard dimension; guiding dimension	dimension théorique *f*
Richtung *f*	direction	direction *f*; sens *m*
Richtungsausscheidung *f*	route selection; path selection; direction selection; direction discrimination	sélection de route *f*; routage *m*
Richtungsausscheidung für Leitungsbündel *f*	direct bundle selection	routage de faisceau *m*
Richtungskoppelfeld *n*	directional matrix field; directional coupling field	matrice de routage *f*
Richtungskoppelgruppe *f*	directional coupling group	groupe de connexions de direction *m*
Richtungskoppelnetz *n*	directional coupling network	réseau de connexion de direction *m*
Richtungsmarkierer *m*	directional marker	marqueur de direction *m*
Ringabfrage bei Nacht *f*	night ringer; common night service	renvoi de nuit tournant *m*
Ringmodulator *m*	ring modulator	modulateur en anneau *m*; modulateur toroïdal *m*
RL (Abk.) = Richtlinie	order; directive (*EU*); instruction	directive *f*; instruction *f*; ordre *m*
RN (Abk.) = Rufnummer	call number; subscriber's number; telephone number	numéro d'appel *m*; numéro d'annuaire *m*, abr.: NA; numéro d'abonné *m*
Rohr *n*	tube; pipe	tube *m*; tuyau *m*
Röhrenparameter *m*	tube parameter	paramètre de tube *m*
ROM (Abk.) = Lesespeicher, Fest(wert)speicher	ROM, abbr.: read-only memory	ROM, abr.: mémoire morte *f*
rosa, Abk.: PK = IEC 757	pink, abbr.: PK	rose, abr.: PK
rosa blau, Abk.: BUPK = IEC 757	blue pink, abbr.: BUPK	rose bleu, abr.: BUPK
rosa braun, Abk.: BNPK = IEC 757	brown pink, abbr.: BNPK	rose brun, abr.: BNPK
rosa grün, Abk.: GNPK = IEC 757	green pink, abbr.: GNPK	rose vert, abr.: GNPK
rosa rot, Abk.: RDPK = IEC 757	red pink, abbr.: RDPK	rose rouge, abr.: RDPK
rosa schwarz, Abk.: BKPK = IEC 757	black pink, abbr.: BKPK	rose noir, abr.: BKPK

rot, Abk.: RD = IEC 757	red, abbr.: RD	rouge, abr.: RD
rot blau, Abk.: RDBU = IEC 757	red blue, abbr.: RDBU	rouge bleu, abr.: RDBU
rot schwarz, Abk.: BKRD = IEC 757	black red, abbr.: BKRD	rouge noir, abr.: BKRD
R-Teilnehmer (Abk.) *m* (Reihen~)	four-wire extension	poste à quatre fils *m*
RU (Abk.) = Rufumschaltung	call switching	commutation de parole *f*; commutation d'appels *f*
ru (Abk.) = Rufumleitung, variable ~	variable call diversion (class of service)	renvoi variable *m*
Rückauslösung *f*	back release; called-subscriber release	libération inverse *f*; libération au raccrochage du demandeur *f*
Rückbelegung *f*	seizing acknowledgement signal	signal d'acquit de prise *m*
Rückflußdämpfung *f*	regularity return loss (*Brit*); structural return loss (*Am*)	affaiblissement de régularité *m*
Rückfrage *f*, Abk.: Rfr	refer-back call; consultation call (*Brit*); inquiry; call hold (*Am*)	double appel *m*, abr.: DA; attente pour recherche *f*
Rückfragegespräch *n*	refer-back call; consultation call (*Brit*); inquiry; call hold (*Am*)	double appel *m*, abr.: DA; attente pour recherche *f*
Rückfrage, Halten in ~ *n* (*LM*)	consultation hold	consultation *f* (*faculté*)
Rückfrage in Rückfrage *f*	refer-back within refer-back	double appel dans le double appel *m*
Rückfragekoppler *m*	consultation call coupling unit; refer-back coupler	coupleur de rétro-appel *m*
Rückfrageteilnehmer *m*	refer-back extension	abonné de rétro-appel *m*; poste de rétro-appel *m*
Rückfrageverbindung *f*	enquiry call	connexion de rétro-appel *f*
Rückfrage zum Amt *f*	refer back to external line	double appel avec une LR *m*
rückgängig machen	annul	annuler
Rückholtaste *f*	reset key	touche d'initialisation *f*
Rückhörbezugsdämpfung *f*	sidetone reference equivalent	affaiblissement d'effet (anti-)local *m*; équivalent de référence de l'effet local *m*
Rückhördämpfung *f*	sidetone attenuation	affaiblissement du signal local *m*
Rückkopplung *f*	feedback	asservissement *m*
Rücklauf *m*	rewind	recul *m*
Rückmeldung *f*	acknowledgement, abbr.: ACK; answer back; message; reply; checkback; reception confirmation; confirmation of receipt	acquit(tement) *m*; confirmation de réception *f*
Rückprüfung *f*	number verification	vérification de numéro *f*
Rückruf *m*	callback; recall; returned call	rappel (en retour) *m*; retour d'appel *m*
Rückrufautomatik *f*	automatic callback; completion of calls on no reply, abbr.: CNCR; outgoing trunk queuing; automatic recall; completion of call to busy subscriber, abbr.: CCBS	rappel automatique *m*; rétro-appel *m*
Rückseite *f*	rear side; back side	côté postérieur *m*; côté arrière *m*
Rücksprache *f*	consultation	consultation *f*
rückstellbarer Zähler *m*	resettable meter	compteur avec remise à zéro *m*
Rückstellung *f*	resetting	remise *f*; reset *m*; ré-initialisation *f*
Rückwand *f*	backplane; back cover	panneau arrière *m*; fond *m*
Rückwärtsauslösung *f*	back release; called-subscriber release	libération inverse *f*; libération au raccrochage du demandeur *f*
Rückwärtsverfolgen *n*	call tracing	suiveur de communications *m*
Rückwärtswahl *f*	backward dialing	numérotation en retour *f*
Rückwärtszeichen *n*	backward signal	signal inverse *m*
Ruf *m*	conversation; talk; call (*telephone ~*); calling	conversation *f* (*~ téléphonique*); appel *m*; coup de téléphone *m*; sonnerie *f*
Rufabweisung *f*	call stopping; call-not-accepted signal	rejet d'appel *m*; arrêt d'appel *m*

Rufanforderung *f*	call request; call booking	demande d'appel *f*
Rufannahme *f*	call-accepted signal	acceptation d'appel *f*
Rufanzahlüberschreitung *f*	call rate overflow	saturation *f*
Rufanzeiger *m*	call indicator	indicateur d'appel *m*
Rufbeantwortung, automatische ~ *f*	automatic answering	réponse automatique *f*
Rufbeantwortung, manuelle ~ *f*	manual answering	réponse manuelle *f*
Rufbegrenzungszähler *m*	call limiting counter	compteur de limitation d'appels *m*
Rufdauer *f*	ringing time	durée de sonnerie *f*
Rufempfänger *m*	call receiver	récepteur d'appel *m*
rufen (*läuten*)	ringing; ring; phone; give a ring; ring up; call; call up	appeler; téléphoner; sonner
rufende Nebenstelle *f*	calling subscriber; calling station; calling extension	abonné demandeur *m*
rufender Teilnehmer *m*	calling subscriber; calling station; calling extension	abonné demandeur *m*
Ruferkennung *f*	call identification	identification d'appel *f*; identification *f*, (de l'appelant)
Ruferkennungszeit *f*	call identification time	temps d'identification d'appel *m*
Rufgenerator *m*	ringing generator	générateur de sonnerie *m*
Rufimpuls *m*	ringing pulse	impulsion de sonnerie *f*
Rufmitnahme *f* (*Follow me*)	follow me	renvoi *m*; suivez-moi *m*; follow me *m*
Rufnummer *f*, Abk.: RN	call number; subscriber's number; telephone number	numéro d'appel *m*; numéro d'annuaire *m*, abr.: NA; numéro d'abonné *m*
Rufnummeranzeige des gerufenen Teilnehmers beim rufenen Tln *f*	Connected Line Identification Presentation, abbr.: COLP	affichage du numéro de l'appelé sur le poste appelant *m*
Rufnummer, gespeicherte ~ *f*	stored number	numéro d'appel enregistré *m*; numéro d'appel en mémoire *m*
Rufnummernauskunft *f*	directory information service	service de renseignements téléphoniques *m*
Rufnummernfeld *n*	call number field	zone de numéro d'abonné *f*; plan de numérotation *m*
Rufnummerngeber *m*	call number transmitter; automatic dialer	émetteur de numéros d'appel abrégés *m*; numéroteur automatique *m*
Rufnummernplan *m*	numbering plan; numbering scheme	plan de numérotation *m*; plan de numérotage *m*
Rufnummernspeicher *m*	call number memory	mémoire de numéros *f*
Rufnummernsperre *f*	call restrictor; discriminator; barring unit; dial code restriction facility; code restriction (*Am*)	discrimination d'appel *f*; discriminateur *m*; discrimination accès réseau pubic *f*; faculté de discrimination *f*
Rufnummernunterdrückung *f*	call number suppression	suppression du numéro d'appel *f*; non présentation appelant *f*
Rufnummernzuordner *m*	call number translator; call number allotter	traducteur de numéros d'appel *m*
Rufnummernzuordnung *f*	numbering	numérotage *m*; numérotation *f*
Rufnummer, Prinzip der konstruierbaren ~ *n*	deducible directory number	numéro complet obtenu par construction *m*
Rufordner *m*	allotter; traffic distributor	classeur d'appels *m*
Ruforgan *n*	ringing unit; calling device; calling equipment; calling unit	sonnerie *f*; dispositif de sonnerie *m*; bloc d'appel *m*
Rufspannung *f*	ringing voltage	tension de sonnerie *f*
Rufstrom *m*	ring power; ringing current	courant de sonnerie *m*
Rufsystem *n*	call system	système d'appel *m*
Ruftaste *f*	call button	touche d'appel *f*
Rufton *m*	ringing tone; ringback tone, abbr.: RBT	retour d'appel *m*; sonnerie *f*; tonalité de retour d'appel *f*; tonalité de poste libre *f*; signal d'appel *m*
Rufüberwachungszeit *f*	call monitoring time	temps de surveillance d'appel *m*
Rufumleitung *f*, Abk.: RUL	call diversion	renvoi d'un poste *m*; renvoi d'appel *m*; renvoi *m*
Rufumleitung bei Besetzt *f*	call diversion on busy; call forwarding busy, abbr.: CFB	ré-acheminement en cas de poste occupé *m*
Rufumleitung ständig *f*	call diversion unconditional	renvoi permanent *m*

Rufumleitung, variable ~ *f*, Abk.: ru	variable call diversion (class of service)	renvoi variable *m*
Rufumschaltung *f*, Abk.: RU	call switching	commutation de parole *f*; commutation d'appels *f*
Ruf- und Signalgeber *m*	ringing and tone generator	générateur de tonalité et de sonnerie *m*
Ruf- und Signalmaschine *f*	ringing and signaling machine	machine d'appels et de signaux *f*
Ruf- und Wahlinformationsspeicher *m*	information store	enregistreur d'appel et de numérotation *m*
Ruf, unterschiedlicher ~ *m*	distinctive ringing; discriminating ringing	sonnerie différenciée *f*
Rufverzug *m*	postdialing delay	délai d'attente de la tonalité de retour d'appel *m*; retard d'appel *m*
Rufwechselspannung *f*	ac ringing current; ac ringing voltage	courant alternatif de sonnerie *m*
Rufweitergabe *f*	call transfer; call assignment	transfert d'appel *m*; transfert de base *m*; transfert en cas de non-réponse *m*; transfert *m*; renvoi temporaire *m*
Rufweiterleitung *f*, Abk.: RWL	call transfer	transfert de base *m*; transfert en cas de non-réponse *m*; transfert *m*, abr.: TRF; renvoi temporaire *m*; renvoi automatique *m*
Rufweiterleitung bei Besetzt *f*	busy line transfer; call forwarding on busy	transfert en cas d'occupation *m*
Rufweiterleitung nach Zeit *f*	delayed call transfer	renvoi temporisé *m*
Rufweiterschaltung *f*, Abk.: RW	call forwarding	renvoi automatique *m*; transfert de base *m*; transfert en cas de non-réponse *m*; transfert *m*, abr.: TRF; renvoi temporaire *m*;
Rufzustand *m*	ringing condition	phase sonnerie *f*
Ruhe *f* (*Pause*)	rest	repos *m*
Ruhe *f* (*Schweigen*)	silence	silence *m*
Ruhe, in ~ *f* (*Zustand*)	idle; free	libre
Ruhekontakt *m*	break contact; normally closed contact, abbr.: nc contact	contact de repos *m*; interrupteur à contact au repos *m*
Ruhe vor dem Telefon *f*	do-not-disturb service; do-not-disturb facility, abbr.: DND; station guarding; don't disturb	interdiction de déranger *f*; ne pas déranger; repos téléphonique *m*; faculté "ne pas déranger" *f*; fonction "ne pas déranger" *f*; limitation des appels en arrivée *f*
Ruhezustand *m*	idle condition	état libre *m*
Ruhezustand, im ~ *m*	idle; free	libre
RUL (Abk.) = Rufumleitung	call diversion	renvoi d'un poste *m*; renvoi d'appel *m*; suivez-moi *m*; renvoi *m*
Rundfunkanstalt *f*	broadcasting station; broadcasting corporation	station émettrice *f*; station de radiodiffusion *f*
Rundfunkempfang *m*	radio reception	réception radio *f*
Rundfunktechnik *f*	radio engineering; radio technology	technique radio *f*
Rundspruchverbindungssatz *m*	broadcasting junction	joncteur de messages généraux *m*
Rundumkennleuchte *f*	rotary beacon	feu tournant à éclats généraux *m*
Rural Telefon *n*	rural telephone	téléphonie rurale *f*
RW (Abk.) = Rufweiterschaltung	call forwarding	TRF, abr.: transfert *m*; transfert de base *m*; transfert en cas de non-réponse *m*; renvoi temporaire *m*; renvoi automatique
RWL (Abk.) = Rufweiterleitung	call forwarding	TRF, abr.: transfert *m*; transfert de base *m*; transfert en cas de non-réponse *m*; renvoi temporaire *m*; renvoi automatique

S

S (Abk.) = Servicestecker	service plug	prise de maintenance *f*
S (Abk.) = Schalter	switch	commutateur *m* (*électricité*); interrupteur *m*
Sachnummer *f*	reference number, abbr.: Ref.No.	numéro de référence *m*
Sammelanschluß *m*	hunt group; extension hunting; station hunting; group hunting	lignes groupées *f*, *pl*; groupement de postes, ~ de lignes *m*
Sammelanschluß, hierarchischer ~ *m*	hierarchical hunt group	groupement de lignes hiérarchique *m*
Sammelanschlußkopf *m*	group hunting head	tête de groupement *f*
Sammelanschlußmarkierer *m*	hunt group marker	marqueur de lignes groupées *m*
Sammelanschluß, zyklischer ~ *m*	cyclic hunt group	groupement de lignes cyclique *m*
Sammelerdschiene *f*	grounding busbar; common earth bar	barre de terre commune *f*
Sammelgespräch *n*	conference call; multi-party facility; conference calling add-on, abbr.: CONF	conférence *f*, abr.: CONF
Sammelleitung *f*	group hunting line; communication bus; communication line	barre omnibus *f*; bus de communication *m*
Sammelnachtschaltung *f*	common night switching	renvoi de nuit collectif *m*
Sammelrufnummer *f*	collective number	numéro d'appel collectif *m*
Sammelruftaste *f*	collective call button	touche d'appel collectif *f*
Sammelschiene *f*, Abk.: SS	bus(bar)	bus *m*; barre collectrice *f*
Sammelschienenzugang *m*, Abk.: SSZ	bus(bar) access	accès au bus *m*
Satellitenabschnitt *m*	satellite section	section satellite *f*
Satellitenempfänger *m*	satellite receiving system; satellite receiver	système de réception satellite *m*
Satellitenempfangsstelle *f*	satellite reception station	station de réception satellite *f*
Satelliten-Kommunikations-Empfang *m*, Abk.: SKE	sat communications reception system	système de réception de communications par satellite *m*
Satelliten-Rundfunkdienst *m*	satellite radio TV service	service de radio TV par satellite *m*
Satellitentechnik *f*	satellite technology	technologie des satellites *f*
Satellitentransponder *m*	satellite transponder	transpondeur satellite *m*
Satellitenübertragung *f*	satellite transmission	transmission satellite *f*
Satzverständlichkeit *f*	phrase intelligibility	netteté pour les phrases *f*; netteté de la parole *f*
sauber (*nicht pulsierende Spannung*)	ripple-free	sans ondulation *f*
Säule *f*	column; pillar	colonne *f*
SB (Abk.) = Sytembus	system bus	bus système *m*
SBA (Abk.) = Siemens-Netzarchitektur für Büro-Automatisierung	Siemens office architecture	architecture du réseau Siemens pour la bureautique *f*
SBB (Abk.) = Systembuspuffer	SBB, abbr.: system bus buffer	registre tampon du bus système *m*
SBD (Abk.) = Sendebezugsdämpfung	transmitting reference loss; sending reference equivalent	affaiblissement relatif à l'émission *m*; équivalent de référence à l'émission *m*
SBS (Abk.) = Systembussteuerung	system bus control	commande du bus système *f*
SCA (Abk.) = Service Connection Adapter = Anschluß für Servicegeräte	SCA, abbr.: Service Connection Adapter	SCA, abr.: Service Connection Adapter = carte d'adaptation pour équipements de maintenance
Schablone *f*	mask	masque *m*
schadhaft	defective	défectueux; faux; fautif
Schalleigenschaft *f*	resonance quality	facteur de qualité *m*
Schallzeile *f*	horizontal row of radiators	rangée horizontale de radiateurs *f*
Schaltdraht *m*	solder jumper; strap; jumper; hookup wire; wire bridge	strap à souder *m*; fil de connexion *m*; strap *m*; cavalier *m*
Schalten *n*	switching; through-connection; routing; switchover; changeover	commutation *f*; acheminement *m*; basculement *m*

schalten	switch	commuter (*électricité*)
Schalter *m*, Abk.: S	switch	commutateur *m* (*électricité*); interrupteur *m*
Schaltereinstellung *f*	switch setting	positionnement des interrupteurs *m*
Schaltfläche *f*	pushbutton, abbr.: PB; button; key	bouton poussoir *m*; bouton *m*; touche *f*; bouton de commande *m*
Schaltkennzeichengabe *f*	signal transmission; signaling	transmission de signalisation *f*; transmission de signaux *f*; signalisation *f*
Schaltschloß *n*	switch lock	verrouillage de connexion *m*
Schaltsignal *n*	switch signal	signal de connexion *m*
Schaltspannung *f*	switching voltage	tension de connexion *f*
Schaltung *f*	schematic; circuit diagram	schéma *m*, schéma de circuit *m*
Schaltungsblock *m*	circuit block	bloc circuit *m*
Schaltungsnachtrag *m*	circuit addendum	mise à jour schéma *f*
Scheibe *f*	disk (*Brit*); disc (*Am*)	disque *m*
Schicht *f* (*Ebene*)	layer (*level*)	couche *f* (*niveau*)
Schichtschnittstelle *f*	layer interface	interface de couche *f*
Schiebeschalter *m*	slide switch	commutateur à coulisse *m*
Schiene *f*	bar	alvéole *f*; barre *f*
Schienenbauweise *f*	bar-mounted execution; bar-mounted construction; bar-mounted design; bar-mounted style	système de construction sur rail *m*; exécution sur rail *f*
Schienenkoppelpunkt *m*	bar crosspoint	point de couplage de barre *m*
Schlagfestigkeit *f* (*Dielektr.*)	impact resistance (*dielectrics*)	résistance au choc *f*
Schleife *f*	loop	boucle *f*
Schleifenerkennung *f*	loop identification	détection de boucle *f*
Schleifenspannung *f*	loop voltage	tension de boucle *f*
Schleifenstromkennlinie *f*	loop current characteristic	caractéristique de courant de boucle *f*
Schleifenunterbrechung *f*	loop interruption	ouverture de boucle *f*; rupture de boucle *f*
Schleifenverstärkung *f*	loop gain	gain de boucle *m*
Schleifenwahl *f*	loop dialing	numérotation décimale *f*
Schleifenwiderstand *m*	loop resistance	résistance de boucle *f*
Schleuse *f*	sluice	sas *m*
Schloß *n*	interlock; lock(ing)	verrouillage *m*; serrure *f*; fermeture *f*; clôture *f*
Schlüsselzahl *f*	security code; code number	clé de codage *f*; code chiffré *m*
Schlüsselzeichen *n*	key signal	indication de clé *f*
Schlußtaste *f*, Abk.: S-Taste	clearing button / key; end button	bouton de fin *m*; bouton de libération *m*
Schlußzeichen *n*	clear-back signal; disconnect signal	signal de libération *m*
Schmalbandnetz *n*	narrowband network	réseau à bande étroite *m*
Schmalbandsystem *n*	narrowband system	système à bande étroite *m*
Schmalbandübertragung *f*	narrowband transmission	transmission à bande étroite *f*
Schmalgestellbauweise *f*	slimline rack	châssis étroit *m*
Schmelzeinsatz *m*	fuse cartridge	lame fusible *f*; cartouche fusible *f*
Schmelzpunkt *m* (*Dielektr.*)	melting point (*dielectric*)	point de fusion *m*
Schnarre *f*	buzzer (*ac*)	vibreur *m*; ronfleur *m*; buzzer *m*
schneiden	cut off, break; isolate; cut	déconnecter; couper; séparer; débrancher
schnell	fast; rapid; quick	vite; rapide
Schnellkanal *m*, Abk.: SK	high-speed channel	canal à grande vitesse *m*
Schnellruf *m*	direct station selection, abbr.: DSS	appel direct *m* (*faculté*)
Schnellruftaste *f*	quick-call button / ~ key	touche d'appel rapide *f*; touche d'appel direct *f*
Schnitt *m* (*Profil*)	section (*profile*)	coupe *f* (*profil*)
Schnittstelle *f* (*Interface*)	interface	interface *f*
Schnittstellenanpassung *f*	interface adapter	adaptateur d'interface *m*
Schnittstellenkarte *f*, Abk.: SSK	interface board	carte d'interface *f*
Schnittstellenschalter *m*	interface switch	interrupteur d'interface *m*
Schnittstellenspezifikation *f*	interface specification	spécification d'interface *f*
Schnittstellenstruktur *f*	interface structure	structure d'interface *f*

Schnittstellenverteiler *m*, Abk.: SSV	interface distributor	répartiteur d'interface *m*
Schnittstelle V.24 *f*, Abk.: SSV	V.24 interface	interface V.24 *f*
schnurlos	cordless	sans cordon *m*
Schrank *m*	cabinet	armoire *f*
Schrankgehäuse *n*	cabinet housing; housing; casing; case	coffret *m*; boîtier *m*
Schraube *f*	screw	vis *f*
Schraubenmutter *f*	nut	écrou *m*
Schraubkappe *f*	screw cap	capuchon à vis *m*
schreibgeschützt	read only; write-protected	lecture seule *f*
Schreiblesespeicher *m*	read-write memory	mémoire d'écriture/lecture *f*
Schreibwerk *n*	typing mechanism	mécanisme enregistreur *m*; imprimeur *m*
Schrittgeschwindigkeit *f*	modulation rate	rapidité de modulation *f*; vitesse de modulation *f*
Schutz *m*	protection	protection *f*
Schutzerde *f*, Abk.: PE	protective earth, abbr.: PE; protective ground (*Am*)	terre de protection *f*
Schutz gegen hohes Verkehrsaufkommen *m*	overload protection (*traffic*)	protection contre les surcharges *f*
Schutzmaßnahme *f*	safety precaution	mesure de protection *f*
Schutzschalter *m*	automatic circuit-breaker; miniature circuit-breaker, abbr.: mcb; circuit-breaker; automatic cutout; fuse switch	disjoncteur de protection *m*; coupe-circuit (automatique) *m*
Schutzschaltung *f*	protective circuit	circuit de protection *m*
Schutz von Datenverbindungen gegen Aufschalten *m*	data privacy; data restriction	protection des lignes de données contre l'intrusion *f*
Schwanenhalsmikrofon *n*	gooseneck microphone	microphone sur flexible *m*
Schwankung *f*	fluctuation	fluctuation *f*; oscillation *f*
schwarz, Abk.: BK = IEC 757	black, abbr.: BK	noir, abr.: BK
Schwelle *f* (*Grenze*)	response threshold; threshold value; threshold	valeur seuil *f*; seuil *m*; seuil de réponse *m*
Schwellwert *m*	response threshold; threshold value; threshold	valeur seuil *f*; seuil *m*; seuil de réponse *m*
Schwellwertspannung *f*	threshold value voltage	tension de seuil *f*
schwenkbar	swinging; swiveling; hinged	pliant; pivotant
Schwenkteil *n*	hinged part	partie pivotante *f*
Schwingquarz *m*	quartz oscillator	oscillateur à quartz *m*
Schwund *m* (*Radio/Telefon n*)	fading	fading *m*
Schwungrad *n*	momentum wheel; flywheel	volant *m*
Sechskantmutter *f*	hexagonal nut	écrou hexagonal *m*; écrou six pans *m*
Sechskantschraube *f*	hexagonal screw	vis hexagonale *f*; vis à tête 6 pans *f*
SEE (Abk.) = Serviceendeinrichtung	service terminal equipment	terminal de maintenance *m*
Seekabel *n*	submarine cable	câble sous-marin *m*
Segmentstecker *m*	square-section plug	connecteur de segment *m*
Seite *f*	page; side	page *f*
Sektor *m*	sector	secteur *m*
Sekundaranschluß *m*	secondary connection	connexion secondaire *f*
selbsttätige Amtsrufweiterschaltung *f*	automatic exchange call transfer	transfert automatique d'appel réseau *m*
selbsttätiger Direktruf *m*	automatic direct call	appel direct automatique *m*
selbsttätiger Rückruf *m*	automatic callback; completion of calls on no reply, abbr.: CNCR; outgoing trunk queuing; automatic recall; completion of call to busy subscriber, abbr.: CCBS	rappel automatique *m*; rétro-appel *m*
selbsttätige Rückfrage *f*	automatic refer-back	rétro-appel automatique *m*
selbsttätige Rufweiterleitung *f*	automatic call transfer	transfert d'appel automatique *m*
selbsttätige Rufweiterschaltung *f*	automatic call forwarding	renvoi automatique *m*
selbsttätiger Verbindungsaufbau *m*	automatic call setup	établissement automatique des communications *m*

selbsttätige Wahl *f*	automatic dialing; automatic selection; direct dialing; autodial; direct access	numérotation automatique *f*; sélection directe *f*; prise directe *f*; appel automatique *m*
Selbsttest *m*	self-test	auto-test *m*
Selbstwahl *f*	automatic dialing; automatic selection; direct dialing; autodial; direct access	numérotation automatique *f*; sélection directe *f*; prise directe *f*; appel automatique *m*
Selbstwähl-Auslandsverbindung *f*	subscriber-dialed international call	service international automatique *m*; prise directe pour l'international *f*
Selbstwählferndienst *m*, Abk.: swf	subscriber trunk dialing service; direct distance dialing, abbr.: DDD	service interurbain automatique *m*; prise directe pour l'interurbain *f*
Selbstwählfernverkehr *m*	subscriber trunk dialing service; direct distance dialing, abbr.: DDD	service interurbain automatique *m*; prise directe pour l'interurbain *f*
Selbstwählfernwahl *f*	subscriber trunk dialing	sélection à distance de l'abonné demandé *f*; numérotation d'abonné sur réseau interurbain *f*
Selbstzuordnung von Amtsleitungen *f*	self-allocation of external lines	affectation automatique de lignes extérieures *f*
Sendeanlage *f*	transmission facility	dispositif d'émission *m*
Sendebezugsdämpfung *f*, Abk.: SBD	transmitting reference loss; sending reference equivalent	affaiblissement relatif à l'émission *m*; équivalent de référence à l'émission *m*
Sendedaten *f, pl*	transmit data	données de transmission *f, pl*
sendefähig	broadcast-ready	apte à l'émission *f*
Sendefrequenzbereich *m*	transmission frequency range	domaine de fréquence en émission *m*
Sendemonitor *m*	transmission monitor	moniteur d'émission *m*
senden	transmit; send; forward; broadcast; pass on; communicate	transmettre; commuter; envoyer
Sendepause *f*	pause	pause *f*
Sendepegel *m*	transmission level	niveau d'émission *m*
Sender *m*	transmitter	transmetteur *m*; émetteur *m*
Senderichtung *f*	transmission direction	direction d'émission *f*
Senderidentifizierung *f*	transmitting identification	identification d'émission *f*
Sendermodul *n*	transmitting module	module d'émission *m*
Sendersuchlauf *m*	music scan	marche de détection des émetteurs *f*
Sendesammelschiene *f*, Abk.: SSA	transmitting busbar	bus d'émission *m*
Sendestation *f*	broadcasting station; broadcasting corporation	station émettrice *f*; station de radiodiffusion *f*
Senkschraube *f*	countersunk screw	vis noyée *f*; vis à tête conique *f*
Sensor *m*	sensor	capteur *m*
Sensorgerät *n*	sensor device	détecteur *m* (capteur)
Serienschnittstelle Ausgang *f*	series interface output	interface avec sortie série *f*
Serienverbindung *f*	polling call	liaison série *f*
Server	server	serveur *m*
Serverbereich *m*	servers sector	domaine du serveur *m*
Service 130 *m* (*im ISDN*)	freephone, abbr.: FPH	Service 130 *m* (*dans RNIS*)
Serviceendeinrichtung *f*, Abk.: SEE	service terminal equipment	terminal de maintenance *m*
Serviceleitung *f*	administrative trunk	ligne de service *f*
Servicestecker *m*, Abk.: S	service plug	prise de maintenance *f*
setzen	set	mettre; mise
SFuRD (Abk.) = Stadtfunkrufdienst	city radio-paging service	service local de recherche de personnes par radio *m*
SHF-Umsetzer *m*	SHF converter	convertisseur SHF *m*
Si (Abk.) = Silizium	silicon	silicium *m*
Sicherheitsdienst / -service *m*	security service	service de sécurité *m*
Sicherheitseinrichtung *f*	alarm equipment	équipement de sécurité *m*; dispositif de sécurité *m*
Sicherheitsleitstelle *f*	security control center	centre principal de sécurité *m*
Sicherheitssystem *n*	security system	système de sécurité *m*
Sicherheitstechnik *f*	security engineering	technique de sécurité *f*
Sicherung *f*	fuse	fusible *m*

Sicherungsautomat *m*	automatic circuit-breaker; miniature circuit-breaker, abbr.: mcb; circuit-breaker; automatic cutout; fuse switch	disjoncteur de protection *m*; coupe-circuit (automatique) *m*
Sicherungshalter *m*	fuse holder	porte fusible *m*
Sicherungsschicht *f*	data link layer	couche de liaison de données *f*
Sicherung (von Daten) *f*	data security; data backup; backup (*data*)	sécurité de données *f*; sauvegarde de données *f*
sichtbar	visible	visible
Sichtgerät *n*	visual display unit, abbr.: VDU	appareil de visualisation *m*; appareil console de visualisation des données *m*; unité de visualisation *f*
Sichtkontakt *m*	line-of-sight contact	contact visuel *m*
Sichtprüfung *f*	visual inspection	inspection visuelle *f*; contrôle visuel *m*
Sichtverbindung *f*	line-of-sight connection	connexion visuelle *f*
Sichtvermerk *m*	endorsement	visa *m*
Siebdruck *m*	serigraphy; screen printing process	sérigraphie *f*
Siemens-Netzarchitektur für Büro-Automatisierung *f*, Abk.: SBA	Siemens office architecture	architecture du réseau Siemens pour la bureautique *f*
Signal *n*	signal	signal *m*
Signalempfänger *m*	signal receiver	récepteur de signalisation *m*; récepteur de signaux *m*
Signalfeld *n* (*Übertragungseinrichtung*)	signaling panel; alarm panel / ~ unit (*transmission equipment*)	champ d'alarme / ~ de signalisation *m* (*appareil de transmission*); unité d'alarme / ~ de signalisation *f* (*appareil de transmission*)
Signalfeldanzeige *f*	signal panel display	afficheur du tableau de signalisation *m*
Signalfeldeinschub *m*	slide-in panel	module enfichable du tableau de signalisation *m*
Signalgabe *f*	signal transmission; signaling	transmission de signalisation *f*; transmission de signaux *f*; signalisation *f*
Signalgeber *m*	signal transmitter	émetteur de signaux *m*
Signalgenerator *m*	signal generator	générateur de signalisation *m*
Signalgeräuschabstand *m*	signal-to-noise ratio, abbr.: S/N	rapport signal sur bruit *m*; rapport signal/bruit *m*
Signalisierung *f*	signal transmission; signaling	transmission de signalisation *f*; transmission de signaux *f*; signalisation *f*
Signalisierung, abschnittweise ~ *f*	link-by-link signaling	signalisation (section) par section *f*; signalisation de proche en proche *f*
Signalisierung außerhalb des Sprachbandes *f*	outband signaling	signalisation hors bande *f*
Signalisierung im Sprachband *f*	inband signaling; inband dialing; voice-frequency signaling	signalisation dans la bande *f*
Signalisierungskreis *m*	signaling circuit	circuit de signalisation *m*
Signalisierungsverfahren *n*	signaling system, abbr.: SS	système de signalisation *m*
Signalisierung wartender Gespräche *f*	automatic ringback on held calls	signalisation des appels en attente *f*
Signalkontrolleinrichtung *f*	signal controller	circuit de contrôle de signalisation *m*
Signalregenerierung *f*	signal regeneration	régénération de signal *f*
Signalstörung *f*	signal breakdown	dérangement de signalisation *m*; panne de signalisation *f*
Signalübertragung *f*	signal transmission; signaling	transmission de signalisation *f*; transmission de signaux *f*; signalisation *f*
Signalunterbrechung *f*	signal break	coupure de signal *f*; interruption de signal *f*
Signalverzerrung *f*	signal distortion	distorsion du signal *f*
Signalvielfach *n*	signal multiple	multiplex *m*; signal multiple *m*
Silbenverständlichkeit *f*	syllable intelligibility / ~ articulation	netteté pour les logatomes *f*
Silizium *n*, Abk.: Si	silicon	silicium *m*
Siliziumdiode *f*	silicon diode	diode au silicium *f*
Siliziumtransistor *m*	silicon transistor	transistor au silicon *m*

simplex, Abk.: sx	simplex	simplex; en simplex *m*
Simplexbetrieb *m*	one-way operation; simplex operation	fonctionnement en simplex *m*
Simulation *f*	simulation	simulation *f*
simultane Zeichengabe *f*	simplex signaling	signalisation simultanée *f*
Simultanwahl *f*	simplex dialing	numérotation simultanée *f*
sinusförmig	sinusoidal	sinusoïdal
Sinusschwingung *f*	sine wave	oscillation sinusoïdale *f*
Si-Transistor *m*	Si transistor	transistor au silicium *m*
SK (Abk.) = Schnellkanal	high-speed channel	canal à grande vitesse *m*
SKE (Abk.) = Satelliten-Kommunikations-Empfang	sat communications reception system	système de réception de communications par satellite *m*
SMDT (Abk.) = System Message Distribution Task = Textausgabetask	SMDT, abbr.: System Message Distribution Task	SMDT, abr.: System Message Distribution Task = tâche d'édition de message
Sockel *m*	base; plinth	socle *m*; embase *f* (*général*); sol *m*
Sofortruf *m*	immediate call	appel immédiat *m*
Sofortsperre *f*	immediate busy	blocage immédiat *m*
Sofortverkehr *m*	no-delay traffic; straight outward completion (*Am*)	trafic direct *m*
Softkey *m* (*Displaytaste*)	softkey	touche programmable *f*; touche logicielle *f*
Software *f*, Abk.: SW	software, abbr.: SW	logiciel *m*
Softwareschloß *n*	software lock	verrouillage pour logiciel *m*
Softwarestand *m*	software version; software status	version du logiciel *f*
Softwarestand-Änderung *f*	software version modification	modification du logiciel *f*
Sollwert *m*	reference value; set value; setpoint value; control value	valeur de référence *f*; paramètre de référence *m*
Sonderdienst *m*	special service	service spécial *m*
Sonderkennzeichen *n*	special identifier (*code, mark*)	code spécial *m*; identificateur particulier *m*
Sonderleitung *f*	special line	ligne spéciale *f*
Sonderteilnehmer *m*	special line circuit; special line extension	abonné spécial *m*; ligne spécialisée *f*
Sonderübertragung *f*, Abk.: SUE	special link	liaison spécialisée *f*
Sonderverbindungssatz *m*	special junction	joncteur spécial *m*
Sonderwählton *m*	special dial tone	tonalité spéciale *f*; tonalité d'invitation à numéroter spéciale *f*
Spalte *f*	column; pillar	colonne *f*
Spannrolle *f*	drag roller	galet tendeur *m*
Spannungsabfall *m*	voltage drop / ~ loss	chute de tension *f*
Spannungsabweichung *f*	voltage deviation	écart de tension *m*
Spannungsdämpfung *f*	voltage attenuation	affaiblissement de tension *m*
Spannungsfestigkeit *f*	dielectric strength	résistance diélectrique *f*
spannungsfrei	stress-free; without tension	sans tension *f*
Spannungsimpuls *m*	voltage pulse	impulsion en tension *f*
spannungslos	dead; idle (*electr.*)	sans tension *f*
Spannungsmeßgerät *n*	voltmeter	voltmètre *m*
Spannungsschutzeinrichtung *f*	overvoltage protection equipment; overload protection equipment	équipement de protection contre les surtensions *m*
Spannungsteiler *m*	voltage divider	diviseur de tension *m*
Spannungsüberwachung *f*	voltage monitoring	contrôle de tension *m*
Spannungsumschaltung *f*	voltage changing	commutation de la tension *f*
Spannungsverlust *m*	voltage drop / ~ loss	chute de tension *f*
Spannungswandler *m*	voltage transformer	transformateur de tension *m*
Speicher *m*	memory; store; storage device	mémoire *f*
Speichereinheit *f*	memory unit	module mémoire *m*; unité mémoire *f*
Speicher löschen *m*	clear memory; erase memory	effacer une mémoire
Speichermedium *n*	storage medium	moyen de mémorisation *m*
speichern, EDV	store, EDP; save, EDP	mémoriser, Edp; mettre en mémoire, Edp *f*; sauvegarder, Edp
Speicherplatz *m*	memory location	emplacement de mémoire *m*

speicherprogrammgesteuertes System *n*	stored-program control system, abbr.: SPC system	système piloté par programme gravé en mémoire *m*
speicherprogrammierte Steuerung *f*	stored-program control, abbr.: SPC	commande par programme enregistré *f*
Speicherzahlengeber *m*	store keysender	clavier à mémoire *m*
Speisebrücke *f*	feeding bridge	pont d'alimentation *m*
speisen	feed	alimenter
Speisespannung *f*	supply voltage	tension d'alimentation *f*
Speisestromdämpfung *f*	feeding loss	affaiblissement d'alimentation *m*
Sperreinrichtung *f*	call restrictor; discriminator; barring unit; dial code restriction facility; code restriction (*Am*)	discrimination d'appel *f*; discriminateur *m*; discrimination accès réseau pubic *f*; faculté de discrimination *f*
sperren	bar; inhibit; block; disable	bloquer; interdire; discriminer
Sperre(n) *f n*	barring; inhibiting; discrimination	interdiction *f*; discrimination *f*, abr.: DISCRI
Sperrschloß *n*	barring facility	serrure d'interdiction *f*; commutateur à clef *m*
Sperrsignal *n*	blocking signal	signal de blocage *m*
Sperrtaste *f*	lockout key; locking key	touche de blocage *f*
Sperrung *f*	barring; inhibiting; discrimination	interdiction *f*; discrimination *f*, abr.: DISCRI
Sperrwerk *n*	call restrictor; discriminator; barring unit; dial code restriction facility; code restriction (*Am*)	discrimination d'appel *f*; discriminateur *m*; discrimination accès réseau pubic *f*; faculté de discrimination *f*
Sperrzahl *f*	barring number	code de blocage *m*; numéro discriminé *m*; numéro verrouillé *m*
Sperrzeit *f*	timeout	temps de blocage *m*; temporisation de blocage *f*
Spezifikation *f*	equipment specifications; specification	cahier de charges *m*
Spezifikation, technische ~ *f*	technical data; technical specification	spécification technique *f*
spezifisch	specific	spécifique
Spiegeldurchmesser *m*	mirror diameter	diamètre de miroir *m*
Spitzenbelastung *f*	peak load	charge de pointe *f*
Spitzendiode *f*	point contact diode	diode à pointe *f*
Spitzendurchgangsspannung *f* (*Transistoren*)	peak forward voltage (*transistors*)	tension de pointe en direct *f*
Spitzenspannungsmessgerät *n*	peak voltmeter	voltmètre de pointe *m*
Spitzensperrspannung *f* (*Transistoren*)	peak reverse voltage (*transistors*)	tension de pointe à l'état bloqué *f*
Spleiße *f*	splice	épissure *f*
Spleißtechnik *f*	splicing technique	technique de l'épissure *f*
Sprachaufzeichnungsgerät *n*	speech recording unit; voice unit	enregistreur de messagerie vocale *m*
Sprachausgabe *f*	speech reproduction; speech output	reproduction de la voix *f*
Sprachausgabesystem *n*, Abk.: SPRAUS	voice reproduction system	système de reproduction de la voix *m*
Sprachband *n*	voiceband	bande de fréquences vocales *f*
Sprachband-Signalisierung *f*	speech digit signaling	signalisation par éléments numériques vocaux *f*
Sprachcodierer *m*	voice-operated coder, abbr.: vocoder; voice encoder	codeur vocal *m*
Sprachdurchsage *f*	loudspeaker announcement; voice calling	annonce parlée *f*
Sprachdurchsage an alle *f*	common ringing; general call	signalisation collective des appels *f*; signalisation collective de réseau *f*; appel général *m*
Sprache *f*	speech; voice; language	langue *f*; conversation *f* (*langue*); discours *m*; voix *f*
Spracheingabesystem *n*	voice entry system	système de saisie vocal *m*
Spracherkenner *m*	voice detector	identificateur vocal *m*
Spracherkennung *f*	speech recognition; voice recognition	reconnaissance de la voix *f*

Spracherkennungssystem *n*	speech recognition system; voice recognition system	système de reconnaissance de la voix *m*
Sprachfrequenz *f*	voice frequency, abbr.: VF; audio frequency, abbr.: AF; speech frequency	fréquence vocale *f*, abr.: FV; fréquence téléphonique *f*; fréquence acoustique *f*
Sprachmuster *n*	speech sample	échantillon de parole *m*
Sprachpegel *m*	speech level; audio level	niveau de modulation *m*
Sprachschutz *m*	speech protection	protection contre les fréquences parlées *f*; circuit de protection de la voix *m*
Sprachschutzfaktor *m*	speech protection factor	sensibilité relative du circuit de garde *f*; sensibilité relative du circuit de signalisation *f*
Sprachsicherheit *f*	speech security	sécurité vers fréquences parlées *f*
Sprachsignal *n*	speech signal	signal de parole *m*
Sprachspeicher *m*	voice mail; speech memory	mémoire de parole *f*; boîte à lettre vocale *f*
Sprachsteuerung *f*	speech-based control	contrôle vocal *m*
Sprachsynthetisator *m*	speech synthesizer	synthétiseur vocal *m*
Sprachübertragung *f*	speech transmission; voice transmission	transmission de la parole *f*
Sprachverständlichkeit *f*	speech intelligibility	intelligibilité de la parole *f*
SPRAUS (Abk.) = Sprachausgabesystem	voice reproduction system	système de reproduction de la voix *m*
Sprechader *f*	speech wire	fil de parole *m*
Sprechfrequenz *f*	voice frequency, abbr.: VF; audio frequency, abbr.: AF; speech frequency	fréquence vocale *f*, abr.: FV; fréquence téléphonique *f*; fréquence acoustique *f*
Sprechfunkanlage *f*	radio telephone system	installation radio-téléphonique *f*; système de radio-téléphone *m*
Sprechfunkgerät *n*	radio telephone	radiotéléphone *m*
Sprechgarnitur *f*	headset; headphone(s)	casque *m*; écouteur *m*
Sprechkapsel *f*	transmitter inset	capsule microphonique *f*
Sprechkreis *m*	speech circuit	circuit de parole *m*
Sprechstelle *f*	telephone station	poste *m*, (téléphonique)
Sprechsystem *n*	intercom system; key telephone system, abbr.: KTS; key system; press-to-talk system; two-way telephone system	système d'intercommunication *m*; intercom *m*; installation d'intercommunication *f*
Sprechtaste *f*	talk button; speak key	bouton de conversation *m*
Sprechverbindung *f*	speech connection	liaison de parole *f*
Sprechweg *m*	speech path; connecting path; transmission path; transmission route	voie de communication *f*; voie de liaison *f*; voie de conversation *f*; voie de transmission *f*
Sprechweganpassung *f*	speech path adaption; speech path matching	adaptation de canal *f*
Sprechwegenetz *n*	connecting matrix; speech path network	matrice de connexion *f*
Sprechwegenetzwerk *n*	speech path network unit	réseau de connexion *m*, abr.: RCX
Sprechwirkungsgrad *m*	efficiency of speech	rendement acoustique *m*
Sprungausfall *m* (*Bauteil*)	sudden failure	panne subite *f*
Spulenfeld *n* (*Magnetfeld*)	coil field	champ magnétique d'une bobine *m*
Spur *f* (*Magnetband*)	track	piste *f*; trace *f*
SS (Abk.) = Sammelschiene	bus(bar)	bus *m*; barre collectrice *f*
SSA (Abk.) = Sendesammelschiene	transmitting busbar	bus d'émission *m*
SSA (Abk.) = Serienschnittstelle Ausgang	series interface output	interface avec sortie série *f*
SSB (Abk.) = Sternpunkt Systembus	system bus neutral point	point neutre du bus système *m*
SSK (Abk.) = Schnittstellenkarte	interface board	carte d'interface *f*

SSSM (Abk.) = Simplex Signaling Sub Module = Subbaugruppe für Simultansignalisierung	SSSM, abbr.: Simplex Signaling Sub Module	SSSM, abr.: Simplex Signaling Sub Module = sous-carte de signalisation simultanée
SSV (Abk.) = Schnittstellenverteiler	interface distributor	répartiteur d'interface *m*
SSV (Abk.) = Schnittstelle V.24	V.24 interface	interface V.24 *f*
SSZ (Abk.) = Sammelschienenzugang	bus(bar) access	accès au bus *m*
ST (Abk.) = Steuerung	control; controller	commande *f*; gestion *f*
ST (Abk.) = Systemtakt	system clock	horloge système *f*
STA (Abk.) = Steuerung A	control A	contrôle A *m*
Stabilität *f*	stability	stabilité *f*
Stadtfunkrufdienst *m*, Abk.: SFuRD	city radio-paging service	service local de recherche de personnes par radio *m*
Standleitung *f*	dedicated line; permanently connected line	liaison fixe *f*; ligne spécialisée *f*, abr.: LS
Standort *m*	location; line location; site	localité *f*; emplacement *m*; site *m*; couche de raccordement *f*; position de raccordement *f*
Standverbindung *f*	dedicated line; permanently connected line	liaison fixe *f*; ligne spécialisée *f*, abr.: LS
Starkstromgeräusch *n*	power induction noise; induced noise (*Am*)	bruit d'induction *m*
S-Taste *f* (Abk.) = Schlußtaste	clearing button / key; end button	bouton de fin *m*; bouton de libération *m*
Stationsspeicher *m*	station store	mémoire de station *f*
Status *m*	status; state; condition	état *m*; condition *f*
Staubschutzhülle *f*	dust cover	housse *f*
STE (Abk.) = Synchrontakterzeugung	sync clock generation	générateur d'horloge synchrone *m*
steckbare Baugruppe *f*	plug-in module; plug-in unit	module enfichable *m*
steckbares Schaltkabel *n*	plug-in switchboard cable	câble de liaison enfichable *m*
Steckbaugruppe *f*	plug-in module; plug-in unit	module enfichable *m*
Steckbrücke *f*	jumper plug; plug-in jumper	strap enfichable *m*
Steckbuchse *f*	plug-in jack	douille enfichable *f*; fiche femelle *f*
Steckdose *f*	socket; wall socket; plug receptacle (*Am*)	prise femelle *f*; prise de courant *f*
stecken (*LP, Modul ~*)	insert (*PCB, module*)	insérer; enficher (*CI, module*)
Stecker *m*	connecting plug; connector; plug	connecteur *m*; prise mâle *f*; fiche *f*
Steckerbelegung *f*	plug connections; pin configuration	affectation du connecteur *f*
Steckerfeld *n*	plug connector field	ensemble de connecteurs *m*
Steckerleiste *f*	multipoint connector	connecteur multi-points *m*
Steckernetzgerät *n*	plug-in mains unit	alimentation enfichable *f*
Steckerpunkt *m*	plug-in point	point de connexion *m*
Steckerstift *m*	plug pin; male plug	douille mâle *f*
Steckertransformator *m*	plug transformer	adapteur de prise *m*
Steckhülse *f*	receptacle	prise femelle *f*
Steckhülse mit Rastung *f*	snap-on contact	avéole *m*
Steckkarte *f*	plug-in card; plug-in board	carte enfichable *f*
Steckkontakt *m*	plug contact	contact à fiche *m*
Steckplatz *m*	slot	encoche *f*; emplacement du module *m*
Steckplatzadresse *f*	slot address	adresse d'enfichage *f*
Steckplatzbelegung *f*	slot assignment	affectation de l'emplacement (d'enfichage) *f*
Stecksockel *m*	plug holder	socle à fiches *m*
Steckverbinder *m*	plug connector	embase *f*, raccord à fiche *m*
Steckverbindung *f*	plug connection	système de couplage *m*
stellen, die Uhr ~	set; ~ the clock	mise à l'heure; mettre au point; mettre en service
Stellschraube *f*	adjusting screw; setscrew	vis de réglage *f*
Stellstrom *m*	corrective current; control current	courant correcteur *m*
Stelltaste *f*	set key; regulating key	touche de réglage *f*
Stellvertreterzeichen *n*	wildcard	caractère générique *m*

Stereo-Hörfunk *m*	stereo radio	radio en stéréo *f*
Stereo-Übertragungsmöglichkeit *f*	stereo transmission capability	possibilité de transmission stéréo *f*
Sternpunkt Systembus *m*, Abk.: SSB	system bus neutral point	point neutre du bus système *m*
Sternverteiler *m*	star coupler	coupleur en étoile *m*
Steuerausgang *m*	control output	sortie (de) commande *f*
Steuereingang *m*	control input	entrée de commande *f*
Steuereinheit *f*	control set; control module; control unit	élément de contrôle *m*; appareil de commande *m*; unité de commande *f*
Steuerelement *n*	control set; control module; control unit	élément de contrôle *m*; appareil de commande *m*; unité de commande *f*
Steuergerät *n*	control set; control module; control unit	élément de contrôle *m*; appareil de commande *m*; unité de commande *f*
Steuerkanal *m*	control channel	canal de commande *m*
Steuerkennung *f*	control identification	identification de commande *f*
steuern	control	régler
Steuerplatte *f*	control board	platine de commande *f*
Steuerrelaisschiene *f*	control relay bar	platine de relais de commande *f*
Steuersatz *m*	control set; control module; control unit	élément de contrôle *m*; appareil de commande *m*; unité de commande *f*
Steuerung *f*, Abk.: ST	control; controller	commande *f*; gestion *f*
Steuerung A *f*, Abk.: STA	control A	contrôle A *m*
Stichprobe *f*	random check; random sample	contrôle aléatoire *m*
Stichprobenprüfung *f*	sampling test	test d'échantillonnage *m*
Stichprobenverfahren *n*	sampling	échantillonnage *m*
Stichwortverzeichnis *n*	index	index *m*
Stift *m*	pin; bolt	broche *f*
Stiftleiste *f*	pin strip	barrette à broches *f*
Stillstand *m*	standstill; stop	arrêt *m*
Stillstandszeit *f*	downtime	temps d'arrêt *m*
Stopp *m*	standstill; stop	arrêt *m*
Stoppuhr *f*	timing device; stop watch	chronomètre *m*
Störabstand *m*	signal-to-noise ratio, abbr.: S/N	rapport signal sur bruit *m*; rapport signal/bruit *m*
Störbeeinflussung *f*	malfunction; failure; disturbance; trouble; breakdown; outage (*Am*)	défaut de fonctionnement *m*; perturbation *f*; dérangement *m*; panne *f*; avarie *f*; coupure *f*
Störempfindlichkeit *f*	interference susceptibility	sensibilité aux interférences *f*
Störfestigkeit *f*	noise immunity	résistance aux interférences *f*
Störpegel *m*	noise level	niveau de bruit *m*
Störspannung *f*	interference voltage; noise voltage	tension perturbatrice *f*; tension parasite *f*
Störunempfindlichkeit *f*	immunity to EMI (*electromagnetic interference*); interference immunity	résistance aux interférences *f*
Störung *f*	malfunction; failure; disturbance; trouble; breakdown; outage (*Am*)	défaut de fonctionnement *m*; perturbation *f*; dérangement *m*; panne *f*; avarie *f*; coupure *f*
Störungsannahme *f*	fault recording	réception de dérangements *f*
Störungsaufzeichnung *f*	fault recording	enregistrement des dérangements *m*
Störungsmeldung *f*	alarm signal; trouble signal; fault signal; fault report; failure indication	signal d'alarme *m*; message de perturbation *m*; indication de dérangement *f*
Störungssignal *n*	alarm signal; trouble signal; fault signal; fault report; failure indication	signal d'alarme *m*; message de perturbation *m*; indication de dérangement *f*
Störungsursache *f*	cause of malfunction	cause de la perturbation *f*
Störunterdrückung *f*	noise suppression	suppression de l'interférence *f*
Stoßdämpfung *f*	mismatch; transition loss	affaiblissement de désadaption *m*; perte de transition *f*
Stoßspannung *f*	surge voltage	tension de choc *f*
Stoßspannungsbegrenzer *m*	surge voltage limiter	limiteur de tension de choc *m*
Stoßsperrspannung *f* (*Transistor*)	surge reverse voltage (*transistor*)	surtension à l'état bloqué *f*

Straßenabschnitt *m*	road section	section routière *f*
Straßendaten *f, pl*	road data	données routières *f, pl*
Straßenverlauf *m*	route (*road*)	route *f*; chemin *m*
Streckenverstärker *m*	trunk amplifier	amplificateur de ligne *m*
streichen, tilgen	erase; clear (*memory*); cancel; delete	effacer; rayer
Streuverlust *m*	scatter loss	fuite *f*
Strichcode-Lesestift *m*	barcode scanner	lecteur de code barre *m*
Stromaufnahme *f*	power consumption (*watts*); current consumption	consommation en énergie *f*; consommation de courant / ~ ~ puissance *f*
Strombegrenzung *f*	current control; current limiting	limitation du courant *f*
Stromkreis *m*	circuit	circuit *m*; parcours du courant *m*
Stromlaufplan *m*	schematic; circuit diagram	schéma *m* (*de circuit*); schéma de circuit *m*
Stromschnittstelle *f*	current loop	interface de courant *f*
Stromversorgung *f*	power supply, abbr.: PS	alimentation de courant *f*; alimentation *f*; alimentation en énergie *f*; approvisionnement en énergie *m*
Stromversorgungsgeräusch *n*	power supply circuit noise; hum	bruit d'alimentation *m*
Stromverteilung *f*	current distribution	distribution de courant *f*
Struktur *f*	arrangement	arrangement *m*; structure *f*; disposition *f*; ordre *m* (*structure*); exposé *m*; tracé *m*; groupement *m*; appareillage *m*
Stückliste *f*	parts list; itemized list	liste de pièces détachées *f*
Studiokamera *m*	studio camera	caméra de studio *f*
Stufe *f*	stage	étage *m*; niveau *m*
SU (Abk.) = Summer	buzzer	ronfleur *m*
Subadressierung *f*	subaddressing, abbr.: SUB	sous-adressage *m*
Subbaugruppe *f*	submodule	sous-module *m*
Submodul *n*	submodule	sous-module *m*
suchen	search; find	rechercher
SUE (Abk.) = Sonderübertragung	special link	liaison spécialisée *f*
Summenrechnung *f*	bulk billing	facturation globale *f*
Summenzähler *m*, Abk.: SUZ	totalizing meter	compteur totalisateur *m*
Summenzähler für Kostenstelle *m*	departmental account meter; cost center account meter	compteur de taxes de frais *m*; totalisateur pour centre de frais *m*
Summenzählung *f*	totalizing metering	totalisation de taxes *f*
Summer *m*, Abk.: SU	buzzer	ronfleur *m*
Summerabschaltung *f*	buzzer cut-off	arrêt du ronfleur *m*
SUZ (Abk.) = Summenzähler	totalizing meter	compteur totalisateur *m*
SW (Abk.) = Software	software, abbr.: SW	logiciel *m*
sw1 (Abk.) = inlandswahlberechtigt	domestic trunk access (*class of service*)	accès urbain *m* (*classe de service*)
swf (Abk.) = Selbstwählferndienst, Selbstwählfernverkehr	DDD, abbr.: direct distance dialing; subscriber trunk dialing service	service interurbain automatique *m*; prise directe pour l'interurbain *f*
sx (Abk.) = simplex	simplex	simplex; en simplex *m*
SYE (Abk.) = Synchronisiereinrichtung	timing generator; synchronizing device	générateur d'horloge *m*
Symbol *n*	character; symbol	caractère *m*; signal *m*; signe *m*; symbole *m*
Symmetrie *f*	symmetry; balance	symétrie *f*
Symmetriedämpfung *f*	balance loss; balanced attenuation	affaiblissement symétrique *m*
Synchronisiereinrichtung *f*, Abk.: SYE	timing generator; synchronizing device	générateur d'horloge *m*
Synchrontakterzeugung *f*, Abk.: STE	sync clock generation	générateur d'horloge synchrone *m*
synthetische Stimme *f*	synthesized voice (fully ~ ~)	voix synthétique *f*
System *n*	system	système *m*
Systemarchitektur *f*	system architecture	architecture du système *f*
Systemausbau *m*	system configuration	configuration de système *f*
Systembaustein *m*	system unit	module système *m*

systembedingt	system-dependent; system-associated; system-related; system-tied	en fonction du système *f*; associé au système *m*; dépendant du système *m*
Systembelastung *f*	system load	charge admissible *f*
Systembus *m*, Abk.: SB	system bus	bus système *m*
Systembuspuffer *m*, Abk.: SBB	system bus buffer, abbr.: SBB	registre tampon du bus système *m*
Systembussteuerung *f*, Abk.: SBS	system bus control	commande du bus système *f*
System, direkt gesteuertes ~ *n*	direct-control system	système à contrôle direct *m*; système à commande directe *m*
systemeigene Wahl *f*	outband signaling for carrier system	signalisation hors bande pour système à porteuse *f*
systemgebunden	system-dependent; system-associated; system-related; system-tied	en fonction du système *f*; associé au système *m*; dépendant du système *m*
Systemkonfiguration *f*	system configuration	configuration de système *f*
Systemtakt *m*, Abk.: ST	system clock	horloge système *f*
Systemverbund *m*	systems network compound	compound de systèmes réseau *m*

T

TAB (Abk.) = Taktaufbereitung	clock pulse processing	traitement d'impulsions *m*
Tabellenkalkulation *f*	spreadsheet calculation	calcul par tableaux *m*
TAE (Abk.) = Telekommunikations-anschlußeinheit	telecommunications connecting unit	équipement de connexion de télécommunications *m*
Tag *m*	day	jour *m*
Tag/Nacht-Umschaltung der Gebühren *f*	day/night changeover of tariff rates	commutation du tarif jour/nuit *f*
Takt *m*	clock; phase	horloge *f*; phase *f*, abr.: PH
Takt *m* (Zeit~)	clock pulse; signal pulse; timing pulse	impulsion d'horloge *f*
Taktaufbereitung *f*, Abk.: TAB	clock pulse processing	traitement d'impulsions *m*
taktautonom	with independent timing; clock-autonomous	avec horloge indépendante *f*
Takterzeugung *f*	pulse generation; clock generation	générateur d'impulsions *m*
Takterzeugungssystem *n*, Abk.: TSE	clock generator system; clock generation system	système de génération des impulsions d'horloge *m*
Taktfolge *f*	clock pulse rate; timing pulse rate	fréquence des impulsions d'horloge *f*
Taktfrequenz *f*	clock pulse frequency	fréquence des impulsions d'horloge *f*
Taktgenerator, Taktgeber *m*, Abk.: TG	clock generator	minuterie *f*; générateur d'impulsions d'horloge *m*; générateur d'horloge *m*
Taktleitung *f*	clock pulse line	ligne d'impulsions d'horloge *f*
Taktschema *n*	timing scheme	diagramme des temps *m*; schéma des signaux d'horloge *m*
Taktsignal *n*	clock pulse; signal pulse; timing pulse	impulsion d'horloge *f*
taktsynchron	clock-synchronous	synchrone avec l'horloge *f*
Taktsystem Gruppe *n*, Abk.: TSG	group system clock	système d'horloge du groupe *m*
Taktsystem Sammelschiene *n*, Abk.: TSS	bus system clock	système d'horloge du bus *m*
Taktversorgung *f*	clock pulse supply; clock supply	système d'horloge *m*
Taktverstärker *m*	timing pulse generator; clock pulse amplifier	amplificateur du signal d'horloge *m*
Taktverteilung Gruppe *f*, Abk.: TVG	group clock distribution	distribution des signaux d'horloge du groupe *f*
Taktverteilung Sammelschiene *f*, Abk.: TVS	bus(bar) clock distribution	distribution des signaux d'horloge du bus *f*
Taktverteilung Zentral *f*, Abk.: TVZ	central clock distribution	distribution des signaux d'horloge centrale *f*
Taktverzögerung *f*	clock delay	retard d'horloge *m*
Taktvielfach *n*	timing pulse bus clock / ~ ~ ~ multiple	impulsions multiples de l'horloge *f, pl*
Taktzähler *m*	pulse counter	compteur d'impulsions *m*; cadencement *m*
Tarifgerät *n*	tariff zoner; rate meter	taxeur *m*
Tarifstufe *f*	meter pulse rate; tariff zone; metering zone; chargeband; tariff stage; rate district	circonscription de taxes *f*; zone de taxation *f*; niveau de taxes *m*
Tastatur *f*	keypad; keyboard, abbr.: KBD, abbr.: kybd; key field	clavier de numérotation *m*; clavier *m*
Tastatursperre *f*	keyboard lock	verrouillage du clavier *m*
Tastaturwahl *f*	keyboard dialing; keypad dialing	numérotation clavier *f*
Taste *f*	pushbutton, abbr.: PB; button; key	bouton poussoir *m*; bouton *m*; touche *f*; bouton de commande *m*
Tastenbelegung *f*	key assignment	occupation des touches *f*; affectation des touches *f*
Tastenblock *m*	keyboard block; pushbutton block	bloc à touches *m*; pavé de touches *m*

tastend	keying	par touches *f, pl*
Tastendruck *m*	key pressure; keypunch	pression de touche *f*
Tastenebene *f* (*Telefon*)	keypad level	niveau clavier *m*
Tastenfeld *n*	keypad; keyboard, abbr.: KBD, abbr.: kybd; key field	clavier de numérotation *m*; clavier *m*
Tastenschalter *m*	keyswitch	commutateur à touches *m*
Tastenverhältnis *n*	keying ratio	rapport de touches *m*
Tastenwahl *f*	pushbutton dialing / ~ selection	numérotation au clavier *f*
Tastenzuordnung *f*	assign to key	affecter à une touche
Tastenzuteilung *f*	pushbutton assignment	affectation par clavier *f*
Tastwahl *f*	pushbutton dialing / ~ selection	numérotation au clavier *f*
Tastwahlapparat *m*	pushbutton telephone	poste à clavier *m*, abr.: CLA
Tastwahl-Empfänger *m*	keying pulse selection receiver; pushbutton selection receiver	récepteur à clavier *m*
Tastwahl, unechte ~ *f*	quasi pushbutton dialing	numérotation au clavier fictive *f*
tauschen	interchange; change; replace; exchange	échanger; remplacer; changer
TDEC (Abk.) = Tondecoder	tone decoder	décodeur de tonalité *m*
TDN (Abk.) = digitale Teilnehmerschaltung	digital subscriber circuit	JAN, abr.: circuit d'abonné numérique *m*; joncteur d'abonné numérique *m*
Teamfunktion *f*	custom intercom; team function	fonction d'intercommunication *f*
Teamkonferenz *f*	team conference	conférence dans un groupe d'interception *f*
Teamruf *m*	team call	appel dans un groupe d'interception *m*
Technik *f*	technology; engineering; technique	technique *f*; technologie *f*
technische Daten *f, pl*	technical data; technical specification	spécification technique *f*
technisches Datenblatt *n*	data sheet	fiche de caractéristiques *f*; feuille de caractéristiques *f*; fiche technique *f*
technische Vorschrift *f*, Abk.: tV	technical regulation	prescription technique *f*
Teil *n* (*Bau~*)	part; component part; component	composant *m* (*électronique*); pièce *f*; pièce détachée *f*
teilamtsberechtigt	semirestricted exchange dialing	partiellement discriminé pour la prise réseau *f*
Teilausfall *m*	partial failure	défaillance partielle *f*
teilen (*auf-/zerteilen*)	split; share	fractionner; partager
teilen (*dividieren*)	divide	diviser
Teilesatz *m*	components set	lot de composants *m*
teilfernwahlberechtigt	semirestricted trunk dialing	partiellemennt discriminé pour la prise réseau interurbain *f*
Teilgebiet *n*	sector	secteur *m*
Teilnehmer *m* (*Telefonie*), Abk.: Tln	subscriber (*telephony*)	abonné *m* (*téléphonie*); titulaire *m*
Teilnehmer *m* (*allgemein*)	participator (*general*)	participant *m* (*général*)
Teilnehmeramt *n*	subscriber exchange	central d'abonnés *m*
Teilnehmer, Amts~ *m*	public exchange subscriber	abonné du réseau public *m*
Teilnehmer-Amtsschnittstelle *f*	user-network interface, abbr.: UNI	interface usager-réseau *f*
Teilnehmeranbietekoinzidenz *f*	extension offering coincidence	coïncidence d'abonnés d'extension *f*
Teilnehmeranschalteeinheit *f*	subscriber connector	connecteur d'abonné *m*
Teilnehmeranschluß *m*	user access	accès d'usager *m*; accès usager *m*; accès des usagers *m*
Teilnehmeranschlußbereich *m*	subscriber network	réseau de raccordement *m*
Teilnehmeranschlußeinheit *f*	subscriber connecting unit	unité de raccordement d'abonnés *f*, abr.: URA
Teilnehmeranschlußleitung *f*	subscriber line	ligne d'abonné *f*; ligne d'usager *f*
Teilnehmerberechtigung *f*	extension access status; extension class of service	discrimination des abonnés d'extension *f*; catégorie d'accès individuelle *f*
Teilnehmer besetzt *m*	extension busy	poste abonné occupé *m*
Teilnehmerbesetztzustand *m*	extension busy condition	condition d'abonné occupé *f*

Teilnehmer des Telekommunikationsnetzes *m*	user of a telecommunication network	usager d'un réseau de télécommunications *m*
Teilnehmerendeinrichtung *f*	subscriber terminal (equipment)	terminal d'abonné *m*; installation terminale d'abonné *f*, abr.: ITA
Teilnehmererkenner *m*	extension recognizing unit; extension identifier	identificateur d'abonné *m*
Teilnehmererkennung *f*	subscriber identification	identification d'abonnés *f*
Teilnehmerfernwahl *f*	subscriber trunk dialing	sélection à distance de l'abonné demandé *f*; numérotation d'abonné sur réseau interurbain *f*
Teilnehmergebührenerfassung *f*	extension call charge recording	taxation d'abonnés *f*
Teilnehmergruppe *f*	extension group	groupe d'abonnés *m*
Teilnehmergruppenverbinder *m*	extension group connector	connecteur de groupes d'abonnés *m*
Teilnehmeridentifizierung *f*	extension identification	identification d'abonnés *f*
Teilnehmer-Koppelfeld *n*	extension matrix	matrice d'abonnés *f*
Teilnehmerkoppelgruppe *f*	extension switching group	groupe de couplage d'abonnés *m*
Teilnehmerkoppelnetz *n*	extension switching network	réseau de couplage d'abonnés *m*
Teilnehmerkoppler *m*	extension coupler	coupleur d'abonné *m*
Teilnehmermarkierer *m*	extension marker	marqueur d'abonné *m*
Teilnehmermeldung *f*	call connected signal; extension answering	information d'abonné *f*
Teilnehmernummer *f*	subscriber number; extension number	numéro d'appel d'abonné *m*; numéro de poste *m*; numéro d'abonné *m*
Teilnehmerprüfgerät *n*	extension test set	testeur de lignes d'abonné *m*
Teilnehmerrangierung *f*	extension jumpering	répartition d'abonné *f*
Teilnehmerruf *m*	subscriber ringing signal	signal d'appel d'abonné *m*
Teilnehmerrufnummer *f*	subscriber number; extension number	numéro d'appel d'abonné *m*; numéro de poste *m*; numéro d'abonné *m*
Teilnehmerschaltung *f*, Abk.: TS	line circuit; extension circuit; subscriber circuit; extension line circuit	circuit d'abonné *m*; circuit d'usager *m*; joncteur d'abonné *m*, abr.: JAB
Teilnehmerschaltung, analog *f*, Abk.: TSA	analog subscriber circuit	circuit analogique d'abonné *m*
Teilnehmersteuerung *f*	extension control	commande des équipements d'abonné *f*
Teilnehmersystem *n*	subscriber system	système d'abonné *m*
Teilnehmer-Teilnehmer-Protokoll *n*	user-(to-)user protocol	protocole d'usager à usager *m*; protocole usager *m*
Teilnehmer-Teilnehmer-Zeichengabe *f*	user-to-user signaling, abbr.: UUS	signalisation d'usager à usager *f*
Teilnehmerwahl *f*	subscriber dialing	appel d'abonné *m*; appel du correspondant *m*; appel d'un usager *m*
Teilnehmerwahlverkehr *m*	subscriber dialing traffic	trafic d'appel d'abonné *m*
Teilnehmerzähler *m*	extension rate meter; subscriber rate meter	compteur d'abonné *m*
Teilnehmerzuordner *m*	extension allotter	attribution de l'extension abonné *f*
Teilspannungsabfall *m*	partial voltage loss	défaillance d'une tension partielle *f*
Teilsperre *f*	partial barring	discrimination partielle *f*
Teilstreckentechnik *f*	message switching; store-and-forward principle	système avec mémorisation intermédiaire *m*
Teilstreckentechnik mit paketweiser Übertragung *f*	packet switching, abbr.: PS	commutation par/de paquets *f*
Teilvermittlungsstelle *f*	secondary PABX; satellite PABX / ~ exchange; sub-exchange (*subscriber exchange*); subcenter	autocommutateur satellite *m*; central satellite *m*; sous-central *m* (*centrale d'abonné*)
Teilwiderstand *m*	partial resistor	résistance partielle *f*
Tel (Abk.) = Telefondienst	telecommunication service; telephone service	service de télécommunications *m*; service téléphonique *m*
Teledienst *m*	teleservice	téléservice *m*
Telefax *n* (*Schriftstück*)	telefax (*writing*); fax (*writing*)	télécopie *f* (*message*)
Telefaxdienst *m*, Abk.: Tfx	facsimile transmission service; telecopying service; fax service	service téléfax *m*; service de télécopie *m*

Telefonanlage *f*	telephone system	installation téléphonique *f*; système téléphonique *m*
Telefonanschluß *m*	telephone connection; subscriber set (*device*)	connexion téléphonique *f*; poste téléphonique *m* (*organe*)
Telefonapparat *m*	telephone instrument; telephone set; subscriber set	poste téléphonique *m*; téléphone *m*; poste d'abonné *m*; appareil téléphonique *m*
Telefonbuch *n*	telephone directory; directory; telephone book	annuaire téléphonique *m*
Telefondienst *m*, Abk.: Tel	telecommunication service; telephone service	service de télécommunications *m*; service téléphonique *m*
Telefongespräch *n*	telephone call	appel téléphonique *m*
Telefonie *f*	telephony, abbr.: TEL	téléphonie *f*
Telefonnetz *n*, Abk.: TelN	telephone network; telecommunications network	réseau téléphonique *m*
Telefonschaltung *f*	telephone circuit	circuit téléphonique *m*; ligne téléphonique *f*
Telefonsteuerungsgerät *n*	telephone control; telephone management; telephone supervisory unit	unité de gestion téléphonique *f*, abr.: UGT
Telefonterminal *n*	telephone terminal	terminal téléphonique *m*
Telefonverkehr *m*	telephone traffic	trafic téléphonique *m*
Telegrafiergeräusch *n*	telegraph noise	bruit de télégraphe *m*
Telegrafiergeschwindigkeit *f*	telegraph speed	vitesse de télégraphie *f*
Telekommunikation *f*	telecommunication(s)	télécommunication *f*
Telekommunikationsanlage *f*, Abk.: TKAnl	telecommunications system	système de télécommunication *m*; installation de télécommunication *f*
Telekommunikationsanlage *f* (*auf einem Grundstück*)	Private Telecommunication Network, abbr.: PTN	installation téléphonique d'abonnés *f*; réseau privé d'entreprise *m*
Telekommunikationsanschlußeinheit *f*, Abk.: TAE	telecommunications connecting unit	équipement de connexion de télécommunications *m*
Telekommunikationsdienst *m*	telecommuncations service	service de télécommunications *m*
Telekommunikationsleitung *f*	telecommunication circuit	circuit de télécommunications *m*
Telekommunikationsmedium *n*	telecommunications medium	milieu de télécommunication *m*
Telekommunikationsnetz *n*	telecommunication network	réseau de télécommunications *m*
Telekommunikationsordnung *f*, Abk.: TKO	Telecommunications Act	règlements des télécommunications *m*, *pl*; réglementation des télécommunications *f*
Telekommunikationssystem *n* (*auf mehreren Grundstücken*)	Private Telecommunication Network, abbr.: PTN	installation téléphonique d'abonnés *f*; réseau privé d'entreprise *m*
Telemetrie *f*	telemetering; telemetry	télémesure *f*
Telemetriedienst *m*	telemetry service	service de télémesure *m*
Teletex	teletex, abbr.: TTX	télétext *m*
Teletexanschlußeinheit *f*	teletex connecting unit	équipement de connexion de télétext *m*
Teletex-Endgerät *n*	teletex terminal	terminal télétext *m*
Teletexstation *f*	teletex station	station télétext *f*
Telexgerät *n*	teleprinter (*Brit*); teletype machine; teletypewriter (*Am*)	téléscripteur *m*; télétype *m*, abr.: TTY
Telex-Umsetzer Integriertes Datennetz *m*, Abk.: TUI	telex converter integrated data network	réseau de données avec convertisseur de télex *m*
TelN (Abk.) = Telefonnetz	telephone network; telecommunications network	réseau téléphonique *m*
Temex (*Telekom-Dienst*)	telemetry exchange service	Temex (*service Telecom*)
Temperaturfühler *m*	temperature sensor; temperature feeler	palpeur de température *m*; sonde de température *f*
Tenofixleiste *f*	Tenofix strip	réglette TENOFIX *f*
Termin *m* (*Leistungsmerkmal*)	appointment (*feature*)	rendez-vous *m* (*faculté téléphonique*)
Terminal *n*	terminal; station	terminal *m*
Terminaladapter *m*	terminal adapter, abbr.: TA	adaptateur de terminal *m*, abr.: AT
Terminanzeige *f*	appointment display	affichage des rendez-vous *m*
Testprogramm *n*	test program	programme de contrôle *m*; programme de test *m*

Testpunkt *m*	measuring point; test(ing) point	point de mesure *m*; point de contrôle *m*; point de test *m*; point de contrôle de service *m*, abr.: PCS
Testschleife *f*	test loop	boucle d'essai *f*
Texteinblendung *f*	text overlay; fade-in	composition de texte *f*
Textkommunikation *f*	text communication	communication de texte *f*
Textübertragung *f*	text transmission	transmission de texte *f*
Text- und Datenendgerät *n*	text and data terminal	terminal de texte et de donnée *m*
Textverarbeitung *f*	text processing; word processing	traitement de texte *m*
TF (Abk.) = Trägerfrequenz	CF, abbr.: carrier frequency	fréquence porteuse *f*
TF-Leitung *f* = Trägerfrequenzleitung	CF line, abbr.: carrier frequency line	ligne à fréquence porteuse *f*
Tfx (Abk.) = Telefaxdienst	facsimile transmission service; telecopying service; fax service	service téléfax *m*; service de télécopie *m*
TG (Abk.) = Taktgenerator	clock generator	minuterie *f*; générateur d'impulsions d'horloge *m*; générateur d'horloge *m*
Thermoaufzeichnung *f*	thermal printout	impression thermique *f*
Thermofaxpapier *n*	fax thermal paper	papier thermique pour télécopieurs *m*; Fax à papier thermoréactif
Tiefe *f*	depth	profondeur *f*
Tiefentladung *f*	total discharge	décharge totale *f*
Tiefpassfilter *m*	low-pass filter	filtre passe-bas *m*
Tiefpegelwahl *f*	low-level selection	sélection bas niveau *f*
Tieftonsystem *n*	low-frequency system	système à basse fréquence *m*
Timeout *n*	timeout	temps de blocage *m*; temporisation de blocage *f*
Tischgehäuse *n*	desk housing; table housing; desktop case	boîtier de table *m*
TKAnl (Abk.) = Telekommunikationsanlage	telecommunications system	système de télécommunication *m*; installation de télécommunication *f*
TKO (Abk.) = Telekommunikationsordnung	Telecommunications Act	règlements des télécommunications *m, pl*; réglementation des télécommunications *f*
Tln (Abk.) = Teilnehmer	subscriber (*telephony*)	abonné *m* (*téléphonie*); titulaire *m*
Tochtervermittlungsstelle *f*	slave exchange; subsidiary exchange	central esclave *m*
Tonaufnahme *f*	audio recording	enregistrement audio *m*
Tonbandansage *f*	recorded announcement	message enregistré *m*; annonce enregistrée *f*
Tonbandgerät *n*	tape recorder	magnétophone *m*
Tondecoder *m*, Abk.: TDEC	tone decoder	décodeur de tonalité *m*
Töne *m, pl*	tones	tonalités *f, pl*, abr.: TON
Tonerkenner *m*	tone identifier	identificateur de tonalités *m*; détecteur de tonalités *m*
Tonerkennung *f*	tone recognition	détection de tonalités *f*; identification de tonalité *f*
tonfrequente Tastwahl *f*	VF/AF pushbutton selection; VF/AF touch-tone dialing	numérotation clavier à fréquences vocales *f*
Tonfrequenz *f*	voice frequency, abbr.: VF; audio frequency, abbr.: AF; speech frequency	fréquence vocale *f*, abr.: FV; fréquence téléphonique *f*; fréquence acoustique *f*
Tonfrequenzsignalisierung *f*	VF/AF signaling	signalisation à fréquences vocales *f*
Toningenieur *m*	audio engineer; sound engineer	ingénieur du son *m*
Tonmischanlage *f*	sound-mixing system	système de mixage du son *m*
Tonmischpult *n*	audio-mixing control panel	pupitre de mixage du son *m*
Tonregie-Anlage *f*	sound-control system	système de contrôle du son *m*
Tonruf *m*	VF ringing; tone ringing	sonnerie *f*; tonalité d'appel *f*
Tonsignal-Rhythmus *m*	tone cadence	cadencement de tonalité *m*
Tonstudio-Einrichtung *f*	sound studio equipment	équipement du son pour studio *m*
Tontechnik *f*	audio engineering	technique du son *f*; technique audio *f*
Ton- und Bildmischer *m*	sound and video mixer	mixeur son et image *m*
Tonwahl *f*	inband signaling; inband dialing; voice-frequency signaling	signalisation dans la bande *f*

Torschaltung *f*	gate circuit	circuit porte *m*
Torsprechstelle *f*	gate station	poste extérieur *m*; portier *m*
Torstation *f*	gate station	poste extérieur *m*; portier *m*
Touchbetätigung *f*	activation by touching; touch activation	activation tactile *f*
Touchscreen *f*	touchscreen	écran tactile *m*
TR (Abk.) = Treiber	driver	driver *m*; pilote *m*
Trägerfrequenz *f*, Abk.: TF	carrier frequency, abbr.: CF	fréquence porteuse *f*
Trägerfrequenzleitung *f*, Abk.: TF-Leitung	carrier frequency line, abbr.: CF line	ligne à fréquence porteuse *f*
Tragsäule *f*	supporting column	colonne support *f*
Transformator *m*	transformer	transformateur *m*
Transistor *m*	transistor	transistor *m*
Transistormikrofon *n*	transistorized microphone	microphone à transistors *m*
Transit *m*	transit	transit *m*, abr.: TRAN
Transitvermittlungsstelle *f*	transit exchange, abbr.: TEX; tandem switching center / ~ ~ exchange, abbr.: TSX; transit switching center	central de transit *m*; réseau d'autocommutateurs *m*; autocommutateurs en réseau *m*, *pl*; centre de transit *m*, abr.: CLASS 4, abr.: CT
Transmissionskoeffizient *m*	transmission coefficient	coefficient de transmission *m*
transparenter Breitband-Informationskanal *m*, Abk.: H-Kanal	transparent broadband communications channel	canal d'information transparent à large bande *m*
transparente, schaltbare Verbindung in einem B-Kanal *f*	transparent switchable connection in a B channel	circuit commuté dans un canal B transparent *m*, abr.: CCBT
Treiber *m*, Abk.: TR	driver	driver *m*; pilote *m*
Treiber- und Überwachungseinheit *f*, Abk.: TRU	driver and supervisory unit	unité de driver et de contrôle *f*
trennen	cut off, break; isolate; cut	déconnecter; couper; séparer; débrancher
Trennendverschluß *m*	cable distribution head	tête de distribution de câble *f*
Trenntaste *f*, Abk.: T-Taste	cut-off key; cancel key; disconnect button	touche de coupure *f*
Trenntransformator *m*	isolating transformer	transformateur d'isolation *m*
Trichterlautsprecher *m*	horn loudspeaker	haut-parleur à pavillon *m*
TRU (Abk.) = Treiber- und Überwachungseinheit	driver and supervisory unit	unité de driver et de contrôle *f*
TS (Abk.) = Teilnehmerschaltung	line circuit; extension circuit; subscriber circuit; extension line circuit	JAB, abr.: joncteur d'abonné *m*; circuit d'abonné *m*; circuit d'usager *m*
TSA (Abk.) = Teilnehmerschaltung, analog	analog subscriber circuit	circuit analogique d'abonné *m*
TSE (Abk.) = Takterzeugungssystem	clock generator system; clock generation system	système de génération des impulsions d'horloge *m*
TSG (Abk.) = Taktsystem Gruppe	group system clock	système d'horloge du groupe *m*
TSS (Abk.) = Taktsystem Sammelschiene	bus system clock	système d'horloge du bus *m*
T-Taste (Abk.) = Trenntaste	cut-off key; cancel key; disconnect button	touche de coupure *f*
TUI (Abk.) = Telex-Umsetzer Integriertes Datennetz	telex converter integrated data network	réseau de données avec convertisseur de télex *m*
Türanzeigeeinrichtung *f*	door visual indication equipment	panneau de porte *m*; équipement indicateur visible de porte *m*
Türfreisprecheinrichtung *f*	door handsfree device; door handsfree unit	portier mains-libre *m*
Türlautsprecher *m*	door loudspeaker	haut-parleur de porte *m*; amplificateur portier *m*
Türöffner *m*	door opener	gâche électrique *f*; mécanisme d'ouverture de porte *m*
Türtableau *n*	door visual indication equipment	panneau de porte *m*; équipement indicateur visible de porte *m*
tV (Abk.) = technische Vorschrift	technical regulation	prescription technique *f*

TVG (Abk.) = Taktverteilung Gruppe	group clock distribution	distribution des signaux d'horloge du groupe *f*
TVS (Abk.) = Taktverteilung Sammelschiene	bus(bar) clock distribution	distribution des signaux d'horloge du bus *f*
TVZ (Abk.) = Taktverteilung Zentral	central clock distribution	distribution des signaux d'horloge centrale *f*
Typ *m*	type	type *m*
Typenschild *n*	identification plate; type plate	plaque signalétique *f*

U

über	via; over; by means of	via; par l'intermédiaire de
überblenden	fading one image into another	enchaîner
überbrücken	bridge; set up a bridge; jumper	ponter; straper
Übereinstimmung *f*	identity, abbr.: ID; match	identité *f*; conformité *f*; concordance *f*
Überfallmeldesystem *n*	hold-up alarm system	système d'alarme anti-vol *m*
Übergabe *f*	explicit call transfer, abbr.: ECT	transfert *m*
Übergabestecker *m*	adapter; transfer plug	adapteur *m*; adaptateur *m*; fiche de tranfert *f*
übergeben (*ein Gespräch ~*)	hand over; transfer (*a call*)	transférer (*une communication*)
übergeordneter Rechner *m*	host computer; mainframe	ordinateur principal *m*; ordinateur central *m*
übergeordnetes Amt *n*	higher-rank exchange; higher-parent exchange; master exchange; host exchange	central directeur / ~ maître *m*; autocommutateur maître *m*
überlagertes Netz *n*	overlay network	réseau de débordement *m*
überlappen	overlap	se recouvrier
Überlast(ung) *f*	overload	surcharge *f*
Überlastungsschutz *m*	overload prevention / ~ protection (*elec.*)	protection contre la surcharge *f*
Überlauf *m*	overflow	débordement *m*
Überleittechnik *f*	relay technology	technique de transition *f*
übermitteln	transmit; send; forward; broadcast; pass on; communicate	transmettre; commuter (transmettre); envoyer
Übermittlung *f*	communication	communication *f*, abr.: COM
Übermittlungsdienst *m*	bearer service	service support *m*; service de transmission *m*
übernehmen	adopt; accept; pick up (call)	adopter; reprendre; accepter
überprüfen	check; verify; test	vérifier; contrôler; tester
überschreiten	exceed	dépasser
Übersichtsplan *m*	overview; general drawing; overall layout; overall plan	guide sommaire *m*; diagramme schématique *m*; plan général *m*
Überspannung *f*	overvoltage	surtension *f*
Überspannungsableiter *m*	overvoltage protector; overvoltage surge arrester	éclateur à étincelle / ~ déchargeur *m*
Überspannungsschutz *m*	overload prevention / ~ protection (*elec.*)	protection contre la surcharge *f*
Übersprechdämpfung *f*	crosstalk attenuation	affaiblissement de diaphonie *m*; affaiblissement diaphonique *m*
überspringen	skip	sauter; jaillir
übertragen	transmit; send; forward; broadcast; pass on; communicate	transmettre; commuter (transmettre); envoyer
Übertrager *m*	transformer	transformateur *m*
Übertragung *f*	transmission	transmission *f*
Übertragung, gehend *f*, Abk.: Ue-g	outgoing circuit	transmission sortante *f*
Übertragung, kommend *f*, Abk.: Ue-k	incoming circuit	transmission en arrivée *f*
Übertragungsabschnitt *m*	transmission link	liaison de transmission *f*
Übertragungsbandbreite *f*	transmission bandwidth	largeur de bande de transmission *f*
Übertragungsbereich *m*	transmission range	domaine de transmission *m*; portée de la transmission *f*
Übertragungsbereitschaft *f*	ready for data	prêt à transmettre
Übertragungs-Einheit mit Modem-Verfahren *f*, Abk.: UEM	transmission unit in modem procedure	unité de transmission par modem *f*
Übertragungseinrichtung *f*	transmission equipment	équipement de transmission *m*
Übertragungsfaktor *m*	transfer factor; steady state gain	facteur de transmission *m*

Übertragungsgeschwindigkeit *f*	transmission speed; transmission rate	vitesse de transmission *f*; débit de transmission *m*
Übertragungsgüte *f*	transmission quality	qualité de transmission *f*
Übertragungskanal *m*	transmission channel	canal de transmission *m*; canal téléphonique *m*
Übertragungskapazität *f*	transmission capacity	capacité de transmission *f*
Übertragungskonstante *f*	propagation constant / ~ factor	constante de propagation *f*; constante de transmission *f*
Übertragungsmessung *f*	transmission measurement	téléphonométrie *f*
Übertragungsmöglichkeit *f*	transmission capability	possibilité de transmission *f*
Übertragungsprotokoll *n*	link access protocol, abbr.: LAP	protocole d'accès à la liaison *m*, abr.: PAL
Übertragungsrate *f*	transmission speed; transmission rate	vitesse de transmission *f*; débit de transmission *m*
Übertragungsstörung *f*	transmission disturbance	bruit de transmission *m*
Übertragungsstrecke *f*	transmission link	liaison de transmission *f*
Übertragungstechnik *f*	transmission technology	technique de transmission *f*
Übertragungsweg *m*	speech path; connecting path; transmission path; transmission route	voie de communication *f*; voie de liaison *f*; voie de conversation *f*; voie de transmission *f*
Übertragungszeit *f*	transmission time	temps de transmission *m*
Überwachung *f*, Abk.: UEB	supervision; monitoring; operating observation	contrôle *m*; surveillance (système) *f*; observation *f*, abr.: OBS
Überwachungsaufgabe *f*	supervisory task	tâche de contrôle *f*
Überwachungsgerät *n*	monitoring equipment; supervisory unit	poste de contrôle *m*; poste de surveillance *m*; poste d'observation *m*
Überwachungskamera *f*	monitoring camera; surveillance camera	caméra de surveillance *f*
Überwachungstaste *f*	supervisory button	touche d'observation *f*
Überweisung *f*	call transfer; call assignment	transfert d'appel *m*; transfert de base *m*; transfert en cas de non-réponse *m*; transfert *m*; renvoi temporaire *m*
UEB (Abk.) = Überwachung	supervision; monitoring; operating observation	OBS, abr.: contrôle *m*; surveillance (système) *f*; observation *f*,
Ue-g (Abk.) = Übertragung, gehend	outgoing circuit	transmission sortante *f*
Ue-k (Abk.) = Übertragung, kommend	incoming circuit	transmission en arrivée *f*
UEM (Abk.) = Übertragungs-Einheit mit Modem-Verfahren	transmission unit in modem procedure	unité de transmission par modem *f*
Uhr *f*	clock; phase	horloge *f*; phase *f*, abr.: PH
Uhrzeit *f*	time	heure *f*
Uhrzeitanzeige *f*	time display	affichage de l'heure *m*
Uhrzeitgeber *m*	time transmitter	horloge *f*
UIP (Abk.) = Universal Interface Platform = digitale, universelle Anschlußbaugruppe	UIP, abbr.: Universal Interface Platform	UIP, abr.: Universal Interface Platform = carte lignes numériques en liaison avec des sous-cartes
UM (Abk.) = Umschaltung	switching; through-connection; routing; switchover; changeover	commutation *f*; acheminement *m*; basculement *m*
umfassen	cover	couvrir
Umgebungsbedingung *f*	environmental condition; ambient condition	condition ambiente *f*; condition d'environnement *f*
Umgebungstemperatur *f*	ambient temperature	température ambiante *f*
Umkehrverbindung *f*	revertive call	appel inverse *m*
Umkleidung *f*	sleeve	douille *f*
Umkonfigurierung *f*	reconfiguration	réconfiguration *f*
UML (Abk.) = Umschaltelogik	switchover logic	logique de basculement *f*
Umlaufdämpfung *f*	feedback loss	affaiblissement de réaction *m*
Umlaufspeicher *m*	cyclic storage	sauvegarde cyclique *f*
Umlegekennzeichen *n*	call transfer code	doce de transfert d'appel *m*; signal de transfert d'appel *m*

Umlegen *n* (*Ruf*)	explicit call transfer, abbr.: ECT	transfert *m*
Umlegen besonderer Art *n*	special transfer	transfert spécial *m*
Umlegetaste *f*	transfer button	touche de transfert *f*
Umlegung *f*	call forwarding	transfert de base *m*; transfert en cas de non-réponse *m*; transfert *m*, abr.: TRF; renvoi temporaire *m*; renvoi automatique
Umleiten von Verbindungen *n*	redirection of calls	ré-acheminement des appels *m*
Umleitung *f*	diversion	détournement *m*; ré-acheminement *m*
umschaltbar	switchable	commutable
Umschaltelogik *f*, Abk.: UML	switchover logic	logique de basculement *f*
umschalten	couple; switch over; change over	coupler; commuter (coupler); basculer
Umschalten, abfrage-/zuteilseitig *n*	splitting; brokerage; conduct broker's calls; switch between lines (*Brit*); consultation hold (*Am*); broker's call	va-et-vient *m*; double appel courtier *m*
Umschalten auf Nachtbetrieb *n*	switchover to night service	basculer sur service de nuit *m*; basculer en service réduit *m*
Umschaltetaste *f*	switchover button	touche de basculement *f*
Umschaltung *f*, Abk.: UM	switching; through-connection; routing; switchover; changeover	commutation *f*; acheminement *m*; basculement *m*
Umsetzer *m*	converter	convertisseur *m*
Umstecken am Anschluß *n*	terminal portability, abbr.: TP	changer la connexion sur port; permutations de raccordement *f*, *pl*
Umstecken am Bus *n*	plugging and unplugging on the bus	changer la connexion sur le bus; permutations de bus *f*, *pl*
umsteuern	rerouting	rerouter
Umweg *m*	alternate route	voie détournée *f*
Umweglenkung *f*	detour routing	routage par voie détournée *m*
Umwerter *m*	allocator; translator; director; route interpreter	translateur *m*; traducteur *m*
unbelastet	unloaded; off-load	déchargé
unbelegt	unassigned; unused	non employé; non utilisé
unbenutzt	unassigned; unused	non employé; non utilisé
unbespult	non-loaded	non chargé
unbespultes Kabel *n*	loose cable; unloaded cable	câble non pupinisé *m*
UND-Schaltung *f*	AND circuit	circuit ET *m*
UND-Verknüpfung *f*	AND operation; logical AND	liaison ET *f*
Ungenauigkeit *f*	inaccuracy	inexactitude *f*
ungeregelt	uncontrolled	non régularisé
ungültig	void; null; invalid; illegal	non valable; nul; annulé (*non valable*)
UNIDO (Abk.) = Organisation der Vereinten Nationen für industrielle Entwicklung	UNIDO, abbr.: United Nations Industrial Development Organization	UNIDO, abr.: Organisation des Nations Unies pour le Développement Industriel *f*
Universal-Vielfachmeßgerät *n*	multimeter	multimètre *m*
UNIX (Abk.) = Betriebssystem von Bell Lab (16 bit Prozessor)	UNIX, abbr.: Bell Laboratories' operating system for mini- and microcomputers	UNIX (abr.)
unnötige Belegung *f*	unnecessary seizure	prise inutile *f*
Unsymmetrie *f*	imbalance; asymmetry	asymétrie *f*; disymétrie *f*
Unsymmetriedämpfung *f*	balance-to-imbalance ratio	affaiblissement asymétrique *m*
Unsymmetriegrad *m*	imbalance degree	gain asymétrique *m*
Unteradressierung *f*	subaddressing, abbr.: SUB	sous-adressage *m*
Unteramt *n*	sub-exchange (*PTT exchange*); sub-office	sous-central *m* (*côté PTT*); central rural détaché *m*
Unteranlage *f*	secondary PABX; satellite PABX / ~ exchange; sub-exchange (*subscriber exchange*); subcenter	autocommutateur satellite *m*; central satellite *m*; sous-central *m* (*centrale d'abonné*)
Unterbaugruppe *f*	submodule	sous-module *m*

unterbrechen (*Programm*)	override (*DND*); abort (*program*); interrupt (*program*)	percer (*repos téléphonique*); interrompre (*programme, repos téléphonique*)
Unterbrechung *f* (*Leitung*)	interruption; break (*line*)	interruption *f* (*ligne*)
unterbrochen (*Zustand*)	interrupted (*state*); cut off (*state*); disconnected (*state*); switched off (*state*)	déconnecté (*état*); coupé (*état*)
unterdrückt	suppressed	supprimé
Unterdrückung der Namensanzeige des rufenden Teilnehmers beim rufenden Teilnehmer *f*	Called Name Identification Restriction, abbr.: CONR	suppression de l'affichage du nom de l'appelé sur le poste appelant *f*
Unterdrückung der Namensanzeige des rufenden Teilnehmers beim gerufenen Teilnehmer durch den rufenden Teilnehmer *f*	Called Name Identification Restriction, abbr.: CNIR	suppression de l'affichage du nom de l'appelant sur le poste de l'appelé *f*
Unterdrückung der Rufnummernanzeige des gerufenen Teilnehmers beim rufenden Tln *f*	Connected Line Identification Restriction, abbr.: COLR	suppression de l'affichage du numéro de l'appelé sur leposte appelant *f*
Unterdrückung der Rufnummernanzeige des rufenden Teilnehmers beim gerufenen Teilnehmer durch den rufenden Teilnehmer *f*	Calling Line Identification Restriction, abbr.: CLIR	suppression par l'appelant de l'affichage de son numéro d'appel sur le poste de l'appelé *f*
Unterdrückung der Rufnummern- und Namensanzeige *f*	suppression of calling party ID (*number/name*)	suppression de l'affichage du numéro d'appel et du nom *f*
Untergruppe *f*	subassembly	subdivision *f*
Unterhaltung eines Netzes *f*	network maintenance	maintenance du réseau *f*
Unterhaltung, instandsetzende ~ *f*	corrective maintenance	maintenance corrective *f*
Unterhaltungselektronik *f*	home entertainment electronics; consumer electronics	électronique grand public *f*
Unterhaltung, vorbeugende ~ *f*	preventive maintenance	entretien préventif *m*; maintenance préventive *f*
Unterlegscheibe *f*	washer	rondelle *f*
Unterprogramm, EDV *n*	subroutine, EDP	sous-programme, Edp *m*
Unterputzmontage *f*	flushmounting	installation sous crépi *f*; encastrement sous crépi *m*
Unterschrank *m*	lower cabinet	armoire inférieure *f*
Unterstützungsdienst *m*	bearer service	service support *m*; service de transmission *m*
Untersuchung *f*	check; examination	vérification *f*
unverständliches Nebensprechen *n*	unintelligible crosstalk; inverted crosstalk (*Am*)	diaphonie inintelligible *f*
unvollständige Wahl *f*	incomplete dialing	numérotation incomplète *f*
unwirksam	ineffective	ineffectif; inefficace
unzugänglich	inaccessible	inaccessible
unzulässig	inadmissible; unacceptable; impermissible	inadmissible; inacceptable
UP0 (Abk.) = Leitungsschnittstelle	UP0, abbr.: line interface	UP0, abr.: interface de ligne
Ureichkreis *m*	master telephone transmission reference system	système fondamental de référence pour la transmission téléphonique *m*, abr.: SFERT
Ursprungsverkehr *m*	originating traffic	trafic d'origine *m*
Ursprungsvermittlungsstelle *f*	originating exchange	central d'origine *m*
USDN (Abk.) = ISDN von ITT	USDN, abbr.: ISDN from ITT	USDN, abr.: RNIS de ITT
Ü-Wagen *m*	outside-broadcast vehicle, abbr.: OB vehicle	car de reportage *m*

V

VA (Abk.) = Vermittlungsapparat (PABX)	operator set (PABX) (*Brit*); attendant console (PABX) (*Am*)	poste d'opérateur / ~ d'opératrice (PABX) *m*, abr.: P.O.; position d'opératrice (PABX) *f*, abr.: P.O.
va (Abk.) = vollamtsberechtigt	nonrestricted	non discriminé; indiscriminé; ayant la prise directe *f*
VAO (Abk.) = Verdrahtungsplatte für Anschlußorgane	motherboard for connecting circuits / devices	carte de câblage pour organes de connexion *f*
VDE (Abk.) = Verband Deutscher Elektrotechniker	VDE, abbr.: German association of electrotechnical engineers	VDE, abr.: Association allemande des ingénieurs en électricité
VDMA (Abk.) = Verein Deutscher Maschinenbauanstalten	VDMA, abbr.: Association of German engineering shops	VDMA, abr.: Association des Constructeurs de Machines Allemands
veränderliche Besuchsschaltung *f*	flexible call transfer	renvoi d'appel variable *m*; transfert variable *m*
Veränderung *f*	modification; change	modification *f*
Verband Deutscher Elektrotechniker *m*; Abk.: VDE	German association of electrotechnical engineers, abbr.: VDE	Association allemande des ingénieurs en électricité, abr.: VDE
verbilligter Nachttarif *m*	reduced night-time rate	tarif de nuit *m*, (réduit)
verbilligter Tarif *m*	reduced rate; cheap rate	tarif réduit *m*
verbinden	switch through; through-connect; link; connect (to)	commuter, (~ une communication); brancher; connecter (à); relier
Verbinder *m*	connecting set; connecting junction; connector	appareil branché *m*; joncteur *m*, abr.: JCT; équipement de connexion *m*
Verbinder für dreistellige Wahl *m*	connector for 3-digit selection	joncteur pour numérotation à 3 chiffres *m*
Verbindung *f*	line; connection; path	ligne *f*; raccordement *m*; connexion *f*; chaîne de connexion *f*; liaison *f*
Verbindung, gekennzeichnete ~ *f*	flagged call	communication identifiée *f*
Verbindung, permanente, virtuelle ~ *f*	permanent virtual connection	circuit virtuel permanent *m*, abr.: CVP
Verbindungsabbau *m*	clear connection	déconnexion d'une liaison *f*
Verbindungsabschnitt *m*	connection element; connecting piece; joining element	élément de connexion *m*; élément de raccordement *m*
Verbindungsanforderung *f*	call request	demande de communication *f*; demande de prise *f*
Verbindungs-, Anschlußart *f*	connection type	type de connexion *m*
Verbindungsart *f*	type of connection; connecting mode	type de connexion *m*; mode de connexion *m*, abr.: MCX
Verbindungsaufbau *m*	connection setup; call setup; call establishment	établissement d'une communication *m*
Verbindungsaufbau, kostenoptimierter ~ *m*	Least Cost Routing, abbr.: LCR	établissement d'une communication au meilleur coût *m*
Verbindungsaufbau mit direkter Wählereinstellung *m*	step-by-step switching	connexion en mode pas à pas *f*
Verbindungsaufbau mit Rücksprung *m*	call setup with return	établissement d'une communication avec retour *m*
Verbindungsaufbau, nicht schritthaltender ~ *m*	common control switching	connexion non synchronisée *f*
Verbindungsaufbau, schritthaltender ~ *m*	stage-by-stage switching	connexion synchronisée *f*
Verbindungsaufbau, selbsttätiger ~ *m*	automatic call setup	établissement automatique des communications *m*
Verbindungsdaten *f, pl*	call data; connecting data	données de connexion *f, pl*
Verbindungsdauer, gebührenpflichtige ~ *f*	chargeable time; billing time	durée taxable *f*; durée de communication taxable *f*

Verbindungselement *n*	connection element; connecting piece; joining element	élément de connexion *m*; élément de raccordement *m*
Verbindungserkennung *f*	connection identifier	identificateur de connexion *m*
Verbindungsherstellung *f*	connection setup; call setup; call establishment	établissement d'une communication *m*
Verbindungsidentifikation *f*, Abk.: CID	connection identification, abbr.: CID	identification de ligne *f*
Verbindungskabel *n*	connecting / connection cable	câble de connexion *m*
Verbindungsleitung *f*	link line; auxiliary line; link	ligne intermédiaire *f*; ligne auxiliaire *f*; liaison *f*
Verbindungsmerkmal *n*	connection attribute	caractéristique de la connexion *f*; attribut de connexion *m*
Verbindungssatz *m*	connecting set; connecting junction; connector	appareil branché *m*; joncteur *m*, abr.: JCT; équipement de connexion *m*
Verbindungssatzgruppe *f*	junction group	groupe de joncteur *m*
Verbindungssatzmarkierer *m*	junction marker	marqueur de joncteurs *m*
Verbindungsschutzmuffe *f*	joint protection closure	fermeture de protection d'une connexion *f*
Verbindungsstecker *m*	connecting plug; connector; plug	connecteur *m*; prise mâle *f*; fiche *f*
Verbindungssuchgerät *n*	path tracing unit	équipement de recherche de voie *m*
Verbindungsweg *m* (*Sprechweg*)	speech path; connecting path; transmission path; transmission route	voie de communication *f*; voie de liaison *f*; voie de conversation *f*; voie de transmission *f*
Verbindungszustand *m*	connection status	état de communication *m*
Verbindung zwischen Vermittlungsplätzen *f*	connection between operator positions	liaison interstandards *f*, abr.: LIS
verborgen	masked; concealed	escamotable
Verbraucher *m*	consumer	consommateur *m*; utilisateur *m*
verdeckt	masked; concealed	escamotable
verdeckter Rufnummernplan *m*	closed numbering scheme	plan de numérotation fermé *m*
verdeckte Rufnummern *f, pl*	closed numbering scheme	plan de numérotation fermé *m*
Verdrahtung *f*	wiring	câblage *m*; filerie *f*
Verdrahtungsplatte *f*, Abk.: VP	wiring plate; wiring board; motherboard	plaque de câblage *f*; carte de câblage *f*; carte principale *f*; carte mère *f*
Verdrahtungsplatte für Anschlußorgane *f*, Abk.: VAO	motherboard for connecting circuits / devices	carte de câblage pour organes de connexion *f*
Verdrahtungsplatte für einfache Steuerung *f*, Abk.: VSE	motherboard for single control system	carte de câblage pour système de gestion simple *f*
Verdrahtungsplatte für gedoppelte Steuerung *f*, Abk.: VSD	motherboard for duplicated control system	carte de câblage pour système de gestion doublé *f*
Verdrahtungsplatte für mehrgruppige Anlage *f*	motherboard for multi-group system	carte de câblage pour système de gestion multigroupes *f*
Verdrahtungsplatte für Stromversorgung *f*, Abk.: VSV	motherboard for power supply	carte de câblage pour l'alimentation *f*
Verdrahtungsrahmen *m*, Abk.: VR	wiring frame	fond de cage *m*
Verdrahtungsseite *f*	wiring side	côté câblage *m*
verdrängen	pre-empt; displace; supersede	repousser; déplacer
Verein der Elektro- und Elektronik-Ingenieure *m*	Institute of Electrical and Electronics Engineers, abbr.: IEEE	IEEE, abr.
Verein Deutscher Maschinenbauanstalten, Abk.: VDMA	Association of German engineering shops, abbr.: VDMA	Association des Constructeurs de Machines Allemands, abr.: VDMA
Vereinigung amerikanischer Telefongesellschaften *f*	United States Telephone Association, abbr.: USTA	Association des Compagnies Téléphoniques Américaines *f*;
Verfälschung *f*	falsification; corruption (of data)	falsification *f*
Verflechtung von Netzen *f*	interlacing of networks	interconnexion de réseaux *f*
verfügbar	existing; available	existant; disponible
Verfügbarkeit *f*	availability	disponibilité *f*
Verfügbarkeitszeitraum *m*	uptime; available time	période de disponibilité *f*
Vergleichsfrequenz *f*	reference frequency	fréquence de référence *f*
Vergleichsimpuls *m*	comparison pulse	impulsion de référence *f*
verhindern	prevent (from); avoid	préserver; protéger
Verkabelung *f*	twisting of cables; cabling	câblage *m*

Verkehr *m*	traffic	trafic *m*
Verkehrsaufkommen *n*	traffic volume	volume de trafic *m*
Verkehrsausgleich *m*	traffic balancing	comparaison du trafic *f*
Verkehrsausscheidungszahl, ~ziffer *f*	prefix; area code	préfixe *m*
Verkehrsbelastung *f*	traffic load	charge de trafic *f*
Verkehrsbelegung *f*	traffic occupancy	charge de trafic *f*
Verkehrsdichte *f*	traffic density	densité de trafic *f*
Verkehrsfluß *m*	traffic flow	trafic *m*
Verkehrsgüte *f*	traffic quality; grade of service; operational quality	qualité de trafic *f*; qualité de service *f*
Verkehrsinformation *f*	traffic information	information sur le trafic *f*
Verkehrsleistung *f*	traffic capacity	capacité de trafic *f*
Verkehrsleitsystem *n*	traffic control system	système de contrôle de trafic *m*
Verkehrslenkung *f*	traffic routing	acheminement du trafic *m*
Verkehrsmenge *f*	traffic volume	volume de trafic *m*
Verkehrsmessgerät *n*	traffic measuring unit	équipement de mesure du trafic *m*
Verkehrsmessung *f*	traffic measurement; traffic analysis	mesure du trafic *f*
Verkehrsordner *m*	traffic control unit	directeur de trafic *m*
Verkehrsrichtung *f*	traffic direction	direction du trafic *f*; sens du trafic *m*
verkehrsschwache Zeit *f*	low traffic period; off-peak period	période creuse de trafic *f*
Verkehrssteuerung *f*	traffic control	contrôle de trafic *m*
Verkehrstheorie *f*	communication theory	théorie de la transmission *f*
Verkehrsüberlastung *f*	traffic overload / ~ overflow	surcharge de trafic *f*
Verkehrsüberwachung *f*	traffic monitoring	surveillance du trafic *f*
Verkehrsuntersuchung *f*	traffic measurement; traffic analysis	mesure du trafic *f*
Verkehrsverhinderung *f*	traffic restriction; traffic prevention	interdiction du trafic *f*
Verkehrswertanzeige *f*	traffic intensity indication	visualisation de la densité de trafic *f*
Verkettung *f*	chaining	enchaînement *m*; chaînage *m*
Verkettung Rufumleitung / Rufweiterleitung *f*	multiple call diversion / call forwarding	enchaînement renvoi d'appel / transfert d'appel *m*
Verlagern einer Verbindung *n*	re-arrangement of a call	réarrangement d'une communication *m*
Verlängerungsleitung *f*	artificial line; pad; extension cable	ligne de prolongement *f*
verlöschen	extinguish; go out	éteindre
Verlust *m*	loss; leakance; drop	perte *f*; perditance *f*
Verlustleistung *f*	power loss; dissipated power	puissance dissipée *f*
verlustlos (*Leitung*)	zero-loss (*circuit*)	sans pertes *f, pl*
Verlustsystem *n*	loss system	système à perte *m*
vermitteln	switch	commuter (*électricité*)
vermittelte Verbindung *f*	exchange connection	connexion de commutateur *f*
Vermittlung *f* (*Tätigkeit*)	switching; through-connection; routing; switchover; changeover	commutation *f*; acheminement *m*; basculement *m*
Vermittlung *f* (*Anlage*)	public exchange; exchange; central office, abbr.: CO (*Am*); switching center; exchange office; telephone exchange (*Brit*)	central public *m*; central téléphonique *m*; commutateur *m* (*central public*); installation téléphonique *f*
Vermittlungsamt *n*	public exchange; exchange; central office, abbr.: CO (*Am*); switching center; exchange office; telephone exchange (*Brit*)	central public *m*; central téléphonique *m*; commutateur *m* (*central public*); installation téléphonique *f*
Vermittlungsapparat (PABX) *m*, Abk.: VA	operator set (PABX) (*Brit*); attendant console (PABX) (*Am*)	poste d'opérateur / ~ d'opératrice (PABX) *m*, abr.: P.O.; position d'opératrice (PABX) *f*, abr.: P.O.
Vermittlungseinrichtung *f*	exchange equipment; switching equipment	équipement de commutation *m*
Vermittlungsgüte *f*	switching quality	qualité de commutation *f*
Vermittlungsknoten *m*	switching node	nœud de commutation *m*
Vermittlungsperson *f*	attendant; operator; attendant operator (*PABX*)	opérateur *m* (*PABX*); opératrice *f*

Vermittlungsplatz (PABX) *m*	operator set (PABX) (*Brit*); attendant console (PABX) (*Am*)	poste d'opérateur / ~ d'opératrice (PABX) *m*, abr.: P.O.; position d'opératrice (PABX) *f*, abr.: P.O.
Vermittlungspult *n*	operator desk; operator console	table d'opératrice *f*; console d'opératrice *f*
Vermittlungssatz *m*	operator circuit	circuit d'opératrice *m*
Vermittlungsstelle *f*, Abk.: VSt	public exchange; exchange; central office, abbr.: CO (*Am*); switching center; exchange office; telephone exchange (*Brit*)	central public *m*; central téléphonique *m*; commutateur *m* (*central public*); installation téléphonique *f*
Vermittlungssteuerung *f* (*Anlage*)	operator control (*exchange*)	commande du poste d'opérateur *f*
Vermittlungssystem *n*	switching system	système de commutation *m*
Vermittlungstechnik *f*	switching (technology)	technique de commutation *f*
vermittlungstechnische Einrichtung *f*	switching facility	faculté de commutation *f*
Vermittlungstisch *m*	operator desk; operator console	table d'opératrice *f*; console d'opératrice *f*
Vermittlungs-Zentrale *f*	transmission center	centre de commutation *m*
vernetzen	interconnect	interconnecter
vernetzt	networked	en réseau *m*
Vernetzung *f*	networking; interconnection	mise en réseau *f*
Vernetzungslösungen *f, pl*	networking solutions	solutions de mise en réseau *f, pl*
Verpolung *f*	reversed polarity; polarity reversal	inversion de polarité *f*
Verrechnungsnummer *f*	account number	numéro de facturation *m*
Verriegelung *f*	interlock; lock(ing)	verrouillage *m*; serrure *f*; fermeture *f*; clôture *f*
Verriegelungsnase *f*	locking nose	tenon de verrouillage *m*; ergot de verrouillage *m*
verringern, sich ~	decrease; reduce	réduire
Verschluß *m*	interlock; lock(ing)	verrouillage *m*; serrure *f*; fermeture *f*; clôture *f*
Verseilung *f*	twisting of cables; cabling	câblage *m*
Versenkantenne *f*	retractable antenna	antenne téléscopique *f*
versetzt (*zeitlich*)	staggered (*in time*)	en temps différé *m*
Version *f*	version; execution	version *f*; exécution *f*
Versorgungsleitung *f*	supply line	ligne auxiliaire *f*
Versorgungsschnittstelle *f*, **Strom~**	power supply interface	interface d'alimentation *f*
Versorgungsspannung *f*	supply voltage	tension d'alimentation *f*
Versorgungsstrom *m*	supply current	courant d'alimentation *m*
verständliches Nebensprechen *n*	intelligible crosstalk; uninverted crosstalk (*Am*)	diaphonie intelligible *f*
Verständlichkeit *f*	intelligibility	intelligibilité *f*
Verstärker *m*	amplifier	amplificateur *m*
Verstärkermodul *m*	amplifier module	module amplificateur *m*
Verstärkerstation *f*	amplifier station	station d'amplification *f*
verstellbar	adjustable	ajustable; réglable
verstümmelt	mutilated; garbled	mutilé
Versuchsanordnung *f*	experimental arrangement; test setup	mise en place d'un test *f*
Versuchs-Nachrichten-Satellit *m*	experimental communications satellite	satellite expérimental de télécommunications *m*
Verteiler *m*	distributor; distribution frame	répartiteur *m*
Verteilerkasten *m*	distribution box	boîte de distribution *f*
Verteilerleiste *f*	terminal strip	barrette terminale *f*; réglette de repartiteur *f*; réglette terminale *f*; réglette à bornes *f*; bornier *m*
Verteilsystem *n*	distributor system	système de distribution *m*
verteiltes Betriebssystem *n*	distributed operating system	système d'opération partagé *m*
vertikale Auflösung *f*	vertical resolution	résolution verticale *f*
Verunreinigung *f*	contamination; pollution	pollution *f*
Vervielfacher *m*	multiplier	multiplicateur *m*
Verwaltungsprogramm *n*	administration program	programme de gestion *m*

Verweisblock *m*	reference block	bloc de référence *m*
verwenden	employ; use; utilize	employer; se servir (de); utiliser
verwendet	applied; utilized; used	utilisé; employé
Verwendung *f*	use; application	utilisation *f*; application *f*; usage *m*; emploi *m*
Verzerrung *f*	distortion	distorsion *f*
verzinnt	tinned; tin-coated, tin-plated	étamé; étainé
verzögert	delayed	temporisé; retardé
verzögerte, feste Rufumleitung *f*	delayed, fixed call forwarding	renvoi fixe temporisé *m*, abr.: RFT
Verzögerung *f*	time delay; retardation; lag; delay	retard *m*; retardation *f*; retardement *m*; délai *m*
Verzögerungsglied *n*	time element; time-lag device	temporisateur *m*; dispositif de retard *m*
Verzögerungsschaltung *f*	delay circuit	circuit de temporisation *m*; circuit retardateur *m*
verzonen	zoning	répartir en zone *f*; zonage *m*
Verzoner *m*	zoner	générateur d'impulsions par zones *m*; calculateur de zonage *m*
Videoaufnahme *f*	video recording	enregistrement vidéo *m*
Videobandanlage *f*	video tape equipment	équipement de cassettes vidéo *m*
Videoingenieur *m*	video engineer	ingénieur d'image *m*
Videokamera *f*	video camera	caméra vidéo *f*
Video-Magnetbandmaschine *f*	video tape unit	unité de bande magnétique *f*
Videophon *n*	video (display) telephone; videophone; video telephone; display telephone; picture phone	visiotéléphone *m*; vidéophone *m*; visiophone *m*
Videorecorder *m*	video recorder	enregistreur vidéo *m*
Videotechnologie, ~technik *f*	video technology	technologie / technique vidéo *f*
Videotelefon *n*	video (display) telephone; videophone; video telephone; display telephone; picture phone	visiotéléphone *m*; vidéophone *m*; visiophone *m*
Video-Trennverstärker *m*	video isolating amplifier	amplificateur - séparateur de vidéo *m*
Videoturm *m*	video rack	châssis vidéo *m*
Vielfach *n*	multiple	multiple *m*
Vielfachschaltung *f*	multiple connection	connexion multiple *f* (*circuit*)
Vielfachverstärker *m*	multiple regenerator; multiple amplifier	amplificateur multiple *m*
Vierdraht-Durchschaltung *f*	four-wire switching	commutation à quatre fils *f*
Vierdraht-Gabel *f*	four-wire termination	terminaison quatre fils *f*
Viererleitung *f*	phantom circuit	ligne fantôme *f*; circuit fantôme *m*
Vierpol *m*	four-terminal network; fourpole	quadripôle *m*
Vierpoldämpfung *f*	image attenuation; image loss	affaiblissement du quadripôle *m*
Vierpoldämpfungsmaß *n*	image-attenuation coefficient; image-attenuation constant (*Am*)	coefficient d'affaiblissement du quadripôle *m*
Vierpolübertragungsmaß *n*	image-transfer coefficient; image-transfer constant (*Am*)	mesure de transmission du quadripôle *f*
Vierpolwinkelmaß *n*	image-phase change coefficient; image-phase change constant (*Am*)	déphasage introduit par le quadripôle *m*
violett, Abk.: VT = IEC 757	violet, abbr.: VT	violet, abr.: VT
virtuelle Verbindung *f*	logic circuit; virtual connection, abbr.: VC	circuit virtuel *m*, abr.: CV
virtuelle Verbindung in einem B-Kanal *f*	virtual connection in a B channel	circuit virtuel dans un canal B *m*, abr.: CVB
virtuelle Verbindung in einem D-Kanal *f*	virtual connection in a D channel	circuit virtuel dans un canal D *m*, abr.: CVD
vollamtsberechtigt, Abk.: va	nonrestricted	non discriminé; indiscriminé; ayant la prise directe *f*
Vollamtsberechtigung *f*	direct outward dialing, abbr.: DOD; nonrestricted dialing	autorisation globale réseau *f*; prise réseau sans discrimination *f*; prise directe *f*
Vollausbau *m*	fully equipped configuration; full capacity	pleine capacité *f*
Vollmatrixtafel *f*	full-matrix display board	tableau d'affichage matriciel *m*

Vollsperre *f*	total barring	discrimination totale *f*
Volumen *n* (*Pegel*)	volume (*level*)	volume *m* (*niveau*); niveau sonore *m*; intensité du son *f*
Volumen *n* (*Rauminhalt*)	content (*volume*); volume (*capacity*)	contenance *f* (*volume*); volume *m* (*capacité*)
Voranmeldegespräch *n*	personal call; person-to-person call (*Am*)	appel avec préavis *m*
Vorbelegung von Amtsleitungen *f*	pre-selection of external lines	pré-sélection de lignes externes *f*
Vorbereitung *f*	preparation	préparation *f*
Vorderansicht *f*	front view	vue de face *f*; face avant *f*
Vorderseite *f*	front side	front *m*
Vorgabezeit *f*	timeout control; allowed time	temps alloué *m*
vorgeschlagen	recommended; suggested	recommandé
vorgesehen	intended	prévu
vorhanden	existing; available	existant; disponible
vorhergehend	back; previous	précédent
Vorlauf *m*	forward run; advance; feed (*advance*)	avance *f*; avancement *m*
vorläufige europäische Norm *f*	Draft European Standard	projet de EN *m*, abr.: prEN
vorläufige europäische Vornorm *f*	Draft European Prestandard	projet de ENV *m*, abr.: prENV
vormerken	note down; make a note of	noter; prendre note (de)
Vormerkgespräch *n*	delayed call	appel avec attente *m*
Vorschub *m*	forward run; advance; feed (*advance*)	avance *f*; avancement *m*
Vorsicht *f*	attention; caution; warning; precaution	attention *f*; précaution *f*
Vortelegramm *n*	pretelegram	pré-télégramme *m*
Vorverzerrung *f*	pre-emphasis	pré-accentuation *f*
Vorwahl *f*	prefix; area code	préfixe *m*
Vorwahlnummer *f*	area code number	préfixe interurbain *m*
Vorwahlzuordnung, gehende ~ *f*	dialing conversion	assignation de présélection sortante *f*
Vorwärtsauslösung *f*	forward release	remise en circuit *f*
vorzeitiges Auftrennen *n*	premature disconnection; cleardown release; clearing release	déconnexion prématurée *f*; libération prématurée *f*
vorzeitige Verbindungsauflösung *f*	premature disconnection; cleardown release; clearing release	déconnexion prématurée *f*; libération prématurée *f*
Vorzimmeranlage *f*	executive system; secretary system	système patron/secrétaire *m*; poste patron/secrétaire *m*; installation de filtrage *f*
VP (Abk.) = Verdrahtungsplatte	wiring plate; wiring board; motherboard	plaque de câblage *f*; carte de câblage *f*; carte principale *f*; carte mère *f*
VR (Abk.) = Verdrahtungsrahmen	wiring frame	fond de cage *m*
VSD (Abk.) = Verdrahtungsplatte für gedoppelte Steuerung	motherboard for duplicated control system	carte de câblage pour système de gestion doublé *f*
VSE (Abk.) = Verdrahtungsplatte für einfache Steuerung	motherboard for single control system	carte de câblage pour système de gestion simple *f*
VSt (Abk.) = Vermittlungsstelle	public exchange; exchange; central office, abbr.: CO (*Am*); switching center; exchange office; telephone exchange (*Brit*)	central public *m*; central téléphonique *m*; commutateur *m* (*central public*); installation téléphonique *f*
VSV (Abk.) = Verdrahtungsplatte für Stromversorgung	motherboard for power supply	carte de câblage pour l'alimentation *f*
VT (Abk.) = violet (violett) = IEC 757	VT, abbr.: violet	VT, abr.: violet

W

W (Abk.) = Wahl	dialing; selection	numérotation *f*; numérotage *m*
WA (Abk.) = Wahl bei aufgelegtem Handapparat	on-hook dialing	numérotation sans décrocher *f*
Wächterprotokolleinrichtung *f*	watchman feature	équipement de rapport de ronde *m*
Wächterrundgangsmeldung *f*	watchman's round report	rapport de ronde *f*
Wackelkontakt *m*	loose contact; loose connection	connexion lâche *f*
WAD (Abk.) = Wählautomat für Datenverbindung	ACU, abbr.: automatic dialing equipment; automatic call unit; automatic calling equipment	équipement de numérotation automatique *m*; numérotation automatique pour liaison de données *f*
Wahl *f*, Abk.: W	dialing; selection	numérotation *f*; numérotage *m*
Wahlabruf *m*	dial retrieval	retrieval à numéroter *m*
Wahlabrufzeichen *n*	proceed-to-select signal	signal d'invitation à numéroter *m*
Wahlanzeige *f*	dialing indication	indicateur numérotation *m*, abr.: INUM
Wählaufforderung *f*	proceed-to-dial	invitation à numéroter *f*
Wahlaufforderungszeichen *n*	proceed-to-dial signal; dial beginning request; dialing request signal	signal de début de numérotation *m*; signal de numérotation *m*
Wahlaufnahme *f*	dial reception; selection code acceptance	réception de la numérotation *f*; acceptation de la numérotation *f*
Wahlaufnahmesatz, digital *m*, Abk.: WASD	digit input circuit, digital	récepteur de numérotation numérique *m*
Wählautomat für Datenverbindung *m*, Abk.: WAD	automatic dialing equipment; automatic call unit, abbr.: ACU; automatic calling equipment	équipement de numérotation automatique *m*; numérotation automatique pour liaison de données *f*
Wählbaustein *m*	dialing chip	circuit intégré de numérotation *m*
Wahlbeginnzeichen *n*	proceed-to-dial signal; dial beginning request; dialing request signal	signal de début de numérotation *m*; signal de numérotation *m*
Wahlbegleitrelais *n*	pulse supervisory relay	relais d'impulsion d'appel *m*
Wahlbegleitzeichen *n*	pulse supervisory signal	signal d'impulsion d'appel *m*
Wahl bei aufgelegtem Handapparat *f*, Abk.: WA	on-hook dialing	numérotation sans décrocher *f*
Wählbereitschaft *f*	proceed-to-dial condition	état de disponibilité pour la numérotation *m*
Wahlbereitschaftsfühler *m*	proceed-to-dial detector	détecteur de disponibilité pour la numérotation *m*
Wählbetrieb *m*	automatic operation	exploitation avec numérotation automatique *f*
Wähldauer *f*	dialing time	durée de numérotation *f*
Wahleinleitungszeichen *n*	start-of-selection signal	signal de début de numérotation *m*
Wähleinrichtung, automatische ~ *f*	automatic dialing equipment; automatic call unit, abbr.: ACU; automatic calling equipment	équipement de numérotation automatique *m*; numérotation automatique pour liaison de données *f*
Wahlempfänger *m*	dial receiver	récepteur de numérotation *m*
Wahlempfängerkoppelfeld *n*	dial receiver switching matrix (*network*)	matrice de réception de numérotation *f*
Wahlempfängermarkierer *m*	dial receiver marker	marqueur de réception de numérotation *m*
wählen	dial (a number); choose; select	composer *m* (~ un numéro); numéroter; sélectionner
Wahlende *n*	end of selection; end of dialing	fin de numérotation *f*
Wahlendezeichen *n*	end of dialing signal; end of clearing signal; end-of-selection signal	signal de fin de numérotation *m*
wahlfähiger Verkehr *m*	dial traffic	trafic avec numérotation *m*
Wahlgeber *m*	signal sender; dial transmitter	transmetteur de numérotation *m*; générateur de numérotation *m*
Wahlimpuls *m*	dial pulse, abbr.: DP	impulsion de numérotation *f*

Wahlimpulszeitmesser *m*	dial pulse meter	contrôleur de durée d'impulsions de numérotation *m*
Wahlinformation *f*	dialing information	information de numérotation *f*
Wählleitung *f*	dialup line; switched line; automatic circuit	circuit à exploitation automatique *m*
Wählnebenstellenanlage *f*	automatic exchange	central automatique *m*; autocommutateur *m*, abr.: AUTOCOM
Wählnetz *n*	switched network; automatic network	réseau commuté *m*; réseau automatique *m*
Wählpause *f*	interdigital interval / ~ pause; interdialing pause / ~ time	entre-train *m*; créneau entre deux impulsions intervalle *m*; pause interdigit *f*
Wahlsender *m*	signal sender; dial transmitter	transmetteur de numérotation *m*; générateur de numérotation *m*
Wahlsenderkoppelfeld *n*	signal sender switching matrix (*network*)	matrice de transmission de la numérotation *f*
Wahlsendermarkierer *m*	dial sender marker	marqueur de transmission de la numérotation *m*
Wahlsenderspeicher *m*	dial sender memory	mémoire de transmission de la numérotation *f*
Wählsterneinrichtung *f*	line concentrator	concentrateur de lignes *m*
Wahlstufe *f*	selection stage	étage de sélection *m*
Wähltastatur *f*	keypad; keyboard, abbr.: KBD, abbr.: kybd; key field	clavier de numérotation *m*; clavier *m*
Wählteilnehmer *m*, Abk.: W-Teilnehmer	two-wire extension; PSTN subscriber	poste à deux fils *m*
Wählton *m*, Abk.: WT, Abk.: W-Ton	dial tone; dialing tone	signal de numérotation *m*; signal d'invitation à numéroter *m*; tonalité d'invitation à numéroter *f*, abr.: TIN; tonalité de numérotation *f*
Wähltonanzeige *f*	dialing tone indication	indicateur de tonalité *m*, abr.: ITON
Wähltonerkennung *f*	dial tone detection	détection du signal de numérotation *f*
Wähltonverzug *m*	pre-dialing delay	attente de tonalité d'invitation à numéroter *f*
Wahlumschaltetaste *f*	dial changeover key	touche de commutation d'appel *f*
Wahlumschaltung *f*	dial changeover	commutation d'appel *f*
Wählverbindung *f*	dial connection; automatic connection; switched connection	liaison commutée *f*; connexion commutée *f*
Wählverbindungselement *n*	switched connection element	élément de connexion commutée *m*
Wahlverfahren *n*	dialing method	principe de la sélection *m*; procédé de la sélection *m*
Wählverkehr *m*	dial traffic	trafic avec numérotation *m*
Wählvermittlungsstelle *f*	automatic exchange	central automatique *m*; autocommutateur *m*, abr.: AUTOCOM
Wählversuch *m*	dial attempt	essai de numérotation *m*
Wahlwiederholspeicher *m*	redialing memory	mémoire de répétition (automatique) de la numérotation *f*
Wahlwiederholung *f*, Abk.: WWH	redialing	répétition de la numérotation *f*
Wahlwiederholung der zuletzt gewählten Rufnummer *f*	last number redial	répétition du dernier numéro (composé) *f*
Wahlwiederholungstaste *f*, Abk.: WW-Taste	redial(ing) button / ~ key	bouton de répétition *m*
Wählziffer *f*	selection digit	chiffre de sélection *m*
Walzenstecker *m*	cylindrical plug	fiche cylindrique *f*; connecteur cylindrique *m*; douille cylindrique *f*
WAN (Abk.)	WAN, abbr.: Wide Area Network	WAN, abr.: réseau des communications à longue distance
Wandgehäuse *n*	wall housing; wall casing	boîtier mural *m*; coffret mural *m*
Wandhalterung *f*	wall fixing device	support mural *m*; fixation murale *f*
Wandler *m*	converter	convertisseur *m*
Wärmeabgabe *f*	heat dissipation	dissipation de chaleur *f*

Wärmeableiter *m*	heat sink	élément de refroidissement *m*; dissipateur de chaleur / ~ thermique *m*
Wärmebeständigkeit *f*	thermal resistivity; heat resistance	résistance calorifique *f*
wärmeempfindlich	heat-sensitive	sensible à la chaleur *f*
wärmeleitend	heat-conductive	conducteur de chaleur *m*
Warnung *f*	attention; caution; warning; precaution	attention *f*; précaution *f*
Warnung *f* (*auf Geräten*)	CAUTION (*damage to equipment*); WARNING (*danger to life*)	ATTENTION *f*; MISE EN GARDE *f*
Wartefeld *n*	queue; waiting field	file d'attente *f*
Wartefeldanzeige *f*	waiting field display; queuing field display	tableau d'attente *m*; afficheur de file d'attente *m*
Wartefeldbelegung *f*	queue seizure	occupation de file d'attente *f*
Wartefeldrelaissatz *m*	queue relay set	relais de file d'attente *m*
Wartekreis *m*	call queuing; holding circuit	file d'attente sur poste opérateur *f*; circuit d'attente *m*
Warten auf Freiwerden *n*	camp-on busy; park on busy; queuing; camp-on individual (*Am*)	attendre la libération *f*; se mettre en file d'attente *f*
Warten auf Freiwerden der Nebenstelle *n*	waiting for extension to become free	attente de libération *f*
wartende Anrufe *m, pl*	standby condition; calls on hold	appel en attente *m*
wartender Anruf *m*	knocking; call waiting, abbr.: CW	signalisation d'appel en instance *f*; offre en tiers *f*; attente *f*
Warteschlange *f*	queue; waiting field	file d'attente *f*
Wartestellung *f*	camp-on status; camp-on position	mise en attente *f*
Wartestellung bei Internverbindungen *f*	hold on internal calls	attente sur poste occupé *f*; attente sur appel intérieur *f*
Wartestellung für Nebenstellen *f*	station camp-on	mise en attente *f*
Wartesystem *n*	delay system	système à attente *m*
Warteton *m*	hold-on tone	tonalité d'attente *f*
Wartezustand *m*, **im ~**	standby condition; calls on hold	appel en attente *m*
Wartung *f*	maintenance; servicing	entretien *m*; maintenance *f*
Wartung, vorbeugende ~ *f*	preventive maintenance	entretien préventif *m*; maintenance préventive *f*
WASD (Abk.) = Wahlaufnahmesatz, digital	digit input circuit, digital	récepteur de numérotation numérique *m*
wasserdicht	waterproof	étanche
Wasserleitung *f*	water conduit; water pipe	conduite d'eau *f*
Wattangaben bezogen auf ... *f, pl*	wattage referred to ...	indication de puissance par rapport à ... *f*
WE (Abk.) = Wechselrichter	inverter; DC/AC converter	onduleur *m*; convertisseur continu-alternatif *m*
Wechsel *m*	modification; change	modification *f*
Wechsel der Gebührenpflicht *m*	reversed charges	taxation inverse *f*
wechseln	interchange; change; replace; exchange	échanger; remplacer; changer
Wechselrichter *m*, Abk.: WE	inverter; DC/AC converter	onduleur *m*; convertisseur continu-alternatif *m*
Wechselspannung *f*	AC voltage; alternating current, abbr.: AC	tension alternative *f*; courant alternatif *m*, abr.: AC
Wechselsprechanlage *f*	intercom system; key telephone system, abbr.: KTS; key system; press-to-talk system; two-way telephone system	système d'intercommunication *m*; intercom *m*; installation d'intercommunication *f*
Wechselsprechen *n*	intercom	communication par intercom *f*
Wechselsprechverbindung *f*	two-way communication	liaison par intercom *f*
Wechselstrom *m*	AC voltage; alternating current, abbr.: AC	tension alternative *f*; courant alternatif *m*, abr.: AC
Wechselstromsignalisierung *f*	ac signaling; alternating current signaling	signalisation par courant alternatif *f*
Weckdienst *m*	wake-up service	service de réveil *m*

Wecker *m*	telephone bell; bell (*Brit*); ringer (*Am*)	réveil *m*
Wecker, automatischer ~ *m*	automatic wake-up	réveil automatique *m*
Weckruf *m*	wake-up call	appel de réveil *m*
Wegeauswahl *f*	route selection; path selection; direction selection; direction discrimination	sélection de route *f*; routage *m*
Wegeauswahlspeicher *m*	route selection store; path selection store	mémoire de sélection de route *f*
Wegeauswahlsteuerung *f*	route selection control; path selection control	gestion de sélection de route *f*
Wegebesetztton *m*	congestion tone; trunk-busy tone	tonalité d'encombrement de lignes *f*; tonalité de surcharge de lignes *f*
Wegedurchschaltung *f*	speech path through-connection	commutation de lignes *f*
Wegereservierung *f*	route reservation; path reservation	réservation de lignes *f*
Wegesuchprogramm *n*	route-finding program; path-finding program	programme de recherche de lignes *m*
Wegevoreinstellung *f*	route preselection; path preselection	pré-sélection de lignes *f*
Wegsensor *m*	distance sensor; position sensor	détecteur de voie *m*
Wegsuche / Wegesuche *f*	path search(ing); route search(ing)	recherche de chemin *f*; recherche de lignes *f*
Weiche *f*	bifurcation	bifurcation *f*
weiß, Abk.: WH = IEC 757	white, abbr.: WH	blanc, abr.: WH
Weißabgleich *m*	white balance	équilibrage des blancs *m*
weiß blau, Abk.: BUWH = IEC 757	blue white, abbr.: BUWH	blanc bleu, abr.: BUWH
weiß gelb, Abk.: YEWH = IEC 757	yellow white, abbr.: YEWH	blanc jaune, abr.: YEWH
weiß grau, Abk.: GYWH = IEC 757	grey white, abbr.: GYWH	blanc gris, abr.: GYWH
weiß grün, Abk.: GNWH = IEC 757	green white, abbr.: GNWH	blanc vert, abr.: GNWH
weiß rosa, Abk.: WHPK = IEC 757	white pink, abbr.: WHPK	blanc rose, abr.: WHPK
weiß rot, Abk.: RDWH = IEC 757	red white, abbr.: RDWH	blanc rouge, abr.: RDWH
weiß schwarz, Abk.: BKWH = IEC 757	black white, abbr.: BKWH	blanc noir, abr.: BKWH
Weitergabe *f*	explicit call transfer, abbr.: ECT	transfert *m*
Weitergeben eines Gespräches *n*	transfer of call	transfert d'une communication *m*
Weiterleitung *f*	call forwarding	transfert de base *m*; transfert en cas de non-réponse *m*; transfert *m*, abr.: TRF; renvoi temporaire *m*; renvoi automatique
Weiterruf *m*	periodic ring(ing) condition	répétition d'appel *f*
Weiterschaltung *f*	call forwarding	transfert de base *m*; transfert en cas de non-réponse *m*; transfert *m*, abr.: TRF; renvoi temporaire *m*; renvoi automatique
Weiterverbinden *n*	explicit call transfer, abbr.: ECT	transfert *m*
Weitervermittlung *f*	call transfer; call assignment	transfert d'appel *m*; transfert de base *m*; transfert en cas de non-réponse *m*; transfert *m*; renvoi temporaire *m*
Weitschweifigkeit *f*	redundancy	redondance *f*
Weitverkehrsbündel *n*	long-distance trunk group	faisceau de circuits interurbains *m*
Weitverkehrsnetz *n*	long-distance traffic network	trafic réseau longue distance *m*
Weitverkehrsystem *n*	long-distance traffic system	système de trafic longue distance *m*
Wellendämpfung *f*	wave attenuation	affaiblissement caractéristique *m*
Wellenwiderstand *m* (*Leitungs~*)	characteristic wave impedance	impédance caractéristique *f*
Weltbank *f*, siehe: IBRD	World Bank, see: IBRD	Banque Mondiale *f*, voir: IBRD
Weltpostverein *m*	Universal Postal Union, abbr.: UPU	Union Postale Universelle *f*

Werkzeug *n*	tool; implement	outil *m*; outillage *m*
Wertung *f*	evaluation	évaluation *f*
WH (Abk.) = white (weiß) = IEC 757	WH, abbr.: white	WH, abr.: blanc
WHPK (Abk.) = white pink (weiß rosa) = IEC 757	WHPK, abbr.: white pink	WHPK, abr.: blanc rose
Wicklung *f*	winding	enroulement *m*
Wicklung- u. Feldbezeichnung *f*	winding and square designation	repérage de l'enroulement et du champ *m*
Widerstand *m* (*Bauteil*)	resistor (*unit*)	résistance *f* (*composant*)
Widerstand *m* (*Wert*)	resistance (*value*)	résistance *f* (*valeur*)
Widerstand analoge Amtsseite *m*	analog exchange-side impedance	impédance côté réseau analogique *f*, abr.: Ze
Widerstand analoge Teilnehmerseite *m*	analog subscriber-side impedance	impédance côté abonné analogique *f*
Widerstandsnetz *n*	resistor network	réseau de résistances *m*
Wiederanlauf *m*	restart	remise sous tension *f*; redémarrage *m*
Wiederanruf *m*	callback; recall; returned call	rappel (en retour) *m*; retour d'appel *m*
Wiederanruf nach Zeit *m*	timed recall	appel temporisé *m*
Wiederbelegung *f*	reseizure	reprise *f*
Wiedergabe *f* (*Mikrokassettenmodul*)	playback (*microcassette*)	reproduction *f*
Wiederholung *f*	repeat; repetition	répétition *f*
Winkel *m*	angle	angle *m*
Winkelsensor *m*	angle sensor	détecteur d'angle *m*; détecteur de phase *m*
Wirkdämpfung *f*	effective attenuation; transducer loss (*Am*)	affaiblissement réel *m*
wirken	effect	effectuer
wirksam	effective	efficient; actif; efficace
Wirkschaltplan *m*	effective circuit diagram	schéma effectif *m*
Wirkung *f*	effect	effet *m*
wirkungslos	ineffective	ineffectif; inefficace
Wirkverstärkung *f*	effective amplification	gain transductique *m*
Wirtschaftskommission der Vereinten Nationen für Europa *f*, Abk.: CEE	United Nations Economic Commission for Europe, abbr.: CEE	Commission Économique des Nations Unies pour l' Europe *f*, abr.: CEE
Wirtschaftskommission der Vereinten Nationen für Lateinamerika *f*	United Nations Economic Commission for Latin America	Commission Économique des Nations Unies pour l'Amérique Latine *f*, abr.: CEPAL
wrappen	wrap	sertir; wrapper
Wrapwerkzeug *n*	wire-wrapping tool; wrapping tool	outil de sertissage *m*
WT (Abk.) = Wählton	dial tone; dialing tone	TIN, abr.: tonalité d'invitation à numéroter *f*; signal de numérotation *m*; signal d'invitation à numéroter *m*; tonalité de numérotation *f*
W-Teilnehmer (Abk.) *m* = Wählteilnehmer	two-wire extension; PSTN subscriber	poste à deux fils *m*
W-Ton (Abk.) = Wählton	dial tone; dialing tone	TIN, abr.: tonalité d'invitation à numéroter *f*; signal de numérotation *m*; signal d'invitation à numéroter *m*; tonalité de numérotation *f*
Wurzel *f* (aus)	root (of)	racine carrée *f* (de)
WWH (Abk.) = Wahlwiederholung	redialing	répétition de la numérotation *f*
WW-Taste (Abk.) = Wahlwiederholungstaste	redial(ing) button / ~ key	bouton de répétition *m*

X / Y

XENIX (Abk.) = Betriebssystem von Microsoft Inc. *n*	XENIX, abbr.: mini- and micro-computer operating system similar to UNIX	XENIX, abr.: système d'exploitation de Microsoft Inc. *m*
YE (Abk.) = yellow (gelb) = IEC 757	YE, abbr.: yellow	YE, abr.: jaune
YEBU (Abk.) = yellow blue (gelb blau) = IEC 757	YEBU, abbr.: yellow blue	YEBU, abr.: jaune bleu
YEGY (Abk.) = yellow grey (gelb grau) = IEC 757	YEGY, abbr.: yellow grey	YEGY, abr.: jaune gris
YEPK (Abk.) = yellow pink (gelb rosa) = IEC 757	YEPK, abbr.: yellow pink	YEPK, abr.: jaune rose
YEWH (Abk.) = yellow white (weiß gelb) = IEC 757	YEWH, abbr.: yellow white	YEWH, abr.: blanc jaune

Z

Zahl *f*	quantity; number, abbr.: no.	quantité *f*; numéro *m*; nombre *m*
Zähleinsatz *m*	start of charging	début de taxation *m*; départ de taxation *m*
Zahlengeber *m*, Abk.: ZG	keysender	émetteur d'impulsions *m*; émetteur de numérotation *m*; tabulateur *m*
Zahlengeberanschaltsatz *m*	keysender connecting set	équipement de connexion d'émetteur d'impulsions *m*
Zahlengebertastatur *f*	keysender keyboard; digit keys	clavier d'émetteur automatique d'impulsions *m*; clavier numérique *m*
Zahlenkombinationsblockschloß *n*	numerical combination block lock	serrure à combinaison *f*
Zahlenschloß *n*	combination lock	verrou codé *m*
Zähler *m* (*Meßgerät~*)	counter; meter	compteur *m*, abr.: CPT
Zählimpuls *m*	meter(ing) pulse	impulsion de comptage *f*; impulsion de taxe *f*
Zählkette *f*	counter chain; counting chain	chaîne de comptage *f*
Zählrelais *n*	counting relay	relais de comptage *m*
Zähltakt *m*	counting pulse; counter pulse	impulsion de comptage *f*
Zahnscheibe *f*	serrated washer	rondelle éventail *f*
z.B. (Abk.) = zum Beispiel	for example (exempli gratia), abbr.: e.g.	par exemple *m*, abr.: p.e(x).
ZB (Abk.) = Zentralbatterie	CB, abbr.: central battery	batterie centrale *f*
Zeichen *n*	character; symbol	caractère *m*; signal *m*; signe *m*; symbole *m*
Zeichenaustausch *m*	exchange of signals	échange de signaux *m*
Zeichenfolge *f*	character string; signal sequence	série de signaux *f*
Zeichengabe *f*	signal transmission; signaling	transmission de signalisation *f*; transmission de signaux *f*; signalisation *f*
Zeichengabe mit gemeinsamen Zeichenkanal *f*	common channel signaling	signalisation par canal sémaphore *f*; signalisation sur voie commune *f*
Zeichengabesystem *n*	common channel signaling system	méthode de signalisation centrale *f*; système de signalisation par voie commune *m*; canal commun de signalisation *m* (*méthode, système*)
Zeichengabeverfahren *n* (*Schnittstelle*)	signaling protocol (*interface*)	protocole de signalisation *m*
Zeichengeschwindigkeit *f*	character rate	vitesse de frappe *f*
Zeichenimitation *f*	signal imitation	imitation de signal *f*
Zeichen-/Pausen-Verhältnis *n*	mark-to-pulse ratio	rapport d'impulsions *m*
Zeichentakt *m*	character pulse	impulsion de caractère *f*
Zeile *f* (*Text~*)	line (*text ~*)	ligne *f* (*de texte*)
Zeilenvorschub *m*	line feed	saut de ligne *m*; interligne *m*
zeitabhängig	time-dependent	en fonction du temps *f*
Zeitanzeige *f*	time display	affichage de l'heure *m*
Zeitbasisfehler *m*	time-base fault	défaut de la base de temps *m*
Zeitdauer *f*	duration	durée *f*
Zeitdienst *m*	timekeeping service	service horaire *m*
Zeitdienstanlage *f*	time-service system	système de service horaire *m*
Zeiteinheit *f*	time unit; clock unit	unité de temps *f*
Zeiterfassung *f*	time recording	contrôle horaire *m*; enregistrement horaire *m*
Zeiterfassungsystem *n*	time-recording system	système d'enregistrement horaire *m*
Zeitgetrenntlageverfahren *n*	ping-pong technique; time-separation technique	technique ping-pong *f*
Zeitglied *n*	timing element	circuit temporisé *m*

Zeitkanal *m*	time slot; time-division multiplex path	voie temporelle *f*, abr.: VT; intervalle temporel *m*, abr.: IT; intervalle de temps *m*
Zeitlage *f*, Abk.: ZL	time slot; time-division multiplex path	voie temporelle *f*, abr.: VT; intervalle temporel *m*, abr.: IT; intervalle de temps *m*
Zeitlagenvielfach *n*	time-slot interchange element	multiplexage temporel *m*
Zeitlagenzugriff *m*	time-slot access	accès multiple à répartition dans le temps *m*, abr.: AMRT
Zeitlupenmöglichkeit *f*	slow-motion capability	faculté ralenti *f*
Zeitmeßeinrichtung *f*	timing device; stop watch	chronomètre *m*
Zeitmessung *f*	time metering; timing	chronométrage *m*
Zeitmultiplexbetrieb, im ~ arbeiten *m*	operate in the time-division multiplex mode	exploitation en mode temporel *f*
Zeitmultiplexbetriebsweise *f*	time-division multiplex mode	mode de multiplexage par répartition dans le temps *m*; multiplexage temporel *m*; mode temporel *m*
Zeitmultiplexdurchschaltung *f*	time-division multiplex switching	commutation par répartition dans le temps / ~ temporelle *f*; connexion temporelle *f*
zeitmultiplexes Durchschalteverfahren *n*	time-division multiplex switching technique	technique de commutation temporelle *f*
zeitmultiplexes Vermittlungssystem *n*	time-division multiplex switching system	système de commutation temporelle *m*
zeitmultiplexe Wegedurchschaltung *f*	time-division multiplex switching of connecting paths	commutation de lignes par répartion dans le temps *f*
Zeitmultiplexgerät *n*	time-division multiplexing equipment	équipement de commutation temporelle *m*
Zeitmultiplexkanal *m*	time-division multiplex channel	voie temporelle *f*
Zeitmultiplexkoppelfeld *n*	time-division multiplex switching matrix; time-division multiplex switching coupling field	réseau de commutation temporelle *m*
Zeitmultiplexsystem *n*	time-division multiplex system	système de multiplexage temporel *m*; système temporel *m*; système multiple à répartition dans le temps *m*
Zeitmultiplexsystem für Sprachübermittlung *n*	time-division multiplex system for speech transmission	système de commutation temporelle pour la parole *m*
Zeitmultiplexübertragungseinrichtung *f*	time-division multiplex equipment	équipement de multiplexage temporel *m*
Zeitmultiplexverfahren *n*	time-division multiplex, abbr.: TDM	multiplex temporel *m*; commutation temporelle *f*
Zeitmultiplexweg *m*	time slot; time-division multiplex path	voie temporelle *f*, abr.: VT; intervalle temporel *m*, abr.: IT; intervalle de temps *m*
Zeitplan *m*	time schedule	chronologie *f*
Zeitraum *m*	period	période *f*
Zeitschlitz *m*	time slot; time-division multiplex path	voie temporelle *f*, abr.: VT; intervalle temporel *m*, abr.: IT; intervalle de temps *m*
Zeittakt *m*	clock pulse; signal pulse; timing pulse	impulsion d'horloge *f*
Zeittaktgeber *m*	time pulse generator; time pulse clock	générateur d'horloge *m*
Zeittarif *m*	time tariff	taxation en fonction de la durée *f*
Zeitverzögerung *f*	time delay; retardation; lag; delay	retard *m*; retardation *f*; retardement *m*; délai *m*
Zeitvielfachsystem *n*	time-division multiplex system	système de multiplexage temporel *m*; système temporel *m*; système multiple à répartition dans le temps *m*
zeitweilige Rufumleitung *f*	temporary call diversion	renvoi temporaire *m*
zeitweilige Rufumschaltung *f*	temporary call transfer	transfert temporaire *m*

zeitweilige Rufweiterleitung *f*	temporary call forwarding	transfert temporaire *m*
Zeitwirtschaftssystem *n*	time management system	système de gestion temporelle *m*
Zeitzähler *m*	time counter; timer	compteur horaire *m*
Zeitzonenzähler *m*	time-zone meter	compteur de zones horaires *m*
Zelle *f* (*Element*)	cell	cellule *f*
zellulares Funktelefonnetz *n*	cellular radio telephone network	réseau de radio-téléphone cellulaire *m*
Zentralamt *n*	central switching office; central exchange; central office; district exchange; main exchange; primary exchange	centre autonomie d'acheminement *m*, abr.: CAA; central principal *m*; centre principal *m*
Zentralbatterie *f*, Abk.: ZB	central battery, abbr.: CB	batterie centrale *f*
Zentrale *f*	public exchange; exchange; central office, abbr.: CO (*Am*); switching center; exchange office; telephone exchange (*Brit*)	central public *m*; central téléphonique *m*; commutateur *m* (*central public*); installation téléphonique *f*
zentrale Busstation *f*	master bus unit	unité principale de bus *f*
zentrale Datenverarbeitung *f*	centralized data processing	traitement des données centralisé *m*
zentrale Einrichtung *f*	Private Automatic Branch Exchange, abbr.: PABX	commutateur *m* (*PABX*); commutateur central *m* (*PABX*); installation téléphonique *f*; installation téléphonique privée *f*; autocommutateur privé *m*
zentrale Gebühren-/ Gesprächsdatenerfassung *f*	centralized call charge data recording; centralized call charge recording, abbr.: CAMA (*Am*)	taxation centralisée *f*; saisie des données de taxation centralisée *f*
Zentraleinheit *f*, Abk.: CPU	central processing unit, abbr.: CPU	unité centrale *f*, abr.: UC; unité centrale de traitement *f*, abr.: UC
zentraler Codewandler *m*	central code converter	traducteur de code central *m*
zentraler Taktgeber *m*	central clock	horloge maître *f*
zentraler Zeichengabekanal *m*, Abk.: ZZK	common signaling channel	canal sémaphore *m*; canal commun de signalisation *m*; canal de signalisation central *m*
zentraler Zeichenkanal *m*	common signaling channel	canal sémaphore *m*; canal commun de signalisation *m*; canal de signalisation central *m*
zentrales Signalisierungsverfahren *n*	common channel signaling system	méthode de signalisation centrale *f*; système de signalisation par voie commune *m*; canal commun de signalisation *m* (*méthode, système*)
zentrale Steuerung *f*	central control	commande centrale *f*
zentrales Zeichengabesystem *n*	common channel signaling system	méthode de signalisation centrale *f*; système de signalisation par voie commune *m*; canal commun de signalisation *m* (*méthode, système*)
zentrale Überwachung *f*	central monitoring; central supervision	surveillance centrale *f*
Zentrale Vorverarbeitungseinheit *f*, Abk.: ZVE	central preprocessing unit	unité de pré-traitement central *f*
zentrale Wegevoreinstellung *f*	central path preselection; central route preselection	pré-routage central *m*
Zentralkanal-Zeichengabe *f*	common channel signaling	signalisation par canal sémaphore *f*; signalisation sur voie commune *f*
Zentralsteuerung *f*	central control	commande centrale *f*
Zentralteil *n*	central section	partie centrale *f*
Zentralüberwachungsfehler *m*	central monitoring fault	défaut de supervision *m*
Zentralüberwachungsgemeinsam *n*	central monitoring multiple	commun de supervision *m*
Zentralüberwachungsgeräteumschaltung *f*	central monitoring device switching	basculement des équipements de supervision *m*
Zentralüberwachungskanalwerk *n*	central monitoring channel unit	unité de canaux de supervision *f*
Zentralüberwachungsleitung *f*	central monitoring line	ligne de supervision *f*
Zentralüberwachungsperipherie *f*	central monitoring peripherals	périphérique de supervision *m*
Zentralüberwachungsregister *n*	central monitoring register	registre de supervision *m*

Zentralüberwachungssteuerung *f*	central monitoring control	gestion de la supervision *f*
Zentralüberwachungstakt *m*	central monitoring clock	horloge de supervision *f*
Zentralverband Elektrotechnik- und Elektronikindustrie *m*, Abk.: ZVEI	central association of the German electrical and electronics industry	Association centrale de l'industrie de l'équipement électrique *f*
Zentralvermittlungsamt *n*	central switching office; central exchange; central office; district exchange; main exchange; primary exchange	centre autonomie d'acheminement *m*, abr.: CAA; central principal *m*; centre principal *m*
Zentrum *n*	centre (*Brit*); center (*Am*)	centre *m*; point milieu *m*
Zentrum zur Förderung des Fernmeldewesens (in Entwicklungsländern) *n*, Abk.: CTD	Center for Telecommunication Development (in developing countries), abk.: CTD	Centre pour le Développement des Télécommunications (dans les pays en voie de développement) *m*
zerlegen	separate; disassemble	séparer
Zeugenschaltung *f*	witness circuit	circuit témoin *m*
Zeugnis *n*	record; certificate	certificat *m*
ZF (Abk.) = Zwischenfrequenz	IF, i.f., abbr.: intermediate frequency	F.I., abr.: fréquence intermediaire *f*
ZF-Verstärker *m*	IF amplifier	amplificateur de F.I. (fréquence intermédiaire) *m*
ZG (Abk.) = Zahlengeber	keysender	émetteur d'impulsions *m*; émetteur de numérotation *m*; tabulateur *m*
Ziehen der Baugruppe *n*	removing the module	retrait du module *m*
Ziel *n*	target; destination; objective	but *m*; cible *f*; destination *f*
Zielbereich *m*	destination area	zone de destination *f*
Zielbereich, schwer erreichbarer ~ *m*	hard-to-reach code	zone de destination difficilement accessible *f*
Zielnummer *f*	destination number	numéro de désignation *m*, abr.: ND; numéro de destinataire *m*
Zieltaste *f* (*Telefon*)	destination key	touche de numérotation abrégée *f*
Zielvermittlungsstelle *f*	destination exchange	central de destination *m*
Zielwahl *f* (*Apparateleistungsmerkmal*)	destination speed dialing; automatic full-number dialing; automatic speed dialing	numérotation automatique (complète) *f*; numérotation du destinataire *f*
Zielwahleinrichtung *f*	automatic full-number dialing unit	faculté de numérotation abrégée *f*
Ziffer *f*	digit	élément numérique *m*; chiffre *m*
Zifferntastatur *f*	keypad; keyboard, abbr.: KBD, abbr.: kybd; key field	clavier de numérotation *m*; clavier *m*
Zifferntasten *f, pl*	keysender keyboard; digit keys	clavier d'émetteur automatique d'impulsions *m*; clavier numérique *m*
Zimmerzustand *m*	room status	état des chambres *m*
ZKS (Abk.) = Zwischenkreisspannung	intermediate circuit voltage	tension de circuit intermédiaire *f*
ZL (Abk.) = Zeitlage	time slot; time-division multiplex path	VT, abr.: voie temporelle *f*; IT, abr.: intervalle temporel *m*; intervalle de temps *m*
Zone *f*	area; zone; region	zone *f*; région *f*
Zoner *m*	zoner	générateur d'impulsions par zones *m*; calculateur de zonage *m*
Zubehör *n*	accessories	accessoires *m, pl*
zufügen	add	ajouter
Zugang *m*	access	entrée *f*; accès *m*
Zugänglichkeit *f*	accessibility	accessibilité *f*
Zugangsfähigkeit *f*	access capability	capacité d'accès *f*
Zugangskennung *f*	access code	code d'accès *m*
Zugangsprotokoll *n*	access protocol	protocole d'accès *m*
Zugangsverfahren *n*	access method	méthode d'accès *f*
zugehörig	associated (with)	associé (avec)
Zugentlastung *f*	pull relief; strain relief	décharge de traction *f*; soutenu en traction *f*
Zugfestigkeit *f*	tensile strength	résistance à la traction *f*
Zugriff *m*	access	entrée *f*; accès *m*
Zugriffskennziffer *f*	access digit	préfixe d'accès *m*

Zugriffskonflikt *m*	access conflict; access contention	conflit d'accès *m*
Zugriffszeit *f*	access time	temps d'accès *m*
zulassen	approve	confirmer; approuver
zulässige Aufstellungshöhe über NN *f*	permissible installation height above mean sea level	altitude admissible pour l'installation par rapport à la mer *f*
Zulassung *f*	approval; permission	agrément *m*
Zulassungsbedingungen *f, pl,* Abk.: ZulB	conditions of approval; approval conditions	conditions d'agrément *f, pl*
ZulB (Abk.) = Zulassungsbedingungen	conditions of approval; approval conditions	conditions d'agrément *f, pl*
zum Beispiel *n*, Abk.: z.B.	for example (exempli gratia), abbr.: e.g.	par exemple *m*, abr.: p.e(x).
Zunge *f*	lug; tongue	cosse *f*; lame *f*
Zuordner *m*	allocator; translator; director; route interpreter	translateur *m*; traducteur *m*
Zuordnung *f*	assignment	assignation *f*; affectation *f*; attribution *f*
zurück	back; previous	précédent
zurücksetzen	reset; resetting	ré-initialiser
Zusammenbau *m*	assembly	assemblage *m*
zusammenschalten	interconnect	interconnecter
zusammensetzen	combine; assemble; compile; compose; compound	combiner; assembler; composer; regrouper
Zusatz *m*	supplement; add-on; attachment	supplément *m*
Zusatzbit *n*	extra bit	bit supplémentaire *m*
Zusatzeinrichtung *f*	supplementary equipment / ~ unit	équipement supplémentaire *m*; équipement complémentaire *m*; options *f, pl*; équipements optionnels *m, pl*
Zusatzgerät *n*	additional set; additional unit / equipment	appareil accessoire *m*; appareil supplémentaire *m*
Zusatzkennziffer *f*	additional code	digit supplémentaire *m*
Zusatzspeisegerät *n*	booster	équipement d'alimentation supplémentaire *m*
Zusatzunterlagen *f, pl*	additional documents; additional documentation	documents supplémentaires *m, pl*
Zuschaltechip *m*	connection chip	chip de connexion *m*
zuschalten	switch on	mettre en circuit *m*; mettre sous tension *f*
zuschreiben (*Gebühren*)	allocate (*charges*)	taxer (*taxes*)
Zustand *m*	status; state; condition	état *m*; condition *f*
Zustandsmeldung *f*	status report	message d'état *m*
Zustandsteuerwerk *n*	status control unit	unité de contrôle d'état *f*
Zuteilen *n*	assign; allot; call announce	répartir; offrir
Zuteilmarkierer *m*	assignment marker	marqueur de répartition *m*
Zuteilregister *n*	assignment register	registre de répartition *m*
Zuteiltastatur *f*	assignment keyboard / keypad	clavier de répartition *m*
Zuteilung *f*	allotment; allocation	répartition *f*; distribution *f*
Zuteilung auf besetzte Nebenstelle *f*	camp-on	file d'attente sur abonné occupé *f*
Zutrittskontrolle *f*	access control	contrôle d'accès *m*
Zuverlässigkeit *f*	reliability	fiabilité *f*
Zuweisung *f*	assignment	assignation *f*; affectation *f*; attribution *f*
ZVE (Abk.) = Zentrale Vorverarbeitungseinheit	central preprocessing unit	unité de pré-traitement central *f*
ZVEI (Abk.) = Zentralverband Elektrotechnik- und Elektronikindustrie	central association of the German electrical and electronics industry	Association centrale de l'industrie de l'équipement électrique *f*
Zwangsauslösung *f*	forced release	libération forcée *f*
Zwangslaufverfahren *n*	compelled signaling system	système asservi *m*

Zwangslaufverfahren, Signalisierung im ~ *n*	compelled signaling	signalisation par système asservi *f*
zweiadrig, zweidraht...	two-wire; bifilar	à deux fils *m, pl*
zweidimensionales Codierverfahren *n*	two-dimensional coding	codage bi-dimensionnel *m*
Zweidrahtdurchschaltung *f*	two-wire switching	commutation à deux fils *f*
Zweidrahtleitung *f* (*Teilnehmer*)	two-wire line (*subscriber*)	ligne à deux fils *f*
Zweieranschluß *m*	two-party line	ligne commune *f*; ligne partagée *f*
Zweitanzeige *f*	second display	visualisation doublée *f*; deuxième affichage *m*
Zweitnebenstellenanlage *f*	secondary PABX; satellite PABX / ~ exchange; sub-exchange (*subscriber exchange*); subcenter	autocommutateur satellite *m*; central satellite *m*; sous-central *m* (*centrale d'abonné*)
Zweiwegeübertragung *f*	duplex transmission	transmission en duplex *f*
Zwischenfrequenz *f*, Abk.: ZF	intermediate frequency, abbr.: i.f., abbr.: IF	fréquence intermediaire *f*, abr.: F.I.
Zwischenfrequenzband *n*	intermediate frequency band; i.f. band	bande de fréquence intermédiaire *f*
Zwischenkreisspannung *f*, Abk.: ZKS	intermediate circuit voltage	tension de circuit intermédiaire *f*
Zwischenleitung *f*	link line; auxiliary line; link	ligne intermédiaire *f*; ligne auxiliaire *f*; liaison *f*
Zwischenleitungsanordnung *f*	link arrangement	disposition des lignes intermédiaires *f*
Zwischenleitungsmarkierer *m*	link marker	marqueur de lignes intermédiaires *m*
Zwischenleitungsprüfung *f*	link test	contrôle de ligne intermédiaire *m*
Zwischenleitungssystem *n*	link system	système de lignes intermédiaires *m*
Zwischenregenerator *m*, Abk.: ZWR	regenerative repeater	générateur intermédiaire *m*
Zwischenspeicher *m*	intermediate electronic memory; intermediate electronic buffer; buffer memory	mémoire tampon *f*; mémoire intermédiaire *f*; tampon *m*
zwischenspeichern	buffer	mémoriser; transférer en mémoire auxiliaire *f*
Zwischenspeicherung *f*	buffering	sauvegarde intermédiaire *f*
Zwischenstecker *m, pl m*	adapter plug(s)	douilles *f, pl*; cosses *f, pl*
Zwischenverbindungssatz *m*	intermediate junction	joncteur intermédiaire *m*
Zwischenverstärkung *f*	intermediate amplification	amplification intermédiaire *f*
Zwischenwahlzeit *f*	interdigital interval / ~ pause; interdialing pause / ~ time	entre-train *m*; créneau entre deux impulsions intervalle *m*; pause inter-digit *f*
ZWR (Abk.) = Zwischenregenerator	regenerative repeater	générateur intermédiaire *m*
zyklisch	cyclic	cyclique
Zyklus *m*	cycle	cycle *m*
Zylinderschraube *f*	cheesehead screw	vis à tête cylindrique *f*
ZZF (Abk.) = Zentralamt für Zulassungen im Fernmeldewesen	central office for approvals in the telecommunications sector	Bureau Central des Agréments des Télécommunications *m*
ZZK (Abk.) = zentraler Zeichengabekanal	common signaling channel	canal sémaphore *m*; canal commun de signalisation *m*; canal de signalisation central *m*

Dictionary

Telecom

Part 2

English *German* *French*

A

3PTY (abbr.) = three-party (call / ~-~ conference)	Dreiergespräch *n*	conférence à trois *f*
abbreviated code dialing	Kurzwahl *f*, *(Apparateleistungsmerkmal)*	numérotation abrégée *f*; numéro court *m*
abbreviated dialing	Kurzwahl *f*, (*Apparateleistungsmerkmal*)	numérotation abrégée *f*; numéro court *m*
abbreviated dialing code	Codewahl-Kennzeichen *n*	préfixe de numérotation abrégée *m*
abbreviated dialing processor	Kurzwahlprozessor *m*	processeur de numérotation abrégée *m*
abbreviated dialing translator	Kurzwahlzuordner *m*	translateur de numéro abrégé *m*
abbreviated number	Kurzrufnummer *f*	numéro abrégé *m*
abbreviations	Abkürzungsverzeichnis *n*	index des abréviations *m*
abort, EDP	Abbruch, EDV *m*	troncature *f* (*ordinateur*); annulation *f*
abort (*program*)	durchbrechen (*Anrufschutz* ~); unterbrechen (*Programm*)	percer (*repos téléphonique*); interrompre (*programme*, *repos téléphonique*)
absent subscriber	abwesender Teilnehmer *m*	abonné absent *m*, abr.: ABS
absent-subscriber service	Abwesenheitsdienst *m*	service des abonnés absents *m*
absolute level	absoluter Pegel *m*	niveau absolu *m*
A/B speaking wire	A/B Sprechader *f*	fil A/B de conversation *m*
AC (abbr.) = alternating current	Wechselspannung *f*; Wechselstrom *m*	AC, abr.: tension alternative *f*; courant alternatif *m*,
accept	übernehmen; annehmen	adopter; reprendre; accepter
accept a call	abfragen	se renseigner; répondre; interroger
access	erreichen	atteindre; parvenir à; obtenir
access	Zugang *m*; Zugriff *m*	entrée *f* (*accès*); accès *m*
access capability	Zugangsfähigkeit *f*; Anschlußkapazität *f*; Anschlußfähigkeit *f*;	capacité d'accès *f*
access channel	Anschlußkanal *m*	canal d'accès *m*
access code	Zugangskennung *f*	code d'accès *m*
access conflict	Zugriffskonflikt *m*	conflit d'accès *m*
access contention	Zugriffskonflikt *m*	conflit d'accès *m*
access contention resolution	Auflösung des Zugriffskonfliktes *f*	résolution de conflit d'accès *f*
access control	Zutrittskontrolle *f*	contrôle d'accès *m*
access digit	Zugriffskennziffer *f*	préfixe d'accès *m*
accessibility	Erreichbarkeit *f*; Zugänglichkeit *f*	accessibilité *f*
access method	Zugangsverfahren *n*	méthode d'accès *f*
accessories	Zubehör *n*	accessoires *m, pl*
access protocol	Zugangsprotokoll *n*	protocole d'accès *m*
access restricted to local calls	nahbereichsberechtigt, Abk.: nb	autorisé à des appels locaux *m, pl*; autorisé à accéder au réseau local *m*
access status	Betriebsberechtigung *f*; Berechtigung *f*, Abk.: BER; Berechtigungsklasse *f*; Amtsberechtigung *f*	classe de service *f*; catégorie *f*
access time	Zugriffszeit *f*	temps d'accès *m*
access to public exchange	Amtszugriff *m*	accès au central public *m*
account code	Projektnummer *f*	numéro de projet *m*
accounting between postal administrations	Abrechnung zwischen Postverwaltungen *f*	facturation entre administrations des postes *f*
accounting method	Abrechnungsverfahren *n*; Gebührenabrechnungsverfahren *n*	méthode de facturation *f*; méthode de taxation *f*
accounting section	Kostenstelle *f*	centre de frais *m*
account number	Verrechnungsnummer *f*	numéro de facturation *m*
accumulate	ansammeln	accumuler
accumulator	Akkumulator *m*, Abk.: AC	accumulateur *m*

ACD (abbr.) = Automatic Call Distribution	ACD, Abk.: automatische Anrufverteilung *f*	dispositif de distribution d'appels automatique *m*
ACD system = automatic call distribution system	Buchungsanlage *f*	distributeur automatique d'appels *m*; système de réservation *m*
ACK (abbr.) = acknowledgement	Quittung *f*; Rückmeldung *f*; Empfangsbestätigung *f*	acquit(tement) *m*; confirmation de réception *f*
acknowledge	quittieren (*Signal*)	acquitter (*signal*)
acknowledgement, abbr.: ACK	Quittung *f*; Rückmeldung *f*; Empfangsbestätigung *f*	acquit(tement) *m*; confirmation de réception *f*
acknowledgement signal	Quittungszeichen *n*	signal d'accusé / ~ d'acquit *m*; signal de confirmation *m*; signal de réception *m*
acknowledgement tone	Quittungston *m*	tonalité d'accusé de réception *f*
acoustic data entry system	Dialoggerät *n*; akustisches Datenerfassungssystem *n*	système acoustique d'entrée de données *m*; système acoustique d'écriture de données *m*
acoustic shock absorber	Knackschutz *m*; Gehörschutz *m*	suppression de la friture *f*; limiteur de chocs acoustiques *m*; anti-choc acoustique *m*; circuit de protection anti-choc acoustique *m*
acoustic shock absorber diode	Gehörschutzdiode *f*	diode de protection *f*; diode anti-choc acoustique *f*
acoustic shock absorber rectifier	Gehörschutzgleichrichter *m*	redresseur anti-choc acoustique *m*
acquisition time	Beschaffungszeitraum *m*	temps d'approvisionnement *m*
ac ringing current	Rufwechselspannung *f*	courant alternatif de sonnerie *m*
ac ringing voltage	Rufwechselspannung *f*	courant alternatif de sonnerie *m*
ACSM (abbr.) = Alternating Current Signaling Sub Module	ACSM, Abk.: Alternating Current Signaling Sub Module, Subbaugruppe für Wechselstromsignalisierung	ACMS, abr.: Alternating Current Signaling Sub Module, sous-carte de signalisation en courant alternatif
ac signaling	Wechselstromsignalisierung *f*	signalisation par courant alternatif *f*
activate	aktivieren, ansteuern	activer, exciter
activation by touching	Touchbetätigung *f*	activation tactile *f*
active return loss (*Am*)	Echodämpfung *f*	affaiblissement d'écho *m*
ACU (abbr.) = automatic call unit	WAD, Abk.: automatische Wähleinrichtung *f*; Wählautomat für Datenverbindung *m*	équipement de numérotation automatique *m*; numérotation automatique pour liaison de données *f*
a.c. voltage (*rectifier*)	Anschlußspannung *f*	tension secteur *f*
AC voltage	Wechselspannung *f*; Wechselstrom *m*	tension alternative *f*; courant alternatif *m*, abr.: AC
adaptation	Adaptation *f*; Anpassung *f*	adaptation *f*
adapter	Adapter *m*; Übergabestecker *m*	adapteur *m*; adaptateur *m*; fiche de transfert *f*
adapter circuit	Adapterschaltung *f*; Anpassungsschaltung *f*	circuit d'adaptation *m*
adapter plug(s)	Hülsen *f*, *pl* = (Steck~) für Anschlußdraht; Zwischenstecker *m*	douilles *f*, *pl;* cosses *f*, *pl*
adaption = see: adaptation		
A/D conversion = analog-digital conversion = analog-to-digital conversion	Analog-Digital-Umsetzung/ (Um)wandlung	conversion analogique-numérique *m*; transformation analogique-numérique *f*
add	hinzufügen; zufügen	ajouter
added	hinzu; kommt hinzu	supplémentaire; ajouté
addendum	Nachtrag *m*	addenda *m*; supplément *m*
additional code	Zusatzkennziffer *f*	digit supplémentaire *m*
additional documentation	Zusatzunterlagen *f*, *pl*	documents supplémentaires *m*, *pl*
additional documents	Zusatzunterlagen *f*, *pl*	documents supplémentaires *m*, *pl*
additional set	Zusatzgerät *n*	appareil accessoire *m*; appareil supplémentaire *m*
additional unit / equipment	Zusatzgerät *n*	appareil accessoire *m*; appareil supplémentaire *m*
add-on	Zusatz *m*	supplément *m*

address, EDP	Adresse, EDV *f*, Abk.: AD	adresse, Edp *f*
addressable	aufrufbar; adressierbar	adressable
address buffer	Adressenpuffer *m*, Abk.: AB	adresse bus *f*
addressee	Empfänger *m* (*einer Nachricht*)	destinataire *m*; récepteur *m*
addressing	Adressierung *f*	adressage *m*
address signal	Adressenkennzeichnung *f*	signal d'adresse *m*
adhesive label	Etikett *n*; Aufkleber *m*	étiquette (adhésive) *f*; autocollant *m*
adjust (*level*)	einpegeln; justieren	ajuster; régler
adjustable	verstellbar; einstellbar	ajustable; réglable
adjustable resistor	Abgleichwiderstand *m*	résistance de tarage *f*; résistance d'équilibrage *f*
adjusting button	Einstelltaste *f*	bouton de réglage *m*
adjusting screw	Stellschraube *f*	vis de réglage *f*
adjusting wheel	Justierrad *n*	roue de réglage *f*
adjustment	Einstellung *f*	réglage *m*; ajustement *m*
adjustment accuracy	Abgleichgenauigkeit *f*	précision d'alignement *f*; précision d'équilibrage *f*
adjustment instructions	Einstellanleitung, ~vorschrift *f*	instruction de réglage *f*
administration program	Verwaltungsprogramm *n*	programme de gestion *m*
administrative trunk	Serviceleitung *f*	ligne de service *f*
adopt	übernehmen; annehmen	adopter; reprendre; accepter
advance	Vorlauf *m*; Vorschub *m*	avance *f*; avancement *m*
advice of charge, abbr.: AOC	Gebührenanzeige *f*	visualisation de la taxation *f*
AF (abbr.) = audio frequency	Sprachfrequenz *f*; Sprechfrequenz *f*; Tonfrequenz *f*; Hörfrequenz *f*	fréquence vocale *f*, abr.: FV; fréquence téléphonique *f*; fréquence acoustique *f*
African Postal and Telecommunications Union	Afrikanische Post- und Fernmeldeunion *f*	Union Africaine des Postes et Télécommunications *f*, abr.: UAPT
after-call work time	Nachbearbeitungszeit *f*, Abk.: Nbz	temps de récupération *m*
after-dial	Nachwahl *f*	post-sélection *f*; suffixe *m*
aging	Alterung *f*	vieillissement *m*
aging stability	Alterungsbeständigkeit *f*	résistance au vieillissement *f*
agreement pulse	Einigungstakt *m*	top de synchronisation *m*
alarm device	Melder *m*; Detektor *m*	détecteur *m* (*général*)
alarm equipment	Sicherheitseinrichtung *f*	équipement de sécurité *m*; dispositif de sécurité *m*
alarm indicator (PCM ~)	Alarmsignalgeber *m* (*bei PCM*)	signal indicateur d'alarme (*en MIC*) *m*, abr.: SIA
alarm node	Meldeknoten *m*	nœud d'alarme *m*
alarm panel / ~ unit (*transmission equipment*)	Signalfeld *n* (*Übertragungseinrichtung*)	champ d'alarme / ~ de signalisation *m* (*appareil de transmission*); unité d'alarme / ~ de signalisation *f*, (*appareil de transmission*)
alarm signal	Alarmmeldung *f*; Störungssignal *n*; Störungsmeldung *f*	signal d'alarme *m*; message de perturbation *m*; indication de dérangement *f*
alarm terminal	Meldeterminal *n*	terminal d'alarme *m*
alignment	Abgleich *m*	alignement *m*
all-band tuner	Allband-Tuner *m*	tuner à large bande *m*
allocate (*charges*)	zuschreiben (*Gebühren*)	taxer (*taxes*)
allocation	Zuteilung *f*	répartition *f*; distribution *f*
allocation list	Beschaltungsliste *f*	liste de connexion des lignes *f*
allocation of bays	Belegung von Buchten *f*	affectation des baies *f*
allocator	Zuordner *m*; Umwerter *m*	translateur *m*; traducteur *m*
allot	Zuteilen *n*	répartir; offrir
allotment	Zuteilung *f*	répartition *f*; distribution *f*
allotter	Anrufordner *m*; Rufordner *m*	classeur d'appels *m*
allowed time	Vorgabezeit *f*	temps alloué *m*
all trunks busy	gassenbesetzt	encombrement *m*
alphanumeric display field	alphanumerisches Anzeigenfeld *n*, Abk.: AAF	affichage alphanumérique *m*
alphanumeric keyboard	alphanumerische Tastatur *f*	clavier alphanumérique *m*

ALSM (abbr.) = Active Loop Sub Module	ALSM, Abk.: Active Loop Sub Module, Subbaugruppe für aktives Schleifenkennzeichen	ALSM, abr.: Active Loop Sub Module, sous-carte de signalisation active des boucles
alternate route	Umweg *m*	voie détournée *f*
alternate routing	Leitweglenkung *f*	acheminement (du trafic) *m*; routage des appels *m*
alternating current, abbr.: AC	Wechselspannung *f*; Wechselstrom *m*	tension alternative *f*; courant alternatif *m*, abr.: AC
alternating current signaling	Wechselstromsignalisierung *f*	signalisation par courant alternatif *f*
alternative route	Ersatzweg *m*	chemin alternatif *m*
alternative routing	Leitweglenkung *f*	acheminement (du trafic) *m*; routage des appels *m*
ALU (abbr.) = arithmetic logic unit	ALU, Abk.: arithmetische Logikeinheit *f*,	unité arithmétique et logique *f*
ambient condition	Umgebungsbedingung *f*	condition ambiente *f*; condition d'environnement *f*
ambient temperature	Umgebungstemperatur *f*	température ambiante *f*
amplified voice	Lauthören *n* (*Leistungsmerkmal*)	écoute amplifée *f* (*facilité*); monitoring *m* (*facilité*)
amplifier	Verstärker *m*	amplificateur *m*
amplifier module	Verstärkermodul *m*	module amplificateur *m*
amplifier station	Verstärkerstation *f*	station d'amplification *f*
amplitude	Amplitude *f*	amplitude *f*
analog	analog	analogique
analog-digital conversion, abbr.: A/D conversion	Analog-Digital-Umsetzung/(Um)wandlung *f*	conversion analogique-numérique *m*; transformation analogique numérique *f*
analog-digital converter	Analog-Digitalkonverter *m*	convertisseur analogique/numérique *m*, abr.: CAN
analog exchange-side impedance	Widerstand analoge Amtsseite *m*	impédance côté réseau analogique *f*, abr.: Ze
analog line	Analoganschluß *m*	ligne analogique *f*
analog signal	Analogsignal, analoges Kennzeichen *n*	signal analogique *m*
analog subscriber circuit	Teilnehmerschaltung, analog *f*, Abk.: TSA	circuit analogique d'abonné *m*
analog subscriber-side impedance	Widerstand analoge Teilnehmerseite *m*	impédance côté abonné analogique *f*
analog system	Analogsystem *n*	système analogique *m*
analog-to-digital conversion, abbr.: A/D conversion	Analog-Digital-Umsetzung/(Um)wandlung *f*	conversion analogique-numérique *m*; transformation analogique-numérique *f*
analogue (*Brit*)	analog	analogique
analysis	Analyse *f*	analyse *f*
analysis and prognosis group	GAP, Abk.: Gruppe Analysen und Prognosen (*SOGT Untergruppe*) *f*	Groupe d'Analyse et de Prévision *m*
analyze (*error listing etc.*)	auswerten (*Daten usw.*)	interpréter; utiliser; évaluer
AND circuit	UND-Schaltung *f*	circuit ET *m*
AND gate	AND-Gatter *n*	porte ET *f*
AND operation	UND-Verknüpfung *f*	liaison ET *f*
angle	Winkel *m*	angle *m*
angle sensor	Winkelsensor *m*	détecteur d'angle *m*; détecteur de phase *m*
annex	Anhang *m*	appendice *m*; annexe *f*
announcement	Durchsage *f*; Ansage *f*	annonce *f*
annul	annulieren; rückgängig machen	annuler
anodize	eloxieren	oxyder électrolytiquement; anodiser
answer	abfragen	se renseigner; répondre; interroger
answer back	Quittung *f*; Rückmeldung *f*; Empfangsbestätigung *f*	acquit(tement) *m*; confirmation de réception *f*
answering (*telephone*)	Abfrage *f* (*Telefon*)	réponse *f*, abr.: REP
answering button	Abfragetaste *f*, Abk.: A-Taste	touche de réponse *f*; bouton de réponse *m*

answering control	Abfragesteuerung *f*	gestion de réponse *f*
answering delay	Meldeverzug *m*	délai de réponse *m*; retard de réponse *m*
answering equipment	Abfrageeinrichtung *f*	pupitre d'opérateur *m*
answering key	Abfragetaste *f*, Abk.: A-Taste	touche de réponse *f*; bouton de réponse *m*
answering machine	Anrufbeantworter *m*	répondeur d'appels *m*; répondeur (téléphonique) *m*
answering module	Abfragebaustein *m*	module de réponse *m*
answering position	Abfrageapparat *m*	position de réponse *f*; position d'opératrice *f*
answering position(s)	Abfragestelle(n) *f f*, *pl*, Abk.: AbfrSt	position(s) de réponse *f f*, *pl*; position(s) d'opératrice *f f*, *pl*
answering set	Abfrageapparat *m*	position de réponse *f*; position d'opératrice *f*
answering set(s)	Abfragestelle(n) *f f*, *pl*, Abk.: AbfrSt	position(s) de réponse *f f*, *pl*; position(s) d'opératrice *f f*, *pl*
answering signal	Meldesignal *n*	signal de réponse *m*
answering station	Abfrageapparat *m*	position de réponse *f*; position d'opératrice *f*
answering station for external lines	Abfragestelle für Amtsleitungen *f*	position d'opératrice pour les lignes réseau *f*
answering station(s)	Abfragestelle(n) *f f*, *pl*, Abk.: AbfrSt	position(s) de réponse *f f*, *pl*; position(s) d'opératrice *f f*, *pl*
antenna pointing mechanism	Antennenausrichtmechanismus *m*	dispositif d'orientation d'antenne *m*
antenna system	Antennensystem *n*	système d'antenne *m*
anti-interference capacitor	Entstörkondensator *m*	condensateur anti-parasite *m*
anti-theft protection	Diebstahlsicherung *f*	protection antivol *f*
AOC (abbr.) = advice of charge	Gebührenanzeige *f*	visualisation de la taxation *f*
appendix	Anhang *m*	appendice *m*; annexe *f*
application	Einsatz *m* (*Anwendung*); Verwendung *f*; Anwendung *f*	utilisation *f*; application *f*; usage *m*; emploi *m*
application layer	Anwendungsschicht *f*	couche d'application *f*
applied	verwendet	utilisé; employé
apply (*voltage*)	anlegen (*Spannung*)	appliquer (*tension*)
apply	anwenden	appliquer
appointment (*feature*)	Termin *m* (*Leistungsmerkmal*)	rendez-vous *m* (*faculté téléphonique*)
appointment display	Terminanzeige *f*	affichage des rendez-vous *m*
approval	Zulassung *f*; Genehmigung *f*	agrément *m*
approval conditions	Zulassungsbedingungen *f*, *pl*, Abk.: ZulB	conditions d'agrément *f*, *pl*
approve	zulassen; genehmigen	confirmer; approuver
Arab Telecommunication Union, abbr.: ATU	Arabische Fernmeldeunion *f*	Union Arabe des Télécommunications *f*
area	Zone *f*	zone *f*; région *f*
area code	Kennung, vorgesetzte ~ *f*; Vorwahl *f*; Verkehrsausscheidungszahl, ~ziffer *f*	préfixe *m*
area code	Ortsnetzkennzahl *f*	indicatif interurbain *m*
area code number	Vorwahlnummer *f*	préfixe interurbain *m*
area partitioning	Bereichsaufteilung *f*	répartition de zones *f*
arithmetic logic unit, abbr.: ALU	arithmetische Logikeinheit *f*, Abk.: ALU	unité arithmétique et logique *f*
arrangement	Struktur *f*; Aufbau *m*; Gruppierung *f*; Geräteausstattung *f*	arrangement *m*; structure *f*; disposition *f*;ordre *m* (*structure*); exposé *m*; tracé *m*; groupement *m*; appareillage *m*
artificial ear	künstliches Ohr *n*	oreille artificielle *f*
artificial line	Verlängerungsleitung *f*	ligne de prolongement *f*
artificial mouth	künstlicher Mund *m*	voix artificielle *f*
ASCII (abbr.) = American Standard Code for Information Interchange	ASCII-Code, Abk.: Amerik. Standard-Code = Code DIN 66003 = CCITT	mémoire principale code ASCII *f*

assemble	zusammensetzen	combiner; assembler; composer; regrouper
assembled	bestückt	équipé
assembly	Zusammenbau *m*	assemblage *m*
assembly instructions	Montageanleitung *f*	notice de montage *f*
assembly (PCB)	Baugruppe (LP) *f*, Abk.: BG	ensemble (CI) *m*
assembly set	Einbausatz *m*; Bausatz *m*	lot de montage *m*; ensemble de montage *m*; jeu de montage *m*
assign	Zuteilen *n*	répartir; offrir
assign a call	Gesprächszuteilung *f*; Anruf zuteilen *m*	répartition d'appels *f*
assignment	Zuweisung *f*; Zuordnung *f*	assignation *f*; affectation *f*; attribution *f*
assignment keyboard / keypad	Zuteiltastatur *f*	clavier de répartition *m*
assignment list	Beschaltungsliste *f*	liste de connexion des lignes *f*
assignment marker	Zuteilmarkierer *m*	marqueur de répartition *m*
assignment register	Zuteilregister *n*	registre de répartition *m*
assign to key	Tastenzuordnung *f*	affecter à une touche
assign to menu	Menüzuordnung *f*	affecter à un menu
assist	Eintreten *n*; Aufschalten (bei besetzt) *n*; Eintreteaufforderung *f*; Eintreteanruf *m*	intervention en ligne *f*; priorité avec écoute *f*; appel opératrice *m*, (*faculté*)
associated (*with*)	zugehörig	associé (*avec*)
asymmetry	Unsymmetrie *f*	asymétrie *f*; disymétrie *f*
asynchronous-to-synchronous converter	Asynchron/Synchron-Umsetzer *m*, Abk.: ASU	convertisseur synchrone-asynchrone *m*
ATLC (abbr.) = Analog Tie Line Circuit	ATLC, Abk.: Analog Tie Line Circuit, analoge Leitungsübertragung, analoge Querverbindungsleitung	ATLC, abr.: Analog Tie Line Circuit, circuit pour ligne privée analogique
ATN (abbr.) = public telephone network	öffentliches Netz *n*	réseau public *m*
attach (*label, plate*)	anbringen *n* (*Aufkleber* ~)	fixer/coller (*étiquette adhésive*)
attachment	Zusatz *m*	supplément *m*
attendant	Vermittlungsperson *f*; Bedienungsperson *f* (*Nebenstellenanlage*)	opérateur *m* (*PABX*); opératrice *f*
attendant call	Platzanruf *m*; Bedienaufruf *m*	appel P.O. / ~ opératrice *m*
attendant console (PABX) (Am)	Vermittlungsplatz (PABX) *m*; Abfrageplatz (PABX) *m*; Vermittlungsapparat (PABX) *m*, Abk.: VA; Platz *m* (*PABX*)	poste d'opérateur / ~ d'opératrice (PABX) *m*, abr.: P.O.; position d'opératrice (PABX) *f*, abr.: P.O.
attendant operator (*PABX*)	Vermittlungsperson *f*; Bedienungsperson *f* (*Nebenstellenanlage*)	opérateur *m* (*PABX*); opératrice *f*
attention	Achtung *f*; Vorsicht *f*; Warnung *f*	attention *f*; précaution *f*
attenuation (*transmit signal*)	Dämpfung *f* (*Leitung*); Abschwächung *f* (*eines Signals*)	affaiblissement *m* (*circuit*); atténuation *f*; amortissement *m*
attenuation characteristic	Dämpfungsverlauf *m*	courbe d'atténuation *f*; caractéristique d'atténuation *f*
attenuation coefficient	Dämpfungskonstante *f*	constante d'affaiblissement *f*; coefficient d'affaiblissement *m*; constante d'atténuation *f*; coefficient d'atténuation *m*
attenuation constant (*Am*)	Dämpfungskonstante *f*	constante d'affaiblissement *f*; coefficient d'affaiblissement *m*; constante d'atténuation *f*; coefficient d'atténuation *m*
attenuation constant (*of a line*)	Dämpfungsmaß *n* (*einer Leitung*)	taux d'affaiblissement *m* (*d'une ligne*)
attenuation constant	Kettendämpfung *f*	affaiblissement itératif *m*
attenuation distortion	Dämpfungsverzerrung *f*	distorsion d'affaiblissement en fonction de la fréquence *f*

attenuation equivalent	Dämpfungsmaß *n* (*einer Leitung*)	taux d'affaiblissement *m* (*d'une ligne*)
attenuation measure (*of a line*)	Dämpfungsmaß *n* (*einer Leitung*)	taux d'affaiblissement *m* (*d'une ligne*)
attenuation of a terminating circuit	Gabel(übergangs)dämpfung *f*	affaiblissement d'une terminaison *m*
attenuation of a terminating set	Gabel(übergangs)dämpfung *f*	affaiblissement d'une terminaison *m*
attenuator	Dämpfungsglied *n*	atténuateur *m*
attenuator pad	Dämpfungsglied *n*	atténuateur *m*
ATU (abbr.) = Arab Telecommunication Union	Arabische Fernmeldeunion *f*	Union Arabe des Télécommunications *f*
audible signal	akustisches Zeichen *n*	signal acoustique *m*; signal audible *m*
audible tone generator	Hörtongenerator *m*, Abk.: HTG	générateur de tonalités *m*
audible tones	Hörtöne *m, pl*	signaux audibles *m, pl;* signaux tonalités *m, pl*
audio engineer	Toningenieur *m*	ingénieur du son *m*
audio engineering	Tontechnik *f*; Audiotechnik *f*	technique du son *f*; technique audio *f*
audio frequency, abbr.: AF	Sprachfrequenz *f*; Sprechfrequenz *f*; Tonfrequenz *f*; Hörfrequenz *f*	fréquence vocale *f*, abr.: FV; fréquence téléphonique *f*; fréquence acoustique *f*
audio-frequency amplifier	Niederfrequenzverstärker *m*	amplification audio *f*
audio level	Sprachpegel *m*	niveau de modulation *m*
audio-mixing control panel	Tonmischpult *n*	pupitre de mixage du son *m*
audio recording	Tonaufnahme *f*	enregistrement audio *m*
authorization	Betriebsberechtigung *f*; Berechtigung *f*, Abk.: BER; Berechtigungsklasse *f*; Amtsberechtigung *f*	classe de service *f*; catégorie *f*
authorization card	Berechtigungskarte *f*	carte d'accès *f*
autodial	automatische Wahl *f*; selbsttätige Wahl *f*; Selbstwahl *f*; Direktwahl *f*	numérotation automatique *f*; sélection directe *f*; prise directe *f*; appel automatique *m*
automatic alignment	automatischer Abgleich *m*	alignement automatique *m*
automatic answer	automatische Abfrage *f*	réponse automatique *f*
automatic answering	automatische Rufbeantwortung *f*	réponse automatique *f*
automatic back release	automatische Rückauslösung *f*	libération inverse automatique *f*
automatic callback = completion of calls on no reply, abbr.: CNCR	selbsttätiger Rückruf *m*; automatischer Rückruf *m*; Rückrufautomatik *f*	rappel automatique *m*; rétro-appel *m*
automatic call charge recording	automatische Gebührenregistrierung *f*	enregistrement automatique de taxes *m*
Automatic Call Distribution, abbr.: ACD	automatische Anrufverteilung *f*, Abk.: ACD	dispositif de distribution d'appels automatique *m*
automatic call distribution system, abbr.: ACD system	Buchungsanlage *f*	distributeur automatique d'appels *m*; système de réservation *m*
automatic call forwarding	selbsttätige Rufweiterschaltung *f*	renvoi automatique *m*
automatic call identification	Identifizierung des Rufes, automatische ~ *f*	identification automatique du demandeur *f*
automatic calling equipment	automatische Wähleinrichtung *f*; Wählautomat für Datenverbindung *m*, Abk.: WAD	équipement de numérotation automatique *m*; numérotation automatique pour liaison de données *f*
automatic call setup	selbsttätiger Verbindungsaufbau *m*	établissement automatique des communications *m*
automatic call transfer	selbsttätige Rufweiterleitung *f*	transfert d'appel automatique *m*
automatic call unit, abbr.: ACU	automatische Wähleinrichtung *f*; Wählautomat für Datenverbindung *m*, Abk.: WAD	équipement de numérotation automatique *m*; numérotation automatique pour liaison de données *f*
automatic circuit	Wählleitung *f*	circuit à exploitation automatique *m*
automatic circuit-breaker	Schutzschalter *m*; Sicherungsautomat *m*; Fernmeldeschutzschalter *m*	disjoncteur de protection *m*; coupe-circuit (automatique) *m*
automatic class of service switchover	automatische Berechtigungsumschaltung *f*	modification automatique de la classe de service *f*
automatic computerized telephone	intelligenter Fernsprechapparat *m*, Abk.: IFA	poste téléphonique évolué *m*

automatic connection	Wählverbindung *f*	liaison commutée *f*; connexion commutée *f*
automatic control	automatische Regelung *f*	contrôle automatique *m*
automatic cutout	Schutzschalter *m*; Sicherungsautomat *m*; Fernmeldeschutzschalter *m*	disjoncteur de protection *m*; coupe-circuit (automatique) *m*
automatic diagnosis	Hintergrund-Diagnose *f*	diagnostic à l'arrière-plan *m*
automatic dialer	Rufnummerngeber *m*	émetteur de numéros d'appel abrégés *m*; numéroteur automatique *m*
automatic dialing	automatische Wahl *f*; selbsttätige Wahl *f*; Selbstwahl *f*; Direktwahl *f*	numérotation automatique *f*; sélection directe *f*; prise directe *f*; appel automatique *m*
automatic dialing equipment	automatische Wähleinrichtung *f*; Wählautomat für Datenverbindung *m*, Abk.: WAD	équipement de numérotation automatique *m*; numérotation automatique pour liaison de données *f*
automatic dialing unit for data connection in telephone networks	Automatische Wähleinrichtung für Datenverbindungen im Fernsprechnetz *f*, Abk.: AWD	numérotation automatique pour lignes de données *f*
automatic direct call	selbsttätiger Direktruf *m*	appel direct automatique *m*
automatic exchange	Wählvermittlungsstelle *f*; Wählnebenstellenanlage *f*	central automatique *m*; autocommutateur *m*, abr.: AUTOCOM
automatic exchange call transfer	selbsttätige Amtsrufweiterschaltung *f*	transfert automatique d'appel réseau *m*
automatic full-number dialing	Zielwahl *f* (*Apparateleistungsmerkmal*)	numérotation automatique (complète) *f*; numérotation du destinataire *f*
automatic full-number dialing unit	Zielwahleinrichtung *f*	faculté de numérotation abrégée *f*
automatic information call	Lockruf *m*	appel AIC *m*; appel centre de maintenance *m*
automatic international traffic	Auslandswählverkehr *m*	trafic international automatique *m*
automatic line connection	automatische Anschaltung von Amtsleitungen *f*	connexion automatique des lignes réseau *f*
automatic line equalization	Leitungsausgleich, automatischer ~ *m*	équilibrage automatique de lignes *m*
automatic network	Wählnetz *n*	réseau commuté *m*; réseau automatique *m*
automatic night service	Nachtschaltung, automatische ~ *f*	renvoi de nuit automatique *m*
automatic operation	Wählbetrieb *m*	exploitation avec numérotation automatique *f*
automatic pick-up	automatisches Heranholen eines Rufes *n*	interception automatique d'un appel *f*
automatic recall = completion of call to busy subscriber, abbr.: CCBS	selbsttätiger Rückruf *m*; automatischer Rückruf *m*; Rückrufautomatik *f*	rappel automatique *m*; rétro-appel *m*
automatic refer-back	selbsttätige Rückfrage *f*; automatische Rückfrage *f*	rétro-appel automatique *m*
automatic release	automatische Auslösung *f*;	libération automatique *f*
automatic retry	automatische Rufwiederholung *f*	rappel automatique *m*
automatic ringback on held calls	Signalisierung wartender Gespräche *f*	signalisation des appels en attente *f*
automatic route selection	automatische Leitweglenkung *f*;	acheminement automatique *m*; routage automatique *m*
automatic selection	automatische Wahl *f*; selbsttätige Wahl *f*; Selbstwahl *f*; Direktwahl *f*	numérotation automatique *f*; sélection directe *f*; prise directe *f*; appel automatique *m*
automatic speed dialing	Zielwahl *f* (*Apparateleistungsmerkmal*)	numérotation automatique (complète) *f*; numérotation du destinataire *f*
automatic test extension	automatischer Prüfteilnehmer *m*	poste de test automatique *m*
automatic traffic	automatischer Wählverkehr *m*	trafic automatique *m*
automatic vehicle location system for fleet management	Ortung von Kraftfahrzeugen für Einsatzfahrzeuge *f*, Abk.: OKE	système de repérage de véhicules pour les véhicules d'intervention *m*
automatic wake-up	automatischer Wecker *m*	réveil automatique *m*
auto mode	automatischer Arbeitsmodus *m*	mode auto *m*; mode manu *m*

autonomous traffic pilot for motorists	Elektronischer Verkehrslotse für Autofahrer *m*	pilote électronique pour les automobilistes *m*
auto-reverse	Autoreverse *n*	auto-reverse
auxiliary button	Hilfstaste *f*	touche auxiliaire *f*
auxiliary connector	Hilfskoppler *m*	coupleur auxiliaire *m*
auxiliary coupler	Hilfskoppler *m*	coupleur auxiliaire *m*
auxiliary line	Zwischenleitung *f*; Verbindungsleitung *f*	ligne intermédiaire *f*; ligne auxiliaire *f*; liaison *f*
availability	Verfügbarkeit *f*	disponibilité *f*
available	vorhanden; verfügbar	existant; disponible
available time	Verfügbarkeitszeitraum *m*	période de disponibilité *f*
AV jack	AV-Anschluß *m*	connecteur AV *m*
avoid	verhindern	préserver; protéger

B

babble	Babbeln *n*	murmure confus *m*
back	zurück; vorhergehend	précédent
back cover	Rückwand *f*	panneau arrière *m*; fond *m*
background memory	Hintergrundspeicher *m*, Abk.: HGS	mémoire de masse *f*
background music, abbr.: BGM	Hintergrundmusik *f*	musique de fond *f*
backplane	Rückwand *f*	panneau arrière *m*; fond *m*
back release	Rückauslösung *f*; Rückwärtsauslösung *f*	libération inverse *f*; libération au raccrochage du demandeur *f*
back side	Rückseite *f*	côté postérieur *m*; côté arrière *m*
backup (*data*)	Sicherung (von Daten) *f*; Datensicherheit *f*; Datensicherung *f*	sécurité de données *f*; sauvegarde de données *f*
backward dialing	Rückwärtswahl *f*	numérotation en retour *f*
backward signal	Rückwärtszeichen *n*	signal inverse *m*
badge reader	Ausweisleser *m*	lecteur de carte d'identité *m*
balance	Symmetrie *f*	symétrie *f*
balanced attenuation	Symmetriedämpfung *f*	affaiblissement symétrique *m*
balance loss	Symmetriedämpfung *f*	affaiblissement symétrique *m*
balance return loss	Fehlerdämpfung *f*	affaiblissement d'équilibrage *m*
balance-to-imbalance ratio	Unsymmetriedämpfung *f*	affaiblissement asymétrique *m*
balancing network	Nachbildung *f* (*Leitungs~*)	équilibreur *m*
balancing resistor	Abgleichwiderstand *m*	résistance de tarage *f*; résistance d'équilibrage *f*
ballast lamp	Ballastlampe *f*	lampe ballast *f*; lampe à résistance *f*
bar	Schiene *f*	alvéole *f*; barre *f*
bar	sperren	bloquer; interdire; discriminer
barcode scanner	Strichcode-Lesestift *m*	lecteur de code barre *m*
bar crosspoint	Schienenkoppelpunkt *m*	point de couplage de barre *m*
bare wire	Blankdraht *m*	fil dénudé *m*
bare wire strap	Blankdrahtbrücke *f*	strap de fil *m*
bar-mounted construction	Schienenbauweise *f*	système de construction sur rail *m*; exécution sur rail *f*
bar-mounted design	Schienenbauweise *f*	système de construction sur rail *m*; exécution sur rail *f*
bar-mounted execution	Schienenbauweise *f*	système de construction sur rail *m*; exécution sur rail *f*
bar-mounted style	Schienenbauweise *f*	système de construction sur rail *m*; exécution sur rail *f*
barred	gesperrt	verrouillé; bloqué
barring	Sperrung *f*; Sperre(n) *f n*; Diskrimination *f*	interdiction *f*; discrimination *f*, abr.: DISCRI
barring facility	Sperrschloß *n*	serrure d'interdiction *f*; commutateur à clef *m*
barring number	Sperrzahl *f*	code de blocage *m*; numéro discriminé *m*; numéro verrouillé *m*
barring unit	Rufnummernsperre *f*; Sperreinrichtung *f*; Sperrwerk *n*	discrimination d'appel *f*; discriminateur *m*; discrimination accès réseau pubic *f*; faculté de discrimination *f*
base (*fuse*)	Bügel *m*; Halterung *f*	support *m*; fixation *f*
base	Sockel *m*; Boden *m*	socle *m*; embase *f* (*général*); sol *m*
base frame	Fußrahmen *m*	socle *m*
base station	Basisstation *f*	station de base *f*
base-station transceiver	ortsfeste Sprechfunkanlage *f*	installation fixe de radiotéléphonie *f*
basic access	Basisanschluß *m*	accès de base *m*
basic capacity	Erstausbau *m*; Grundausbau *m*	capacité initiale *f*; exécution de base *f*; équipement de base *m*
basic circuit diagram	Prinzipschaltbild *n*	schéma de principe *m*

basic clock signal	Grundtakt *m*	horloge de référence *f*
basic design	Erstausbau *m*; Grundausbau *m*	capacité initiale *f*; exécution de base *f*; équipement de base *m*
basic feature	Basismerkmal *n*	faculté de base *f*
basic principles of operation	Arbeitsweise, grundsätzliche ~ *f*	mode opératoire de base *m*
basic signal (*clock pulse*)	Grundsignal *n* (*Takt*)	signal de base *m*
basic timing signal	Grundtakt *m*	horloge de référence *f*
basic unit	Grundbaustein *m*	unité de base *f*; module de base *m*
battery	Batterie *f*	batterie *f*; pile *f*
battery-powered	batteriebetrieben, ~gespeist	alimenté par batterie *f*
bay	Bucht *f*	baie *f*
bay signals	Buchtsignale *n, pl*	signaux de baie *m, pl*
B channel = 64 kbit information channel, basic access	64-kbit/s-Informationskanal *m*, Abk.: B-Kanal	canal B *m*;
beam waveguide	Lichtwellenleiter *m*, Abk.: LWL	fibre optique *f*; câble à fibres optiques *m*; guide d'ondes optique *m*; guide d'ondes *m*; guide d'ondes lumineuses *m*
bearer service	Unterstützungsdienst *m*; Übermittlungsdienst *m*	service support *m*; service de transmission *m*
be lit	leuchten	allumer; briller; rayonner
bell (*Brit*)	Wecker *m*	réveil *m*
BGM (abbr.) = background music	Hintergrundmusik *f*	musique de fond *f*
bifilar	zweiadrig, zweidraht...	à deux fils *m, pl*
bifurcation	Gabelung *f*; Weiche *f*	bifurcation *f*
BIGFON (abbr.) = wideband integrated optical fiber local communications network	BIGFON, Abk.: Breitbandiges Integriertes Glasfaser-Fernmelde-Ortsnetz	BIGFON, abr.: réseau intégré de fibre optique à large bande
billing	Berechnung *f*	calcul *m*; facturation *f*
billing method	Abrechnungsverfahren *n*; Gebührenabrechnungsverfahren *n*	méthode de facturation *f*; méthode de taxation *f*
billing time	gebührenpflichtige Zeit *f*; Verbindungsdauer, gebührenpflichtige ~ *f*	durée taxable *f*; durée de communication taxable *f*
binary code	Binärcode *m*	code binaire *m*
binary counter	Binärzähler *m*	compteur binaire *m*
bit	Bit *n*	bit *m*; élément binaire *m*, abr.: eb
bit rate	Bitrate *f*	débit binaire *m*
bits per second, abbr.: bps (*unit for transmission sped*)	Bit/s, Abk.; (*Maßeinheit für die Übertragungsgeschwindigkeit*)	bit/s (abr.)
BK (abbr.) = black = IEC 757	BK, Abk.: schwarz	BK, abr.: noir
BKBN (abbr.) = black brown = IEC 757	BKBN, Abk.: braun schwarz	BKBN, abr.: brun noir
BKBU (abbr.) = black blue = IEC 757	BKBU, Abk.: blau schwarz	BKBU, abr.: bleu noir
BKGN (abbr.) = black green = IEC 757	BKGN, Abk.: grün schwarz	BKGN, abr.: vert noir
BKGY (abbr.) = black grey = IEC 757	BKGY, Abk.: grau schwarz	BKGY, abr.: gris noir
BKPK (abbr.) = black pink = IEC 757	BKPK, Abk.: rosa schwarz	BKPK, abr.: rose noir
BKRD (abbr.) = black red = IEC 757	BKRD, Abk.: rot schwarz	BKRD, abr.: rouge noir
BKWH (abbr.) = black white = IEC 757	BKWH, Abk.: weiß schwarz	BKWH, abr.: blanc noir
BKYE (abbr.) = black yellow = IEC 757	BKYE, Abk.: gelb schwarz	BKYE, abr.: jaune noir
black, abbr.: BK = IEC 757	schwarz, Abk.: BK	noir, abr.: BK
black blue, abbr.: BKBU = IEC 757	blau schwarz, Abk.: BKBU	bleu noir, abr.: BKBU
black brown, abbr.: BKBN = IEC 757	braun schwarz, Abk.: BKBN	brun noir, abr.: BKBN
black green, abbr.: BKGN = IEC 757	grün schwarz, Abk.: BKGN	vert noir, abr.: BKGN

black grey, abbr.: BKGY = IEC 757	grau schwarz, Abk.: BKGY	gris noir, abr.: BKGY
black pink, abbr.: BKPK = IEC 757	rosa schwarz, Abk.: BKPK	rose noir, abr.: BKPK
black red, abbr.: BKRD = IEC 757	rot schwarz, Abk.: BKRD	rouge noir, abr.: BKRD
black white, abbr.: BKWH = IEC 757	weiß schwarz, Abk.: BKWH	blanc noir, abr.: BKWH
black yellow, abbr.: BKYE = IEC 757	gelb schwarz, Abk.: BKYE	jaune noir, abr.: BKYE
blackout	Gesamtausfall *m*	panne générale *f*
blank	Leerzeichen *n*	espace *m* (*clavier*)
blind-operator position	Blindenplatz *m*	position pour opérateur non-voyant *f*
blind traffic	Blindverkehr *m*	trafic fictif *m*
blink	blinken (*Displayanzeige*)	scintiller; clignoter
block	sperren	bloquer; interdire; discriminer
block	Block *m*	bloc *m*
block diagram	Diagramm *n*; Blockschaltbild *n*	diagramme *m*
blocked	gesperrt	verrouillé; bloqué
blocking	Blockierung *f*	blocage *m*
blocking signal	Sperrsignal *n*	signal de blocage *m*
blue, abbr.: BU = IEC 757	blau, Abk.: BU	bleu, abr.: BU
blue grey, abbr.: BUGY = IEC 757	grau blau, Abk.: BUGY	gris bleu, abr.: BUGY
blue pink, abbr.: BUPK = IEC 757	rosa blau, Abk.: BUPK	rose bleu, abr.: BUPK
blue white, abbr.: BUWH = IEC 757	weiß blau, Abk.: BUWH	blanc bleu, abr.: BUWH
BN (abbr.) = brown = IEC 757	BN, Abk.: braun	BN, abr.: brun
BNBU (abbr.) = brown blue = IEC 757	BNBU, Abk.: braun blau	BNBU, abr.: brun bleu
B-network	B-Netz *n*	réseau B *m*
BNGN (abbr.) = brown green = IEC 757	BNGN, Abk.: braun grün	BNGN, abr.: brun vert
BNGY (abbr.) = brown grey = IEC 757	BNGY, Abk.: grau braun	BNGY, abr.: gris brun
BNPK (abbr.) = brown pink = IEC 757	BNPK, Abk.: rosa braun	BNPK, abr.: rose brun
BNRD (abbr.) = brown red = IEC 757	BNRD, Abk.: braun rot	BNRD, abr.: brun rouge
BNYE (abbr.) = brown yellow = IEC 757	BNYE, Abk.: gelb braun	BNYE, abr.: jaune brun
board size	Plattengröße f = Leiterplatten~	format de carte *m*
bolt	Bolzen *m*; Stift *m*	broche *f*
boost (*graphic equalizer*)	Frequenzanhebung *f* (*Oktavfilter-entzerrer*)	renforcement de fréquence *m*
booster	Zusatzspeisegerät *n*	équipement d'alimentation supplémentaire *m*
bore hole	Bohrloch *n*	trou *m*
boring	Bohrung *f*	perçage *m*
Bosch text transmission system, abbr.: BOTE	Bosch-Text-Übertragungssystem *n*	système de transmission de texte Bosch *m*
BOTE (abbr.) = Bosch text transmission system	Bosch-Text-Übertragungssystem *n*	système de transmission de texte Bosch *m*
both-way	doppelt gerichtet, Abk.: gk; gehend-kommend, Abk.: gk	bidirectionnel
both-way line	Leitung, doppeltgerichtete ~ *f*	ligne bidirectionnelle *f*
both-way trunk	Leitung, ungerichtet betriebene ~ *f*	ligne bidirectionnelle *f*
bps (abbr.) = bits per second; (*unit for transmission sped*)	Bit/s, Abk.; (*Maßeinheit für die Übertragungsgeschwindigkeit*)	bit/s (abr.)
brace	Bügel *m*; Halterung *f*	support *m*; fixation *f*
bracket	Bügel *m*; Halterung *f*	support *m*; fixation *f*

bracket(s)	Klammer(n) *f* (*eckige ~*)	crochet *m*
Braille text	Braille-Text *m*	texte Braille *m*
branch connection	Gabel *f* (*Abzweigung*)	embranchement *m*; dérivation *f* (branchement)
branch line	Abzweigleitung *f*	ligne de branchement *f*; ligne de dérivation *f*
break	trennen; schneiden; entriegeln; ausschneiden; auftrennen	déconnecter; couper; séparer; débrancher
break (*line*)	Unterbrechung *f* (*Leitung*); Bruch *m*	interruption *f* (*ligne*)
break contact	Ruhekontakt *m*	contact de repos *m*; interrupteur à contact au repos *m*
breakdown	Fehlfunktion *f*; Störung *f*; Störbeeinflussung *f*; Fehlerstörung *f*; Ausfall *m*	défaut de fonctionnement *m*; perturbation *f*; dérangement *m*; panne *f*; avarie *f*; coupure *f*
breakdown voltage	Durchschlagspannung *f*	tension disruptive *f*
break-in	Eintreten *n*; Aufschalten (bei besetzt) *n*; Eintreteaufforderung *f*; Eintreteanruf *m*	intervention en ligne *f*; priorité avec écoute *f*; appel opératrice *m* (*faculté*)
break-in prevention	Aufschaltesperre *f*; Aufschaltverhinderung *f*	protection intrusion *f*; blocage d'entrée en tiers *f*
bridge	Brücke einlegen *f*; überbrücken	ponter; straper
bridges	Brücken *f, pl*	straps *m, pl;* pontages *m, pl*
bridging plug	Brückenstecker *m*; Programmierstecker *m*	fil de pont *m*; fiche de programmation *f*
broadband cable network	Breitbandkabelnetz *n*	réseau câblé large bande *m*
broadband communication	Breitbandkommunikation *f*	communication large bande *f*
broadband data channel	Breitband-Datenkanal *m*	canal de données large bande *m*
broadband distributor communications	Breitbandverteilkommunikation *f*	distributeur de communications large bande *m*
broadband distributor network	Breitbandverteilernetz *n*	réseau de distribution large bande *m*
broadband information channel with a bit rate of 1920 kbit/s	Breitband-Informationskanal mit einer Bitrate von 1920 kbit/s *m*, Abk.: H 12	canal d'information large bande avec un débit de 1920 kbit/s *m*
broadband information channel with a bit rate of 384 kbit/s	Breitband-Informationskanal mit einer Bitrate von 384 kbit/s *m*, Abk.: H O	canal d'information large bande avec un débit de 384 kbit/s *m*
broadband ISDN	Breitband ISDN *n*, Abk.: B-ISDN	large bande RNIS *f*; NUMERIS à large bande
broadband microwave radio system	Breitbandrichtfunksystem *n*	système ondes courtes à large bande *m*
broadband microwave transmission	Breitbandrichtfunk *m*	transmission ondes courtes large bande *f*
broadband network	Breitbandnetz *n*	réseau à large bande *m*
broadband system	Breitbandsystem *n*	système large bande *m*
Broadband User/Network Interface (RACE-project)	Breitband User-/Network Interface (RACE-Projekt) *n*, Abk.: BUNI	interface usager à large bande *f*
broadcast	übertragen; übermitteln; senden	transmettre; commuter (transmettre); envoyer
broadcasting corporation	Sendestation *f*; Rundfunkanstalt *f*	station émettrice *f*; station de radiodiffusion *f*
broadcasting junction	Rundspruchverbindungssatz *m*	joncteur de messages généraux *m*
broadcasting station	Sendestation *f*; Rundfunkanstalt *f*	station émettrice *f*; station de radiodiffusion *f*
broadcast-ready	sendefähig	apte à l'émission *f*
brokerage	Umschalten, abfrage-/zuteilseitig *n*; Makeln *n*; makeln; Makelverbindung *f*	va-et-vient *m*; double appel courtier *m*
brokerage system	Makleranlage *f*	système courtier *m*; système d'appel courtier *m*
broker's call	Umschalten, abfrage-/zuteilseitig *n*; Makeln *n*; makeln; Makelverbindung *f*	va-et-vient *m*; double appel courtier *m*

brown, abbr.: BN = IEC 757	braun, Abk.: BN	brun, abr.: BN
brown blue, abbr.: BNBU = IEC 757	braun blau, Abk.: BNBU	brun bleu, abr.: BNBU
brown green, abbr.: BNGN = IEC 757	braun grün, Abk.: BNGN	brun vert, abr.: BNGN
brown grey, abbr.: BNGY = IEC 757	grau braun, Abk.: BNGY	gris brun, abr.: BNGY
brown pink, abbr.: BNPK = IEC 757	rosa braun, Abk.: BNPK	rose brun, abr.: BNPK
brown red, abbr.: BNRD = IEC 757	braun rot, Abk.: BNRD	brun rouge, abr.: BNRD
brown yellow, abbr.: BNYE = IEC 757	gelb braun, Abk.: BNYE	jaune brun, abr.: BNYE
Btx center	Bildschirmtext-Zentrale *f*	centre vidéotext *m*
Btx decoder	Btx-Decoder *m*	décodeur vidéotext *m*
Btx user	Bildschirmtextbenutzer *m*	utilisateur vidéodext *m*
Btx workstation	Bildschirmtext-Eingabegerät *n*	poste de travail vidéotext *m*
BU (abbr.) = blue = IEC 757	BU, Abk.: blau	BU, abr.: bleu
buffer	Puffer *m*	tampon *m*
buffer	zwischenspeichern	mémoriser; transférer en mémoire auxiliaire *f*
buffer battery	Pufferbatterie *f*	batterie tampon *f*
buffered	gepuffert	tamponné; bufférisé
buffering	Zwischenspeicherung *f*	sauvegarde intermédiaire *f*
buffer memory	Zwischenspeicher *m*; Pufferspeicher *m*	mémoire tampon *f*; mémoire intermédiaire *f*; tampon *m*
BUGY (abbr.) = blue grey = IEC 757	BUGY, Abk.: grau blau	BUGY, abr.: gris bleu
building surveillance	Gebäudeüberwachung *f*	surveillance de bâtiment *f*
built-in ...	Einbau-...; eingebaut	encastré; inséré; incorporé; intégré
built-in bar	Einbauschiene *f*	réglette incorporée *f*
built-in pushbutton	Einbautaster *m*	bouton-poussoir encastré *m*
built-in set	Einbausatz *m*; Bausatz *m*	lot de montage *m*; ensemble de montage *m*; jeu de montage *m*
bulk billing	Summenrechnung *f*	facturation globale *f*
bulk connection charge	Pauschalgebühr *f*; Pauschaltarif *m*	taxe forfaitaire *f*; tarif forfaitaire *m*
bundle	Bündel *m*; Leitungsbündel *n*	faisceau *m*, abr.: FSC; faisceau de lignes *m*; faisceau de circuits *m*
bundle association	Bündelzuordnung *f*	assignation de faisceau *f*
bundle busy	Bündel besetzt *n*	faisceau occupé *m*
bundle button	Bündeltaste *f*	touche de sélection de faisceaux *f*
bundle description	Bündelbeschreibung *f*	description de faisceau *f*
bundle event counter	Bündelereigniszähler *m*	compteur d'événements du faisceau *m*
bundle expansion table	Bündelerweiterungstabelle *f*	table d'extension du faisceau *f*
bundle identification	Bündelerkennung *f*	identificateur de faisceau *m*
bundle lamp	Bündellampe *f*	voyant d'occupation de faisceau *m*
bundle line	Bündelleitung *f*	ligne du faisceau *f*
bundle list	Bündelliste *f*	liste de faisceau *f*
bundle number	Bündelnummer *f*	numéro de faisceau *m*
bundle operating mode	Bündelbetriebsart *f*	mode de fonctionnement du faisceau *m*
bundle overflow	Bündelüberlauf *m*	surcharge de faisceau *f*
bundle selection	Bündelauswahl *f*	sélection de faisceaux *f*
bundle separation	Bündeltrennung *f*	séparation de faisceaux *f*
bundle size	Bündelstärke *f*; Bündelgröße *f*	taille de faisceaux *f*; taille du faisceau *f*
bundle splitting	Bündelspaltung *f*	répartition du trafic sur les faisceaux *f*
bundle switch	Bündelweiche *f*	aiguillage de faisceau *m*
bundle usage load	Bündelbelastung *f*	charge du faisceau *f*; densité de trafic du faisceau *f*
BUPK (abbr.) = blue pink = IEC 757	BUPK, Abk.: rosa blau	BUPK, abr.: rose bleu
bundle waiting list	Bündelwarteliste *f*	file d'attente de faisceau *f*

burglar-alarm system	Einbruchmeldesystem *n*	avertisseur d'effraction *m*
burn-in	Burn-in *m* (*Einbrennen*)	surchauffe *f*
bus(bar)	Sammelschiene *f*, Abk.: SS; Bus *m*	bus *m*; barre collectrice *f*
bus(bar) access	Sammelschienenzugang *m*, Abk.: SSZ	accès au bus *m*
bus(bar) clock distribution	Taktverteilung Sammelschiene *f*, Abk.: TVS	distribution des signaux d'horloge du bus *f*
bus coupler	Buskoppler *m*	coupleur de bus *m*
business call	Dienstgespräch *n*	appel de service *m*
business trip	Dienstreise *f*	voyage d'affaires *m*
bus system clock	Taktsystem Sammelschiene *n*, Abk.: TSS	système d'horloge du bus *m*
busy	besetzt	occupé
busy condition	Belegtzustand *m*; Besetztzustand *m*	état d'occupation *m*
busy counter	Besetztzählgerät *n*	compteur d'occupation *m*
busy display	Besetztanzeige *f*	indication de poste occupé *f*; signal lumineux d'occupation *m*; signal lumineux de prise *m*
busy display module	Besetztanzeigemodul *n*, Abk.: BAM	module d'occupation des postes *m*
busy hour	Hauptverkehrsstunde *f*	heure chargée *f*; heure de pointe *f*
busy indication field	Besetztanzeigenfeld *n*	écran de visualisation de l'occupation *m*
busy indicator	Besetztanzeiger *m*	indicateur d'occupation *m*
busying	Belegung *f* (*Leitung*)	occupation *f* (*ligne*); prise *f* (*ligne*); adjonction *f* (*ligne*)
busy lamp display	Besetztanzeige *f*	indication de poste occupé *f*; signal lumineux d'occupation *m*; signal lumineux de prise *m*
busy lamp display panel	Besetztlampenfeld *n*; Besetztanzeigefeld *n*	tableau des voyants d'occupation *m*; afficheur d'occupation *m*
busy lamp field	Besetztanzeige *f*	indication de poste occupé *f*; signal lumineux d'occupation *m*; signal lumineux de prise *m*
busy lamp panel	Besetztlampenfeld *n*; Besetztanzeigefeld *n*	tableau des voyants d'occupation *m*; afficheur d'occupation *m*
busy line transfer	Rufweiterleitung bei besetzt *f*	transfert en cas d'occupation *m*
busy override	Eintreten *n*; Aufschalten (bei besetzt) *n*; Eintreteaufforderung *f*; Eintreteanruf *m*	intervention en ligne *f*; priorité avec écoute *f*; appel opératrice *m* (*faculté*)
busy signal	Besetztzeichen *n*; Besetztton *m*, Abk.: BT	signal d'occupation *m*; tonalité d'occupation *f*
busy test	Besetztprüfung *f*	test d'occupation *m*
busy tone	Besetztzeichen *n*; Besetztton *m*, Abk.: BT	signal d'occupation *m*; tonalité d'occupation *f*
button	Knopf *m* (*Betätigungs~, Druck~*); Taste *f*; Schaltfläche *f*	bouton poussoir *m*; bouton *m*; touche *f*; bouton de commande *m*
BUWH (abbr.) = blue white = IEC 757	BUWH, Abk.: weiß blau	BUWH, abr.: blanc bleu
buzzer (*ac*)	Schnarre *f*	vibreur *m*; ronfleur *m*; buzzer *m*
buzzer	Summer *m*, Abk.: SU	ronfleur *m*
buzzer cut-off	Summerabschaltung *f*	arrêt du ronfleur *m*
by means of	über	via; par l'intermédiaire de
byte	Byte *n*	octet *m*

C

cabinet	Schrank *m*	armoire *f*
cabinet housing	Schrankgehäuse *n*; Gehäuse *n*	coffret *m*; boîtier *m*
cable channel	Kabelkanal *m*	caniveau des câbles *m*; gorge de maintien *f*
cable clip	Kabelbinder *m*	collier de serrage *m*
cable conduit	Kabelkanal *m*	caniveau des câbles *m*; gorge de maintien *f*
cable distribution head	Trennendverschluß *m*	tête de distribution de câble *f*
cable duct	Kabelkanal *m*	caniveau des câbles *m*; gorge de maintien *f*
cable form	Kabelbaum *m*	forme de câbles *f*; peigne de câbles *m*
cable harness	Kabelbaum *m*	forme de câbles *f*; peigne de câbles *m*
cable tie	Kabelbinder *m*	collier de serrage *m*
cable TV system	Kabelfernsehanlage *f*	télévision câblée *f*
cabling	Verseilung *f*; Verkabelung *f*	câblage *m*
CAD (abbr.) = computer-aided design	CAD, Abk.: computergestützte Entwicklung *f*	DAO, abr.: dessin assisté par ordinateur *m*
calculation	Berechnung *f*	calcul *m*; facturation *f*
call	Aufruf *m*	recherche *f*; appel de recherche *m*
call (*telephone ~*)	Gespräch *n*; Anruf *m* (*Telefon~*); Ruf *m*; Konversation *f*	conversation *f* (téléphonique); appel *m*; coup de téléphone *m*; sonnerie *f*
call	rufen (*läuten*); anrufen (*telefonieren*)	appeler; téléphoner; sonner
call-accepted signal	Rufannahme *f*	acceptation d'appel *f*
call announce	Zuteilen *n*	répartir; offrir
call assignment	Gesprächszuteilung *f*; Anruf zuteilen *m*	répartition d'appels *f*
call assignment	Überweisung *f*; Weitervermittlung *f*; Rufweitergabe *f*; Gesprächsumlegung *f*	transfert d'appel *m*; transfert de base *m*; transfert en cas de non-réponse *m*; transfert *m*; renvoi temporaire *m*
call attempt	Belegungsversuch *m*	tentative de prise *f*
callback	Rückruf *m*; Wiederanruf *m*	rappel (en retour) *m*; retour d'appel *m*
call billing	Gebührenberechnung *f*	taxation *f*
call booking	Rufanforderung *f*; Gesprächsanmeldung *f*	demande d'appel *f*
call button	Ruftaste *f*	touche d'appel *f*
call charge converter	Gebührenumrechner *m*	convertisseur de taxes *m*
call charge data	Gebühreninformation *f*; Gebührendaten *n, pl*	données de taxation *f, pl*
call charge data processing	Gebührendatenverarbeitung *f*, Abk.: GDV; Gesprächsdatenverarbeitung *f*, Abk.: GDV	traitement de la taxation *m*; traitement des taxes *m*
call charge data recording	Gebührenaufzeichnung *f*; Gebührenerfassung *f*; Gebührenzählung *f*; Gesprächsdatenerfassung *f*	enregistrement de la taxation *m*; taxation *f*; saisie de données d'appel *f*; comptage des taxes *m*
call charge display	Gebührenanzeige *f*	visualisation de la taxation *f*
call charge equipment	Gebührenerfassungseinrichtung *f*; Anlage zur Gebührenzählung *f*	équipement de taxation *m*
call charge memory	Gebührenspeicher *m*	mémoire de taxation *f*
call charge meter	Gebührenzähler *m*, Abk.: GZ	compteur des taxes *m*
call charge metering	Gebührenaufzeichnung *f*; Gebührenerfassung *f*; Gebührenzählung *f*; Gesprächsdatenerfassung *f*	enregistrement de la taxation *m*; taxation *f*; saisie de données d'appel *f*; comptage des taxes *m*
call charge metering (*extension*)	Gebührenzählung *f* (*Nebenstelle*)	taxation des abonnés *f*

call charge metering system	Gebührenerfassungseinrichtung *f*; Anlage zur Gebührenzählung *f*	équipement de taxation *m*
call charge rate	Gebührentarif *m*	tarif de taxation *m*; tarification *f*
call charge receiving unit	Gebührenempfangskreis *m*, Abk.: GEK	circuit récepteur de taxe *m*
call charge recognition	Gebührenerkennung *f*	identification des taxes *f*
call charge recording / ~ ~ registration / ~ ~ registering	Gebührenaufzeichnung *f*; Gebührenerfassung *f*; Gebührenzählung *f*; Gesprächsdatenerfassung *f*	enregistrement de la taxation *m*; taxation *f*; saisie de données d'appel *f*; comptage des taxes *m*
call charge switch	Gebührenweiche *f*	détecteur de taxes *m*; aiguille de taxes *f*
call charge ticket	Gebührenabrechnungszettel *m*	ticket de taxation *m*
call charge translator	Gebührenumsetzer *m*	convertisseur de taxes *m*
call charge unit	Gebühreneinheit *f*	unité de taxe *f*
call charging	Gebührenberechnung *f*	taxation *f*
call condition	Gesprächszustand *m*	état de la communication *m*
call confirmation signal	Anrufbestätigung *f*	signal de confirmation d'appel *m*
call connected signal	Teilnehmermeldung *f*	information d'abonné *f*
call data	Verbindungsdaten *f, pl*	données de connexion *f, pl*
call data evaluation	Gebührendatenauswertung *f*, Abk.: GDA; Gesprächsdatenauswertung *f*, Abk.: GDA	évaluation des taxes *f*
call data notification	Gebührendatenzuschreibung *f*	attribution de la taxation *f*
call data processing	Gebührendatenverarbeitung *f*, Abk.: GDV; Gesprächsdatenverarbeitung *f*, Abk.: GDV	traitement de la taxation *m*; traitement des taxes *m*
call detail recording	Einzelgebührenerfassung *f*	saisie individuelle de la taxation *f*
call distribution	Anrufverteilung *f*	répartition des appels *f*; distribution des appels *f*
call distribution system	Anrufverteilsystem *n*	système d'allocation d'appels *m*
call distributor	Anrufverteiler *m*	distributeur d'appel *m*
call diversion	Anrufumleitung *f*; Rufumleitung *f*, Abk.: RUL	renvoi d'un poste *m*; renvoi d'appel *m*; suivez-moi *m*; renvoi *m*
call diversion on busy	Rufumleitung bei besetzt *f*	ré-acheminement en cas de poste occupé *m*
call diversion unconditional	Rufumleitung ständig *f*; Anrufumleitung ständig *f*	renvoi permanent *m*
call duration	Gesprächsdauer *f*	durée de la conversation *f*; durée de la communication *f*
called extension	gerufener Teilnehmer *m*, Abk.: GT; gerufene Nebenstelle *f*	abonné demandé *m*; abonné appelé *m*; poste appelé *m*; correspondant au téléphone *m*
Called Name Identification Presentation, abbr.: CNIP	Anzeige des Namens des gerufenen Teilnehmers beim rufenden Teilnehmer *f*	affichage du nom de l'appelé sur le poste appelant *m*
Called Name Identification Restriction, abbr.: CONR	Unterdrückung der Namensanzeige des gerufenen Teilnehmers beim rufenden Teilnehmer *f*	suppression de l'affichage du nom de l'appelé sur le poste appelant *f*
called party	gerufener Teilnehmer *m*, Abk.: GT; gerufene Nebenstelle *f*	abonné demandé *m*; abonné appelé *m*; poste appelé *m*; correspondant au téléphone *m*
called-party release	Auslösen durch den gerufenen Teilnehmer *n*	libération de la ligne par l'abonné demandé *f*
called subscriber	gerufener Teilnehmer *m*, Abk.: GT; gerufene Nebenstelle *f*	abonné demandé *m*; abonné appelé *m*; poste appelé *m*; correspondant au téléphone *m*
called-subscriber release	Rückauslösung *f*; Rückwärtsauslösung *f*	libération inverse *f*; libération au raccrochage du demandeur *f*
caller	Anrufer *m*; Absender *m* (*eines Rufes*)	appelant *m*; abonné appelant *m*; usager appelant *m*
caller identification	Namensanzeige *f*	affichage du nom *m*; visualisation du nom *f*

call establishment	Verbindungsaufbau *m*; Verbindungsherstellung *f*	établissement d'une communication *m*
call filtering	Gesprächsfilterung *f* (*Voranmeldung*)	filtrage d'appel *m*
call finder	Anrufsucher *m*	chercheur d'appel *m*
call forwarding	Rufweiterleitung *f*, Abk.: RWL; Rufweiterschaltung *f*, Abk.: RW; Umlegung *f*; Weiterschaltung *f*; Anrufweiterschaltung *f*; Weiterleitung *f*	transfert de base *m*; transfert en cas de non-réponse *m*; transfert *m*, abr.: TRF; renvoi temporaire *m*; renvoi automatique
call forwarding busy, abbr.: CFB	Rufumleitung bei besetzt *f*	ré-acheminement en cas de poste occupé *m*
call forwarding on busy	Rufweiterleitung bei besetzt *f*	transfert en cas d'occupation *m*
call handling capacity	Leistungsfähigkeit *f*; Leistung *f*; Kapazität *f*; Ausbau *m*	rendement *m*; capacité *f*
call hold (*Am*)	Rückfragegespräch *n*; Rückfrage *f*, Abk.: Rfr	double appel *m*, abr.: DA; attente pour recherche *f*
call hold, abbr.: HOLD, (*ISDN feature*)	Halten *n* (*ISDN-Dienstmerkmal*)	mise en garde *f* (*faculté RNIS*)
call identification	Ruferkennung *f*; Identifizierung des Anrufers *f*	identification d'appel *f*; identification *f* (*de l'appelant*)
call identification time	Ruferkennungszeit *f*	temps d'identification d'appel *m*
call identifier	Anruferkenner *m*	identificateur d'appels *m*
call-in	Aufruf *m*	recherche *f*; appel de recherche *m*
call indicator	Rufanzeiger *m*; Anrufanzeiger *m*	indicateur d'appel *m*
calling	Gespräch *n*; Anruf *m* (*Telefon~*); Ruf *m*; Konversation *f*	conversation *f* (téléphonique); appel *m*; coup de téléphone *m*; sonnerie *f*
calling device	Ruforgan *n*; Anruforgan *n*	sonnerie *f*; dispositif de sonnerie *m*; bloc d'appel *m*
calling equipment	Ruforgan *n*; Anruforgan *n*	sonnerie *f*; dispositif de sonnerie *m*; bloc d'appel *m*
calling extension	rufender Teilnehmer *m*; rufende Nebenstelle *f*	abonné demandeur *m*
calling lamp	Anruflampe *f*	voyant d'appel *m*
Calling Line Identification Presentation, abbr.: CLIP	Anzeige der Rufnummer des rufenden Teilnehmers beim gerufenen Teilnehmer *f*	affichage du numéro de l'appelant sur le poste de l'appelé *m*
Calling Line Identification Restriction, abbr.: CLIR	Unterdrückung der Rufnummernanzeige des rufenden Teilnehmers beim gerufenen Teilnehmer durch den rufenden Teilnehmer *f*	suppression par l'appelant de l'affichage de son numéro d'appel sur le poste de l'appelé *f*
Calling Name Idendification Presentation, abbr.: CNIP	Namensanzeige des rufenden Teilnehmers beim gerufenen Tln *f*	affichage du nom de l'appelant sur le poste de l'appelé *m*
Calling Name Identification Restriction, abbr.: CNIR	Unterdrückung der Namensanzeige des rufenden Teilnehmers beim gerufenen Teilnehmer durch den rufenden Teilnehmer *f*	suppression de l'affichage du nom de l'appelant sur le poste de l'appelé *f*
calling party	Anrufer *m*; Absender *m* (*eines Rufes*)	appelant *m*; abonné appelant *m*; usager appelant *m*
calling party indication	Namensanzeige *f*	affichage du nom *m*; visualisation du nom *f*
calling party release	Auslösen durch den rufenden Teilnehmer *n*	libération de la ligne par l'abonné demandeur *f*
calling signal	Anrufsignal *n*	signal d'appel *m*
calling station	rufender Teilnehmer *m*; rufende Nebenstelle *f*	abonné demandeur *m*
calling subscriber	rufender Teilnehmer *m*; rufende Nebenstelle *f*	abonné demandeur *m*
calling unit	Ruforgan *n*; Anruforgan *n*	sonnerie *f*; dispositif de sonnerie *m*; bloc d'appel *m*
call limiting counter	Rufbegrenzungszähler *m*	compteur de limitation d'appels *m*
call list	Anrufliste *f*	liste d'appels *f*
call load sharing	Lastverteilung *f*	répartition de charge *f*; distribution de charge *f*

call logging	Gebührenaufzeichnung *f*; Gebührenerfassung *f*; Gebührenzählung *f*; Gesprächsdatenerfassung *f*	enregistrement de la taxation *m*; taxation *f*; saisie de données d'appel *f*; comptage des taxes *m*
call meter	Gesprächszähler *m*	compteur de communication *m*; compteur d'appels *m*
call metering	Gebührenaufzeichnung *f*; Gebührenerfassung *f*; Gebührenzählung *f*; Gesprächsdatenerfassung *f*	enregistrement de la taxation *m*; taxation *f*; saisie de données d'appel *f*; comptage des taxes *m*
call monitoring time	Rufüberwachungszeit *f*	temps de surveillance d'appel *m*
call-not-accepted signal	Rufabweisung *f*	rejet d'appel *m*; arrêt d'appel *m*
call number	Rufnummer *f*, Abk.: RN	numéro d'appel *m*; numéro d'annuaire *m*, abr.: NA; numéro d'abonné *m*
call number allotter	Rufnummernzuordner *m*	traducteur de numéros d'appel *m*
call number field	Rufnummernfeld *n*	zone de numéro d'abonné *f*; plan de numérotation *m*
call number memory	Rufnummernspeicher *m*	mémoire de numéros *f*
call number suppression	Rufnummernunterdrückung *f*	suppression du numéro d'appel *f*; non présentation appelant *f*
call number translator	Rufnummernzuordner *m*	traducteur de numéros d'appel *m*
call number transmitter	Rufnummerngeber *m*	émetteur de numéros d'appel abrégés *m*; numéroteur automatique *m*
call offer(ing), abbr.: CO	Eintreten *n*; Aufschalten (bei besetzt) *n*; Eintreteaufforderung *f*; Eintreteanruf *m*	intervention en ligne *f*; priorité avec écoute *f*; appel opératrice *m* (*faculté*)
call park, abbr.: CPK	Parken *n*	parcage *m*
call participation device	Mitsprecheinrichtung *f*	équipement de conférence *m*
call pick-up, abbr.: CPU	Heranholen von Anrufen *n*; Anrufübernahme *f*; Pickup *n*	interception d'appels *f*
call point	Melder *m*; Detektor *m*	détecteur *m* (*général*)
call queuing	Anrufordnung *f*; Wartekreis *m*	file d'attente sur poste opérateur *f* (*P.O.*); circuit d'attente *m*
call rate accounting	Gebührenberechnung *f*	taxation *f*
call rate overflow	Rufanzahlüberschreitung *f*	saturation *f*
call receiver	Rufempfänger *m*; Anrufempfänger *m*	récepteur d'appel *m*
call recording	Anrufaufnahme *f*	enregistrement d'appel *m*
call repetition	automatische Rufwiederholung *f*	rappel automatique *m*
call request	Rufanforderung *f*; Gesprächsanmeldung *f*	demande d'appel *f*
call request	Verbindungsanforderung *f*; Belegungswunsch *m*	demande de communication *f*; demande de prise *f*
call restrictor	Rufnummernsperre *f*; Sperreinrichtung *f*; Sperrwerk *n*	discrimination d'appel *f*; discriminateur *m*; discrimination accès réseau pubic *f*; faculté de discrimination *f*
call routing	Leitweglenkung *f*	acheminement (du trafic) *m*; routage des appels *m*
call setup	Verbindungsaufbau *m*; Verbindungsherstellung *f*	établissement d'une communication *m*
call setup with return	Verbindungsaufbau mit Rücksprung *m*	établissement d'une communication avec retour *m*
call sharing	Anrufteilung *f*	division d'appels *f*
call signal edge	Anrufflanke *f*	front du signal d'appel *m*
calls on hold	Wartezustand *m* (*im ~*); wartende Anrufe *m, pl;* Anrufe im Wartezustand *m, pl*	appel en attente *m*
call stopping	Rufabweisung *f*	rejet d'appel *m*; arrêt d'appel *m*
call switching	Gesprächsvermittlung *f*; Rufumschaltung *f*, Abk.: RU	commutation de parole *f*; commutation d'appels *f*
call system	Rufsystem *n*	système d'appel *m*
call to operator	Platzanruf *m*; Bedienaufruf *m*	appel P.O. / ~ opératrice *m*
call tracing	Rückwärtsverfolgen *n*	suiveur de communications *m*

call transfer	Überweisung *f*; Weitervermittlung *f*; Rufweitergabe *f*; Gesprächsumlegung *f*	transfert d'appel *m*; transfert de base *m*; transfert en cas de non-réponse *m*; transfert *m*; renvoi temporaire *m*
call transfer code	Umlegekennzeichen *n*	doce de transfert d'appel *m*; signal de transfert d'appel *m*
call transfer extension	Nebenstelle zur Rufweiterleitung *f*	poste destinataire des appels transférés *m*
call transfer facility	Berechtigung für Rufweiterschaltung *f*	abonné ayant droit au service des abonnés absents *m*, abr.: AAB
call type identification	Anrufart identifizieren *f*	identifier le type d'appel *m*
call-up	Aufruf *m*	recherche *f*; appel de recherche *m*
call up	rufen (*läuten*); anrufen (*telefonieren*)	appeler; téléphoner; sonner
call-up display	Aufrufanzeige *f*	affichage d'appel *m*
call waiting, abbr.: CW	wartender Anruf *m*; Anklopfen *n*	signalisation d'appel en instance *f*; offre en tiers *f*; attente *f*
call waiting indication	Anrufanzeige *f*	indication d'appels en attente *f*
call waiting tone	Anklopfton *m*	tonalité de frappe *f*; tonalité d'avertissement *f*; tonalité d'indication d'appel en instance *f*
CAM (abbr.) = computer-aided manufacturing	CAM, Abk.: computergestützte Fertigung *f*	FAO, abr.: fabrication assistée par ordinateur *f*
CAMA (abbr.) = centralized call charge recording (Am)	zentrale Gebühren-/ Gesprächsdatenerfassung *f*	taxation centralisée *f*; saisie des données de taxation centralisée *f*
cam contact	Nockenkontakt *m*	contact à came *m*
camera monitor	Kameramonitor *m*	moniteur de caméra *m*
camera station	Kamerastation *f*	station caméra *f*
camp-on	Zuteilung auf besetzte Nebenstelle *f*	file d'attente sur abonné occupé *f*
camp-on busy	Warten auf Freiwerden *n*	attendre la libération *f*; se mettre en file d'attente *f*
camp-on individual (*Am*)	Warten auf Freiwerden *n*	attendre la libération *f*; se mettre en file d'attente *f*
camp-on position	Wartestellung *f*	mise en attente *f*
camp-on status	Wartestellung *f*	mise en attente *f*
cancel	löschen (*Speicher*); auflösen; streichen, tilgen	effacer; rayer
canceled	gelöscht; annuliert	effacé (*instrument*); annulé
cancel key	Trenntaste *f*, Abk.: T-Taste	touche de coupure *f*
capacitor	Kondensator *m*	condensateur *m*
capacity	Leistungsfähigkeit *f*; Leistung *f*; Kapazität *f*; Ausbau *m*	rendement *m*; capacité *f*
capacity to earth	Erdkapazität *f*	capacité par rapport à la terre *f*
capstan	Antriebsrolle *f*	cabestan *m*
carbon microphone	Kohlemikrofon *n*	microphone au carbone *m*; microphone à grenaille de carbone *m*
card-operated telephone	Kartentelefon *n*; Chipkartentelefon *n*	poste téléphonique à carte *m*
cardphone	Kartentelefon *n*; Chipkartentelefon *n*	poste téléphonique à carte *m*
card reader	Kartenleser *m*	lecteur de carte (à puce) *m*
carrier	Nachrichtenträger *m*	porteur d'information *m*
carrier frequency, abbr.: CF	Trägerfrequenz *f*, Abk.: TF	fréquence porteuse *f*
carrier frequency line, abbr.: CF line	TF-Leitung *f*; Trägerfrequenzleitung *f*	ligne à fréquence porteuse *f*
carrying device	Haltevorrichtung *f*	dispositif de support *m*
carry out	durchführen	exécuter; conduire; faire
carry-through button	Durchsetztaste *f*	bouton de transfert *m*
car (tele)phone	Autotelefon *n*	téléphone-radio *m*; autotéléphone *m*
CAS (abbr.) = Channel Associated Signaling	CAS, Abk.: Channel Associated Signaling, digitale Anschlußorganbaugruppe	CAS, abr.: Channel Associated Signaling, carte d'équipement numérique
case	Schrankgehäuse *n*; Gehäuse *n*	coffret *m*; boîtier *m*
casing	Schrankgehäuse *n*; Gehäuse *n*	coffret *m*; boîtier *m*

cassette deck	Cassettendeck *n*	pochette de cassette *f*
catch	einrasten; einschnappen	enficher; encliqueter
cause of malfunction	Störungsursache *f*	cause de la perturbation *f*
caution	Achtung *f*; Vorsicht *f*; Warnung *f*	attention *f*; précaution *f*
CAUTION (*damage to equipment*)	Warnung *f* (*auf Geräten*)	ATTENTION *f*; MISE EN GARDE *f*
CB (abbr.) = circuit board	LP, Abk.: Leiterplatte; Baugruppe *f*	CI, abr.: circuit imprimé; carte *f*; module *m*
CB (abbr.) = central battery	ZB, Abk.: Zentralbatterie *f*	batterie centrale *f*
CB operator position	Leiterplatte Vermittlungsplatz *f*; LP Vermittlungsplatz *f*	carte opérateur *f*, abr.: COP
CCBS (abbr.) = completion of call to busy subscriber	selbsttätiger Rückruf *m*; automatischer Rückruf *m*; Rückrufautomatik *f*	rappel automatique *m*; rétro-appel *m*
CCITT (abbr.) = International Telegraph and Telephone Consultative Committee	CCITT, Abk.: internationaler beratender Ausschuß für den Telegrafen- und Fernsprechdienst *m*	CCITT, abr.: Comité Consultatif International Téléphonique et Télégraphique *m*
CCITT recommendation	CCITT-Empfehlung *f*	recommandation de CCITT *f*
CCNR (abbr.) = completion of calls on no reply	selbsttätiger Rückruf *m*; automatischer Rückruf *m*; Rückrufautomatik *f*	rappel automatique *m*; rétro-appel *m*
CEE (abbr.) = United Nations Economic Commission for Europe	CEE, Abk.: Wirtschaftskommission der Vereinten Nationen für Europa *f*	CEE, abr.: Commission Économique des Nations Unies pour l' Europe *f*
cell	Zelle *f* (*Element*)	cellule *f*
cellular radio telephone network	zellulares Funktelefonnetz *n*	réseau de radio-téléphone cellulaire *m*
center (*Am*)	Zentrum *n*; Mittelpunkt *m*	centre *m*; point milieu *m*
central association of the German electrical and electronics industry	Zentralverband Elektrotechnik- und Elektronikindustrie *m*, Abk.: ZVEI	Association centrale de l'industrie de l'équipement électrique *f*
central battery, abbr.: CB	Zentralbatterie *f*, Abk.: ZB	batterie centrale *f*
central clock	zentraler Taktgeber *m*	horloge maître *f*
central clock distribution	Taktverteilung Zentral *f*, Abk.: TVZ	distribution des signaux d'horloge centrale *f*
central code converter	zentraler Codewandler *m*	traducteur de code central *m*
central control	Zentralsteuerung *f*; zentrale Steuerung *f*	commande centrale *f*
central exchange	Zentralvermittlungsamt *n*; Zentralamt *n*; Hauptamt *n*; Hauptvermittlungsstelle *f*, Abk.: HVSt	centre autonomie d'acheminement *m*, abr.: CAA; central principal *m*; centre principal *m*
centralized call charge data recording	zentrale Gebühren-/ Gesprächsdatenerfassung *f*	taxation centralisée *f*; saisie des données de taxation centralisée *f*
centralized call charge recording, abbr.: CAMA (*Am*)	zentrale Gebühren-/ Gesprächsdatenerfassung *f*	taxation centralisée *f*; saisie des données de taxation centralisée *f*
centralized data processing	zentrale Datenverarbeitung *f*	traitement des données centralisé *m*
centralized multipoint facility	Mehrpunktbetrieb, zentralgesteuerter ~ *m*	fonctionnement multi-points à commande centrale *m*
central monitoring	zentrale Überwachung *f*	surveillance centrale *f*
central monitoring channel unit	Zentralüberwachungskanalwerk *n*	unité de canaux de supervision *f*
central monitoring clock	Zentralüberwachungstakt *m*	horloge de supervision *f*
central monitoring control	Zentralüberwachungssteuerung *f*	gestion de la supervision *f*
central monitoring device switching	Zentralüberwachungsgeräteumschaltung *f*	basculement des équipements de supervision *m*
central monitoring fault	Zentralüberwachungsfehler *m*	défaut de supervision *m*
central monitoring line	Zentralüberwachungsleitung *f*	ligne de supervision *f*
central monitoring multiple	Zentralüberwachungsgemeinsam *n*	commun de supervision *m*
central monitoring peripherals	Zentralüberwachungsperipherie *f*	périphérique de supervision *m*
central monitoring register	Zentralüberwachungsregister *n*	registre de supervision *m*
central office, abbr.: CO (*Am*)	öffentliche Vermittlungsstelle *f*; Amt *n*; Vermittlungsstelle *f*, Abk.: VSt; Vermittlung *f* (*Anlage*); Vermittlungsamt *n*; Fernsprechamt *n*; Zentrale *f*	central public *m*; central téléphonique *m*; commutateur *m* (*central public*); installation téléphonique *f*

central office	Zentralvermittlungsamt *n*; Zentralamt *n*; Hauptamt *n*; Hauptvermittlungsstelle *f*, Abk.: HVSt	centre autonomie d'acheminement *m*, abr.: CAA; central principal *m*; centre principal *m*
central office for approvals in the telecommunications sector	Zentralamt für Zulassungen im Fernmeldewesen *n*, Abk.: ZZF	Bureau Central des Agréments des Télécommunications *m*;
central path preselection	zentrale Wegevoreinstellung *f*	pré-routage central *m*
central preprocessing unit	Zentrale Vorverarbeitungseinheit *f*, Abk.: ZVE	unité de pré-traitement central *f*
central processing unit, abbr.: CPU	Zentraleinheit *f*, Abk.: CPU	unité centrale *f*, abr.: UC; unité centrale de traitement *f*, abr.: UC
central route preselection	zentrale Wegevoreinstellung *f*	pré-routage central *m*
central section	Zentralteil *n*	partie centrale *f*
central supervision	zentrale Überwachung *f*	surveillance centrale *f*
central switching office	Zentralvermittlungsamt *n*; Zentralamt *n*; Hauptamt *n*; Hauptvermittlungsstelle *f*, Abk.: HVSt	centre autonomie d'acheminement *m*, abr.: CAA; central principal *m*; centre principal *m*
centre (*Brit*)	Zentrum *n*; Mittelpunkt *m*	centre *m*; point milieu *m*
CEPT (abbr.) = Conference of European Postal and Telecommunications Administrations	CEPT, Abk.: Europäische Konferenz für das Post- und Fernmeldewesen *f*	CEPT, abr.: Conférence Européene des Administrations des Postes et Télécommunications *f*
ceramic	Keramik *f*	céramique *f*
ceramic multiple layer capacitor	Keramik-Vielschicht-Kondensator *m*	condensateur céramique multicouches *m*
ceramic substrate	Keramiksubstrat *n*	couche céramique *f*
ceramic tubular capacitor	Keramik-Rohr-Kondensator *m*	condensateur céramique tubulaire *m*
certificate	Zeugnis *n*	certificat *m*
CF (abbr.) = carrier frequency	TF, Abk.: Trägerfrequenz *f*	fréquence porteuse *f*
CFB (abbr.) = call forwarding busy	Rufumleitung bei besetzt *f*	ré-acheminement en cas de poste occupé *m*
CF line (abbr.) = carrier frequency line	TF-Leitung, Abk.: Trägerfrequenzleitung *f*	ligne à fréquence porteuse *f*
chacteristic line impedance	Leitungskennwiderstand *m*	impédance caractéristique de ligne *f*, abr.: ZREF
chain call	Kettengespräch *n*	chaînage d'appels *m*
chaining	Verkettung *f*	enchaînement *m*; chaînage *m*
change	Änderung *f*; Veränderung *f*; Wechsel *m*	modification *f*
change	wechseln; austauschen; tauschen; auswechseln	échanger; remplacer; changer
changeover	Durchschaltung *f*; Schalten *n*; Vermittlung *f* (*Tätigkeit*); Umschaltung *f*, Abk.: UM	commutation *f*; acheminement *m*; basculement *m*
change over	einkoppeln; koppeln; umschalten	coupler; commuter (coupler); basculer
channel	Kanal *m*	voie *f*; canal *m*
channel allocation	Kanalzuteilung *f*	affectation des canaux *f*
channel associated signaling	assoziierte Kanalzeichengabe *f*; kanalgebundene Signalisierung *f*	signalisation voie par voie *f*
channel control device	Kanalsteuerung *f*, Abk.: KST	dispositif de contrôle de canal *m*
channel converter	Kanalumsetzer *m*	convertisseur de canaux *m*
channel filter	Kanalfilter *m*	filtre de canal *m*
channel processing equipment	Kanalaufbereitung *f*	traitement de canal *m*
channel structure	Kanalstruktur *f*	structure de canal *f*
character	Zeichen *n*; Symbol *n*	caractère *m*; signal *m*; signe *m*; symbole *m*
characteristic impedance	Kennwiderstand *m*	impédance caractéristique *f*; impédance image *f*
characteristic wave impedance	Wellenwiderstand *m* (*Leitungs-*)	impédance caractéristique *f*
character pulse	Zeichentakt *m*	impulsion de caractère *f*
character rate	Zeichengeschwindigkeit *f*	vitesse de frappe *f*
character string	Zeichenfolge *f*	série de signaux *f*
charge (*billing*)	Gebühr *f*	redevance *f*; taxe *f*; tarif *m*
charge (*load*)	Last *f*; Belastung *f*	charge *f*

charge (*action*)	laden; aufladen	charger
chargeable	gebührenpflichtig	soumis à la taxe *f*; taxable
chargeable call time	gebührenpflichtige Verbindungsdauer *f*	durée taxable d'une communication *f*; durée taxable d'un appel *f*
chargeable time	gebührenpflichtige Zeit *f*; Verbindungsdauer, gebührenpflichtige ~ *f*	durée taxable *f*; durée de communication taxable *f*
chargeband	Gebührenzone *f*; Tarifstufe *f*	circonscription de taxes *f*; zone de taxation *f*; niveau de taxes *m*
charged call	Gebührenanruf *m*; gebührenpflichtiger Anruf *m*	appel taxé *m*
charge-per-call basis	Einzelabrechnung (*Gebühr*)	facturation détaillée *f*; facturation détaillée par communication *f*
charging information	Gebühreninformation *f*; Gebührendaten *n, pl*	données de taxation *f, pl*
charging time	Aufladezeit *f*	temps de charge *m*
cheap-rate	gebührengünstig	tarif heures creuses *m*
cheap rate	verbilligter Tarif *m*	tarif réduit *m*
check	Prüfung *f*; Untersuchung *f*	vérification *f*
check	überprüfen; prüfen	vérifier; contrôler; tester
checkback	Quittung *f*; Rückmeldung *f*; Empfangsbestätigung *f*	acquit(tement) *m*; confirmation de réception *f*
check bit	Merkbit *n*; Kontrollbit *n*	bit de test *m*; bit de repère *m*; bit de contrôle *m*
checked	geprüft	vérifié; testé; contrôlé
cheesehead screw	Zylinderschraube *f*	vis à tête cylindrique *f*
chip	Modul *n*; Chip *m*; Baustein *m*	puce *f*; module *m*; composant *m* (module)
chipcard	Chipkarte *f*	carte à mémoire *f*
choke	Drossel *f*	bobine *f*; self *f*
choose	anwählen (*eine Nummer ~*); auswählen; wählen	composer *m* (*~ un numéro*); numéroter; sélectionner
CID (abbr.) = connection identification	CID, Abk.: Verbindungsidentifikation *f*,	identification de ligne *f*
circuit	Leitung *f* (*Schaltkreis*); Stromkreis *m*	circuit *m*; parcours du courant *m*
circuit addendum	Schaltungsnachtrag *m*	mise à jour schéma *f*
circuit block	Schaltungsblock *m*	bloc circuit *m*
circuit board, abbr.: CB	Leiterplatte *f*, Abk.: LP; Baugruppe *f*	circuit imprimé *m*, abr.: CI; carte *f*; module *m*
circuit board operator position	Leiterplatte Vermittlungsplatz *f*; LP Vermittlungsplatz *f*	carte opérateur *f*, abr.: COP
circuit-breaker	Schutzschalter *m*; Sicherungsautomat *m*; Fernmeldeschutzschalter *m*	disjoncteur de protection *m*; coupe-circuit (automatique) *m*
circuit diagram	Stromlaufplan *m*; Schaltung *f*	schéma *m* (*de circuit*); schéma de circuit *m*
circuit facilites	Leitungseinrichtungen *f, pl*	facultés offertes sur la ligne *f, pl*
circuit identification	Leitungskennung *f*	identificateur de ligne *m*
circuit release	Leitungsverstärker *m*	répéteur *m* (*de circuit*)
circuit switching, abbr.: CS	Durchschaltetechnik *f*	technique de commutation *f*
CITEL (abbr.) = Committee for Inter-American Telecommunications	CITEL, Abk.: Interamerikanische Konferenz für das Fernmeldewesen *f*	CITEL, abr.: Conférence Interaméricaine pour les Télécommunications *f*
city call	Ortsgespräch *n*	communication locale *f*
city radio-paging service	Stadtfunkrufdienst *m*, Abk.: SFuRD	service local de recherche de personnes par radio *m*
clamp	Klemme *f*; Quetschvorrichtung *f*; Klammer *f*	borne *f*; broche terminale *f*; pince *f*; agrafe *f*; attache *f*
clamping arrangement	Klemmvorrichtung *f*	dispositif de verrouillage *m*
class of line	Benutzerklasse f; Anschlußberechtigung *f*; Anschlußklasse *f*	classe de service f; catégorie de poste *f*; classe d'abonné *f*
class of service, abbr.: COS	Betriebsberechtigung *f*; Berechtigung *f*, Abk.: BER; Berechtigungsklasse *f*; Amtsberechtigung *f*	classe de service *f*; catégorie *f*
class-of-service code	Berechtigungszeichen *n*	code de classe de service *m*

class of service switchover	Berechtigungsumschaltung *f*, Abk.: BU	modification de la classe de service *f*
clear (*button*)	freigeben; loslassen (*Taste*); nachlassen; lockern; lose machen; auslösen	relâcher (*touche*)
clear (*memory*)	löschen (*Speicher*); auflösen; streichen, tilgen	effacer; rayer
clearance height	Raumhöhe *f*	hauteur de passage *f*
clear-back signal	Schlußzeichen *n*	signal de libération *m*
clear connection	Verbindungsabbau *m*	déconnexion d'une liaison *f*
clear down (*connection*)	Freigabe *f* (*Verbindung*); Abwurf *m* (*Verbindung*); Auslösung *f* (*Verbindung*)	déblocage *m* (*connexion*); retour *m* (*connexion*); libération *f* (*connexion*), abr.: LIB; couper le circuit
cleardown release	vorzeitiges Auftrennen *n*; vorzeitige Verbindungsauflösung *f*	déconnexion prématurée *f*; libération prématurée *f*
cleared	gelöscht; annuliert	effacé (*instrument*); annulé
clearing a line	Entsperren einer Leitung *f*; Freigabe einer Leitung *f*	déblocage d'une ligne *m*
clearing button / key	Schlußtaste *f*, Abk.: S-Taste; Endetaste *f*	bouton de fin *m*; bouton de libération *m*
clearing pulse	Auslöseimpuls *m*	impulsion de libération *f*
clearing release	vorzeitiges Auftrennen *n*; vorzeitige Verbindungsauflösung *f*	déconnexion prématurée *f*; libération prématurée *f*
clearing signal	Einhängezeichen *n*	signal de raccrochage *m*
clear memory	Speicher löschen *m*	effacer une mémoire
click absorber	Knackschutz *m*; Gehörschutz *m*	suppression de la friture *f*; limiteur de chocs acoustiques *m*; anti-choc acoustique *m*; circuit de protection anti-choc acoustique *m*
clicking noise	Knackgeräusche *n, pl*	friture *f*; clics *m, pl*
clicks	Knackgeräusche *n, pl*	friture *f*; clics *m, pl*
click suppression	Knackschutz *m*; Gehörschutz *m*	suppression de la friture *f*; limiteur de chocs acoustiques *m*; anti-choc acoustique *m*; circuit de protection anti-choc acoustique *m*
client	Kunde *m*; Auftraggeber *m*	client *m*; donneur d'ordre *m*; commettant *m*
clip	Klemme *f*; Quetschvorrichtung *f*; Klammer *f*	borne *f*; broche terminale *f*; pince *f*; agrafe *f*; attache *f*
CLIP (abbr.) = Calling Line Identification Presentation	Anzeige der Rufnummer des rufenden Teilnehmers beim gerufenen Teilnehmer *f*	affichage du numéro de l'appelant sur le poste de l'appelé *m*
CLIR (abbr.) = Calling Line Identification Restriction	Unterdrückung der Rufnummernanzeige des rufenden Teilnehmers beim gerufenen Teilnehmer durch den rufenden Teilnehmer *f*	suppression par l'appelant de l'affichage de son numéro d'appel sur le poste de l'appelé *f*
clock	Uhr *f*; Phase *f*; Takt *m*	horloge *f*; phase *f*, abr.: PH
clock-autonomous	taktautonom	avec horloge indépendante *f*
clock delay	Taktverzögerung *f*	retard d'horloge *m*
clock generation	Takterzeugung *f*	générateur d'impulsions *m*
clock generation system	Takterzeugungssystem *n*, Abk.: TSE	système de génération des impulsions d'horloge du groupe *m*
clock generator	Taktgenerator, Taktgeber *m*, Abk.: TG	minuterie *f*; générateur d'impulsions d'horloge *m*; générateur d'horloge *m*
clock generator system	Takterzeugungssystem *n*, Abk.: TSE	système de génération des impulsions d'horloge du groupe *m*
clock pulse	Zeittakt *m*; Taktsignal *n*; Takt *m* (*Zeit-*)	impulsion d'horloge *f*
clock pulse amplifier	Taktverstärker *m*	amplificateur du signal d'horloge *m*
clock pulse frequency	Taktfrequenz *f*	fréquence des impulsions d'horloge *f*
clock pulse line	Taktleitung *f*	ligne d'impulsions d'horloge *f*
clock pulse processing	Taktaufbereitung *f*, Abk.: TAB	traitement d'impulsions *m*
clock pulse rate	Taktfolge *f*	fréquence des impulsions d'horloge *f*

clock pulse supply	Taktversorgung *f*	système d'horloge *m*
clock supply	Taktversorgung *f*	système d'horloge *m*
clock-synchronous	taktsynchron	synchrone avec l'horloge *f*
clock unit	Zeiteinheit *f*	unité de temps *f*
closed extension group	geschlossene Teilnehmergruppe *f*; geschlossene Benutzergruppe *f*	groupe fermé d'usagers *m*; groupement de postes *m*
closed numbering	Numerierung, verdeckte ~ *f*	numérotation fermée *f*
closed numbering scheme	verdeckte Rufnummern *f, pl;* verdeckter Rufnummernplan *m*	plan de numérotation fermé *m*
closed user group, abbr.: CUG	geschlossene Teilnehmergruppe *f*; geschlossene Benutzergruppe *f*	groupe fermé d'usagers *m*; groupement de postes *m*
C-network	C-Netz *n*	réseau C *m*
CNIP (abbr.) = Calling Name Identification Presentation	Namensanzeige des rufenden Teilnehmers beim gerufenen Tln *f*	affichage du nom de l'appelant sur le poste de l'appelé *m*
CNIR (abbr.) = Calling Name Identification Restriction	Unterdrückung der Namensanzeige des rufenden Teilnehmers beim gerufenen Teilnehmer durch den rufenden Teilnehmer *f*	suppression de l'affichage du nom de l'appelant sur le poste de l'appelé *f*
CO (abbr.) = call offer(ing)	Eintreten *n*; Aufschalten (bei besetzt) *n*; Eintreteaufforderung *f*; Eintreteanruf *m*	intervention en ligne *f*; priorité avec écoute *f*; appel opératrice *m* (*faculté*)
CO (abbr.) = Central Office (*Am*)	VSt, Abk.: Vermittlungsstelle *f*; öffentliche Vermittlungsstelle *f*; Amt *n*; Vermittlung *f* (*Anlage*); Vermittlungsamt *n*; Fernsprechamt *n*; Zentrale *f*	central public *m*; central téléphonique *m*; commutateur *m* (*central public*); installation téléphonique *f*
CO call (abbr.) = city call; exchange call	externes Gespräch *n*; Amtsgespräch *n*	appel externe *m*; appel réseau *m*; communication réseau *f*
code	Kennzahl *f*; Kennung *f*; Code *m*	indicatif *m*; code *m*
CODEC (abbr.) = coder/decoder/filter	COFI, Abk.: Kodierer/Dekodierer, Filter	COFIDEC, abr.: codeur/décodeur/filtre
code check	Codeprüfung *f*	vérification de code *f*; test de code *m*
code converter	Codewandler *m*	convertisseur de code *m*
code dialing (*system feature*)	Codewahl *f*, Abk.: CW (*Anlagenleistungsmerkmal*)	numérotation automatique (par central) *f*
code dialing key	Codewahltaste *f*, Abk.: C-Taste	touche de numérotation abrégée *f*
code digit	Kennziffer *f*	digit *m*
code digit dialing	Kennziffernwahl *f*	sélection du code de service *f*
code error	Codefehler *m*	erreur de code *f*
code number	Schlüsselzahl *f*	clé de codage *f*; code chiffré *m*
coder	Kodierer *m*	codeur *m*
code restriction (*Am*)	Rufnummernsperre *f*; Sperreinrichtung *f*; Sperrwerk *n*	discrimination d'appel *f*; discriminateur *m*; discrimination accès réseau pubic *f*; faculté de discrimination *f*
code selection	Kennziffernwahl *f*	sélection du code de service *f*
code word	Kennwort *n*; Paßwort *n*	mot de passe *m*; mot de code *m*
coding	Kodierung *f*	codage *m*
coding device	Kodierer *m*	codeur *m*
coding plug	Kodierstecker *m*	douille de codage *f*
coding switch	Kodierschalter *m*	interrupteur de codage *m*
coherer potential	Frittpotential *n*	potentiel cohérent *m*
coiled cable	bespultes Kabel *n*	câble pupinisé *m*
coil field	Spulenfeld *n* (*Magnetfeld*)	champ magnétique d'une bobine *m*
coins	Geldstücke *n, pl*	pièces de monnaie *f, pl*
coin telephone	Münzfernsprecher *m*; Fernsprechzelle *f*	taxiphone *m*; appareil téléphonique à jetons *m*; cabine téléphonique *f*
collect call (*Am*)	R-Gespräch *n*; Gebührenübernahme *f*	conversation payable à l'arrivée *f*, abr.: PCV
collective call button	Sammelruftaste *f*	touche d'appel collectif *f*
collective number	Sammelrufnummer *f*	numéro d'appel collectif *m*
color (*Am*)	Farbe *f*	couleur *f*
color accuracy	Farbtreue *f*	précision de couleur *f*

color picture tube	Farbbildrohr *n*	tube image en couleurs *f*
color-quality control monitor	Farbbild-Qualitäts-Kontroll-Empfänger *m*	moniteur de contrôle de qualité de couleur *m*
color TV camera	Farbkamera *f*	caméra couleur *f*
color TV images	Farbvideosignal *n*	vidéo-signal couleur *m*
color video monitor	Farbfernsehmonitor *m*	moniteur vidéo en couleur *m*
colour (*Brit*)	Farbe *f*	couleur *f*
COLP (abbr.) = Connected Line Identification Presentation	Rufnummeranzeige des gerufenen Teilnehmers beim rufenen Tln *f*	affichage du numéro de l'appelé sur le poste appelant *m*
COLR (abbr.) = Connected Line Identification Restriction	Unterdrückung der Rufnummeranzeige des gerufenen Teilnehmers beim rufenden Tln *f*	suppression de l'affichage du numéro de l'appelé sur le poste appelant *f*
column	Spalte *f*; Säule *f*	colonne *f*
combination	Mischung *f*	mélange *m*
combination lock	Zahlenschloß *n*	verrou codé *m*
combination tone	Kombinationston *m*	tonalité composée *f*
combine	zusammensetzen	combiner; assembler; composer; regrouper
command	Befehl *m* (*Computer*)	commande *f*; instruction *f* (*computer*)
commissioning	Inbetriebnahme *f*	mise en service *f*
common	gemeinsam	commun
common channel signaling	Zentralkanal-Zeichengabe *f*; Zeichengabe mit gemeinsamen Zeichenkanal *f*	signalisation par canal sémaphore *f*; signalisation sur voie commune *f*
common channel signaling system	zentrales Signalisierungsverfahren *n*; zentrales Zeichengabesystem *n*; Zeichengabesystem *n*	méthode de signalisation centrale *f*; système de signalisation par voie commune *m*; canal commun de signalisation *m* (*méthode, système*)
common code dial	Codewahl, gemeinsame ~ *f*	numérotation abrégée commune *f*
common control switching	Verbindungsaufbau, nicht schritthaltender ~ *m*	connexion non synchronisée *f*
common earth bar	Sammelerdschiene *f*	barre de terre commune *f*
common equipment	gemeinsame Einrichtung *f*	équipement commun *m*
common night service	Ringabfrage bei Nacht *f*	renvoi de nuit tournant *m*
common night switching	Sammelnachtschaltung *f*	renvoi de nuit collectif *m*
common ringing	allgemeiner Anruf *m*; Sprachdurchsage an alle *f*	signalisation collective des appels *f*; signalisation collective de réseau *f*; appel général *m*
common signaling channel	zentraler Zeichenkanal *m*; zentraler Zeichengabekanal *m*, Abk.: ZZK	canal sémaphore *m*; canal commun de signalisation *m*; canal de signalisation central *m*
common wave system	Gleichwellen-System *n*	système à onde commune *m*
communicate	übertragen; übermitteln; senden	transmettre; commuter (transmettre); envoyer
communication	Übermittlung *f*; Kommunikation *f*	communication *f*, abr.: COM
communication bus	Sammelleitung *f*	barre omnibus *f*; bus de communication *m*
communication interface	Kommunikationsschnittstelle *f*	interface de communication *f*
communication line	Sammelleitung *f*	barre omnibus *f*; bus de communication *m*
communication network	Kommunikationsnetz *n*	réseau de communication *m*
communication path	Nachrichtenpfad *m*	voie d'informations *f*
communications . . .	nachrichtentechnisch ...	de la technique de communications *f*
communications network	Nachrichtennetz *n*	réseau de communications *m*
communications satellite	Nachrichtensatellit *m*	satellite de communications *m*
Communications Satellite Corporation, abbr.: COMSAT	COMSAT, Abk.	COMSAT, abr.
communications systems	Kommunikationsanlagen *f, pl*, Abk.: K-Anlagen	installations de communications *f, pl*
communication(s) technology	Kommunikationstechnik *f*	technique de communication *f*
communication system	Kommunikationssystem *n*	système de communications *m*

communication terminals	Endgeräte der Kommunikationstechnik *n, pl*	terminaux de communication *m, pl*
communication theory	Verkehrstheorie *f*	théorie de la transmission *f*
communication workstation	Kommunikationsschreibplatz *m*	poste de travail en communications *m*
community antenna	Gemeinschaftsantenne *f*	antenne collective *f*
comparison pulse	Vergleichsimpuls *m*	impulsion de référence *f*
compelled signaling	Zwangslaufverfahren, Signalisierung im ~ *n*	signalisation par système asservi *f*
compelled signaling system	Zwangslaufverfahren *n*	système asservi *m*
compensating circuit	Ausgleichsschaltung *f*	réseau correcteur *m*
compensating earth	Ausgleichserdung *f*	terre de compensation *f*
compensator	Kompensationsglied *n*	correcteur *m*; compensateur *m*
compile	zusammensetzen	combiner; assembler; composer; regrouper
complex terminal balance	komplexes Nachbild *n*	équilibreur complexe *m*
component	Teil *n*; Bauteil *n*; Bauelement *n*; Komponente *f*	composant *m* (*électronique*); pièce *f*; pièce détachée *f*
component failure	Bauteilausfall *m*	défaut de composant *m*; panne de composant *f*
component layout plan	Aufbauzeichung *f*	schéma de montage *m*
component part	Teil *n*; Bauteil *n*; Bauelement *n*; Komponente *f*	composant *m* (*électronique*); pièce *f*; pièce détachée *f*
components set	Teilesatz *m*	lot de composants *m*
components side	Bauteilseite *f*; Bestückungsseite *f*	côté composants *m*
components side no.	Bauteilseiten-Nummer *f*	numéro côté composants *m*
component system	Komponentenanlage *f*	système de composants *m*
compose	zusammensetzen	combiner; assembler; composer; regrouper
compound	zusammensetzen	combiner; assembler; composer; regrouper
compound system	Netzverbund *m*	interconnexion de réseau *f*
compress	komprimieren	compresser
computer	Computer *m*; Rechner *m*	computer *m*; ordinateur *m*
computer-aided design, abbr.: CAD	computergestützte Entwicklung *f*, Abk.: CAD	dessin assisté par ordinateur *m*, abr.: DAO
computer-aided manufacturing, abbr.: CAM	computergestützte Fertigung *f*, Abk.: CAM	fabrication assistée par ordinateur *f*, abr.: FAO
computer-assisted	rechnergestützt	assisté par ordinateur *m*
computer communication system	Rechnerverbundsystem *n*	système de téléinformatique *m*
computer-controlled	computergesteuert; rechnergesteuert	géré par ordinateur *m*; piloté par ordinateur *m*
computer-controlled switching system	rechnergesteuertes Vermittlungssystem *n*	autocommutateur géré par calculateur *m*
computer-controlled test station	rechnergesteuerter Prüfplatz *m*	banc de test piloté par ordinateur *m*
computer dialog	Computerdialog *m*	dialogue avec l'ordinateur *m*
computerized	rechnergestützt	assisté par ordinateur *m*
computer network	Rechner-Verbundnetz *n*	réseau d'ordinateurs *m*; ordinateurs en réseau *m, pl*
concealed	verdeckt; verborgen	escamotable
concentrated answering	konzentrierte Abfrage *f*	réponse concentrée *f*
concentrated call facility	Anrufkonzentration *f*	concentration d'appels *f*
concentrated line connection	konzentrierte Leitungsanschaltung *f*	raccordement concentré de lignes *m*
concentrator	Konzentrator *m*	concentrateur *m*
condition	Bedingung *f*; Status *m*; Zustand *m*	état *m*; condition *f*
conditions of approval	Zulassungsbedingungen *f, pl*, Abk.: ZulB	conditions d'agrément *f, pl*
conduct	durchführen	exécuter; conduire; faire
conduct broker's calls	Umschalten, abfrage-/zuteilseitig *n*; Makeln *n*; makeln; Makelverbindung *f*	va-et-vient *m*; double appel courtier *m*
conducting path	Leiterbahn *f*	conducteur imprimé *m*; voie conductrice *f*; piste *f*

conductivity	Leitfähigkeit *f*	conductivité *f*
conductor	Leiter *m*	conducteur *m*
conductor track	Leiterbahn *f*	conducteur imprimé *m*; voie conductrice *f*; piste *f*
conductor track cut	Leiterbahntrennung *f*	séparation entre pistes *f*
conductor track separation	Leiterbahntrennung *f*	séparation entre pistes *f*
CONF (abbr.) = conference calling add-on	Konferenzgespräch *n*; Sammelgespräch *n*; Konferenz *f*	CONF, abr.: conférence *f*
conference access status	Konferenzberechtigung *f*	accès à la conférence *m*
conference bus	Konferenzsammelschiene *f*	bus de conférence *m*
conference button	Konferenztaste *f*	touche de conférence *f*
conference call	Konferenzgespräch *n*; Sammelgespräch *n*; Konferenz *f*	conférence *f*, abr.: CONF
conference calling add-on, abbr.: CONF	Konferenzgespräch *n*; Sammelgespräch *n*; Konferenz *f*	conférence *f*, abr.: CONF
conference circuit	Konferenzschaltung *f*	circuit de conférence *m*
conference connection	Konferenzschaltung *f*	circuit de conférence *m*
conference equipment	Konferenzeinrichtung *f*	équipement de conférence *m*
conference key	Konferenztaste *f*	touche de conférence *f*
conference lamp	Konferenzlampe *f*	voyant de conférence *m*
Conference of European Postal and Telecommunications Administrations, abbr.: CEPT	Europäische Konferenz für das Post- und Fernmeldewesen *f*, Abk.: CEPT	Conférence Européene des Administrations des Postes et Télécommunications *f*, abr.: CEPT
conferencing	Konferenzschaltung *f*	circuit de conférence *m*
configuration	Bestückung *f*; Konfigurierung, Konfiguration *f*; Anordnung *f*; Ausrüstung *f*	configuration *f*, abr.: CONFIG; équipement *m*, abr.: éqt; implantation *f*
confirmation	Bestätigung *f*	confirmation *f*
confirmation of receipt	Quittung *f*; Rückmeldung *f*; Empfangsbestätigung *f*	acquit(tement) *m*; confirmation de réception *f*
congested	gassenbesetzt	encombrement *m*
congestion	Blockierung *f*	blocage *m*
congestion frequency	Frequenzknappheit *f*	saturation de fréquence *f*
congestion tone	Wegebesetztton *m*	tonalité d'encombrement de lignes *f*; tonalité de surcharge de lignes *f*
conjugate attenuation constant	konjugierte-komplexe Dämpfung *f*	affaiblissement conjugué *m*
conjugate impedance	konjugiert-komplexer Widerstand *m*	impédance conjugée *f*
conjugate phase constant	konjugiert-komplexes Winkelmaß *n*	déphasage conjugué *m*
conjugate transfer constant	konjugiert-komplexes Übertragungsmaß *n*	exposant de transfert sur impédance conjuguée *m*
connect button	Anschaltetaste *f*	bouton de connexion *m*
Connected Line Identification Presentation, abbr.: COLP	Rufnummeranzeige des gerufenen Teilnehmers beim rufenden Tln *f*	affichage du numéro de l'appelé sur le poste appelant *m*
Connected Line Identification Restriction, abbr.: COLR	Unterdrückung der Rufnummeranzeige des gerufenen Teilnehmers beim rufenden Tln *f*	suppression de l'affichage du numéro de l'appelé sur le poste appelant *f*
Connected Name Identification Presentation, abbr.: CONP	Namensanzeige des gerufenen Teilnehmers *f*	affichage du nom de l'abonné appelant *m*
connecting board	Anschlußplatte *f*	carte de raccordement *f*
connecting box	Anschlußkasten *m*; Anschaltekasten *m*; Anschlußdose *f*, Abk.: ADO	boîtier de raccordement *m*; boîte de jonction *f*; douille de connexion *f*; boîte de connexion *f*
connecting cable	Anschlußkabel *n*	câble de raccordement *m*
connecting circuit	Anschlußorgan *n*, Abk.: AO	équipement de raccordement *m*; circuit de raccordement *m*; circuit de connexion *m*
connecting clamp	Anschlußklemme *f*	bornier de raccordement *m*
connecting / connection cable	Verbindungskabel *n*	câble de connexion *m*
connecting cord	Anschlußschnur *f*	cordon de raccordement *m*; câble *m*
connecting data	Verbindungsdaten *f*, *pl*	données de connexion *f*, *pl*
connecting device	Anschlußorgan *n*, Abk.: AO	équipement de raccordement *m*; circuit de raccordement *m*; circuit de connexion *m*

connecting flex	Anschlußschnur *f*	cordon de raccordement *m*; câble *m*
connecting junction	Anschaltsatz *m*; Verbindungssatz *m*; Verbinder *m*	appareil branché *m*; joncteur *m*, abr.: JCT; équipement de connexion *m*
connecting matrix	Sprechwegenetz *n*	matrice de connexion *f*
connecting mode	Verbindungsart *f*; Anschlußart *f*	type de connexion *m*; mode de connexion *m*, abr.: MCX
connecting path	Verbindungsweg *m* (*Sprechweg*); Sprechweg *m*; Übertragungsweg *m*	voie de communication *f*; voie de liaison *f*; voie de conversation *f*; voie de transmission *f*
connecting piece	Verbindungselement *n*; Verbindungsabschnitt *m*	élément de connexion *m*; élément de raccordement *m*
connecting plug	Verbindungsstecker *m*; Stecker *m*	connecteur *m*; prise mâle *f*; fiche *f*
connecting position	Anschlußstelle *f*	borne de jonction *f*; borne de raccordement *f*
connecting set	Anschaltsatz *m*; Verbindungssatz *m*; Verbinder *m*	appareil branché *m*; joncteur *m*, abr.: JCT; équipement de connexion *m*
connecting terminal	Anschlußstelle *f*	borne de jonction *f*; borne de raccordement *f*
connecting unit	Anschlußeinheit *f*; Port *m*	unité de raccordement *f*, abr.: UR; port *m*
connection	Leitung *f*, Abk.: Ltg; Anschluß *m*; Verbindung *f*	ligne *f*; raccordement *m*; connexion *f*; chaîne de connexion *f*; liaison *f*
connection attribute	Verbindungsmerkmal *n*	caractéristique de la connexion *f*; attribut de connexion *m*
connection between operator positions	Verbindung zwischen Vermittlungsplätzen *f*	liaison interstandards *f*, abr.: LIS
connection box	Anschlußkasten *m*; Anschaltekasten *m*; Anschlußdose *f*, Abk.: ADO	boîtier de raccordement *m*; boîte de jonction *f*; douille de connexion *f*; boîte de connexion *f*
connection chip	Zuschaltechip *m*	chip de connexion *m*
connection element	Verbindungselement *n*; Verbindungsabschnitt *m*	élément de connexion *m*; élément de raccordement *m*
connection identification, abbr.: CID	Verbindungsidentifikation *f*, Abk.: CID	identification de ligne *f*
connection identifier	Verbindungserkennung *f*	identificateur de connexion *m*
connection in series	Hintereinanderschalten *n*	montage en série *m*
connection setup	Verbindungsaufbau *m*; Verbindungsherstellung *f*	établissement d'une communication *m*
connection setup time	Aufbauzeit einer Verbindung *f*	temps d'établissement d'une communication *m*; durée d'établissement d'une communication *f*
connection side	Anschlußseite *f*	côté raccordement *m*
connection status	Verbindungszustand *m*	état de communication *m*
connection to ...	Anschaltung an ... *f*; Anbindung an ... *f*	connexion avec ... *f*
connection type	Verbindungs-, Anschlußart *f*	type de connexion *m*
connector	Anschaltsatz *m*; Verbindungssatz *m*; Verbinder *m*	appareil branché *m*; joncteur *m*, abr.: JCT; équipement de connexion *m*
connector	Verbindungsstecker *m*; Stecker *m*	connecteur *m*; prise mâle *f*; fiche *f*
connector for 3-digit selection	Verbinder für dreistellige Wahl *m*	joncteur pour numérotation à 3 chiffres *m*
connect (to)	durchschalten (*ein Gespräch ~*); verbinden; anschließen (an); anschalten	commuter (*~ une communication*); brancher; connecter (à); relier
CONP (abbr.) = Connected Name Identification Presentation	Namensanzeige des gerufenen Teilnehmers *f*	affichage du nom de l'abonné appelant *m*
CONR (abbr.) = Called Name Identification Restriction	Unterdrückung der Namensanzeige des gerufenen Teilnehmers beim rufenden Teilnehmer *f*	suppression de l'affichage du nom de l'appelé sur le poste appelant *f*
consecutive number	laufende Nummer *f*, Abk.: Lfd. Nr.	numéro d'ordre *m*
console	Bedienplatz *m*; Konsole *f*	console *f*
console request	Platzanruf *m*; Bedienaufruf *m*	appel P.O. / ~ opératrice *m*

construction	Bauweise *f*	système de construction *m*; exécution *f* (*construction*)
consultation	Rücksprache *f*	consultation *f*
consultation call (*Brit*)	Rückfragegespräch *n*; Rückfrage *f*, Abk.: Rfr	double appel *m*, abr.: DA; attente pour recherche *f*
consultation call coupling unit	Rückfragekoppler *m*	coupleur de rétro-appel *m*
consultation hold	Rückfrage, Halten in ~ *n* (LM)	consultation *f* (faculté)
consultation hold (*Am*)	Umschalten, abfrage-/zuteilseitig *n*; Makeln *n*; makeln; Makelverbindung *f*	va-et-vient *m*; double appel courtier *m*
consumer	Verbraucher *m*; Anwender *m*	consommateur *m*; utilisateur *m*
consumer electronics	Unterhaltungselektronik *f*	électronique grand public *f*
consumption (*current, power*)	Aufnahme *f* (*Strom-*)	consommation *f* (*courant*)
contact and square designation	Kontakt- und Feldanzeige *f*	repère de contacts et de colonnes *m*
contact noise (*Am*)	Kratzgeräusche *n, pl*	bruits de friture *m, pl;* bruits de contact *m, pl*
contact transition resistance	Kontaktübergangswiderstand *m*	résistance de contact *f*
contamination	Verunreinigung *f*	pollution *f*
content (*volume*)	Gehalt *m* (*Rauminhalt*); Volumen *n* (*Rauminhalt*); Inhalt *m* (*Rauminhalt*)	contenance *f* (*volume*); volume *m* (*capacité*)
contents	Inhalt *m*	contenu *m*
continuity check	Durchgangsprüfung *f*; Kontinuitätsprüfung *f*	test de continuité *m*
continuous noise	Dauergeräusch *n*	bruit blanc *m*
continuous signal	Dauerkennzeichen *n*	signal continu *m*
continuous tone	Dauerton *m*	tonalité continue *f*
contractor	Auftragnehmer *m*; Lieferant *m*	fournisseur *m*; adjudicataire *m*; titulaire *m*
contrast control	Kontrastverstärkung *f*	contrôle de contraste *m*
control	regeln; steuern	régler
control	Steuerung *f*, Abk.: ST; Regelung *f*; Kontrolle *f*	commande *f*; gestion *f*
control A	Steuerung A *f*, Abk.: STA	contrôle A *m*
control board	Steuerplatte *f*	platine de commande *f*
control channel	Steuerkanal *m*	canal de commande *m*
control circuit	Regelschaltung *f*	circuit de réglage *m*
control current	Stellstrom *m*	courant correcteur *m*
control element	Bedienungselement *n*	élément de commande *m*
control frequency	Kontrollfrequenz *f*	fréquence de contrôle *f*, abr.: FC
control identification	Steuerkennung *f*	identification de commande *f*
control input	Steuereingang *m*	entrée de commande *f*
controlled	gesteuert	commandé; contrôlé (*ordinateurs*); dirigé
controller	Steuerung *f*, Abk.: ST; Regelung *f*; Kontrolle *f*	commande *f*; gestion *f*
control module	Steuersatz *m*; Steuergerät *n*; Steuerelement *n*; Steuereinheit *f*	élément de contrôle *m*; appareil de commande *m*; unité de commande *f*
control output	Steuerausgang *m*	sortie (de) commande *f*
control panel	Bedienfeld *n*	panneau de service *m*; tableau de commande *m*
control relay bar	Steuerrelaisschiene *f*	platine de relais de commande *f*
control set	Steuersatz *m*; Steuergerät *n*; Steuerelement *n*; Steuereinheit *f*	élément de contrôle *m*; appareil de commande *m*; unité de commande *f*
control unit	Steuersatz *m*; Steuergerät *n*; Steuerelement *n*; Steuereinheit *f*	élément de contrôle *m*; appareil de commande *m*; unité de commande *f*
control value	Sollwert *m*	valeur de référence *f*; paramètre de référence *m*
convener executive set, abbr.: DKC	Einberufer-Chefapparat *m*, Abk.: DRE	maître de conférence *m* (*poste chef*)
convenience outfitting	Komfortausstattung *f*	équipement de luxe *m*
convenience telephone	Komfortapparat *m*; Komforttelefon *n*	poste évolué *m*; téléphone évolué *m*

conversation	Gespräch *n*; Anruf *m* (*Telefon~*); Ruf *m*; Konversation *f*	conversation *f* (téléphonique); appel *m*; coup de téléphone *m*; sonnerie *f*
conversation condition	Gesprächszustand *m*	état de la communication *m*
conversation time	Gesprächsdauer *f*	durée de la conversation *f*; durée de la communication *f*
converter	Wandler *m*; Umsetzer *m*	convertisseur *m*
cooler	Kühler *m*	refroidisseur *m*; radiateur *m*
copper	Kupfer *n*	cuivre *m*
cordless	schnurlos	sans cordon *m*
core	Innenkern *m* (*Glasfaser*)	âme *f* (*fibre optique*)
core memory	Kernspeicher *m*	mémoire à noyau *f*; mémoire à ferrite *f*
correct	korrigieren	corriger
correction	Korrektur *f*	correction *f*; rectification *f*
corrective current	Stellstrom *m*	courant correcteur *m*
corrective maintenance	Unterhaltung, instandsetzende ~ *f*	maintenance corrective *f*
corruption (of data)	Verfälschung *f*	falsification *f*
COS (abbr.) = class of service	BER, Abk.: Betriebsberechtigung *f*; Berechtigung *f*, Berechtigungsklasse *f*; Amtsberechtigung *f*	classe de service *f*; catégorie *f*
COS changeover	BU, Abk.: Berechtigungsumschaltung *f*	modification de la classe de service *f*
COS display	Amtsberechtigungsanzeige *f*	visualisation de la classe de service *f*
COS switchover	BU, Abk.: Berechtigungsumschaltung *f*	modification de la classe de service *f*
COS switchover button	BU-Taste, Abk.: Berechtigungsumschaltetaste *f*	bouton de changement de classe *m*
cost center	Kostenstelle *f*	centre de frais *m*
cost center account meter	Summenzähler für Kostenstelle *m*	compteur de taxes de frais *m*; totalisateur pour centre de frais *m*
cost center code	Kostenstellennummer *f*	numéro de centre de frais *m*
counter	Zähler *m* (*Meßgerät~*)	compteur *m*, abr.: CPT
countercell	Gegenzelle *f*	contre-cellule *f*
counter chain	Zählkette *f*	chaîne de comptage *f*
counter pulse	Zähltakt *m*	impulsion de comptage *f*
countersunk screw	Senkschraube *f*	vis noyée *f*; vis à tête conique *f*
counting chain	Zählkette *f*	chaîne de comptage *f*
counting pulse	Zähltakt *m*	impulsion de comptage *f*
counting relay	Zählrelais *n*	relais de comptage *m*
couple	einkoppeln; koppeln; umschalten	coupler; commuter (coupler); basculer
coupler	Koppler *m*; Koppeleinheit *f*	coupleur *m*
coupling	Kopplung *f*	couplage *m*
coupling block	Koppelblock *m*	bloc de couplage *m*
coupling control	Koppelkontrolle *f*	gestion de couplage *f*
coupling control unit	Koppelsteuerwerk *n*	unité de commande du réseau de connexion *f*
coupling loss	Koppelverlust *m*	perte de couplage *f*
coupling network	Koppelvielfach *n*; Koppelmatrix *f*; Koppelfeld *n*, Abk.: KF; Koppelanordnung *f*; Koppelnetz *n*	réseau de connexion multiple *m*; matrice de commutation *f*; réseau de connexion *m*, abr.: RCX; réseau de couplage *m*
coupling unit	Koppler *m*; Koppeleinheit *f*	coupleur *m*
cover	bedecken; umfassen; abdecken	couvrir
coverage (~ *of network*)	Dichte *f* (*Netz~*)	densité *f* (~ *du réseau*)
coverage area	Abdeckungsbereich *m*; Flächendeckung *f*	zone de recouvrement *f*; zone de couverture *f*
cover(ing)	Abdeckung *f*; Deckel *m*	couverture *f*; couvercle *m*; capot *m*
cover plate	Deckplatte *f*; Abdeckblech *n*	plaque de couverture *f*; tôle de protection *f*; couvercle de protection *m*
cover sheet	Deckblatt *n*	page de garde *f*
CPK (abbr.) = call park	Parken *n*	parcage *m*

CPU (abbr.) = call pick-up	Heranholen von Anrufen *n*; Anrufübernahme *f*; Pickup *n*	interception d'appels *f*
CPU (abbr.) = central processing unit	CPU, Abk.: Zentraleinheit *f*	UC, abr.: unité centrale *f*; UC, abr.: unité centrale de traitement *f*
cradle switch	Hakenschalter *m*; Gabelumschalter *m*	commutateur à crochet *m*; contacteur à crochet *m*; contacts du crochet *m, pl;* commutateur *m* (*télécommunication*)
creased	gesickt	serti
crimp	crimpen	sertir; emboutir
crimp	Klemme *f*; Quetschvorrichtung *f*; Klammer *f*	borne *f*; broche terminale *f*; pince *f*; agrafe *f*; attache *f*
crimped	gesickt	serti
crimping tool	Crimpwerkzeug *n*	outil de sertissage *m*
criterion	Kriterium *n*	critère *m*; critérium *m*
crossbar switch	Koordinatenwähler *m*	commutateur crossbar *m*
crosspoint	Koppelpunkt *m*	point de connexion *m*
crosspoint setting	Koppelpunkteinstellung *f*	établissement du point de connexion *m*
cross section (*cable*)	Querschnitt *m* (Kabel~)	diamètre *m* (*câble*); section *f* (*câble*)
crosstalk	Nebensprechen *n*	diaphonie *f*
crosstalk attenuation	Übersprechdämpfung *f*; Nebensprechdämpfung *f*	affaiblissement de diaphonie *m*; affaiblissement diaphonique *m*
crosstalk coupling	Nebensprechkopplung *f*	capacité de couplage *f*
CRT display / ~ console	Anzeigegerät *n*; Anzeigeeinrichtung *f*	afficheur *m*
CS (abbr.) = circuit switching	Durchschaltetechnik *f*	technique de commutation *f*
CTD (abbr.) = Center for Telecommunication Development (in developing countries)	CTD, Abk.: Zentrum zur Förderung des Fernmeldewesens (in Entwicklungsländern) *n*	Centre pour le Développement des Télécommunications (dans les pays en voie de développement) *m*
CUG (abbr.) = closed user group	geschlossene Teilnehmergruppe *f*; geschlossene Benutzergruppe *f*	groupe fermé d'usagers *m*; groupement de postes *m*
current	laufend, aktuell	courant
current consumption	Energiebedarf *m*; Leistungsaufnahme *f*; Stromaufnahme *f*; Leistungsverbrauch *m* (*Watt*)	consommation en énergie *f*; consommation de courant / ~ ~ puissance *f*
current control	Strombegrenzung *f*	limitation du courant *f*
current distribution	Stromverteilung *f*	distribution de courant *f*
current limiting	Strombegrenzung *f*	limitation du courant *f*
current loop	Stromschnittstelle *f*	interface de courant *f*
cursor key	Pfeiltaste *f*	touche de flèche *f*
curve shape	Kurvenverlauf *m*	allure de la courbe *f*
customer	Kunde *m*; Auftraggeber *m*	client *m*; donneur d'ordre *m*; commettant *m*
customer address	Abnehmeradresse *f*	adresse de l'usager *f*
customer billing information	Gebührenmeldung *f*	message de taxation *m*
customer bundle	Abnehmerbündel *n*	faisceau d'usagers *m*
customer data	Kundendaten *n, pl,* Abk.: KD	données client *f, pl*
customer-specific	kundenspezifisch	relatif aux données client *f, pl*
customer statistics	Kundenstatistik *f*	statistique de clients *f*
custom intercom	Teamfunktion *f*	fonction d'intercommunication *f*
customized	kundenspezifisch	relatif aux données client *f, pl*
cut	trennen; schneiden; entriegeln; ausschneiden; auftrennen	déconnecter; couper; séparer; débrancher
cut-in	Eintreten *n*; Aufschalten (bei besetzt) *n*; Eintreteaufforderung *f*; Eintreteanruf *m*	intervention en ligne *f*; priorité avec écoute *f*; appel opératrice *m* (*faculté*)
cut in	aufschalten	entrer
cut-in key	Aufschaltetaste *f*, Abk.: AU-Taste	touche d'entrée en tiers *f*
cut-in on exchange line	Amtsaufschaltung *f*	routage de la connexion *m*
cut-in prevention	Aufschaltesperre *f*; Aufschaltverhinderung *f*	protection intrusion *f*; blocage d'entrée en tiers *f*

cut-in set — Aufschaltsatz *m* — appareil d'entrée en tiers *m*

cut-in tone — Eintretezeichen *n*; Aufschalteton *m*, Abk.: AT — signal d'entrée en tiers de l'opératrice *m*; tonalité d'entrée en tiers *f*

cut off (*verb*) — trennen; schneiden; entriegeln; ausschneiden; auftrennen — déconnecter; couper; séparer; débrancher

cut off (*state*) — unterbrochen (*Zustand*); abgeschaltet (*Zustand*) — déconnecté (*état*); coupé (*état*)

cut-off frequency — Eckfrequenz *f* — fréquence limite *f*

cut-off key — Trenntaste *f*, Abk.: T-Taste — touche de coupure *f*

cut-over — Einschaltung *f* — mise sous tension *f*; démarrage *m*

CW (abbr.) = call waiting — wartender Anruf *m*; Anklopfen *n* — signalisation d'appel en instance *f*; offre en tiers *f*; attente *f*

cycle — Zyklus *m* — cycle *m*

cyclic — zyklisch — cyclique

cyclic hunt group — Sammelanschluß, zyklischer ~ *m* — groupement de lignes cyclique *m*

cyclic storage — Umlaufspeicher *m* — sauvegarde cyclique *f*

cylindrical plug — Walzenstecker *m* — fiche cylindrique *f*; connecteur cylindrique *m*; douille cylindrique *f*

D

D-A conversion (abbr.) = digital (-to)-analog conversion	D/A Wandlung/Umsetzung, Abk.: Digital-Analog-Wandlung/ Umsetzung *f*	conversion numérique-analogique *f*
danger alarm system	Gefahrenmeldeanlage *f*	système d'alarme *m*
data	Daten *n, pl*	données *f, pl*
data acquisition, EDP	Dateneingabe *f*; Datenerfassung, EDV *f*	introduction des données *f*; entrée de données *f*; acquisition des données *f*; notation des données *f*; saisie de données *f*
data acquisition system	Datenerfassungssystem *n*	système d'acquisition de données *m*
data acquisition unit	Datenerfassungsgerät *n*	unité d'acquisition de données *f*
data address	Datenadresse *f*	adresse des données *f*
data backup	Sicherung (von Daten) *f*; Datensicherheit *f*; Datensicherung *f*	sécurité de données *f*; sauvegarde de données *f*
database, EDP, abbr.: DB	Datenbestand, EDV *m*	base de données, Edp *f*
data block	Datenblock *m*	paquet de données *m*
data carrier	Datenträger *m*	support de données *m*
data channel	Datenkanal *m*	canal de données *m*
data collection	Dateneingabe *f*; Datenerfassung, EDV *f*	introduction des données *f*; entrée de données *f*; acquisition des données *f*; notation des données *f*; saisie de données *f*
data communication	Datenkommunikation *f*	communication de données *f*
data communications equipment, abbr.: DCE	Datenübertragungseinrichtung *f*, Abk.: DÜE	appareil de transmission de données *m*
data connection	Datenverbindung *f*	liaison sémaphore de données *f*, abr.: LSD
data converter	Datenwandler *m*	convertisseur de données *m*
data converter center	Datenumsetzerstelle *f*, Abk.: DUST	poste de conversion de données *m*
data display equipment	Datenanzeigeeinrichtung *f*	console de visualisation de données *f*
data display unit	Datenanzeigeeinrichtung *f*	console de visualisation de données *f*
data engineering	Datentechnik *f*	technique de l'informatique *f*
data entry	Dateneingabe *f*; Datenerfassung, EDV *f*	introduction des données *f*; entrée de données *f*; acquisition des données *f*; notation des données *f*; saisie de données *f*
data exchange	Datenaustausch *m*	échange de données *m*
data feedback	Datenrückkopplung *f*	asservissement de données *m*
data file, EDP	Datei *f* (*EDV*)	fichier de données *m*
data input	Dateneingabe *f*; Datenerfassung, EDV *f*	introduction des données *f*; entrée de données *f*; acquisition des données *f*; notation des données *f*; saisie de données *f*
data interface	Datenschnittstelle *f*	interface de données *f*
data line	Datenleitung *f*	ligne de transmission de données *f*; ligne de données *f*
data link	Datenverbindung *f*	liaison sémaphore de données *f*, abr.: LSD
data link layer	Sicherungsschicht *f*	couche de liaison de données *f*
data loader	Datenladegerät *n*, Abk.: LG	moyen de chargement de données *m*
data medium	Datenträger *m*	support de données *m*
data multiple	Datenvielfach *n*	multiplex de données *m*
data network	Datennetz *n*	réseau de données *m*
data network control center, abbr.: NCC	Datennetzkontrollzentrum *n*, Abk.: DNKZ	centre de contrôle du réseau de données *m*

data network terminal	Datennetzabschlußgerät *n*, Abk.: DNG	appareil terminal de données *m*
data network terminating equipment	Datennetzabschlußeinrichtung, Abk.: DNAE	terminal de réseau de données *m*
data output	Datenausgabe *f*	sortie de données *f*
data preparation	Datenvorbereitung *f*; Datenaufbereitung *f*	préparation des données *f*
data privacy	Schutz von Datenverbindungen gegen Aufschalten *m*	protection des lignes de données contre l'intrusion *f*
data processing, abbr.: DP	Datenverarbeitung *f*	traitement de données *m*
data-processing system	Datensystem *n*; Datenverarbeitungsanlage *f*, Abk.: DVA	système de données *m*; installation de traitement de données *f*
data protection	Datenschutz *m*	protection de données *f*
data radio	Datenfunk *m*	données radio *f*, *pl*
data rate	Datenrate *f*	flux de données *m*
data reader	Datenleser *m*	lecteur de données *m*
data recording	Dateneingabe *f*; Datenerfassung, EDV *f*	introduction des données *f*; entrée de données *f*; acquisition des données *f*; notation des données *f*; saisie de données *f*
data recording equipment	Datenregistriereinrichtung *f*	équipement d'enregistrement de données *m*
data restriction	Schutz von Datenverbindungen gegen Aufschalten *m*	protection des lignes de données contre l'intrusion *f*
data security	Sicherung (von Daten) *f*; Datensicherheit *f*; Datensicherung *f*	sécurité de données *f*; sauvegarde de données *f*
data selector	Datenselektor *m*, Abk.: DSEL	sélecteur de données *m*
data sheet	Datenblatt *n*; technisches Datenblatt *n*	fiche de caractéristiques *f*; feuille de caractéristiques *f*; fiche technique *f*
data source	Datenquelle *f*	source de données *f*
data station	Datenstelle *f*	terminal de données *m*
data stock, EDP	Datenbestand, EDV *m*	base de données, Edp *f*
data storage device	Datenspeicher *m*	dispositif enregistreur de données *m*; dispositif de mise en mémoire *m*
data storage equipment	Datenspeicher *m*	dispositif enregistreur de données *m*; dispositif de mise en mémoire *m*
data support	Datenträger *m*	support de données *m*
data switching exchange, abbr.: DSE	Datenvermittlungsstelle *f*, Abk.: DVST	poste de commutation de données *m*
data switching exchange, circuit-switched	Datenvermittlungsstelle, leitungsvermittelt *f*, Abk.: DVSt-L	poste de commutation de données par circuits *m*
data switching exchange, packet-switched	Datenvermittlungsstelle, paketvermittelt *f*, Abk.: DVSt-P	poste de commutation de données par paquets *m*
data system	Datensystem *n*; Datenverarbeitungsanlage *f*, Abk.: DVA	système de données *m*; installation de traitement de données *f*
data terminal	Datenterminal *m*; Datenendeinrichtung *f*, Abk.: DEE	terminal de données *m*; terminal de transmission de données *m*
data terminal equipment	Datenterminal *m*; Datenendeinrichtung *f*, Abk.: DEE	terminal de données *m*; terminal de transmission de données *m*
data transfer	Datenübertragung *f*	transfert de données *m*; transmission de données *f*
data transmission	Datenübertragung *f*	transfert de données *m*; transmission de données *f*
data transmitter	Datengeber *m*	émetteur de données *m*
data validation	Datenprüfung *f*	scrutation de données *f*; contrôle de données *m*
date	Datum *n*	date *f*
date of delivery	Liefertermin *m*	date de livraison *m*
date of manufacture	Herstellungsdatum *n*	date de fabrication *f*
date transmitter	Datumgeber *m*	émetteur de la date *m*
day	Tag *m*	jour *m*
day/night changeover of tariff rates	Tag/Nacht-Umschaltung der Gebühren *f*	commutation du tarif jour/nuit *f*

DB, EDP (abbr.) = database	Datenbestand, EDV *m*	base de données, Edp *f*
DC (abbr.) = direct current	Gleichstrom *m*	CC, abr.: courant continu *m*
DC/AC converter	Wechselrichter *m*, Abk.: WE	onduleur *m*; convertisseur continu-alternatif *m*
DCE (abbr.) = data communications equipment	DÜE, Abk.: Datenübertragungseinrichtung *f*	appareil de transmission de données *m*
DC forward resistance (*semiconductor*)	Gleichstrom-Durchlaßwiderstand *m* (*Halbleiter*)	résistance passante *f* (*semiconducteur*)
D channel = ISDN channel on the subscriber line	D-Kanal m = ISDN-Steuerkanal = Steuerkanal auf der Teilnehmer-Anschlußleitung	canal D m = RNIS
DC-isolated communication line	abgeriegelte Fernmeldeleitung *f*	ligne de communication imperméable au CC *f* (*courant continu*)
DC push-button dialing	Gleichstrom-Tastwahl *f*	sélection par clavier pour courant continu *f*
DC signaling	Gleichstromsignalisierung *f*	signalisation en courant continu *f*
DC voltage converter	Gleichspannungswandler *m*	convertisseur continu-continu *m*; convertisseur à courant continu *m*
DC voltage module	Gleichspannungsmodul *n*	alimentation en courant continu *m*
DC voltage transformer	Gleichspannungswandler *m*	convertisseur continu-continu *m*; convertisseur à courant continu *m*
DDD (abbr.) = direct distance dialing	swf, Abk.: Selbstwählferndienst *m*; Selbstwählfernverkehr *m*	service interurbain automatique *m*; prise directe pour l'interurbain *f*
DDI (abbr.) = direct dial-in	Hereinwahl *f*	sélection directe *f*
dead	spannungslos	sans tension *f*
dealer	Händler *m*	commerçant *m*
deattenuation	Entdämpfung *f*	compensation de l'armortissement *f*; régénération *f*
debounce	Entprellung *f*	anti-rebonds *m*
debugger	Fehlersuchprogramm *n*	programme de recherche d'erreurs *m*
debugging (*software*)	Fehlersuche *f* (*Software*)	dépannage *m* (*logiciel*)
decay time (*pulse*)	Abfallzeit *f* (*Impuls*)	temps de mise à zéro *m* (*impulsion*)
decay time (*signal*)	Abklingzeit *f* (*Signal*)	durée de retour au zéro *f*; temps d'amortissement *m*
decentralized	dezentral	décentralisé
decibel(s)	Dezibel *n*, Abk.: dB	décibel *m*
decoder	Dekodierer *m*	décodeur *m*
decoder light pen	Lesestift *m*	lecteur de code barre *m*
decoupling capacitor	Entkopplungskondensator *m*	condensateur de découplage *m*
decoupling circuit	Entkopplungsschaltung *f*	circuit de découplage *m*
decrease	verringern (sich ~); abnehmen	réduire
dedicated circuit	festgeschaltete Verbindung *f*; Festverbindung *f*, Abk.: FV	circuit permanent *m*; circuit point-à-point *m*; connexion non commutée *f*; connexion fixe *f*
dedicated line	Standverbindung *f*; festgeschaltete Leitung *f*; Standleitung *f*	liaison fixe *f*; ligne spécialisée *f*, abr.: LS
deducible directory number	Rufnummer, Prinzip der konstruierbaren ~ *n*	numéro complet obtenu par construction *m*
defect	Fehler *m*	défaut *m*; erreur *f*; panne *f*
defective	defekt; schadhaft; fehlerhaft	défectueux; faux; fautif
define (*criteria*)	festlegen (*Kriterien*); definieren	définir (*critères*); déterminer
definition	Definition *f*; Bestimmung *f*	définition *f*; détermination *f*
deflection (*meter*)	Ausschlag *m* (*Anzeige*)	déviation *f* (*indication*); excursion *f* (*indication*)
degradation (*Brit*)	Alterung *f*	vieillissement *m*
degree of RFI	Funkstörgrad *m*	niveau de parasites *m*
delay	Zeitverzögerung *f*; Verzögerung *f*	retard *m*; retardation *f*; retardement *m*; délai *m*
delay circuit	Verzögerungsschaltung *f*	circuit de temporisation *m*; circuit retardateur *m*
delayed	verzögert	temporisé; retardé
delayed call	Vormerkgespräch *n*	appel avec attente *m*

delayed call transfer	Rufweiterleitung nach Zeit *f*	renvoi temporisé *m*
delayed, fixed call forwarding	verzögerte, feste Rufumleitung *f*	renvoi fixe temporisé *m*, abr.: RFT
delayed release	Abfallverzögerung *f*	retard au déclenchement *m*; retombée temporisée *f*
delay equalization	Laufzeitausgleich *m*	compensation du temps de propagation *f*
delay system	Wartesystem *n*	système à attente *m*
delete	löschen (*Speicher*); auflösen; streichen, tilgen	effacer; rayer
deleted	gelöscht; annuliert	effacé (*instrument*); annulé
delimiter	Begrenzer *m*	limiteur *m*
delivery	Lieferung *f*	livraison *f*
deluxe outfitting	Komfortausstattung *f*	équipement de luxe *m*
deluxe set	Komfortapparat *m*; Komforttelefon *n*	poste évolué *m*; téléphone évolué *m*
demagnetization	Entmagnetisierung *f*	démagnétisation *f*
demand	Bedarf *m*	besoin *m*; demande *f*
demand service	Anforderungsdienst *m*	service de demandes *m*
density (*~ of network*)	Dichte *f* (*Netz~*)	densité *f* (*~ du réseau*)
departmental account meter	Summenzähler für Kostenstelle *m*	compteur de taxes de frais *m*; totalisateur pour centre de frais *m*
depress	drücken	appuyer; actionner
depressed (*key*)	gedrückt (*Taste*)	appuyée (*touche*)
depth	Tiefe *f*	profondeur *f*
derivation	Ableitung *f* (*Verlust*)	dérivation *f* (*perte*)
description	Beschreibung *f*	description *f*; descriptif *m*
design	Bauweise *f*	système de construction *m*; exécution *f* (*construction*)
designation	Bezeichnung *f*; Benennung *f*	désignation *f*; nomenclature *f*
designation plate	Bezeichnungsschild *n*	plaque signalétique *f*
designation strip	Bezeichnungsstreifen *m*	réglette de poste-étiquettes *f*; étiquette de repérage *f*
design method	Entwurfsverfahren *n*	méthode de conception *f*; design *m*
design techniques	Entwurftechnik *f*	technique de conception *f*
desk housing	Tischgehäuse *n*	boîtier de table *m*
desk instrument	Fernsprechtischapparat *m*	poste de bureau *m*
desk-mounted set	Pulteinbau-Sprechstelle *f*	combiné monté sur pupitre *m*
desk set	Fernsprechtischapparat *m*	poste de bureau *m*
desk telephone	Fernsprechtischapparat *m*	poste de bureau *m*
desktop case	Tischgehäuse *n*	boîtier de table *m*
destination	Ziel *n*	but *m*; cible *f*; destination *f*
destination area	Zielbereich *m*	zone de destination *f*
destination (country) code	Landeskennzahl *f*	indicatif national *m*
destination exchange	Zielvermittlungsstelle *f*	central de destination *m*
destination identifier	Empfängererkennung *f*	code de destination *m*
destination key	Zieltaste *f* (*Telefon*)	touche de numérotation abrégée *f*
destination number	Zielnummer *f*	numéro de désignation *m*, abr.: ND; numéro de destinataire *m*
destination speed dialing	Zielwahl *f* (*Apparateleistungsmerkmal*)	numérotation automatique (complète) *f*; numérotation du destinataire *f*
detachable kit	aufsetzbarer Bausatz *m*	module enfichable *m*
detailed bill	Einzelabrechnung (*Gebühr*)	facturation détaillée *f*; facturation détaillée par communication *f*
detailed registration of call charges	Einzelgesprächserfassung *f*	enregistrement détaillé de taxes *m*; facturation détaillée des communications *f*
detect	auffinden	détecter
detector	Melder *m*; Detektor *m*	détecteur *m* (*général*)
determine	festlegen (*Kriterien*); definieren	définir (*critères*); déterminer
detour routing	Umweglenkung *f*	routage par voie détournée *m*
deviate (*frequency*)	abweichen (*Frequenz*)	dévier (*fréquence*)
deviation	Abweichung *f*; Ablenkung *f*	déviation *f*

device	Gerät *n*	appareil *m*; unité *f*; dispositif appareil *m*
device driver	Gerätetreiber *m*	driver d'unité *m*
device interface	Geräteinterface *n*, Abk.: GI	interface d'unité *f*
DGT (abbr.) = French general telecoms directorate	DGT, Abk.: Generaldirektion für Telekommunikation (franz. Behörde) *f*	DGT, abr.: Direction Générale des Télécommunications *f*;
diagram	Diagramm *n*; Blockschaltbild *n*	diagramme *m*
dial (*a number*)	anwählen (*eine Nummer* ~); auswählen; wählen	composer *m* (~ *un numéro*); numéroter; sélectionner
dial	Nummernschalter *m*	cadran décimal *m*
dial attempt	Wählversuch *m*	essai de numérotation *m*
dial beginning request	Wahlbeginnzeichen *n*; Wahlaufforderungszeichen *n*	signal de début de numérotation *m*; signal de numérotation *m*
dial changeover	Wahlumschaltung *f*	commutation d'appel *f*
dial changeover key	Wahlumschaltetaste *f*	touche de commutation d'appel *f*
dial code restriction facility	Rufnummernsperre *f*; Sperreinrichtung *f*; Sperrwerk *n*	discrimination d'appel *f*; discriminateur *m*; discrimination accès réseau pubic *f*; faculté de discrimination *f*
dial connection	Wählverbindung *f*	liaison commutée *f*; connexion commutée *f*
dialing	Wahl *f*, Abk.: W	numérotation *f*; numérotage *m*
dialing chip	Wählbaustein *m*	circuit intégré de numérotation *m*
dialing conversion	Vorwahlzuordnung, gehende ~ *f*	assignation de présélection sortante *f*
dialing indication	Wahlanzeige *f*	indicateur numérotation *m*, abr.: INUM
dialing information	Wahlinformation *f*	information de numérotation *f*
dialing method	Wahlverfahren *n*	principe de la sélection *m*; procédé de la sélection *m*
dialing request signal	Wahlbeginnzeichen *n*; Wahlaufforderungszeichen *n*	signal de début de numérotation *m*; signal de numérotation *m*
dialing time	Wähldauer *f*	durée de numérotation *f*
dialing tone	Wählton *m*, Abk.: WT, Abk.: W-Ton	signal de numérotation *m*; signal d'invitation à numéroter *m*; tonalité d'invitation à numéroter *f*, abr.: TIN; tonalité de numérotation *f*
dialing tone indication	Wähltonanzeige *f*	indicateur de tonalité *m*, abr.: ITON
dialog box	Dialogfeld *n*	boîte de dialogue *f*
dial plate selection	Nummernschalterwahl *f*, Abk.: NW	émission d'impulsions du cadran *f*; numérotation décimale *f*
dial pulse, abbr.: DP	Wahlimpuls *m*	impulsion de numérotation *f*
dial pulse meter	Wahlimpulszeitmesser *m*	contrôleur de durée d'impulsions de numérotation *m*
dial receiver	Wahlempfänger *m*	récepteur de numérotation *m*
dial receiver marker	Wahlempfängermarkierer *m*	marqueur de réception de numérotation *m*
dial receiver switching matrix (*network*)	Wahlempfängerkoppelfeld *n*	matrice de réception de numérotation *f*
dial reception	Wahlaufnahme *f*	réception de la numérotation *f*; acceptation de la numérotation *f*
dial retrieval	Wahlabruf *m*	retrieval à numéroter *m*
dial selection	Nummernschalterwahl *f*, Abk.: NW	émission d'impulsions du cadran *f*; numérotation décimale *f*
dial sender marker	Wahlsendermarkierer *m*	marqueur de transmission de la numérotation *m*
dial sender memory	Wahlsenderspeicher *m*	mémoire de transmission de la numérotation *f*
dialswitch	Nummernschalter *m*	cadran décimal *m*
dial tone	Wählton *m*, Abk.: WT, Abk.: W-Ton	signal de numérotation *m*; signal d'invitation à numéroter *m*; tonalité d'invitation à numéroter *f*, abr.: TIN; tonalité de numérotation *f*

dial tone detection	Erkennung des Wähltons *f*; Wähltonerkennung *f*	détection du signal de numérotation *f*
dial traffic	wahlfähiger Verkehr *m*; Wählverkehr *m*	trafic avec numérotation *m*
dial transmitter	Wahlsender *m*; Wahlgeber *m*	transmetteur de numérotation *m*; générateur de numérotation *m*
dialup line	Wählleitung *f*	circuit à exploitation automatique *m*
DID (abbr.) = direct inward dialing	DUWA, Abk.: Durchwahl *f*; Nebenstellendurchwahl *f*	SDA, abr.: sélection directe à l'arrivée *f*
DID circuit	DUE, Abk.: Durchwahlübertragung *f*	circuit de sélection directe à l'arrivée *m*
dielectric strength	Spannungsfestigkeit *f*; Durchschlagfestigkeit *f*	résistance diélectrique *f*
differential coupler	Differentialkoppler *m*	couple différentiel *m*
differentiate	differenzieren	différencier
digit	Ziffer *f*	élément numérique *m*; chiffre *m*
digital	digital	numérique
digital-analog converter	Digital-Analog-Konverter *m*	convertisseur numérique/analogique *m*, abr.: CNA
digital bit rate adaption	digitale Bitratenanpassung *f*, Abk.: D/B	adaptation numérique de débit *f*
digital channel	digitaler Übertragungskanal *m*	voie numérique *f*; voie de transmission numérique *f*
digital circuit	digitale Leitung *f* (*Schaltkreis*)	circuit numérique *m*
digital concentrator	digitaler Konzentrator *m*, Abk.: DIC	concentrateur numérique *m*
digital connecting unit	digitale Anschlußeinheit *f*, Abk.: DAE	unité de raccordement numérique *f*
digital connection	Digitalverbindung *f*	connexion numérique *f*
digital dialing system	Digital-Wählsystem *n*	système de sélection numérique *m*
digital-digital speed adaption	Digital-Digital-Geschwindigkeitsanpassung *f*, Abk.: D/D	adaptateur de vitesse numérique-numérique *m*
digital display	Digitalanzeige *f*	affichage numérique *m*
digital exchange	digitale zentrale Einrichtung *f*; digitale Vermittlung(sstelle) *f*, Abk.: DIV; Digital-Vermittlungseinrichtung *f*	commutateur numérique *m*; central numérique *m*
digital filter	digitaler Filter *m*	filtrage numérique *m*, abr.: FNU
digital image recording and transmission	digitale Bilderfassung und ~fernübertragung *f*	acquisition numérique et télévisualisation d'images *f*, abr.: ANTILOPE
digitalization	Digitalisierung *f*	numérisation *f*
digital line	Digitalanschluß *m*	ligne numérique *f*
digital link	digitale Übertragerverbindung *f*, Abk.: DUEV; digitaler Übertragungsabschnitt *m*	ligne de transmission numérique *f*; liaison numérique *f*; liaison de transmission numérique *f*
digital network	digitales Netz *n*	réseau numérique *m*
digital network termination	digitaler Netzabschluß *m*	terminal numérique de réseau *m*, abr.: TNR
digital path	Digitalsignalverbindung *f*, Abk.: DSV	connexion par signaux numériques *f*
digital road map	digitale Straßenkarte *f*	carte routière numérique *f*
digital signal	Digitalsignal *n*; digitales Signal *n*	signal numérique *m*
digital signaling method for private branch exchanges	digitales Kennzeichenverfahren für Nebenstellenanlagen Nr. 1, Abk.: DKZ-N1	signalisation numérique pour PBX *f*
digital subexchange	digitale Unteranlage *f*	concentrateur satellite numérique *m*, abr.: CSN
digital subscriber circuit	digitale Teilnehmerschaltung *f*, Abk.: TDN	circuit d'abonné numérique *m*; joncteur d'abonné numérique *m*, abr.: JAN
digital subscriber terminal	digitale Teilnehmerendeinrichtung *f*	terminaison numérique d'abonné *f*, abr.: TNA

digital switching, abbr.: DS	digitales Vermitteln *n*; digitale Durchschaltung *f*	commutation numérique *f*
digital switching node	digitaler Vermittlungsknoten *m*; digitaler Durchschalteknoten *m*	nœud de commutation numérique *m*
digital system	Digitalsystem *n*	système numérique *m*
digital technology	Digitaltechnik *f*	technique numérique *f*
digital telecommunication circuit	digitale Telekommunikations-leitung *f*	circuit numérique de télécommunications *m*
digital telecopier	digitaler Fernkopierer *m*	télécopieur numérique *m*
digital telephone	digitaler Fernsprechapparat *m*, Abk.: DigFeAp	poste numérique *m*
digital terminal	digitales Endgerät *n*	terminal numérique *m*
digital(-to)-analog conversion, abbr.: D-A conversion	Digital-Analog-Wandlung/Umsetzung *f*, Abk.: D/A Wandlung/ Umsetzung	conversion numérique-analogique *f*
digital transmission	digitale Übertragung *f*	transmission numérique *f*
digital transmission channel	digitaler Übertragungskanal *m*	voie numérique *f*; voie de transmission numérique *f*
digital transmission link	digitale Übertragerverbindung *f*, Abk.: DUEV; digitaler Übertragungsabschnitt *m*	ligne de transmission numérique *f*; liaison numérique *f*; liaison de transmission numérique *f*
digit emitter	Impulsgeber *m*	générateur d'impulsions *m*
digit input circuit, digital	Wahlaufnahmesatz, digital *m*, Abk.: WASD	récepteur de numérotation numérique *m*
digitization	Digitalisierung *f*	numérisation *f*
digit keys	Zahlengebertastatur *f*; Ziffern-tasten *f, pl*	clavier d'émetteur automatique d'impulsions *m*; clavier numérique *m*
dimension	Abmessung *f*; Bemessung *f*	dimension *f*; taille *f*; dimensionnement *m*
dimensional drawing	Maßzeichnung *f*	plan échelonné *m*
dimensioning	Abmessung *f*; Bemessung *f*	dimension *f*; taille *f*; dimensionnement *m*
DIN (abbr.) = German Institute for Stanardization	DIN, Abk.: Deutsches Institut für Normung; Deutsche Industrienorm	
diode	Diode *f*	diode *f*
direct access	automatische Wahl *f*; selbsttätige Wahl *f*; Selbstwahl *f*; Direktwahl *f*	numérotation automatique *f*; sélection directe *f*; prise directe *f*; appel automatique *m*
direct-access call	Direktruf *m*; Hotline *f*	appel direct (usagers internes) *m*; appel au décroché *m*
direct-access extension	Direktrufteilnehmer *m*	poste d'appel au décroché *m*
direct-access facility	Direktrufeinrichtung *f*	faculté d'appel au décroché *f*
direct access to external lines	direkte Amtswahl *f*	accès direct aux lignes réseau *m*
direct bundle selection	Richtungsausscheidung für Leitungsbündel *f*	routage de faisceau *m*
direct call	Direktanruf *m*	appel direct *m*
direct circuit group	Direktbündel *n*; direktes Bündel *n*	faisceau de premier choix *m*; faisceau de lignes directes *m*
direct connection	Direktrufdienst *m*; Direktverbindung *f*; Fernvermittlungsleitung *f*; Hotline-Dienst *m*	ligne directe *f*, abr.: LD
direct-control system	direkt gesteuertes System *n*	système à contrôle direct *m*; système à commande directe *m*
direct current, abbr.: DC	Gleichstrom *m*	courant continu *m*, abr.: CC
direct dial-in, abbr.: DDI	Hereinwahl *f*	sélection directe *f*
direct dialing	automatische Wahl *f*; selbsttätige Wahl *f*; Selbstwahl *f*; Direktwahl *f*	numérotation automatique *f*; sélection directe *f*; prise directe *f*; appel automatique *m*
direct-dialing traffic	Direktwahlverkehr *m*	trafic d'appel au décroché *m*
direct distance dialing, abbr.: DDD	Selbstwählferndienst *m*, Abk.: swf; Selbstwählfernverkehr *m*	service interurbain automatique *m*; prise directe pour l'interurbain *f*
direct extension-extension dialing	direkter Wahlverkehr zwischen Teilnehmern *m*	appel direct d'abonné à abonné *m*

direct individual access	Einzelruf *m*	accès direct individuel *m*
direct inward dialing, abbr.: DID	Durchwahl *f*, Abk.: DUWA; Nebenstellendurchwahl *f*	sélection directe à l'arrivée *f*, abr.: SDA
direct inward dialing circuit	Durchwahlübertragung *f*, Abk.: DUE	circuit de sélection directe à l'arrivée *m*
direction	Richtung *f*	direction *f*; sens *m*
directional antenna	Richtantenne *f*	antenne directionnelle *f*
directional coupling field	Richtungskoppelfeld *n*	matrice de routage *f*
directional coupling group	Richtungskoppelgruppe *f*	groupe de connexions de direction *m*
directional coupling network	Richtungskoppelnetz *n*	réseau de connexion de direction *m*
directional marker	Richtungsmarkierer *m*	marqueur de direction *m*
directional matrix field	Richtungskoppelfeld *n*	matrice de routage *f*
direction discrimination	Wegeauswahl *f*; Richtungsausscheidung *f*	sélection de route *f*; routage *m*
direction selection	Wegeauswahl *f*; Richtungsausscheidung *f*	sélection de route *f*; routage *m*
directive (*EU*)	Richtlinie *f*, Abk.: RL; Anweisung *f* (*Verordnung*)	directive *f*; instruction *f*; ordre *m*
direct line	Direktruf *m*; Hotline *f*	appel direct (usagers internes) *m*; appel au décroché *m*
director	Zuordner *m*; Umwerter *m*	translateur *m*; traducteur *m*
directory	Fernsprechbuch *n*; Telefonbuch *n*	annuaire téléphonique *m*
directory information service	Rufnummernauskunft *f*	service de renseignements téléphoniques *m*
directory inquiries (*service*)	Fernsprechauskunft *f*	information téléphonique *f*
direct outward dialing, abbr.: DOD	Vollamtsberechtigung *f*	autorisation globale réseau *f*; prise réseau sans discrimination *f*; prise directe *f*
direct route	Querweg *m*; Direktweg *m*	voie à fort trafic *f*; acheminement direct *m*
direct station selection, abbr.: DSS	Schnellruf *m*	appel direct *m* (*faculté*)
disable	sperren	bloquer; interdire; discriminer
disabled	gesperrt	verrouillé; bloqué
disassemble	zerlegen	séparer
disc (*Am*)	Platte *f* (*Schallplatte*); Scheibe *f*	disque *m*
discharge (*circuit*)	Entladung *f* (*Stromkreis*)	décharge *f*
disconnect (*connection*)	Freigabe *f* (*Verbindung*); Abwurf *m* (*Verbindung*); Auslösung *f* (*Verbindung*)	déblocage *m* (*connexion*); retour *m*, (*connexion*); libération *f* (*connexion*), abr.: LIB; couper le circuit
disconnect button	Trenntaste *f*, Abk.: T-Taste	touche de coupure *f*
disconnected (*state*)	unterbrochen (*Zustand*); abgeschaltet (*Zustand*)	déconnecté (*état*); coupé (*état*)
disconnection	Abschaltung *f*; Freischalten *n*	déconnexion *f*
disconnect signal	Schlußzeichen *n*	signal de libération *m*
discretely-timed signal	diskret-getaktetes Signal *n*	signal discret *m*; signal temporel discret *m*
discrete sampling pulse	Einzelabtastimpuls *m*	impulsion d'échantillonnage unique *f*
discriminating code	Auswahlkennziffer *f*; Ausscheidungsziffer *f*; Ausscheidungskennziffer *f*, Abk.: AKZ	code d'accès programmable *m*
discriminating ringing	Ruf, unterschiedlicher ~ *m*	sonnerie différenciée *f*
discrimination	Sperrung *f*; Sperre(n) f *n*; Diskrimination *f*	interdiction *f*; discrimination *f*, abr.: DISCRI
discrimination chain	Ausscheidungskette *f*	chaîne de discrimination / ~ ~ sélection *f*
discriminator	Rufnummernsperre *f*; Sperreinrichtung *f*; Sperrwerk *n*	discrimination d'appel *f*; discriminateur *m*; discrimination accès réseau pubic *f*; faculté de discrimination *f*
disengage	befreien; freimachen	libérer
disengaged	befreit; nicht angeschlossen, ~ verbunden	libéré

disk (*Brit*)	Platte *f* (*Schallplatte*); Scheibe *f*	disque *m*
disk drive, EDP	Laufwerk, EDV *n*; Plattenlaufwerk, EDV *n*	pilote *m*, Edp; lecteur de disquette, Edp *m*; driver, Edp *m*; unité de disques, Edp *f*
diskette	Diskette *f*	disquette *f*
disk storage, EDP	Plattenspeicher *m* (*EDV*)	disque mémoire *m*
dismount	entfernen; ausbauen	enlever; démonter; retirer
dismountable	abnehmbar	déconnectable; séparable; démontable
displace	verdrängen	repousser; déplacer
display	Anzeige *f*, Abk.: ANZ; Display *n*	affichage *m*; écran *m* (*affichage*)
display and control system	Anzeige- und Bediensystem *n*	système de contrôle et d'affichage *m*
display area (*telephone*)	Anzeigefeld *n* (*Telefon*), Abk.: AZF	zone d'affichage *f*; écran *m* (*téléphone*); bloc afficheur *m*
display block	Anzeigenblock *m*	bloc d'affichage *m*
display device	Anzeigegerät *n*; Anzeigeein-richtung *f*	afficheur *m*
display distribution	Anzeigeverteilung *f*	répartition d'affichage *f*
display equipment	Anzeigegerät *n*; Anzeigeein-richtung *f*	afficheur *m*
display field	Anzeigefeld *n* (*Telefon*), Abk.: AZF	zone d'affichage *f*; écran *m* (*téléphone*); bloc afficheur *m*
display off	Anzeige aus *f*	affichage éteint *m*
display of line status	Amtsleitungs-Zustandsanzeige *f*	indication d'état pour la ligne réseau *f*
display on	Anzeige ein *f*	affichage allumé *m*
display panel	Anzeigefeld *n* (*Telefon*), Abk.: AZF	zone d'affichage *f*; écran *m* (*téléphone*); bloc afficheur *m*
display panel	Anzeigetafel *f*	tableau d'affichage *m*
display section	Anzeigeteil *m*	zone d'affichage *f*
display system	Anzeigesystem *n*	système d'affichage *m*
display telephone	Bildfernsprecher *m*; Bildtelefon *n*; Videophon *n*; Videotelefon *n*	visiotéléphone *m*; vidéophone *m*; visiophone *m*
display unit	Anzeigegerät *n*; Anzeigeeinrich-tung *f*	afficheur *m*
disruptive voltage	Durchschlagspannung *f*	tension disruptive *f*
dissipated power	Verlustleistung *f*	puissance dissipée *f*
distance	Entfernung *f* (*Abstand*)	distance *f*
distance pieces	Distanzrohre *n, pl*	entretoises *f, pl*
distance sensor	Wegsensor *m*	détecteur de voie *m*
distant exchange	Gegenamt *n*	central opposé *m*
distant subscriber	Gegenteilnehmer *m*	abonné distant *m*
distant system	Gegenanlage *f*, Abk.: GEGA	système en duplex *m*; système distant *m*
distinctive ringing	Ruf, unterschiedlicher ~ *m*	sonnerie différenciée *f*
distortion	Verzerrung *f*	distorsion *f*
distortion factor	Klirrfaktor *m*	coefficient de distorsion harmo-nique *m*
distributed operating system	verteiltes Betriebssystem *n*	système d'opération partagé *m*
distribution box	Verteilerkasten *m*	boîte de distribution *f*
distribution frame	Verteiler *m*	répartiteur *m*
distributor	Verteiler *m*	répartiteur *m*
distributor system	Verteilsystem *n*	système de distribution *m*
district exchange	Zentralvermittlungsamt *n*; Zentral-amt *n*; Hauptamt *n*; Hauptvermitt-lungsstelle *f*, Abk.: HVSt	centre autonomie d'acheminement *m*, abr.: CAA; central principal *m*; centre principal *m*
district exchange traffic	Hauptamtsverkehr *m*	trafic du central principal *m*
district network	Bezirksnetz *n*	réseau régional *m*
disturbance	Fehlfunktion *f*; Störung *f*; Störbe-einflussung *f*; Fehlerstörung *f*; Ausfall *m*	défaut de fonctionnement *m*; perturbation *f*; dérangement *m*; panne *f*; avarie *f*; coupure *f*
diversion	Umleitung *f*	détournement *m*; ré-acheminement *m*
divide	teilen (*dividieren*); dividieren	diviser

DKC (abbr.) = convener executive set = originator executive set	DRE, Abk.: Einberufer-Chefapparat *m*	maître de conférence *m* (*poste chef*)
DND (abbr.) = do-not-disturb	Ruhe vor dem Telefon *f*; Anrufschutz *m* (*Leistungsmerkmal*)	interdiction de déranger *f*; ne pas déranger; repos téléphonique *m*; faculté "ne pas déranger" *f*; fonction "ne pas déranger" *f*; limitation des appels en arrivée *f*
DNDO (abbr.) = do-not-disturb override	Anrufschutz durchbrechen *m*	passer outre "ne pas déranger"; percer le repos téléphonique *m*
D-network	D-Netz *n*	réseau D *m*
DOD (abbr.) = direct outward dialing	Vollamtsberechtigung *f*	autorisation globale réseau *f*; prise réseau sans discrimination *f*; prise directe *f*
domestic network	Inlandsnetz *n*	réseau national *m*
domestic trunk access (*class of service*)	inlandswahlberechtigt, Abk.: sw1	accès urbain *m* (*classe de service*)
domestic trunk call	Inlands-Fernverbindung *f*	communication à longue distance nationale *f*; appel national *m*
domestic trunk traffic	Inlandsverkehr *m*	trafic interurbain *m*; trafic national *m*
do-not-disturb	Aufschaltesperre *f*; Aufschaltverhinderung *f*	protection intrusion *f*; blocage d'entrée en tiers *f*
do-not-disturb facility, abbr.: DND	Ruhe vor dem Telefon *f*; Anrufschutz *m* (*Leistungsmerkmal*)	interdiction de déranger *f*; ne pas déranger; repos téléphonique *m*; faculté "ne pas déranger" *f*; fonction "ne pas déranger" *f*; limitation des appels en arrivée *f*
do-not-disturb override, abbr.: DNDO	Anrufschutz durchbrechen *m*	passer outre "ne pas déranger"; percer le repos téléphonique *m*
do-not-disturb service	Ruhe vor dem Telefon *f*; Anrufschutz *m* (*Leistungsmerkmal*)	interdiction de déranger *f*; ne pas déranger; repos téléphonique *m*; faculté "ne pas déranger" *f*; fonction "ne pas déranger" *f*; limitation des appels en arrivée *f*
don't disturb	Ruhe vor dem Telefon *f*; Anrufschutz *m* (*Leistungsmerkmal*)	interdiction de déranger *f*; ne pas déranger; repos téléphonique *m*; faculté "ne pas déranger" *f*; fonction "ne pas déranger" *f*; limitation des appels en arrivée *f*
door handsfree device	Türfreisprecheinrichtung *f*	portier mains-libre *m*
door handsfree unit	Türfreisprecheinrichtung *f*	portier mains-libre *m*
door loudspeaker	Türlautsprecher *m*	haut-parleur de porte *m*; amplificateur portier *m*
door opener	Türöffner *m*	gâche électrique *f*; mécanisme d'ouverture de porte *m*
door visual indication equipment	Türtableau *n*; Türanzeigeeinrichtung *f*	panneau de porte *m*; équipement indicateur visible de porte *m*
dot-matrix printer	Matrix-Drucker *m*	imprimante à matrice *f*
double connection	Doppelverbindung *f*	connexion bidirectionnelle *f*
double echo	Nachhall *m*	réverbération *f*
downtime	Stillstandszeit *f*; Ausfallzeitraum *m*	temps d'arrêt *m*
DP (abbr.) = data processing	Datenverarbeitung *f*	traitement de données *m*
DP (abbr.) = dial pulse	Wahlimpuls *m*	impulsion de numérotation *f*
Draft European Prestandard	vorläufige europäische Vornorm *f*	projet de ENV *m*, abr.: prENV
Draft European Standard	vorläufige europäische Norm *f*	projet de EN *m*, abr.: prEN
drag roller	Spannrolle *f*	galet tendeur *m*
drain	leeren	vider
drill	bohren	percer
drilling	Bohrung *f*	perçage *m*
drive	ansteuern	exciter
drive (*relay contact*)	aussteuern (*Relaiskontakt*)	régler au maximum *m*

drive, EDP	Laufwerk, EDV *n*; Plattenlaufwerk, EDV *n*	pilote *m*, Edp; lecteur de disquette, Edp *m*; driver, Edp *m*; unité de disques, Edp *f*
driver	Treiber *m*, Abk.: TR	driver *m* (*télécommunication*); pilote *m*
driver and supervisory unit	Treiber- und Überwachungseinheit *f*, Abk.: TRU	unité de driver et de contrôle *f*
drop	Verlust *m*	perte *f*; perditance *f*
dropout	Dropout *m*	perte d'information *f*
dropped	entfällt (*bei Ausbau*)	démonté
DS (abbr.) = digital switching	digitales Vermitteln *n*; digitale Durchschaltung *f*	commutation numérique *f*
DS0 (abbr.) = Digital Linecard S0	DS0, Abk.: Digital Linecard S0, digitale Teinehmerschaltung	DS0, abr.: Digital Linecard S0, circuit d'abonné numérique
DSE (abbr.) = data switching exchange	DVST, Abk.: Datenvermittlungsstelle *f*	poste de commutation de données *m*
DSS (abbr.) = direct station selection	Schnellruf *m*	appel direct *m* (*faculté*)
DT0 (abbr.) = Digital Linecard TIE/T0	DT0, Abk.: Digital Linecard TIE/T0, digitale Anschlußorganbaugruppe	DT0, abr.: Digital Linecard TIE/T0, circuit numérique avec diverses possibilités de configuration
DTMF dialing (abbr.) = dual-tone multifrequency dialing	MFV, Abk.: Multifrequenzverfahren *n*; Mehrfrequenzwahlverfahren *n*	MF, abr.: numérotation multifréquence *f*
DTMF receiver	MFV-Empfänger *m*	récepteur MF (Q 23) de signalisation multifréquence *m*, abr.: MF
DTMF signaling	Mehrfrequenzsignalisierung *f*	signalisation multifréquence *f*
DTMF system	MFV-Verfahren *n*	procédé de signalisation multifréquence *m*; technique MF *f* (*multifréquence*)
DTMF transmitter	MFV-Sender *m*	émetteur MF *m* (*Q23*)
dual-telephone connection	Doppelanschluß *m*	connecteur téléphonique double *m*
dual-tone multifrequency dialing, abbr.: DTMF dialing	Multifrequenzverfahren *n*, Abk.: MFV; Mehrfrequenzwahlverfahren *n*, Abk.: MFV	numérotation multifréquence *f*, abr.: MF
dual-tone multifrequency signaling	Mehrfrequenzsignalisierung *f*	signalisation multifréquence *f*
DUART (abbr.) = Dual Asynchronous Receiver/Transmitter	DUART, Abk.: Dual Asynchronous Receiver/Transmitter	DUART, abr.: Dual Universal Asynchronous Receiver/Transmitter
dummy connection	Blindbelegung *f*	occupation fictive *f*
dummy jack	Blindbuchse *f*	douille entretoise *f*
dummy plug	Blindstopfen *m*	bouchon *m*
dummy traffic	Blindverkehr *m*	trafic fictif *m*
DUP0 (abbr.) = Digital Linecard UP0	DUP0, Abk.: Digital Linecard UP0, digitale Teinehmerschaltung	DUP0, abr.: Digital Linecard UP0, circuit d'abonné numérique
duplex	duplex, Abk.: dx	duplex *m*
duplex communication	Duplexbetrieb *m*; Gegensprechen *n*	fonctionnement en duplex *m*; téléphonie bidirectionelle *f*; téléphonie duplex *f*
duplex operation	Duplexbetrieb *m*; Gegensprechen *n*	fonctionnement en duplex *m*; téléphonie bidirectionelle *f*; téléphonie duplex *f*
duplex transmission	Zweiwegeübertragung *f*	transmission en duplex *f*
duplicated computer control	duplizierte Rechnersteuerung *f*	gestion dupliquée par ordinateur *f*
duration	Zeitdauer *f*	durée *f*
duration of holding	Belegungszeit *f*; Belegungsdauer *f*	temps d'occupation *m*; durée d'occupation *f*
dust cover	Staubschutzhülle *f*	housse *f*
dynamic memory	dynamischer Speicher *m*, Abk.: DSP	mémoire vive dynamique *f*
dynamic range	Dynamik *f* (*der Sprache*)	dynamique *f*

E

earpiece	Hörmuschel *f*	capsule d'écoute *f*
earth	Masse *f*	terre *f*; masse *f*
earth bar	Erdschiene *f*	barre de masse *f*
earth bus (*cable cabinet*)	Erdsammelschiene *f* (*Kabelschrank*)	bus de terre *m*
earth bus	Erdschiene *f*	barre de masse *f*
earth button	Erdtaste *f*	bouton de terre *m*; touche de mise à la terre *f*
earth button identification	Erdtastenerkennung *f*	identification du bouton de terre *f*
earth capacitance	Erdkapazität *f*	capacité par rapport à la terre *f*
earth-free	erdfrei	montage flottant *m*; non relié à la terre *f*
earthing (*Brit*)	Erdung *f*	système de mise à la terre *m*; mise à la terre *f*
earthing terminal	Erdanschlußklemme *f*	borne de terre *f*
earth station	Bodenstation *f*; Erdfunkstelle *f*	station au sol *f*
ease of operation	Bedienbarkeit *f*	facilité d'opération *f*
EATMS (abbr.) = electroacoustic transmission measuring system	OBDM, Abk.: objektiver Bezugsdämpfungsmeßplatz *m*	OREM, abr.: appareil de mesure objective d'affaiblissement équivalent *m*
EBCDIC (abbr.) = 8-bit code for IBM and compatible systems	EBCDIC, Abk.: 8-Bit-Code für IBM und kompatible Anlagen	EBCDIC, abr.: code à 8 bits pour installations IBM et compatibles
echo	Echo *n*	écho *m*
echo attenuation	Echodämpfung *f*	affaiblissement d'écho *m*
echo-transmission time	Echolaufzeit *f*	temps de propagation de l'écho *m*
ECT (abbr.) = explicit call transfer	Weitergabe *f*; Weiterverbinden *n*; Übergabe *f*; Umlegen *n* (*Ruf*)	transfert *m*
edit (*data*)	editieren (*Daten*); bearbeiten; nachbearbeiten	éditer
editing keys	Editiertasten *f, pl*	touches d'édition *f, pl*
edition	Ausgabe *f*	édition *f* (*logiciel*); sortie *f*
EDU (abbr.) = Error Display Unit	EDU, Abk.: Fehleranzeige *f* (*Error Display Unit*)	EDU, abr.: affichage des erreurs *m*
effect	Effekt *m*; Wirkung *f*; Auswirkung *f*	effet *m*
effect	wirken; einwirken	effectuer
effective	wirksam	efficient; actif; efficace
effective amplification	Wirkverstärkung *f*	gain transductique *m*
effective attenuation	Wirkdämpfung *f*	affaiblissement réel *m*
effective bit rate	Nutzbitrate *f*	flux numérique efficace *m*; débit efficace *m*
effective circuit diagram	Wirkschaltplan *m*	schéma effectif *m*
efficiency of speech	Sprechwirkungsgrad *m*	rendement acoustique *m*
EFTA (abbr.) = European Free Trade Association	EFTA, Abk.: Europäische Freihandelsgesellschaft *f*	AELE, abr.: Association Européenne de Libre Échange *f*
e.g. (abbr.) = for example (exempli gratia)	z.B., Abk.: zum Beispiel *n*	p.e(x)., abr.: par exemple *m*
electrical data	elektrische Daten *n, pl*	caractéristiques électriques *f, pl*
electrical engineering	Elektrotechnik *f*	électrotechnique *f*
electric field	Feld, elektrisches ~ *n*	champ électrique *m*
electric key sender	Nummerngeber *m*	émetteur de numéros *m*
electroacoustic transmission measuring system, abbr.: EATMS	objektiver Bezugsdämpfungsmeßplatz *m*, Abk.: OBDM	appareil de mesure objective d'affaiblissement équivalent *m*, abr.: OREM
electrolytic capacitor	Elektrolyt-Kondensator *m*, Abk.: Elko	condensateur électrolytique *m*
electromagnetic compatibility, abbr.: EMC	elektro-magnetische Verträglichkeit *f*, Abk.: EMV	compatibilité électromagnétique *f*, abr.: EMC

electromotive force, abbr.: EMF (resistance)	Kraft, elektromotorische ~ *f*, Abk.: EMK (Widerstand)	force électromotrice *f*, abr.: fem
electronic cut	elektronischer Schnitt *m*	coupure électronique *f*
electronic data switching system	Elektronisches Datenvermittlungssystem *n*, Abk.: EDS	système électronique de commutation de données *m*
electronic mail	elektronische Nachrichten *f*, *pl;* elektronische Post *f*	messagerie électronique *f*
electronic pulse generator	Impulsgeber *m*	générateur d'impulsions *m*
electronic subsystem	elektronische Unteranlage *f*	concentrateur satellite électronique *m*, abr.: CSE
electronic telephone directory	Elektronisches Telefonbuch *n*, Abk.: ETB	annuaire électronique *m*
electrostatic discharge	elektrostatische Entladung *f*	décharge électrostatique *f*, abr.: DES
electrotechnics	Elektrotechnik *f*	électrotechnique *f*
element	Element *n*; Bestandteil *m*	élément *m*
E-mail	E-Mail	messagerie électronique *f*
EMC (abbr.) = electromagnetic compatibility	EMV, Abk.: elektro-magnetische Verträglichkeit *f*	EMC, abr.: compatibilité électromagnétique *f*
emergency call	Notruf *m*; Notanruf *m*	appel d'urgence *m*; appel de secours *m*
emergency operation	Notbetrieb *m*	fonctionnement secouru *m*
emergency operation authorization	Notbetriebsberechtigung *f*	autorisation au service secouru *f*
emergency power supply	Netzersatzapparatur *f*; Notstromversorgung *f*	alimentation secourue *f*
EMF (abbr.) = electromotive force	EMK, Abk.: Kraft, elektromotorische ~ *f* (Widerstand)	fem, abr.: force électromotrice *f*
employ	verwenden	employer; se servir (de); utiliser
empty	leeren	vider
E & M signaling	E & M-Signalisierung *f*	procédure RON et TRON *f*
enable	aktivieren	activer
enabling a line	Entsperren einer Leitung *f*; Freigabe einer Leitung *f*	déblocage d'une ligne *m*
encoder	Kodierer *m*	codeur *m*
end	Ende *n*	bout *m*; fin *f*
end button	Schlußtaste *f*, Abk.: S-Taste; Endetaste *f*	bouton de fin *m*; bouton de libération *m*
end exchange	Ortsvermittlungsstelle *f*, Abk.: OVSt; Ortsamt *n*; Endamt *n*; Ortsvermittlung *f*; Endvermittlungsstelle *f*, Abk.: EVSt	central local *m*, abr.: CLASS 5; centre de commutation local *m*; service urbain des télécommunications *m*; centre local *m*, abr.: CL; central régional *m*; centre terminal de commutation *m*; central terminal / ~ urbain *m*
end marker	Endmarkierer *m*	marqueur final *m*
end of clearing signal	Wahlendezeichen *n*	signal de fin de numérotation *m*
end of dialing	Wahlende *n*	fin de numérotation *f*
end of dialing signal	Wahlendezeichen *n*	signal de fin de numérotation *m*
end-of-paper warning	Papieralarm *m*	alarme fin de papier *f*
end of selection	Wahlende *n*	fin de numérotation *f*
end-of-selection signal	Wahlendezeichen *n*	signal de fin de numérotation *m*
endorsement	Sichtvermerk *m*	visa *m*
end-to-end signaling	durchgehende Signalisierung *f*	signalisation de bout en bout *f*
end-to-end traffic	End-End-Verkehr *m*	trafic point à point *m*
energize (*relay*)	erregen (*Relais*); ansprechen (*Relais*)	exciter (*un relais*)
engage (*line*)	belegen (*Leitung*)	occuper (*un circuit*); affecter (*un circuit*)
engage	einrasten; einschnappen	enficher; encliqueter
engaged	besetzt	occupé
engineering	Technik *f*	technique *f*; technologie *f*
enlargement	Ausdehnung *f*; Erweiterung *f*; Expansion *f*	expansion *f*; extension *f*

enquire (*Brit*)	abfragen	se renseigner; répondre; interroger
enquiry call	Rückfrageverbindung *f*	connexion de rétro-appel *f*
ENV (abbr.) = European Pre-Standard	Europäische Vornorm *f*	Prénorme Européenne *f*
envelope delay	Gruppenlaufzeit *f*	temps de propagation de groupe *m*
envelope delay distortion	Laufzeitverzerrung *f*	distorsion de phase *f*; distorsion du temps de propagation *f*
envelope velocity	Gruppengeschwindigkeit *f*	vitesse de propagation de groupe *f*
environmental condition	Umgebungsbedingung *f*	condition ambiente *f*; condition d'environnement *f*
EOC (abbr.) = Electrical Optical Converter	EOC, Abk.: Electrical Optical Converter, elekt./optischer Umformer	EOC, abr.: Electrical Optical Converter, convertisseur optoélectronique
equalization range (*received signal*)	Entzerrbereich *m* (*Empfangssignal*)	domaine de correction *m*
equipment	Bestückung *f*; Konfigurierung, Konfiguration *f*; Anordnung *f*; Ausrüstung *f*	configuration *f*, abr.: CONFIG; équipement *m*, abr.: éqt; implantation *f*
equipment alarm	Gerätealarm *m*	alarme système *f*
equipment number program	Positionsnummernvielfach *n*	numéro d'équipement *m*, abr.: NE
equipment program	Positionsnummernvielfach *n*	numéro d'équipement *m*, abr.: NE
equipment room	Apparaturraum *m*	cabine *f*
equipment specifications	Spezifikation *f*; Pflichtenheft *n*; Leistungsbeschreibung *f*	cahier de charges *m*
equipping variant	Bestückungsvariante *f*	variante d'équipement *f*
equivalent	gleichwertig	équivalent
equivalent circuit	Ersatzschaltung *f*	circuit équivalent *m*; réseau équivalent *m*
equivalent types	gleichwertige Typen *f, pl*	types équivalents *m, pl*
erase	löschen (*Speicher*); auflösen; streichen, tilgen	effacer; rayer
erase button	Irrungstaste *f*; Löschtaste *f*	touche de dérangement *f*
erased	gelöscht; annuliert	effacé (*instrument*); annulé
erase memory	Speicher löschen *m*	effacer une mémoire
erase signal	Löschsignal *n*	signal d'effacement *m*
erlang (traffic unit)	Erlang *n*	erlang *m*
error	Fehler *m*	défaut *m*; erreur *f*; panne *f*
error control	Fehlerüberwachung *f*	surveillance d'erreurs *f*
error detection	Fehlererkennung *f*	détection d'erreur *f*
error diagnosis	Fehlerdiagnose *f*	diagnostic d'erreur *m*
error message	Fehlermeldung *f*	message d'erreur *m*
error propagation	Fehlerfortpflanzung *f*	propagation de l'erreur *f*
error pulse rate	Fehlerimpulshäufigkeit *f*	taux d'impulsion d'erreur *m*
error rate	Fehlerrate *f*	taux d'erreurs *m*
error source	Fehlerquelle *f*	source d'erreurs *f*
error switch	Irrungstaste *f*; Löschtaste *f*	touche de dérangement *f*
establish (*connection, call*)	aufbauen (*Verbindung, Gespräch*)	établir (*une communication / liaison*)
etch	ätzen	corroder
ETSI (abbr.) = European Telecommunications Standards Institute	ETSI, Abk.: Europäisches Institut für Telekommunikationsstandards *n*	Institut Européen des Normes de Télécommunications *m*
EU (abbr.) = European Union	EU, Abk.: Europäische Union	UE, abr.: Union Européenne
Eurocard (*Euroformat card*)	Europakartenformat *n*	carte européenne *f*
European Committee for Electrotechnical Standardization	Europäisches Komitee für elektrotechnische Normung *n*	Comité Européen de Normalisation Électrotechnique *m*, abr.: CENELEC
European Committee for Standardization	Europäisches Komitee für Normung *n*	Comité Européen de Normalisation *m*, abr.: CEN
European Free Trade Association, abbr.: EFTA	Europäische Freihandelsgesellschaft *f*, Abk.: EFTA	Association Européenne de Libre Échange *f*, abr.: AELE
European Standard	Europäische Norm *f*	Européenne Norme *f*, abr.: EN
European Telecommunications Standard	Europäische Norm für Telekommunikation *f*	Norme Européenne de Télécommunications *f*, abr.: NET
European Telecommunications Standards Institute, abbr.: ETSI	Europäisches Institut für Telekommunikationsstandards *n*, Abk.: ETSI	Institut Européen des Normes de Télécommunications *m*

European Union, abbr.: EU	Europäische Union, Abk.: EU	Union Européenne, abr.: UE
Eurosignal	Eurosignal *n*	Eurosignal *m*
Eurosignal receiver	Eurosignalempfänger *m*	récepteur Eurosignal *m*
evaluate	auswerten (*Daten usw.*)	interpréter; utiliser; évaluer
evaluation	Auswertung *f*; Wertung *f*	évaluation *f*
evaluation unit	Auswerteeinrichtung *f*	interpréteur *m*; analyseur *m*
event	Anreiz *m*; Ereignis *n*	excitation *f*; événement *m*
event bit	Anreizbit *n*	bit d'excitation *m*; bit d'événement *m*
event detector	Anreizsucher *m*	détecteur (d'excitation) *m*
event indicator	Anreizindikator *m*	indicateur d'événement *m*
examination	Prüfung *f*; Untersuchung *f*	vérification *f*
exceed	überschreiten	dépasser
except	ausnehmen; ausschließen	faire une exception *f*; exclure
exceptional call report	Einzelgesprächsbericht *m*	rapport individuel de communication *m*
excerpt	Auszug *m*	extrait *m*
exchange	öffentliche Vermittlungsstelle *f*; Amt *n*; Vermittlungsstelle *f*, Abk.: VSt; Vermittlung *f* (*Anlage*); Vermittlungsamt *n*; Fernsprechamt *n*; Zentrale *f*	central public *m*; central téléphonique *m*; commutateur *m* (*central public*); installation téléphonique *f*
exchange	wechseln; austauschen; tauschen; auswechseln	échanger; remplacer; changer
exchange area	Anschlußbereich *m*	circonscription téléphonique *f*
exchange battery	Amtsbatterie *f*	batterie du central (public) *f*
exchange call (*Brit*)	externes Gespräch *n*; Amtsgespräch *n*	appel externe *m*; appel réseau *m*; communication réseau *f*
exchange call number	Amtsrufnummer *f*	numéro d'appel réseau *m*
exchange circuit	Amtsorgan *n*	organe circuit réseau *m*
exchange code (*Brit*)	Amtskennzahl, -ziffer *f*; Amtsziffer *f*	code réseau *m*; code de numérotation réseau *m*
exchange connection	vermittelte Verbindung *f*	connexion de commutateur *f*
exchange device	Austauschgerät *n*; Austauschteil *n*	unité d'échange *f*, abr.: UE
exchange dial tone	Amtswählton *m*; Amtszeichen *n*	tonalité d'invitation à numéroter *f*
exchange equipment	Vermittlungseinrichtung *f*	équipement de commutation *m*
exchange file	Amtskartei *f*	fichier réseau *m*
exchange hybrid	Amtsgabel *f*	circuit hybride *m*
exchange line (*Brit*)	Amtsleitung *f*, Abk.: Al	ligne réseau *f*, abr.: LR; ligne principale *f*
exchange line barring button	Amtssperrtaste *f*	touche d'interdiction réseau *f*
exchange line bundle	Amtsbündel *n*	faisceau de lignes réseau *m*
exchange line call	externes Gespräch *n*; Amtsgespräch *n*	appel externe *m*; appel réseau *m*; communication réseau *f*
exchange line call attempt	Amtsbegehren *n*	demande d'accès au réseau *f*
exchange line circuit	Amtsverbindungssatz *m*; Amtsleitungsübertragung *f*, Abk.: AUE; Amtsübertrager *m*; Amtsübertragung *f*, Abk.: AUE; Amtsverbindungssatz *m*	joncteur réseau *m*, abr.: JAR; translateur de ligne réseau *m*; circuit de ligne réseau *m*
exchange line connection	Amtsverbindung *f*	connexion réseau *f* (*ligne au central*)
exchange line holding coil	Amtshaltedrossel *f*	self de garde du réseau *f*; bobine de garde du réseau *f*
exchange line jumpering	Amtsleitungsrangierung *f*	répartition des lignes de réseau *f*
exchange line junction	Amtsverbindungssatz *m*; Amtsleitungsübertragung *f*, Abk.: AUE; Amtsübertrager *m*; Amtsübertragung *f*, Abk.: AUE; Amtsverbindungssatz *m*	joncteur réseau *m*, abr.: JAR; translateur de ligne réseau *m*; circuit de ligne réseau *m*
exchange line junction control	Amtsverbindungssatzsteuerung *f*	gestion des joncteurs réseau *f*
exchange line relay set	Amtsleitungsübertrager *m* (*Wählanlage*)	relais de ligne réseau *m*
exchange line repeater coil	Amtsleitungsübertrager *m*	translateur de ligne réseau *m*

exchange line transformer	Amtsleitungsübertrager *m*	translateur de ligne réseau *m*
exchange line trunk group	Amtsbündel *n*	faisceau de lignes réseau *m*
exchange office	öffentliche Vermittlungsstelle *f*; Amt *n*; Vermittlungsstelle *f*, Abk.: VSt; Vermittlung *f* (*Anlage*); Vermittlungsamt *n*; Fernsprechamt *n*; Zentrale *f*	central public *m*; central téléphonique *m*; commutateur *m* (*central public*); installation téléphonique *f*
exchange of identification	Kennungsaustausch *m*	échange d'identification *m*
exchange of signals	Zeichenaustausch *m*	échange de signaux *m*
exchange part	Austauschgerät *n*; Austauschteil *n*	unité d'échange *f*, abr.: UE
excite (*relay*)	erregen (*Relais*); ansprechen (*Relais*)	exciter (*un relais*)
exclude	ausnehmen; ausschließen	faire une exception *f*; exclure
execute (*e.g. signal*)	ausführen (*z.B. Signal*)	exécuter (*p.ex. signal*)
execution	Ausbaustufe *f*; Version *f*; Ausführung *f*; Baustufe *f*; Machart *f*	version *f*; exécution *f*
executive/secretary extensions	Chefanlage *f*	postes patron/secrétaire *m, pl*
executive/secretary function	Chef/Sekretär-Funktion *f*	fonction patron/secrétaire *f*
executive/secretary working	Chef/Sekretär-Funktion *f*	fonction patron/secrétaire *f*
executive set	Chefapparat *m*	poste de directeur *m*
executive system	Vorzimmeranlage *f*	système patron/secrétaire *m*; poste patron/secrétaire *m*; installation de filtrage *f*
exempt	ausnehmen; ausschließen	faire une exception *f*; exclure
existing	vorhanden; verfügbar	existant; disponible
expansion	Ausdehnung *f*; Erweiterung *f*; Expansion *f*	expansion *f*; extension *f*
expansion module	Erweiterungsbaugruppe *f*	module d'extension *m*
expected level (*Am*)	Meßpegel *m*	niveau de mesure *m*; dénivellement *m*; niveau attendu *m*
experimental arrangement	Versuchsanordnung *f*	mise en place d'un test *f*
experimental communications satellite	Versuchs-Nachrichten-Satellit *m*	satellite expérimental de télécommunications *m*
explicit call transfer, abbr.: ECT	Weitergabe *f*; Weiterverbinden *n*; Übergabe *f*; Umlegen *n* (*Ruf*)	transfert *m*
extendible	ausziehbar	extensible
extensible	ausziehbar	extensible
extension (*functions*)	Ausdehnung *f*; Erweiterung *f*; Expansion *f*	expansion *f*; extension *f*
extension (*telephone*)	Nebenstellenapparat *m*; Nebenstelle *f*, Abk.: NSt	poste supplémentaire *m*, abr.: P.S.
extension access status	Teilnehmerberechtigung *f*	discrimination des abonnés d'extension *f*; catégorie d'accès individuelle *f*
extension allotter	Teilnehmerzuordner *m*	attribution de l'extension abonné *f*
extension answering	Teilnehmermeldung *f*	information d'abonné *f*
extension busy	Teilnehmer besetzt *m*	poste abonné occupé *m*
extension busy condition	Teilnehmerbesetztzustand *m*	condition d'abonné occupé *f*
extension busy indication	Besetztanzeige *f*	indication de poste occupé *f*; signal lumineux d'occupation *m*; signal lumineux de prise *m*
extension cable	Verlängerungsleitung *f*	ligne de prolongement *f*
extension call charge recording	Teilnehmergebührenerfassung *f*	taxation d'abonnés *f*
extension circuit	Teilnehmerschaltung *f*, Abk.: TS	circuit d'abonné *m*; circuit d'usager *m*; joncteur d'abonné *m*, abr.: JAB
extension class of service	Teilnehmerberechtigung *f*	discrimination des abonnés d'extension *f*; catégorie d'accès individuelle *f*
extension control	Teilnehmersteuerung *f*	commande des équipements d'abonné *f*
extension coupler	Teilnehmerkoppler *m*	coupleur d'abonné *m*
extension group	Teilnehmergruppe *f*	groupe d'abonnés *m*

extension group connector	Teilnehmergruppenverbinder *m*	connecteur de groupes d'abonnés *m*
extension group number translator	Gruppennummernzuordner *m*	traducteur du numéro de groupe d'abonnés *m*
extension hunting	Sammelanschluß *m*	lignes groupées *f, pl;* groupement de postes, ~ de lignes *m*
extension identification	Teilnehmeridentifizierung *f*	identification d'abonnés *f*
extension identifier	Teilnehmererkenner *m*	identificateur d'abonné *m*
extension jumpering	Teilnehmerrangierung *f*	répartition d'abonné *f*
extension line	Nebenanschlußleitung *f*, Abk.: NAL; Nebenanschluß *m*	ligne de poste secondaire *f*; poste supplémentaire *m*, abr.: P.S.; raccordement secondaire *m*
extension line circuit	Teilnehmerschaltung *f*, Abk.: TS	circuit d'abonné *m*; circuit d'usager *m*; joncteur d'abonné *m*, abr.: JAB
extension marker	Teilnehmermarkierer *m*	marqueur d'abonné *m*
extension matrix	Teilnehmer-Koppelfeld *n*	matrice d'abonnés *f*
extension number	Teilnehmerrufnummer *f*; Teilnehmernummer *f*	numéro d'appel d'abonné *m*; numéro de poste *m*; numéro d'abonné *m*
extension offering coincidence	Teilnehmeranbietekoinzidenz *f*	coïncidence d'abonnés d'extension *f*
extension rate bill	Gebührenrechnung des Teilnehmers *f*	facturation abonné *f*
extension rate meter	Teilnehmerzähler *m*	compteur d'abonné *m*
extension recognizing unit	Teilnehmererkenner *m*	identificateur d'abonné *m*
extension set	Nebenstellenapparat *m*; Nebenstelle *f*, Abk.: NSt	poste supplémentaire *m*, abr.: P.S.
extension switching group	Teilnehmerkoppelgruppe *f*	groupe de couplage d'abonnés *m*
extension switching network	Teilnehmerkoppelnetz *n*	réseau de couplage d'abonnés *m*
extension test set	Teilnehmerprüfgerät *n*	testeur de lignes d'abonné *m*
extension-to-extension call	Hausgespräch *n*; Interngespräch, internes Gespräch *n*; Internruf *m*	numérotation d'accès à l'opératrice *f*; appel intérieur *m*
extent	Ausmaß *n* (*Größe*); Größe *f*	grandeur *f*
external	extern; außen	extérieur; externe
external blocking	Blockierung, äußere ~ *f*	blocage extérieur *m*
external busy indication (*operator position*)	Extern-Besetztkennung *f* (*Vermittlungsplatz*)	signalisation occupé externe *f* (*P.O.*)
external call	externes Gespräch *n*; Amtsgespräch *n*	appel externe *m*; appel réseau *m*; communication réseau *f*
external connection	Externverbindung *f*	communication externe *f*; liaison externe *f*
external dialing	Externwahl *f*	numérotation externe *f*; sélection externe *f*
external extension / ~ station	Nebenstelle, außenliegende ~ *f*; Außennebenstelle *f*	poste distant *m*
external line code	Amtskennzahl, -ziffer *f*; Amtsziffer *f*	code réseau *m*; code de numérotation réseau *m*
external sync clock	externer Synchrontakt *m*, Abk.: EXSYN	top de synchronisation externe *m*
external voltage	Fremdspannung *f*	tension indépendante *f*; tension externe *f*
extinguish	verlöschen; löschen (*verlöschen*)	éteindre
extra bit	Zusatzbit *n*	bit supplémentaire *m*
extract	Auszug *m*	extrait *m*

F

facility	Einrichtung *f*; Hilfsmittel *n*	facilité *f*
facsimile (*recorder*)	Fernkopierer *m* (*Gerät*); Faxgerät *n*	télécopieur *m* (*enregistreur*)
facsimile transmission service	Telefaxdienst *m*, Abk.: Tfx	service téléfax *m*; service de télécopie *m*
fade-in	Texteinblendung *f*	composition de texte *f*
fading	Schwund *m* (*Radio/Telefon n*)	fading *m*
fading one image into another	überblenden	enchaîner
failure	Fehlfunktion *f*; Störung *f*; Störbeeinflussung *f*; Fehlerstörung *f*; Ausfall *m*	défaut de fonctionnement *m*; perturbation *f*; dérangement *m*; panne *f*; avarie *f*; coupure *f*
failure density	Ausfallhäufigkeitsdichte *f*	taux de pannes *m*
failure indication	Alarmmeldung *f*; Störungssignal *n*; Störungsmeldung *f*	signal d'alarme *m*; message de perturbation *m*; indication de dérangement *f*
failure rate	Ausfallrate *f*	taux de pannes *m*
fall time (*switching transistor and pulses*)	Abfallzeit *f* (*Schalttransistor und Impulse*)	temps de décroissance *m* (*transistor*)
falsification	Verfälschung *f*	falsification *f*
far-end crosstalk	Fernnebensprechen *n*	télédiaphonie *f*
fast	schnell	vite; rapide
fault	Fehler *m*	défaut *m*; erreur *f*; panne *f*
fault diagnosis	Fehlerdiagnose *f*	diagnostic d'erreur *m*
fault location	Fehlerortung *f*	localisation de défauts *f*
fault location (*hardware*)	Fehlersuche *f* (*Hardware*)	dépannage *m* (*matériel*)
fault message	Fehlermeldung *f*	message d'erreur *m*
fault monitoring	Fehlerüberwachung *f*	surveillance d'erreurs *f*
fault recording	Störungsannahme *f*	réception de dérangements *f*
fault recording	Störungsaufzeichnung *f*	enregistrement des dérangements *m*
fault report	Alarmmeldung *f*; Störungssignal *n*; Störungsmeldung *f*	signal d'alarme *m*; message de perturbation *m*; indication de dérangement *f*
fault report / ~ signal	Fehlermeldung *f*	message d'erreur *m*
fault signal	Alarmmeldung *f*; Störungssignal *n*; Störungsmeldung *f*	signal d'alarme *m*; message de perturbation *m*; indication de dérangement *f*
faulty dialing	falsch wählen	numérotation erronée *f*
faulty selection	Falschwahl *f*	fausse numérotation *f*
faulty switching	Falschverbindung *f*; Fehlschaltung *f*	fausse connexion *f*; connexion erronée *f*
fax (*recorder*)	Fernkopierer *m* (*Gerät*); Faxgerät *n*	télécopieur *m* (*enregistreur*)
fax (*writing*)	Telefax *n* (*Schriftstück*); Fax *n* (*Schriftstück*)	télécopie *f* (*message*)
FAX group 3 - FAX group 4 converter	Fax G3 - Fax G4 - Umsetzer *m*, Abk.: FFU	convertisseur de téléfax G3/G4 *m*
fax machine	Fernkopierer *m* (*Gerät*); Faxgerät *n*	télécopieur *m* (*enregistreur*)
fax service	Telefaxdienst *m*, Abk.: Tfx	service téléfax *m*; service de télécopie *m*
fax thermal paper	Thermofaxpapier *n*	papier thermique pour télécopieurs *m*; Fax à papier thermoréactif
FDM (abbr.) = frequency-division multiplex	Frequenzmultiplex *n*	multiplexage fréquentiel *m*
feature	Leistungsmerkmal *n*, Abk.: LM	faculté *f*; fonction *f*; facilité *f*; fonctionnalité *f*
feature set	Komfortapparat *m*; Komforttelefon *n*	poste évolué *m*; téléphone évolué *m*
feature telephone	Komfortapparat *m*; Komforttelefon *n*	poste évolué *m*; téléphone évolué *m*

Federal Bureau for Telecommunications (*telecommunications engineering centre*)	Fernmeldetechnisches Zentralamt *n*, Abk.: FTZ	Département Technique Central des Télécommunications (*centre technique de télécommunications*)
Federation of Telecommunication Engineers of the European Community, abbr.: FITCE;	Föderation der Ingenieure des Fernmeldewesens der Europäischen Gemeinschaft *f*, Abk.: FITCE;	Fédération des Ingénieurs des Télécommunications de la Communauté Européenne *f*, abr.: FITCE
fee	Gebühr *f*	redevance *f*; taxe *f*; tarif *m*
feed	speisen	alimenter
feed (*advance*)	Vorlauf *m*; Vorschub *m*	avance *f*; avancement *m*
feedback	Rückkopplung *f*	asservissement *m*
feedback loss	Umlaufdämpfung *f*	affaiblissement de réaction *m*
feeding bridge	Speisebrücke *f*	pont d'alimentation *m*
feeding loss	Speisestromdämpfung *f*	affaiblissement d'alimentation *m*
feed-through, PCB	Auge, durchplattiertes ~ *n* (*LP*); durchkontaktierte Bohrung *f*	trou métallisé *m*
female multipoint connector	Federleiste *f*	jack à ressorts *m*
fiber optic(al) cable	Lichtwellenleiterkabel *n*; Glasfaserkabel *n*	câble de fibres optiques *m*
fiber-optic connection	Glasfaser-Anschluß *m*	connexion fibres optiques *f*
fiber optics, abbr.: FO	Glasfasertechnik *f*	technique des fibres optiques *f*
fiber-optics network	Glasfasernetz *n*	réseau à fibres optiques *m*
fiber-optic telecommunications system	Fernmeldeanlage mit Glasfaserkabel *f*	système de télécommunications par fibre optique *m*
field	Feld *n*	champ *m*; plaine *f*
field cable	Feldkabel *n*	câble de campagne *m*
field telephone	Feldfernsprecher *m*	téléphone de campagne *m*
field trunk cable	Feldfernkabel *n*	câble de télécommunication de campagne *m*
figure	Bild *n*; Abbildung *f*; Illustration *f*	figure *f*; illustration *f*; schéma *m*
file, EDP	Datei *f* (*EDV*)	fichier de données *m*
file manager	Dateimanager *m*	gestionnaire de fichiers *m*
file separator	Hauptgruppen-Trennzeichen *n*	séparateur de fichiers *m*
filler bit	Füllbit *n*; Leerbit *n*	binaire vide *m*
film	Film *m*	film *m*
film scanner	Filmabtaster *m*	analyseur de films *m*
filter	Filter *m*	filtre *m*
filtering	Filterung *f*	filtrage *m*, abr.: FILTR
final capacity	Endausbau *m*	capacité finale
final control	Endregler *m*	commande finale *f*
final marker	Endmarkierer *m*	marqueur final *m*
final selector	Leitungswähler *m*	sélecteur final *m*
find	suchen	rechercher
fine adjustment range	Feineinstellbereich *m*	domaine de réglage fin *m*
fire alarm system	Brandmeldesystem *n*; Feuermeldesystem *n*	système d'alarme incendie *m*; système de détection d'incendie *m*
fire alarm terminal station	Brandmelderzentrale *f*	centrale de détection incendie *f*
fire department	Feuerwehr *f*	service d'incendies *m*
first call	Erstanruf *m*	appel initial *m*
first-choice route	Erstweg *m*	chemin de premier choix *m*
first-party release	Auslösen durch den zuerst auflegenden Teilnehmer *n*	libération par raccrochage du premier abonné *f*
FITCE (abbr.) = Federation of Telecommunication Engineers of the European Community	FITCE, Abk.: Föderation der Ingenieure des Fernmeldewesens der Europäischen Gemeinschaft *f*	FITCE, abr.: Fédération des Ingénieurs des Télécommunications de la Communauté Européenne *f*
fitted	bestückt	équipé
fixed access	Festanschluß *m*	accès fixe *m*
fixed call diversion	feste Rufumleitung *f*	renvoi d'appel fixe *m*
fixed call transfer	Besuchsschaltung, feste ~ *f*	transfert fixe *m*
fixed charge	Grundgebühr *f*	redevance d'abonnement *f*; taxe de base *f*
fixed connection	festgeschaltete Verbindung *f*; Festverbindung *f*, Abk.: FV	circuit permanent *m*; circuit point-à-point *m*; connexion non commutée *f*; connexion fixe *f*

fixed-image videotelephony	Festbildtelefonie *f*	vidéo-téléphonie à images fixes *f*
fixed monthly charge	feste monatliche Gebühr *f*	abonnement mensuel *m*
fixed resistor	Festwiderstand *m*	résistance fixe *f*
flag bit	Merkbit *n*; Kontrollbit *n*	bit de test *m*; bit de repère *m*; bit de contrôle *m*
flagged call	Verbindung, gekennzeichnete ~ *f*	communication identifiée *f*
flanged	gesickt	serti
flash(ing)	blinken (*Displayanzeige*)	scintiller; clignoter
flashing light	Blinklicht *n*	lumière clignotante *f*
flash key	Flashtaste *f*	bouton de coupure calibré *m*; bouton de flashing *m*
flat cable	Flachbandkabel *n*; Bandkabel	câble plat *m*
flat conductor cable	Flachbandkabel *n*; Bandkabel	câble plat *m*
flat connection charge	Pauschalgebühr *f*; Pauschaltarif *m*	taxe forfaitaire *f*; tarif forfaitaire *m*
flat fee	Pauschalgebühr *f*; Pauschaltarif *m*	taxe forfaitaire *f*; tarif forfaitaire *m*
flat module	Flachbaugruppe *f*	module plat *m*
flat rate	Pauschalgebühr *f*; Pauschaltarif *m*	taxe forfaitaire *f*; tarif forfaitaire *m*
flat-rate tariff	Pauschalgebühr *f*; Pauschaltarif *m*	taxe forfaitaire *f*; tarif forfaitaire *m*
flexible call numbering	freizügige Rufnummernzuteilung *f*	assignation variable de la numérotation *f*
flexible call transfer	veränderliche Besuchsschaltung *f*	renvoi d'appel variable *m*; transfert variable *m*
flexible night service	flexible Nachtschaltung *f*	renvoi de nuit flexible *m*
flexible numbering system	freie Rufnummernzuordnung *f*	plan de numérotation programmable *m*
flicker	flackern	trembloter; scintiller
flip-flop	Flip - Flop *n*	bascule *f*
floppy disk	Diskette *f*	disquette *f*
flow	Lauf *m*	marche *f*; course *f*
fluctuation	Schwankung *f*	fluctuation *f*; oscillation *f*
fluctuations of the mains frequency	Netzfrequenzschwankungen *f, pl*	variations de fréquences du réseau *f*; fluctuations *f, pl* (~ *de fréquences du secteur*)
flushmounting	Unterputzmontage *f*	installation sous crépi *f*; encastrement sous crépi *m*
flutter	flackern	trembloter; scintiller
flywheel	Schwungrad *n*	volant *m*
FM (abbr.) = frequency modulation	Frequenzmodulation *f*	modulation en fréquence *f*
FO (abbr.) = fiber optics	Glasfasertechnik *f*	technique des fibres optiques *f*
focus	Fokus *m*; Brennpunkt *m*	focus *m*
folded network	gefaltetes Koppelnetz *n*	réseau de connexion replié *m*
follow (*comply with*)	beachten; berücksichtigen	observer; prendre en considération *f*; tenir compte
follow me	Rufmitnahme *f*; Follow me *n*	renvoi *m*; suivez-moi *m*; follow me *m*
follow-me code	Kennziffer für Follow-me *f*	numéro de circuit de suivi *m*, abr.: NCS
footnote	Fußnote *f*	note infrapaginale *f*
forced release	Zwangsauslösung *f*	libération forcée *f*
for example (exempli gratia), abbr.: e.g.	zum Beispiel *n*, Abk.: z.B.	par exemple *m*, abr.: p.e(x).
format	Format *n*	format *m*
for the time being	jeweilig	respectif; chaque fois
forward	übertragen; übermitteln; senden	transmettre; commuter (*transmettre*); envoyer
forward release	Vorwärtsauslösung *f*	remise en circuit *f*
forward run	Vorlauf *m*; Vorschub *m*	avance *f*; avancement *m*
fourpole	Vierpol *m*	quadripôle *m*
four-terminal network	Vierpol *m*	quadripôle *m*
four-wire extension	Reihenteilnehmer *m*, Abk.: R-Teilnehmer	poste à quatre fils *m*
four-wire switching	Vierdraht-Durchschaltung *f*	commutation à quatre fils *f*

four-wire termination	Vierdraht-Gabel *f*	terminaison quatre fils *f*
FPH (abbr.) = freephone	Service 130 *m* (*im ISDN*)	Service 130 *m* (*dans RNIS*)
frame	Filmbild *n*	image de film *f*
frame (*Am*)	Rahmen *m*; Gestellrahmen *m*; Gestell *n*	baie *f*, central automatique; support *m*; rack *m*; bâti *m*
frame clock-timing	Rahmentakt *m*	impulsion de trame *f*
frame construction	Gestellaufbau *m*	construction de baie *f*
free (*no charge*)	gebührenfrei	non soumis à la taxation *f*; non-taxé; gratuit
free	frei; Ruhe, in ~ *f* (*Zustand*); Ruhezustand, im ~ *m*	libre
free/busy condition	Frei/Besetzt-Zustand *m*	état libre/occupé *m*
free/busy multiple	Frei/Besetzt-Vielfach *n*	multiple libre-occupé *m*
free/busy status	Frei/Besetzt-Zustand *m*	état libre/occupé *m*
free call	gebührenfreie Verbindung *f*	communication en franchise *f*; appel gratuit *m*
free line	freie Leitung *f*	circuit libre *m*; ligne libre *f*
free-line condition	freie Leitung *f*	circuit libre *m*; ligne libre *f*
freephone, abbr.: FPH	Service 130 *m* (*im ISDN*)	Service 130 *m* (*dans RNIS*)
free port assignment	freie Anschlußorganzuordnung *f*	port universel *m*
French central telecommunications engineering office	französisches FTZ *n*	Centre National d'Etudes des Télécommunications *m*, abr.: CNET
French operating standards	französische Betriebsnormen *f, pl*	normes d'exploitation françaises *f, pl*
French Postal and Telecommunication Authority	Postbehörde, französische ~ *f*	Postes et Télécommunications *f, pl,* abr.: PTT; Postes Télégraphe et Téléphone *f, pl,* abr.: PTT
French supreme authority for telecommunication and telematics affairs	Oberste französische Fernmeldebehörde für kommerzielle und Masseninformatik-Angelegenheiten *f*, Abk.: DACT	Direction des Affaires Commerciales et Télématiques *f*, abr.: DACT
French telecoms authority	französische Telekom-Behörde *f*	France Telecom, abr.: FT
frequency delay distortion	Laufzeitverzerrung *f*	distorsion de phase *f*; distorsion du temps de propagation *f*
frequency deviation	Frequenzabweichung *f*	déviation en fréquence *f*; fluctuation en fréquence *f*
frequency distortion (*Am*)	Dämpfungsverzerrung *f*	distorsion d'affaiblissement en fonction de la fréquence *f*
frequency-division multiplex, abbr.: FDM	Frequenzmultiplex *n*	multiplexage fréquentiel *m*
frequency-division multiplexer	Frequenzmultiplexer *m*	multiplexeur fréquentiel *m*; multiplexeur de fréquence *m*
frequency meter	Frequenzmeßgerät *n*	fréquencemètre *m*
frequency modulation, abbr.: FM	Frequenzmodulation *f*	modulation en fréquence *f*
frequency pattern	Frequenzraster *m*	grille de fréquences *f*
frequency range	Frequenzbereich *m*	domaine des fréquences *m*
frequency setting	Frequenzeinstellung *f*	réglage de fréquence *m*
frequency shift	Frequenzverwerfung *f*	décalage de fréquence *m*
front panel	Frontplatte *f*; Front *f*	plaque frontale *f*; face avant *f*
front plate	Frontplatte *f*; Front *f*	plaque frontale *f*; face avant *f*
front side	Vorderseite *f*	front *m*
front view	Vorderansicht *f*	vue de face *f*; face avant *f*
frying noise	Mikrofongeräusch *n*	bruits parasites du microphone *m, pl*
full capacity	Vollausbau *m*	pleine capacité *f*
full-duplex traffic operation	Gegenschreiben *n*	fonctionnement en full-duplex *m*
full-matrix display board	Vollmatrixtafel *f*	tableau d'affichage matriciel *m*
full-motion image	Bewegtbild *n*	image mobile *f*
fully equipped configuration	Vollausbau *m*	pleine capacité *f*
fully-restricted	nichtamtsberechtigt, Abk.: na; hausberechtigt	discrimination d'accès au réseau *f*; poste privé *m*
fully-restricted extension	nichtamtsberechtigte Nebenstelle *f*	poste supplémentaire sans accès au réseau public *m*
function	Funktion *f*	fonction *f*, abr.: FCT; exploitation *f*

function alarm	Funktionsalarm *m*	fonction d'alarme *f*
functional capability	funktionelle Fähigkeit *f*; Funktionsfähigkeit *f*	capacité fonctionnelle *f*; faculté fonctionelle *f*
functional coupling unit	Funktionskoppler *m*	coupleur de fonction *m*
functional earth	Fernmeldebetriebserde *f*, Abk.: FE; Funktionserde *f*, Abk.: FE	terre téléphonique *f*; terre de protection des fonctions *f*
functional group	Funktionsgruppe *f*	groupe fonctionnel *m*; groupement fonctionnel *m*
functional grouping	Funktionsgruppe *f*	groupe fonctionnel *m*; groupement fonctionnel *m*
functional protective earth	Funktions- und Schutzerde *f*, Abk.: FPE	terre de protection générale et des fonctions *f*
function key	Funktionstaste *f*	touche de fonction *f*
function key, freely programmable ~	Funktionstaste, frei programmierbare ~ *f*	touche de fonction programmable *f*
function sharing	Funktionsteilung *f*	partage de fonction *m*
function state	Funktionszustand *m*	état de fonctionnement *m*
fuse	Sicherung *f*	fusible *m*
fuse cartridge	Schmelzeinsatz *m*	lame fusible *f*; cartouche fusible *f*
fuse holder	Sicherungshalter *m*	porte fusible *m*
fuse protection	Absicherung *f*	protection fusible *f*
fuse switch	Schutzschalter *m*; Sicherungsautomat *m*; Fernmeldeschutzschalter *m*	disjoncteur de protection *m*; coupe-circuit (automatique) *m*
fusing	Absicherung *f*	protection fusible *f*

G

garbled	verstümmelt	mutilé
gate	Gatter *n*	grille *f*; porte *f*
gate circuit	Torschaltung *f*	circuit porte *m*
gate station	Torsprechstelle *f*; Torstation *f*	poste extérieur *m*; portier *m*
general	Allgemeines *n*	généralités *f, pl*
general call	allgemeiner Anruf *m*; Sprachdurchsage an alle *f*	signalisation collective des appels *f*; signalisation collective de réseau *f*; appel général *m*
general cancellation	Annullieren, allgemeines ~ *n*	annulation générale *f*
general clearing	Generallöschung *f*	effacement général *m*
general drawing	Kurzübersicht *f*; Übersichtsplan *m*	guide sommaire *m*; diagramme schématique *m*; plan général *m*
general pickup	Pickup, allgemeines ~ *n*	interception générale *f*
German Federal Postal Administration (outdated) = see: German Telecom	Bundespost (veraltet) *f* = heute: Deutsche Telekom; Deutsche Bundespost (veraltet) *f*, Abk.: DBP, (*siehe Deutsche Telekom*)	Administration des PTT en Allemagne *f* = voir: Télécom allemand; PTT allemands (ancien) = voir: Télécom allemand
German Federal Post Office (outdated) = see: German Telecom	Bundespost (veraltet) *f* = heute: Deutsche Telekom; Deutsche Bundespost (veraltet) *f*, Abk.: DBP, (*siehe Deutsche Telekom*)	Administration des PTT en Allemagne *f* = voir: Télécom allemand; PTT allemands (ancien) = voir: Télécom allemand
German Telecom	Deutsche Telekom	Télécom allemand
German telephone association	Deutsche Fernsprechgesellschaft *f*, Abk.: DFG	Société Téléphonique Allemande *f*
give a ring	rufen (*läuten*); anrufen (*telefonieren*)	appeler; téléphoner; sonner
glass fiber	Glasfaser *f*; Licht(wellen)leitfaser *f*	fibres optiques *f, pl*
glossary	Glossar *n*	glossaire *m*
glow discharge (*circuit*)	Glimmentladung *f* (*Stromkreis*)	décharge luminescente *f* (*circuit*)
glue (*label*)	anbringen *n* (*Aufkleber* ~)	fixer/coller (*étiquette adhésive*)
GN (abbr.) = green = IEC 757	GN, Abk.: grün	GN, abr.: vert
GNBU (abbr.) = green blue = IEC 757	GNBU, Abk.: grün blau	GNBU, abr.: vert bleu
GNGY (abbr.) = green grey = IEC 757	GNGY, Abk.: grau grün	GNGY, abr.: gris vert
GNPK (abbr.) = green pink = IEC 757	GNPK, Abk.: rosa grün	GNPK, abr.: rose vert
GNWH (abbr.) = green white = IEC 757	GNWH, Abk.: weiß grün	GNWH, abr.: blanc vert
gold-diffused reed contacts	golddiffundierte Kontaktlamellen *f, pl*	contact reed en or *m*
go off-hook	abheben (*den Hörer* ~); aufnehmen (*den Hörer* ~); aushängen (*den Hörer* ~); hochheben (*den Hörer* ~)	décrocher (*le combiné*)
go on-hook	auflegen (*den Hörer* ~); einhängen (*den Hörer* ~)	raccrocher (~ *le combiné*)
gooseneck microphone	Schwanenhalsmikrofon *n*	microphone sur flexible *m*
go out	verlöschen; löschen	éteindre
government agencies and services	Behörde *f*	autorités *f, pl*
grade of service	Verkehrsgüte *f*; Betriebsgüte *f*	qualité de trafic *f*; qualité de service *f*
grading switching group	Mischkoppelgruppe *f*	circuits de couplage *m, pl*
graduation	Maßstab *m*	échelle *f*; graduation *f*
green, abbr.: GN = IEC 757	grün, Abk.: GN	vert, abr.: GN
green blue, abbr.: = GNBU = IEC 757	grün blau, Abk.: GNBU	vert bleu, abr.: GNBU
green grey, abbr.: = GNGY = IEC 757	grau grün, Abk.: GNGY	gris vert, abr.: GNGY

green pink, abbr.: = GNPK = IEC 757	rosa grün, Abk.: GNPK	rose vert, abr.: GNPK
green white, abbr.: = GNWH = IEC 757	weiß grün, Abk.: GNWH	blanc vert, abr.: GNWH
grey, abbr.: GY = IEC 757	grau, Abk.: GY	gris, abr.: GY
grey pink, abbr.: GYPK = IEC 757	grau rosa, Abk.: GYPK	gris rose, abr.: GYPK
grey white, abbr.: GYWH = IEC 757	weiß grau, Abk.: GYWH	blanc gris, abr.: GYWH
grid	Raster *n*	grille *f*; trame *f*
ground (*Am*)	Masse *f*	terre *f*; masse *f*
ground button identification (*Am*)	Erdtastenerkennung *f*	identification du bouton de terre *f*
grounding busbar	Sammelerdschiene *f*	barre de terre commune *f*
grounding system	Erdung *f*	système de mise à la terre *m*; mise à la terre *f*
group	Bündel *m*; Leitungsbündel *n*	faisceau *m*, abr.: FSC; faisceau de lignes *m*; faisceau de circuits *m*
group abbreviated dialing	Gruppenkurzwahl *f*	numérotation abrégée du groupement *f*
group adapter	Gruppenvorsatz *m*	adaptateur de groupement *m*
group branching switch	Gruppenweiche *f*	sélection de groupement *f*
group busbars interface	Interface Sammelschiene Gruppen *n*, Abk.: ISSG	interface barres omnibus - groupes *f*
group call	Gruppenruf *m*; Gruppendurchsage *f*	accès direct à un groupe *m*
group clock distribution	Taktverteilung Gruppe *f*, Abk.: TVG	distribution des signaux d'horloge du groupe *f*
group code dial	Gruppenkurzwahl *f*	numérotation abrégée du groupement *f*
group connector	Gruppenverbinder *m*	connecteur de groupement *m*
group control	Gruppensteuerung *f*, Abk.: GS	gestion de groupement *f*; unité de contrôle de groupe *f*
group coupler	Gruppenkoppler *m*	coupleur de groupe *m*
group coupling stage	Gruppenkoppelstufe *f*	niveau de couplage du groupe *m*
group delay	Gruppenlaufzeit *f*	temps de propagation de groupe *m*
group delay distortion	Gruppenlaufzeitverzerrung *f*	distorsion du temps de propagation de groupe *f*
group hunting	Sammelanschluß *m*	lignes groupées *f, pl;* groupement de postes, ~ de lignes *m*
group hunting head	Sammelanschlußkopf *m*	tête de groupement *f*
group hunting line	Sammelleitung *f*	barre omnibus *f*; bus de communication *m*
group identifier	Gruppenerkenner *m*	identificateur de groupes *m*
group junction equipment	Gruppenverbindungssatz *m*	joncteur de groupes *m*
group multiwire line	Gruppenvielfachleitung *f*	ligne multibrins *f*
group number	Gruppennummer *f*	numéro du groupement *m*
group selection	Gruppenauswahl *f*	sélection de groupe *f*
group signal	Gruppensignal *n*	signal de groupe *m*
group signal and clock	Gruppensignal- und Zeittaktgeber *m*	signal et horloge de groupe *m*
group signaling display panel	Gruppensignalfeld-Anzeigeteil *m*	afficheurs du tableau signalisation de groupement *m, pl*
group signaling panel	Gruppensignalfeld *n*	tableau de signalisation de groupe *m*
group switch	Bündelweiche *f*	aiguillage de faisceau *m*
group system clock	Taktsystem Gruppe *n*, Abk.: TSG	système d'horloge du groupe *m*
group velocity	Gruppengeschwindigkeit *f*	vitesse de propagation de groupe *f*
guide bar	Führungsschiene *f*	barre de guidage *f*; rail de guidage *m*
guide frame	Führungsrahmen *m*	cadre de guidage *m*
guide plate	Führungsblech *n*	tôle de guidage *f*
guide wire	Leitader *f*	fil de commande *m*
guiding dimension	Richtmaß *n*	dimension théorique *f*
GY (abbr.) = grey = IEC 757	GY, Abk.: grau	GY, abr.: gris
GYPK (abbr.) = grey pink = IEC 757	GYPK, Abk.: grau rosa	GYPK, abr.: gris rose

GYWH (abbr.) = grey white
= IEC 757

GYWH, Abk.: weiß grau

GYWH, abr.: blanc gris

H

half channel measurement	Halbkanalmessung *f*	mesure sur demi-canal *f*
half-duplex operation	Halbduplexbetrieb *m*	fonctionnement en semi-duplex *m*
half-wave	Halbwelle *f*	demi-onde *f*
hand-held telephone with integrated pushbutton dialing	Handtelefon mit integrierter Tastwahl *n*	poste portatif avec clavier incorporé *m*
hand-held two-way radio	Handsprechfunk *m*; Handfunk *m*	poste émetteur-récepteur portatif *m*
handle	Griff *m*	poignée *f*
hand over	übergeben (*ein Gespräch ~*)	transférer (une communication)
handset	Hörer *m*; Handapparat *m*, Abk.: HA	combiné *m*
handset cord	Handapparateschnur *f*	cordon de combiné *m*
handset cradle	Handapparat-Ablage *f*	crochet combiné *m*
handsfree operation	Freisprechen *n*	main(s)-libres *f f, pl;* conversation "mains libres" *f*
handsfree telephone	Freisprechapparat *m*	poste mains-libres *m*; téléphone mains-libres *m*
handsfree unit	Freisprecheinrichtung *f*	équipement mains-libres *m*
hang up	auflegen (*den Hörer ~*); einhängen (*den Hörer ~*)	raccrocher (*~ le combiné*)
harddisk	Festplatte *f*	disque dur *m*
harddisk storage	Festplattenspeicher *m*	mémoire sur disque dur *f*
hard-to-reach code	Zielbereich, schwer erreichbarer ~ *m*	zone de destination difficilement accessible *f*
hardware, abbr.: HW	Hardware *f*	matériel *m*
harmonic distortion	harmonische Verzerrung *f*	distorsion harmonique *f*
harmonic distortion attenuation	Klirrdämpfung *f*	affaiblissement de distorsion harmonique *m*
harmonious tone	Klangruf *m*	bip sonore, abr.: BIP
harness	Kabelbaum *m*	forme de câbles *f*; peigne de câbles *m*
Hartley circuit (*oscillator*)	Dreipunktschaltung *f*	montage de Hartley *m*
head-end station	Kopfstation *f*	station de tête *f*
headphone(s)	Sprechgarnitur *f*; Kopfhörer *m*	casque *m*; écouteur *m*
headroom	Raumhöhe *f*	hauteur de passage *f*
headset	Sprechgarnitur *f*; Kopfhörer *m*	casque *m*; écouteur *m*
heat-conductive	wärmeleitend	conducteur de chaleur *m*
heat dissipation	Wärmeabgabe *f*	dissipation de chaleur *f*
heat resistance	Wärmebeständigkeit *f*	résistance calorifique *f*
heat-sensitive	wärmeempfindlich	sensible à la chaleur *f*
heat sink	Kühlkörper *m*; Wärmeableiter *m*	élément de refroidissement *m*; dissipateur de chaleur / ~ thermique *m*
height	Höhe *f*	hauteur *f*
hermetically sealed dry-reed contact	Herkon-Kontakt *m*	relais à lames vibrantes *m*
hexa division	Hexateilung *f*	division en hexadécimal *f*
hexagonal nut	Sechskantmutter *f*	écrou hexagonal *m*; écrou six pans *m*
hexagonal screw	Sechskantschraube *f*	vis hexagonale *f*; vis à tête 6 pans *f*
HF (abbr.) = high-frequency	HF, Abk.: Hochfrequenz *f*	HF, abr.: haute-fréquence *f*
hierarchical hunt group	Sammelanschluß, hierarchischer ~ *m*	groupement de lignes hiérarchique *m*
hierarchical network	hierarchisches Netz *n*	réseau hiérarchique *m*
higher-layer functions, abbr.: HLF	Funktionen höherer Schichten *f, pl*	fonctions des couches supérieures *f, pl*
higher-parent exchange	übergeordnetes Amt *n*; Muttervermittlungsstelle *f*; Amt, übergeordnetes ~ *n*	central directeur / ~ maître *m*; autocommutateur maître *m*
higher-rank exchange	übergeordnetes Amt *n*; Muttervermittlungsstelle *f*; Amt, übergeordnetes ~ *n*	central directeur / ~ maître *m*; autocommutateur maître *m*

high-frequency, abbr.: HF	Hochfrequenz *f*, Abk.: HF	haute-fréquence *f*, abr.: HF
high-level selection	Hochpegelwahl *f*	sélection de niveaux hauts *f*
high-resolution	hochauflösend	haute résolution *f*
high-resolution color data display	Farbdatensichtgerät *n*	appareil de visualisation de données couleur *m*
high-speed channel	Schnellkanal *m*, Abk.: SK	canal à grande vitesse *m*
high-usage route	Querweg *m*; Direktweg *m*	voie à fort trafic *f*; acheminement direct *m*
hinged	schwenkbar	pliant; pivotant
hinged frame rack	Drehrahmengestell *n*	bâti pivotant *m*
hinged part	Schwenkteil *n*	partie pivotante *f*
HLF (abbr.) = higher-layer functions	Funktionen höherer Schichten *f, pl*	fonctions des couches supérieures *f, pl*
hold	halten	mettre en garde *f*
HOLD (abbr.) = call hold, (*ISDN feature*)	Halten *n* (*ISDN-Dienstmerkmal*)	mise en garde *f* (*faculté RNIS*)
hold-for pickup	Einmannumlegung *f*	transfert non-supervisé *m*
holding circuit	Anrufordnung *f*; Wartekreis *m*	file d'attente sur poste opérateur *f*, (*P.O.*); circuit d'attente *m*
holding coil	Haltedrossel *f*	bobine de garde *f*
holding condition	Haltezustand *m*	état (de) mise en garde *m*; situation de mise en garde *f*
holding key	Haltetaste *f*	touche de mise en garde *f*
holding lamp	Haltelampe *f*	voyant de mise en garde *m*
holding time	Belegungszeit *f*; Belegungsdauer *f*	temps d'occupation *m*; durée d'occupation *f*
holding time supervision	Belegt-Zeitüberwachung *f*	supervision du temps d'occupation *f*; contrôle du temps d'occupation *m*
hold on internal calls	Wartestellung bei Internverbindungen *f*	attente sur poste occupé *f*; attente sur appel intérieur *f*
hold-on tone	Warteton *m*	tonalité d'attente *f*
hold-up alarm system	Überfallmeldesystem *n*	système d'alarme anti-vol *m*
hole	Loch *n*	perforation *f*; orifice *m*
home entertainment electronics	Unterhaltungselektronik *f*	électronique grand public *f*
home or office protection	Raumsicherung *f*	protection domestique *f*
homogenization of the subscriber network	Homogenisierung des Anschlußnetzes *f*	homogénéisation du réseau d'abonnés *f*
hook flash	Gabelschlag *m*	crochet commutateur *m*
hook switch	Hakenschalter *m*; Gabelumschalter *m*	commutateur à crochet *m*; contacteur à crochet *m*; contacts du crochet *m, pl;* commutateur *m* (*télécommunication*)
hookup wire	Lötbrücke *f*; Schaltdraht *m*; Drahtbrücke *f*; Brücke *f*	strap à souder *m*; fil de connexion *m*; strap *m*; cavalier *m*
horizontal row of radiators	Schallzeile *f*	rangée horizontale de radiateurs *f*
horn loudspeaker	Trichterlautsprecher *m*	haut-parleur à pavillon *m*
host computer	übergeordneter Rechner *m*; Großrechner *m*; Host *m*	ordinateur principal *m*; ordinateur central *m*
host exchange	übergeordnetes Amt *n*; Muttervermittlungsstelle *f*	central directeur / ~ maître *m*; autocommutateur maître *m*
host PBX	Hauptanlage *f*	centre primaire *m*, abr.: CP
hot line	Direktruf *m*; Hotline *f*	appel direct (usagers internes) *m*; appel au décroché *m*
hot-line service	Direktrufdienst *m*; Direktverbindung *f*; Fernvermittlungsleitung *f*; Hotline-Dienst *m*	ligne directe *f*, abr.: LD
house connection	Hausanschluß *m*, Abk.: H; Innenverbindung *f*	ligne de service *f*
housing	Schrankgehäuse *n*; Gehäuse *n*	coffret *m*; boîtier *m*
Hoyt balancing network	Hoyt-Nachbildung *f*	équilibreur Hoyt *m*
hum	Stromversorgungsgeräusch *n*	bruit d'alimentation *m*
human factors in telephony	Mensch und Telefon *m*	facteurs humains en téléphonie *m, pl*

hunt group	Sammelanschluß *m*	lignes groupées *f, pl;* groupement de postes, ~ de lignes *m*
hunt group marker	Sammelanschlußmarkierer *m*	marqueur de lignes groupées *m*
hurry-up lamp	Drängellampe *f*	voyant d'appel en attente *m*
HW (abbr.) = hardware	Hardware *f*	matériel *m*
hybrid	Gabel *f* (*Gabelschaltung*)	termineur *m*
hybrid amplifier	Gabelverstärker *m*	amplificateur d'un termineur *m*
hybrid function	Gabelfunktion *f*	fonction commutateur *f*

I

IBRD (abbr.) = International Bank for Reconstruction and Development (World Bank)	IBRD, Abk.: Internationale Bank für Wiederaufbau und Entwicklung (Weltbank) *f*	IBRD, abr.: Banque Internationale pour la Reconstruction et le Développement (Banque Mondiale) *f*
ic (abbr.) = incoming	k, Abk.: ankommend, kommend gerichtet	SPB, abr.: entrant; spécialisé arrivée *f*
IC (abbr.) = integrated circuit	IC, Abk.: integrierte Schaltung *f*	montage intégré *m*; circuit intégré *m*
ic-og (abbr.) = incoming-outgoing, both-way, two-way	gk, Abk.: doppelt gerichtet, gehend-kommend	bidirectionnel
ICU (abbr.) = Interface Control Unit	ICU, Abk.: Interface Control Unit	ICU, abr.: Interface Control Unit, unité de contrôle d'interface
ID (abbr.) = identifier	Erkenner *m*	identificateur *m*
ID (abbr.) = identity	Identität *f*; Übereinstimmung *f*	identité *f*; conformité *f*; concordance *f*
IDA (abbr.) = International Development Association	Internationale Entwicklungsorganisation *f*	Association Internationale de Développement *f*
IDC (abbr.) = insulation displacement connector	Messerleiste *f*	réglette de contacts à couteau *f*
ID card (abbr.) = identity card	Personalausweis *m*	carte d'identité, ~ d'identification *f*
ID card reader (abbr.) = identity card reader	Ausweisleser *m*	lecteur de carte d'identité *m*
identification	Identifizierung *f*; Identifizieren *n*	identification *f*; repérage *m*; marquage *m*
identification box	Identifizierungskasten *m*	boîtier auxiliaire d'identification *m*
identification code	Identifizierungskode *m*	code d'identification *m*
identification facility	Identifizierungseinrichtung *f*	dispositif d'identification *m*
identification plate	Typenschild *n*	plaque signalétique *f*
identification store	Identifizierungsspeicher *m*	sauvegarde de l'identification *f*
identification system	Kennungssystem *n*	système d'identification *m*
identifier, abbr.: ID	Erkenner *m*	identificateur *m*
identify	identifizieren	identifier
identity, abbr.: ID	Identität *f*; Übereinstimmung *f*	identité *f*; conformité *f*; concordance *f*
identity card, abbr.: ID card	Personalausweis *m*	carte d'identité, ~ d'identification *f*
identity card reader, abbr.: ID card reader	Ausweisleser *m*	lecteur de carte d'identité *m*
idle (*electr.*)	spannungslos	sans tension *f*
idle	frei; Ruhe, in ~ *f* (*Zustand*); Ruhezustand, im ~ *m*	libre
idle condition	Freizustand *m*; Ruhezustand *m*	état libre *m*
IDN (abbr.) = integrated digital network	integriertes Digitalnetz *n*	réseau numérique intégré *m*
ID number	persönliche Identifikationsnummer *f*, Abk.: PIN	numéro d'identification personnel *m*
IEEE (abbr.) = Institute of Electrical and Electronics Engineers	Verein der Elektro- und Elektronik-Ingenieure *m*	IEEE, abr.
i.f. (abbr.) = intermediate frequency	ZF, Abk.: Zwischenfrequenz *f*	F.I., abr.: fréquence intermediaire *f*
IF amplifier	ZF-Verstärker *m*	amplificateur de F.I. (fréquence intermédiaire) *m*
i.f. band	Zwischenfrequenzband *n*	bande de fréquence intermédiaire *f*
I-frames (abbr.) = numbered information frames	I-frames, Abk.: numerierte Informationsrahmen *m, pl*	trames d'information numérisée *f, pl*
IFRB (abbr.) = International Frequency Registration Board	Internationaler Ausschuß zur Registrierung von Frequenzen *m*	Comité International d'Enregistrement des Fréquences *m*
illegal	ungültig	non valable; nul; annulé (*non valable*)
illuminated display	Leuchtziffernanzeige *f*	indication digitale lumineuse *f*; afficheur digital lumineux *m*
illuminated push-button	Leuchttaste *f*	bouton-poussoir lumineux *m*
illustration	Bild *n*; Abbildung *f*; Illustration *f*	figure *f*; illustration *f*; schéma *m*

image	Bild *n*; Abbildung *f*; Illustration *f*	figure *f*; illustration *f*; schéma *m*
image attenuation	Vierpoldämpfung *f*	affaiblissement du quadripôle *m*
image-attenuation coefficient	Vierpoldämpfungsmaß *n*	coefficient d'affaiblissement du quadripôle *m*
image-attenuation constant (*Am*)	Vierpoldämpfungsmaß *n*	coefficient d'affaiblissement du quadripôle *m*
image geometry	Bildgeometrie *f*	géométrie d'image *f*
image impedance	Kennwiderstand *m*	impédance caractéristique *f*; impédance image *f*
image loss	Vierpoldämpfung *f*	affaiblissement du quadripôle *m*
image-phase change coefficient	Vierpolwinkelmaß *n*	déphasage introduit par le quadripôle *m*
image-phase change constant (*Am*)	Vierpolwinkelmaß *n*	déphasage introduit par le quadripôle *m*
image resolution	Bildauflösung *f*	résolution d'image *f*
image-transfer coefficient	Vierpolübertragungsmaß *n*	mesure de transmission du quadripôle *f*
image-transfer constant (*Am*)	Vierpolübertragungsmaß *n*	mesure de transmission du quadripôle *f*
imbalance	Unsymmetrie *f*	asymétrie *f*; disymétrie *f*
imbalance degree	Unsymmetriegrad *m*	gain asymétrique *m*
immediate busy	Sofortsperre *f*	blocage immédiat *m*
immediate call	Sofortruf *m*	appel immédiat *m*
immunity to EMI (*electromagnetic interference*)	Störunempfindlichkeit *f*	résistance aux interférences *f*
impact resistance (*dielectrics*)	Schlagfestigkeit *f* (*Dielektr.*)	résistance au choc *f*
impedance	Impedanz *f*	impédance *f*
impermissible	unzulässig	inadmissible; inacceptable
implement	Werkzeug *n*; Arbeitsgerät *n*	outil *m*; outillage *m*
IN (abbr.) = intelligent network	Intelligentes Netz *n*	réseau intelligent *m*
inaccessible	unzugänglich	inaccessible
inaccuracy	Ungenauigkeit *f*	inexactitude *f*
inadmissible	unzulässig	inadmissible; inacceptable
inband dialing	Signalisierung im Sprachband *f*; Tonwahl *f*	signalisation dans la bande *f*
inband signaling	Signalisierung im Sprachband *f*; Tonwahl *f*	signalisation dans la bande *f*
in-car system	Fahrzeugsystem *n*	système véhicule *m*
in-car transceiver	Kraftfahrzeugfunk *m*	radio-téléphone *m*; radio mobile *f*
incoming, abbr.: ic	ankommend, Abk.: k; kommend gerichtet, Abk.: k	entrant; spécialisé arrivée *f*, abr.: SPB
incoming call signaling	Anrufsignalisierung, kommende ~ *f*	signalisation des appels en arrivés *f*; signalisation d'appel entrante *f*
incoming circuit	Übertragung, kommend *f*, Abk.: Ue-k	transmission en arrivée *f*
incoming international call	ankommende Auslandsverbindung *f*	appel international entrant *m*
incoming international traffic	ankommender Auslandsverkehr *m*	trafic international entrant *m*
incoming long-distance call	ankommende Fernverbindung *f*	appel interurbain entrant *m*; appel réseau entrant *m*
incoming-outgoing, abbr.: ic-og	doppelt gerichtet, Abk.: gk; gehend-kommend, Abk.: gk	bidirectionnel
incoming traffic	ankommender Verkehr *m*	trafic entrant *m*
incoming trunk call	ankommende Fernverbindung *f*	appel interurbain entrant *m*; appel réseau entrant *m*
incoming trunk line	kommende Fernleitung *f*	ligne réseau arrivée *f*, abr.: SPB
incomplete dialing	unvollständige Wahl *f*	numérotation incomplète *f*
incorrect dial	falsch wählen	numérotation erronée *f*
increase	Erhöhung *f*; erhöhen	augmentation *f*; augmenter
increase of operational reliability	Erhöhung der Betriebssicherheit *f*	augmentation de la sécurité de fonctionnement *f*
index	Stichwortverzeichnis *n*	index *m*
in-dialing circuit	Durchwahlübertragung *f*, Abk.: DUE	circuit de sélection directe à l'arrivée *m*

in-dialing test extension	Durchwahlprüfteilnehmer *m*	combiné d'essai de sélection directe à l'arrivée *m*
indication	Anzeige *f*, Abk.: ANZ; Display *n*	affichage *m*; écran *m* (*affichage*)
indication off	Anzeige aus *f*	affichage éteint *m*
indication on	Anzeige ein *f*	affichage allumé *m*
indirect-control system	indirekt gesteuertes System *n*	système à commande indirecte *m*
individual	einzeln	seul; unique; individuel
individual code dialing	Codewahl, individuelle ~ *f*	numérotation abrégée individuelle *f*
individual input	Einzeleingabe *f*	entrée individuelle *f*
induced noise (*Am*)	Starkstromgeräusch *n*	bruit d'induction *m*
induction loop	Induktionsschleife *f*	boucle inductive *f*
inductive dialing	Induktivwahl *f*	sélection par induction *f*
industrial data acquisition	Betriebsdatenerfassung *f*	saisie de données industrielles *f*
ineffective	unwirksam; wirkungslos	ineffectif; inefficace
ineffective call	erfolgloser Anruf *m*	appel infructueux *m*; appel non abouti *m*
ineffective connection	erfolglose Verbindung *f*	connexion non réalisée *f*
information capacity	Informationskapazität *f*	capacité d'informations *f*
information channel	Nutzkanal *m*	canal utile *m*
information density	Informationsdichte *f*	densité d'information *f*
information field	Informationsfeld *n*, Abk.: I-Feld; Hinweisfeld *n*	champ d'information *m*
information flow	Informationsfluß *m*	débit d'information *m*
information generator	Informationsgeber *m*	générateur d'information *m*
information line	Hilfsleitung *f*; Hinweisleitung *f*	ligne pilote *f*; ligne de transmission d'informations *f*; ligne d'informations *f*
information multiple	Informationsvielfach *n*	ensemble d'informations *m*
information multiple amplifier	Informationsvielfach-Verstärker *m*	amplificateur d'informations multiples *m*
information path	Nachrichtenpfad *m*	voie d'informations *f*
information position	Auskunftsplatz *m*	poste de renseignements *m*
information processing	Informationsverarbeitung *f*	traitement des informations *m*
information provider database (*Vtx*)	externer Rechner *m*, Abk.: ER	calculateur extérieur *m*
information retrieval	Informationsabruf *m*	récupération d'information *f*
information service	Informationsdienst *m*; Auskunftsdienst *m*	service d'information *m*; service de renseignements *m*
information store	Ruf- und Wahlinformationsspeicher *m*	enregistreur d'appel et de numérotation *m*
information system	Auskunftssystem *n*	système d'interrogation *m*; système de renseignements *m*
information technology, abbr.: IT	Informationstechnik *f*	technique de l'information *f*
information translator	Informationszuordner *m*	translateur d'informations *m*
information transmission	Nachrichtenübertragung *f*	transmission d'information *f*
infrastructural	infrastrukturgebunden	infrastructurel
inhibit	sperren	bloquer; interdire; discriminer
inhibiting	Sperrung *f*; Sperre(n) *f n*; Diskrimination *f*	interdiction *f*; discrimination *f*, abr.: DISCRI
in-house data network	In-Haus-Datennetz *n*	réseau interne *m*
in-house emergency alarm system	Hausnotrufsystem *n*	système d'alarme interne *m*
in-house emergency alarm terminal	Hausnotrufzentrale *f*	terminal d'alarme interne *m*
initial capacity	Erstausbau *m*; Grundausbau *m*	capacité initiale *f*; exécution de base *f*; équipement de base *m*
initialization	Initialisierung *f* (*Gerät*)	initialisation *f*
initialization programming	Erstprogrammierung *f*	programme d'initialisation *m*
initialize (*digital circuit*)	initialisieren (*Digitalschaltung*)	initialiser
initial position	Grundstellung *f* (*Gerät*)	position initiale *f*
injection-moulded plastic part	Kunststoff-Spritzgußteil *n*	élément en plastique injecté *m*
input	Eingang *m*; Eingabe *f*	entrée *f*
input balance attenuation	Eingangssymmetriedämpfung *f*	affaiblissement d'équilibre d'entrée *m*
input circuit	Eingangschaltung *f*	circuit d'entrée *m*

input impedance	Eingangsscheinwiderstand *m*	impédance d'entrée *f*
input keyboard	Eingabetastatur *f*	clavier d'entrée *m*
input/output circuit	Eingabe/Ausgabe-Schaltung *f*	circuit d'entrée sortie *m*
input panel	Eingangsfeld *n*	tableau d'entrée *m*
input side pins	eingangsseitige Stifte *m, pl*	broches d'entrée *f, pl*
input terminal	Eingabe-Terminal *m*	terminal d'entrée *m*
input unit	Eingabegerät *n*	unité d'entrée *f*
input voltage	Eingangsspannung *f*	tension d'entrée *f*
Input (voltage earth), **Output**, abbr.: I/O	Eingabe/Ausgabe *f*, Abk.: EA	entrée/sortie *f*
inquire (*Am*)	abfragen	se renseigner; répondre; interroger
inquiry	Rückfragegespräch *n*; Rückfrage *f*, Abk.: Rfr	double appel *m*, abr.: DA; attente pour recherche *f*
inquiry device	Abfrageeinrichtung für Datenverkehr *f*, Abk.: AED	dispositif d'interrogation du trafic des données *m*
in sections	abschnittweise	par sections *f, pl;* par tranches *f, pl;* section par section *f*
insert (*PCB, module*)	einstecken (*LP, Modul*); stecken (*LP, Modul ~*)	insérer; enficher (*CI, module*)
insert(ion)	Einsatz *m* (*Einfügung*); Einsatzteil *n*	insert *m*; insertion *f*
insertion gain	Einfügungsgewinn *m*	gain d'insertion *m*
insertion loss	Durchgangsdämpfung *f*; Einfügungsdämpfung *f*; Einfügungsverlust *m*	affaiblissement d'insertion *m*
inside	innen; intern	intérieur; interne
in-slot signaling	Inband-Kennzeichengabe *f*	signalisation dans le créneau temporel *f*
installation	Montage *f*	montage *m*; installation *f*
installation height	Aufstellungshöhe *f*	hauteur d'installation *f*; hauteur *f*
installation instructions	Aufbauanleitung *f*	instructions de montage *f, pl*
installation wiring diagram	Montageschaltplan *m*	plan de câblage *m*; schéma de câblage *m*
Institute of Electrical and Electronics Engineers, abbr.: IEEE	Verein der Elektro- und Elektronik-Ingenieure *m*	IEEE, abr.
instruction (*computer*)	Befehl *m* (*Computer*)	commande *f*; instruction *f* (*computer*)
instruction	Richtlinie *f*, Abk.: RL; Anweisung *f* (*Verordnung*)	directive *f*; instruction *f*; ordre *m*
instruction bus	Befehlsbus *m*	bus de commande *m*
instrument (*telephone*)	Apparat *m* (*Telefon~*)	poste téléphonique *m*
insulating resistance	Isolationswiderstand *m*	résistance d'isolement *f*
insulation (*electrical*)	Isolierung *f*	isolation *f*
insulation displacement connector, abbr.: IDC	Messerleiste *f*	réglette de contacts à couteau *f*
insulation strength	Isolationsfestigkeit *f*	résistance d'isolement *f*
insulator	Isolator *m*	isolateur *m*
integrated	Einbau-...; eingebaut	encastré; inséré; incorporé; intégré
integrated broadband communications network	Integriertes Breitband-Fernmelde-Netz *n*, Abk.: IBFN	réseau de télécommunications intégré à large bande *m*
integrated central part A, B	integrierter Zuordner-Zentralteil A, B *m*	translateur intégré-point milieu A, B *m*
integrated circuit, abbr.: IC	integrierte Schaltung *f*, Abk.: IC	montage intégré *m*; circuit intégré *m*
integrated digital network, abbr.: IDN	integriertes Digitalnetz *n*	réseau numérique intégré *m*
integrated digital transmission and switching	integrierte Digitalübertragung und -durchschaltung *f*	transmission et commutation numériques intégrées *f*
Integrated Services Digital Network, abbr.: ISDN	diensteintegrierendes digitales Fernmeldenetz *n*, Abk.: ISDN	réseau Numéris *m*; Réseau Numérique à Intégration de Services *m*, abr.: RNIS; réseau numérique avec intégration des services *m*, abr.: RNIS
integrated services network	diensteintegrierendes Fernmeldenetz *n*	réseau avec intégration des services *m*
integrated text and data network	integriertes Text- und Datennetz *n*, Abk.: IDN	réseau intégré de données *m*; réseau de données intégré *m*

integrated translator	integrierter Zuordner *m*	translateur intégré *m*
integrated translator central part A, B	integrierter Zuordner-Zentralteil A, B *m*	translateur intégré-point milieu A, B *m*
integrated translator sender	integrierter Zuordner-Sender *m*	translateur intégré émetteur *m*
intelligent network, abbr.: IN	Intelligentes Netz *n*	réseau intelligent *m*
intelligibility	Verständlichkeit *f*	intelligibilité *f*
intelligible crosstalk	verständliches Nebensprechen *n*	diaphonie intelligible *f*
INTELSAT (abbr.) = International Telecommunications Satellite Consortium	INTELSAT, Abk.: Internationales Fernmeldesatellitenkonsortium *n*	INTELSAT, abr.: Organisation Internationale des Télécommunications par Satellites *f*
intended	vorgesehen	prévu
interactive videotex, abbr.: Btx	Bildschirmtext *m*, Abk.: Btx	vidéotext *m*; télétel *m*
intercept	abfangen; abhören; heranholen	intercepter; capter
interception of calls service	Bescheiddienst *m*; Hinweisdienst *m*	service d'information *m*; service d'interception d'appels d'informations *m*; service d'informations *m*
intercept key	Fangtaste *f*	touche d'interception *f*
intercept line	Hilfsleitung *f*; Hinweisleitung *f*	ligne pilote *f*; ligne de transmission d'informations *f*; ligne d'informations *f*
intercept service	Bescheiddienst *m*; Hinweisdienst *m*	service d'information *m*; service d'interception d'appels d'informations *m*; service d'informations *m*
interchange	wechseln; austauschen; tauschen; auswechseln	échanger; remplacer; changer
intercom	Wechselsprechen *n*	communication par intercom *f*
intercom system	Reihenanlage *f*; Sprechsystem *n*; Wechselsprechanlage *f*	système d'intercommunication *m*; intercom *m*; installation d'intercommunication *f*
interconnect	zusammenschalten; vernetzen	interconnecter
interconnection	Vernetzung *f*	mise en réseau *f*
intercontinental telecasting	Fernsehsendung, interkontinentale ~ *f*	télédiffusion intercontinentale *f*
interdialing pause / ~ time	Pause zwischen zwei Impulsen *f*; Zwischenwahlzeit *f*; Wählpause *f*	entre-train *m*; créneau entre deux impulsions intervalle *m*; pause interdigit *f*
interdigital interval / ~ pause	Pause zwischen zwei Impulsen *f*; Zwischenwahlzeit *f*; Wählpause *f*	entre-train *m*; créneau entre deux impulsions intervalle *m*; pause interdigit *f*
interexchange signaling	Ämtersignalisierung *f*	signalisation inter-centraux *f*
interface	Schnittstelle *f* (*Interface*)	interface *f*
interface adapter	Schnittstellenanpassung *f*	adaptateur d'interface *m*
interface board	Schnittstellenkarte *f*, Abk.: SSK	carte d'interface *f*
interface conditions	Anschlußbedingungen *f, pl*	conditions de branchement *f, pl*
interface distributor	Schnittstellenverteiler *m*, Abk.: SSV	répartiteur d'interface *m*
interface lockout	Anschlußsperre *f*	couper la ligne à un utilisateur *f*; blocage de terminal *m*
interface specification	Schnittstellenspezifikation *f*	spécification d'interface *f*
interface structure	Schnittstellenstruktur *f*	structure d'interface *f*
interface switch	Schnittstellenschalter *m*	interrupteur d'interface *m*
interference	Interferenz *f*	interférence *f*
interference immunity	Störunempfindlichkeit *f*	résistance aux interférences *f*
interference suppressor	Entstörglied *n*	élément d'antiparasitage *m*
interference susceptibility	Störempfindlichkeit *f*	sensibilité aux interférences *f*
interference voltage	Störspannung *f*	tension perturbatrice *f*; tension parasite *f*
interlacing of networks	Verflechtung von Netzen *f*	interconnexion de réseaux *f*
interlock	Verriegelung *f*; Schloß *n*; Verschluß *m*	verrouillage *m*; serrure *f*; fermeture *f*; clôture *f*
intermediate amplification	Zwischenverstärkung *f*	amplification intermédiaire *f*
intermediate circuit voltage	Zwischenkreisspannung *f*, Abk.: ZKS	tension de circuit intermédiaire *f*
intermediate electronic buffer	Zwischenspeicher *m*; Puffer-	mémoire tampon *f*; mémoire

	speicher *m*	intermédiaire *f*; tampon *m*
intermediate electronic memory	Zwischenspeicher *m*; Pufferspeicher *m*	mémoire tampon *f*; mémoire intermédiaire *f*; tampon *m*
intermediate frequency, abbr.: i.f., abbr.: IF	Zwischenfrequenz *f*, Abk.: ZF	fréquence intermediaire *f*, abr.: F.I.
intermediate frequency band	Zwischenfrequenzband *n*	bande de fréquence intermédiaire *f*
intermediate junction	Zwischenverbindungssatz *m*	joncteur intermédiaire *m*
internal	innen; intern	intérieur; interne
internal blocking	Blockierung, innere ~ *f*	blocage intérieur *m*
internal call	Hausgespräch *n*; Interngespräch, internes Gespräch *n*; Internruf *m*	numérotation d'accès à l'opératrice *f*; appel intérieur *m*
internal call connection	Hausverbindung *f*	communication interne *f*
internal call privacy	geheimer Internverkehr *m*	trafic interne privé *m*; secret des communications internes *m*
internal calls	interne Gespräche *n, pl*	appels internes *m, pl*
internal call to operator	Meldeleitungsanruf *m*	appel de ligne de signalisation *m*
internal call traffic	Hausverkehr *m*	trafic des communications internes *m*
internal conference	Intern-Konferenz *f*	conférence intérieure *f*
internal connecting set	Hausverbindungssatz *m*	circuit des communications internes *m*
internal connection	Hausanschluß *m*, Abk.: H; Innenverbindung *f*	ligne de service *f*
internal connection path	Innenverbindungsweg *m*	chemin de connexion interne *m*
internal consultation call	Raumrückfrage *f*	double appel intérieur *m*
internal cut-in	internes Aufschalten *n*	entrée en tiers dans une communication intérieure *m*
internal dialing	Internwahl *f*	numérotation interne *f*; sélection interne *f*
internal dialing number	Internrufnummer *f*	numéro d'appel interne *m*
internal link	Innenverbindungssatz *m*	circuit de connexion interne *m*
internal network clock	netzinterner Takt *m*	horloge interne au réseau *f*
internal network timing	netzinterner Takt *m*	horloge interne au réseau *f*
internal refer-back	Raumrückfrage *f*	double appel intérieur *m*
internal refer-back button	Raumrückfragetaste *f*	touche de double appel intérieur *f*
internal traffic	Internverkehr *m*	trafic interne *m*
International Bank for Reconstruction and Development (World Bank); abbr.: IBRD	Internationale Bank für Wiederaufbau und Entwicklung (Weltbank) *f*; Abk.: IBRD	Banque Internationale pour la Reconstruction et le Développement (Banque Mondiale) *f*; abr.: IBRD
international call	Auslandsverbindung *f*	communication internationale *f*; liaison internationale *f*
international call charge rates	Auslandsgebühren *f, pl*	taxes internationales *f, pl*
international call exchange	Auslandsvermittlung *f*	centre international *m*; central international *m*
international circuit	Auslandsleitung *f*; internationale Leitung *f*	circuit international *m*; ligne internationale *f*
international connection	Auslandsverbindung *f*	communication internationale *f*; liaison internationale *f*
International Development Association, abbr.: IDA	Internationale Entwicklungsorganisation *f*	Association Internationale de Développement *f*
international dialing	Auslandswahl *f*	numérotation internationale *f*
International Electrotechnical Commission, abbr.: CEI	Internationale Elektrotechnische Kommission *f*, Abk.: CEI	Commission Electrotechnique Internationale *f*, abr.: CEI
International Frequency Registration Board, abbr.: IFRB	Internationaler Ausschuß zur Registrierung von Frequenzen *m*	Comité International d'Enregistrement des Fréquences *m*
international line	Auslandsleitung *f*; internationale Leitung *f*	circuit international *m*; ligne internationale *f*
international line bundle	Auslandsbündel *n*	faisceau de lignes internationales *m*
international line code	Auslandskennziffer *f*	code d'appels internationaux *m*
international line group	Auslandsbündel *n*	faisceau de lignes internationales *m*
International Radio Consultative Committee	Internationaler beratender Funkausschuß *m*	Comité Consultatif International des Radiocommunications *m*
International Standards Organisation, abbr.: ISO	Internationale Normungsorganisation *f*, Abk.: ISO	Organisation Internationale de Normalisation *f*

International Telecommunication Union, abbr.: ITU	Internationale Fernmeldeunion *f*, Abk.: ITU	Union Internationale des Télécommunications *f*, abr.: UIT
International Telegraph and Telephone Consultative Committee, abbr.: CCITT	Internationaler beratender Ausschuß für den Telegrafen- und Fernsprechdienst *m*, Abk.: CCITT	Comité Consultatif International Téléphonique et Télégraphique *m*, abr.: CCITT
international traffic	Auslandsverkehr *m*	trafic international *m*
interoffice local junction line	Ortsverbindungsleitung *f*	ligne locale *f*; ligne urbaine *f*
interoffice trunk call	Fernverbindung *f*	communication interurbain *f*; connexion à grande distance *f*
interoffice trunk junction line	Ortsverbindungsleitung *f*	ligne locale *f*; ligne urbaine *f*
interposition call and transfer	Platzüberweisung *f*	appel transfert entre positions *m*
interpret (*statement, signal*)	auswerten (*Daten usw.*)	interpréter; utiliser; évaluer
interrogation clock pulse	Abfragetakt *m*	rythme de scrutation *m*; cycle de scrutation *m*
interrogation command (*telecontrol*)	Abfragebefehl *m* (*Fernwirktechnik*)	commande d'interrogation *f* (*télécommande*)
interrogator unit for data traffic	Abfrageeinrichtung für Datenverkehr *f*, Abk.: AED	dispositif d'interrogation du trafic des données *m*
interrupt (*program*)	durchbrechen (*Anrufschutz ~*); unterbrechen (*Programm*)	percer (*repos téléphonique*); interrompre (*programme, repos téléphonique*)
interrupted (*state*)	unterbrochen (*Zustand*); abgeschaltet (*Zustand*)	déconnecté (*état*); coupé (*état*)
interruption	Unterbrechung *f* (*Leitung*); Bruch *m*	interruption *f* (*ligne*)
interrupt routine	Interruptroutine *f*	sous-programme d'interruption *m*; routine d'interruption *f*
interval time of calls	Einfallabstand, Ruf~ *m*	intervalle de temps entre appels *m*
intervention tone	Eintretezeichen *n*; Aufschalteton *m*, Abk.: AT	signal d'entrée en tiers de l'opératrice *m*; tonalité d'entrée en tiers *f*
INTR (abbr.) = intrusion	Aufschaltung *f*	intrusion *f*
intracompany information system	innerbetriebliche Informationswesen *n*	système d'information à usage interne *m*
intradistrict traffic	Bezirkssprung *m*	trafic régional *m*
intrinsically safe	explosionsgeschützt; eigensicher	antidéflagrant
intrinsic loss (*equipment*)	Eigendämpfung *f* (*Gerät*)	affaiblissement intrinsèque *m* (*appareil*)
intrude	aufschalten	entrer
intrusion, abbr.: INTR	Aufschaltung *f*	intrusion *f*
intrusion tone	Eintretezeichen *n*; Aufschalteton *m*, Abk.: AT	signal d'entrée en tiers de l'opératrice *m*; tonalité d'entrée en tiers *f*
invalid	ungültig	non valable; nul; annulé (*non valable*)
in-vehicle radio unit	Fahrzeugfunkgerät *n*	appareil radio pour véhicules *m*
inverted crosstalk (*Am*)	unverständliches Nebensprechen *n*	diaphonie inintelligible *f*
inverter	Wechselrichter *m*, Abk.: WE	onduleur *m*; convertisseur continu-alternatif *m*
invoicing	Berechnung *f*	calcul *m*; facturation *f*
I/O (abbr.) = Input, Output	EA, Abk.: Eingabe/Ausgabe *f*	entrée/sortie *f*
I/O interface	Ein-/Ausgabeschnittstelle *f*	interface entrée sortie *f*
I/O port	Ein-/Ausgabeanschluß *m*	port entrée sortie *m*
ISDN (abbr.) = Integrated Services Digital Network	ISDN, Abk.: diensteintegrierendes digitales Fernmeldenetz *n*	RNIS, abr.: réseau Numéris *m*; Réseau Numérique à Intégration de Services *m*; réseau numérique avec intégration des services *m*, abr.: RNIS
ISDN connection	ISDN-Verbindung *f*; ISDN-Anschlußeinheit *f*	connexion RNIS *f*
ISDN connection attribute	ISDN-Verbindungsmerkmal *n*	attribut de connexion RNIS *m*
ISDN connection element	ISDN-Verbindungselement *n*; ISDN-Verbindungsabschnitt *m*	élément de connexion RNIS *m*
ISDN connection type	ISDN-Verbindungsart *f*; ISDN-Anschlußart *f*	type de connexion RNIS *m*
ISDN connection unit	ISDN-Verbindung *f*; ISDN-Anschlußeinheit *f*	connexion RNIS *f*

ISDN reference configuration	ISDN-Bezugskonfiguration *f*	configuration de référence du RNIS *f*
ISDN reference point	ISDN-Referenzpunkt *m*; ISDN-Bezugspunkt *m*	point de référence du RNIS *m*
ISO (abbr.) = International Standards Organisation	ISO, Abk.: Internationale Normungsorganisation	Organisation Internationale de Normalisation *f*
isolate	trennen; schneiden; entriegeln; ausschneiden; auftrennen	déconnecter; couper; séparer; débrancher
isolating capacitor	Entkopplungskondensator *m*	condensateur de découplage *m*
isolating transformer	Trenntransformator *m*	transformateur d'isolation *m*
isolation (*separation*)	Isolierung *f*	isolation *f*
IT (abbr.) = information technology	Informationstechnik *f*	technique de l'information *f*
itemized bill	Rechnung, detaillierte ~ *f*	facture détaillée *f*
itemized billing	Einzelabrechnung (*Gebühr*)	facturation détaillée *f*; facturation détaillée par communication *f*
itemized list	Stückliste *f*	liste de pièces détachées *f*
item no.	Positionsnummer *f*	numéro d'emplacement *m*
iterative attenuation constant	Kettendämpfung *f*	affaiblissement itératif *m*
iterative impedance	Kettenwiderstand *m*	impédance itérative *f*
iterative phase coefficient / ~ ~ constant	Kettenwinkelmaß *n*	déphasage itératif *m*
iterative propagation coefficient / ~ ~ constant	Kettenübertragungsmaß *n*	coefficient itératif de propagation *m*; constante itérative de propagation *f*
ITU (abbr.) = International Telecommunication Union	ITU, Abk.: Internationale Fernmeldeunion *f*	UIT, abr.: Union Internationale des Télécommunications *f*

J

joining element	Verbindungselement *n*; Verbindungsabschnitt *m*	élément de connexion *m*; élément de raccordement *m*
joint protection closure	Verbindungsschutzmuffe *f*	fermeture de protection d'une connexion *f*
jumper	Brücke einlegen *f*; überbrücken	ponter; straper
jumper	Lötbrücke *f*; Schaltdraht *m*; Drahtbrücke *f*; Brücke *f*	strap à souder *m*; fil de connexion *m*; strap *m*; cavalier *m*
jumper 2-point connection	Drahtbrücken-Zweipunktverbindung *f*	strap *m*
jumper board	Rangierplatte *f*	carte de connexions *f*
jumpering distributor	Rangierverteiler *m*	répartiteur *m*
jumpering field	Rangierfeld *n*	baie de connexion *f*
jumpering wire	Rangierdraht *m*	jarretière de connexion *f*
jumper plug	Steckbrücke *f*	strap enfichable *m*
junction box	Anschlußkasten *m*; Anschaltekasten *m*; Anschlußdose *f*, Abk.: ADO	boîtier de raccordement *m*; boîte de jonction *f*; douille de connexion *f*; boîte de connexion *f*
junction group	Verbindungssatzgruppe *f*	groupe de joncteur *m*
junction marker	Verbindungssatzmarkierer *m*	marqueur de joncteurs *m*

K

KBD (abbr.) = keyboard	Wähltastatur *f*; Zifferntastatur *f*; Tastatur *f*; Tastenfeld *n*	clavier de numérotation *m*; clavier *m*
key	Knopf *m* (*Betätigungs~, Druck~*); Taste *f*; Schaltfläche *f*	bouton poussoir *m*; bouton *m*; touche *f*; bouton de commande *m*
key assignment	Tastenbelegung *f*	occupation des touches *f*; affectation des touches *f*
keyboard, abbr.: KBD; abbr.: kybd	Wähltastatur *f*; Zifferntastatur *f*; Tastatur *f*; Tastenfeld *n*	clavier de numérotation *m*; clavier *m*
keyboard block	Tastenblock *m*	bloc à touches *m*; pavé de touches *m*
keyboard dialing	Tastaturwahl *f*	numérotation clavier *f*
keyboard lock	Tastatursperre *f*	verrouillage du clavier *m*
key field	Wähltastatur *f*; Zifferntastatur *f*; Tastatur *f*; Tastenfeld *n*	clavier de numérotation *m*; clavier *m*
key in	eintasten	saisir
keying	tastend	par touches *f*, *pl*
keying pulse selection receiver	Tastwahl-Empfänger *m*	récepteur à clavier *m*
keying ratio	Tastenverhältnis *n*	rapport de touches *m*
keypad	Wähltastatur *f*; Zifferntastatur *f*; Tastatur *f*; Tastenfeld *n*	clavier de numérotation *m*; clavier *m*
keypad dialing	Tastaturwahl *f*	numérotation clavier *f*
keypad level	Tastenebene *f* (*Telefon*)	niveau clavier *m*
key pressure	Tastendruck *m*	pression de touche *f*
keypunch	Tastendruck *m*	pression de touche *f*
keysender	Zahlengeber *m*, Abk.: ZG	émetteur d'impulsions *m*; émetteur de numérotation *m*; tabulateur *m*
keysender connecting set	Zahlengeberanschaltsatz *m*	équipement de connexion d'émetteur d'impulsions *m*
keysender keyboard	Zahlengebertastatur *f*; Ziffern-tasten *f*, *pl*	clavier d'émetteur automatique d'impulsions *m*; clavier numérique *m*
key signal	Schlüsselzeichen *n*	indication de clé *f*
keyswitch	Tastenschalter *m*	commutateur à touches *m*
key system	Reihenanlage *f*; Sprechsystem *n*; Wechselsprechanlage *f*	système d'intercommunication *m*; intercom *m*; installation d'intercom-munication *f*
key telephone system, abbr.: KTS	Reihenanlage *f*; Sprechsystem *n*; Wechselsprechanlage *f*	système d'intercommunication *m*; intercom *m*; installation d'intercom-munication *f*
K factor	Klirrfaktor *m*	coefficient de distorsion harmonique *m*
kit (*rack*)	Einbausatz *m*; Gestelleinbausatz *m*	kit *m* (*bâti*)
knock	anklopfen	frapper
knocking	wartender Anruf *m*; Anklopfen *n*	signalisation d'appel en instance *f*; offre en tiers *f*; attente *f*
knocking prevention	Anklopfverhinderung *f*; Anklopf-sperre *f*, Abk.: AKS	protection offre en tiers *f*
knocking tone	Anklopfton *m*	tonalité de frappe *f*; tonalité d'avertissement *f*; tonalité d'indication d'appel en instance *f*
KTS (abbr.) = key telephone system	Reihenanlage *f*; Sprechsystem *n*; Wechselsprechanlage *f*	système d'intercommunication *m*; intercom *m*; installation d'intercommunication *f*
kybd (abbr.) = keyboard	Wähltastatur *f*; Zifferntastatur *f*; Tastatur *f*; Tastenfeld *n*	clavier de numérotation *m*; clavier *m*

L

label	Etikett *n*; Aufkleber *m*	étiquette (adhésive) *f*; autocollant *m*
labeling	Beschriftung *f*; Anzeichnen *n*	repérage *m*; marquage *m*; étiquetage *m*
lag	Zeitverzögerung *f*; Verzögerung *f*	retard *m*; retardation *f*; retardement *m*; délai *m*
lag effect	Nahzieheffekt *m*	effet de rémance *m*
lamp	Lampe *f*, Abk.: L	lampe *f*
LAN (abbr.) = local area network	LAN, Abk.: lokales Netz *n*	réseau local *m*
language	Sprache *f*	langue *f*; conversation *f* (*langue*); discours *m*; voix *f*
LAP (abbr.) = link access protocol	Übertragungsprotokoll *n*	PAL, abr.: protocole d'accès à la liaison *m*
large-capacity telephone system	Groß-Fernsprechsystem *n*	système téléphonique à grande capacité *m*
large-scale digital system	digitales Großsystem *n*	système numérique grande capacité *m*
large-scale display	Großanzeige *f*	grand affichage *m*
large-scale integration, abbr.: LSI (*circuits*)	hochintegriert (*Schaltungen*)	haute intégration *f* (*circuits intégrés*)
last-choice route	Letztweg *m*	dernière route accessible *f*; chemin de dernier choix *m*
last number redial	Wahlwiederholung der zuletzt gewählten Rufnummer *f*	répétition du dernier numéro (composé) *f*
last-party release	Auslösen durch den zuletzt auflegenden Teilnehmer *n*	libération de la ligne par raccrochage du dernier abonné *f*
latch	einrasten; einschnappen	enficher; encliqueter
layer (*level*)	Schicht *f* (*Ebene*)	couche *f* (*niveau*)
layer interface	Schichtschnittstelle *f*	interface de couche *f*
layout diagram	Belegungsplan *m*	plan d'implantion *m*
layout index	Belegungsverzeichnis *n*	index d'implantation *m*
LB (abbr.) = local battery	OB, Abk.: Ortsbatterie *f*	BL, abr.: batterie locale *f*
LCR (abbr.) = Least Cost Routing	Verbindungsaufbau, kostenoptimierter ~ *m*	établissement d'une communication au meilleur coût *m*
leakage	Ableitung *f* (*Verlust*)	dérivation *f* (*perte*)
leakance	Verlust *m*	perte *f*; perditance *f*
leak resistance (*resistor*)	Ableitungswiderstand *m*	résistance de fuite *f*
leased circuit / ~ line	Mietleitung *f*	ligne louée *f*; circuit loué *m*; circuit de location *m*
lease of circuits	Leitungsmiete *f*	location de ligne *f*
Least Cost Routing, abbr.: LCR	Verbindungsaufbau, kostenoptimierter ~ *m*	établissement d'une communication au meilleur coût *m*
LED (abbr.) = light-emitting diode	LED, Abk.: Leuchtdiode *f*	DEL, abr.: diode électroluminescente *f*
LED matrix	Leuchtdiodenmatrix *f*	matrice de DEL *f*
legend strip	Einlegestreifen *m*	bande d'étiquetage *f*
lens aberrations	Objektivfehler *m*	erreur d'objectif *m*
lettering	Beschriftung *f*; Anzeichnen *n*	repérage *m*; marquage *m*; étiquetage *m*
lettering example	Beschriftungsbeispiel *n*	exemple de repérage *m*; exemple de marquage *m*; exemple d'étiquetage *m*
lettering film	Beschriftungsfilm *n*	film de repérage *m*; film de marquage *m*; film d'étiquetage *m*
level	Pegel *m*	niveau *m*
level monitoring	Pegelüberwachung *f*	surveillance de niveau *f*
LEX (abbr.) = local exchange	OVSt, Abk.: Ortsvermittlungsstelle *f*; EVSt, Abk.: Endvermittlungsstelle *f*; Ortsamt *n*; Endamt *n*; Ortsvermittlung *f*	CL, abr.: central local *m*; centre local; centre de commutation local *m*; CLASS 5; service urbain des télécommunications *m*; central régional *m*; centre terminal de commutation *m*; central terminal / ~ urbain *m*

LF (abbr.) = low frequency	NF, Abk.: Niederfrequenz *f*	BF, abr.: basse fréquence *f*
LF connection	Niederfrequenzverbindung *f*	correspondant BF *m,* abr.: CORBF
lifetime	Nutzungsdauer *f*; Lebensdauer *f*	durée de vie *f*; durée d'utilisation *f*; longévité *f*
lift (the handset)	abheben (*den Hörer ~*); aufnehmen (*den Hörer ~*); aushängen (*den Hörer ~*); hochheben (*den Hörer ~*)	décrocher (*le combiné*)
light	leuchten	allumer; briller; rayonner
light display	Leuchtanzeige *f*	écran de visualisation *m*
light-emitting diode, abbr.: LED	Leuchtdiode *f*, Abk.: LED	diode électroluminescente *f*, abr.: DEL
light impulse	Lichtblitz *m*	impulsion optique *f*
light insert	Lichteinkopplung *f*	couplage de lumière *m*
light loss	Lichtverlust *m*	perte de lumière *f*
lightning protection	Blitzschutz *m*	parafoudre *m*; éclateur *m*
light-sensitive diode	lichtempfindliche Diode *f*	diode photosensible *f*
light signal unit	Lichtzeicheneinrichtung *f*	équipement de signal lumineux *m*; afficheur lumineux *m*
light-up push-button	Leuchttaste *f*	bouton-poussoir lumineux *m*
limit	begrenzen	limiter
limitation	Einschränkung *f*	limitation *f*; restriction *f*
limitation of internal traffic	Einschränken des Internverkehrs *n*	limitation du trafic interne *f*
limiter	Begrenzer *m*	limiteur *m*
limit frequency	Eckfrequenz *f*	fréquence limite *f*
limiting frequency	Grenzfrequenz *f*	fréquence limite *f*
line	Leitung *f*, Abk.: Ltg; Anschluß *m*; Verbindung *f*	ligne *f*; raccordement *m*; connexion *f*; chaîne de connexion *f*; liaison *f*
line (*text ~*)	Zeile *f* (*Text~*)	ligne *f* (*de texte*)
line adapter / ~ adaption	Leitungsanpassung *f*, Abk.: LA	adaptation de lignes *f*; interface de ligne *f*
line address	Leitungsadresse *f*	adresse ligne *f*, abr.: ADL
line amplifier	Leitungsverstärker *m*	répéteur *m* (*de circuit*)
line and position connecting units	Leitungs- und Platzanschaltungsorgane *n, pl*	organes de connexion pour des lignes et du poste opérateur *m, pl*
line attenuation	Leitungsdämpfung *f*	pertes en ligne *f, pl*
line balancing network	Leitungsnachbildung *f*	équilibreur de ligne artificielle *m*
line blocked or ceased	Anschluß gesperrt oder aufgehoben *m*	terminal verrouillé/hors-service *m*
line branching	Leitungsverzweigung *f*	branchement de ligne *m*
line break	Leitungsbruch *m*; Leitungsunterbrechung *f*	interruption de ligne *f*
line bundle	Bündel *m*; Leitungsbündel *n*	faisceau *m,* abr.: FSC; faisceau de lignes *m*; faisceau de circuits *m*
line-busy tone	Anschlußbesetztton *m*	tonalité d'occupation *f*
line call button	Linienruftaste *f*	bouton d'appel de ligne *m*
line charger	Netzladegerät *n*	chargeur de ligne *m*
line circuit	Teilnehmerschaltung *f*, Abk.: TS	circuit d'abonné *m*; circuit d'usager *m*; joncteur d'abonné *m,* abr.: JAB
line circuit area	Anschlußbereich *m*	circonscription téléphonique *f*
line concentrator	Wählsterneinrichtung *f*; Leitungskonzentrator *m*	concentrateur de lignes *m*
line connection	Leitungsanschaltung *f*	connexion de lignes *f*
line distribution board	Linienverteilerplatte *f*	carte de distribution de lignes *f*
line distribution plate	Linienverteilerplatte *f*	carte de distribution de lignes *f*
line driver	Leitungstreiber *m,* Abk.: LT	driver de ligne *m*
line expenses	Leitungskosten *f, pl*	frais de ligne *m, pl*
line facilities	Leitungseinrichtungen *f, pl*	facultés offertes sur la ligne *f, pl*
line fault	Leitungsstörung *f*	dérangement de ligne *m*
line feed	Zeilenvorschub *m*	saut de ligne *m*; interligne *m*
line finder	Anrufsucher *m*	chercheur d'appel *m*
line group	Bündel *m*; Leitungsbündel *n*	faisceau *m,* abr.: FSC; faisceau de lignes *m*; faisceau de circuits *m*
line identification code	Anschlußerkennung *f*	code l'identification de ligne *m*

line interface	Leitungsschnittstelle *f*	interface de ligne *f*
line interruption	Leitungsbruch *m*; Leitungsunterbrechung *f*	interruption de ligne *f*
line key	Leitungstaste *f*	touche de lignes commutées *f*
line location	Standort *m*; Lage *f* = räumliche ~; Anschlußlage *f*	localité *f*; emplacement *m*; site *m*; couche de raccordement *f*; position de raccordement *f*
line matching	Leitungsanpassung *f*, Abk.: LA	adaptation de lignes *f*; interface de ligne *f*
line noise	Leitungsgeräusche *n, pl*	bruits de ligne *m, pl*
line occupancy	Leitungsbelegung *f*, Abk.: LB	prise f = ~ de ligne; occupation circuit *f*, abr.: OCR
line-of-sight connection	Sichtverbindung *f*	connexion visuelle *f*
line-of-sight contact	Sichtkontakt *m*	contact visuel *m*
Lineplex process	Line-Plex Verfahren *n*	méthode Line-Plex *f*
line protection time	Amtsleitungs-Schutzzeit *f*	temps de protection de ligne *m*
line receiver	Leitungsempfänger *m*, Abk.: LE	récepteur de ligne *m*
line resistance	Leitungswiderstand *m*	résistance de ligne *f*
line scratches	Kratzgeräusche *n, pl*	bruits de friture *m, pl;* bruits de contact *m, pl*
line section	Leitungsteil *m*	section d'une ligne *f*
line seizure	Leitungsbelegung *f*, Abk.: LB	prise f = ~ de ligne; occupation circuit *f*, abr.: OCR
line selector	Anrufsucher *m*	chercheur d'appel *m*
line signal	Leitungssignal, ~zeichen *n*	signal de ligne *m*
line switchover	Leitungsumschaltung *f*	basculement de ligne *m*
line-terminating equipment, abbr.: LTE	Leitungsendgerät *n*, Abk.: LE (*PCM*)	équipement de terminaison de ligne *m*; termineur de ligne *m*
line termination, abbr.: LT	Leitungsabschluß *m*	terminaison de ligne *f*
line termination unit	Leitungsendgerät *n*, Abk.: LE (*PCM*)	équipement de terminaison de ligne *m*; termineur de ligne *m*
line utilization rate	Leitung, Ausnutzungsgrad einer ~ *m*	taux d'utilisation de la ligne *m*
link	durchschalten (*ein Gespräch ~*); verbinden; anschließen (an); anschalten	commuter (*~ une communication*); brancher; connecter (à); relier
link	Zwischenleitung *f*; Verbindungsleitung *f*	ligne intermédiaire *f*; ligne auxiliaire *f*; liaison *f*
link access protocol, abbr.: LAP	Übertragungsprotokoll *n*	protocole d'accès à la liaison *m*, abr.: PAL
link arrangement	Zwischenleitungsanordnung *f*	disposition des lignes intermédiaires *f*
link-by-link signaling	abschnittweise Signalisierung *f*;	signalisation (section) par section *f*; signalisation de proche en proche *f*
link line	Zwischenleitung *f*; Verbindungsleitung *f*	ligne intermédiaire *f*; ligne auxiliaire *f*; liaison *f*
link marker	Zwischenleitungsmarkierer *m*	marqueur de lignes intermédiaires *m*
links	Brücken *f, pl*	straps *m, pl;* pontages *m, pl*
link system	Zwischenleitungssystem *n*	système de lignes intermédiaires *m*
link test	Zwischenleitungsprüfung *f*	contrôle de ligne intermédiaire *m*
listen-in	mithören	observer; surveiller; être à l'écoute *f*
listen-in key	Mithörtaste *f*	touche d'observation *f*; touche d'écoute *f*; clé d'écoute *f*
listing	Listing *n*	liste *m*
LN (abbr.) = local (line) network	ON, Abk.: Orts(leitungs)netz *n*	réseau urbain *m*; réseau local *m*; réseau de distribution local *m*
load (*DP*)	Bereitstellung *f*	préparation *f*; mise en place *f*; mise à disposition *f*
load (*electrical*)	Last *f*; Belastung *f*	charge *f*
load	laden; aufladen	charger
load distribution	Lastverteilung *f*	répartition de charge *f*; distribution de charge *f*
loaded cable	bespultes Kabel *n*	câble pupinisé *m*
load range	Belastungsbereich *m*	régime de charge *m*

load sharing	Lastteilung *f*	partage de charge *m*
local area	Ortsbereich *m*	zone locale *f*
local area network, abbr.: LAN	lokales Netz *n*, Abk.: LAN	réseau local *m*
local battery, abbr.: LB	Ortsbatterie *f*, Abk.: OB	batterie locale *f*, abr.: BL
local battery adapter	Ortsbatterievorsatz *m*	adapteur de batterie locale *m*
local battery operation	OB-Betrieb *m*	fonctionnement en batterie locale *m*
local cable	Ortskabel *n*	câble local *m*
local cable network	Ortskabelnetz *n*	réseau local câblé *m*
local call	Ortsgespräch *n*	communication locale *f*
local call connection	Ortsverbindung *f*	liaison locale *f*; liaison urbaine *f*
local call fee	Ortsgebühr *f*; Ortstarif *m*	taxe locale *f*; tarif urbain *m*; tarif local *m*
local circuit	Ortskreis *m*	circuit local *m*
local exchange, abbr.: LEX	Ortsvermittlungsstelle *f*, Abk.: OVSt; Ortsamt *n*; Endamt *n*; Ortsvermittlung *f*; Endvermittlungsstelle *f*, Abk.: EVSt	central local *m*, abr.: CLASS 5; centre de commutation local *m*; service urbain des télécommunications *m*; centre local *m*, abr.: CL; central régional *m*; centre terminal de commutation *m*; central terminal / ~ urbain *m*
local feeding	Ortsspeisung *f* (*von Fernsprechgeräten*)	alimentation locale *f*
local line	Ortskreisleitung *f*	ligne locale *f*
local (line) network, abbr.: LN	Orts(leitungs)netz *n*, Abk.: ON	réseau urbain *m*; réseau local *m*; réseau de distribution local *m*
local office	Ortsvermittlungsstelle *f*, Abk.: OVSt; Ortsamt *n*; Endamt *n*; Ortsvermittlung *f*; Endvermittlungsstelle *f*, Abk.: EVSt	central local *m*, abr.: CLASS 5; centre de commutation local *m*; service urbain des télécommunications *m*; centre local *m*, abr.: CL; central régional *m*; centre terminal de commutation *m*; central terminal / ~ urbain *m*
local rate	Ortsgebühr *f*; Ortstarif *m*	taxe locale *f*; tarif urbain *m*; tarif local *m*
local reference a	lokale Referenz a *f*, Abk.: LRa	référence locale a *f*
local subscriber	Ortsteilnehmer *m*	poste d'abonné local *m*
local subscriber station	Ortsteilnehmer *m*	poste d'abonné local *m*
local tandem exchange	Ortsknotenamt *n*	centre nodal local / ~ ~ de transit *m*
local tariff	Ortsgebühr *f*; Ortstarif *m*	taxe locale *f*; tarif urbain *m*; tarif local *m*
local time	Ortszeit *f*	heure locale *f*
local time clock	Ortszeituhr *f*	horloge d'heure locale *f*
local time error register	Ortszeitfehlerregister *n*	registre d'erreurs d'heure locale *m*
local time metering	Ortszeitzählung *f*, Abk.: OZZ	enregistrement en heure locale *m*
local traffic	Ortsverkehr *m*	service urbain *m*; trafic local *m*
local zone	Ortszone *f*; Nahbereichszone *f*	zone locale *f*; zone urbaine *f*
location	Standort *m*; Lage *f*; räumliche Lage *f*; Anschlußlage *f*	localité *f*; emplacement *m*; site *m*; couche de raccordement *f*; position de raccordement *f*
location plan	Belegungsplan *m*	plan d'implantion *m*
lock	einrasten; einschnappen	enficher; encliqueter
locking	rastend	automaintenu *m*
lock(ing)	Verriegelung *f*; Schloß *n*; Verschluß *m*	verrouillage *m*; serrure *f*; fermeture *f*; clôture *f*
locking the telephone	abschließen des Telefons	verrouiller le téléphone
locking button	rastende Taste *f*	bouton maintenu *m*
locking key	Sperrtaste *f*	touche de blocage *f*
locking lever	Hebelverschluß *m*	système de fermeture à levier *m*
locking nose	Verriegelungsnase *f*	tenon de verrouillage *m*; ergot de verrouillage *m*
lockout key	Sperrtaste *f*	touche de blocage *f*
log	Protokoll *n*	protocole *m*

logatom list	Logatomliste *f*	liste de logatome *f*
logical AND	UND-Verknüpfung *f*	liaison ET *f*
logic circuit	Logikschaltkreis *m*; virtuelle Verbindung *f*	circuit virtuel *m*, abr.: CV
log off (*program*)	abmelden, sich ~ (*Programm*)	se déloguer
long-distance cable	Fernkabel *n*	câble longue distance *f*
long-distance call	Ferngespräch *n*	appel tandem *m*; appel interurbain *m*; communication téléphonique interurbaine *f*
long-distance calls	Fernverkehr *m*	trafic interurbain *m*
long-distance center	Fernvermittlungsstelle *f*	centre interurbain *m*
long-distance code	Fernverkehrskennziffer *f*	préfixe interurbain *m*; indicatif interurbain *m*
long-distance dialing	Fernwahl *f*	sélection interurbaine automatique *f*; numérotation interurbaine *f*
long-distance exchange	Fernvermittlung *f*	central distant *m*; central interurbain *m*
long-distance line	Fernleitung *f*	ligne réseau interurbain *f*
long-distance network	Fernnetz *n*	réseau interurbain *m*
long-distance rate	Ferntarif *m*	tarif interurbain *m*
long-distance subscriber	Fernteilnehmer *m*	abonné interurbain *m*
long-distance subscriber circuit	Fernteilnehmeranschluß *m*	circuit d'abonné interurbain *m*
long-distance traffic	Fernverkehr *m*	trafic interurbain *m*
long-distance traffic level	Fernverkehrsebene *f*	étage d'abonné éloigné *m*, abr.: EAE
long-distance traffic network	Weitverkehrsnetz *n*	trafic réseau longue distance *m*
long-distance traffic system	Weitverkehrsystem *n*	système de trafic longue distance *m*
long-distance trunk call	Fernverbindung *f*	communication interurbain *f*; connexion à grande distance *f*
long-distance trunk group	Weitverkehrsbündel *n*	faisceau de circuits interurbains *m*
long-distance zone	Fernzone *f*	zone téléphonique interurbaine *f*
long-trunk line	Fernleitung *f*	ligne réseau interurbain *f*
loop	Schleife *f*	boucle *f*
loop control	automatische Regelung *f*	contrôle automatique *m*
loop current characteristic	Schleifenstromkennlinie *f*	caractéristique de courant de boucle *f*
loop dialing	Schleifenwahl *f*	numérotation décimale *f*
loop-disconnect signal	Hauptanschluß-Kennzeichen *n*, Abk.: HKZ	signalisation du poste principal *f*; identification du poste principal *f*; signalisation par rupture de boucle *f*
loop-disconnect signaling	Hauptanschlußkennzeichengabe *f*, Abk.: Hkz	signalisation du poste principal *f*
loop gain	Schleifenverstärkung *f*	gain de boucle *m*
loop identification	Schleifenerkennung *f*	détection de boucle *f*
loop in	einschleifen	roder; meuler; insérer dans la boucle *f*
loop interruption	Schleifenunterbrechung *f*	ouverture de boucle *f*; rupture de boucle *f*
loop resistance	Schleifenwiderstand *m*	résistance de boucle *f*
loop voltage	Schleifenspannung *f*	tension de boucle *f*
loose cable	unbespultes Kabel *n*	câble non pupinisé *m*
loose connection	Wackelkontakt *m*	connexion lâche *f*
loose contact	Wackelkontakt *m*	connexion lâche *f*
loss (*circuit*)	Dämpfung *f* (*Leitung*); Abschwächung *f* (*eines Signals*)	affaiblissement *m* (*circuit*); atténuation *f*; amortissement *m*
loss	Verlust *m*	perte *f*; perditance *f*
loss system	Verlustsystem *n*	système à perte *m*
loudspeaker	Lautsprecher *m*	haut-parleur *m*
loudspeaker announcement	Sprachdurchsage *f*	annonce parlée *f*
low (*quiet*)	leise	bas; faible
lower cabinet	Unterschrank *m*	armoire inférieure *f*
low frequency, abbr.: LF	Niederfrequenz *f*, Abk.: NF	basse fréquence *f*, abr.: BF
low-frequency system	Tieftonsystem *n*	système à basse fréquence *m*
low-level selection	Tiefpegelwahl *f*	sélection bas niveau *f*
low-pass filter	Tiefpassfilter *m*	filtre passe-bas *m*
low-profile plug	Flachstecker *m*	connecteur plat *m*

low-rate	gebührengünstig	tarif heures creuses *m*
low traffic period	verkehrsschwache Zeit *f*	période creuse de trafic *f*
LSI (abbr.) = large-scale integration	hochintegriert (*Schaltungen*)	haute intégration *f* (*circuits intégrés*)
LT (abbr.) = line termination	Leitungsabschluß *m*	terminaison de ligne *f*
LTE (abbr.) = line-terminating equipment	LE, Abk.: Leitungsendgerät *n* (*PCM*)	équipement de terminaison de ligne *m*; termineur de ligne *m*
lug	Zunge *f*	cosse *f*; lame *f*
luminous display	Leuchtziffernanzeige *f*	indication digitale lumineuse *f*; afficheur digital lumineux *m*
luminous signal unit	Lichtzeicheneinrichtung *f*	équipement de signal lumineux *m*; afficheur lumineux *m*

M

MAC (abbr.) = Multiplexed Analog Component	MAC, Abk.: TV-Standard *m*	composant analogique multiplexé *m*;
magnetic field	Feld, magnetisches ~ *n*	champ magnétique *m*
magnetic (tape-)recording equipment	Magnetaufzeichnungsgerät *n*, Abk.: MAZ	appareil d'enregistrement magnétique *m*; équipement d'enregistrement magnétique *m*
main cable	Hauptkabel *n*, Abk.: HK	câble principal *m*
main distribution frame, abbr.: MDF	Hauptverteiler *m*, Abk.: HVT, Abk.: HV	répartiteur général *m*, abr.: RG; répartiteur principal *m*
main exchange	Zentralvermittlungsamt *n*; Zentralamt *n*; Hauptamt *n*; Hauptvermittlungsstelle *f*, Abk.: HVSt	centre autonomie d'acheminement *m*, abr.: CAA; central principal *m*; centre principal *m*
main exchange traffic	Hauptamtsverkehr *m*	trafic du central principal *m*
mainframe	übergeordneter Rechner *m*; Großrechner *m*; Host *m*	ordinateur principal *m*; ordinateur central *m*
main line	Hauptanschluß *m*, Abk.: HAs	poste principal d'abonné *m*; poste d'abonné *m*
main memory	Arbeitsspeicher *m*, Abk.: AS	mémoire principale *f*
mains cable connection	Netzkabelanschluß *m*	branchement de câble secteur *m*; branchement de câble d'alimentation *m*
mains connecting cable	Netzkabel *n*; Netzanschlußkabel *n*	câble d'alimentation *m*
mains connection	Netzanschluß *m* (*Lichtnetz*)	connexion réseau *f* (*alimentation*); branchement secteur *m*; alimentation secteur *f*
mains connector	Netzstecker *m*	douille secteur *f*; connecteur secteur *m*
mains failure	Netzausfall *m*	panne de secteur *f*
mains failure operation	Netzausfallschaltung *f*; Notstrombetrieb *m*	connexion en cas de panne secteur *f*; fonctionnement sur alimentation secourue *f*
mains filter	Netzfilter *n*	filtre de secteur *m*
mains fuse	Netzsicherung *f*	fusible secteur *m*
mains lead	Netzleitung *f*	câble secteur *m*
mains plug	Netzstecker *m*	douille secteur *f*; connecteur secteur *m*
mains supervision (*current network*)	Netzüberwachung *f* (*elektr. Strom*)	surveillance du réseau *f* (*courant électrique*)
main station	Hauptstelle *f*, Abk.: HSt	poste principal *m*
main station for fixed connection	Hauptanschluß für Direktruf *m*, Abk.: HfD	poste principal pour appel direct *m*
main subscriber concentrator	Hauptteilnehmerbündler *m*	concentrateur principal d'abonnés *m*, abr.: CPA
mains unit	Netzspeisegerät *n*, Abk.: NSG; Netzgerät *n*	bloc-secteur *m*; appareil d'alimentation *m*
mains voltage	Anschlußspannung *f*	tension secteur *f*
main system	Hauptanlage *f*	centre primaire *m*, abr.: CP
main telephone	Hauptanschluß *m*, Abk.: HAs	poste principal d'abonné *m*; poste d'abonné *m*
maintenance	Wartung *f*	entretien *m*; maintenance *f*
main traffic	Hauptverkehrsstunde *f*	heure chargée *f*; heure de pointe *f*
make	durchführen	exécuter; conduire; faire
make a note of	vormerken	noter; prendre note (de)
male plug	Steckerstift *m*	douille mâle *f*
malfunction	Fehlfunktion *f*; Störung *f*; Störbeeinflussung *f*; Fehlerstörung *f*; Ausfall *m*	défaut de fonctionnement *m*; perturbation *f*; dérangement *m*; panne *f*; avarie *f*; coupure *f*

malicious call identification, abbr.: MCID	Fangen *n*; Identifizieren böswilliger Anrufer *n*; Fangschaltung *f*	détection d'appels malveillants *f*; appel malveillant *m*, abr.: AMV
malicious call tracing (circuit)	Fangen *n*; Identifizieren böswilliger Anrufer *n*; Fangschaltung *f*	détection d'appels malveillants *f*; appel malveillant *m*, abr.: AMV
man-machine communication, abbr.: MMC	Mensch-Maschinen-Sprache *f*, Abk.: MML	dialogue homme-machine *m*
man-machine language, abbr.: MML	Mensch-Maschinen-Sprache *f*, Abk.: MML	dialogue homme-machine *m*
man-machine relation	Mensch-Maschine-Verhältnis *n*	relations homme-machine *f*, *pl*, abr.: RHM
manual answering	Rufbeantwortung, manuelle ~ *f*	réponse manuelle *f*
manually put through	handvermittelt	établi en service manuel *m*; passer une communication en manuel *f*
manually switched	handvermittelt	établi en service manuel *m*; passer une communication en manuel *f*
manual mode	automatischer Arbeitsmodus *m*	mode auto *m*; mode manu *m*
manual night service switching	Nachtschaltung, manuelle ~ *f*	renvoi de nuit manuel *m*
manual operator position	Handvermittlungsplatz *m*	standard manuel *m*
manual signaling	Morseruf *m*	signalisation manuelle *f*
manufacturing date	Herstellungsdatum *n*	date de fabrication *f*
manufacturing number	Fertigungsnummer *f*	numéro de série *m*; numéro de fabrication *m*
mark	Kennzeichen *n*; Marke *f*	repère *m*; marque *f*
mark	markieren	marquer; indiquer; repérer
marker	Markierer *m*	marqueur *m*
marking	Beschriftung *f*; Anzeichnen *n*	repérage *m*; marquage *m*; étiquetage *m*
marking	Identifizierung *f*; Identifizieren *n*	identification *f*; repérage *m*; marquage *m*
marking relay	Markierrelais *n*	relais de repère *m*
mark-to-pulse ratio	Zeichen-/Pausen-Verhältnis *n*	rapport d'impulsions *m*
mark-to-space ratio	Puls/Pausenverhältnis *n*	intervalle d'impulsions *m*
mask	Maske *f*; Schablone *f*	masque *m*
masked	verdeckt; verborgen	escamotable
mass storage device	Massenspeicher *m*	mémoire de masse *f*
master bus unit	zentrale Busstation *f*	unité principale de bus *f*
master exchange	übergeordnetes Amt *n*; Muttervermittlungsstelle *f*	central directeur / ~ maître *m*; autocommutateur maître *m*
master telephone transmission reference system	Ureichkreis *m*	système fondamental de référence pour la transmission téléphonique *m*, abr.: SFERT
master workstation	Master-Arbeitsplatz *m*	poste de travail maître *m*; station de travail principale *f*
match	Identität *f*; Übereinstimmung *f*	identité *f*; conformité *f*; concordance *f*
matching	Adaptation *f*; Anpassung *f*	adaptation *f*
matching attenuation	Reflexionsdämpfung *f*; Anpassungsdämpfung *f*	affaiblissement d'adaptation *m*
materials data acquisition	Materialdatenerfassung *f*	saisie de données matériel *f*
mating call	Lockruf *m*	appel AIC *m*; appel centre de maintenance *m*
matrix block	Koppelblock *m*	bloc de couplage *m*
matrix-capable display panel	matrixfähige Anzeigentafel *f*	tableau d'affichage matriciel *m*
matrix control	Matrixsteuerung *f*	gestion de matrice *f*
matrix group	Koppelgruppe *f*	groupe de connexion *m*
matrix path	Koppelfeldweg *m*	itinéraire dans le réseau de connexion *m*
matrix setting time	Koppelfeldeinstellzeit *f*	temps d'établissement d'une connexion dans le réseau de connexion *m*
matrix stage	Koppelstufe *f*	étage du réseau de connexion *m*
maximum	Höchstwert *m* (*Stromkreis*)	valeur pic *f* (*circuit*); valeur maximum *f* (*circuit*)

mcb (abbr.) = miniature circuit-breaker	Schutzschalter *m*; Sicherungsautomat *m*; Fernmeldeschutzschalter *m*	disjoncteur de protection *m*; coupe-circuit (automatique) *m*
MCID (abbr.) = malicious call identification	Fangen *n*; Identifizieren böswilliger Anrufer *n*; Fangschaltung *f*	AMV, abr.: appel malveillant *m*; détection d'appels malveillants *f*
MDF (abbr.) = main distribution frame	HVT, Abk.:, HV, Abk.: Hauptverteiler *m*	RG, abr.: répartiteur général *m*, répartiteur principal *m*
mean delay	mittlere Wartedauer *f*	délai d'attente moyen *m*; durée moyenne d'attente *f*
mean holding duration	mittlere Belegungsdauer *f*	durée moyenne d'occupation de ligne *f*; durée moyenne de prise de ligne *f*
mean holding time	mittlere Belegungszeit *f*	temps moyen de prise *m* (*de ligne*)
mean sea level, abbr.: MSL	Normalnull *n*, Abk.: NN	niveau moyen de la mer *m*
means of communication	Kommunikationsmittel *n*	moyens de communication *m, pl*
measure	Maßnahme *f*	mesure *f*; décision *f*
measuring point	Meßpunkt *m*; Prüfpunkt *m*, Abk.: PT; Testpunkt *m*	point de mesure *m*; point de contrôle *m*; point de test *m*; point de contrôle de service *m*, abr.: PCS
mechanical engineering	Maschinenbau *m*	industrie mécanique *f*
medium system	Mittelbandsystem *n*	système bande moyenne *m*
megacycles per second	Megahertz *n*, Abk.: MHz	mégacycle *m*
melting point (*dielectric*)	Schmelzpunkt *m* (*Dielektr.*)	point de fusion *m*
membrane keyboard / ~ keypad	Folientastatur *f*	clavier à effleurement *m*
memory	Speicher *m*	mémoire *f*
memory location	Speicherplatz *m*	emplacement de mémoire *m*
memory unit	Speichereinheit *f*	module mémoire *m*; unité mémoire *f*
menu allocation	Menüzuordnung *f*	affecter à un menu
message	Quittung *f*; Rückmeldung *f*; Empfangsbestätigung *f*	acquit(tement) *m*; confirmation de réception *f*
message switching	Teilstreckentechnik *f*	système avec mémorisation intermédiaire *m*
message traffic	Meldungsverkehr *m*	trafic de messages *m*
metal film resistor	Metallschichtwiderstand *m*	résistance à couche métallique *f*
meter	Zähler *m* (*Meßgerät~*)	compteur *m*, abr.: CPT
meter(ing) pulse	Zählimpuls *m*; Gebührenimpuls *m*	impulsion de comptage *f*; impulsion de taxe *f*
metering pulse train	Gebührentaktserie *f*	impulsions de taxation *f, pl*
metering zone	Gebührenzone *f*; Tarifstufe *f*	circonscription de taxes *f*; zone de taxation *f*; niveau de taxes *m*
meter pulse rate	Gebührenzone *f*; Tarifstufe *f*	circonscription de taxes *f*; zone de taxation *f*; niveau de taxes *m*
microcassette module	Mikrokassettenmodul *n*	module à microcassettes *m*
microelectronics	Mikroelektronik *f*	microélectronique *f*
microphone disconnect button	Mikrofon-Abschaltetaste *f*	touche microphone marche / arrêt *f*
microwave connection	Richtfunkverbindung *f*	connexion par micro-ondes *f*; faisceau hertzien *m*; liaison hertzienne *f*
microwave equipment	Richtfunkverbindungseinrichtung *f*; Richtfunkgerät *n*	équipement de liaison hertzienne *f*
microwave frequency	Richtfunkfrequenz *f*	fréquence des micro-ondes *f*
microwave radio link	Mikrowellen-Funkstrecke *f*	liaison radio par ondes courtes *f*
microwave radio-link technology	Richtfunktechnik *f*	technique radio à micro-ondes *f*
microwave (radio) system	Richtfunk(system) *n*	système (radio) à micro-ondes *m*
microwave relay station	Richtfunkrelaisstation *f*	station relais à micro-ondes *f*
middle part	Mittelteil *m*	partie centrale *f*
mid-point tapping	Mittelpunktschaltung *f*	circuit à point milieu *m*
mind	beachten; berücksichtigen	observer; prendre en considération *f*; tenir compte
miniature circuit-breaker, abbr.: mcb	Schutzschalter *m*; Sicherungsautomat *m*; Fernmeldeschutzschalter *m*	disjoncteur de protection *m*; coupe-circuit (automatique) *m*
minimum charge	Mindestgebühr *f*	taxe minimum *f*
minimum configuration	Mindestausbau *m*	configuration minimale *f*

minimum fee	Mindestgebühr *f*	taxe minimum *f*
MINITEL (abbr.) = electronic telephone directory in France	MINITEL, Abk.: elektronisches Telefonbuch in Frankreich	MINITEL, abr., *m*
mirror diameter	Spiegeldurchmesser *m*	diamètre de miroir *m*
mismatch	Stoßdämpfung *f*	affaiblissement de désadaption *m*; perte de transition *f*
mixer	Mischer *m*, Abk.: MIS	mélangeur *m*; mixeur *m*
mixer control panel	Mischpult *n*	table de mixage *f*
mixing desk	Mischpult *n*	table de mixage *f*
mixing of bundles	Bündelmischung *f*	mixage de faisceaux *m*; faisceau mixte *m*
MMC (abbr.) = man-machine communication	MML, Abk.: Mensch-Maschinen-Sprache *f*	dialogue homme-machine *m*
MMG (abbr.) = Module Manager	MMG, Abk.: Module Manager	MMG, abr.: Module Manager, gestionnaire de module
MML (abbr.) = man-machine language	MML, Abk.: Mensch-Maschinen-Sprache *f*	dialogue homme-machine *m*
mobile communications	mobile Informationstechnik *f*	communications mobiles *f, pl*
Mobile Communications Division	Geschäftsbereich Mobile Kommunikation *m*	Département communication mobile *m*
mobile connecting unit	mobile Anschlußeinheit *f*	unité de raccordement mobile *f*, abr.: URM
mobile microwave station	mobile Richtfunkstation *f*	station mobile ondes courtes *f*
mobile radio	Kraftfahrzeugfunk *m*	radio-téléphone *m*; radio mobile *f*
mobile radio-relay station	mobile Richtfunkstation *f*	station mobile ondes courtes *f*
mobile radio system	mobiles Funksystem *n*	système de radio mobile *m*
mobile studio unit	mobile Aufnahmeeinheit *f*	unité de studio mobile *f*
mobile switching center	Funkvermittlung *f*	commutation radio *f*
mobile telephone	Mobiltelefon *n*	téléphonie mobile *f*
mobile telephone network	Mobilfunknetz *n*	réseau de téléphonie mobile *m*
mobile telephone technology	mobile Fernsprechtechnik *f*	technique de téléphonie mobile *f*
Mod (abbr.) = module	Modul *n*; Chip *m*; Baustein *m*	puce *f*; module *m*; composant *m* (*module*)
modem	Modem *n*	modem *m*
modem circuit	Modemschaltung *f*	circuit modem *m*
modem pools	freie Zuordnung von Modems *f*	pool de modems *m*
mode of operation	Arbeitsweise, grundsätzliche ~ *f*	mode opératoire de base *m*
modification	Änderung *f*; Veränderung *f*; Wechsel *m*	modification *f*
modification circuit	Änderungsschaltung *f*	circuit de modification *m*
modification measure	Änderungsmaßnahme *f*	décision de modification *f*; mesure de modification *f*
modification of COS	Berechtigungsumschaltung *f*, Abk.: BU	modification de la classe de service *f*
modification step	Änderungsmaßnahme *f*	décision de modification *f*; mesure de modification *f*
modular concept	Baukastenprinzip *m*	système à éléments standardisés *m*
modular construction	Modulaufbau *m*	construction modulaire *f*
modularity	Baukastenprinzip *m*	système à éléments standardisés *m*
modular multi-user system	modulares Mehrplatzsystem *n*	système multi-poste modulaire *m*
modular principle	Baukastenprinzip *m*	système à éléments standardisés *m*
modular system	Bausteinsystem *n*	système modulaire *m*
modulated light	moduliertes Licht *n*	lumière modulée *f*
modulation frequency	Modulationsfrequenz *f*	fréquence de modulation *f*
modulation rate	Schrittgeschwindigkeit *f*	rapidité de modulation *f*; vitesse de modulation *f*
modulator	Modulationsgerät *n*	modulateur *m*
module, abbr.: Mod	Modul *n*; Chip *m*; Baustein *m*	puce *f*; module *m*; composant *m* (*module*)
module compartment	Fach *n*; Modulfach *n*	compartiment de module *m*
module frame	Baugruppenträger *m*; Baugruppenrahmen *m*	châssis *m*; rack *m*; cage *f*

module system	Aufbausystem *n*	système de construction *m*
MOH (abbr.) = music on hold	Musik in Wartestellung *f*	attente musicale *f*; musique d'ambiance *f*
momentum wheel	Schwungrad *n*	volant *m*
money	Geld *n*	monnaie *f*; argent *m*
monitor	mithören	observer; surveiller; être à l'écoute *f*
monitor	Monitor *m*	moniteur *m*
monitoring (*feature*)	Lauthören *n* (*Leistungsmerkmal*)	écoute amplifée *f* (*facilité*); monitoring *m* (*facilité*)
monitoring	Überwachung *f*, Abk.: UEB; Betriebsüberwachung *f*	contrôle *m*; surveillance (système) *f*; observation *f*, abr.: OBS
monitoring button	Mithörtaste *f*	touche d'observation *f*; touche d'écoute *f*; clé d'écoute *f*
monitoring camera	Überwachungskamera *f*	caméra de surveillance *f*
monitoring circuit	Abhörschaltung *f*	circuit d'écoute *m*
monitoring-connection button	Mithörverbindungstaste *f*	touche de connexion pour observation *f*; touche de connexion *f*; pour écoute *f*
monitoring device	Mithöreinrichtung *f*	dispositif d'observation *m*
monitoring equipment	Überwachungsgerät *n*	poste de contrôle *m*; poste de surveillance *m*; poste d'observation *m*
monitoring request button	Mithöraufforderungstaste *f*	touche d'observation *f*
monitoring set	Mithörapparat *m*	poste de surveillance *m*
monolithic semiconductor circuit	monolitische Halbleiterschaltung *f*	circuit intégré monolithique à semiconducteurs *m*
Morse code	Morseruf *m*	signalisation manuelle *f*
motherboard	Verdrahtungsplatte *f*, Abk.: VP; Basisleiterplatte *f*	plaque de câblage *f*; carte de câblage *f*; carte principale *f*; carte mère *f*
motherboard for connecting circuits / devices	Verdrahtungsplatte für Anschlußorgane *f*, Abk.: VAO	carte de câblage pour organes de connexion *f*
motherboard for duplicated control system	Verdrahtungsplatte für gedoppelte Steuerung *f*, Abk.: VSD	carte de câblage pour système de gestion doublé *f*
motherboard for multi-group system	Verdrahtungsplatte für mehrgruppige Anlage *f*	carte de câblage pour système de gestion multigroupes *f*
motherboard for power supply	Verdrahtungsplatte für Stromversorgung *f*, Abk.: VSV	carte de câblage pour l'alimentation *f*
motherboard for single control system	Verdrahtungsplatte für einfache Steuerung *f*, Abk.: VSE	carte de câblage pour système de gestion simple *f*
mounting	Montage *f*	montage *m*; installation *f*
mounting base	Montageboden *m*	fond (de montage) *m*
mounting bracket	Befestigungsbügel *m*	réglette de fixation *f*
mounting clip	Befestigungsschelle *f*	anneau de fixation *m*
mounting dimensions	Einbaumaß *n*	dimension de montage *f*
mounting frame	Montagerahmen *m*	châssis de montage *m*
mounting instructions	Montageanweisung *f*	instruction de montage *f*
mounting on plaster	Aufputzmontage *f*	installation sur crépi *f*; encastrement sur crépi *m*
mouse	Maus *f*	souris *f*
moving image	Bewegtbild *n*	image mobile *f*
MSL (abbr.) = mean sea level	NN, Abk.: Normalnull *n*	niveau moyen de la mer *m*
MSN (abbr.) = Multiple Subscriber Number	MSN, Abk.: Mehrfachrufnummer *f*	numéro d'appel multiple *m*
mulitplex mode	Multiplexbetrieb *m*	trafic multiplex *m*; mode multiplex *m*; en multipex *m*
multi-access line	Mehrfachanschluß *m*	connexion multiple *f*; accès multipoints *m*
multi-address	Mehrfachanschrift *f*	adresse multiple *f*
multi-channel outfitting	Mehrkanalausstattung *f*	équipement multicanaux *m*
multi-frequency dialing	Multifrequenzverfahren *n*, Abk.: MFV; Mehrfrequenzwahlverfahren *n*, Abk.: MFV	numérotation multifréquence *f*, abr.: MF
multifunctional terminal	Multifunktionsterminal *n*, Abk.: MFT	terminal multifonctions *m*

multilayer	Mehrlagen *f, pl,* Abk.: ML	multicouches *f, pl*
multimeter	Universal-Vielfachmeßgerät *n*	multimètre *m*
multi-metering	Mehrfachzählung *f*	taxation multiple *f*
multi-party facility	Konferenzgespräch *n*; Sammelgespräch *n*; Konferenz *f*	conférence *f*, abr.: CONF
multi-PBX	Mehrfachnebenstellenanlage *f*	PBX multiple *m*
multiple	Vielfach *n*	multiple *m*
multiple amplifier	Vielfachverstärker *m*	amplificateur multiple *m*
multiple attendant position	Platzzuordnung *f*	affectation de table d'opératrice *f*
multiple call diversion / call forwarding	Verkettung Rufumleitung / Rufweiterleitung *f*	enchaînement renvoi d'appel / transfert d'appel *m*
multiple connection	Vielfachschaltung *f*	connexion multiple *f* (*circuit*)
multiple operator position	Mehrfachabfrageplatz *m*	P.O. multiple *m*
multiple position group	Mehrfach-Platzgruppe *f*	groupe de positions multiples *m*
multiple regenerator	Vielfachverstärker *m*	amplificateur multiple *m*
multiple routing (*exchange*)	Mehrwegführung *f* (*Vermittlung*)	acheminement multiple *m* (*P.O.*)
Multiple Subscriber Number, abbr.: MSN	Mehrfachrufnummer *f*, Abk.: MSN	numéro d'appel multiple *m*
multiplex	bündeln (*Übertragungskanäle ~*); multiplex	multiplexer (*voies de transmission*); multiplex
Multiplexed Analog Component, abbr.: MAC	TV-Standard *m*, Abk.: MAC	composant analogique multiplexé *m*
multiplexer, abbr.: MUX	Multiplexer *m*, Abk.: MUL; Datenübertragungs-Steuereinheit, EDV *f*	multiplexeur *m*
multiplexer channel	Multiplexorkanal *m*	canal multiplexeur *m*
multiplexing	Multiplexbetrieb, im ~ arbeiten *m*	exploitation en multiplex *f*
multiplexing equipment	Multiplexeinrichtung *f*	équipement de multiplexage *m*
multiplex line	Multiplexleitung *f*	ligne multiplex *f*
multiplex link	Mehrfachanschluß *m*	connexion multiple *f*; accès multipoints *m*
multiplex operation	Multiplexbetrieb *m*	trafic multiplex *m*; mode multiplex *m*; en multipex *m*
multiplex system	Multiplexsystem *n*	système multiplex *m*
multiplex unit	Multiplexgerät *n*	appareil multiplex *m*
multiplier	Vervielfacher *m*	multiplicateur *m*
multipoint access	Mehrfachanschluß *m*	connexion multiple *f*; accès multipoints *m*
multipoint connection	Mehrpunktanschluß *m*	connexion multi-points *f*
multipoint connector	Steckerleiste *f*	connecteur multi-points *m*
multipole	mehrpolig	multipolaire
multiport connection	Mehrpunktverbindung *f*	liaison multi-points *f*
multistage network	mehrstufiges Netzwerk *n*	réseau à étages multiples *m*
multi-user system	Mehrplatzsystem *n*	poste de travail multiple *m*
music on hold, abbr.: MOH	Musik in Wartestellung *f*	attente musicale *f*; musique d'ambiance *f*
music scan	Sendersuchlauf *m*	marche de détection des émetteurs *f*
mutilated	verstümmelt	mutilé
mutual capacitance	Betriebskapazität *f*	capacité effective *f*
mutual inductance	Kabelinduktivität *f*	induction effective *f*
mutual interference (*signaling channel*)	gegenseitige Beeinflussung *f* (*Signalkanal*)	interférence mutuelle *f*
MUX (abbr.) = multiplexer	MUL, Abk.: Multiplexer *m*; Datenübertragungs-Steuereinheit, EDV *f*	multiplexeur *m*

N

N (abbr.) = network	Netz *n*; Leitungsnetz *n*	réseau *m*
naked wire	Blankdraht *m*	fil dénudé *m*
name display	Namensanzeige *f*	affichage du nom *m*; visualisation du nom *f*
nameplate	Bezeichnungsschild *n*	plaque signalétique *f*
NAND circuit	NAND-Schaltung *f*	circuit NAND *m*
narrowband network	Schmalbandnetz *n*	réseau à bande étroite *m*
narrowband system	Schmalbandsystem *n*	système à bande étroite *m*
narrowband transmission	Schmalbandübertragung *f*	transmission à bande étroite *f*
national trunk traffic	Inlandsverkehr *m*	trafic interurbain *m*; trafic national *m*
nationwide trunk dialing	Landesfernwahl *f*	numérotation interurbaine *f*
Navigation & Information System Berlin, abbr.: LISB	Leit- und Informationssystem Berlin *n*, Abk.: LISB	Système d'information et de navigation Berlin *m*
NC (abbr.) = network connection	Netzanschluß *m* (*Lichtnetz*)	connexion réseau *f* (*alimentation*); branchement secteur *m*; alimentation secteur *f*
NCC (abbr.) = data network control center	DNKZ, Abk.: Datennetzkontroll-zentrum *n*	centre de contrôle du réseau de données *m*
nc contact (abbr.) = normally closed contact	Ruhekontakt *m*	contact de repos *m*; interrupteur à contact au repos *m*
near-end crosstalk	Nahnebensprechen *n*	paradiaphonie *f*
need	Bedarf *m*	besoin *m*; demande *f*
net loss (*Am*)	Restdämpfung *f*; Betriebsdämpfung *f*	affaiblissement effectif *m*; affaiblissement composite *m*
network, abbr.: N	Netz *n*; Leitungsnetz *n*	réseau *m*
network architecture functional model	funktionelles Modell der Netzwerk-architektur *n*	modèle fonctionnel d'architecture de réseau *m*
network code number	Netzkennzahl *f*	numéro de code du réseau *m*; code réseau *m*
network connection, abbr.: NC	Netzanschluß *m* (*Lichtnetz*)	connexion réseau *f* (*alimentation*); branchement secteur *m*; alimentation secteur *f*
networked	vernetzt	en réseau *m*
network for fixed connections	Direktrufnetz *n*, Abk.: DRN	réseau d'appel direct *m*
networking	Vernetzung *f*	mise en réseau *f*
networking solutions	Vernetzungslösungen *f, pl*	solutions de mise en réseau *f, pl*
network layer, abbr.: NL	Netzschicht *f*	couche de réseau *f*
network level	Netzebene *f*	niveau de réseau *m*
network maintenance	Unterhaltung eines Netzes *f*	maintenance du réseau *f*
network management	Netzführung *f*	gestion du réseau *f*
network monitoring	Netzüberwachung *f* (*Leitungsnetz*)	surveillance du réseau *f*
network operation	Betrieb eines Netzes *m*	exploitation en réseau *f*
network parameter	Netzmerkmal *n*	caractéristique du secteur *f*
network structure	Netzstruktur *f*	structure du réseau *f*
network termination(s), abbr.: NT	Netzendeinrichtung *f*; Netzab-schluß *m*	terminaison réseau *f*
network utility	Netzmerkmal *n*	caractéristique du secteur *f*
neutral conductor	Nulleiter *m*, Abk.: N	neutre *m*
new master system for the determination of reference equivalents	NOSFER-Verfahren *n*	Nouveau Système Fondamental pour la détermination des Equivalents de Référence, abr.: NOSFER
night-answer station	Nachtstelle *f*	poste de nuit *m*
night changeover switch	Nachtumschalter *m*	commutateur pour renvoi de nuit *m*
night ringer	Ringabfrage bei Nacht *f*	renvoi de nuit tournant *m*
night service, abbr.: NS	Nachtschaltung *f*	renvoi des lignes pour le service de nuit *m*; service de nuit *m*; renvoi de nuit *m*

night service connection	Nachtschaltung *f*	renvoi des lignes pour le service de nuit *m*; service de nuit *m*; renvoi de nuit *m*
night service number	Nachtrufnummer *f*	numéro d'appel de nuit *m*
night switching	Nachtschaltung *f*	renvoi des lignes pour le service de nuit *m*; service de nuit *m*; renvoi de nuit *m*
night-time rate	Nachttarif *m*	tarif de nuit *m*
NL (abbr.) = network layer	Netzschicht *f*	couche de réseau *f*
no. (abbr.) = number; quantity	Nr., Abk.: Nummer *f*; Anzahl *f*; Zahl *f*	numéro *m*; quantité *f*; nombre *m*
node	Knoten *m*	nœud *m*
no-delay traffic	Sofortverkehr *m*	trafic direct *m*
no-exit condition	gassenbesetzt	encombrement *m*
noise	Rauschen *n*; Geräusch *n*	bruit *m*
noise immunity	Störfestigkeit *f*	résistance aux interférences *f*
noise level	Störpegel *m*	niveau de bruit *m*
noise-reduction system	Rauschunterdrückungssystem *n*	système de réduction de bruit *m*
noise suppression	Störunterdrückung *f*	suppression de l'interférence *f*
noise suppression filter	Entstörfilter *m*	filtre anti-parasite *m*
noise voltage	Störspannung *f*	tension perturbatrice *f*; tension parasite *f*
nominal bit rate	Nennbitrate *f*	flux numérique nominal *m*
nominal current	Nennstrom *m*	courant nominal *m*
nominal frequency	Nennfrequenz *f*	fréquence nominale *f*; fréquence assignée *f*
nominal load	Nennlast *f*	charge nominale *f*
nominal voltage	Nennspannung *f*	tension nominale *f*
non-abbreviated call number	Langrufnummer *f*	numéro complet *m*
non-blocking (*switching*)	blockierungsfrei (*Durchschaltung*)	système non bloquant *m*
non-blocking (switching) matrix	blockierungsfreies Koppelfeld *n*; Koppelfeld mit voller Erreichbarkeit *n*	réseau de connexion sans blocage *m*
non-chargeable	gebührenfrei	non soumis à la taxation *f*; non-taxé; gratuit
non-chargeable call	gebührenfreie Verbindung *f*	communication en franchise *f*; appel gratuit *m*
non-connected	befreit; nicht angeschlossen, ~ verbunden	libéré
nonglare	blendfrei	antiaveuglant
nonlinear distortion	nichtlineare Verzerrung *f*	distorsion non linéaire *f*; distorsion de non-linéarité *f*
nonlinear distortion factor	Klirrfaktor *m*	coefficient de distorsion harmonique *m*
non-loaded	unbespult	non chargé
nonlocking (*key*)	nichtrastend (*Taste*)	non-maintenu (*touche*)
non-recurring charge	einmalige Gebühr *f*	taxation simple *f*; taxation unique *f*
nonrestricted	vollamtsberechtigt, Abk.: va; amtsberechtigt	non discriminé; indiscriminé; ayant la prise directe *f*
nonrestricted data traffic	datenverkehrsberechtigt	accès au trafic de données *m*
nonrestricted dialing	Vollamtsberechtigung *f*	autorisation globale réseau *f*; prise réseau sans discrimination *f*; prise directe *f*
nonrestricted extension	vollamtsberechtigte Nebenstelle *f*	poste à sortie illimitée *m*
nonrestricted local exchange dialing	ortsamtsberechtigt	ayant accès aux appels locaux *m*; ayant accès au réseau urbain *m*
nonrestricted trunk dialing	fernwahlberechtigt	numérotation sans discrimination *f*
non-switched connection	festgeschaltete Verbindung *f*; Festverbindung *f*, Abk.: FV	circuit permanent *m*; circuit point-à-point *m*; connexion non commutée *f*; connexion fixe *f*
non-switched connection element	festgeschaltetes Verbindungselement *n*	élément de connexion non commutée *m*

non-switched ISDN connection element	festgeschaltetes ISDN-Verbindungselement *n*	élément de connexion RNIS non commutée *m*
nontransparent switchable connection in a B channel	nichttransparente, schaltbare Verbindung in einem B-Kanal *f*	circuit commuté dans un canal B non transparent *m*
normally closed contact, abbr.: **nc contact**	Ruhekontakt *m*	contact de repos *m*; interrupteur à contact au repos *m*
normal position	Grundstellung *f* (*Gerät*)	position initiale *f*
no seizure	keine Belegung *f*, Abk.: K. Bel	sans occupation *f*; sans charge *f*
not applicable	entfällt; gestrichen	supprimé
not connected	nicht beschaltet	non connecté
note	Anmerkung *f*; Bemerkung *f*	remarque *f*; note *f*; observation *f*
note bit	Merkbit *n*; Kontrollbit *n*	bit de test *m*; bit de repère *m*; bit de contrôle *m*
note down	vormerken	noter; prendre note (de)
note number, abbr.: note no.	Mitteilungsnummer *f*	numéro d'information *m*; numéro de message *m*
notepad	Notiz *f* (*LM*); Notizblock *m*; Notizbuch *n*	bloc-notes *m*
notification of chargeable time	Gebührenzuschreibung *f*	imputation des unités de taxation *f*
not required	entfällt; gestrichen	supprimé
not wired	nicht beschaltet	non connecté
NS (abbr.) = night service	Nachtschaltung *f*	renvoi des lignes pour le service de nuit *m*; service de nuit *m*; renvoi de nuit *m*
NT (abbr.) = network termination(s)	Netzendeinrichtung *f*; Netzabschluß *m*	terminaison réseau *f*
null	ungültig	non valable; nul; annulé,
number, abbr.: no.	Anzahl *f*; Nummer *f*, Abk.: Nr.; Zahl *f*	quantité *f*; numéro *m*; nombre *m*
numbered information frames, abbr.: I-frames	numerierte Informationsrahmen *m, pl*, Abk.: I-frames	trames d'information numérisée *f, pl*
numbering	Numerierung *f*; Rufnummernzuordnung *f*	numérotage *m*; numérotation *f*
numbering plan	Rufnummernplan *m*; Numerierungsplan *m*	plan de numérotation *m*; plan de numérotage *m*
numbering scheme	Rufnummernplan *m*; Numerierungsplan *m*	plan de numérotation *m*; plan de numérotage *m*
number verification	Rückprüfung *f*	vérification de numéro *f*
numerical combination block lock	Zahlenkombinationsblockschloß *n*	serrure à combinaison *f*
nut	Schraubenmutter *f*; Mutter *f* (*Schrauben~*)	écrou *m*

O

objective	Ziel *n*	but *m*; cible *f*; destination *f*
objective reference system test station	objektiver Bezugsdämpfungsmeßplatz *m*, Abk.: OBDM	appareil de mesure objective d'affaiblissement équivalent *m*, abr.: OREM
observe	beachten; berücksichtigen	observer; prendre en considération *f*; tenir compte
OB vehicle (abbr.) = outside-broadcast vehicle	Ü-Wagen *m*	car de reportage *m*
occupancy	Belegung *f* (*Leitung*)	occupation *f* (*ligne*); prise *f* (*ligne*); adjonction *f* (*ligne*)
octet	Byte *n*	octet *m*
offering signal	Anbietezeichen *n*	signal d'offre *m*
offering signal amplifier	Anbietezeichenverstärker *m*	amplificateur du signal d'offre *m*
offering signal regenerator	Anbietezeichenverstärker *m*	amplificateur du signal d'offre *m*
office communications	Bürokommunikation *f*; Büroinformationstechnik *f*	bureautique *f*
office-information technology	Bürokommunikation *f*; Büroinformationstechnik *f*	bureautique *f*
office telephone system	Bürotelefonanlage *f*	installation téléphonique de bureau *f*
office workstation	Büro-Arbeitsplatz *m*	poste de travail de bureau *m*
official trip	Dienstgang *m*	démarche administrative *f*
off-load	unbelastet	déchargé
off-peak	Belastungstal *n*	creux de charge *m*
off-peak period	verkehrsschwache Zeit *f*	période creuse de trafic *f*
off-premises extension / ~ station, abbr.: OPX	Nebenstelle, außenliegende ~ *f*; Außennebenstelle *f*	poste distant *m*
og (abbr.) = outgoing	g, Abk.: abgehend, gehend gerichtet	SPA, abr.: sortant; de départ *m*; spécialisé départ *m*
O&M center (abbr.) = operation and maintenance center	Betriebs- und Wartungszentrum *n*	CEM, abr.: Centre d'Exploitation et Maintenance *m*
omitted	entfällt; gestrichen	supprimé
one-hand control	Einhandbedienung *f*	contrôle d'une seule main *m*
one-off charge	einmalige Gebühr *f*	taxation simple *f*; taxation unique *f*
one-out-of-ten code	Code 1 aus 10 *m*	code 1 parmi 10 *m*
one-third	Drittel *n*	tiers *m*, abr.: TRS
one-time charge	einmalige Gebühr *f*	taxation simple *f*; taxation unique *f*
one-way	einseitig	à sens unique *m*; simple face *f*
one-way operation	Simplexbetrieb *m*	fonctionnement en simplex *m*
one-way trunk	Leitung, gerichtet betriebene ~ *f*	ligne unidirectionnelle *f*
on-hook	Einhängezeichen *n*	signal de raccrochage *m*
on-hook dialing	Wahl bei aufgelegtem Handapparat *f*, Abk.: WA	numérotation sans décrocher *f*
only if required	nur bei Bedarf *m*	seulement en cas de nécessité *m*; optionnel; en option *f*
on/off (*display*)	ein/aus (*Anzeige*)	allumé/éteint (*affichage*)
open	öffnen	ouvrir
open	offen	découvert; ouvert
open-air line	Freileitung *f*	ligne aérienne *f*
open listening	Lauthören *n* (*Leistungsmerkmal*)	écoute amplifée *f* (*facilité*); monitoring *m* (*facilité*)
open numbering	Numerierung, offene ~ *f*	numérotation ouverte *f*
open systems	offene Kommunikationssysteme *n, pl*	systèmes ouverts *f*
open systems interconnection	Kommunikation zwischen offenen Systemen *f*	interconnexion des systèmes ouverts *f*
operate (*relay*)	erregen (*Relais*); ansprechen (*Relais*)	exciter (*un relais*)

operate	betätigen; betreiben; arbeiten	opérer; manouvrer; mettre en action *f*
operate in the time-division multiplex mode	Zeitmultiplexbetrieb, im ~ arbeiten *m*	exploitation en mode temporel *f*
operating capacity	Betriebskapazität *f*	capacité effective *f*
operating conditions	Betriebsbedingungen *f, pl*	conditions opératoires *f, pl*
operating control	Bedienungseinrichtung *f*, Abk.: BE	équipement de commande *m*; équipement opérateur *m*
operating current	Betriebsspannung *f*; Betriebsstrom *m*	tension de service *f*; courant de trafic *m*, abr.: CTF; tension de fonctionnement *f*; tension d'exploitation *f*
operating earth	Betriebserde *f*	terre *f*
operating equipment	Bedienungseinrichtung *f*, Abk.: BE	équipement de commande *m*; équipement opérateur *m*
operating error	Bedienungsfehler *m*	erreur de manipulation *f*; erreur d'opération *f*
operating facility (facilities)	Bedienungseinrichtung *f*, Abk.: BE	équipement de commande *m*; équipement opérateur *m*
operating feature	Betriebsmerkmal *n*	caractéristique d'exploitation *f*; faculté de service *f*
operating instructions	Bedienungsanleitung *f*	mode d'emploi *m*
operating mode	Betriebsart *f*	mode opératoire *m*
operating observation	Überwachung *f*, Abk.: UEB; Betriebsüberwachung *f*	contrôle *m*; surveillance (système) *f*; observation *f*, abr.: OBS
operating range (*equipment*)	Arbeitsbereich *m* (*Gerät*)	domaine d'utilisation *m*
operating reliability	Betriebssicherheit *f*	sécurité de service *f*; sécurité de fonctionnement *f*; sécurité opérationelle *f*
operating system, abbr.: OS	Betriebssystem *n*, Abk.: BS	système d'exploitation *m*, abr.: OS
operating unit	Betriebseinheit *f*	unité d'exploitation *f*, abr.: UEX
operating voltage	Betriebsspannung *f*; Betriebsstrom *m*	tension de service *f*; courant de trafic *m*, abr.: CTF; tension de fonctionnement *f*; tension d'exploitation *f*
operation	Operation *f*; Betätigung *f*	opération *f*; manipulation *f*
operational earth	Betriebserde *f*	terre *f*
operational quality	Verkehrsgüte *f*; Betriebsgüte *f*	qualité de trafic *f*; qualité de service *f*
operational reliability	Betriebszuverlässigkeit *f*	fiabilité opérationnelle *f*
operational security	Betriebssicherheit *f*	sécurité de service *f*; sécurité de fonctionnement *f*; sécurité opérationelle *f*
operation and maintenance center, abbr.: O&M center	Betriebs- und Wartungszentrum *n*	Centre d'Exploitation et Maintenance *m*, abr.: CEM
operation mode	Betriebsverfahren *n*	procédé d'exploitation *m*
operative	betriebsbereit	prêt à fonctionner
operator	Vermittlungsperson *f*; Bedienungsperson *f* (*Nebenstellenanlage*)	opérateur *m* (*PABX*); opératrice *f*
operator-assisted call	platzvermittelte Verbindung *f*	appel transféré par opératrice *m*
operator circuit	Vermittlungssatz *m*	circuit d'opératrice *m*
operator console	Abfragetisch *m*; Vermittlungstisch *m*; Vermittlungspult *n*	table d'opératrice *f*; console d'opératrice *f*
operator control (*user*)	Bedienungseinrichtung *f*, Abk.: BE	équipement de commande *m*; équipement opérateur *m*
operator control (*exchange*)	Vermittlungssteuerung *f* (*Anlage*)	commande du poste d'opérateur *f*
operator desk	Abfragetisch *m*; Vermittlungstisch *m*; Vermittlungspult *n*	table d'opératrice *f*; console d'opératrice *f*
operator line	Meldeleitung *f*, Abk.: ML	ligne de service d'opérateur *f*; ligne de signalisation *f*
operator panel	Bedientableau *n*	tableau d'opérateur *m*
operator position	Abfrageapparat *m*	position de réponse *f*; position d'opératrice *f*
operator-position class of service	Gesprächsberechtigung der Vermittlung *f*	classe pour appel standard *f*, abr.: CLS
operator position(s)	Abfragestelle(n) *f f*, *pl*, Abk.: AbfrSt	position(s) de réponse *f f*, *pl*; position(s) d'opératrice f *f*, *pl*

operator set (PABX) (*Brit*)	Vermittlungsplatz (PABX) *m*; Abfrageplatz (PABX) *m*; Vermittlungsapparat (PABX) *m*, Abk.: VA; Platz *m* (*PABX*)	poste d'opérateur / ~ d'opératrice (PABX) *m*, abr.: P.O.; position d'opératrice (PABX) *f*, abr.: P.O.
operator's mistake	Bedienungsfehler *m*	erreur de manipulation *f*; erreur d'opération *f*
opposite system	Gegenanlage *f*, Abk.: GEGA	système en duplex *m*; système distant *m*
optic(al)	optisch	optique
optical fiber	Glasfaser *f*; Licht(wellen)leitfaser *f*	fibres optiques *f*, *pl*
optical fiber waveguide	Lichtwellenleiter *m*, Abk.: LWL	fibre optique *f*; câble à fibres optiques *m*; guide d'ondes optique *m*; guide d'ondes *m*; guide d'ondes lumineuses *m*
optical transmission system	optisches Übertragungssystem *n*	système de transmission optique *m*
optical waveguide	Lichtwellenleiter *m*, Abk.: LWL	fibre optique *f*; câble à fibres optiques *m*; guide d'ondes optique *m*; guide d'ondes *m*; guide d'ondes lumineuses *m*
optional	nur bei Bedarf *m*	seulement en cas de nécessité *m*; optionnel; en option *f*
optocoupler	Optokoppler *m*	coupleur optique, ~ optoélectronique *m*
opto-electrical converter	optisch-elektrischer Wandler *m*	convertisseur opto-électrique *m*
optoelectronics	Optoelektronik *f*	optoélectronique *f*
opt out	herausschalten, sich ~	retirer; se déconnecter
OPX (abbr.) = off-premises extention / ~ station	Nebenstelle, außenliegende ~ *f*; Außennebenstelle *f*	poste distant *m*
OR circuit	ODER-Schaltung *f*	porte OU *f*; circuit OU *m*
order	Richtlinie *f*, Abk.: RL; Anweisung *f* (*Verordnung*)	directive *f*; instruction *f*; ordre *m*
organ	Organ *n*	organe *m*
originating exchange	Ursprungsvermittlungsstelle *f*	central d'origine *m*
originating register	Leitregister *n*	registre de commande *m*
originating traffic	Ursprungsverkehr *m*	trafic d'origine *m*
originator	Anrufer *m*; Absender *m* (*eines Rufes*)	appelant *m*; abonné appelant *m*; usager appelant *m*
originator executive set, abbr.: DKC	Einberufer-Chefapparat *m*, Abk.: DRE	maître de conférence *m* (*poste chef*)
OS (abbr.) = operating system	BS, Abk.: Betriebssystem *n*	OS, abr.: système d'exploitation *m*
outage (*Am*)	Fehlfunktion *f*; Störung *f*; Störbeeinflussung *f*; Fehlerstörung *f*; Ausfall *m*	défaut de fonctionnement *m*; perturbation *f*; dérangement *m*; panne *f*; avarie *f*; coupure *f*
outband signaling	Signalisierung außerhalb des Sprachbandes *f*	signalisation hors bande *f*
outband signaling for carrier system	systemeigene Wahl *f*	signalisation hors bande pour système à porteuse *f*
outfitting	Bestückung *f*; Konfigurierung, Konfiguration *f*; Anordnung *f*; Ausrüstung *f*	configuration *f*, abr.: CONFIG; équipement *m*, abr.: éqt; implantation *f*
outgoing, abbr.: og	abgehend, Abk.: g; gehend gerichtet, Abk.: g	sortant; de départ *m*; spécialisé départ *m*, abr.: SPA
outgoing call	abgehender Ruf *m*	appel sortant *m*
outgoing circuit	Übertragung, gehend *f*, Abk.: Ue-g	transmission sortante *f*
outgoing connection	abgehende Verbindung *f*	liaison sortante *f*
outgoing exchange call	abgehendes Amtsgespräch *n*	appel PTT sortant *m*
outgoing international traffic	abgehender Auslandsverkehr *m*	trafic sortant international *m*
outgoing line	abgehende Leitung *f*	ligne départ *f*
outgoing long-distance traffic	abgehender Fernverkehr *m*	trafic sortant international *m*
outgoing traffic	abgehender Verkehr *m*	trafic sortant *m*
outgoing trunk line	gehende Fernleitung *f*	ligne réseau sortante *f*; circuit interurbain de sortie *m*

outgoing trunk queuing	selbsttätiger Rückruf *m*; automatischer Rückruf *m*; Rückrufautomatik *f*	rappel automatique *m*; rétro-appel *m*
outgoing trunk traffic	abgehender Fernverkehr *m*	trafic sortant international *m*
outlet	Auslaß *m*; Austritt *m*; Ausgang *m*	sortie *f*
output (*information, signals*)	ausgeben (*Werte, Signale*)	émettre (*signal*); écrire (*données*)
output	Ausgangsleistung *f*; ausgangsseitig	output *m*; puissance de sortie *f*
output buffer	Ausgabepuffer *m*, Abk.: AP	buffer de sortie *m*
output conductance (*semiconductor*)	Ausgangsleitwert *m* (*Halbleiter*)	conductance de sortie *f*
output driver	Ausgangstreiber *m*	driver de sortie *m*
output plate	Leistungsschild *n*	plaque indicatrice *f*; écusson indiquant la puissance *m*
output stage	Ausgangsstufe *f*	étage de sortie *m*
output voltage	Ausgangsspannung *f*	tension de sortie *f*
outside	extern; außen	extérieur; externe
outside-broadcast vehicle, abbr.: OB vehicle	Ü-Wagen *m*	car de reportage *m*
outside camera	Außenkamera *f*	caméra extérieure *f*
outside extension / ~ station	Nebenstelle, außenliegende ~ *f*; Außennebenstelle *f*	poste distant *m*
out-slot signaling	Außenband-Signalisierung *f*; Außenband-Kennzeichengabe *f*	signalisation hors créneau temporel *f*
over	über	via; par l'intermédiaire de
overall amplification	Betriebsverstärkung *f*	gain composite *m*
overall attenuation	Restdämpfung *f*; Betriebsdämpfung *f*	affaiblissement effectif *m*; affaiblissement composite *m*
overall attenuation measured in decibels	Betriebsdämpfung gemessen in dB (Dezibel) *f*, Abk.: B	amortissement d'exploitation mésuré en décibels (dB) *m*
overall attenuation plan	Dämpfungsplan *m*	plan d'affaiblissement *m*
overall control	Gesamtsteuerung *f*	commande générale *f*; supervision *f*
overall layout	Kurzübersicht *f*; Übersichtsplan *m*	guide sommaire *m*; diagramme schématique *m*; plan général *m*
overall loss	Restdämpfung *f*; Betriebsdämpfung *f*	affaiblissement effectif *m*; affaiblissement composite *m*
overall loss plan	Dämpfungsplan *m*	plan d'affaiblissement *m*
overall plan	Kurzübersicht *f*; Übersichtsplan *m*	guide sommaire *m*; diagramme schématique *m*; plan général *m*
overflow	Überlauf *m*	débordement *m*
overhead cable rack	Flächenkabelrost *m*	châssis de câble *m*
overhead line	Freileitung *f*	ligne aérienne *f*
overlap	überlappen	se recouvrier
overlay network	überlagertes Netz *n*	réseau de débordement *m*
overload	Überlast(ung) *f*	surcharge *f*
overload prevention / ~ protection (*elec.*)	Überspannungsschutz *m*; Überlastungsschutz *m*	protection contre la surcharge *f*
overload protection (*traffic*)	Schutz gegen hohes Verkehrsaufkommen *m*	protection contre les surcharges *f*
overload protection equipment	Spannungsschutzeinrichtung *f*	équipement de protection contre les surtensions *m*
overnight rate	Nachttarif *m*	tarif de nuit *m*
override (*DND*)	durchbrechen (*Anrufschutz ~*); unterbrechen (*Programm*)	percer (*repos téléphonique*); interrompre (*programme, repos téléphonique*)
override don't disturb	Anrufschutz durchbrechen *m*	passer outre "ne pas déranger"; percer le repos téléphonique *m*
overview	Kurzübersicht *f*; Übersichtsplan *m*	guide sommaire *m*; diagramme schématique *m*; plan général *m*
overvoltage	Überspannung *f*	surtension *f*
overvoltage protection equipment	Spannungsschutzeinrichtung *f*	équipement de protection contre les surtensions *m*
overvoltage protector	Überspannungsableiter *m*	éclateur à étincelle / ~ déchargeur *m*

overvoltage surge arrester	Überspannungsableiter *m*	éclateur à étincelle / ~ déchargeur *m*

P

PABX (abbr.) = Private Automatic Branch Exchange	NStAnl, Abk., PABX, Abk.: Nebenstellenanlage *f*; Fernsprechnebenstellenanlage *f*; zentrale Einrichtung *f*	commutateur *m* (*PABX*); commutateur central *m* (*PABX*); installation téléphonique *f*; installation téléphonique privée *f*; autocommutateur privé *m*
packet	Paket *n*	paquet *m*
packet-switched network, abbr.: PSN	Paketvermittlungsnetz *n*	réseau de commutation par/de paquets *m*
packet switching, abbr.: PS	Paketvermittlung *f*; Teilstreckentechnik mit paketweiser Übertragung *f*	commutation par/de paquets *f*
pad	Verlängerungsleitung *f*	ligne de prolongement *f*
page	Seite *f*	page *f*
paging	Bündelfunk *m*	recherche de personne *f*
paging base station	Funkruf-Feststation *f*	station de recherche de personnes *f*
paging device	Personensuchsystem *n*; Personensuchanlage *f*; Personensucheinrichtung *f*	système de recherche de personnes *m*
paging network	Funkrufnetz *n*	réseau de recherche de personnes *m*
paging-service	Funkrufdienst *m*	service de recherche de personnes *m*
paging system	Personensuchsystem *n*; Personensuchanlage *f*; Personensucheinrichtung *f*	système de recherche de personnes *m*
PAL (abbr.) = Phase Alternation Line = German TV standard	PAL, Abk.: TV-Standard	PAL, abr.: norme TV allemande
PAM (abbr.) = Pulse-Amplitude Modulation	PAM, Abk.: Pulsamplitudenmodulation *f*	MIA, abr.: modulation par amplitude d'impulsion *f*; modulation par impulsions en amplitude *f*; modulation d'impulsions en amplitude *f*
Panafrican Telecommunication Union, abbr.: PATU	Panafrikanische Fernmeldeunion *f*	Union Panafricaine des Télécommunications *f*
panel jack	Einbaubuchse *f*	jack encastré *m*
paper jam	Papierstau *m*	engorgement de papier *m*
paper-out alarm	Papieralarm *m*	alarme fin de papier *f*
paper-supply-low alarm	Papiervoralarm *m*	présignalisation fin de papier *f*
parabolic antenna	Parabolantenne *f*	antenne parabolique *f*
parallel code	Parallelcode *m*	code parallèle *m*
parallel connection	Parallelschaltung *f*	connexion parallèle *f*
parallel mode	Parallelbetrieb *m*	service en parallèle *m*; exploitation en parallèle *f*
parallel operation	Parallelbetrieb *m*	service en parallèle *m*; exploitation en parallèle *f*
parity bit	Paritätsbit *n*	bit de parité *m*
parity check	Paritätskontrolle *f*; Paritätsprüfung *f*	contrôle de parité *m*
parity checker	Paritätsprüfer *m*, Abk.: PAR	contrôleur de parité *m*
park on busy	Warten auf Freiwerden *n*	attendre la libération *f*; se mettre en file d'attente *f*
part	Teil *n*; Bauteil *n*; Bauelement *n*; Komponente *f*	composant *m* (*électronique*); pièce *f*; pièce détachée *f*
partial barring	Teilsperre *f*	discrimination partielle *f*
partial failure	Teilausfall *m*	défaillance partielle *f*
partially-restricted extension	halbamtsberechtigter Teilnehmer *m*; halbamtsberechtigte Nebenstelle *f*	abonné ayant droit à prise *m*; directe réseau partielle discriminée *m*; poste à sortie limitée *m*
partial resistor	Teilwiderstand *m*	résistance partielle *f*
partial voltage loss	Teilspannungsabfall *m*	défaillance d'une tension partielle *f*
participator (*general*)	Teilnehmer *m* (*allgemein*)	participant *m* (*général*)

partner function	Partnerfunktion *f*	fonction "partenaire" *f*
parts added	Bauteile hinzu *n, pl*	composants supplémentaires *m, pl*
parts dropped	Bauteile entfallen *n, pl*	composants supprimés *m, pl*
parts list	Stückliste *f*	liste de pièces détachées *f*
parts not required	Bauteile entfallen *n, pl*	composants supprimés *m, pl*
party-line (*station*)	Gesellschaftsanschluß *m*	branchement sur ligne commune *m*
pass on	übertragen; übermitteln; senden	transmettre; commuter; envoyer
password	Kennwort *n*; Paßwort *n*	mot de passe *m*; mot de code *m*
PA system (abbr.) = public address system	Beschallungsanlage *f*; Beschallungssystem *n*	système d'annonces *m*
path	Leitung *f*, Abk.: Ltg; Anschluß *m*; Verbindung *f*	ligne *f*; raccordement *m*; connexion *f*; chaîne de connexion *f*; liaison *f*
path-finding program	Wegesuchprogramm *n*	programme de recherche de lignes *m*
path-multiple grouping	Gruppierung des Wegevielfachs *f*	groupement de multiples des routes *m*
path preselection	Wegevoreinstellung *f*	pré-sélection de lignes *f*
path reservation	Wegereservierung *f*	réservation de lignes *f*
path search(ing)	Wegsuche / Wegesuche *f*	recherche de chemin *f*; recherche de lignes *f*
path selection	Wegeauswahl *f*; Richtungsausscheidung *f*	sélection de route *f*; routage *m*
path selection control	Wegeauswahlsteuerung *f*	gestion de sélection de route *f*
path selection store	Wegeauswahlspeicher *m*	mémoire de sélection de route *f*
path tracing unit	Verbindungssuchgerät *n*	équipement de recherche de voie *m*
PATU (abbr.) = Panafrican Telecommunication Union	Panafrikanische Fernmeldeunion *f*	Union Panafricaine des Télécommunications *f*
pause	Pause *f*; Sendepause *f*; Arbeitsunterbrechung *f*	pause *f*
PAX (abbr.) = Private Automatic Exchange	Hauszentrale *f*	central domestique *m*; autocommutateur local *m*; autocommutateur privé *m*,
payphone (*Am*)	Münzfernsprecher *m*; Fernsprechzelle *f*	taxiphone *m*; appareil téléphonique à jetons *m*; cabine téléphonique *f*
payroll code	Kostenstellennummer *f*	numéro de centre de frais *m*
pay telephone	Münzfernsprecher *m*; Fernsprechzelle *f*	taxiphone *m*; appareil téléphonique à jetons *m*; cabine téléphonique *f*
PB (abbr.) = pushbutton	Knopf *m* (*Betätigungs~, Druck~*); Taste *f*; Schaltfläche *f*	bouton poussoir *m*; bouton *m*; bouton de commande *m*; touche *f*;
PBX (abbr.) = Private Branch Exchange	Nebenstellenanlage *f* (*~ mit Amtsanschluß*)	PBX, abr.: autocommutateur privé *m* (*~ avec connexion réseau*)
PC (abbr.) = printed circuit	gedruckte Schaltung *f*	circuit imprimé *m*
PCB (abbr.) = printed circuit board = PC board	LP, Abk.: Leiterplatte *f*; Baugruppe *f*	CI, abr.: circuit imprimé *m*, ; carte *f*; module *m*
PC board, abbr.: PCB	LP, Abk.: Leiterplatte *f*; Baugruppe *f*	CI, abr.: circuit imprimé *m*,; carte *f*; module *m*
PC board ID data	Baugruppenpaß *m*	mot de passe de carte *m*
PCM (abbr.) = Pulse Code Modulation	PCM, Abk.: Pulscode-Modulation *f*	MIC, abr.: modulation par impulsions et codage *f*; modulation par impulsion codée *f*
PCM of the second generation	PCM der zweiten Generation *f*	MIC de deuxième génération, abr.: MIC2G
PCM system	PCM-System *n*	système MIC *m*
PE (abbr.) = protective earth = protective ground (Am)	PE, Abk.: Schutzerde *f*	terre de protection *f*
peak forward voltage (*transistors*)	Spitzendurchgangsspannung *f* (*Transistoren*)	tension de pointe en direct *f*
peak hour	Hauptverkehrsstunde *f*	heure chargée *f*; heure de pointe *f*
peak load	Spitzenbelastung *f*	charge de pointe *f*
peak reverse voltage (*transistors*)	Spitzensperrspannung *f* (*Transistoren*)	tension de pointe à l'état bloqué *f*
peak value (*circuit*)	Höchstwert *m* (*Stromkreis*)	valeur pic *f* (*circuit*); valeur maximum *f* (*circuit*)
peak voltmeter	Spitzenspannungsmessgerät *n*	voltmètre de pointe *m*

perform a multiplex function	Multiplexbetrieb, im ~ arbeiten *m*	exploitation en multiplex *f*
performance	Leistung *f*	puissance *f*
performance feature	Leistungsmerkmal *n*, Abk.: LM	faculté *f*; fonction *f*; facilité *f*; fonctionnalité *f*
period	Zeitraum *m*	période *f*
periodic metering during a connection	Mehrfachzählung während einer Verbindung *f*	taxation périodique au cours d'une communication *f*
periodic ring(ing) condition	Weiterruf *m*	répétition d'appel *f*
peripheral bus	Peripheriebus *m*, Abk.: PB	bus périphérique *m*
peripheral connection simulator	Peripherie-Anschluß-Simulator *m*, Abk.: PAS	simulateur de connexion périphérique *m*
peripheral equipment	Peripherie *f*; periphere Einrichtung *f*, Abk.: PE	périphérie *f*; équipement périphérique *m*
peripheral interface bus	Interface Peripheriebus *n*, Abk.: IPB	bus d'interface périphérique *m*
peripherals	Peripherie *f*; periphere Einrichtung *f*, Abk.: PE	périphérie *f*; équipement périphérique *m*
peripheral unit	Peripherie *f*; periphere Einrichtung *f*, Abk.: PE	périphérie *f*; équipement périphérique *m*
periphery	Peripherie *f*; periphere Einrichtung *f*, Abk.: PE	périphérie *f*; équipement périphérique *m*
permanent circuit	festgeschaltete Verbindung *f*; Festverbindung *f*, Abk.: FV	circuit permanent *m*; circuit point-à-point *m*; connexion non commutée *f*; connexion fixe *f*
permanent circuit (telecommunication) service	Festverbindungsdienst *m*; Dienst mit festen Verbindungen *m*	service de circuit (de télécommunications) permanent *m*
permanent logic connection	Logikdauerverbindung *f*	liaison logique permanente *f*, abr.: LLP
permanently connected circuit	festgeschaltete Verbindung *f*; Festverbindung *f*, Abk.: FV	circuit permanent *m*; circuit point-à-point *m*; connexion non com mutée *f*; connexion fixe *f*
permanently connected line	Standverbindung *f*; festgeschaltete Leitung *f*; Standleitung *f*	liaison fixe *f*; ligne spécialisée *f*, abr.: LS
permanent virtual connection	permanente, virtuelle Verbindung *f*	circuit virtuel permanent *m*, abr.: CVP
permissible installation height above mean sea level	zulässige Aufstellungshöhe über NN *f*	altitude admissible pour l'installation par rapport à la mer *f*
permission	Zulassung *f*; Genehmigung *f*	agrément *m*
personal call	Voranmeldegespräch *n*	appel avec préavis *m*
personal identification number, abbr.: PIN	persönliche Identifikationsnummer *f*, Abk.: PIN	numéro d'identification personnel *m*
person-to-person call (*Am*)	Voranmeldegespräch *n*	appel avec préavis *m*
perspective view	Perspektivdarstellung *f*	vue éclatée *f*
PFM (abbr.) = Pulse-Frequency Modulation	PFM, Abk.: Pulsfrequenzmodulation *f*	modulation par fréquence d'impulsion *f*
phantom circuit	Viererleitung *f*; Phantomleitung *f*	ligne fantôme *f*; circuit fantôme *m*
phantom power supply	Phantomspeisung *f*	alimentation fantôme *f*
phase	Uhr *f*; Phase *f*; Takt *m*	horloge *f*; phase *f*, abr.: PH
Phase Alternation Line, abbr.: PAL	TV-Standard, Abk.: PAL	norme TV allemande,abr.: PAL
phase constant	Kettenwinkelmaß *n*	déphasage itératif *m*
phase delay	Phasenlaufzeit *f*	temps de propagation de phase *m*; déphasage *m*
phase lag	Phasenlaufzeit *f*	temps de propagation de phase *m*; déphasage *m*
phase velocity	Phasengeschwindigkeit *f*	vitesse de phase *f*
phone (*tele~*)	Apparat *m* (*Telefon~*)	poste téléphonique *m*
phone	rufen (*läuten*); anrufen (*telefonieren*)	appeler; téléphoner; sonner
phrase intelligibility	Satzverständlichkeit *f*	netteté pour les phrases *f*; netteté de la parole *f*
physical interface	physikalische Schnittstelle *f*	interface physique *f*
physical interface specification	physikalische Schnittstellenspezifikation *f*	spécification d'interface physique *f*

physical layer	Bitübertragungsschicht *f*	couche physique *f*
pick-out chain	Auswählkette *f*	chaîne de sélection *f*
pick up	abfangen; abhören; heranholen	intercepter; capter
pick up (*the handset*)	abheben (*den Hörer ~*); aufnehmen (*den Hörer ~*); aushängen (*den Hörer ~*); hochheben (*den Hörer ~*)	décrocher (*le combiné*)
pick-up (*relay*)	erregen (*Relais*); ansprechen (*Relais*)	exciter (*un relais*)
pick up (call)	übernehmen; annehmen	adopter; reprendre; accepter
pickup protection	Pickup-Schutz *m*	protection contre interception *f*
picture	Bild *n*; Abbildung *f*; Illustration *f*	figure *f*; illustration *f*; schéma *m*
picture engineer	Bildingenieur *m*	ingénieur d'image *m*
picture line	Bildzeile *f*	ligne d'image *f*
picture original	Bildvorlage *f*	modèle *m*
picture phone	Bildfernsprecher *m*; Bildtelefon *n*; Videophon *n*; Videotelefon *n*	visiotéléphone *m*; vidéophone *m*; visiophone *m*
picture sharpness	Bildschärfe *f*	définition de l'image *f*
picture transmission	Bildübertragung *f*	transfert d'images *m*; transmission d'image *f*
pillar	Spalte *f*; Säule *f*	colonne *f*
pilot control	Pilotüberwachung *f*	contrôle de porteuse *m*
pilot lamp	Kontrollampe *f*	voyant de contrôle *m*; lampe pilote *f*
pin	Bolzen *m*; Stift *m*	broche *f*
PIN (abbr.) = personal identification number	PIN, Abk.: persönliche Identifikationsnummer *f*	numéro d'identification personnel *m*
pin configuration	Steckerbelegung *f*	affectation du connecteur *f*
ping-pong technique (*time-separation ~*)	Zeitgetrenntlageverfahren *n*	technique ping-pong *f*
pink, abbr.: PK = IEC 757	rosa, Abk.: PK	rose, abr.: PK
pin strip	Stiftleiste *f*	barrette à broches *f*
pipe	Rohr *n*	tube *m*; tuyau *m*
pitch	Entfernung *f* (*Abstand*)	distance *f*
PK (abbr.) = pink = IEC 757	PK, Abk.: rosa	PK, abr.: rose
plan	Projekt *n*	projet *m*; plan *m*
plasma display	Plasmaanzeige *f*	affichage plasma *m*
plastic bag	Kunststoffbeutel *m*	sac en plastique *m*
plate	Platte *f* (*allgemein*)	plaque *f*
plated-through hole (*PCB*)	Auge, durchplattiertes ~ *n* (*LP*); durchkontaktierte Bohrung *f*	trou métallisé *m*
playback (*microcassette*)	Wiedergabe *f* (*Mikrokassettenmodul*)	reproduction *f*
plinth	Sockel *m*; Boden *m*	socle *m*; embase *f* (*général*); sol *m*
PLSM (abbr.) = Passive Loop Sub Module	PLSM, Abk.: Passive Loop Sub Module, Subbaugruppe für passive Schleifenkennzeichen	PLSM, abr.: Passive Loop Sub Module, sous-carte signalisation passive de boucle
plug	Verbindungsstecker *m*; Stecker *m*	connecteur *m*; prise mâle *f*; fiche *f*
plug connection	Steckverbindung *f*	système de couplage *m*
plug connections	Steckerbelegung *f*	affectation du connecteur *f*
plug connector	Steckverbinder *m*	embase *f* (*électricité*); raccord à fiche *m*
plug connector field	Steckerfeld *n*	ensemble de connecteurs *m*
plug contact	Steckkontakt *m*	contact à fiche *m*
plugged	gesteckt	enfiché
plugging and unplugging on the bus	Umstecken am Bus *n*	changer la connexion sur le bus; permutations de bus *f, pl*
plug holder	Stecksockel *m*	socle à fiches *m*
plug-in board	Steckkarte *f*	carte enfichable *f*
plug-in card	Steckkarte *f*	carte enfichable *f*
plug-in jack	Steckbuchse *f*	douille enfichable *f*; fiche femelle *f*
plug-in jumper	Steckbrücke *f*	strap enfichable *m*
plug-in mains unit	Steckernetzgerät *n*	alimentation enfichable *f*
plug-in module	Steckbaugruppe *f*; steckbare Baugruppe *f*	module enfichable *m*

plug-in point	Steckerpunkt *m*	point de connexion *m*
plug-in position	Einsteckplatz *m*	emplacement de la carte *m*
plug-in switchboard cable	steckbares Schaltkabel *n*	câble de liaison enfichable *m*
plug-in unit	Steckbaugruppe *f*; steckbare Baugruppe *f*	module enfichable *m*
plug pin	Steckerstift *m*	douille mâle *f*
plug receptacle (*Am*)	Steckdose *f*; Fassung *f*; Dose *f*	prise femelle *f*; prise de courant *f*
plug transformer	Steckertransformator *m*	adapteur de prise *m*
pocket receiver	Personenrufempfänger *m*	récepteur de poche *m*
point connection	Punktverbindung *f*	liaison point à point *f*
point contact diode	Spitzendiode *f*	diode à pointe *f*
point-to-multipoint connection	Punkt-zu-Mehrpunkt-Verbindung *f*	connexion point à multi-points *f*
point-to-multipoint ISDN connection	ISDN-Punkt-zu-Mehrpunkt-Verbindung *f*	connexion RNIS point-multi-points *f*
point-to-point circuit	festgeschaltete Verbindung *f*; Festverbindung *f*, Abk.: FV	circuit permanent *m*; circuit point-à-point *m*; connexion non commutée *f*; connexion fixe *f*
point-to-point communication	Punkt-zu-Punkt- Verbindung *f*	connexion point à point *f*
point-to-point connection	Punkt-zu-Punkt- Verbindung *f*	connexion point à point *f*
point-to-point ISDN connection	ISDN-Punkt-zu-Punkt-Verbindung *f*	connexion RNIS point-à-point *f*
polarity reversal	Verpolung *f*	inversion de polarité *f*
polling call	Serienverbindung *f*	liaison série *f*
pollution	Verunreinigung *f*	pollution *f*
port	Anschlußeinheit *f*; Port *m*	unité de raccordement *f*, abr.: UR; port *m*
position	Position *f*; Platz *m* (*Lage*)	position *f*
position control and monitoring relay set	Platzkontroll- und Mithörrelaissatz *m*	système de relais pour oberservation d'une table *m*
position finder	Platzsucher *m*	recherche d'une opératrice libre *f*
position group	Platzgruppe *f*	standard *m*; pupitre *m*
position number	Positionsnummer *f*	numéro d'emplacement *m*
position searcher	Platzsucher *m*	recherche d'une opératrice libre *f*
position seizure	Platzbelegung *f*	prise de ligne opératrice *f*
position selector	Platzwähler *m*	emplacement d'opératrice *m*
position sensor	Wegsensor *m*	détecteur de voie *m*
positive voltage monitor	Plusspannungsüberwacher *m*	contrôleur de tension positive *m*
postal, telegraph and telephone administration	Postbehörde, französische ~ *f*	Postes et Télécommunications *f, pl,* abr.: PTT; Postes Télégraphe et Téléphone *f, pl,* abr.: PTT
postdialing	Nachwahl *f*	post-sélection *f*; suffixe *m*
postdialing delay	Rufverzug *m*	délai d'attente de la tonalité de retour d'appel *m*; retard d'appel *m*
potential compensation bar	Potentialausgleichschiene *f*	rail d'équilibrage de potentiel *m*; barre d'équipotentialité *f*
potentiometer	Potentiometer *n*, Abk.: Poti	potentiomètre *m*
power	Leistung *f*	puissance *f*
power amplification	Leistungsverstärkung *f* (*Halbleiter*)	amplification de puissance *f*
power amplifier	Leistungsverstärker *m*	amplificateur de puissance *m*
power cable connection	Netzkabelanschluß *m*	branchement de câble secteur *m*; branchement de câble d'alimentation *m*
power connecting cable	Netzkabel *n*; Netzanschlußkabel *n*	câble d'alimentation *m*
power connection	Netzanschluß *m* (*Lichtnetz*)	connexion réseau *f* (*alimentation*); branchement secteur *m*; alimentation secteur *f*
power consumption (*watts*)	Energiebedarf *m*; Leistungsaufnahme *f*; Stromaufnahme *f*; Leistungsverbrauch *m* (*Watt*)	consommation en énergie *f*; consommation de courant / ~ ~ puissance *f*
power cord	Netzkabel *n*; Netzanschlußkabel *n*	câble d'alimentation *m*
power dissipation	Leistungsverlust *m*	dissipation de puissance *f*
power fail restart	Netzausfall-Restart *m*	redémarrage après panne de secteur *m*

power failure operation	Netzausfallschaltung *f*; Notstrombetrieb *m*	connexion en cas de panne secteur *f*; fonctionnement sur alimentation secourue *f*
power induction noise	Starkstromgeräusch *n*	bruit d'induction *m*
power-level gain (*semiconductor*)	Leistungsverstärkung *f* (*Halbleiter*)	amplification de puissance *f*
power line	Netzleitung *f*	câble secteur *m*
power loss	Verlustleistung *f*	puissance dissipée *f*
power meter	Leistungsmesser *m*	wattmètre *m*
power outage (*Am*)	Netzausfall *m*	panne de secteur *f*
power supply, abbr.: PS	Stromversorgung *f*; Energieversorgung *f*	alimentation de courant *f*; alimentation *f*; alimentation en énergie *f*; approvisionnement en énergie *m*
power supply circuit noise	Stromversorgungsgeräusch *n*	bruit d'alimentation *m*
power supply interface	Versorgungsschnittstelle *f* (Strom~)	interface d'alimentation *f*
power supply unit, abbr.: PSU	Netzspeisegerät *n*, Abk.: NSG; Netzgerät *n*	bloc-secteur *m*; appareil d'alimentation *m*
power-up routine	Einschaltroutine *f*, Abk.: ER, ESR	routine de mise sous tension *f*; programme de mise en route *m*
precaution	Achtung *f*; Vorsicht *f*; Warnung *f*	attention *f*; précaution *f*
pre-dialing delay	Wähltonverzug *m*	attente de tonalité d'invitation à numéroter *f*
pre-emphasis	Vorverzerrung *f*	pré-accentuation *f*
pre-empt	verdrängen	repousser; déplacer
prefix	Kennung, vorgesetzte ~ *f*; Vorwahl *f*; Verkehrsausscheidungszahl, ~ziffer *f*	préfixe *m*
premature dialing	Frühwahl *f*	numérotation prématurée *f*
premature disconnection	vorzeitiges Auftrennen *n*; vorzeitige Verbindungsauflösung *f*	déconnexion prématurée *f*; libération prématurée *f*
preparation	Vorbereitung *f*	préparation *f*
pre-selection of external lines	Vorbelegung von Amtsleitungen *f*; Reservierung von Amtsleitungen *f*	pré-sélection de lignes externes *f*
presence signal	Anwesenheitskennung *f*, Abk.: KZA	indicateur de présence *m*
presentation layer	Darstellungsschicht *f*	couche de présentation *f*
press	drücken	appuyer; actionner
pressed (*key*)	gedrückt (*Taste*)	appuyée (*touche*)
press-to-talk system	Reihenanlage *f*; Sprechsystem *n*; Wechselsprechanlage *f*	système d'intercommunication *m*; intercom *m*; installation d'intercommunication *f*
pressure connector	Druckverbinder *m*; Andruckverbinder *m*	connecteur par pression *m*
pretelegram	Vortelegramm *n*	pré-télégramme *m*
prevent (*from*)	verhindern	préserver; protéger
preventive maintenance	Wartung, vorbeugende ~ *f*; Unterhaltung, vorbeugende ~ *f*	entretien préventif *m*; maintenance préventive *f*
previous	zurück; vorhergehend	précédent
primary exchange	Zentralvermittlungsamt *n*; Zentralamt *n*; Hauptamt *n*; Hauptvermittlungsstelle *f*, Abk.: HVSt	centre autonomie d'acheminement *m*, abr.: CAA; central principal *m*; centre principal *m*
primary image	Hauptbild *n*	image primaire *f*
primary network	Primärnetz *n*	réseau primaire *m*
primary rate access	Primärmultiplexanschluß *m*	accès primaire multiplex *m*
primary-switched power supply	primärgetaktete Stromversorgung *f*	alimentation primaire commutée *f*
primary trunk group	Direktbündel *n*; direktes Bündel *n*	faisceau de premier choix *m*; faisceau de lignes directes *m*
principle layout	Prinzipschaltbild *n*	schéma de principe *m*
printed circuit, abbr.: PC	gedruckte Schaltung *f*	circuit imprimé *m*
printed circuit board, abbr.: PCB	LP, Abk.: Leiterplatte *f*; Baugruppe *f*	circuit imprimé *m*, abr.: CI; carte *f*; module *m*
printer	Protokolldrucker *m*; Drucker *m*	imprimante *f*
printer connection	Druckeranschluß *m*	raccordement imprimante *m*
printout	Ausdruck *m*	sortie machine *f*; impression *f*; édition *f* (*impression*)

print roll	Druckrolle *f* (*Drucker*)	rouleau d'impression *m*
priority break-in	Eintreten *n*; Aufschalten (bei besetzt) *n*; Eintreteaufforderung *f*; Eintreteanruf *m*	intervention en ligne *f*; priorité avec écoute *f*; appel opératrice *m* (*faculté*)
priority button	Bevorrechtigungstaste *f*	bouton priorité *m*; touche priorité *f*
priority extension	bevorrechtigte Nebenstelle *f*	poste prioritaire *m*
privacy	Aufschaltesperre *f*; Aufschaltverhinderung *f*	protection intrusion *f*; blocage d'entrée en tiers *f*
private	privat	privé, abr.: PRV
Private Automatic Branch Exchange, abbr.: PABX	Nebenstellenanlage *f*, Fernsprechnebenstellenanlage *f*, Abk.: NStAnl, PABX; zentrale Einrichtung *f*;	commutateur *m* (*PABX*); commutateur central *m* (*PABX*); installation téléphonique *f*; installation téléphonique privée *f*; autocommutateur privé *m*
Private Automatic Exchange, abbr.: PAX	Hauszentrale *f*	central domestique *m*; autocommutateur local *m*; autocommutateur privé *m*
Private Branch Exchange, abbr.: PBX	Nebenstellenanlage *f* (~ *mit Amtsanschluß*)	autocommutateur privé *m* (~ *avec connexion réseau*)
private call	Privatgespräch *n*	conversation privée *f*; communication privée *f*
private communications engineering	private Kommunikationstechnik *f*	technique de communication privée *f*
private communication system	privates Kommunikationssystem *n*	système de communication privé *m*
private exchange, abbr.: PX	Privatfernsprechanlage *f*	installation téléphonique privée *f*
private line	Privatleitung *f*	ligne privée *f*
private mobile radio	Kraftfahrzeugfunk *m*	radio-téléphone *m*; radio mobile *f*
private network	privates Netz *n*	réseau privé *m*
private system	private Einrichtung *f*	installation privée *f*, abr.: IP
Private Telecommunication Network, abbr.: PTN	Nebenstellenanlage, automatische ~ *f*; Telekommunikationssystem *n* (*auf mehreren Grundstücken*); Telekommunikationsanlage *f* (*auf einem Grundstück*)	installation téléphonique d'abonnés *f*; réseau privé d'entreprise *m*
procedure	Ablauf *m* (*Verfahren*)	procédure *f*
proceed-to-dial	Wählaufforderung *f*	invitation à numéroter *f*
proceed-to-dial condition	Wählbereitschaft *f*	état de disponibilité pour la numérotation *m*
proceed-to-dial detector	Wahlbereitschaftsfühler *m*	détecteur de disponibilité pour la numérotation *m*
proceed-to-dial signal	Wahlbeginnzeichen *n*; Wahlaufforderungszeichen *n*	signal de début de numérotation *m*; signal de numérotation *m*
proceed-to-select signal	Wahlabrufzeichen *n*	signal d'invitation à numéroter *m*
process	editieren (*Daten*); bearbeiten; nachbearbeiten	éditer
process control (*videotex modem*)	Ablaufsteuerung *f* (*BTX-Modem*)	commande séquentielle *f*
processing (*EDP*)	Bearbeitung *f* (*EDV*)	traitement *m*
processor bus	Prozessorbus *m*, Abk.: PRB	bus du processeur *m*
processor unit	Prozessoreinheit *f*, Abk.: PE	processeur *m*; unité centrale *f*
procurement time	Beschaffungszeitraum *m*	temps d'approvisionnement *m*
production data acquisition	Fertigungsdatenerfassung *f*	saisie de données de fabrication *f*
production direction	Fernsehregie *f*	régie de production *f*
production management	Fertigungssteuerung *f*	routage *m*
Professional community for office and information technology	Fachgemeinschaft Büro- und Informationstechnik *f*, Abk.: FG BIT	Association Professionnelle de l'Informatique *f*
program abort	Programmabbruch *m*	interruption de programme *f*
program control	Programmsteuerung *f*	gestion de programme *f*
program delay time	Programmlaufzeit *f*	temps d'exécution de programme *m*
program direct selection	Programmdirektwahl *f*	sélection directe programmée *f*
program field	Programmfeld *n*	zone de programme *f*
program list	Programmliste *f*, Abk.: PL	liste de programme *f*

programmable access code	Auswahlkennziffer *f*; Ausscheidungsziffer *f*; Ausscheidungskennziffer *f*, Abk.: AKZ	code d'accès programmable *m*
programmable read only memory, abbr.: PROM	PROM, Abk.	mémoire programmable à lecture seule *f*, abr.: PROM
program panel	Programmfeld *n*	zone de programme *f*
program plug panel	Programmsteckerfeld *n*	tableau de fiches programme *m*
program selection	Programmauswahl *f*	sélection de programme *f*
project	Projekt *n*	projet *m*; plan *m*
project code	Projektnummer *f*	numéro de projet *m*
project number	Projektnummer *f*	numéro de projet *m*
PROM (abbr.) = programmable read only memory	PROM, Abk.	PROM, abr.: mémoire programmable à lecture seule *f*
PROM locations	PROM-Steckplätze *m, pl*	emplacements des PROMs *m, pl*
propagation constant / ~ factor	Übertragungskonstante *f*; Fortpflanzungskonstante *f*	constante de propagation *f*; constante de transmission *f*
propagation time	Laufzeit *f*	temps de propagation *m*
property-protection system	Objektschutzsystem *n*	système de protection des objets *m*
protected (*Brit*)	abgeschirmt	blindé (*inf.: blinder*); protégé (*inf.: protéger*)
protected data connection	geschützte Datenverbindung *f*	liaison de données protégée *f*
protection	Schutz *m*	protection *f*
protective circuit	Schutzschaltung *f*	circuit de protection *m*
protective earth, abbr.: PE	Schutzerde *f*, Abk.: PE	terre de protection *f*
protective ground, abbr.: PE (*Am*)	Schutzerde *f*, Abk.: PE	terre de protection *f*
protocol	Protokoll *n*	protocole *m*
protocol reference model	Protokoll-Referenzmodell *n*	modèle de référence de protocoles *m*
provided	bestückt	équipé
provision	Bereitstellung *f*	préparation *f*; mise en place *f*; mise à disposition *f*
PS (abbr.) = packet switching	Paketvermittlung *f*; Teilstreckentechnik mit paketweiser Übertragung *f*	commutation par/de paquets *f*
PS (abbr.) = power supply	Stromversorgung *f*; Energieversorgung *f*	alimentation de courant *f*; alimentation *f*; alimentation en énergie *f*; approvisionnement en énergie *m*
PSN (abbr.) = packet-switched network	Paketvermittlungsnetz *n*	réseau de commutation par/de paquets *m*
psophometric voltage	Geräuschspannung *f*	bruit pondéré *m*; tension psophométrique *f*
PSTN (abbr.) = Public Switched Telephone Network	Postnetz *n*; Fernsprechnetz, öffentliches ~ *n*	réseau PTT *m*; réseau téléphonique public *m*; réseau téléphonique commuté *m*
PSTN subscriber	Wählteilnehmer *m*, Abk.: W-Teilnehmer	poste à deux fils *m*
PSU (abbr.) = power supply unit	NSG, Abk.: Netzspeisegerät *n*; Netzgerät *n*	bloc-secteur *m*; appareil d'alimentation *m*
PTN (abbr.) = Private Telecommunication Network	Nebenstellenanlage, automatische ~ *f*; Telekommunikationssystem *n*, (*auf mehreren Grundstücken*); Telekommunikationsanlage *f*, (*auf einem Grundstück*)	installation téléphonique d'abonnés *f*; réseau privé d'entreprise *m*
PTT administration	Postbehörde *f*	autorités postales *f, pl*
PTT network	Postnetz *n*; Fernsprechnetz, öffentliches ~ *n*	réseau PTT *m*; réseau téléphonique public *m*; réseau téléphonique commuté *m*
public address system, abbr.: PA system	Beschallungsanlage *f*; Beschallungssystem *n*	système d'annonces *m*
public authority	Behörde *f*	autorités *f, pl*
public communications systems	öffentliche Kommunikationssysteme *n, pl*	systèmes de communications publics *m, pl*
public data network	öffentliches Datennetz *n*	réseau public de données *m*

public digital switching system	öffentliches Digital-Vermittlungssystem *n*	système numérique de commutation publique *m*
public exchange	öffentliche Vermittlungsstelle *f*; Amt *n*; Vermittlungsstelle *f*, Abk.: VSt; Vermittlung *f* (*Anlage*); Vermittlungsamt *n*; Fernsprechamt *n*; Zentrale *f*	central public *m*; central téléphonique *m*; commutateur *m* (*central public*); installation téléphonique *f*
public exchange engineering	öffentliche Vermittlungstechnik *f*	technique de commutation publique *f*
public exchange subscriber	Teilnehmer *m*; Amtsteilnehmer *m*	abonné du réseau public *m*
public service office	Dienststelle *f*	bureau de service public *m*
Public Switched Telephone Network, abbr.: PSTN	Postnetz *n*; Fernsprechnetz, öffentliches ~ *n*	réseau PTT *m*; réseau téléphonique public *m*; réseau téléphonique commuté *m*
public switching system	öffentliches Vermittlungssystem *n*	centre de commutation public *m*
public telephone network, abbr.: ATN	öffentliches Netz *n*	réseau public *m*
public transport authority	kommunaler Verkehrsbetrieb *m*	autorité des transports publics *f*
pull-out	ausziehbar	extensible
pull relief	Zugentlastung *f*	décharge de traction *f*; soutenu en traction *f*
pulse	Impuls *m*	impulsion *f*
pulse absorbtion	Impulsunterdrückung *f*	suppression des impulsions *f*
Pulse-Amplitude Modulation, abbr.: PAM	Pulsamplitudenmodulation *f*, Abk.: PAM	modulation par amplitude d'impulsion *f*; modulation par impulsions en amplitude *f*, abr.: MIA; modulation d'impulsions en amplitude *f*, abr.: MIA
pulse behaviour	Impulsverhalten *n*	comportement des impulsions *m*
Pulse Code Modulation, abbr.: PCM	Pulscode-Modulation *f*, Abk.: PCM	modulation par impulsions et codage *f*, abr.: MIC; modulation par impulsion codée *f*, abr.: MIC
pulse counter	Taktzähler *m*	compteur d'impulsions *m*; cadencement *m*
pulse dialing	Impulswahl *f*	numérotation décimale *f*
pulse dialing method	Impulswahlverfahren *n*, Abk.: IWV	procédure de numérotation décimale *f*; système de numérotation décimale *m*; principe de numérotation décimale *m*
pulse dialing principle	Impulswahlverfahren *n*, Abk.: IWV	procédure de numérotation décimale *f*; système de numérotation décimale *m*; principe de numérotation décimale *m*
pulse dialing receiver	Impulswahlempfänger *m*	récepteur de numérotation décimale *m*
pulse dialing sender	Impulswahlsender *m*	émetteur de numérotation décimale *f*
pulse dialing system	Impulswahlverfahren *n*, Abk.: IWV	procédure de numérotation décimale *f*; système de numérotation décimale *m*; principe de numérotation décimale *m*
pulse dialing transmitter	Impulswahlsender *m*	émetteur de numérotation décimale *f*
pulse distortion	Impulsverzerrung *f*	distorsion d'impulsion *f*
pulse duration	Impulsdauer *f*	durée d'impulsion *f*
pulse edge	Pulsflanke *f*	flanc d'impulsion *m*
pulse frequency	Pulsfrequenz *f*	fréquence d'impulsion *f*
Pulse-Frequency Modulation, abbr.: PFM	Pulsfrequenzmodulation *f*, Abk.: PFM	modulation par fréquence d'impulsion *f*
pulse generation	Takterzeugung *f*	générateur d'impulsions *m*
pulse ratio	Impulsverhältnis *n*	rapport d'impulsions *m*
pulse repetition	Impulswiederholung *f*	répétition d'impulsion *f*
pulse shape	Pulsform *f*	forme de l'impulsion *f*
pulse signal	Impulskennzeichen *n*, Abk.: IKZ	code d'identification de l'impulsion *m*
pulse signaling	Impulssignalisierung *f*	signalisation par impulsions *f*
pulse supervisory relay	Wahlbegleitrelais *n*	relais d'impulsion d'appel *m*
pulse supervisory signal	Wahlbegleitzeichen *n*	signal d'impulsion d'appel *m*
pulse suppression	Impulsunterdrückung *f*	suppression des impulsions *f*
pulse train	Impulsfolge *f* (*Serie*)	train d'impulsions *m*

pulsing key sender	Impulszahlgeber *m*	générateur d'impulsions *m*
pulsing system	Impulsverfahren *n*	technique par impulsions *f*
punched (*key*)	gedrückt (*Taste*)	appuyée (*touche*)
punched card reader	Lochkartenleser *m*	lecteur de cartes perforées *m*
punched tape reader	Lochstreifenleser *m*	lecteur de rubans perforés *m*
Pupin coil	Pupinspule *f*	bobine de pupinisation *f*
pushbutton, abbr.: PB	Knopf *m* (*Betätigungs~, Druck~*); Taste *f*; Schaltfläche *f*	bouton poussoir *m*; bouton *m*; touche *f*; bouton de commande *m*
pushbutton assignment	Tastenzuteilung *f*	affectation par clavier *f*
pushbutton block	Tastenblock *m*	bloc à touches *m*; pavé de touches *m*
pushbutton dialing / ~ selection	Tastwahl *f*; Tastenwahl *f*	numérotation au clavier *f*
pushbutton selection receiver	Tastwahl-Empfänger *m*	récepteur à clavier *m*
pushbutton telephone	Tastwahlapparat *m*	poste à clavier *m*, abr.: CLA
pushed (*button*)	gedrückt (*Taste*)	appuyée (*touche*)
PX (abbr.) = private exchange	Privatfernsprechanlage *f*	installation téléphonique privée *f*

Q

quality class	Qualitätsklasse *f*	classe de qualité *f*
quality control protocol	Güteprüfprotokoll *n*	protocole de contrôle qualité *m*
quantity	Anzahl *f*; Nummer *f*, Abk.: Nr.; Zahl *f*	quantité *f*; numéro *m*; nombre *m*
quantization	Quantisierung *f*	quantification *f*
quantization noise	Quantisierungsgeräusch *n*	bruit de quantification *m*
quartz oscillator	Schwingquarz *m*	oscillateur à quartz *m*
quasi pushbutton dialing	Tastwahl, unechte ~ *f*	numérotation au clavier fictive *f*
quenching diode	Löschdiode *f*	diode d'amortissement *f*
queue	Warteschlange *f*; Wartefeld *n*	file d'attente *f*
queue relay set	Wartefeldrelaissatz *m*	relais de file d'attente *m*
queue seizure	Wartefeldbelegung *f*	occupation de file d'attente *f*
queuing	Warten auf Freiwerden *n*	attendre la libération *f*; se mettre en file d'attente *f*
queuing field display	Wartefeldanzeige *f*	tableau d'attente *m*; afficheur de file d'attente *m*
quick	schnell	vite; rapide
quick acting (*fuse*)	flink (*Sicherung*)	fusion rapide *f* (*fusible*)
quick-call button / ~ key	Schnellruftaste *f*	touche d'appel rapide *f*; touche d'appel direct *f*

R

rack	Rahmen *m*; Gestellrahmen *m*; Gestell *n*	baie *f* (*central automatique*); support *m*; rack *m*; bâti *m*
rack line / ~ row	Gestellreihe *f*	travée *f*
radio alarm	Funkalarm *m*	alarme radio *f*
radio alarm system	Funkalarmsystem *n*	système d'alarme radio *m*
radio and television engineering	Fernseh- und Rundfunktechnik *f*	technique radio et télévision *f*
radio broadcasting	Funkübertragung *f*	transmission radio *f*
radio center	Funkzentrale *f*	central radio *m*
Radio Data System, abbr.: RDS	RDS, Abk.	système de données radio *m*, abr.: RDS
radio engineering	Rundfunktechnik *f*	technique radio *f*
radio-exchange facilities	Funkvermittlungseinrichtung *f*	dispositif de commutation radio *m*
radio frequency interference, abbr.: RFI	Hochfrequenzstörung *f*	perturbation haute fréquence *f*
radio hop	Funkfeld *n*	champs hertzien *m*
radio link	Funkverbindung *f*	liaison radio *f*
radio-link installation	Richtfunkanlage *f*	installation de liaison radio *f*
radio network	Funknetz *n*	réseau de radio *m*
radiopaging and information system	Personenruf- und Informationsanlage *f*	système d'information et recherche de personnes *m*
radio reception	Rundfunkempfang *m*	réception radio *f*
radio-relay station	Richtfunkrelaisstation *f*	station relais à micro-ondes *f*
radio-relay system	Richtfunk(system) *n*	système (radio) à micro-ondes *m*
radio system	Funksystem *n*	système radio *m*
radio technology	Funktechnik *f*	radiotechnique *f*
radio technology	Rundfunktechnik *f*	technique radio *f*
radio telephone	Funktelefon *n*; Sprechfunkgerät *n*; Funkfernsprecher *m*	radiotéléphone *m*
radio telephone system	Sprechfunkanlage *f*; Funkfernsprechsystem *n*	installation radio-téléphonique *f*; système de radio-téléphone *m*
RAM (abbr.) = Random Access Memory	RAM, Abk.: Random Access Memory	RAM, abr.: mémoire à accès aléatoire
Random Access Memory, abbr.: RAM	Random Access Memory, Abk.: RAM	mémoire à accès aléatoire, abr.: RAM
random check	Stichprobe *f*	contrôle aléatoire *m*
random sample	Stichprobe *f*	contrôle aléatoire *m*
range	Reichweite *f*; Bereich *m*	portée *f*; gamme *f*; plage *f*
rapid	schnell	vite; rapide
rate accounting	Gebührenaufzeichnung *f*; Gebührenerfassung *f*; Gebührenzählung *f*; Gesprächsdatenerfassung *f*	enregistrement de la taxation *m*; taxation *f*; saisie de données d'appel *f*; comptage des taxes *m*
rated current	Nennstrom *m*	courant nominal *m*
rated current, load	Nennstrom, Last *m*	courant nominal, charge *m*
rated current, no load	Nennstrom, Leerlauf *m*	courant nominal, tension à vide *m*
rated frequency	Nennfrequenz *f*	fréquence nominale *f*; fréquence assignée *f*
rate district	Gebührenzone *f*; Tarifstufe *f*	circonscription de taxes *f*; zone de taxation *f*; niveau de taxes *m*
rated load	Nennlast *f*	charge nominale *f*
rated voltage	Nennspannung *f*	tension nominale *f*
rate meter	Tarifgerät *n*	taxeur *m*
rate structure	Gebührengestaltung *f*	système de taxation *m* (*principe*)
rating plate	Leistungsschild *n*	plaque indicatrice *f*; écusson indiquant la puissance *m*

RBT (abbr.) = ringback tone = ringing tone	Ft, F-Ton, Abk.: Freiton *m;* Rufton *m*; Anrufton *m*	retour d'appel *m*; sonnerie *f*; tonalité de retour d'appel *f*; tonalité de poste libre *f*; signal d'appel *m*
RC (abbr.) = reference configuration	Bezugskonfiguration *f*	configuration de référence *f*
RC element = resistance-capacitance ~	RC-Glied *n*	circuit RC *m*
RD (abbr.) = red = IEC 757	RD, Abk.: rot	RD, abr.: rouge
RDBU (abbr.) = red blue = IEC 757	RDBU, Abk.: rot blau	RDBU, abr.: rouge bleu
RDGN (abbr.) = red green = IEC 757	RDGN, Abk.: grün rot	RDGN, abr.: vert rouge
RDGY (abbr.) = red grey = IEC 757	RDGY, Abk.: grau rot	RDGY, abr.: gris rouge
RDPK (abbr.) = red pink = IEC 757	RDPK, Abk.: rosa rot	RDPK, abr.: rose rouge
RDS (abbr.) = radio data system	RDS, Abk.	RDS, abr.: système de données radio *m*
RDWH (abbr.) = red white = IEC 757	RDWH, Abk.: weiß rot	RDWH, abr.: blanc rouge
RDYE (abbr.) = red yellow = IEC 757	RDYE, Abk.: gelb rot	RDYE, abr.: jaune rouge
reach	erreichen	atteindre; parvenir à; obtenir
read-in control	Einspeichersteuerung *f*	commande de sauvegarde *f*
read only	schreibgeschützt	lecture seule *f*
read-only memory, abbr.: ROM	Lesespeicher *m,* Abk.: ROM; Festwertspeicher *m,* Abk.: ROM; Festspeicher *m,* Abk.: ROM	mémoire morte *f*, abr.: ROM
read out (*data*)	ausgeben (*Werte, Signale*)	émettre (*signal*); écrire (*données*)
read out	ausspeichern	lire la mémoire *f*; extraire
read-write memory	Schreiblesespeicher *m*	mémoire d'écriture/lecture *f*
ready	betriebsbereit	prêt à fonctionner
ready condition	Bereitzustand *m*	prêt
ready for data	Übertragungsbereitschaft *f*	prêt à transmettre
ready for operation	betriebsbereit	prêt à fonctionner
ready key	Bereitschaftstaste *f*	bouton de disponibilité *m*
ready-to-operate button	Bereitschaftstaste *f*	bouton de disponibilité *m*
real time	Echtzeit *f*	temps réel *m*; en temps réel *m*
re-arrangement of a call	Verlagern einer Verbindung *n*	réarrangement d'une communication *m*
rear side	Rückseite *f*	côté postérieur *m*; côté arrière *m*
reason for modification	Änderungsgrund *m*	raison de modification *f*; motif de modification *m*
recall	Rückruf *m*; Wiederanruf *m*	rappel (en retour) *m*; retour d'appel *m*
receipt	Empfang *m*	réception *f*
receipt signal	Quittungszeichen *n*	signal d'accusé / ~ d'acquit *m*; signal de confirmation *m*; signal de réception *m*
receive	empfangen	recevoir
received clock pulse	Empfangstakt *m*	impulsion de réception *f*
receive not ready, abbr.: RNR	nicht empfangsbereit	non disponible pour la réception *f*
receive path	Empfangsleitung *f*	ligne de réception *f*
receiver	Empfänger *m* (*einer Nachricht*)	destinataire *m*; récepteur *m*
receiver (*equipment*)	Empfangsgerät *n*; Empfangseinrichtung *f*	appareil de réception *m*; récepteur *m* (*appareil*)
receiver (*handset*)	Hörer *m*; Handapparat *m,* Abk.: HA	combiné *m*
receiver capsule	Hörkapsel *f*	capsule réceptrice *f*
receiver inset	Hörkapsel *f*	capsule réceptrice *f*
receive wire	Empfangsader *f*	fil de réception *m*
receiving	Empfang *m*	réception *f*
receiving bus	Empfangssammelschiene *f*, Abk.: ESA	bus de réception *m*

receiving equipment	Empfangsgerät *n*; Empfangseinrichtung *f*	appareil de réception *m*; récepteur *m* (*appareil*)
receiving frequency	Empfangsfrequenz *f*	fréquence de réception *f*
receiving module	Empfangsmodul *n*	module récepteur *m*
receiving reference loss	Empfangsbezugdämpfung *f*	équivalent de référence à la réception *m*; affaiblissement de référence de réception *m*
receiving subscriber	Empfangsteilnehmer *m*	abonné destinataire *m*; abonné récepteur *m*
receptacle	Steckhülse *f*	prise femelle *f*
reception	Empfang *m*	réception *f*
reception confirmation	Quittung *f*; Rückmeldung *f*; Empfangsbestätigung *f*	acquit(tement) *m*; confirmation de réception *f*
reception equipment	Empfangsanlage *f*	équipement de réception *m*
reception facility	Empfangsanlage *f*	équipement de réception *m*
reception monitor	Empfangsmonitor *m*	moniteur de réception *m*
reception quality	Empfangsqualität *f*	qualité de réception *f*
recipient	Empfänger *m* (*einer Nachricht*)	destinataire *m*; récepteur *m*
reciprocal (*value*)	Kehrwert *m* (*Math.*)	valeur réciproque *f*
recognition (*signal*)	Erkennung *f* (*Signalisierung*)	reconnaissance *f*; détection *f*
recognition circuit	Erkenner *m*	identificateur *m*
recognition system	Erkennungsmethode *f*	méthode de reconnaissance *f*
recognizer	Erkenner *m*	identificateur *m*
recommendation	Empfehlung *f*	recommandation *f*
recommended	vorgeschlagen; empfohlen	recommandé
reconfiguration	Umkonfigurierung *f*	réconfiguration *f*
record	Zeugnis *n*	certificat *m*
recorded announcement	Tonbandansage *f*; Bandansage *f*	message enregistré *m*; annonce enregistrée *f*
recorded information service	Ansagedienst *m*	service des annonces *m*; appels renseignements *m, pl*
recorder system	Aufzeichnungssystem *n*	système d'enregistrement *m*
recording	Aufzeichnung *f*	enregistrement *m*
recording set	Registriersatz *m*	équipement d'enregistrement *m*
recording store	Registrierspeicher *m*	mémoire d'enregistrement *f*
rectifier	Gleichrichter *m*	redresseur *m*
rectifier unit	Gleichrichtergerät *n*	appareil redresseur alimentation *m*
red, abbr.: RD = IEC 757	rot, Abk.: RD	rouge, abr.: RD
red blue, abbr.: RDBU = IEC 757	rot blau, Abk.: RDBU	rouge bleu, abr.: RDBU
red green, abbr.: RDGN = IEC 757	grün rot, Abk.: RDGN	vert rouge, abr.: RDGN
red grey, abbr.: RDGY = IEC 757	grau rot, Abk.: RDGY	gris rouge, abr.: RDGY
red pink, abbr.: RDPK = IEC 757	rosa rot, Abk.: RDPK	rose rouge, abr.: RDPK
red white, abbr.: RDWH = IEC 757	weiß rot, Abk.: RDWH	blanc rouge, abr.: RDWH
red yellow, abbr.: RDYE = IEC 757	gelb rot, Abk.: RDYE	jaune rouge, abr.: RDYE
redialing	Wahlwiederholung *f*, Abk.: WWH	répétition de la numérotation *f*
redial(ing) button / ~ key	Wahlwiederholungstaste *f*, Abk.: WW-Taste	bouton de répétition *m*
redialing memory	Wahlwiederholspeicher *m*	mémoire de répétition (automatique) de la numérotation *f*
redirection of calls	Umleiten von Verbindungen *n*	ré-acheminement des appels *m*
reduce	verringern (sich ~); abnehmen	réduire
reduced night-time rate	verbilligter Nachttarif *m*	tarif de nuit *m* (*réduit*)
reduced rate	verbilligter Tarif *m*	tarif réduit *m*
reduction factor	Reduzierungsfaktor *m*	facteur de réduction *m*
redundancy	Weitschweifigkeit *f*; Redundanz *f*	redondance *f*
reed relay	Herkon-Relais *n*	relais reed *m*

refer-back call	Rückfragegespräch *n*; Rückfrage *f*, Abk.: Rfr	double appel *m*, abr.: DA; attente pour recherche *f*
refer-back coupler	Rückfragekoppler *m*	coupleur de rétro-appel *m*
refer-back during a call	Rückfragen während eines Gespräches *f, pl*	consultation pendant une conversation *f*
refer-back extension	Rückfrageteilnehmer *m*	abonné de rétro-appel *m*; poste de rétro-appel *m*
refer back to external line	Rückfrage zum Amt *f*	double appel avec une LR *m*
refer-back within refer-back	Rückfrage in Rückfrage *f*	double appel dans le double appel *m*
reference block	Verweisblock *m*	bloc de référence *m*
reference circuit	Bezugsverbindung *f*; Eichleitung *f*	circuit de référence *m*; ligne d'étalonnage *f*; circuit d'étalon *m*
reference configuration, abbr.: RC	Bezugskonfiguration *f*	configuration de référence *f*
reference equivalent	Bezugsdämpfung *f*	affaiblissement équivalent *m*
reference frequency	Vergleichsfrequenz *f*	fréquence de référence *f*
reference information tone	Hinweiston *m*	tonalité d'information spéciale *f*; tonalité modulée *f*
reference level	Bezugspegel *m*	niveau de référence *m*
reference number, abbr.: Ref.No.	Sachnummer *f*	numéro de référence *m*
reference point	Referenzpunkt *m*; Bezugspunkt *m*	point de référence *m*
reference tone	Hinweiston *m*	tonalité d'information spéciale *f*; tonalité modulée *f*
reference value	Sollwert *m*	valeur de référence *f*; paramètre de référence *m*
Ref.No. (abbr.) = reference number	Sachnummer *f*	numéro de référence *m*
refraction	Brechung *f*	réfraction *f*
regenerate	regenerieren	régénérer
regeneration	Entdämpfung *f*	compensation de l'armortissement *f*; régénération *f*
regenerative repeater	Zwischenregenerator *m*, Abk.: ZWR	générateur intermédiaire *m*
regenerator	Regenerator *m*	régénérateur *m*
region	Zone *f*	zone *f*; région *f*
regional key	Regionaltaste *f*	touche régionale *f*
register	Register *n*, Abk.: RG	index *m*; registre *m*
register address	Registeradresse *f*, Abk.: RA	adresse registre *f*
register character	Registersignal *n*	signal de registre *m*
register control	Registersteuerung *f*	gestion de registre *f*
register coupling group	Registerkoppelgruppe *f*	groupe de connexions de registre *m*
register group connector	Registergruppenverbinder *m*	connecteur de groupes de registre *m*
register mark	Registersignal *n*	signal de registre *m*
register marker	Register-Markierer *m*	marqueur de registre *m*
register request	Anforderung Register *f*	demande de registre *f*
register signal	Registerzeichen *n*	signal de registre *m*
register store	Registerspeicher *m*	mémoire de registre *f*
register switching network	Registerkoppelnetz *n*	réseau de connexion de registre *m*
register unit	Registergerät *n*	enregistreur *m*
regularity return loss (*Brit*)	Rückflußdämpfung *f*	affaiblissement de régularité *m*
regulating key	Stelltaste *f*	touche de réglage *f*
relative humidity	relative Luftfeuchte *f*	humidité relative *f*
relative level	relativer Pegel *m*	niveau relatif *m*
relay	Relais *n*	relais *m*
relay bus	Relaisschiene *f*	bus relais *m*
relay keysender	Relaiszahlengeber *m*	clavier à relais *m*
relay repeater	Relaisverstärker *m*	station répétrice *f*; amplificateur de relais *m*
relay set	Relaissatz *m*	jeu de relais *m*
relay station	Relaisstation *f*	station relais *f*; répétiteur *m*
relay store	Relaisspeicher *m*	mémoire à relais *f*
relay strip	Relaisstreifen *m*	barrette à relais *f*
relay technology	Überleittechnik *f*	technique de transition *f*
release (*software* ~)	Ausgabe *f*	édition *f* (*logiciel*); sortie *f*

release (*connection*)	Freigabe *f* (*Verbindung*); Abwurf *m* (*Verbindung*); Auslösung *f* (*Verbindung*)	déblocage *m* (*connexion*); retour *m* (*connexion*); libération *f* (*connexion*), abr.: LIB; couper le circuit
release (*button*)	freigeben; loslassen (*Taste*); nachlassen; lockern; lose machen; auslösen	relâcher (*touche*)
release delay	Abfallverzögerung *f*	retard au déclenchement *m*; retombée temporisée *f*
release delay time	Auslöseverzögerungszeit *f*	retard de libération *m*
release guard signal	Auslösequittungszeichen *n*	signal d'acquit de libération *m*
release pulse	Auslöseimpuls *m*	impulsion de libération *f*
release signal	Auslösezeichen *n*	signal de libération *m* (*de ligne*)
release time (*relay*)	Abfallzeit *f* (*Relais*)	temps de déplacement *m* (*relais*); temps de relâchement *m* (*relais*)
release time (*signal*)	Abklingzeit *f* (*Signal*)	durée de retour au zéro *f*; temps d'amortissement *m*
release time	Auslösedauer *f*	temps de libération *m*
releasing a line	Entsperren einer Leitung *f*; Freigabe einer Leitung *f*	déblocage d'une ligne *m*
reliability	Zuverlässigkeit *f*	fiabilité *f*
remaining	restliche, Rest...	résiduel
reminder lamp	Drängellampe *f*	voyant d'appel en attente *m*
remote adjustment	Ferneinstellen *n*	réglage à distance *m*
remote control	Fernsteuerung *f*; Fernbedienung *f*; Fernsteuern *n*	commande à distance *f*; contrôle à distance *m*; télécommande *f*
remote-control signal	Fernwirksignal *n*	signal de contrôle à distance *m*
remote-control systems	Fernwirkanlage *f*	système de contrôle à distance *m*
remote data processing	Datenfernverarbeitung *f*	télégestion de données *f*
remote data transmission	Datenfernübertragung *f*, Abk.: DFÜ; Fernübermittlung von Informationen *f*	télétransmission de données *f*
remote diagnosis	Ferndiagnose *f*	télémaintenance *f*
remote diagnosis/remote maintenance	Ferndiagnose/ Fernverwaltung *f*, Abk.: FDV	télémaintenance/télégestion *f*
remote maintenance	Fernverwaltung *f*; Fernwartung *f*	télégestion *f*
remote monitoring	Fernüberwachung *f*	surveillance à distance *f*
remote subscriber connecting unit	Anschlußeinheit entfernter Teilnehmer *f*	unité de raccordement d'abonnés distante *f*, abr.: URAD
remote switching	Fernschalten *n*	commutation à distance *f*
remote system part (*concentrator*)	abgesetzter Anlagenteil *m*	concentrateur numérique éloigné *m*, abr.: CNE
remote transmission	Fernübertragung *f*	étage de joncteur éloigné *m*, abr.: EJE
removable	abnehmbar	déconnectable; séparable; démontable
remove	entfernen; ausbauen	enlever; démonter; retirer
removed	entfällt (*bei Ausbau*)	démonté
removing the module	Ziehen der Baugruppe *n*	retrait du module *m*
renewed call	erneuter Anruf *m*	appel renouvelé, ~ réitéré; nouvel appel *m*
repeat	Wiederholung *f*	répétition *f*
repeated call attempt	Folgeanruf *m*	appel renouvelé *m*
repeater station	Relaisstation *f*	station relais *f*; répétiteur *m*
repertory code	Kurzrufnummer *f*	numéro abrégé *m*
repertory dialing	Kurzwahl *f* (*Apparateleistungsmerkmal*)	numérotation abrégée *f*; numéro court *m*
repetition	Wiederholung *f*	répétition *f*
repetition rate	Pulsfrequenz *f*	fréquence d'impulsion *f*
replace (*the handset*)	auflegen (*den Hörer ~*); einhängen (*den Hörer ~*)	raccrocher (~ *le combiné*)
replace	wechseln; austauschen; tauschen; auswechseln	échanger; remplacer; changer

replaced (by)	ersetzt (durch)	remplacé (par)
replacement device	Austauschgerät *n*; Austauschteil *n*	unité d'échange *f*, abr.: UE
replacement sheet	Ersatzblatt *n*	feuille de mise à jour *f*
replacement unit	Austauschgerät *n*; Austauschteil *n*	unité d'échange *f*, abr.: UE
reply	Quittung *f*; Rückmeldung *f*; Empfangsbestätigung *f*	acquit(tement) *m*; confirmation de réception *f*
report	Protokoll *n*	protocole *m*
request	anfordern; abrufen	demander; exiger; interroger
request for service	Anforderung des Dienstes *f*	demande de service *f*
required circuit modification	Bedarfsänderungsschaltung *f*	modification optionnelle de circuit *f*
requirements	Anforderungen *f, pl*	exigences *f, pl;* conditions *f, pl*
rerouting	umsteuern	rerouter
reseizure	Wiederbelegung *f*	reprise *f*
reservation system	Buchungsanlage *f*	distributeur automatique d'appels *m*; système de réservation *m*
reserve	reservieren	réserver
reserved	reserviert	réservé
reserved circuit (telecommunication) service	Reservierungsdienst *m*; Leitungsvoranmeldedienst *m*	service de circuit réservé *m*; service de circuit de télécommunications réservé *m*
reset	zurücksetzen	ré-initialiser
reset key	Rückholtaste *f*	touche d'initialisation *f*
resettable meter	rückstellbarer Zähler *m*	compteur avec remise à zéro *m*
resetting	zurücksetzen	ré-initialiser
resetting	Rückstellung *f*	remise *f*; reset *m*; ré-initialisation *f*
residual	restliche, Rest...	résiduel
residual current	Reststrom *m*	courant résiduel *m*
residual voltage	Restspannung *f*	tension résiduelle *f*
resistance (*value*)	Widerstand *m* (*Wert*)	résistance *f* (*valeur*)
resistance-capacitance element, abbr.: RC element	RC-Glied *n*	circuit RC *m*
resistor (*unit*)	Widerstand *m* (*Bauteil*)	résistance *f* (*composant*)
resistor network	Widerstandsnetz *n*	réseau de résistances *m*
resonance quality	Schalleigenschaft *f*	facteur de qualité *m*
respective	jeweilig	respectif; chaque fois
responder	Anrufbeantworter *m*	répondeur d'appels *m*; répondeur (téléphonique) *m*
response delay	Ansprechverzögerung *f*	retard de réponse *m*
response rate	Ansprechgeschwindigkeit *f*	vitesse de réponse *f*
response threshold	Ansprechwert *m*; Schwellwert *m*; Ansprechschwelle *f*; Schwelle *f* (*Grenze*)	valeur seuil *f*; seuil *m*; seuil de réponse *m*
response time (*oscillator*)	Einschwingzeit *f* (*Oszillator*)	temps de réponse *m* (*oscillateur*)
rest	Ruhe *f* (*Pause*)	repos *m*
restart	Wiederanlauf *m*; Restart *m*	remise sous tension *f*; rédémarrage *m*
restriction	Einschränkung *f*	limitation *f*; restriction *f*
retardation	Zeitverzögerung *f*; Verzögerung *f*	retard *m*; retardation *f*; retardement *m*; délai *m*
retractable antenna	Versenkantenne *f*	antenne téléscopique *f*
retrofit	nachrüsten	effectuer une extension *f* (*de l'équipement*)
return current coefficient / ~ ~ factor	Reflexionsfaktor *m*; Anpassungskoeffizient *m*	coefficient d'adaptation *m*
returned call	Rückruf *m*; Wiederanruf *m*	rappel (en retour) *m*; retour d'appel *m*
return loss	Reflexionsdämpfung *f*; Anpassungsdämpfung *f*	affaiblissement d'adaptation *m*
return loss between line and network (*Am*)	Fehlerdämpfung *f*	affaiblissement d'équilibrage *m*
return to operator / ~ ~ attendant	Abwurf zum Platz / ~ zur AbfrSt *m*	retour sur opérateur *m*; retour d'appel sur opérateur *m*; renvoi à l'opérateur *m*
reverberation	Nachhall *m*	réverbération *f*

reverse charging	R-Gespräch *n*; Gebührenübernahme *f*	conversation payable à l'arrivée *f*, abr.: PCV
reverse charging acceptance	Annahme der Gebührenübernahme *f*	acceptation d'appel en PCV *f*
reversed charge call (*Brit*)	R-Gespräch *n*; Gebührenübernahme *f*	conversation payable à l'arrivée *f*, abr.: PCV
reversed charges	Wechsel der Gebührenpflicht *m*	taxation inverse *f*
reversed polarity	Verpolung *f*	inversion de polarité *f*
revertive call	Umkehrverbindung *f*	appel inverse *m*
rewind	Rücklauf *m*	recul *m*
RFI (abbr.) = radio frequency interference	Hochfrequenzstörung *f*	perturbation haute fréquence *f*
ribbon cable	Flachbandkabel *n*; Bandkabel	câble plat *m*
right-of-access code	Berechtigungszeichen *n*	code de classe de service *m*
ring	rufen (*läuten*); anrufen (*telefonieren*)	appeler; téléphoner; sonner
ringback tone, abbr.: RBT	Rufton *m*; Freiton *m*, Abk.: Ft, Abk.: F-Ton; Anrufton *m*	retour d'appel *m*; sonnerie *f*; tonalité de retour d'appel *f*; tonalité de poste libre *f*; signal d'appel *m*
ringer (*Am*)	Wecker *m*	réveil *m*
ringing	rufen (*läuten*); anrufen (*telefonieren*)	appeler; téléphoner; sonner
ringing and signaling machine	Ruf- und Signalmaschine *f*	machine d'appels et de signaux *f*
ringing and tone generator	Ruf- und Signalgeber *m*	générateur de tonalité et de sonnerie *m*
ringing condition	Rufzustand *m*	phase sonnerie *f*
ringing current	Rufstrom *m*	courant de sonnerie *m*
ringing generator	Rufgenerator *m*	générateur de sonnerie *m*
ringing pulse	Rufimpuls *m*	impulsion de sonnerie *f*
ringing time	Rufdauer *f*	durée de sonnerie *f*
ringing tone	Rufton *m*; Freiton *m*, Abk.: Ft, Abk.: F-Ton; Anrufton *m*	retour d'appel *m*; sonnerie *f*; tonalité de retour d'appel *f*; tonalité de poste libre *f*; signal d'appel *m*
ringing unit	Ruforgan *n*; Anruforgan *n*	sonnerie *f*; dispositif de sonnerie *m*; bloc d'appel *m*
ringing voltage	Rufspannung *f*	tension de sonnerie *f*
ring modulator	Ringmodulator *m*	modulateur en anneau *m*; modulateur toroïdal *m*
ring power	Rufstrom *m*	courant de sonnerie *m*
ring up	rufen (*läuten*); anrufen (*telefonieren*)	appeler; téléphoner; sonner
ripple-free	sauber (*nicht pulsierende Spannung*)	sans ondulation *f*
rise (*signal*)	Anstieg *m* (*Signal*)	montée *f* (*signal*)
RNR (abbr.) = receive not ready	nicht empfangsbereit	non disponible pour la réception *f*
road data	Straßendaten *f, pl*	données routières *f, pl*
road section	Straßenabschnitt *m*	section routière *f*
roll out	ausspeichern	lire la mémoire *f*; extraire
ROM (abbr.) = read-only memory	ROM, Abk.: Lesespeicher *m*, Festwertspeicher *m*, Festspeicher *m*	ROM, abr.: mémoire morte *f*
room noise	Raumgeräusch *n*	bruit de salle *m*; bruit de fond *m*
room status	Zimmerzustand *m*	état des chambres *m*
root (*of*)	Wurzel *f* (*aus*)	racine carrée *f* (*de*)
rotary beacon	Rundumkennleuchte *f*	feu tournant à éclats généraux *m*
rotary dial	Nummernscheibe *f*; Nummernschalterwerk *n*	cadran d'appel *m*
rotary potentiometer	Drehpotentiometer *n*	potentiomètre variable *m*
rounded off (*number*)	abgerundet (*Zahl*)	arrondi (*nombre*)
route (*transmission*)	Leitweg *m*	voie d'acheminement *f*; route *f*
route (road)	Straßenverlauf *m*	route *f*; chemin *m*
route advance (*Am*)	Leitweglenkung *f*	acheminement (du trafic) *m*; routage des appels *m*
route-finding program	Wegesuchprogramm *n*	programme de recherche de lignes *m*
Route Guidance and Info system	Autofahrer-Leit- und Infosystem *n*, Abk.: ALI	système de radioguidage et d'information routière *m*

route interpreter	Zuordner *m*; Umwerter *m*	translateur *m*; traducteur *m*
route preselection	Wegevoreinstellung *f*	pré-sélection de lignes *f*
route reservation	Wegereservierung *f*	réservation de lignes *f*
route search(ing)	Wegsuche / Wegesuche *f*	recherche de chemin *f*; recherche de lignes *f*
route selection	Wegeauswahl *f*; Richtungsausscheidung *f*	sélection de route *f*; routage *m*
route selection control	Wegeauswahlsteuerung *f*	gestion de sélection de route *f*
route selection store	Wegeauswahlspeicher *m*	mémoire de sélection de route *f*
routing	Durchschaltung *f*; Schalten *n*; Vermittlung *f* (*Tätigkeit*); Umschaltung *f*, Abk.: UM	commutation *f*; acheminement *m*; basculement *m*
row	Reihe *f*	rangée *f*
rubber foot	Gummifuß *m*	patin en caoutchouc *m*
run	Lauf *m*	marche *f*; course *f*
rural telephone	Rural Telefon *n*	téléphonie rurale *f*

S

safety precaution	Schutzmaßnahme *f*	mesure de protection *f*
sample-and-hold technique	Abtast- und Haltetechnik *f*	technique d'échantillonage *f*
sample pulse	Abtastimpuls *m*	impulsion d'échantillonnage *f*
sampler	Abtaster *m*	dispositif de balayage *m*
sampling	Stichprobenverfahren *n*	échantillonnage *m*
sampling frequency	Abtastfrequenz *f*	fréquence de balayage *f*
sampling test	Stichprobenprüfung *f*	test d'échantillonnage *m*
sat communications reception system	Satelliten-Kommunikations-Empfang *m*, Abk.: SKE	système de réception de communications par satellite *m*
satellite PABX / ~ exchange	Zweitnebenstellenanlage *f*; Unteranlage *f*; Teilvermittlungsstelle *f*	autocommutateur satellite *m*; central satellite *m*; sous-central *m* (*centrale d'abonné*)
satellite radio TV service	Satelliten-Rundfunkdienst *m*	service de radio TV par satellite *m*
satellite receiver	Satellitenempfänger *m*	système de réception satellite *m*
satellite receiving system	Satellitenempfänger *m*	système de réception satellite *m*
satellite reception station	Satellitenempfangsstelle *f*	station de réception satellite *f*
satellite section	Satellitenabschnitt *m*	section satellite *f*
satellite technology	Satellitentechnik *f*	technologie des satellites *f*
satellite transmission	Satellitenübertragung *f*	transmission satellite *f*
satellite transponder	Satellitentransponder *m*	transpondeur satellite *m*
save, EDP	abspeichern, EDV; einspeichern, EDV; speichern, EDV	mémoriser, Edp; mettre en mémoire, Edp *f*; sauvegarder, Edp
SBB (abbr.) = system bus buffer	SBB, Abk.: Systembuspuffer *m*	registre tampon du bus système *m*
SC (abbr.) = series call = serial call	Kettengespräch *n*	chaînage d'appels *m*
SCA (abbr.) = Service Connection Adapter	SCA, Abk.: Service Connection Adapter, Anschluß für Servicegeräte	SCA, abr.: Service Connection Adapter, carte d'adaptation pour équipements de maintenance
scale	Maßstab *m*	échelle *f*; graduation *f*
scale drawing	Maßzeichnung *f*	plan échelonné *m*
scale of charges	Gebührenordnung *f*	réglementation de la taxation *f*
scanner	Abtaster *m*	dispositif de balayage *m*
scanning (*computer*)	Abfrage *f* (*Computer*)	scrutation *f* (*ordinateur*)
scanning frequency	Abtastfrequenz *f*	fréquence de balayage *f*
scanning system	Abtastsystem *n*	système de scrutation *m*
scatter loss	Streuverlust *m*	fuite *f*
schedule of rates	Gebührenordnung *f*	réglementation de la taxation *f*
schematic	Stromlaufplan *m*; Schaltung *f*	schéma *m*; schéma de circuit *m*
scope of performance	Leistungsumfang *m*	ensemble des facultés *m*
scratchpad	Notiz *f* (*LM*); Notizblock *m*; Notizbuch *n*	bloc-notes *m*
screen (*Brit*)	abschirmen	blinder; protéger
screen (*monitor*)	Bildschirm *m* (*Monitor*)	écran *m* (*moniteur*)
screen	Raster *n*	grille *f*; trame *f*
screened	abgeschirmt	blindé (*inf.: blinder*); protégé (*inf.: protéger*)
screen printing process	Siebdruck *m*	sérigraphie *f*
screw	Schraube *f*	vis *f*
screw cap	Schraubkappe *f*	capuchon à vis *m*
SDM (abbr.) = space-division multiplex = space-division multiple	Raummultiplex *n*	commutation spatiale *f* (*méthode*); multiplex spatial *m*
SDM principle (abbr.) = space-division multiplex principle	Raumvielfach *n*	principe de multiplex spatial *m*
search	suchen	rechercher
secondary connection	Sekundaranschluß *m*	connexion secondaire *f*

secondary PABX	Zweitnebenstellenanlage *f*; Unteranlage *f*; Teilvermittlungsstelle *f*	autocommutateur satellite *m*; central satellite *m*; sous-central *m* (*centrale d'abonné*)
second display	Zweitanzeige *f*	visualisation doublée *f*; deuxième affichage *m*
secretary system	Vorzimmeranlage *f*	système patron/secrétaire *m*; poste patron/secrétaire *m*; installation de filtrage *f*
secret internal traffic	geheimer Internverkehr *m*	trafic interne privé *m*; secret des communications internes *m*
section	Abschnitt *m*	segment *m*; section *f*
section (*profile*)	Schnitt *m* (*Profil*)	coupe *f* (*profil*)
section by section	abschnittweise	par sections *f, pl;* par tranches *f, pl*; section par section *f*
sector	Sektor *m*; Gebiet *n*; Teilgebiet *n*	secteur *m*
security code	Schlüsselzahl *f*	clé de codage *f*; code chiffré *m*
security control center	Sicherheitsleitstelle *f*	centre principal de sécurité *m*
security engineering	Sicherheitstechnik *f*	technique de sécurité *f*
security service	Sicherheitsdienst / -service *m*	service de sécurité *m*
security system	Sicherheitssystem *n*	système de sécurité *m*
security system for open field	Freilandsicherung *f*	système de sécurité de plein champ *m*
seize (*line*)	belegen (*Leitung*)	occuper (*un circuit*); affecter (*un circuit*)
seizing (*line*)	Belegung *f* (*Leitung*)	occupation *f* (*ligne*); prise *f* (*ligne*); adjonction *f* (*ligne*)
seizing acknowledgement signal	Rückbelegung *f*	signal d'acquit de prise *m*
seizing signal	Belegungssignal *n*	signal de prise *m*; signal d'occupation *m*
seizure (*line*)	Belegung *f* (*Leitung*)	occupation *f* (*ligne*); prise *f* (*ligne*); adjonction *f* (*ligne*)
seizure control	Belegungssteuerung *f*	gestion de prise *f*
seizure counter	Belegungszählung *f*	comptage du temps d'occupation *m*
seizure time	Belegungszeit *f*; Belegungsdauer *f*	temps d'occupation *m*; durée d'occupation *f*
select	anwählen (eine Nummer ~); auswählen; wählen	composer *m* (~ un numéro); numéroter; sélectionner
select chain	Auswählkette *f*	chaîne de sélection *f*
selection	Wahl *f*, Abk.: W	numérotation *f*; numérotage *m*
selection code	Auswahlkennziffer *f*; Ausscheidungsziffer *f*; Ausscheidungskennziffer *f*, Abk.: AKZ	code d'accès programmable *m*
selection code acceptance	Wahlaufnahme *f*	réception de la numérotation *f*; acceptation de la numérotation *f*
selection digit	Wählziffer *f*	chiffre de sélection *m*
selection distributor	Auswahlverteiler *m*	répartiteur de sélection *m*
selection memory	Auswahlspeicher *m*	mémoire de sélection *f*
selection stage	Wahlstufe *f*	étage de sélection *m*
selective call acceptance	Auswahl bei ankommenden Gesprächen *f*; Abfragen, gezielte ~ *f, pl*	réponse sélective *f*
self-allocation of external lines	Selbstzuordnung von Amtsleitungen *f*	affectation automatique de lignes extérieures *f*
self-assignment	Eigenzuweisung *f*	affectation particulière *f*
self-checking code	fehlererkennender Code *m*	code détecteur d'erreur *m*
self-correcting code	fehlerkorrigierender Code *m*	code auto-correcteur *m*; code correcteur d'erreur *m*
self-test	Selbsttest *m*	auto-test *m*
semiconductor	Halbleiter *m*	semi-conducteur *m*
semiconductor laser	Halbleiterlaser *m*	laser à semi-conducteurs *m*
semiconductor rectifier unit	Halbleitergleichrichtergerät *n*	redresseur à semi-conducteurs *m*
semirestricted	halbamtsberechtigt, Abk.: ha	prise contrôlée du réseau *f*; discrimination partielle *f* (*faculté*); semi-discriminé; prise directe réseau *f*

semirestricted exchange dialing	teilamtsberechtigt	partiellement discriminé pour la prise réseau *f*
semirestricted extension	halbamtsberechtigter Teilnehmer *m*; Nebenstelle, halbamtsberechtigte ~ *f*	abonné ayant droit à prise *m*; directe réseau partielle discriminée *m*; poste à sortie limitée *m*
semirestricted trunk dialing	teilfernwahlberechtigt	partiellemennt discriminé pour la prise réseau interurbain *f*
semi-synthesized voice	halbsynthetische Stimme *f*	voix à demi-synthétisée *f*
semi time-lag (*fuse*)	mittelträge (*Sicherung*)	action demi-retardée *f* (*fusible*)
send	übertragen; übermitteln; senden	transmettre; commuter; envoyer
sending end impedance	Eingangsscheinwiderstand *m*	impédance d'entrée *f*
sending reference equivalent	Sendebezugsdämpfung *f*, Abk.: SBD	affaiblissement relatif à l'émission *m*; équivalent de référence à l'émission
sensitivity (*measuring instrument*)	Empfindlichkeit *f* (*Meßgerät*)	sensibilité *f*
sensor	Sensor *m*; Meßfühler *m*; Meßzelle *f*	capteur *m*
sensor device	Sensorgerät *n*	détecteur *m* (*capteur*)
separate	zerlegen	séparer
sequence	Ablauffolge *f*	séquence *f*
sequence number	laufende Nummer *f*, Abk.: Lfd. Nr.	numéro d'ordre *m*
sequential call	Kettengespräch *n*	chaînage d'appels *m*
sequential call facility	Kettengesprächseinrichtung *f*	facultés de chaînage *f, pl*
sequential call transfer facility	Kettengesprächseinrichtung *f*	facultés de chaînage *f, pl*
sequential hunting	geordneter Absuchvorgang *m*	appel tournant *m*; acheminement séquentiel de l'appel sur une ligne *m*
serial call, abbr.: SC	Kettengespräch *n*	chaînage d'appels *m*
serial number	Fertigungsnummer *f*	numéro de série *m*; numéro de fabrication *m*
series call, abbr.: SC	Kettengespräch *n*	chaînage d'appels *m*
series code	Reihencode *m*	code série *m*
series interface output	Serienschnittstelle Ausgang *f*	interface avec sortie série *f*
series-parallel circuit	Reihenparallelschaltung *f*	connexion série-parallèle *f*
serigraphy	Siebdruck *m*	sérigraphie *f*
serrated washer	Zahnscheibe *f*	rondelle éventail *f*
server	Server	serveur *m*
servers sector	Serverbereich *m*	domaine du serveur *m*
service	Dienst *m*; Betrieb *m*	service *m*, abr.: SER
service area	Anschlußbereich *m*	circonscription téléphonique *f*
service attribute	Dienstmerkmal *n*	attribut de service (de télécommunications) *m*
service call	Meldeanruf *m*	appel d'information *m*
Service Connection Adapter, abbr.: SCA	Service Connection Adapter, Anschluß für Servicegeräte *m*, Abk.: SCA	Service Connection Adapter, carte d'adaption pour équipements de maintenance *f*, abr.: SCA
service interworking	Dienstübergang *m*, Abk.: DÜ	changement de service *m*
service life	Nutzungsdauer *f*; Lebensdauer *f*	durée de vie *f*; durée d'utilisation *f*; longévité *f*
service plug	Servicestecker *m*, Abk.: S	prise de maintenance *f*
service provider	Diensteanbieter *m*	prestataire de services *m*
service quality	Dienstgüte *f*	qualité de service *f*
service terminal equipment	Serviceendeinrichtung *f*, Abk.: SEE	terminal de maintenance *m*
servicing	Wartung *f*	entretien *m*; maintenance *f*
set (*telephone*)	Apparat *m* (*Telefon~*)	poste téléphonique *m*
set	setzen; stellen (*die Uhr ~*)	mettre en service *m*; mise (*~ à l'heure*); mettre (*~ au point*)
set key	Stelltaste *f*	touche de réglage *f*
setpoint value	Sollwert *m*	valeur de référence *f*; paramètre de référence *m*
setscrew	Stellschraube *f*	vis de réglage *f*
setting	Einstellung *f*	réglage *m*; ajustement *m*
setup (*device*)	Initialisierung *f* (*Gerät*)	initialisation *f*
set up (*connection, call*)	aufbauen (*Verbindung, Gespräch*)	établir (*une communication / liaison*)
set up a bridge	Brücke einlegen *f*; überbrücken	ponter; straper

set value	Sollwert *m*	valeur de référence *f*; paramètre de référence *m*
share	teilen (*auf-/zerteilen*)	fractionner; partager
shared line	Gemeinschaftsanschluß *m*	raccordement collectif *m*; lignes collectives *f, pl*
sheet	Blatt *n*	feuille *f*
shell-type antenna	Muschelantenne *f*	antenne coquille *f*
SHF converter	SHF-Umsetzer *m*	convertisseur SHF *m*
shield	abschirmen	blinder; protéger
shielded (*Am*)	abgeschirmt	blindé (*inf.: blinder*); protégé (*inf.: protéger*)
shielding	Abschirmung *f*	écran (électrostatique) *m*; blindage *m*
short announcement	Kurzansage *f*	message court *m*; message bref *m*
short-circuit-proof	kurzschlußfest	protégé contre le court-circuit *m*
short-code dial	Kurzwahl *f* (*Apparateleistungsmerkmal*)	numérotation abrégée *f*; numéro court *m*
short description	Kurzbeschreibung *f*	descriptif condensé *m*
shorting plug	Kurzschlußbügel *m*	shunt *m*
short-wave link	Kurzwellenverbindung *f*	liaison par ondes courtes *f*, abr.: o.c.
side	Seite *f*	page *f*
sidetone attenuation	Rückhördämpfung *f*	affaiblissement du signal local *m*
sidetone reference equivalent	Rückhörbezugsdämpfung *f*	affaiblissement d'effet (anti-)local *m*; équivalent de référence de l'effet local *m*
Siemens digital switching system	elektronisches Vermittlungssystem der Fa. Siemens, Abk.: EWSD	système de commutation numérique Siemens *m*
Siemens office architecture	Siemens-Netzarchitektur für Büro-Automatisierung *f*, Abk.: SBA	architecture du réseau Siemens pour la bureautique *f*
sight-impaired operator position	Blindenplatz *m*	position pour opérateur non-voyant *f*
signal	Signal *n*	signal *m*
signal break	Signalunterbrechung *f*	coupure de signal *f*; interruption de signal *f*
signal breakdown	Signalstörung *f*	dérangement de signalisation *m*; panne de signalisation *f*
signal controller	Signalkontrolleinrichtung *f*	circuit de contrôle de signalisation *m*
signal distortion	Signalverzerrung *f*	distorsion du signal *f*
signal generator	Signalgenerator *m*	générateur de signalisation *m*
signal imitation	Zeichenimitation *f*	imitation de signal *f*
signaling	Signalübertragung *f*; Signalgabe *f*; Signalisierung *f*; Zeichengabe *f*; Kennzeichengabe, Kennzeichnung *f*; Schaltkennzeichengabe *f*	transmission de signalisation *f*; transmission de signaux *f*; signalisation *f*
signaling bit	Meldebit *n*	binaire de signalisation *m*
signaling bus	Meldebus *m*	bus de signalisation *m*
signaling circuit	Signalisierungskreis *m*	circuit de signalisation *m*
signaling panel	Signalfeld *n* (*Übertragungseinrichtung*)	champ d'alarme / ~ de signalisation *m* (*appareil de transmission*); unité d'alarme / ~ de signalisation *f* (*appareil de transmission*)
signaling protocol (*interface*)	Zeichengabeverfahren *n* (*Schnittstelle*)	protocole de signalisation *m*
signaling system, abbr.: SS	Signalisierungsverfahren *n*	système de signalisation *m*
signal light system	Lichtrufsystem *n*	système de signalisation lumineuse *m*
signal multiple	Signalvielfach *n*	multiplex *m*; signal multiple *m*
signal panel display	Signalfeldanzeige *f*	afficheur du tableau de signalisation *m*
signal pulse	Zeittakt *m*; Taktsignal *n*; Takt *m*	impulsion d'horloge *f*
signal receiver	Signalempfänger *m*	récepteur de signalisation *m*; récepteur de signaux *m*
signal regeneration	Signalregenerierung *f*	régénération de signal *f*
signal sender	Wahlsender *m*; Wahlgeber *m*	transmetteur de numérotation *m*; générateur de numérotation *m*

signal sender switching matrix (*network*)	Wahlsenderkoppelfeld *n*	matrice de transmission de la numérotation *f*
signal sequence	Zeichenfolge *f*	série de signaux *f*
signal-to-crosstalk ratio	Grundwert des Nebensprechens *m*	écart diaphonique *m*
signal-to-noise ratio, abbr.: S/N	Geräuschabstand *m*; Störabstand *m*; Signalgeräuschabstand *m*	rapport signal sur bruit *m*; rapport signal/bruit *m*
signal transmission	Signalübertragung *f*; Signalgabe *f*; Signalisierung *f*; Zeichengabe *f*; Kennzeichengabe, Kennzeichnung *f*; Schaltkennzeichengabe *f*	transmission de signalisation *f*; transmission de signaux *f*; signalisation *f*
signal transmitter	Signalgeber *m*	émetteur de signaux *m*
silence	Ruhe *f* (*Schweigen*)	silence *m*
silicon	Silizium *n*, Abk.: Si	silicium *m*
silicon diode	Siliziumdiode *f*	diode au silicium *f*
silicon transistor	Siliziumtransistor *m*	transistor au silicium *m*
simple data service	einfacher Datendienst *m*	service simple de données *m*
simple data transmission	einfache Datenübertragung *f*	transmission simple de données *f*
simplex	simplex, Abk.: sx	simplex; en simplex *m*
simplex dialing	Simultanwahl *f*	numérotation simultanée *f*
simplex operation	Simplexbetrieb *m*	fonctionnement en simplex *m*
simplex signaling	simultane Zeichengabe *f*	signalisation simultanée *f*
simplex signaling sub module, abbr.: SSSM	Simplex Signaling Sub Module, Subbaugruppe für Simultansignalisierung *f*, Abk.: SSSM	Simplex Signaling Sub Module, sous-carte de signalisation simultanée *f*, abr.: SSSM
simplified call transfer	Einmannumlegung *f*	transfert non-supervisé *m*
simulation	Nachbildung *f* (*allgemein*); Simulation *f*	simulation *f*
simultaneous access	Parallelzugriff *m*	accès parallèle *m*
sine wave	Sinusschwingung *f*	oscillation sinusoïdale *f*
single	einzeln	seul; unique; individuel
single call counting	Einzelgesprächszählung *f*	compte détaillé des taxes *m*
single clock	Einzeltakt *m*	impulsions d'horloge *f, pl*
single-digit code	einstellige Kennzahl *f*	code à un chiffre *m*
single line	Einzelanschluß *m*	ligne individuelle *f*
single-line circuit	Einzelanschlußleitung *f*	ligne individuelle d'abonné *f*
single-line subscriber	Einzelanschlußleitung *f*	ligne individuelle d'abonné *f*
single metering	Einfachzählung *f*	taxation simple *f*
single-mode fiber	Monomode-Faser *f*	fibre monomode *f*
single-mode technology	Monomode-Technik *f*	technique monomode *f*
single pulse	Einzeltakt *m*	impulsions d'horloge *f, pl*
single-sided	einseitig	à sens unique *m*; simple face *f*
single-stage switching array	einstufige Koppelung *f*	réseau de connexion à un étage *m*
single-stage switching coupling	einstufige Koppelung *f*	réseau de connexion à un étage *m*
single-stage trunking	Gruppierung, einstufig *f*	groupement à un étage *m*
single timing pulse	Einzeltakt *m*	impulsions d'horloge *f, pl*
sinusoidal	sinusförmig	sinusoïdal
site	Standort *m*; Lage *f* (räumliche ~); Anschlußlage *f*	localité *f*; emplacement *m*; site *m*; couche de raccordement *f*; position de raccordement *f*
Si transistor	Si-Transistor *m*	transistor au silicium *m*
size	Ausmaß *n* (*Größe*); Größe *f*	grandeur *f*
size of PCB	Plattengröße; Leiterplattengröße *f*	format de carte *m*
skip	überspringen	sauter; jaillir
slave clock	Nebenuhr *f*	horloge secondaire *f*
slave clock movement	Nebenuhrwerk *n*	mouvement récepteur *m*
slave exchange	Tochtervermittlungsstelle *f*; untergeordnetes Amt *n*	central esclave *m*
sleeve	Buchse *f*; Hülle *f*; Umkleidung *f*	douille *f*
sleeve connector strip	Buchsenklemmleiste *f*	plaque à bornes *f*
slide-in panel	Signalfeldeinschub *m*	module enfichable du tableau de signalisation *m*
slide-in technique	Einschubtechnik *f*	principe d'enfichage de carte *m*

slide scanner	Diaabtaster *m*	balayage de diapositive *m*
slide switch	Schiebeschalter *m*	commutateur à coulisse *m*
slimline rack	Schmalgestellbauweise *f*	châssis étroit *m*
slot	Steckplatz *m*; Modulplatz *m*	encoche *f*; emplacement du module *m*
slot address	Steckplatzadresse *f*	adresse d'enfichage *f*
slot assignment	Steckplatzbelegung *f*	affectation de l'emplacement (d'enfichage) *f*
slow-motion capability	Zeitlupenmöglichkeit *f*	faculté ralenti *f*
sluice	Schleuse *f*	sas *m*
SMDR (abbr.) (*Am*) = Station Message Detail Recording (Am) = call data recording	Gebührenaufzeichnung *f*; Gebührenerfassung *f*; Gebührenzählung *f*; Gesprächsdatenerfassung *f*	enregistrement de la taxation *m*; taxation *f*; saisie de données d'appel *f*; comptage des taxes *m*
SMDT (abbr.) = System Message Distribution Task	SMDT, Abk.: System Message Distribution Task, Textausgabetask	SMDT, abr.: System Message Distribution Task, tâche d'édition de message
S/N (abbr.) = signal-to-noise ratio	Geräuschabstand *m*; Störabstand *m*; Signalgeräuschabstand *m*	rapport signal sur bruit *m*; rapport signal/bruit *m*
SN (abbr.) = switching network	KF, Abk.: Koppelvielfach *n*; Koppelmatrix *f*; Koppelfeld *n*; Koppelanordnung *f*; Koppelnetz *n*	RCX, abr.: réseau de connexion multiple *m*; matrice de commutation *f*; réseau de connexion *m*; réseau de couplage *m*
snap in	einrasten; einschnappen	enficher; encliqueter
snap-on contact	Steckhülse mit Rastung *f*	avéole *m*
socket	Steckdose *f*; Fassung *f*; Dose *f*	prise femelle *f*; prise de courant *f*
socket connector	Federleiste *f*	jack à ressorts *m*
socket connector bracket	Federleistenhalter *m*	connecteur à jack à ressorts *m*
socket connector support	Federleistenträger *m*	support à jack à ressorts *m*
softkey	Softkey *m* (*Displaytaste*)	touche programmable *f*; touche logicielle *f*
software, abbr.: SW	Software *f*, Abk.: SW	logiciel *m*
software lock	Softwareschloß *n*	verrouillage pour logiciel *m*
software status	Softwarestand *m*	version du logiciel *f*
software version	Softwarestand *m*	version du logiciel *f*
software version modification	Softwarestand-Änderung *f*	modification du logiciel *f*
solder	einlöten	souder
solder distributor	Lötverteiler *m*	réglette à souder *f*
soldered connection	Lötanschluß *m*	borne de soudure *f*
solder extraction device	Entlötgerät *n*	dessoudeur *m*; appareil à dessouder *m*
soldering eyelet	Lötöse *f*	cosse à souder *f*
soldering lug	Lötöse *f*	cosse à souder *f*
soldering pin	Lötstift *m*	broche de brasage *f*; cheville *f*; plot à soudure *m*
soldering points	Lötpunkte *m, pl*	points de soudure *m, pl*
solder(ing) side	Lötseite *f*; Leiterseite *f*	côté soudure *m*
soldering tag	Lötöse *f*	cosse à souder *f*
solder jumper	Lötbrücke *f*; Schaltdraht *m*; Drahtbrücke *f*; Brücke *f*	strap à souder *m*; fil de connexion *m*; strap *m*; cavalier *m*
solderless	lötfrei (*Anschlußdraht auflegen*)	sans soudure *f*
solder side no.	Leiterseitennummer *f*, Abk.: Ls Nr.	numéro côté soudure *m*
solder terminal	Lötanschluß *m*	borne de soudure *f*
sound and video mixer	Ton- und Bildmischer *m*	mixeur son et image *m*
sound-control system	Tonregie-Anlage *f*	système de contrôle du son *m*
sound engineer	Toningenieur *m*	ingénieur du son *m*
sound-mixing system	Tonmischanlage *f*	système de mixage du son *m*
sound pattern	Klangbild *n*	image sonore *f*
sound studio equipment	Tonstudio-Einrichtung *f*	équipement du son pour studio *m*
space	Leerzeichen *n*	espace *m* (*clavier*)
space bar (*keyboard*)	Leertaste *f* (*Tastatur*)	touche d'espacement *f* (*clavier*); barre d'espacement *f* (*clavier*)
space-division matrix field / ~-~ coupling field	Raummultiplexkoppelfeld *n*	matrice de connexion de multiplex spatial *f*; réseau de connexion de multiplex spatial *m*

space-division mode	Raummultiplexbetriebsweise *f*	exploitation en multiplex spatial *f*
space-division multiplex, abbr.: SDM	Raummultiplex *n*	commutation spatiale *f* (*méthode*); multiplex spatial *m*
space-division multiplex method	Raummultiplexverfahren *n*	principe de multiplex spatial *m*
space-division multiplex principle, abbr.: SDM principle	Raumvielfach *n*	principe de multiplex spatial *m*
space-division multiplex system	Raumvielfachsystem *n*	système de communication spatiale *m*; système de multiplex spatial *m*
space-division network	Raummultiplexnetzwerk *n*	réseau en multiplex spatial *m*
space-division switching	Durchschaltung, räumliche ~ *f*	commutation spatiale *f*
space-division through-connection	Raummultiplexdurchschaltung *f*	commutation en multiplex spatial *f*
space requirement (*device/module*)	Platzbedarf *m* (*Gerät/Baugruppe*)	dimensionnement *m* (*dispositif/ module*)
spacers	Distanzrohre *n, pl*	entretoises *f, pl*
space-spatial switching	Durchschaltung, räumliche ~ *f*	commutation spatiale *f*
spare	Reserve *f*	réserve *f*
spare parts list	Ersatzteilliste *f*	liste de pièces détachées *f*
spatial path through-connection	räumliche Wegedurchschaltung *f*	commutation de voie spatiale *f*
SPC (abbr.) = stored-program - control	speicherprogrammierte Steuerung *f*	commande par programme enregistré *f*
SPC system (abbr.) = stored-program control system	speicherprogrammgesteuertes System *n*	système piloté par programme gravé en mémoire *m*
speak key	Sprechtaste *f*	bouton de conversation *m*
special dial tone	Sonderwählton *m*	tonalité spéciale *f*; tonalité d'invitation à numéroter spéciale *f*
special identifier (*code, mark*)	Sonderkennzeichen *n*	code spécial *m*; identificateur particulier *m*
special information signal	Aufmerksamkeitssignal *n*	signal d'attention *m*; signal de mise en garde *m*
special information tone	Hinweiston *m*	tonalité d'information spéciale *f*; tonalité modulée *f*
special junction	Sonderverbindungssatz *m*	joncteur spécial *m*
special line	Sonderleitung *f*	ligne spéciale *f*
special line circuit	Sonderteilnehmer *m*	abonné spécial *m*; ligne spécialisée *f*
special line extension	Sonderteilnehmer *m*	abonné spécial *m*; ligne spécialisée *f*
special link	Sonderübertragung *f*, Abk.: SUE	liaison spécialisée *f*
special service	Sonderdienst *m*	service spécial *m*
special transfer	Umlegen besonderer Art *n*	transfert spécial *m*
specific	spezifisch	spécifique
specification	Spezifikation *f*; Pflichtenheft *n*; Leistungsbeschreibung *f*	cahier de charges *m*
speech	Sprache *f*	langue *f*; conversation *f*; discours *m*; voix *f*
speech-based control	Sprachsteuerung *f*	contrôle vocal *m*
speech circuit	Sprechkreis *m*	circuit de parole *m*
speech connection	Sprechverbindung *f*	liaison de parole *f*
speech digit signaling	Sprachband-Signalisierung *f*	signalisation par éléments numériques vocaux *f*
speech frequency	Sprachfrequenz *f*; Sprechfrequenz *f*; Tonfrequenz *f*; Hörfrequenz *f*	fréquence vocale *f*, abr.: FV; fréquence téléphonique *f*; fréquence acoustique *f*
speech intelligibility	Sprachverständlichkeit *f*	intelligibilité de la parole *f*
speech level	Sprachpegel *m*	niveau de modulation *m*
speech memory	Sprachspeicher *m*	mémoire de parole *f*; boîte à lettre vocale *f*
speech output	Sprachausgabe *f*	reproduction de la voix *f*
speech path	Verbindungsweg *m* (*Sprechweg*); Sprechweg *m*; Übertragungsweg *m*	voie de communication *f*; voie de liaison *f*; voie de conversation *f*; voie de transmission *f*
speech path adaption	Sprechweganpassung *f*	adaptation de canal *f*
speech path matching	Sprechweganpassung *f*	adaptation de canal *f*
speech path network	Sprechwegenetz *n*	matrice de connexion *f*

speech path network unit	Sprechwegenetzwerk *n*	réseau de connexion *m,* abr.: RCX
speech path through-connection	Wegedurchschaltung *f*	commutation de lignes *f*
speech protection	Sprachschutz *m*	protection contre les fréquences parlées *f*; circuit de protection de la voix *m*
speech protection factor	Sprachschutzfaktor *m*	sensibilité relative du circuit de garde *f*; sensibilité relative du circuit de signalisation *f*
speech recognition	Spracherkennung *f*	reconnaissance de la voix *f*
speech recognition system	Spracherkennungssystem *n*	système de reconnaissance de la voix *m*
speech recording unit	Sprachaufzeichnungsgerät *n*	enregistreur de messagerie vocale *m*
speech reproduction	Sprachausgabe *f*	reproduction de la voix *f*
speech sample	Sprachmuster *n*	échantillon de parole *m*
speech security	Sprachsicherheit *f*	sécurité vers fréquences parlées *f*
speech signal	Sprachsignal *n*	signal de parole *m*
speech synthesizer	Sprachsynthetisator *m*	synthétiseur vocal *m*
speech transmission	Sprachübertragung *f*	transmission de la parole *f*
speech wire	Sprechader *f*	fil de parole *m*
speed dialing	Kurzwahl *f* (*Apparateleistungs-merkmal*)	numérotation abrégée *f*; numéro court *m*
speed of phase	Phasengeschwindigkeit *f*	vitesse de phase *f*
speed of propagation	Fortpflanzungsgeschwindigkeit *f*	vitesse de propagation *f*
spelling list	Buchstabiertafel *f*	table d'épellation *f*
splice	Spleiße *f*	épissure *f*
splicing technique	Spleißtechnik *f*	technique de l'épissure *f*
split	teilen (*auf-/zerteilen*)	fractionner; partager
splitting	Umschalten, abfrage-/zuteilseitig *n*; Makeln *n*; makeln; Makelverbindung *f*	va-et-vient *m*; double appel courtier *m*
spreadsheet calculation	Tabellenkalkulation *f*	calcul par tableaux *m*
spring connector strip	Federleiste *f*	jack à ressorts *m*
square-section plug	Segmentstecker *m*	connecteur de segment *m*
SS (abbr.) = signaling system	Signalisierungsverfahren *n*	système de signalisation *m*
SSSM (abbr.) = Simplex Signaling Sub Module	SSSM, Abk.: Simplex Signaling Sub Module, Subbaugruppe für Simultansignalisierung	SSSM, abr.: Simplex Signaling Sub Module, sous-carte de signalisation simultanée
stability	Stabilität *f*	stabilité *f*
staff-location system	Personensuchsystem *n*; Personensuchanlage *f*; Personensucheinrichtung *f*	système de recherche de personnes *m*
stage	Stufe *f*	étage *m*; niveau *m*
stage-by-stage switching	Verbindungsaufbau, schritthaltender ~ *m*	connexion synchronisée *f*
staggered (*in time*)	versetzt (*zeitlich*)	en temps différé *m*
standard dimension	Richtmaß *n*	dimension théorique *f*
standard transmission line	Bezugsverbindung *f*; Eichleitung *f*	circuit de référence *m*; ligne d'étalonnage *f*; circuit d'étalon *m*
standby	Reserve *f*	réserve *f*
standby circuit	Ersatzschaltung *f*	circuit équivalent *m*; réseau équivalent *m*
standby condition	Wartezustand *m* (*im ~*); wartende Anrufe *m, pl;* Anrufe im Wartezustand *m, pl*	appel en attente *m*
standby lead-acid accumulator	Reserve-Blei-Akkubatterie *f*	accumulateur de secours au plomb *m*; batterie de secours au plomb *f*
standby lead-acid battery	Reserve-Blei-Akkubatterie *f*	accumulateur de secours au plomb *m*; batterie de secours au plomb *f*
standby path	Ersatzleitung *f*	ligne d'attente *f*
standby power supply	Netzersatzapparatur *f*; Notstromversorgung *f*	alimentation secourue *f*
standstill	Stillstand *m*; Stopp *m*	arrêt *m*

star coupler	Sternverteiler *m*	coupleur en étoile *m*
start	anlaufen (*Stromversorgung*); anlassen	démarrer (*alimentation*); mettre en marche *f*; mise en service *f*
starting	Einschaltung *f*	mise sous tension *f*; démarrage *m*
start of charging	Zähleinsatz *m*	début de taxation *m*; départ de taxation *m*
start-of-selection signal	Wahleinleitungszeichen *n*	signal de début de numérotation *m*
start routine	Einschaltroutine *f*, Abk.: ER, Abk.: ESR	routine de mise sous tension *f*; programme de mise en route *m*
start signal	Beginnzeichen *n*	signal de début *m*
start up (*power supply*)	anlaufen (*Stromversorgung*); anlassen	démarrer (*alimentation*); mettre en marche *f*; mise en service *f*
state	Bedingung *f*; Status *m*; Zustand *m*	état *m*; condition *f*
statement	Aussage *f*	affirmation *f*
station	Terminal *n*; Endgerät *n*	terminal *m*
station camp-on	Wartestellung für Nebenstellen *f*	mise en attente *f*
station guarding	Ruhe vor dem Telefon *f*; Anrufschutz *m* (*Leistungsmerkmal*)	interdiction de déranger *f*; ne pas déranger; repos téléphonique *m*; faculté "ne pas déranger" *f*; fonction "ne pas déranger" *f*; limitation des appels en arrivée *f*
station hunting	Sammelanschluß *m*	lignes groupées *f, pl;* groupement de postes, ~ de lignes *m*
Station Message Detail Recording, abbr.: SMDR (*Am*)	Gebührenaufzeichnung *f*; Gebührenerfassung *f*; Gebührenzählung *f*; Gesprächsdatenerfassung *f*	enregistrement de la taxation *m*; taxation *f*; saisie de données d'appel *f*; comptage des taxes *m*
station override security	Aufhebung des geheimen Internverkehrs *f*	désactivation du trafic local confidentiel *f*
station store	Stationsspeicher *m*	mémoire de station *f*
status	Bedingung *f*; Status *m*; Zustand *m*	état *m*; condition *f*
status control unit	Zustandsteuerwerk *n*	unité de contrôle d'état *f*
status report	Zustandsmeldung *f*	message d'état *m*
steady state gain	Übertragungsfaktor *m*	facteur de transmission *m*
step	Maßnahme *f*	mesure *f*; décision *f*
step-by-step switching	Verbindungsaufbau mit direkter Wählereinstellung *m*	connexion en mode pas à pas *f*
stereo radio	Stereo-Hörfunk *m*	radio en stéréo *f*
stereo transmission capability	Stereo-Übertragungsmöglichkeit *f*	possibilité de transmission stéréo *f*
stick (*label*)	anbringen *n* (*Aufkleber* ~)	fixer/coller (*étiquette adhésive*)
sticker	Etikett *n*; Aufkleber *m*	étiquette (adhésive) *f*; autocollant *m*
stimulate (*pulse train*)	anregen (*Impulsfolge*)	exciter (*train d'impulsions*); stimuler
stop	Stillstand *m*; Stopp *m*	arrêt *m*
stop watch	Zeitmeßeinrichtung *f*; Stoppuhr *f*	chronomètre *m*
storage device	Speicher *m*	mémoire *f*
storage medium	Speichermedium *n*	moyen de mémorisation *m*
store, EDP	abspeichern, EDV; einspeichern, EDV; speichern, EDV	mémoriser, Edp; mettre en mémoire, Edp *f*; sauvegarder, Edp
store	Speicher *m*	mémoire *f*
store-and-forward principle	Teilstreckentechnik *f*	système avec mémorisation intermédiaire *m*
stored number	Rufnummer, gespeicherte ~ *f*	numéro d'appel enregistré *m*; numéro d'appel en mémoire *m*
stored program	Programm im Speicher *n*	programme de mise en mémoire *m*
stored-program control, abbr.: SPC	speicherprogrammierte Steuerung *f*	commande par programme enregistré *f*
stored-program control system, abbr.: SPC system	speicherprogrammgesteuertes System *n*	système piloté par programme gravé en mémoire *m*
store keysender	Speicherzahlengeber *m*	clavier à mémoire *m*
storing control	Einspeichersteuerung *f*	commande de sauvegarde *f*
straight outward completion (*Am*)	Sofortverkehr *m*	trafic direct *m*
strain (*mechanical*)	Last *f*; Belastung *f*	charge *f*

strain relief	Zugentlastung *f*	décharge de traction *f*; soutenu en traction *f*
strap	Lötbrücke *f*; Schaltdraht *m*; Drahtbrücke *f*; Brücke *f*	strap à souder *m*; fil de connexion *m*; strap *m*; cavalier *m*
stress (*mechanical*)	Last *f*; Belastung *f*	charge *f*
stress-free	spannungsfrei	sans tension *f*
string	Kette *f*	chaîne *f*
strip	Leiste *f*	réglette *f*
structural return loss (*Am*)	Rückflußdämpfung *f*	affaiblissement de régularité *m*
stud (*Am*)	Raumhöhe *f*	hauteur de passage *f*
studio camera	Studiokamera *m*	caméra de studio *f*
stuffing bit	Füllbit *n*; Leerbit *n*	binaire vide *m*
style	Bauweise *f*	système de construction *m*; exécution *f* (*construction*)
SUB (abbr.) = subaddressing	Subadressierung *f*; Unteradressierung *f*	sous-adressage *m*
subaddressing, abbr.: SUB	Subadressierung *f*; Unteradressierung *f*	sous-adressage *m*
subassembly	Untergruppe *f*; Gruppenteil *n*	subdivision *f*
subcenter	Zweitnebenstellenanlage *f*; Unteranlage *f*; Teilvermittlungsstelle *f*	autocommutateur satellite *m*; central satellite *m*; sous-central *m* (*centrale d'abonné*)
sub-exchange (*PTT exchange*)	Unteramt *n*	sous-central *m* (*côté PTT*); central rural détaché *m*
sub-exchange (*subscriber exchange*)	Zweitnebenstellenanlage *f*; Unteranlage *f*; Teilvermittlungsstelle *f*	autocommutateur satellite *m*; central satellite *m*; sous-central *m* (*centrale d'abonné*)
sub-exchange line	Nebenanschlußleitung *f*, Abk.: NAL; Nebenanschluß *m*	ligne de poste secondaire *f*; poste supplémentaire *m*, abr.: P.S.; raccordement secondaire *m*
submarine cable	Seekabel *n*	câble sous-marin *m*
submodule	Submodul *n*; Subbaugruppe *f*; Unterbaugruppe *f*	sous-module *m*
sub-office	Unteramt *n*	sous-central *m* (*côté PTT*); central rural détaché *m*
subrack	Baugruppenträger *m*; Baugruppenrahmen *m*	châssis *m*; rack *m*; cage *f*
subroutine, EDP	Unterprogramm, EDV *n*	sous-programme, Edp *m*
subscriber (*telephony*)	Teilnehmer *m* (*Telefonie*), Abk.: Tln	abonné *m* (*téléphonie*); titulaire *m*
subscriber apparatus	Endstelleneinrichtung *f*	équipement terminal *m* (*terminal d'abonné*)
subscriber circuit	Teilnehmerschaltung *f*, Abk.: TS	circuit d'abonné *m*; circuit d'usager *m*; joncteur d'abonné *m*, abr.: JAB
subscriber connecting unit	Teilnehmeranschlußeinheit *f*	unité de raccordement d'abonnés *f*, abr.: URA
subscriber connector	Teilnehmeranschalteeinheit *f*	connecteur d'abonné *m*
subscriber-dialed international call	Selbstwähl-Auslandsverbindung *f*	service international automatique *m*; prise directe pour l'international *f*
subscriber dialing	Teilnehmerwahl *f*	appel d'abonné *m*; appel du correspondant *m*; appel d'un usager *m*
subscriber dialing traffic	Teilnehmerwahlverkehr *m*	trafic d'appel d'abonné *m*
subscriber exchange	Teilnehmeramt *n*	central d'abonnés *m*
subscriber identification	Teilnehmererkennung *f*	identification d'abonnés *f*
subscriber line	Anschlußleitung *f*; Teilnehmeranschlußleitung *f*	ligne d'abonné *f*; ligne d'usager *f*
subscriber network	Teilnehmeranschlußbereich *m*	réseau de raccordement *m*
subscriber number	Teilnehmerrufnummer *f*; Teilnehmernummer *f*	numéro d'appel d'abonné *m*; numéro de poste *m*; numéro d'abonné *m*
subscriber rate meter	Teilnehmerzähler *m*	compteur d'abonné *m*
subscriber ringing signal	Teilnehmerruf *m*	signal d'appel d'abonné *m*

subscriber set (*device*)	Telefonanschluß *m*; Fernsprechanschluß *m*	connexion téléphonique *f*; poste téléphonique *m* (*organe*)
subscriber set	Telefonapparat *m*; Fernsprechapparat *m*, Abk.: FeAp	poste téléphonique *m*; téléphone *m*; poste d'abonné *m*; appareil téléphonique *m*
subscriber's number	Rufnummer *f*, Abk.: RN	numéro d'appel *m*; numéro d'annuaire *m*, abr.: NA; numéro d'abonné *m*
subscriber system	Teilnehmersystem *n*	système d'abonné *m*
subscriber telephone	Hauptanschluß *m*, Abk.: HAs	poste principal d'abonné *m*; poste d'abonné *m*
subscriber terminal (equipment)	Teilnehmerendeinrichtung *f*	terminal d'abonné *m*; installation terminale d'abonné *f*, abr.: ITA
subscriber trunk dialing	Selbstwählfernwahl *f*; Teilnehmerfernwahl *f*	sélection à distance de l'abonné demandé *f*; numérotation d'abonné sur réseau interurbain *f*
subscriber trunk dialing service	Selbstwählferndienst *m*, Abk.: swf; Selbstwählfernverkehr *m*	service interurbain automatique *m*; prise directe pour l'interurbain *f*
subsequent dialing	Nachwahl *f*	post-sélection *f*; suffixe *m*
subsidiary exchange	Tochtervermittlungsstelle *f*; Amt, untergeordnetes ~ *n*	central esclave *m*
subsidiary operator	Nachtstelle *f*	poste de nuit *m*
sudden failure	Sprungausfall *m* (*Bauteil*)	panne subite *f*
suffix	Kennung, nachgesetzte ~ *f*	suffixe *m*
suffix dialing	Nachwahl *f*	post-sélection *f*; suffixe *m*
suggested	vorgeschlagen; empfohlen	recommandé
supersede	verdrängen	repousser; déplacer
supervision	Überwachung *f*, Abk.: UEB; Betriebsüberwachung *f*	contrôle *m*; surveillance (système) *f*; observation *f*, abr.: OBS
supervisor position	Aufsichtsplatz *m*	table de contrôle *f*; P.O. superviseur *m*
supervisory button	Überwachungstaste *f*	touche d'observation *f*
supervisory task	Überwachungsaufgabe *f*	tâche de contrôle *f*
supervisory unit	Überwachungsgerät *n*	poste de contrôle *m*; poste de surveillance *m*; poste d'observation *m*
supplement	Zusatz *m*	supplément *m*
supplementary equipment / ~ unit	Ergänzung(seinrichtung) *f*; Zusatzeinrichtung *f*	équipement supplémentaire *m*; équipement complémentaire *m*; options *f, pl;* équipements optionnels *m, pl*
supplier	Auftragnehmer *m*; Lieferant *m*	fournisseur *m*; adjudicataire *m*; titulaire *m*
supply current	Versorgungsstrom *m*	courant d'alimentation *m*
supply line	Versorgungsleitung *f*	ligne auxiliaire *f*
supply voltage	Versorgungsspannung *f*; Speisespannung *f*	tension d'alimentation *f*
support	Bügel *m*; Halterung *f*	support *m*; fixation *f*
supporting column	Tragsäule *f*	colonne support *f*
suppressed	unterdrückt	supprimé
suppression of calling party ID (*number/name*)	Unterdrückung der Rufnummern- und Namensanzeige *f*	suppression de l'affichage du numéro d'appel et du nom *f*
surface	Oberfläche *f*	surface *f*
surface mounting	Aufputzmontage *f*	installation sur crépi *f*; encastrement sur crépi *m*
surface temperature of ...	Oberflächentemperatur von ... *f*	température surfacique de ... *f*
surge arrester	Blitzschutz *m*	parafoudre *m*; éclateur *m*
surge reverse voltage (*transistor*)	Stoßsperrspannung *f* (*Transistor*)	surtension à l'état bloqué *f*
surge voltage	Stoßspannung *f*	tension de choc *f*
surge voltage limiter	Stoßspannungsbegrenzer *m*	limiteur de tension de choc *m*
surveillance camera	Überwachungskamera *f*	caméra de surveillance *f*
SW (abbr.) = software	Software *f*, Abk.: SW	logiciel *m*
swinging	schwenkbar	pliant; pivotant

switch	vermitteln; schalten	commuter (*électricité*)
switch	Schalter *m*, Abk.: S	commutateur *m* (*électricité*); interrupteur *m*
switchable	umschaltbar	commutable
switch between lines (*Brit*)	Umschalten, abfrage-/zuteilseitig *n*; Makeln *n*; makeln; Makelverbindung *f*	va-et-vient *m*; double appel courtier *m*
switched connection	Wählverbindung *f*	liaison commutée *f*; connexion commutée *f*
switched connection element	Wählverbindungselement *n*	élément de connexion commutée *m*
switched ISDN connection element	ISDN-Wählverbindungselement *n*	élément de connexion RNIS commutée *m*
switched line	Wählleitung *f*	circuit à exploitation automatique *m*
switched network	Wählnetz *n*	réseau commuté *m*; réseau automatique *m*
switched off (*state*)	unterbrochen (*Zustand*); abgeschaltet (*Zustand*)	déconnecté (*état*); coupé (*état*)
switched virtual connection	geschaltete, virtuelle Verbindung *f*	circuit virtuel commuté *m*, abr.: CVC
switching	Durchschaltung *f*; Schalten *n*; Vermittlung *f* (*Tätigkeit*); Umschaltung *f*, Abk.: UM	commutation *f*; acheminement *m*; basculement *m*
switching center	öffentliche Vermittlungsstelle *f*; Amt *n*; Vermittlungsstelle *f*, Abk.: VSt; Vermittlung *f* (*Anlage*); Vermittlungsamt *n*; Fernsprechamt *n*; Zentrale *f*	central public *m*; central téléphonique *m*; commutateur *m* (*central public*); installation téléphonique *f*
switching component	Koppelbaustein *m*	composant de commutation *m*
switching element	Koppelelement *n*	élément de connexion *m*
switching equipment	Vermittlungseinrichtung *f*	équipement de commutation *m*
switching facility	vermittlungstechnische Einrichtung *f*	faculté de commutation *f*
switching matrix	Koppelvielfach *n*; Koppelmatrix *f*; Koppelfeld *n*, Abk.: KF; Koppelanordnung *f*; Koppelnetz *n*	réseau de connexion multiple *m*; matrice de commutation *f*; réseau de connexion *m*, abr.: RCX; réseau de couplage *m*
switching matrix control	Koppelfeldsteuerung *f*, Abk.: KST	commande de panneau de couplage *f*; gestion du réseau de connexion *f*; commande du réseau de connexion *f*
switching matrix control module	Koppelfeldsteuerungsbaugruppe *f*, Abk.: KS	module de gestion du réseau de connexion *m*
switching network	Koppelfeld, Koppelnetzwerk *n*	réseau de connexion *m*
switching network, abbr.: SN	Koppelvielfach *n*; Koppelmatrix *f*; Koppelfeld *n*, Abk.: KF; Koppelanordnung *f*; Koppelnetz *n*	réseau de connexion multiple *m*; matrice de commutation *f*; réseau de connexion *m*, abr.: RCX; réseau de couplage *m*
switching node	Durchschalteknoten *m*; Vermittlungsknoten *m*	nœud de commutation *m*
switching on	Einschaltung *f*	mise sous tension *f*; démarrage *m*
switching phase	Durchschaltephase *f*	phase de commutation *f*
switching quality	Vermittlungsgüte *f*	qualité de commutation *f*
switching section	Koppelabschnitt *m*	section de commutation *f*
switching speed	Arbeitsgeschwindigkeit *f*	vitesse de fonctionnement *f*
switching stage	Koppelstufe *f*	étage du réseau de connexion *m*
switching system	Vermittlungssystem *n*	système de commutation *m*
switching (technology)	Vermittlungstechnik *f*	technique de commutation *f*
switching voltage	Schaltspannung *f*	tension de connexion *f*
switch lock	Schaltschloß *n*	verrouillage de connexion *m*
switch off	ausschalten; abschalten	mettre hors circuit *m*
switch on	einschalten; zuschalten	mettre en circuit *m*; mettre sous tension *f*
switchover	Durchschaltung *f*; Schalten *n*; Vermittlung *f* (*Tätigkeit*); Umschaltung *f*, Abk.: UM	commutation *f*; acheminement *m*; basculement *m*

switch over	einkoppeln; koppeln; umschalten	coupler; commuter (*coupler*); basculer
switchover button	Umschaltetaste *f*	touche de basculement *f*
switchover logic	Umschaltelogik *f*, Abk.: UML	logique de basculement *f*
switchover to night service	Umschalten auf Nachtbetrieb *n*	basculer sur service de nuit *m*; basculer en service réduit *m*
switch setting	Schaltereinstellung *f*	positionnement des interrupteurs *m*
switch signal	Schaltsignal *n*	signal de connexion *m*
switch through	durchschalten (*ein Gespräch* ~); verbinden; anschließen (an); anschalten	commuter (~ *une communication*); brancher; connecter (à); relier
swiveling	schwenkbar	pliant; pivotant
syllable intelligibility / ~ articulation	Silbenverständlichkeit *f*	netteté pour les logatomes *f*
symbol	Zeichen *n*; Symbol *n*	caractère *m*; signal *m*; signe *m*; symbole *m*
symmetry	Symmetrie *f*	symétrie *f*
sync clock generation	Synchrontakterzeugung *f*, Abk.: STE	générateur d'horloge synchrone *m*
sync clock phase-in	Einphasung Synchrontakt *f*, Abk.: ESY	synchronisation *f*
synchronizing device	Synchronisiereinrichtung *f*, Abk.: SYE	générateur d'horloge *m*
synthesized voice (fully ~)	synthetische Stimme *f*	voix synthétique *f*
system	Anlage *f*, Abk.: Anl.; System *n*	système *m*
system architecture	Systemarchitektur *f*	architecture du système *f*
system-associated	systembedingt; systemgebunden	en fonction du système *f*; associé au système *m*; dépendant du système *m*
system bus	Systembus *m*, Abk.: SB	bus système *m*
system bus buffer, abbr.: SBB	Systembuspuffer *m*, Abk.: SBB	registre tampon du bus système *m*
system bus control	Systembussteuerung *f*, Abk.: SBS	commande du bus système *f*
system bus interface for switching matrix control	Interface Systembus für Koppelfeldsteuerung *n*	interface bus système pour la gestion des matrices de connexion *f*
system bus neutral point	Sternpunkt Systembus *m*, Abk.: SSB	point neutre du bus système *m*
system clock	Systemtakt *m*, Abk.: ST	horloge système *f*
system clock error	Fehler Taktsystem *m*, Abk.: FTS	erreur de l'horloge système *f*
system clock processing	Aufbereitung Systemtakt *f*	gestion de l'horloge système *f*
system configuration	Systemausbau *m*; Systemkonfiguration *f*	configuration de système *f*
system-dependent	systembedingt; systemgebunden	en fonction du système *f*; associé au système *m*; dépendant du système *m*
system earth	Fernmeldebetriebserde *f*, Abk.: FE; Funktionserde *f*, Abk.: FE	terre téléphonique *f*; terre de protection des fonctions *f*
system load	Systembelastung *f*	charge admissible *f*
system-related	systembedingt; systemgebunden	en fonction du système *f*; associé au système *m*; dépendant du système *m*
systems network compound	Systemverbund *m*	compound de systèmes réseau *m*
system software	Betriebssoftware *f*	logiciel d'exploitation *m*
system-tied	systembedingt; systemgebunden	en fonction du système *f*; associé au système *m*; dépendant du système *m*
system unit	Systembaustein *m*	module système *m*

T

TA (abbr.) = terminal adapter	Endgeräte-Anpassung *f*; Terminaladapter *m*	AT, abr.: adaptateur de terminal *m*
table housing	Tischgehäuse *n*	boîtier de table *m*
table of contents	Inhaltsverzeichnis *n*	sommaire *m*; table des matières *f*
take into account	beachten; berücksichtigen	observer; prendre en considération *f*; tenir compte
talk	Gespräch *n*; Anruf *m* (*Telefon~*); Ruf *m*; Konversation *f*	conversation *f* (~ téléphonique); appel *m*; coup de téléphone *m*; sonnerie *f*
talk button	Sprechtaste *f*	bouton de conversation *m*
talk-through	Durchsage *f*; Ansage *f*	annonce *f*
tandem exchange	Knotenvermittlungsstelle *f*, Abk.: KVSt	central nodal *m*; centre nodal *m*
tandem switching center / ~ ~ exchange, abbr.: TSX	Transitvermittlungsstelle *f*; Durchgangsamt *n*; Durchgangsvermittlungsstelle *f*; Knotenamt *n*	central de transit *m*; réseau d'autocommutateurs *m*; autocommutateurs en réseau *m, pl;* centre de transit *m*, abr.: CLASS 4, abr.: CT
tandem tie trunk switching (*Am*)	Querverbindung/Verbundleitung *f*	ligne interautomatique en fonctionnement tandem *f*
tap (*voltage from amplifier*)	abnehmen (*Spannung vom Verstärker*)	prendre (*la tension d'un amplificateur*)
tape reader	Magnetbandleser *m*	lecteur de bande magnétique *m*
tape recorder	Tonbandgerät *n*	magnétophone *m*
tape recording	Bandaufnahme *f*	enregistrement sur bande *m*
tape unit	Magnetbandmaschine *f*	appareil à bandes magnétiques *m*
target	Ziel *n*	but *m*; cible *f*; destination *f*
tariff designation	Gebührenbezeichnung *f*	désignation de taxes *f*
tariff rate	Gebührentarif *m*	tarif de taxation *m*; tarification *f*
tariff stage	Gebührenzone *f*; Tarifstufe *f*	circonscription de taxes *f*; zone de taxation *f*; niveau de taxes *m*
tariff zone	Gebührenzone *f*; Tarifstufe *f*	circonscription de taxes *f*; zone de taxation *f*; niveau de taxes *m*
tariff zoner	Tarifgerät *n*	taxeur *m*
tax indication	Gebührenanzeige *f*	visualisation de la taxation *f*
TDM (abbr.) = time-division multiplex	Zeitmultiplexverfahren *n*	multiplex temporel *m*; commutation temporelle *f*
TE (abbr.) = terminal equipment	Endeinrichtung *f*	équipement terminal *m* (*général*)
team call	Teamruf *m*	appel dans un groupe d'interception *m*
team conference	Teamkonferenz *f*	conférence dans un groupe d'interception *f*
team function	Teamfunktion *f*	fonction d'intercommunication *f*
technical data	technische Daten *f, pl;* Spezifikation, technische ~ *f*	spécification technique *f*
technical regulation	technische Vorschrift *f*, Abk.: tV	prescription technique *f*
technical specification	technische Daten *f, pl;* Spezifikation, technische ~ *f*	spécification technique *f*
technical term	Fachausdruck *m*	terme technique *m*
technique	Technik *f*	technique *f*; technologie *f*
technology	Technik *f*	technique *f*; technologie *f*
TEL (abbr.) = telephony	Telefonie *f*; Fernsprechwesen *n*	téléphonie *f*
teleaction service	Fernwirkdienst *m*	service de téléaction *m*
telecast	Fernsehübertragung *f*	transmission de télévision *f*
telecine	Filmabtaster *m*	analyseur de films *m*
telecommand	Fernsteuerung *f*; Fernbedienung *f*; Fernsteuern *n*	commande à distance *f*; contrôle à distance *m*; télécommande *f*

telecommuncations service	Telekommunikationsdienst *m*	service de télécommunications *m*
telecommunication circuit	Telekommunikationsleitung *f*	circuit de télécommunications *m*
telecommunication network	Telekommunikationsnetz *n*	réseau de télécommunications *m*
telecommunication(s)	Fernmeldewesen *n*; Telekommunikation *f*	télécommunication *f*
Telecommunications Act	Fernmeldeordnung *f*, Abk.: FO; Telekommunikationsordnung *f*, Abk.: TKO	règlements des télécommunications *m, pl;* réglementation des télécommunications *f*
telecommunications authorities	Fernmeldebehörde *f*	administration des télécommunications *f*
telecommunications connecting unit	Telekommunikationsanschlußeinheit *f*, Abk.: TAE	équipement de connexion de télécommunications *m*
telecommunication service	Fernmeldedienst *m*; Telefondienst *m*, Abk.: Tel	service de télécommunications *m*; service téléphonique *m*
telecommunications link	Nachrichtenverbindung *f*	liaison de télécommunications *f*
telecommunications medium	Telekommunikationsmedium *n*	milieu de télécommunication *m*
telecommunications network	Fernsprechnetz *n*, Abk.: Fe; Fernmeldenetz *n*; Telefonnetz *n*, Abk.: TelN	réseau téléphonique *m*
telecommunications office	Fernmeldeamt *n*, Abk.: FA	bureau des PTT *m*
telecommunications payload	nachrichtentechnische Nutzlast *f*	charge utile de communications *f*
telecommunications regulations	Fernmeldebauordnung *f*, Abk.: FBO	réglementation de la construction téléphonique *f*
telecommunications system	Fernmeldeanlage *f*; Telekommunikationsanlage *f*, Abk.: TKAnl	système de télécommunication *m*; installation de télécommunication *f*
telecontrol	Fernwirken *n*	action à distance *f*
telecopier	Fernkopierer *m* (*Gerät; Faxgerät n*)	télécopieur *m* (*enregistreur*)
telecopying	Fernkopieren *n*	télécopie *f*
telecopying service	Telefaxdienst *m*, Abk.: Tfx	service téléfax *m*; service de télécopie *m*
telefax (*writing*)	Telefax *n* (*Schriftstück*); Fax *n* (*Schriftstück*)	télécopie *f* (*message*)
telegraph noise	Telegrafiergeräusch *n*	bruit de télégraphe *m*
telegraph speed	Telegrafiergeschwindigkeit *f*	vitesse de télégraphie *f*
telemetering	Fernmessen *n*; Telemetrie *f*	télémesure *f*
telemetry	Fernmessen *n*; Telemetrie *f*	télémesure *f*
telemetry exchange service	Temex (*Telekom-Dienst*)	Temex (*service Telecom*)
telemetry service	Telemetriedienst *m*	service de télémesure *m*
telephone	Apparat *m* (*Telefon~*)	poste téléphonique *m*
telephone bell	Wecker *m*	réveil *m*
telephone book	Fernsprechbuch *n*; Telefonbuch *n*	annuaire téléphonique *m*
telephone call	Telefongespräch *n*	appel téléphonique *m*
telephone channel	Gesprächskanal *m*; Gesprächsband *n*	canal vocal *m*; bande vocale *f*
telephone circuit	Telefonschaltung *f*; Fernsprechleitung *f*	circuit téléphonique *m*; ligne téléphonique *f*
telephone communication	Fernsprechkommunikation *f*	communication téléphonique *f*
telephone connection	Telefonanschluß *m*; Fernsprechanschluß *m*	connexion téléphonique *f*; poste téléphonique *m* (*organe*)
telephone control	Telefonsteuerungsgerät *n*	unité de gestion téléphonique *f*, abr.: UGT
telephone directory	Fernsprechbuch *n*; Telefonbuch *n*	annuaire téléphonique *m*
telephone equipment	Fernsprecheinrichtung *f*	équipement téléphonique *m*
telephone exchange (*Brit*)	öffentliche Vermittlungsstelle *f*; Amt *n*; Vermittlungsstelle *f*, Abk.: VSt; Vermittlung *f* (*Anlage*); Vermittlungsamt *n*; Fernsprechamt *n*; Zentrale *f*	central public *m*; central téléphonique *m*; commutateur *m* (*central-public*); installation téléphonique *f*
telephone instrument	Telefonapparat *m*; Fernsprechapparat *m*, Abk.: FeAp	poste téléphonique *m*; téléphone *m*; poste d'abonné *m*; appareil téléphonique *m*
telephone management	Telefonsteuerungsgerät *n*	unité de gestion téléphonique *f*, abr.: UGT
telephone network	Fernsprechnetz *n*, Abk.: Fe; Fernmeldenetz *n*; Telefonnetz *n*, Abk.: TelN	réseau téléphonique *m*

telephone number	Rufnummer *f*, Abk.: RN	numéro d'appel *m*; numéro d'annuaire *m*, abr.: NA; numéro d'abonné *m*
telephone service	Fernmeldedienst *m*; Telefondienst *m*, Abk.: Tel	service de télécommunications *m*; service téléphonique *m*
telephone set	Telefonapparat *m*; Fernsprechapparat *m*, Abk.: FeAp	poste téléphonique *m*; téléphone *m*; poste d'abonné *m*; appareil téléphonique *m*
telephone station	Sprechstelle *f*	poste *m* (*téléphonique*)
telephone supervisory unit	Telefonsteuerungsgerät *n*	unité de gestion téléphonique *f*, abr.: UGT
telephone switching network	Fernsprechvermittlungsnetz *n*	réseau de commutation téléphonique *m*
telephone system	Telefonanlage *f*; Fernsprechsystem *n*	installation téléphonique *f*; système téléphonique *m*
telephone technology	Fernsprechtechnik *f*	technique téléphonique *f*
telephone terminal	Telefonterminal *n*	terminal téléphonique *m*
telephone traffic	Telefonverkehr *m*; Fernsprechverkehr *m*	trafic téléphonique *m*
telephone trunk zone	Fernverkehrszone *f*	zone interurbaine *f*
telephony, abbr.: TEL	Telefonie *f*; Fernsprechwesen *n*	téléphonie *f*
teleprinter (*Brit*)	Fernschreiber *m*; Telexgerät *n*	téléscripteur *m*; télétype *m*, abr.: TTY
teleprocessing	Datenfernverarbeitung *f*	télégestion de données *f*
teleservice	Teledienst *m*	téléservice *m*
teletex, abbr.: TTX	Teletex	télétext *m*
teletex connecting unit	Teletexanschlußeinheit *f*	équipement de connexion de télétext *m*
teletex station	Teletexstation *f*	station télétext *f*
teletex terminal	Teletex-Endgerät *n*	terminal télétext *m*
teletype machine	Fernschreiber *m*; Telexgerät *n*	téléscripteur *m*; télétype *m*, abr.: TTY
teletypewriter (*Am*)	Fernschreiber *m*; Telexgerät *n*	téléscripteur *m*; télétype *m*, abr.: TTY
television, abbr.: TV	Fernsehen *n*	télévision *f*
television and studio equipment	Fernseh- und Studiotechnik *f*	équipement de studio et télévision *m*
television studio	Fernsehstudio *n*	studio de télévision *m*
television technology	Fernsehtechnik *f*	technique télévisuelle *f*
television transmission	Fernsehübertragung *f*	transmission de télévision *f*
telex converter integrated data network	Telex-Umsetzer Integriertes Datennetz *m*, Abk.: TUI	réseau de données avec convertisseur de télex *m*
temperature feeler	Temperaturfühler *m*	palpeur de température *m*; sonde de température *f*
temperature sensor	Temperaturfühler *m*	palpeur de température *m*; sonde de température *f*
temporary call diversion	zeitweilige Rufumleitung *f*	renvoi temporaire *m*
temporary call forwarding	zeitweilige Rufweiterleitung *f*	transfert temporaire *m*
temporary call transfer	zeitweilige Rufumschaltung *f*	transfert temporaire *m*
TENOCODE-authorized extension	codewahlberechtigter Teilnehmer *m* (*TENOCODE*)	abonné ayant accès à la numérotation abrégée *m* (*TENOCODE*)
Tenofix strip	Tenofixleiste *f*	réglette TENOFIX *f*
tensile strength	Zugfestigkeit *f*	résistance à la traction *f*
terminal	Terminal *n*; Endgerät *n*	terminal *m*
terminal adapter, abbr.: TA	Endgeräte-Anpassung *f*; Terminaladapter *m*	adaptateur de terminal *m*, abr.: AT
terminal adapter from IBM	Terminal Adapter von IBM *m*, Abk.: DCM	adaptateur de terminal de IBM *m*
terminal amplifier	Endverstärker *m*	amplificateur final *m*
terminal balance return loss	Nachbild-Fehlerdämpfung *f*	écho et stabilité *m*; effet anti-local *m*
terminal clamp	Anschlußklemme *f*	bornier de raccordement *m*
terminal conditions	Anschlußbedingungen *f*, *pl*	conditions de branchement *f*, *pl*
terminal equipment, abbr.: TE	Endeinrichtung *f*	équipement terminal *m*
terminal equipment with a/b interface (e.g. modem)	Endeinrichtung mit a/b-Schnittstelle (z.B. Modem) *f*, Abk.: EE	installation terminale avec interface a/b *f*

terminal exchange	Ortsvermittlungsstelle *f*, Abk.: OVSt; Ortsamt *n*; Endamt *n*; Ortsvermittlung *f*; Endvermittlungsstelle *f*, Abk.: EVSt	central local *m*, abr.: CLASS 5; centre de commutation local *m*; service urbain des télécommunications *m*; centre local *m*, abr.: CL; central régional *m*; centre terminal de commutation *m*; central terminal / ~ urbain *m*
terminal per line	Anschluß je Anschlußleitung *m*	raccordement par ligne *m*; terminal par ligne *m*
terminal per station	Anschluß je Sprechstelle *m*	terminal par poste téléphonique *m*; raccordement par poste téléphonique *m*
terminal portability, abbr.: TP	Umstecken am Anschluß *n*	changer la connexion sur port; permutations de raccordement *f*, *pl*
terminal repeater	Endverstärker *m*	amplificateur final *m*
terminal resistance	Abschlußwiderstand *m*	résistance terminale *f*
terminal resistor	Abschlußwiderstand *m*	résistance terminale *f*
terminal selection	Endgeräteauswahl *f*	sélection de terminaux *f*
terminal station	Endstelle *f*	poste terminal *m*
terminal strip	Verteilerleiste *f*; Klemmleiste *f*	barrette terminale *f*; réglette de repartiteur *f*; réglette terminale *f*; réglette à bornes *f*; bornier *m*
terminating character	Endzeichen *n*	caractère final *m*
terminating circuit	Endschaltung *f*	circuit termineur *m*
terminating circuit	Gabel *f* (*Gabelschaltung*)	termineur *m*
termination (*end*)	Abschluß *m* (*Ende*)	extrémité *f* (*fin*); terminaison *f*
termination	Gabel *f* (*Gabelschaltung*)	termineur *m*
test	überprüfen; prüfen	vérifier; contrôler; tester
test allotter	Prüfverteiler *m*	répartiteur de test *m*
test connection	Prüfanschluß *m*	connexion de test *f*; connexion de contrôle *f*
tested	geprüft	vérifié; testé; contrôlé
tester	Prüfgerät *n*	dispositif de test *m*; dispositif de contrôle *m*; contrôleur *m*
test extension	Prüfteilnehmer *m*, Abk.: PT	abonné de contrôle *m*; poste de maintenance *m*
test(ing) point	Meßpunkt *m*; Prüfpunkt *m*, Abk.: PT; Testpunkt *m*	point de mesure *m*; point de contrôle *m*; point de test *m*; point de contrôle de service *m*, abr.: PCS
test level	Meßpegel *m*	niveau de mesure *m*; dénivellement *m*; niveau attendu *m*
test loop	Testschleife *f*; Prüfschleife *f*	boucle d'essai *f*
test program	Prüfprogramm *n*; Testprogramm *n*	programme de contrôle *m*; programme de test *m*
test result	Prüfergebnis *n*	résultat *m* (*d'un contrôle*)
test set	Prüfgerät *n*	dispositif de test *m*; dispositif de contrôle *m*; contrôleur *m*
test set attachment	Prüfgerätezusatz *m*	adapteur des dispositifs de test *m*
test set coupling matrix	Prüfgeräte-Koppelvielfach *n*	matrice de couplage de dispositifs de test *f*
test setup	Versuchsanordnung *f*	mise en place d'un test *f*
test station	Meßplatz *m*	table de mesure *f*
test subscriber	Prüfteilnehmer *m*, Abk.: PT	abonné de contrôle *m*; poste de maintenance *m*
test unit	Prüfgerät *n*	dispositif de test *m*; dispositif de contrôle *m*; contrôleur *m*
TEX (abbr.) = trunk exchange	Fernvermittlung *f*	central distant *m*; central interurbain *m*
TEX (abbr.) = transit exchange	Transitvermittlungsstelle *f*; Durchgangsamt *n*; Durchgangsvermittlungsstelle *f*; Knotenamt *n*	CLASS 4, abr.:, CT, abr.: central de transit *m*; réseau d'autocommutateurs *m*; autocommutateurs en réseau *m*, *pl;* centre de transit *m*
text and data terminal	Text- und Datenendgerät *n*	terminal de texte et de donnée *m*

text communication	Textkommunikation *f*	communication de texte *f*
text in clear display	Klartextanzeige *f*	plain language display *m*; afficheur de messages *m*
text overlay	Texteinblendung *f*	composition de texte *f*
text processing	Textverarbeitung *f*	traitement de texte *m*
text transmission	Textübertragung *f*	transmission de texte *f*
thermal printout	Thermoaufzeichnung *f*	impression thermique *f*
thermal resistivity	Wärmebeständigkeit *f*	résistance calorifique *f*
thick-film	Dickschicht *f*	couche épaisse *f*
thick-film hybrid	Dickschichthybrid *n*	hybride couche épaisse *m*
thin-film circuit	Dünnschichtschaltung *f*	circuit couche fine *m*
third party	Dritter *m*	tiers *m*, abr.: TRS
three-party (call / ~-~ conference), abbr.: 3PTY	Dreiergespräch *n*	conférence à trois *f*
three-point connection (*circuit*)	Dreipunktschaltung *f*	montage de Hartley *m*
three-way calling	Dreiergespräch *n*	conférence à trois *f*
threshold	Ansprechwert *m*; Schwellwert *m*; Ansprechschwelle *f*; Schwelle *f* (*Grenze*)	valeur seuil *f*; seuil *m*; seuil de réponse *m*
threshold frequency	Grenzfrequenz *f*	fréquence limite *f*
threshold value	Ansprechwert *m*; Schwellwert *m*; Ansprechschwelle *f*; Schwelle *f* (*Grenze*)	valeur seuil *f*; seuil *m*; seuil de réponse *m*
threshold value voltage	Schwellwertspannung *f*	tension de seuil *f*
through-connect	durchschalten (*ein Gespräch ~*); verbinden; anschließen (an); anschalten	commuter (~ *une communication*); brancher; connecter (à); relier
through-connection	Durchschaltung *f*; Schalten *n*; Vermittlung *f* (*Tätigkeit*); Umschaltung *f*, Abk.: UM	commutation *f*; acheminement *m*; basculement *m*
through-connection signal	Durchschaltesignal *n*	signal de commutation *m*
through-connect phase	Durchschaltephase *f*	phase de commutation *f*
through-dialing attachment	Durchwahlzusatz *m*	dispositif de sélection directe à l'arrivée *m*
through level	Meßpegel *m*	niveau de mesure *m*; dénivellement *m*; niveau attendu *m*
through-switching attachment	Durchschaltezusatz *m*	équipement supplémentaire de commutation *m*
through-switching instruction	Koppelbefehl *m*	instruction de connexion *f*
through-switching junction	Durchschalteverbindungssatz *m*	joncteur de commutation *m*
through-switching supplementary unit	Durchschaltezusatz *m*	équipement supplémentaire de commutation *m*
tie line	Querverbindungssatz *m*; Querleitung *f*, Abk.: QL; Querverbindungsleitung *f*	joncteur pour liaison interautomatique *m*; ligne spécialisée; ligne interautomatique *f*, abr.: LIA
tie line a.c. signaling	Querverbindung Wechselstrom-Kennzeichen *f*	ligne interautomatique signalisation en c.a. *f*
tie line attachment	Querverkehrszusatz *m*	adaptateur de trafic interautomatique *m*
tie line circuit	Querleitungsübertrager *m*, Abk.: QUE; Querverbindungsübertragung *f*, Abk.: QUE	circuit de ligne spécialisée / ~ ~ ~ interautomatique *m*
tie line circuit a/b earth	Querverbindung a/b Erde *f*, Abk.: QUA	connexion interautomatique a/b terre *f*
tie line connection	Querverbindung/Verbundleitung *f*	ligne interautomatique en fonctionnement tandem *f*
tie line E and M signaling	Querverbindung E+M-Kennzeichen *f*, Abk.: QUM	ligne interautomatique signalisation RON-TRON *f*
tie line transmission	Querleitungsübertrager *m*, Abk.: QUE; Querverbindungsübertragung *f*, Abk.: QUE	circuit de ligne spécialisée / ~ ~ ~ interautomatique *m*
time	Uhrzeit *f*	heure *f*

time-base fault	Zeitbasisfehler *m*	défaut de la base de temps *m*
time counter	Zeitzähler *m*	compteur horaire *m*
time delay	Zeitverzögerung *f*; Verzögerung *f*	retard *m*; retardation *f*; retardement *m*; délai *m*
time-dependent	zeitabhängig	en fonction du temps *f*
time display	Zeitanzeige *f*; Uhrzeitanzeige *f*	affichage de l'heure *m*
time-division multiplex, abbr.: TDM	Zeitmultiplexverfahren *n*	multiplex temporel *m*; commutation temporelle *f*
time-division multiplex channel	Zeitmultiplexkanal *m*	voie temporelle *f*
time-division multiplex equipment	Zeitmultiplexübertragungseinrichtung *f*	équipement de multiplexage temporel *m*
time-division multiplexing equipment	Zeitmultiplexgerät *n*	équipement de commutation temporelle *m*
time-division multiplex mode	Zeitmultiplexbetriebsweise *f*	mode de multiplexage par répartition dans le temps *m*; multiplexage temporel *m*; mode temporel *m*
time-division multiplex path	Zeitkanal *m*; Zeitmultiplexweg *m*; Zeitschlitz *m*; Zeitlage *f*, Abk.: ZL	voie temporelle *f*, abr.: VT; intervalle temporel *m*, abr.: IT; intervalle de temps *m*
time-division multiplex switching	Zeitmultiplexdurchschaltung *f*	commutation par répartition dans le temps / ~ temporelle *f*; connexion temporelle *f*
time-division multiplex switching coupling field	Zeitmultiplexkoppelfeld *n*	réseau de commutation temporelle *m*
time-division multiplex switching matrix	Zeitmultiplexkoppelfeld *n*	réseau de commutation temporelle *m*
time-division multiplex switching of connecting paths	zeitmultiplexe Wegedurchschaltung *f*	commutation de lignes par répartion dans le temps *f*
time-division multiplex switching system	zeitmultiplexes Vermittlungssystem *n*	système de commutation temporelle *m*
time-division multiplex switching technique	zeitmultiplexes Durchschalteverfahren *n*	technique de commutation temporelle *f*
time-division multiplex system	Zeitvielfachsystem *n*; Zeitmultiplexsystem *n*	système de multiplexage temporel *m*; système temporel *m*; système multiple à répartition dans le temps *m*
time-division multiplex system for speech transmission	Zeitmultiplexsystem für Sprachübermittlung *n*	système de commutation temporelle pour la parole *m*
timed recall	Wiederanruf nach Zeit *m*	appel temporisé *m*
time element	Verzögerungsglied *n*	temporisateur *m*; dispositif de retard *m*
timekeeping service	Zeitdienst *m*	service horaire *m*
time-lag device	Verzögerungsglied *n*	temporisateur *m*; dispositif de retard *m*
time management system	Zeitwirtschaftssystem *n*	système de gestion temporelle *m*
time metering	Zeitmessung *f*	chronométrage *m*
time of delivery	Lieferzeit *f*	durée de livraison *f*
timeout	Sperrzeit *f*; Timeout *n*	temps de blocage *m*; temporisation de blocage *f*
timeout control	Vorgabezeit *f*	temps alloué *m*
time pulse clock	Zeittaktgeber *m*	générateur d'horloge *m*
time pulse generator	Zeittaktgeber *m*	générateur d'horloge *m*
timer	Zeitzähler *m*	compteur horaire *m*
time recording	Zeiterfassung *f*	contrôle horaire *m*; enregistrement horaire *m*
time-recording system	Zeiterfassungsystem *n*	système d'enregistrement horaire *m*
time schedule	Zeitplan *m*	chronologie *f*
time-separation technique	Zeitgetrenntlageverfahren *n*	technique ping-pong *f*
time-service system	Zeitdienstanlage *f*	système de service horaire *m*
time slot	Zeitkanal *m*; Zeitmultiplexweg *m*; Zeitschlitz *m*; Zeitlage *f*, Abk.: ZL	voie temporelle *f*, abr.: VT; intervalle temporel *m*, abr.: IT; intervalle de temps *m*

time-slot access	Zeitlagenzugriff *m*	accès multiple à répartition dans le temps *m,* abr.: AMRT
time-slot interchange element	Zeitlagenvielfach *n*	multiplexage temporel *m*
time tariff	Zeittarif *m*	taxation en fonction de la durée *f*
time transmitter	Uhrzeitgeber *m*	horloge *f*
time unit	Zeiteinheit *f*	unité de temps *f*
time-zone meter	Zeitzonenzähler *m*	compteur de zones horaires *m*
timing	Zeitmessung *f*	chronométrage *m*
timing device	Zeitmeßeinrichtung *f*; Stoppuhr *f*	chronomètre *m*
timing diagram	Impulsdiagramm *n*	chronogramme *m*; diagramme temporel *m*
timing element	Zeitglied *n*	circuit temporisé *m*
timing generator	Synchronisiereinrichtung *f*, Abk.: SYE	générateur d'horloge *m*
timing pulse	Zeittakt *m*; Taktsignal *n*; Takt *m,*	impulsion d'horloge *f*
timing pulse bus clock / ~ ~ ~ multiple	Taktvielfach *n*	impulsions multiples de l'horloge *f, pl*
timing pulse generator	Taktverstärker *m*	amplificateur du signal d'horloge *m*
timing pulse rate	Taktfolge *f*	fréquence des impulsions d'horloge *f*
timing scheme	Taktschema *n*	diagramme des temps *m*; schéma des signaux d'horloge *m*
tin-coated, tin-plated	verzinnt	étamé; étainé
tinned	verzinnt	étamé; étainé
toggle switch	Kippschalter *m*	interrupteur à bascule *m*
toll call (*Am*)	Ferngespräch *n*	appel tandem *m*; appel interurbain *m*; communication téléphonique interurbaine *f*
toll exchange (*Am*)	Fernvermittlung *f*	central distant *m*; central interurbain *m*
toll network (*Am*)	Fernnetz *n*	réseau interurbain *m*
toll office (*Am*)	Fernvermittlungsstelle *f*	centre interurbain *m*
toll switching trunk (*Am*)	Direktrufdienst *m*; Direktverbindung *f*; Fernvermittlungsleitung *f*; Hotline-Dienst *m*	ligne directe *f*, abr.: LD
tone cadence	Tonsignal-Rhythmus *m*	cadencement de tonalité *m*
tone decoder	Tondecoder *m,* Abk.: TDEC	décodeur de tonalité *m*
tone identifier	Tonerkenner *m*	identificateur de tonalités *m*; détecteur de tonalités *m*
tone recognition	Tonerkennung *f*	détection de tonalités *f*; identification de tonalité *f*
tone ringing	Tonruf *m*	sonnerie *f*; tonalité d'appel *f*
tones	Töne *m, pl*	tonalités *f, pl,* abr.: TON
tongue	Zunge *f*	cosse *f*; lame *f*
tool	Werkzeug *n*; Arbeitsgerät *n*	outil *m*; outillage *m*
top frame	Kopfrahmen *m*	châssis supérieur *m*
top view	Draufsicht *f*	vue de dessus *f*
total barring	Vollsperre *f*	discrimination totale *f*
total discharge	Tiefentladung *f*	décharge totale *f*
total distortion	Gesamtverzerrung *f*	distorsion totale *f*
total duration	Gesamtdauer *f*	durée totale *f*
totalizing meter	Summenzähler *m,* Abk.: SUZ	compteur totalisateur *m*
totalizing metering	Summenzählung *f*	totalisation de taxes *f*
touch activation	Touchbetätigung *f*	activation tactile *f*
touchscreen	Touchscreen *f*	écran tactile *m*
TP (abbr.) = terminal portability	Umstecken am Anschluß *n*	changer la connexion sur port; permutations de raccordement *f, pl*
track	Spur *f* (*Magnetband*)	piste *f*; trace *f*
traffic	Verkehr *m*	trafic *m*
traffic analysis	Verkehrsmessung *f*; Verkehrsuntersuchung *f*	mesure du trafic *f*
traffic balancing	Verkehrsausgleich *m*	comparaison du trafic *f*
traffic bottleneck	Engpaß *m*	surcharge de trafic *m*

traffic capacity	Verkehrsleistung *f*	capacité de trafic *f*
traffic control	Verkehrssteuerung *f*	contrôle de trafic *m*
traffic control system	Verkehrsleitsystem *n*	système de contrôle de trafic *m*
traffic control unit	Verkehrsordner *m*	directeur de trafic *m*
traffic density	Verkehrsdichte *f*	densité de trafic *f*
traffic direction	Verkehrsrichtung *f*	direction du trafic *f*; sens du trafic *m*
traffic distributor	Anrufordner *m*; Rufordner *m*	classeur d'appels *m*
traffic flow	Verkehrsfluß *m*	trafic *m*
traffic handling capacity	Leistungsfähigkeit *f*; Leistung *f*; Kapazität *f*; Ausbau *m*	rendement *m*; capacité *f*
traffic information	Verkehrsinformation *f*	information sur le trafic *f*
traffic intensity indication	Verkehrswertanzeige *f*	visualisation de la densité de trafic *f*
traffic load	Verkehrsbelastung *f*	charge de trafic *f*
traffic measurement	Verkehrsmessung *f*; Verkehrsuntersuchung *f*	mesure du trafic *f*
traffic measuring unit	Verkehrsmessgerät *n*	équipement de mesure du trafic *m*
traffic monitoring	Verkehrsüberwachung *f*	surveillance du trafic *f*
traffic occupancy	Verkehrsbelegung *f*	charge de trafic *f*
traffic overload / ~ overflow	Verkehrsüberlastung *f*	surcharge de trafic *f*
traffic prevention	Verkehrsverhinderung *f*	interdiction du trafic *f*
traffic probability	Belegungswahrscheinlichkeit *f*	probabilité d'occupation *f*
traffic quality	Verkehrsgüte *f*; Betriebsgüte *f*	qualité de trafic *f*; qualité de service *f*
traffic restriction	Verkehrsverhinderung *f*	interdiction du trafic *f*
traffic routing	Verkehrslenkung *f*	acheminement du trafic *m*
traffic volume	Verkehrsmenge *f*; Verkehrsaufkommen *n*	volume de trafic *m*
transducer loss (*Am*)	Wirkdämpfung *f*	affaiblissement réel *m*
transfer (*a call*)	übergeben (*ein Gespräch* ~)	transférer (*une communication*)
transfer button	Umlegetaste *f*	touche de transfert *f*
transfer factor	Übertragungsfaktor *m*	facteur de transmission *m*
transfer of call	Weitergeben eines Gespräches *n*	transfert d'une communication *m*
transfer plug	Adapter *m*; Übergabestecker *m*	adapteur *m*; adaptateur *m*; fiche de tranfert *f*
transformer	Übertrager *m*; Transformator *m*	transformateur *m*
transhybrid loss	Gabel(übergangs)dämpfung *f*	affaiblissement d'une terminaison *m*
transient noise	Geräusch durch Einschwingvorgänge *n*	bruits transitoires *m, pl*
transistor	Transistor *m*	transistor *m*
transistorized microphone	Transistormikrofon *n*	microphone à transistors *m*
transit	Transit *m*; Durchgang *m*	transit *m*, abr.: TRAN
transit exchange, abbr.: TEX	Transitvermittlungsstelle *f*; Durchgangsamt *n*; Durchgangsvermittlungsstelle *f*; Knotenamt *n*	central de transit *m*; réseau d'autocommutateurs *m*; autocommutateurs en réseau *m, pl;* centre de transit *m*, abr.: CLASS 4, abr.: CT
transition loss	Stoßdämpfung *f*	affaiblissement de désadaption *m*; perte de transition *f*
transit register	Durchgangsregister *n*	registre de transit *m*
transit switching center	Transitvermittlungsstelle *f*; Durchgangsamt *n*; Durchgangsvermittlungsstelle *f*; Knotenamt *n*	central de transit *m*; réseau d'autocommutateurs *m*; autocommutateurs en réseau *m, pl;* centre de transit *m*, abr.: CLASS 4, abr.: CT
transit time	Laufzeit *f*	temps de propagation *m*
transit traffic	Durchgangsverkehr *m*	trafic de transit *m*
translator	Zuordner *m*; Umwerter *m*	translateur *m*; traducteur *m*
transmission	Übertragung *f*	transmission *f*
transmission and switching of information	Nachrichtenübermittlung *f*	transmission et commutation d'information *f*
transmission bandwidth	Übertragungsbandbreite *f*	largeur de bande de transmission *f*
transmission capability	Übertragungsmöglichkeit *f*	possibilité de transmission *f*
transmission capacity	Übertragungskapazität *f*	capacité de transmission *f*
transmission center	Vermittlungs-Zentrale *f*	centre de commutation *m*

transmission channel	Übertragungskanal *m*	canal de transmission *m*; canal téléphonique *m*
transmission coefficient	Transmissionskoeffizient *m*	coefficient de transmission *m*
transmission direction	Senderichtung *f*	direction d'émission *f*
transmission disturbance	Übertragungsstörung *f*	bruit de transmission *m*
transmission equipment	Übertragungseinrichtung *f*	équipement de transmission *m*
transmission facility	Sendeanlage *f*	dispositif d'émission *m*
transmission frequency range	Sendefrequenzbereich *m*	domaine de fréquence en émission *m*
transmission level	Sendepegel *m*	niveau d'émission *m*
transmission link	Übertragungsstrecke *f*; Übertragungsabschnitt *m*	liaison de transmission *f*
transmission loss	Leitungsdämpfung *f*	pertes en ligne *f, pl*
transmission measurement	Übertragungsmessung *f*	téléphonométrie *f*
transmission monitor	Sendemonitor *m*	moniteur d'émission *m*
transmission path	Verbindungsweg *m*; Sprechweg *m*; Übertragungsweg *m*	voie de communication *f*; voie de liaison *f*; voie de conversation *f*; voie de transmission *f*
transmission quality	Übertragungsgüte *f*	qualité de transmission *f*
transmission range	Übertragungsbereich *m*	domaine de transmission *m*; portée de la transmission *f*
transmission rate	Übertragungsgeschwindigkeit *f*; Übertragungsrate *f*	vitesse de transmission *f*; débit de transmission *m*
transmission route	Verbindungsweg *m*; Sprechweg *m*; Übertragungsweg *m*	voie de communication *f*; voie de liaison *f*; voie de conversation *f*; voie de transmission *f*
transmission speed	Übertragungsgeschwindigkeit *f*; Übertragungsrate *f*	vitesse de transmission *f*; débit de transmission *m*
transmission systems	Nachrichtenübertragungssysteme *n, pl*	systèmes de transmission *m, pl* (d'information)
transmission technology	Übertragungstechnik *f*	technique de transmission *f*
transmission time	Übertragungszeit *f*	temps de transmission *m*
transmission unit in modem procedure	Übertragungs-Einheit mit Modem-Verfahren *f*, Abk.: UEM	unité de transmission par modem *f*
transmit	übertragen; übermitteln; senden	transmettre; commuter; envoyer
transmit data	Sendedaten *f, pl*	données de transmission *f, pl*
transmitted dialing	abgesetzte Wahl *f*	numérotation transmise *f*
transmitter	Sender *m*; Geber *m*	transmetteur *m*; émetteur *m*
transmitter inset	Sprechkapsel *f*	capsule microphonique *f*
transmitter noise	Mikrofongeräusch *n*	bruits parasites du microphone *m, pl*
transmitting busbar	Sendesammelschiene *f*, Abk.: SSA	bus d'émission *m*
transmitting identification	Senderidentifizierung *f*	identification d'émission *f*
transmitting module	Sendermodul *n*	module d'émission *m*
transmitting reference loss	Sendebezugsdämpfung *f*, Abk.: SBD	affaiblissement relatif à l'émission *m*; équivalent de référence à l'émission
transparent broadband communications channel	transparenter Breitband-Informationskanal *m*, Abk.: H-Kanal	canal d'information transparent à large bande *m*
transparent switchable connection in a B channel	transparente, schaltbare Verbindung in einem B-Kanal *f*	circuit commuté dans un canal B transparent *m*, abr.: CCBT
transverse voltage	Querspannung *f*	tension transversale *f*
trigger	ansteuern	exciter
trimming screw	Abgleichschraube *f*	vis à syntoniser *f*
trouble	Fehlfunktion *f*; Störung *f*; Störbeeinflussung *f*; Fehlerstörung *f*; Ausfall *m*	défaut de fonctionnement *m*; perturbation *f*; dérangement *m*; panne *f*; avarie *f*; coupure *f*
troubleshooting	Fehlersuche *f* (*Hardware*)	dépannage *m* (*matériel*)
trouble signal	Alarmmeldung *f*; Störungssignal *n*; Störungsmeldung *f*	signal d'alarme *m*; message de perturbation *m*; indication de dérangement *f*
trunk amplifier	Streckenverstärker *m*	amplificateur de ligne *m*
trunk-busy tone	Wegebesetztton *m*	tonalité d'encombrement de lignes *f*; tonalité de surcharge de lignes *f*

trunk call (*Brit*)	Ferngespräch *n*	appel tandem *m*; appel interurbain *m*; communication téléphonique interurbaine *f*
trunk calls	Fernverkehr *m*	trafic interurbain *m*
trunk call signal	Fernkennzeichen *n*	signal d'appel réseau *m*
trunk code (*Am*)	Amtskennzahl, -ziffer *f*; Amtsziffer *f*	code réseau *m*; code de numérotation réseau *m*
trunk connector	Gruppenverbinder *m*	connecteur de groupement *m*
trunk dialing	Fernwahl *f*	sélection interurbaine automatique *f*; numérotation interurbaine *f*
trunk exchange, abbr.: TEX	Fernvermittlung *f*	central distant *m*; central interurbain *m*
trunk group	Bündel *m*; Leitungsbündel *n*	faisceau *m*, abr.: FSC; faisceau de lignes *m*; faisceau de circuits *m*
trunking array	Gruppierungsanordung *f*	configuration de groupes *f*
trunking diagram	Gruppenverbindungsplan *m*	plan de groupement *m*; diagramme général des jonctions *m*
trunking unit	Gruppierungsbaustein *m*	module de groupement *m*
trunk junction circuit (*Brit*)	Direktrufdienst *m*; Direktverbindung *f*; Fernvermittlungsleitung *f*; Hotline-Dienst *m*	ligne directe *f*, abr.: LD
trunk line (*Am*)	Amtsleitung *f* = Al	ligne réseau *f*, abr.: LR; ligne principale *f*
trunk scheme grouping	Gruppierung des Wegevielfachs *f*	groupement de multiples des routes *m*
trunk switching center	Fernvermittlung *f*	central distant *m*; central interurbain *m*
TSX (abbr.) = tandem switching center / ~ ~ exchange	Transitvermittlungsstelle *f*; Durchgangsamt *n*; Durchgangsvermittlungsstelle *f*; Knotenamt *n*	CLASS 4, abr.:, CT, abr.: centre de transit *m*; central de transit *m*; réseau d'autocommutateurs *m*; autocommutateurs en réseau *m, pl*
TTX (abbr.) = teletex	Teletex	télétext *m*
tube	Rohr *n*	tube *m*; tuyau *m*
tube parameter	Röhrenparameter *m*	paramètre de tube *m*
tuning screw	Abgleichschraube *f*	vis à syntoniser *f*
turn-off time (*semiconductor*)	Ausschaltzeit *f* (*Halbleiter*)	temps de coupure *m* (*semiconducteur*)
TV (abbr.) = television	Fernsehen *n*	télévision *f*
TV broadcasting corporation	Fernsehanstalt *f*; Fernsehstation *f*	station de télédiffusion / ~ télévision *f*
TV camera recording system	Kamera-Aufzeichnungssystem *n*	système d'enregistrement par caméra *m*
TV monitoring	Fernsehüberwachung *f*	surveillance de télévision *f*; surveillance par télévision *f*
TV network	Fernsehübertragungsnetz *n*	réseau de télédiffusion *m*
TV reception	Fernsehempfang *m*	téléréception *f*
TV signal	Fernsehsignal *n*	signal télévisuel *m*
TV station	Fernsehanstalt *f*; Fernsehstation *f*	station de télédiffusion / ~ télévision *f*
TV surveillance	Fernsehüberwachung *f*	surveillance de télévision *f*; surveillance par télévision *f*
TV technology	Fernsehtechnik *f*	technique télévisuelle *f*
twisting of cables	Verseilung *f*; Verkabelung *f*	câblage *m*
two-dimensional coding	zweidimensionales Codierverfahren *n*	codage bi-dimensionnel *m*
two-party line	Zweieranschluß *m*	ligne commune *f*; ligne partagée *f*
two-way	doppelt gerichtet, Abk.: gk; gehend-kommend, Abk.: gk	bidirectionnel
two-way communication	Wechselsprechverbindung *f*	liaison par intercom *f*
two-way intercom system	Gegensprechanlage *f*	système d'intercommunication *m*
two-way line	Leitung, doppeltgerichtete ~ *f*	ligne bidirectionnelle *f*
two-way radio	Funkgerät *n*	poste de radio *m*

two-way telephone system	Reihenanlage *f*; Sprechsystem *n*; Wechselsprechanlage *f*	système d'intercommunication *m*; intercom *m*; installation d'intercommunication *f*
two-wire	zweiadrig, zweidraht...	à deux fils *m, pl*
two-wire extension	Wählteilnehmer *m,* Abk.: W-Teilnehmer	poste à deux fils *m*
two-wire line (*subscriber*)	Zweidrahtleitung *f* (*Teilnehmer*)	ligne à deux fils *f*
two-wire switching	Zweidrahtdurchschaltung *f*	commutation à deux fils *f*
type	Typ *m*	type *m*
type of call	Gesprächsart *f*	type de conversation *m,* abr.: TC
type of connection	Verbindungsart *f*; Anschlußart *f*	type de connexion *m*; mode de connexion *m,* abr.: MCX
type of display	Anzeigeart *f*	type d'affichage *m,* abr.: TAF
type of operation	Betriebsfall *m*	type d'exploitation *m*; type de fonctionnement *m*
type plate	Typenschild *n*	plaque signalétique *f*
typing mechanism	Schreibwerk *n*	mécanisme enregistreur *m*; imprimeur *m*

U

UIP (abbr.) = Universal Interface Platform	UIP, Abk.: Universal Interface Platform, digitale, universelle Anschlußbaugruppe	UIP, abr.: Universal Interface Platform, carte lignes numériques en liaison avec des sous-cartes
unacceptable	unzulässig	inadmissible; inacceptable
unassigned	unbelegt; unbenutzt	non employé; non utilisé
unassigned answer	Amtsabfrage, offene~ *f*	réponse non affectée *f*; réponse non attributée *f*
unblocking a line	Entsperren einer Leitung *f*; Freigabe einer Leitung *f*	déblocage d'une ligne *m*
unconditional path / route search	nichtbedingte Wegsuche *f*	recherche de lignes inconditionnelle *f*
uncontrolled	ungeregelt	non régularisé
unenclosed	offen	découvert; ouvert
ungrounded	erdfrei	montage flottant *m*; non relié à la terre *f*
UNI (abbr.) = user-network interface	Teilnehmer-Amtsschnittstelle *f*	interface usager-réseau *f*
UNIDO (abbr.) = United Nations Industrial Development Organization	UNIDO, Abk.: Organisation der Vereinten Nationen für industrielle Entwicklung *f*	UNIDO, abr.: Organisation des Nations Unies pour le Dévelop-pement Industriel *f*
uniform higher-level communi-cations protocols	einheitliche höhere Kommunika-tionsprotokolle *n, pl,* Abk.: EHKP	protocole unitaire de communica-tions *m*
unintelligible crosstalk	unverständliches Nebensprechen *n*	diaphonie inintelligible *f*
uninverted crosstalk (*Am*)	verständliches Nebensprechen *n*	diaphonie intelligible *f*
unit	Gerät *n*	appareil *m*; unité *f*; dispositif appareil *m*
United Nations Economic Com-mission for Europe, abbr.: CEE	Wirtschaftskommission der Vereinten Nationen für Europa *f*, Abk.: CEE	Commission Économique des Nations Unies pour l' Europe *f*, abr.: CEE
United Nations Economic Commission for Latin America	Wirtschaftskommission der Ver-einten Nationen für Lateinamerika *f*	Commission Économique des Nations Unies pour l'Amérique Latine *f*, abr.: CEPAL
United Nations Industrial Development Organization, abbr.: UNIDO	Organisation der Vereinten Nationen für industrielle Entwicklung *f*, Abk.: UNIDO	Organisation des Nations Unies pour le Développement Industriel *f*, abr.: UNIDO
unit fee	Gebühreneinheit *f*	unité de taxe *f*
unit (of measurement)	Einheit *f* (*Maßeinheit*)	unité (de mesure) *f*
Universal Interface Platform, abbr.: UIP	Universal Interface Platform, Abk.: UIP	Universal Interface Platform, abr.: UIP
UNIX (abbr.) = Bell Laboratories' operating system for mini- and microcomputers	UNIX, Abk.: Betriebssystem von Bell Lab (16-bit-Prozessor)	UNIX, abr.
unloaded	unbelastet	déchargé
unloaded cable	unbespultes Kabel *n*	câble non pupinisé *m*
unlocking (~ the telephone)	aufschließen (~ des Telefons)	déverrouiller (~ le téléphone)
unnecessary seizure	unnötige Belegung *f*	prise inutile *f*
unsolder	auslöten	dessouder
unsoldering set	Entlötgerät *n*	dessoudeur *m*; appareil à dessouder *m*
unsuccessful call	erfolgloser Anruf *m*	appel infructueux *m*; appel non abouti *m*
unsuccessful connection	erfolglose Verbindung *f*	connexion non réalisée *f*
unused	unbelegt; unbenutzt	non employé; non utilisé
unused number	nichtbeschaltete Nummer *f*	numéro non utilisé *m*; abr.: NNU
unweighted noise voltage	Fremdspannung *f*	tension indépendante *f*; tension externe *f*
UP0 (abbr.) = line interface	UP0, Abk.: Leitungsschnittstelle	UP0, abr.: interface de ligne
update (*data*)	aktualisieren (*Daten*)	actualiser; mettre à jour

upgrading	Aktualisierung *f*	mise à jour *f*
upper bit rate	Oberbitrate *f*	limite du flux numérique *f*
upper part	Oberteil *n*	partie supérieure *f*; sommet *f*; haut *m*
uptime	Verfügbarkeitszeitraum *m*	période de disponibilité *f*
UPU (abbr.) = Universal Postal Union	Weltpostverein *m*	Union Postale Universelle *f*
urgent lamp	Drängellampe *f*	voyant d'appel en attente *m*
usable level	Nutzpegel *m*	niveau utile *m*
USDN (abbr.) = ISDN from ITT	USDN, Abk.: ISDN von ITT	USDN, abr.: RNIS de ITT
use	Einsatz *m*; Verwendung *f*; Anwendung *f*	utilisation *f*; application *f*; usage *m*; emploi *m*
use	verwenden	employer; se servir (de); utiliser
used	verwendet	utilisé; employé
useful time	Nutzungsdauer *f*; Lebensdauer *f*	durée de vie *f*; durée d'utilisation *f*; longévité *f*
user	Abnehmer *m*; Benutzer *m*; Nutzer *m*	usager *m*; agent *m* (*ACD*)
user access	Benutzeranschluß / ~zugang *m*; Nutzerzugang *m*; Anwenderzugriff *m*; Teilnehmeranschluß *m*	accès d'usager *m*; accès usager *m*; accès des usagers *m*
user channel	Nutzkanal *m*	canal utile *m*
user class of service	Benutzerklasse *f*; Anschlußberechtigung *f*; Anschlußklasse *f*	classe de service *f*; catégorie de poste *f*; classe d'abonné *f*
user-friendly	bedienungsfreundlich; benutzerfreundlich	convivial
user interface	Benutzeroberfläche *f*; Benutzerschnittstelle *f*	interface usager *f*
user manual	Bedienungsanleitung *f*	mode d'emploi *m*
user-network access	Benutzer-Netzzugang *m*	accès usager-réseau
user-network interface, abbr.: UNI	Teilnehmer-Amtsschnittstelle *f*	interface usager-réseau *f*
user of a telecommunication network	Teilnehmer des Telekommunikationsnetzes *m*	usager d'un réseau de télécommunications *m*
user program	Anwenderprogramm *n*	programme utilisateur *m*
user prompting	Bedienerführung *f*	procédure de guidage *f*; guide opérateur *m*
user surface	Benutzeroberfläche *f*; Benutzerschnittstelle *f*	interface usager *f*
user-(to-)user protocol	Teilnehmer-Teilnehmer-Protokoll *n*; Benutzerprotokoll *n*	protocole d'usager à usager *m*; protocole usager *m*
user-to-user signaling, abbr.: UUS	Teilnehmer-Teilnehmer-Zeichengabe *f*	signalisation d'usager à usager *f*
USTA (abbr.) = United States Telephone Association	Vereinigung amerikanischer Telefongesellschaften *f*	Association des Compagnies Téléphoniques Américaines *f*
utilization factor	Belegungswahrscheinlichkeit *f*	probabilité d'occupation *f*
utilization of first metering pulse	Ausnutzung des ersten Gebührenimpulses *f*	utilisation de la première impulsion de taxation *f*
utilization time	Nutz(ungs)zeit *f*	temps d'utilisation *m*
utilize	verwenden	employer; se servir (de); utiliser
utilized	verwendet	utilisé; employé
UUS (abbr.) = user-to-user signaling	Teilnehmer-Teilnehmer-Zeichengabe *f*	signalisation d'usager à usager *f*

V

V.24 interface	Schnittstelle V.24 *f*, Abk.: SSV	interface V.24 *f*
vacant	nicht beschaltet	non connecté
validity	Gültigkeit *f*	validité *f*
value-added services, abbr.: VAS	Mehrwertdienste *m, pl*	services à valeur ajoutée *m, pl*
variable call diversion (*class of service*)	variable Rufumleitung *f*, Abk.: ru	renvoi variable *m*
VAS (abbr.) = value-added services	Mehrwertdienste *m, pl*	services à valeur ajoutée *m, pl*
VC (abbr.) = virtual connection	Logikschaltkreis *m*; virtuelle Verbindung *f*	CV, abr.: circuit virtuel *m*
VDE (abbr.) = German association of electrotechnical engineers	VDE, Abk.: Verband Deutscher Elektrotechniker *m*	VDE, abr.: Association allemande des ingénieurs en électricité *f*
VDMA (abbr.) = Association of German engineering shops	VDMA, Abk.: Verein Deutscher Maschinenbauanstalten *m*	VDMA, abr.: Association des Constructeurs de Machines Allemands *f*
VDU (abbr.) = visual display unit	Sichtgerät *n*; Datensichtgerät *n*	appareil de visualisation *m*; appareil console de visualisation des données *m*; unité de visualisation *f*
VDX (abbr.) = videotex	Btx, Abk.: Bildschirmtext *m*	vidéotext *m*; télétel *m*
vehicle navigation system	Fahrzeugnavigationssystem *n*	système de navigation *m*
verification	Nachprüfen einer Identitätsangabe *n*	vérification d'une identification *f*
verify	überprüfen; prüfen	vérifier; contrôler; tester
version	Ausbaustufe *f*; Version *f*; Ausführung *f*; Baustufe *f*; Machart *f*	version *f*; exécution *f*
vertical resolution	vertikale Auflösung *f*	résolution verticale *f*
VF (abbr.) = voice frequency	Sprachfrequenz *f*; Sprechfrequenz *f*; Tonfrequenz *f*; Hörfrequenz *f*	FV, abr.: fréquence vocale *f* fréquence téléphonique *f*; fréquence acoustique *f*
VF/AF pushbutton selection	tonfrequente Tastwahl *f*	numérotation clavier à fréquences vocales *f*
VF/AF signaling	Tonfrequenzsignalisierung *f*	signalisation à fréquences vocales *f*
VF/AF touch-tone dialing	tonfrequente Tastwahl *f*	numérotation clavier à fréquences vocales *f*
VF ringing	Tonruf *m*	sonnerie *f*; tonalité d'appel *f*
via	über	via; par l'intermédiaire de
video = (display) telephone	Bildfernsprecher *m*; Bildtelefon *n*; Videophon *n*; Videotelefon *n*	visiotéléphone *m*; vidéophone *m*; visiophone *m*
video camera	Videokamera *f*	caméra vidéo *f*
video coder	Bildkodierer *m*	encodeur vidéo *m*
video engineer	Videoingenieur *m*	ingénieur d'image *m*
video engineering	Bildtechnik *f*	technique vidéo *f*
video isolating amplifier	Video-Trennverstärker *m*	amplificateur - séparateur de vidéo *m*
video mixer	Bildmischer *m*	vidéo-mixeur *m*
video mixing equipment	Bildmischgerät *n*	équipement mixeur d'image *m*
video monitor system	Fernsehüberwachungssystem *n*	système de moniteur vidéo *m*
videophone	Bildfernsprecher *m*; Bildtelefon *n*; Videophon *n*; Videotelefon *n*	visiotéléphone *m*; vidéophone *m*; visiophone *m*
videophone service	Bildtelefondienst *m*	service visiophonique *m*
video rack	Videoturm *m*	châssis vidéo *m*
video recorder	Videorecorder *m*	enregistreur vidéo *m*
video recording	Videoaufnahme *f*	enregistrement vidéo *m*
video tape equipment	Videobandanlage *f*	équipement de cassettes vidéo *m*
video tape unit	Video-Magnetbandmaschine *f*	unité de bande magnétique *f*
video technology	Videotechnologie, ~technik *f*	technologie / technique vidéo *f*
video telephone	Bildfernsprecher *m*; Bildtelefon *n*; Videophon *n*; Videotelefon *n*	visiotéléphone *m*; vidéophone *m*; visiophone *m*
video telephony	Fernsehtelefonie *f*; Bildtelefonie *f*	visiophonie *f*
videotex, abbr.: VDX	Bildschirmtext *m*, Abk.: Btx	vidéotext *m*; télétel *m*

video transmission	Bildübertragung *f*	transfert d'images *m*; transmission d'image *f*
video workstation	Bildschirmarbeitsplatz *m*	poste de travail vidéo *m*
view	Ansicht *f*	vue d'ensemble *f*
violet, abbr.: VT = IEC 757	violett, Abk.: VT	violet, abr.: VT
virtual connection, abbr.: VC	Logikschaltkreis *m*; virtuelle Verbindung *f*	circuit virtuel *m*, abr.: CV
virtual connection in a B channel	virtuelle Verbindung in einem B-Kanal *f*	circuit virtuel dans un canal B *m*, abr.: CVB
virtual connection in a D channel	virtuelle Verbindung in einem D-Kanal *f*	circuit virtuel dans un canal D *m*, abr.: CVD
visible	sichtbar	visible
visual	optisch	optique
visual busy indicator	Besetztschauzeichen *n*	signal lumineux d'occupation *m*
visual display unit, abbr.: VDU	Sichtgerät *n*; Datensichtgerät *n*	appareil de visualisation *m*; appareil console de visualisation des données *m*; unité de visualisation *f*
visual inspection	Sichtprüfung *f*	inspection visuelle *f*; contrôle visuel *m*
vocoder (abbr.) = voice-operated coder	Sprachcodierer *m*	codeur vocal *m*
voice	Sprache *f*	langue *f*; conversation *f*; discours *m*; voix *f*
voiceband	Sprachband *n*	bande de fréquences vocales *f*
voice calling	Sprachdurchsage *f*	annonce parlée *f*
voice channel	Gesprächskanal *m*; Gesprächsband *n*	canal vocal *m*; bande vocale *f*
voice detector	Spracherkenner *m*	identificateur vocal *m*
voice encoder	Sprachcodierer *m*	codeur vocal *m*
voice entry system	Spracheingabesystem *n*	système de saisie vocal *m*
voice frequency, abbr.: VF	Sprachfrequenz *f*; Sprechfrequenz *f*; Tonfrequenz *f*; Hörfrequenz *f*	fréquence vocale *f*, abr.: FV; fréquence téléphonique *f*; fréquence acoustique *f*
voice-frequency signaling	Signalisierung im Sprachband *f*; Tonwahl *f*	signalisation dans la bande *f*
voice mail	Sprachspeicher *m*	mémoire de parole *f*; boîte à lettre vocale *f*
voice-operated coder, abbr.: vocoder	Sprachcodierer *m*	codeur vocal *m*
voice recognition	Spracherkennung *f*	reconnaissance de la voix *f*
voice recognition system	Spracherkennungssystem *n*	système de reconnaissance de la voix *m*
voice reproduction system	Sprachausgabesystem *n*, Abk.: SPRAUS	système de reproduction de la voix *m*
voice transmission	Sprachübertragung *f*	transmission de la parole *f*
voice unit	Sprachaufzeichnungsgerät *n*	enregistreur de messagerie vocale *m*
void	ungültig	non valable; nul; annulé
voltage attenuation	Spannungsdämpfung *f*	affaiblissement de tension *m*
voltage changing	Spannungsumschaltung *f*	commutation de la tension *f*
voltage deviation	Spannungsabweichung *f*	écart de tension *m*
voltage divider	Spannungsteiler *m*	diviseur de tension *m*
voltage drop / ~ loss	Spannungsabfall *m*; Spannungsverlust *m*	chute de tension *f*
voltage monitoring	Spannungsüberwachung *f*	contrôle de tension *m*
voltage pulse	Spannungsimpuls *m*	impulsion en tension *f*
voltage transformer	Spannungswandler *m*	transformateur de tension *m*
voltmeter	Spannungsmeßgerät *n*	voltmètre *m*
volume (*level*)	Volumen *n* (*Pegel*); Lautstärke *f*	volume *m* (*niveau*); niveau sonore *m*; intensité du son *f*
volume (*capacity*)	Gehalt *m* (*Rauminhalt*); Volumen *n* (*Rauminhalt*); Inhalt *m* (*Rauminhalt*)	contenance *f* (*volume*); volume *m* (*capacité*)

volume control	Lautstärketaste *f*	touche de volume *f*; bouton de réglage du volume *m*
VT (abbr.) = violet = IEC 757	VT, Abk.: violett	VT, abr.: violet

W

waiting field	Warteschlange *f*; Wartefeld *n*	file d'attente *f*
waiting field display	Wartefeldanzeige *f*	tableau d'attente *m*; afficheur de file d'attente *m*
waiting for extension to become free	warten auf Freiwerden der Nebenstelle *n*	attente de libération *f*
wake-up call	Weckruf *m*	appel de réveil *m*
wake-up service	Weckdienst *m*	service de réveil *m*
walkie-talkie (*Am*)	Handsprechfunkgerät *n*	walkie-talkie *m*; poste portatif radioélectrique *m*
wall casing	Wandgehäuse *n*	boîtier mural *m*; coffret mural *m*
wall fixing device	Wandhalterung *f*	support mural *m*; fixation murale *f*
wall housing	Wandgehäuse *n*	boîtier mural *m*; coffret mural *m*
wall socket	Steckdose *f*; Fassung *f*; Dose *f*	prise femelle *f*; prise de courant *f*
wall telephone instrument / ~ ~ set	Fernsprech-Wandapparat *m*	poste téléphonique mural *m*
WAN (abbr.) = Wide Area Network	WAN, Abk.	WAN, abr.: réseau des communications à longue distance
warning	Achtung *f*; Vorsicht *f*; Warnung *f*	attention *f*; précaution *f*
WARNING (*danger to life*)	Warnung *f* (*auf Geräten*)	ATTENTION *f*; MISE EN GARDE *f*
washer	Unterlegscheibe *f*; Dichtungsring *m*	rondelle *f*
watchman feature	Wächterprotokolleinrichtung *f*	équipement de rapport de ronde *m*
watchman's round report	Wächterrundgangsmeldung *f*	rapport de ronde *f*
water conduit	Wasserleitung *f*	conduite d'eau *f*
water pipe	Wasserleitung *f*	conduite d'eau *f*
waterproof	wasserdicht	étanche
wattage referred to . . .	Wattangaben bezogen auf . . . *f, pl*	indication de puissance par rapport à . . . *f*
wave attenuation	Wellendämpfung *f*	affaiblissement caractéristique *m*
weight	Gewicht *n*	poids *m*
weight data gathering	Gewichtsdatenerfassung *f*	acquisition de données de poids *f*; saisie des données concernant le poids *f*
weighted noise	Geräuschspannung *f*	bruit pondéré *m*; tension psophométrique *f*
wetting potential	Frittpotential *n*	potentiel cohérent *m*
WH (abbr.) = white = IEC 757	WH, Abk.: weiß	WH, abr.: blanc
white, abbr.: WH = IEC 757	weiß, Abk.: WH	blanc, abr.: WH
white balance	Weißabgleich *m*	équilibrage des blancs *m*
white pink, abbr.: WHPK = IEC 757	weiß rosa, Abk.: WHPK	blanc rose, abr.: WHPK
WHPK (abbr.) = white pink = IEC 757	WHPK, Abk.: weiß rosa	WHPK, abr.: blanc rose
Wide Area Network, abbr.: WAN	WAN, Abk.	réseau des communications à longue distance, abr.: WAN
wideband data channel	Breitband-Datenkanal *m*	canal de données large bande *m*
width	Breite *f*	largeur *f*
wildcard	Stellvertreterzeichen *n*	caractère générique *m*
winding	Wicklung *f*	enroulement *m*
winding and square designation	Wicklung- u. Feldbezeichnung *f*	repérage de l'enroulement et du champ *m*
window	Fenster *n*	fenêtre *f*
wire	Draht *m*, Abk.: Dr; Ader *f*	fil *m*; brin (d'un câble) *m*
wire bridge	Lötbrücke *f*; Schaltdraht *m*; Drahtbrücke *f*; Brücke *f*	strap à souder *m*; fil de connexion *m*; strap *m*; cavalier *m*
wire diameter	Aderndicke *f*	diamètre de brin / ~ ~ fil *m*
wired-program control	Programm in der Verdrahtung *n*	programme en logique câblée *m*
wireless	drahtlos	sans fil *m*

wire pair	Leitungspaar *n*; Doppelader *f*, Abk.: DA; Adernpaar *n*	paire de conducteurs *f*
wire-wrapping tool	Wrapwerkzeug *n*	outil de sertissage *m*
wiring	Verdrahtung *f*; Rangierung *f*	câblage *m*; filerie *f*
wiring board	Verdrahtungsplatte *f*, Abk.: VP; Basisleiterplatte *f*	plaque de câblage *f*; carte de câblage *f*; carte principale *f*; carte mère *f*
wiring diagram	Bauschaltplan *m*	schéma de connexions *m*
wiring frame	Verdrahtungsrahmen *m*, Abk.: VR	fond de cage *m*
wiring harness (*Am*)	Kabelbaum *m*	forme de câbles *f*; peigne de câbles *m*
wiring plate	Verdrahtungsplatte *f*, Abk.: VP; Basisleiterplatte *f*	plaque de câblage *f*; carte de câblage *f*; carte principale *f*; carte mère *f*
wiring side	Verdrahtungsseite *f*	côté câblage *m*
withdraw	herausschalten, sich ~	retirer; se déconnecter
withdrawal from group hunting	Herausschalten aus dem Sammelanschluß *n*	poste déconnecté du groupement de postes *m*
with independent timing	taktautonom	avec horloge indépendante *f*
without tension	spannungsfrei	sans tension *f*
witness circuit	Zeugenschaltung *f*	circuit témoin *m*
word processing	Textverarbeitung *f*	traitement de texte *m*
working speed	Arbeitsgeschwindigkeit *f*	vitesse de fonctionnement *f*
workstation	Arbeitsplatz *m*	poste de travail *m*; workstation *f*; position de travail *f*
World Bank (see: IBRD)	Weltbank *f* (siehe: IBRD)	Banque Mondiale *f* (voir: IBRD)
wrap	wrappen	sertir; wrapper
wrapping tool	Wrapwerkzeug *n*	outil de sertissage *m*
wrap-up time, abbr.: WRP	Nachbearbeitungszeit *f*, Abk.: Nbz	temps de récupération *m*
write-protected	schreibgeschützt	lecture seule *f*
wrong connection	Falschverbindung *f*; Fehlschaltung *f*	fausse connexion *f*; connexion erronée *f*
wrong dialing	falsch wählen	numérotation erronée *f*
wrong selection	Falschwahl *f*	fausse numérotation *f*
WRP (abbr.) = wrap-up time	Nbz, Abk.: Nachbearbeitungszeit *f*	temps de récupération *m*

X / Y

X.25 packet switched network used in France	französisches Paketvermittlungsnetz *n*	réseau de commutation par paquets *m*, abr.: TRANSPAC
XENIX (abbr.) = mini- and microcomputer operating system similar to UNIX	XENIX, Abk.: Betriebssystem von Microsoft Inc.	XENIX, abr.: système d'exploitation de Microsoft Inc.
YE (abbr.) = yellow = IEC 757	YE, Abk.: gelb	YE, abr.: jaune
YEBU (abbr.) = yellow blue = IEC 757	YEBU, Abk.: gelb blau	YEBU, abr.: jaune bleu
YEGY (abbr.) = yellow grey = IEC 757	YEGY, Abk.: gelb grau	YEGY, abr.: jaune gris
yellow, abbr.: YE = IEC 757	gelb, Abk.: YE	jaune, abr.: YE
yellow blue, abbr.: YEBU = IEC 757	gelb blau, Abk.: YEBU	jaune bleu, abr.: YEBU
yellow grey, abbr.: YEGY = IEC 757	gelb grau, Abk.: YEGY	jaune gris, abr.: YEGY
yellow pink, abbr.: YEPK = IEC 757	gelb rosa, Abk.: YEPK	jaune rose, abr.: YEPK
yellow white, abbr.: YEWH = IEC 757	weiß gelb, Abk.: YEWH	blanc jaune, abr.: YEWH
YEPK (abbr.) = yellow pink = IEC 757	YEPK, Abk.: gelb rosa	YEPK, abr.: jaune rose
YEWH (abbr.) = yellow white = IEC 757	YEWH, Abk.: gelb weiß	YEWH, abr.: blanc jaune

Z

zero	Null *f*	zéro *m*; nul *m*
zero-loss (*circuit*)	verlustlos (*Leitung*)	sans pertes *f*, *pl*
zone	Zone *f*	zone *f*; région *f*
zoner	Zoner *m*; Verzoner *m*	générateur d'impulsions par zones *m*; calculateur de zonage *m*
zoning	verzonen	répartir en zone *f*; zonage *m*

Dictionnaire
Telecom

Tome 3

Français *Allemand* *Anglais*

A

AAB (abr.) = abonné ayant droit au service des abonnés absents	Berechtigung für Rufweiterschaltung *f*	call transfer facility
abonné *m* (*télécom*)	Teilnehmer *m* (*Telefonie*), Abk.: Tln	subscriber (*telephony*)
abonné absent *m*, abr.: ABS	abwesender Teilnehmer *m*	absent subscriber
abonné appelant *m*	Anrufer *m*; Absender *m* (*eines Rufes*)	calling party; caller; originator
abonné appelé *m*	gerufener Teilnehmer *m*, Abk.: GT; gerufene Nebenstelle *f*	called subscriber; called party; called extension
abonné ayant accès à la numérotation abrégée *m* (*TENOCODE*)	codewahlberechtigter Teilnehmer *m* (*TENOCODE*)	TENOCODE-authorized extension
abonné ayant droit à prise *m*	halbamtsberechtigter Teilnehmer *m*; halbamtsberechtigte Nebenstelle ~ *f*	semirestricted extension; partially-restricted extension
abonné ayant droit au service des abonnés absents *m*, abr.: AAB	Berechtigung für Rufweiterschaltung *f*	call transfer facility
abonné de contrôle *m*	Prüfteilnehmer *m*, Abk.: PT	test extension; test subscriber
abonné demandé *m*	gerufener Teilnehmer *m*, Abk.: GT; gerufene Nebenstelle *f*	called subscriber; called party; called extension
abonné demandeur *m*	rufender Teilnehmer *m*; rufende Nebenstelle *f*	calling subscriber; calling station; calling extension
abonné de rétro-appel *m*	Rückfrageteilnehmer *m*	refer-back extension
abonné destinataire *m*	Empfangsteilnehmer *m*	receiving subscriber
abonné distant *m*	Gegenteilnehmer *m*	distant subscriber
abonné du réseau public *m*	Amtsteilnehmer *m*	public exchange subscriber
abonné interurbain *m*	Fernteilnehmer *m*	long-distance subscriber
abonnement mensuel *m*	feste monatliche Gebühr *f*	fixed monthly charge
abonné récepteur *m*	Empfangsteilnehmer *m*	receiving subscriber
abonné spécial *m*	Sonderteilnehmer *m*	special line circuit; special line extension
ABS (abr.) = abonné absent	abwesender Teilnehmer *m*	absent subscriber
AC (abr.) = courant alternatif	Wechselspannung *f*; Wechselstrom *m*	AC, abbr.: AC voltage; alternating current
acceptation d'appel *f*	Rufannahme *f*	call-accepted signal
acceptation d'appel en PCV *f*	Annahme der Gebührenübernahme *f*	reverse charging acceptance
acceptation de la numérotation *f*	Wahlaufnahme *f*	dial reception; selection code acceptance
accepter	übernehmen; annehmen	adopt; accept; pick up (call)
accès *m*	Zugang *m*; Zugriff *m*	access
accès à la conférence *m*	Konferenzberechtigung *f*	conference access status
accès au bus *m*	Sammelschienenzugang *m*, Abk.: SSZ	bus(bar) access
accès au central public *m*	Amtszugriff *m*	access to public exchange
accès au trafic de données *m*	datenverkehrsberechtigt	nonrestricted data traffic
accès de base *m*	Basisanschluß *m*	basic access
accès des usagers *m*	Benutzeranschluß / ~zugang *m*; Nutzerzugang *m*; Anwenderzugriff *m*; Teilnehmeranschluß *m*	user access
accès direct à un groupe *m*	Gruppenruf *m*; Gruppendurchsage *f*	group call
accès direct aux lignes réseau *m*	direkte Amtswahl *f*	direct access to external lines
accès direct individuel *m*	Einzelruf *m*	direct individual access
accès d'usager *m*	Benutzeranschluß / ~zugang *m*; Nutzerzugang *m*; Anwenderzugriff *m*; Teilnehmeranschluß *m*	user access
accès fixe *m*	Festanschluß *m*	fixed access

accès multiple à répartition dans le temps *m*, abr.: AMRT	Zeitlagenzugriff *m*	time-slot access
accès multipoints *m*	Mehrfachanschluß *m*	multiplex link; multi-access line; multipoint access
accès parallèle *m*	Parallelzugriff *m*	simultaneous access
accès primaire multiplex *m*	Primärmultiplexanschluß *m*	primary rate access
accessibilité *f*	Erreichbarkeit *f*; Zugänglichkeit *f*	accessibility
accessoires *m, pl*	Zubehör *n*	accessories
accès urbain *m* (*classe de service*)	inlandswahlberechtigt, Abk.: sw1	domestic trunk access (*class of service*)
accès usager *m*	Benutzeranschluß / ~zugang *m*; Nutzerzugang *m*; Anwenderzugriff *m*; Teilnehmeranschluß *m*	user access
accès usager-réseau	Benutzer-Netzzugang *m*	user-network access
accumulateur *m*	Akkumulator *m*, Abk.: AC	accumulator
accumulateur de secours au plomb *m*	Reserve-Blei-Akkubatterie *f*	standby lead-acid accumulator; standby lead-acid battery
accumuler	ansammeln	accumulate
acheminement *m*	Durchschaltung *f*; Schalten *n*; Vermittlung *f* (*Tätigkeit*); Umschaltung *f*, Abk.: UM	switching; through-connection; routing; switchover; changeover
acheminement automatique *m*	automatische Leitweglenkung *f*;	automatic route selection
acheminement direct *m*	Querweg *m*; Direktweg *m*	high-usage route; direct route
acheminement (du trafic) *m*	Leitweglenkung *f*	alternate routing; route advance (*Am*); alternative routing; call routing
acheminement du trafic *m*	Verkehrslenkung *f*	traffic routing
acheminement multiple *m* (*P.O.*)	Mehrwegführung *f* (*Vermittlung*)	multiple routing (*exchange*)
acheminement séquentiel de l'appel sur une ligne *m*	geordneter Absuchvorgang *m*	sequential hunting
acquisition de données de poids *f*	Gewichtsdatenerfassung *f*	weight data gathering
acquisition des données *f*	Dateneingabe *f*; Datenerfassung, EDV *f*	data input; data entry; data acquisition, EDP; data collection; data recording
acquit(tement) *m*	Quittung *f*; Rückmeldung *f*; Empfangsbestätigung *f*	acknowledgement, abbr.: ACK; answer back; message; reply; checkback; reception confirmation; confirmation of receipt
acquitter (*signal*)	quittieren (*Signal*)	acknowledge
ACSM (abr.:) = Alternating Current Signaling Sub Module, sous-carte de signalisation en courant alternatif	ACSM, Abk.: Alternating Current Signaling Sub Module, Subbaugruppe für Wechselstromsignalisierung	ACSM, abbr.: Alternating Current Signaling Sub Module
actif	wirksam	effective
action à distance *f*	Fernwirken *n*	telecontrol
action demi-retardée *f* (*fusible*)	mittelträge (*Sicherung*)	semi time-lag (*fuse*)
actionner	drücken	press; depress
activation tactile *f*	Touchbetätigung *f*	activation by touching; touch activation
activer	aktivieren	activate; enable
actualiser	aktualisieren (*Daten*)	update (*data*)
adaptateur *m*	Adapter *m*; Übergabestecker *m*	adapter; transfer plug
adaptateur de groupement *m*	Gruppenvorsatz *m*	group adapter
adaptateur de terminal *m*, abr.: AT	Endgeräte-Anpassung *f*; Terminaladapter *m*	terminal adapter, abbr.: TA
adaptateur de terminal de IBM *m*	Terminal Adapter von IBM, Abk.: DCM	terminal adapter from IBM
adaptateur de trafic interautomatique *m*	Querverkehrszusatz *m*	tie line attachment
adaptateur de vitesse numérique-numérique *m*	Digital-Digital-Geschwindigkeitsanpassung *f*, Abk.: D/D	digital-digital speed adaption
adaptateur d'interface *m*	Schnittstellenanpassung *f*	interface adapter

adaptation *f*	Adaptation *f*; Anpassung *f*	adaptation; matching
adaptation de canal *f*	Sprechweganpassung *f*	speech path adaption; speech path matching
adaptation de lignes *f*	Leitungsanpassung *f*, Abk.: LA	line matching; line adapter / ~ adaption
adaptation numérique de débit *f*	digitale Bitratenanpassung *f*, Abk.: D/B	digital bit rate adaption
adapteur *m*	Adapter *m*; Übergabestecker *m*	adapter; transfer plug
adapteur de batterie locale *m*	Ortsbatterievorsatz *m*	local battery adapter
adapteur de prise *m*	Steckertransformator *m*	plug transformer
adapteur des dispositifs de test *m*	Prüfgerätezusatz *m*	test set attachment
addenda *m*	Nachtrag *m*	addendum
à deux fils *m, pl*	zweiadrig, zweidraht...	two-wire; bifilar
adjonction *f* (*ligne*)	Belegung *f* (*Leitung*); Leitungsbelegung *f*, Abk.: LB	seizing (*line*); seizure (*line*); occupancy; busying; line seizure; line occupancy
adjudicataire *m*	Auftragnehmer *m*; Lieferant *m*	supplier; contractor
ADL (abr.) = adresse ligne	Leitungsadresse *f*	line address
Administration des PTT en Allemagne *f* = voir: Télécom allemand	Bundespost (veraltet) *f* = heute: Deutsche Telekom; Deutsche Bundespost (veraltet) *f*, Abk.: DBP = siehe: Deutsche Telekom	German Federal Post Office (outdated) = see: German Telecom; German Federal Postal Administration (outdated) = see: German Telecom
administration des télécommunications *f*	Fernmeldebehörde *f*	telecommunications authorities
adopter	übernehmen; annehmen	adopt; accept; pick up (call)
adressable	aufrufbar; adressierbar	addressable
adressage	Adressierung *f*	addressing
adresse, Edp *f*	Adresse, EDV *f*, Abk.: AD	address, EDP
adresse bus *f*	Adressenpuffer *m*, Abk.: AB	address buffer
adresse de l'usager *f*	Abnehmeradresse *f*	customer address
adresse d'enfichage *f*	Steckplatzadresse *f*	slot address
adresse des données *f*	Datenadresse *f*	data address
adresse ligne *f*, abr.: ADL	Leitungsadresse *f*	line address
adresse multiple *f*	Mehrfachanschrift *f*	multi-address
adresse registre *f*	Registeradresse *f*, Abk.: RA	register address
AELE (abr.) = Association Européenne de Libre Échange	EFTA, Abk.: Europäische Freihandelsgesellschaft *f*	EFTA, abbr.: European Free Trade Association
affaiblissement *m* (*circuit*)	Dämpfung *f* (*Leitung*); Abschwächung *f* (*eines Signals*)	loss (*circuit*); attenuation, (*transmit signal*)
affaiblissement asymétrique *m*	Unsymmetriedämpfung *f*	balance-to-imbalance ratio
affaiblissement caractéristique *m*	Wellendämpfung *f*	wave attenuation
affaiblissement composite *m*	Restdämpfung *f*; Betriebsdämpfung *f*	overall loss; net loss (*Am*); overall attenuation
affaiblissement conjugué *m*	konjugierte-komplexe Dämpfung *f*	conjugate attenuation constant
affaiblissement d'adaptation *m*	Reflexionsdämpfung *f*; Anpassungsdämpfung *f*	return loss; matching attenuation
affaiblissement d'alimentation *m*	Speisestromdämpfung *f*	feeding loss
affaiblissement d'écho *m*	Echodämpfung *f*	echo attenuation; active return loss (*Am*)
affaiblissement de désadaption *m*	Stoßdämpfung *f*	mismatch; transition loss
affaiblissement de diaphonie *m*	Übersprechdämpfung *f*; Nebensprechdämpfung *f*	crosstalk attenuation
affaiblissement de distorsion harmonique *m*	Klirrdämpfung *f*	harmonic distortion attenuation
affaiblissement d'effet (anti-)local *m*	Rückhörbezugsdämpfung *f*	sidetone reference equivalent
affaiblissement d'équilibrage *m*	Fehlerdämpfung *f*	balance return loss; return loss between line and network (*Am*)
affaiblissement d'équilibre d'entrée *m*	Eingangssymmetriedämpfung *f*	input balance attenuation
affaiblissement de réaction *m*	Umlaufdämpfung *f*	feedback loss

affaiblissement de référence de réception *m*	Empfangsbezugdämpfung *f*	receiving reference loss
affaiblissement de régularité *m*	Rückflußdämpfung *f*	regularity return loss (*Brit*); structural return loss (*Am*)
affaiblissement de tension *m*	Spannungsdämpfung *f*	voltage attenuation
affaiblissement diaphonique *m*	Übersprechdämpfung *f*; Nebensprechdämpfung *f*	crosstalk attenuation
affaiblissement d'insertion *m*	Durchgangsdämpfung *f*; Einfügungsdämpfung *f*; Einfügungsverlust *m*	insertion loss
affaiblissement d'une terminaison *m*	Gabel(übergangs)dämpfung *f*	attenuation of a terminating circuit; attenuation of a terminating set; transhybrid loss
affaiblissement du quadripôle *m*	Vierpoldämpfung *f*	image attenuation; image loss
affaiblissement du signal local *m*	Rückhördämpfung *f*	sidetone attenuation
affaiblissement effectif *m*	Restdämpfung *f*; Betriebsdämpfung *f*	overall loss; net loss (*Am*); overall attenuation
affaiblissement équivalent *m*	Bezugsdämpfung *f*	reference equivalent
affaiblissement intrinsèque *m* (*appareil*)	Eigendämpfung *f* (*Gerät*)	intrinsic loss (*equipment*)
affaiblissement itératif *m*	Kettendämpfung *f*	attenuation constant; iterative attenuation constant
affaiblissement réel *m*	Wirkdämpfung *f*	effective attenuation; transducer loss (*Am*)
affaiblissement relatif à l'émission *m*	Sendebezugsdämpfung *f*, Abk.: SBD	transmitting reference loss; sending reference equivalent
affaiblissement symétrique *m*	Symmetriedämpfung *f*	balance loss; balanced attenuation
affectation *f*	Zuweisung *f*; Zuordnung *f*	assignment
affectation automatique de lignes extérieures *f*	Selbstzuordnung von Amtslei-tungen *f*	self-allocation of external lines
affectation de l'emplacement (d'enfichage) *f*	Steckplatzbelegung *f*	slot assignment
affectation des baies *f*	Belegung von Buchten *f*	allocation of bays
affectation des canaux *f*	Kanalzuteilung *f*	channel allocation
affectation des touches *f*	Tastenbelegung *f*	key assignment
affectation de table d'opératrice *f*	Platzzuordnung *f*	multiple attendant position
affectation du connecteur *f*	Steckerbelegung *f*	plug connections; pin configuration
affectation par clavier *f*	Tastenzuteilung *f*	pushbutton assignment
affectation particulière *f*	Eigenzuweisung *f*	self-assignment
affecter (*un circuit*)	belegen (*Leitung*)	seize (*line*); engage (*line*)
affecter à une touche	Tastenzuordnung *f*	assign to key
affecter à un menu	Menüzuordnung *f*	assign to menu; menu allocation
affichage *m*	Anzeige *f*, Abk.: ANZ; Display *n*	display; indication
affichage allumé *m*	Anzeige ein *f*	display on; indication on
affichage alphanumérique *m*	alphanumerisches Anzeigenfeld *n*, Abk.: AAF	alphanumeric display field
affichage d'appel *m*	Aufrufanzeige *f*	call-up display
affichage de l'heure *m*	Zeitanzeige *f*; Uhrzeitanzeige *f*	time display
affichage des rendez-vous *m*	Terminanzeige *f*	appointment display
affichage du nom *m*	Namensanzeige *f*	caller identification; name display; calling party indication
affichage du nom de l'abonné appelant *m*	Namensanzeige des gerufenen Teilnehmers *f*	Connected Name Identification Presentation, abbr.: CONP
affichage du nom de l'appelant sur le poste de l'appelé *m*	Namensanzeige des rufenden Teilnehmers beim gerufenen Tln *f*	Calling Name Idendification Presentation, abbr.: CNIP
affichage du nom de l'appelé sur le poste appelant *m*	Anzeige des Namens des gerufenen Teilnehmers beim rufenden Tln *f*	Called Name Identification Presen-tation
affichage du numéro de l'appelant sur le poste de l'appelé *m*	Anzeige der Rufnummer des rufen-den Teilnehmers beim gerufenen Teilnehmer *f*	Calling Line Identification Presentation, abbr.: CLIP
affichage du numéro de l'appelé sur le poste appelant *m*	Rufnummeranzeige des gerufenen Teilnehmers beim rufenen Tln *f*	Connected Line Identification Presentation, abbr.: COLP

affichage éteint *m*	Anzeige aus *f*	display off; indication off
affichage numérique *m*	Digitalanzeige *f*	digital display
affichage plasma *m*	Plasmaanzeige *f*	plasma display
afficheur *m*	Anzeigegerät *n*; Anzeigeeinrichtung *f*	display unit; display device; display equipment; CRT display / ~ console
afficheur de file d'attente *m*	Wartefeldanzeige *f*	waiting field display; queuing field display
afficheur de messages *m*	Klartextanzeige *f*	text in clear display
afficheur digital lumineux *m*	Leuchtziffernanzeige *f*	luminous display; illuminated display
afficheur d'occupation *m*	Besetztlampenfeld *n*; Besetztanzeigefeld *n*	busy lamp panel; busy lamp display panel
afficheur du tableau de signalisation *m*	Signalfeldanzeige *f*	signal panel display
afficheur lumineux *m*	Lichtzeicheneinrichtung *f*	light signal unit; luminous signal unit
afficheurs du tableau signalisation de groupement *m, pl*	Gruppensignalfeld-Anzeigeteil *m*	group signaling display panel
affirmation *f*	Aussage *f*	statement
agent *m (ACD)*	Abnehmer *m*; Benutzer *m*; Nutzer *m*	user
agrafe *f*	Klemme *f*; Quetschvorrichtung *f*; Klammer *f*	clamp; crimp; clip
agrément *m*	Zulassung *f*; Genehmigung *f*	approval; permission
aiguillage de faisceau *m*	Bündelweiche *f*	bundle switch; group switch
aiguille de taxes *f*	Gebührenweiche *f*	call charge switch
ajouté	hinzu; kommt hinzu	added
ajouter	hinzufügen; zufügen	add
ajustable	verstellbar; einstellbar	adjustable
ajustement *m*	Einstellung *f*	setting; adjustment
ajuster	regeln; steuern; einpegeln; justieren	control; adjust *(level)*
alarme fin de papier *f*	Papieralarm *m*	end-of-paper warning; paper-out alarm
alarme radio *f*	Funkalarm *m*	radio alarm
alarme système *f*	Gerätealarm *m*	equipment alarm
alignement *m*	Abgleich *m*	alignment
alignement automatique *m*	automatischer Abgleich *m*	automatic alignment
alimentation *f*	Stromversorgung *f*; Energieversorgung *f*	power supply, abbr.: PS
alimentation de courant *f*	Stromversorgung *f*; Energieversorgung *f*	power supply, abbr.: PS
alimentation en courant continu *m*	Gleichspannungsmodul *n*	DC voltage module
alimentation en énergie *f*	Stromversorgung *f*; Energieversorgung *f*	power supply, abbr.: PS
alimentation enfichable *f*	Steckernetzgerät *n*	plug-in mains unit
alimentation fantôme *f*	Phantomspeisung *f*	phantom power supply
alimentation locale *f*	Ortsspeisung *f (von Fernsprechgeräten)*	local feeding
alimentation primaire commutée *f*	primärgetaktete Stromversorgung *f*	primary-switched power supply
alimentation secourue *f*	Netzersatzapparatur *f*; Notstromversorgung *f*	standby power supply; emergency power supply
alimentation secteur *f*	Netzanschluß *m (Lichtnetz)*	network connection, abbr.: NC; power connection; mains connection
alimenté par batterie *f*	batteriebetrieben, ~gespeist	battery-powered
alimenter	speisen	feed
allumé/éteint *(affichage)*	ein/aus *(Anzeige)*	on/off *(display)*
allumer	leuchten	light; be lit
allure de la courbe *f*	Kurvenverlauf *m*	curve shape
ALSM, abr.: Active Loop Sub Module, sous-carte de signalisation active des boucles	ALSM, Abk.: Active Loop Sub Module, Subbaugruppe für aktives Schleifenkennzeichen	ALSM, abbr.: Active Loop Sub Module
Alternating Current Signaling Sub Module, sous-carte de signalisation en courant alternatif, abr.: ACSM	Alternating Current Signaling Sub Module, Subbaugruppe für Wechselstromsignalisierung, Abk.: ACSM	ACSM, abbr.: Alternating Current Signaling Sub Module abbr.: ACSM

altitude admissible pour l'installation par rapport à la mer *f*	zulässige Aufstellungshöhe über NN *f*	permissible installation height above mean sea level
alvéole *f*	Schiene *f*	bar
âme *f* (*fibre optique*)	Innenkern *m* (*Glasfaser*)	core
amortissement *m*	Dämpfung *f* (*Leitung*); Abschwächung *f* (*eines Signals*)	loss (*circuit*); attenuation (*transmit signal*)
amortissement d'exploitation mésuré en décibels (dB) *m*	Betriebsdämpfung gemessen in dB (Dezibel) *f*, Abk.: B	overall attenuation measured in decibels
amplificateur *m*	Verstärker *m*	amplifier
amplificateur de F.I. (fréquence intermédiaire) *m*	ZF-Verstärker *m*	IF amplifier
amplificateur de ligne *m*	Streckenverstärker *m*	trunk amplifier
amplificateur de puissance *m*	Leistungsverstärker *m*	power amplifier
amplificateur de relais *m*	Relaisverstärker *m*	relay repeater
amplificateur d'informations multiples *m*	Informationsvielfach-Verstärker *m*	information multiple amplifier
amplificateur d'un termineur *m*	Gabelverstärker *m*	hybrid amplifier
amplificateur du signal d'horloge *m*	Taktverstärker *m*	timing pulse generator; clock pulse amplifier
amplificateur du signal d'offre *m*	Anbietezeichenverstärker *m*	offering signal amplifier; offering signal regenerator
amplificateur final *m*	Endverstärker *m*	terminal repeater; terminal amplifier
amplificateur multiple *m*	Vielfachverstärker *m*	multiple regenerator; multiple amplifier
amplificateur portier *m*	Türlautsprecher *m*	door loudspeaker
amplificateur - séparateur de vidéo *m*	Video-Trennverstärker *m*	video isolating amplifier
amplification audio *f*	Niederfrequenzverstärker *m*	audio-frequency amplifier
amplification de puissance *f*	Leistungsverstärkung *f* (*Halbleiter*)	power-level gain (*semiconductor*); power amplification
amplification intermédiaire *f*	Zwischenverstärkung *f*	intermediate amplification
amplitude *f*	Amplitude *f*	amplitude
AMRT (abr.) = accès multiple à répartition dans le temps	Zeitlagenzugriff *m*	time-slot access
AMV (abr.) = appel malveillant	Fangen *n*; Identifizieren böswilliger Anrufer *n*; Fangschaltung *f*	MCID, abbr.: malicious call tracing (circuit); malicious call identification
analogique	analog	analog; analogue (*Brit*)
analyse *f*	Analyse *f*	analysis
analyseur *m*	Auswerteeinrichtung *f*	evaluation unit
analyseur de films *m*	Filmabtaster *m*	film scanner; telecine
angle *m*	Winkel *m*	angle
anneau de fixation *m*	Befestigungsschelle *f*	mounting clip
annexe *f*	Anhang *m*	appendix; annex
annonce *f*	Durchsage *f*; Ansage *f*	announcement; talk-through
annonce enregistrée *f*	Tonbandansage *f*; Bandansage *f*	recorded announcement
annonce parlée *f*	Sprachdurchsage *f*	loudspeaker announcement; voice calling
annuaire électronique *m*	Elektronisches Telefonbuch *n*, Abk.: ETB	electronic telephone directory
annuaire téléphonique *m*	Fernsprechbuch *n*; Telefonbuch *n*	telephone directory; directory; telephone book
annulation *f*	Abbruch, EDV *m*	abort, EDP
annulation générale *f*	Annullieren, allgemeines ~ *n*	general cancellation
annulé	gelöscht; annuliert	erased; canceled; deleted; cleared
annulé (*non valable*)	ungültig	void; null; invalid; illegal
annuler	annulieren; rückgängig machen	annul
anodiser	eloxieren	anodize
antenne collective *f*	Gemeinschaftsantenne *f*	community antenna
antenne coquille *f*	Muschelantenne *f*	shell-type antenna
antenne directionnelle *f*	Richtantenne *f*	directional antenna
antenne parabolique *f*	Parabolantenne *f*	parabolic antenna

antenne téléscopique *f*	Versenkantenne *f*	retractable antenna
antiaveuglant	blendfrei	nonglare
anti-choc acoustique *m*	Knackschutz *m*; Gehörschutz *m*	click suppression; acoustic shock absorber; click absorber
antidéflagrant	explosionsgeschützt; eigensicher	intrinsically safe
ANTILOPE (abr.) = acquisition numérique et télévisualisation d'images	digitale Bilderfassung und ~fernübertragung *f*	digital image recording and transmission
anti-rebonds *m*	Entprellung *f*	debounce
appareil *m*	Gerät *n*	device; unit
appareil à bandes magnétiques *m*	Magnetbandmaschine *f*	tape unit
appareil accessoire *m*	Zusatzgerät *n*	additional set; additional unit / equipment
appareil à dessouder *m*	Entlötgerät *n*	unsoldering set; solder extraction device
appareil branché *m*	Anschaltsatz *m*; Verbindungssatz *m*; Verbinder *m*	connecting set; connecting junction; connector
appareil console de visualisation des données *m*	Sichtgerät *n*; Datensichtgerät *n*	visual display unit, abbr.: VDU
appareil d'alimentation *m*	Netzgerät *n*; Netzspeisegerät *n*, Abk.: NSG	mains unit; power supply unit, abbr.: PSU
appareil de commande *m*	Steuersatz *m*; Steuergerät *n*; Steuerelement *n*; Steuereinheit *f*	control set; control module; control unit
appareil de mesure objective d'affaiblissement équivalent *m*, abr.: OREM	objektiver Bezugsdämpfungsmeßplatz *m*, Abk.: OBDM	objective reference system test station; electroacoustic transmission measuring system, abbr.: EATMS
appareil d'enregistrement magnétique *m*	Magnetaufzeichnungsgerät *n*, Abk.: MAZ	magnetic (tape-)recording equipment
appareil d'entrée en tiers *m*	Aufschaltsatz *m*	cut-in set
appareil de réception *m*	Empfangsgerät *n*; Empfangseinrichtung *f*	receiver (*equipment*); receiving equipment
appareil de transmission de données *m*	Datenübertragungseinrichtung *f*, Abk.: DÜE	data communications equipment, abbr.: DCE
appareil de visualisation *m*	Sichtgerät *n*; Datensichtgerät *n*	visual display unit, abbr.: VDU
appareil de visualisation de données couleur *m*	Farbdatensichtgerät *n*	high-resolution color data display
appareillage *m*	Struktur *f*; Aufbau *m*; Gruppierung *f*; Geräteausstattung *f*	arrangement
appareil multiplex *m*	Multiplexgerät *n*	multiplex unit
appareil radio pour véhicules *m*	Fahrzeugfunkgerät *n*	in-vehicle radio unit
appareil redresseur alimentation *m*	Gleichrichtergerät *n*	rectifier unit
appareil supplémentaire *m*	Zusatzgerät *n*	additional set; additional unit / equipment
appareil téléphonique *m*	Apparat *m*; Telefonapparat *m*; Fernsprechapparat *m*, Abk.: FeAp	instrument (*telephone*); set (*telephone*); telephone; phone; telephone instrument; telephone set; subscriber set
appareil téléphonique à jetons *m*	Münzfernsprecher *m*; Fernsprechzelle *f*	coin telephone; payphone (*Am*); pay telephone
appareil terminal de données *m*	Datennetzabschlußgerät *n*, Abk.: DNG	data network terminal
appel *m*	Gespräch *n*; Anruf *m* (*Telefon~*); Ruf *m*; Konversation *f*	conversation; talk; call (*telephone ~*); calling
appel AIC *m*	Lockruf *m*	automatic information call; mating call
appelant *m*	Anrufer *m*; Absender *m* (*eines Rufes*)	calling party; caller; originator
appel au décroché *m*	Direktruf *m*; Hotline *f*	hot line; direct line; direct-access call
appel automatique *m*	automatische Wahl *f*; selbsttätige Wahl *f*; Selbstwahl *f*; Direktwahl *f*	automatic dialing; automatic selection; direct dialing; autodial; direct access

appel avec attente *m*	Vormerkgespräch *n*	delayed call
appel avec préavis *m*	Voranmeldegespräch *n*	personal call; person-to-person call (*Am*)
appel centre de maintenance *m*	Lockruf *m*	automatic information call; mating call
appel d'abonné *m*	Teilnehmerwahl *f*	subscriber dialing
appel dans un groupe d'interception *m*	Teamruf *m*	team call
appel de ligne de signalisation *m*	Meldeleitungsanruf *m*	internal call to operator
appel de recherche *m*	Aufruf *m*	call-in; call-up; call
appel de réveil *m*	Weckruf *m*	wake-up call
appel de secours *m*	Notruf *m*; Notanruf *m*	emergency call
appel de service *m*	Dienstgespräch *n*	business call
appel d'information *m*	Meldeanruf *m*	service call
appel direct *m*	Direktanruf *m*	direct call
appel direct *m* (*faculté*)	Schnellruf *m*	direct station selection, abbr.: DSS
appel direct automatique *m*	selbsttätiger Direktruf *m*	automatic direct call
appel direct d'abonné à abonné *m*	direkter Wahlverkehr zwischen Teilnehmern *m*	direct extension-extension dialing
appel direct (usagers internes) *m*	Direktruf *m*; Hotline *f*	hot line; direct line; direct-access call
appel du correspondant *m*	Teilnehmerwahl *f*	subscriber dialing
appel d'un usager *m*	Teilnehmerwahl *f*	subscriber dialing
appel d'urgence *m*	Notruf *m*; Notanruf *m*	emergency call
appel en attente *m*	Wartezustand *m* (*im* ~); wartende Anrufe *m, pl*; Anrufe im Wartezustand *m, pl*	standby condition; calls on hold
appeler	rufen (*läuten*); anrufen (*telefonieren*)	ringing; ring; phone; give a ring; ring up; call; call up
appel externe *m*	externes Gespräch *n*; Amtsgespräch *n*	external call; exchange line call; CO call (city call, exchange call); exchange call (*Brit*)
appel général *m*	allgemeiner Anruf *m*; Sprachdurchsage an alle *f*	common ringing; general call
appel gratuit *m*	gebührenfreie Verbindung *f*	non-chargeable call; free call
appel immédiat *m*	Sofortruf *m*	immediate call
appel infructueux *m*	erfolgloser Anruf *m*	ineffective call; unsuccessful call
appel initial *m*	Erstanruf *m*	first call
appel intérieur *m*	Hausgespräch *n*; Interngespräch, internes Gespräch *n*; Internruf *m*	internal call; extension-to-extension call
appel international entrant *m*	ankommende Auslandsverbindung *f*	incoming international call
appel interurbain *m*	Ferngespräch *n*	trunk call (*Brit*); toll call (*Am*); long-distance call
appel interurbain entrant *m*	ankommende Fernverbindung *f*	incoming long-distance call; incoming trunk call
appel inverse *m*	Umkehrverbindung *f*	revertive call
appel malveillant *m*, abr.: AMV	Fangen *n*; Identifizieren böswilliger Anrufer *n*; Fangschaltung *f*	malicious call tracing (circuit); malicious call identification, abbr.: MCID
appel national *m*	Inlands-Fernverbindung *f*	domestic trunk call
appel non abouti *m*	erfolgloser Anruf *m*	ineffective call; unsuccessful call
appel opératrice *m* (*faculté*)	Eintreten *n*; Aufschalten (bei besetzt) *n*; Eintreteaufforderung *f*; Eintreteanruf *m*	break-in; priority break-in; cut-in; busy override; call offer(ing), abbr.: CO; assist
appel P.O. / ~ opératrice *m*	Platzanruf *m*; Bedienaufruf *m*	call to operator; attendant call; console request
appel PTT sortant *m*	abgehendes Amtsgespräch *n*	outgoing exchange call
appel renouvelé *m*	Folgeanruf *m*	repeated call attempt
appel renouvelé, ~ réitéré	erneuter Anruf *m*	renewed call
appel réseau *m*	externes Gespräch *n*; Amtsgespräch *n*	external call; exchange line call; CO call (city call, exchange call); exchange call (*Brit*)
appel réseau entrant *m*	ankommende Fernverbindung *f*	incoming long-distance call; incoming trunk call

appels internes *m, pl*	interne Gespräche *n, pl*	internal calls
appel sortant *m*	abgehender Ruf *m*	outgoing call
appels renseignements *m, pl*	Ansagedienst *m*	recorded information service
appel tandem *m*	Ferngespräch *n*	trunk call (*Brit*); toll call (*Am*); long-distance call
appel taxé *m*	Gebührenanruf *m*; gebührenpflichtiger Anruf *m*	charged call
appel téléphonique *m*	Telefongespräch *n*	telephone call
appel temporisé *m*	Wiederanruf nach Zeit *m*	timed recall
appel tournant *m*	geordneter Absuchvorgang *m*	sequential hunting
appel transféré par opératrice *m*	platzvermittelte Verbindung *f*	operator-assisted call
appel transfert entre positions *m*	Platzüberweisung *f*	interposition call and transfer
appendice *m*	Anhang *m*	appendix; annex
application *f*	Einsatz *m* (*Anwendung*); Verwendung *f*; Anwendung *f*	use; application
appliquer (*tension*)	anlegen (*Spannung*)	apply (*voltage*)
appliquer	anwenden	apply
approuver	zulassen; genehmigen	approve
approvisionnement en énergie *m*	Stromversorgung *f*; Energieversorgung *f*	power supply, abbr.: PS
appuyée (*touche*)	gedrückt (*Taste*)	pressed (*key*); depressed (*key*); pushed (*button*); punched (*key*)
appuyer	drücken	press; depress
apte à l'émission *f*	sendefähig	broadcast-ready
architecture du réseau Siemens pour la bureautique *f*	Siemens-Netzarchitektur für Büro-Automatisierung *f*, Abk.: SBA	Siemens office architecture
architecture du système *f*	Systemarchitektur *f*	system architecture
argent *m*	Geld *n*	money
armoire *f*	Schrank *m*	cabinet
armoire inférieure *f*	Unterschrank *m*	lower cabinet
arrangement *m*	Struktur *f*; Aufbau *m*; Gruppierung *f*; Geräteausstattung *f*	arrangement
arrêt *m*	Stillstand *m*; Stopp *m*	standstill; stop
arrêt d'appel *m*	Rufabweisung *f*	call stopping; call-not-accepted signal
arrêt du ronfleur *m*	Summerabschaltung *f*	buzzer cut-off
arrondi (*nombre*)	abgerundet (*Zahl*)	rounded off (*number*)
à sens unique *m*	einseitig	single-sided; one-way
assemblage *m*	Zusammenbau *m*	assembly
assembler	zusammensetzen	combine; assemble; compile; compose; compound
asservissement *m*	Rückkopplung *f*	feedback
asservissement de données *m*	Datenrückkopplung *f*	data feedback
assignation *f*	Zuweisung *f*; Zuordnung *f*	assignment
assignation de faisceau *f*	Bündelzuordnung *f*	bundle association
assignation de présélection sortante *f*	Vorwahlzuordnung, gehende ~ *f*	dialing conversion
assignation variable de la numérotation *f*	freizügige Rufnummernzuteilung *f*	flexible call numbering
assisté par ordinateur *m*	rechnergestützt	computerized; computer-assisted
Association centrale de l'industrie de l'équipement électrique *f*	Zentralverband Elektrotechnik- und Elektronikindustrie *m*, Abk.: ZVEI	central association of the German electrical and electronics industry
Association Compagnies Téléphoniques Américaines *f*	Vereinigung amerikanischer Telfongesellschaften *f*	USTA., United States Telepohne Association
Association Européenne de Libre Échange *f*, abr.: AELE	Europäische Freihandelsgesellschaft *f*, Abk.: EFTA	European Free Trade Association, abbr.: EFTA
Association Internationale de Développement *f*	Internationale Entwicklungsorganisation *f*	International Development Association, abbr.: IDA
Association Professionnelle de l'Informatique *f*	Fachgemeinschaft Büro- und Informationstechnik *f*, Abk.: FG BIT	Professional community for office and information technology
associé (*avec*)	zugehörig	associated (*with*)

associé au système *m*	systembedingt; systemgebunden	system-dependent; system-associated; system-related; system-tied
asymétrie *f*	Unsymmetrie *f*	imbalance; asymmetry
AT (abr.) = adaptateur de terminal	Endgeräte-Anpassung *f*; Terminaladapter *m*	TA, abbr.: terminal adapter
ATLC (abr.) = Analog Tie Line Circuit, circuit pour ligne priveé analogique	ATLC, Abk.: Analog Tie Line Circuit, analoge Leitungsübertragung, analoge Querverbindungsleitung	ATLC, abr.: Analog Tie Line Circuit
attache *f*	Klemme *f*; Quetschvorrichtung *f*; Klammer *f*	clamp; crimp; clip
atteindre	erreichen	access; reach
attendre la libération *f*	Warten auf Freiwerden *n*	camp-on busy; park on busy; queuing; camp-on individual (*Am*)
attente *f*	wartender Anruf *m*; Anklopfen *n*	knocking; call waiting, abr.: CW
attente de libération *f*	warten auf Freiwerden der Nebenstelle *n*	waiting for extension to become free
attente de tonalité d'invitation à numéroter *f*	Wähltonverzug *m*	pre-dialing delay
attente musicale *f*	Musik in Wartestellung *f*	music on hold, abbr.: MOH
attente pour recherche *f*	Rückfragegespräch *n*; Rückfrage *f*, Abk.: Rfr	refer-back call; consultation call (*Brit*); inquiry; call hold (*Am*)
attente sur appel intérieur *f*	Wartestellung bei Internverbindungen *f*	hold on internal calls
attente sur poste occupé *f*	Wartestellung bei Internverbindungen *f*	hold on internal calls
attention *f*	Achtung *f*; Vorsicht *f*; Warnung *f*	attention; caution; warning; precaution
ATTENTION *f*	Warnung *f* (*auf Geräten*)	CAUTION (*damage to equipment*); WARNING (*danger to life*)
atténuateur *m*	Dämpfungsglied *n*	attenuator; attenuator pad
atténuation *f*	Dämpfung *f* (*Leitung*); Abschwächung *f* (*eines Signals*)	loss (*circuit*); attenuation, (*transmit signal*)
attribut de connexion *m*	Verbindungsmerkmal *n*	connection attribute
attribut de connexion RNIS *m*	ISDN-Verbindungsmerkmal *n*	ISDN connection attribute
attribut de service (de télécommunications) *m*	Dienstmerkmal *n*	service attribute
attribution *f*	Zuweisung *f*; Zuordnung *f*	assignment
attribution de la taxation *f*	Gebührendatenzuschreibung *f*	call data notification
attribution de l'extension abonné *f*	Teilnehmerzuordner *m*	extension allotter
augmentation *f*	Erhöhung *f*	increase
augmentation de la sécurité de fonctionnement *f*	Erhöhung der Betriebssicherheit *f*	increase of operational reliability
augmenter	erhöhen	increase
autocollant *m*	Etikett *n*; Aufkleber *m*	label; sticker; adhesive label
AUTOCOM (abr.) = autocommutateur	Wählvermittlungsstelle *f*; Wählnebenstellenanlage *f*	automatic exchange
autocommutateur *m*, abr.: AUTOCOM	Wählvermittlungsstelle *f*; Wählnebenstellenanlage *f*	automatic exchange
autocommutateur géré par calculateur *m*	rechnergesteuertes Vermittlungssystem *n*	computer-controlled switching system
autocommutateur local *m* (*central domestique*)	Hauszentrale *f*	Private Automatic Exchange, abbr.: PAX
autocommutateur maître *m*	übergeordnetes Amt *n*; Muttervermittlungsstelle *f*	higher-rank exchange; higher-parent exchange; master exchange; host exchange
autocommutateur privé *m* (*central domestique*)	Hauszentrale *f*	Private Automatic Exchange, abbr.: PAX
autocommutateur privé *m*	Nebenstellenanlage *f*, Fernsprechnebenstellenanlage *f*; zentrale Einrichtung *f*, Abk.: NStAnl, PABX	Private Automatic Branch Exchange, abbr.: PABX

autocommutateur privé *m* (~ *avec connexion réseau*)	Nebenstellenanlage *f* (~ *mit Amtsanschluß*)	Private Branch Exchange, abbr.: PBX
autocommutateur satellite *m*	Zweitnebenstellenanlage *f*; Unteranlage *f*; Teilvermittlungsstelle *f*	secondary PABX; satellite PABX / ~ exchange; sub-exchange, (*subscriber exchange*); subcenter
autocommutateurs en réseau *m, pl*	Transitvermittlungsstelle *f*; Durchgangsamt *n*; Durchgangsvermittlungsstelle *f*; Knotenamt *n*	transit exchange, abr.: TEX; tandem switching center / ~ ~ exchange, abbr.: TSX
automaintenu *m*	rastend	locking
auto-reverse	Autoreverse *n*	auto-reverse
autorisation au service secouru *f*	Notbetriebsberechtigung *f*	emergency operation authorization
autorisation globale réseau *f*	Vollamtsberechtigung *f*	direct outward dialing, abbr.: DOD; nonrestricted dialing
autorisé à accéder au réseau local *m*	nahbereichsberechtigt, Abk.: nb	access restricted to local calls
autorisé à des appels locaux *m, pl*	nahbereichsberechtigt, Abk.: nb	access restricted to local calls
autorité des transports publics *f*	kommunaler Verkehrsbetrieb *m*	public transport authority
autorités *f, pl*	Behörde *f*	public authority; government agencies and services
autorités postales *f, pl*	Postbehörde *f*	PTT administration
autotéléphone *m*	Autotelefon *n*	car (tele)phone
auto-test *m*	Selbsttest *m*	self-test
avance *f*	Vorlauf *m*; Vorschub *m*	forward run; advance; feed (*advance*)
avancement *m*	Vorlauf *m*; Vorschub *m*	forward run; advance; feed (*advance*)
avarie *f*	Fehlfunktion *f*; Störung *f*; Störbeeinflussung *f*; Fehlerstörung *f*; Ausfall *m*	malfunction; failure; disturbance; trouble; breakdown; outage (*Am*)
avec horloge indépendante *f*	taktautonom	with independent timing; clock-autonomous
avéole *m*	Steckhülse mit Rastung *f*	snap-on contact
avertisseur d'effraction *m*	Einbruchmeldesystem *n*	burglar-alarm system
ayant accès au réseau urbain *m*	ortsamtsberechtigt	nonrestricted local exchange dialing
ayant accès aux appels locaux *m*	ortsamtsberechtigt	nonrestricted local exchange dialing
ayant la prise directe *f*	vollamtsberechtigt, Abk.: va; amtsberechtigt	nonrestricted

B

baie *f* (*central automatique*)	Baugruppenträger *m*; Baugruppenrahmen *m*; Rahmen *m*; Gestellrahmen *m*; Gestell *n*	subrack; module frame; frame (*Am*); rack
baie *f*	Bucht *f*	bay
baie de connexion *f*	Rangierfeld *n*	jumpering field
balayage de diapositive *m*	Diaabtaster *m*	slide scanner
banc de test piloté par ordinateur *m*	rechnergesteuerter Prüfplatz *m*	computer-controlled test station
bande de fréquence intermédiaire *f*	Zwischenfrequenzband *n*	intermediate frequency band; i.f. band
bande de fréquences vocales *f*	Sprachband *n*	voiceband
bande d'étiquetage *f*	Einlegestreifen *m*	legend strip
bande vocale *f*	Gesprächskanal *m*; Gesprächsband *n*	voice channel; telephone channel
Banque Internationale pour la Reconstruction et le Développement (Banque Mondiale) *f*, abr.: IBRD	Internationale Bank für Wiederaufbau und Entwicklung (Weltbank) *f*, Abk.: IBRD	International Bank for Reconstruction and Development (World Bank), abbr.: IBRD
Banque Mondiale *f* = voir: IBRD	Weltbank *f* = siehe: IBRD	World Bank = see: IBRD
barre *f*	Schiene *f*	bar
barre collectrice *f*	Sammelschiene *f*, Abk.: SS; Bus *m*	bus(bar)
barre de guidage *f*	Führungsschiene *f*	guide bar
barre de masse *f*	Erdschiene *f*	earth bar; earth bus
barre d'équipotentialité *f*	Potentialausgleichschiene *f*	potential compensation bar
barre d'espacement *f* (*clavier*)	Leertaste *f* (*Tastatur*)	space bar (*keyboard*)
barre de terre commune *f*	Sammelerdschiene *f*	grounding busbar; common earth bar
barre omnibus *f*	Sammelleitung *f*	group hunting line; communication bus; communication line
barrette à broches *f*	Stiftleiste *f*	pin strip
barrette à relais *f*	Relaisstreifen *m*	relay strip
barrette terminale *f*	Verteilerleiste *f*; Klemmleiste *f*	terminal strip
bas	leise	low (*quiet*)
bascule *f*	Flip - Flop *n*	flip-flop
basculement *m*	Durchschaltung *f*; Schalten *n*; Vermittlung *f* (*Tätigkeit*); Umschaltung *f*, Abk.: UM	switching; through-connection; routing; switchover; changeover
basculement de ligne *m*	Leitungsumschaltung *f*	line switchover
basculement des équipements de supervision *m*	Zentralüberwachungsgeräteumschaltung *f*	central monitoring device switching
basculer	einkoppeln; koppeln; umschalten	couple; switch over; change over
basculer en service réduit *m*	Umschalten auf Nachtbetrieb *n*	switchover to night service
basculer sur service de nuit *m*	Umschalten auf Nachtbetrieb *n*	switchover to night service
base de données, Edp *f*	Datenbestand, EDV *m*	data stock, EDP; database, EDP, abbr.: DB
basse fréquence *f*, abr.: BF	Niederfrequenz *f*, Abk.: NF	low frequency, abbr.: LF
bâti *m*	Baugruppenträger *m*; Baugruppenrahmen *m*; Rahmen *m*; Gestellrahmen *m*; Gestell *n*	subrack; module frame; frame (*Am*); rack
bâti pivotant *m*	Drehrahmengestell *n*	hinged frame rack
batterie *f*	Batterie *f*	battery
batterie centrale *f*	Zentralbatterie *f*, Abk.: ZB	central battery, abbr.: CB
batterie de secours au plomb *f*	Reserve-Blei-Akkubatterie *f*	standby lead-acid accumulator; standby lead-acid battery
batterie du central (public) *f*	Amtsbatterie *f*	exchange battery
batterie locale *f*, abr.: BL	Ortsbatterie *f*, Abk.: OB	local battery, abbr.: LB
batterie tampon *f*	Pufferbatterie *f*	buffer battery
besoin *m*	Bedarf *m*	demand; need

BF (abr.) = basse fréquence	NF, Abk.: Niederfrequenz *f*	LF, abbr.: low frequency
bidirectionnel	doppelt gerichtet, Abk.: gk; gehend-kommend, Abk.: gk	both-way; two-way; incoming-outgoing, abbr.: ic-og
bifurcation *f*	Gabelung *f*; Weiche *f*	bifurcation
BIGFON (abr.) = réseau intégré de fibre optique à large bande	BIGFON, Abk.: Breitbandiges Integriertes Glasfaser-Fernmelde-Ortsnetz	BIGFON, abbr.: wideband integrated optical fiber local communications network
binaire de signalisation *m*	Meldebit *n*	signaling bit
binaire vide *m*	Füllbit *n*; Leerbit *n*	filler bit; stuffing bit
BIP (abr.) = bip sonore	Klangruf *m*	harmonious tone
bip sonore, abr.: BIP	Klangruf *m*	harmonious tone
bit *m*	Bit *n*	bit
bit de contrôle *m*	Merkbit *n*; Kontrollbit *n*	check bit; note bit; flag bit
bit de parité *m*	Paritätsbit *n*	parity bit
bit de repère *m*	Merkbit *n*; Kontrollbit *n*	check bit; note bit; flag bit
bit de test *m*	Merkbit *n*; Kontrollbit *n*	check bit; note bit; flag bit
bit d'événement *m*	Anreizbit *n*	event bit
bit d'excitation *m*	Anreizbit *n*	event bit
bit/s (abr.)	Bit/s, Abk., (*Maßeinheit für die Übertragungsgeschwindigkeit*)	bps, abbr.: bits per second; (*unit for transmission speed)*
bit supplémentaire *m*	Zusatzbit *n*	extra bit
BK (abr.) = black (noir) = IEC 757	BK, Abk.: schwarz	BK, abbr.: black
BKBN (abr.) = black brown (brun noir) = IEC 757	BKBN, Abk.: braun schwarz	BKBN, abbr.: black brown
BKBU (abr.) = black blue (bleu noir) = IEC 757	BKBU, Abk.: blau schwarz	BKBU, abbr.: black blue
BKGN (abr.) = black green (vert noir) = IEC 757	BKGN, Abk.: grün schwarz	BKGN, abbr.: black green
BKGY (abr.) = black grey (gris noir) = IEC 757	BKGY, Abk.: grau schwarz	BKGY, abbr.: black grey
BKPK (abr.) = black pink (rose noir) = IEC 757	BKPK, Abk.: rosa schwarz	BKPK, abbr.: black pink
BKRD (abr.) = black red (rouge noir) = IEC 757	BKRD, Abk.: rot schwarz	BKRD, abbr.: black red
BKWH (abr.) = black white (blanc noir) = IEC 757	BKWH, Abk.: weiß schwarz	BKWH, abbr.: black white
BKYE (abr.) = black yellow (jaune noir) = IEC 757	BKYE, Abk.: gelb schwarz	BKYE, abbr.: black yellow
BL (abr.) = batterie locale	OB, Abk.: Ortsbatterie *f*	LB, abbr.: local battery
blanc, abr.: WH = IEC 757	weiß, Abk.: WH	white, abbr.: WH
blanc bleu, abr.: BUWH = IEC 757	weiß blau, Abk.: BUWH	blue white, abbr.: BUWH
blanc gris, abr.: GYWH = IEC 757	weiß grau, Abk.: GYWH	grey white, abbr.: GYWH
blanc jaune, abr.: YEWH = IEC 757	weiß gelb, Abk.: YEWH	yellow white, abbr.: YEWH
blanc noir, abr.: BKWH = IEC 757	weiß schwarz, Abk.: BKWH	black white, abbr.: BKWH
blanc rose, abr.: WHPK = IEC 757	weiß rosa, Abk.: WHPK	white pink, abbr.: WHPK
blanc rouge, abr.: RDWH = IEC 757	weiß rot, Abk.: RDWH	red white, abbr.: RDWH
blanc vert, abr.: GNWH = IEC 757	weiß grün, Abk.: GNWH	green white, abbr.: GNWH
bleu, abr.: BU = IEC 757	blau, Abk.: BU	blue, abbr.: BU
bleu noir, abr.: BKBU = IEC 757	blau schwarz, Abk.: BKBU	black blue, abbr.: BKBU
blindage *m*	Abschirmung *f*	shielding
blindé (*inf.: blinder*)	abgeschirmt	screened; protected (*Brit*); shielded (*Am*)
blinder	abschirmen	shield; screen (*Brit*)
bloc *m*	Block *m*	block
bloc afficheur *m*	Anzeigeteil *m*; Anzeigefeld *n* (*Telefon*), Abk.: AZF	display section; display area (*telephone*); display panel; display field
blocage *m*	Blockierung *f*	congestion; blocking
blocage d'entrée en tiers *f*	Aufschaltesperre *f*; Aufschaltverhinderung *f*	cut-in prevention; break-in prevention; privacy; do-not-disturb
blocage de terminal *m*	Anschlußsperre *f*	interface lockout
blocage extérieur *m*	äußere Blockierung *f*	external blocking

blocage immédiat *m*	Sofortsperre *f*	immediate busy
blocage intérieur *m*	innere Blockierung *f*	internal blocking
bloc à touches *m*	Tastenblock *m*	keyboard block; pushbutton block
bloc circuit *m*	Schaltungsblock *m*	circuit block
bloc d'affichage *m*	Anzeigenblock *m*	display block
bloc d'appel *m*	Ruforgan *n*; Anruforgan *n*	ringing unit; calling device; calling equipment; calling unit
bloc de couplage *m*	Koppelblock *m*	coupling block; matrix block
bloc de référence *m*	Verweisblock *m*	reference block
bloc-notes *m*	Notiz *f* (*Leistungsmerkmal*); Notizblock *m*; Notizbuch *n*	notepad; scratchpad
bloc-secteur *m*	Netzspeisegerät *n*, Abk.: NSG; Netzgerät *n*	mains unit; power supply unit, abbr.: PSU
bloqué	gesperrt	barred; blocked; disabled
bloquer	sperren	bar; inhibit; block; disable
BN (abr.) = brown (brun) = IEC 757	BN, Abk.: braun	BN, abbr.: brown
BNBU (abr.) = brown blue (brun bleu) = IEC 757	BNBU, Abk.: braun blau	BNBU, abbr.: brown blue
BNGN (abr.) = brown green (brun vert) = IEC 757	BNGN, Abk.: braun grün	BNGN, abbr.: brown green
BNGY (abr.) = brown grey (gris brun) = IEC 757	BNGY, Abk.: grau braun	BNGY, abbr.: brown grey
BNPK (abr.) = brown pink (rose brun) = IEC 757	BNPK, Abk.: rosa braun	BNPK, abbr.: brown pink
BNRD (abr.) = brown red (brun rouge) = IEC 757	BNRD, Abk.: braun rot	BNRD, abbr.: brown red
BNYE (abr.) = brown yellow (jaune brun) = IEC 757	BNYE, Abk.: gelb braun	BNYE, abbr.: brown yellow
bobine *f*	Drossel *f*	choke
bobine de garde *f*	Haltedrossel *f*	holding coil
bobine de garde du réseau *f*	Amtshaltedrossel *f*	exchange line holding coil
bobine de pupinisation *f*	Pupinspule *f*	Pupin coil
boîte à lettre vocale *f*	Sprachspeicher *m*	voice mail; speech memory
boîte de connexion *f*	Anschlußkasten *m*; Anschaltekasten *m*; Anschlußdose *f*, Abk.: ADO	connecting box; junction box; connection box
boîte de dialogue *f*	Dialogfeld *n*	dialog box
boîte de distribution *f*	Verteilerkasten *m*	distribution box
boîte de jonction *f*	Anschlußkasten *m*; Anschaltekasten *m*; Anschlußdose *f*, Abk.: ADO	connecting box; junction box; connection box
boîtier *m*	Schrankgehäuse *n*; Gehäuse *n*	cabinet housing; housing; casing; case
boîtier auxiliaire d'identification *m*	Identifizierungskasten *m*	identification box
boîtier de raccordement *m*	Anschlußkasten *m*; Anschaltekasten *m*; Anschlußdose *f*, Abk.: ADO	connecting box; junction box; connection box
boîtier de table *m*	Tischgehäuse *n*	desk housing; table housing; desktop case
boîtier mural *m*	Wandgehäuse *n*	wall housing; wall casing
borne *f*	Klemme *f*; Quetschvorrichtung *f*; Klammer *f*	clamp; crimp; clip
borne de jonction *f*	Anschlußstelle *f*	connecting terminal; connecting position
borne de raccordement *f*	Anschlußstelle *f*	connecting terminal; connecting position
borne de soudure *f*	Lötanschluß *m*	soldered connection; solder terminal
borne de terre *f*	Erdanschlußklemme *f*	earthing terminal
bornier *m*	Verteilerleiste *f*; Klemmleiste *f*	terminal strip
bornier de raccordement *m*	Anschlußklemme *f*	connecting clamp; terminal clamp
bouchon *m*	Blindstopfen *m*	dummy plug
boucle *f*	Schleife *f*	loop
boucle d'essai *f*	Testschleife *f*; Prüfschleife *f*	test loop
boucle inductive *f*	Induktionsschleife *f*	induction loop

bout *m*	Ende *n*	end
bouton *m*	Knopf *m* (*Betätigungs~*), Druck~; Taste *f*; Schaltfläche *f*	pushbutton, abbr.: PB; button; key
bouton d'appel de ligne *m*	Linienruftaste *f*	line call button
bouton de changement de classe *m*	Berechtigungsumschaltetaste *f*, Abk.: BU-Taste	COS switchover button
bouton de commande *m*	Knopf *m* (*Betätigungs~*), Druck~; Taste *f*; Schaltfläche *f*	pushbutton, abbr.: PB; button; key
bouton de connexion *m*	Anschaltetaste *f*	connect button
bouton de conversation *m*	Sprechtaste *f*	talk button; speak key
bouton de coupure calibré *m*	Flashtaste *f*	flash key
bouton de disponibilité *m*	Bereitschaftstaste *f*	ready-to-operate button; ready key
bouton de fin *m*	Schlußtaste *f*, Abk.: S-Taste; Endetaste *f*	clearing button / key; end button
bouton de flashing *m*	Flashtaste *f*	flash key
bouton de libération *m*	Schlußtaste *f*, Abk.: S-Taste; Endetaste *f*	clearing button / key; end button
bouton de réglage *m*	Einstelltaste *f*	adjusting button
bouton de réglage du volume *m*	Lautstärketaste *f*	volume control
bouton de répétition *m*	Wahlwiederholungstaste *f*, Abk.: WW-Taste	redial(ing) button / ~ key
bouton de réponse *m*	Abfragetaste *f*, Abk.: A-Taste	answering button; answering key
bouton de terre *m*	Erdtaste *f*	earth button
bouton de transfert *m*	Durchsetztaste *f*	carry-through button
bouton maintenu *m*	rastende Taste *f*	locking button
bouton poussoir *m*	Knopf *m* (*Betätigungs~*), Druck~; Taste *f*; Schaltfläche *f*	pushbutton, abbr.: PB; button; key
bouton-poussoir encastré *m*	Einbautaster *m*	built-in pushbutton
bouton-poussoir lumineux *m*	Leuchttaste *f*	illuminated push-button; light-up push-button
bouton priorité *m*	Bevorrechtigungstaste *f*	priority button
branchement de câble d'alimentation *m*	Netzkabelanschluß *m*	power cable connection; mains cable connection
branchement de câble secteur *m*	Netzkabelanschluß *m*	power cable connection; mains cable connection
branchement de ligne *m*	Leitungsverzweigung *f*	line branching
branchement secteur *m*	Netzanschluß *m* (*Lichtnetz*)	network connection, abbr.: NC; power connection; mains power connection
branchement sur ligne commune *m*	Gesellschaftsanschluß *m*	party-line (*station*)
brancher	durchschalten (*ein Gespräch ~*); verbinden; anschließen (an); anschalten	switch through; through-connect; link; connect (to)
briller	leuchten	light; be lit
brin (d'un câble) *m*	Draht *m*, Abk.: Dr; Ader *f*	wire
broche *f*	Bolzen *m*; Stift *m*	pin; bolt
broche de brasage *f*	Lötstift *m*	soldering pin
broches d'entrée *f, pl*	eingangsseitige Stifte *m, pl*	input side pins
broche terminale *f*	Klemme *f*; Quetschvorrichtung *f*; Klammer *f*	clamp; crimp; clip
bruit *m*	Rauschen *n*; Geräusch *n*	noise
bruit blanc *m*	Dauergeräusch *n*	continuous noise
bruit d'alimentation *m*	Stromversorgungsgeräusch *n*	power supply circuit noise; hum
bruit de fond *m*	Raumgeräusch *n*	room noise
bruit de quantification *m*	Quantisierungsgeräusch *n*	quantization noise
bruit de salle *m*	Raumgeräusch *n*	room noise
bruit de télégraphe *m*	Telegrafiergeräusch *n*	telegraph noise
bruit de transmission *m*	Übertragungsstörung *f*	transmission disturbance
bruit d'induction *m*	Starkstromgeräusch *n*	power induction noise; induced noise (*Am*)
bruit pondéré *m*	Geräuschspannung *f*	weighted noise; psophometric voltage

bruits de contact *m, pl*	Kratzgeräusche *n, pl*	line scratches; contact noise (*Am*)
bruits de friture *m, pl*	Kratzgeräusche *n, pl*	line scratches; contact noise (*Am*)
bruits de ligne *m, pl*	Leitungsgeräusche *n, pl*	line noise
bruits parasites du microphone *m, pl*	Mikrofongeräusch *n*	frying noise; transmitter noise
bruits transitoires *m, pl*	Geräusch durch Einschwingvorgänge *n*	transient noise
brun, abr.: BN = IEC 757	braun, Abk.: BN	brown, abbr.: BN
brun bleu, abr.: BNBU = IEC 757	braun blau, Abk.: BNBU	brown blue, abbr.: BNBU
brun noir, abr.: BKBN = IEC 757	braun schwarz, Abk.: BKBN	black brown, abbr.: BKBN
brun rouge, abr.: BNRD = IEC 757	braun rot, Abk.: BNRD	brown red, abbr.: BNRD
brun vert, abr.: BNGN = IEC 757	braun grün, Abk.: BNGN	brown green, abbr.: BNGN
BU (abr.) = blue (bleu) = IEC 757	BU, Abk.: blau	BU, abbr.: blue
buffer de sortie *m*	Ausgabepuffer *m*, Abk.: AP	output buffer
bufférisé	gepuffert	buffered
BUGY (abr.) = blue grey (gris bleu) = IEC 757	BUGY, Abk.: grau blau	BUGY, abbr.: blue grey
BUPK (abr.) = blue pink (rose bleu) = IEC 757	BUPK, Abk.: rosa blau	BUPK, abbr.: blue pink
Bureau Central des Agréments des Télécommunications *m*	Zentralamt für Zulassungen im Fernmeldewesen, Abk.: ZZF	central office for approvals in the telecommunications sector
bureau de service public *m*	Dienststelle *f*	public service office
bureau des PTT *m*	Fernmeldeamt *n*, Abk.: FA	telecommunications office
bureautique *f*	Bürokommunikation *f*; Büroinformationstechnik *f*	office communications; office-information technology
bus *m*	Sammelschiene *f*, Abk.: SS; Bus *m*	bus(bar)
bus de commande *m*	Befehlsbus *m*	instruction bus
bus de communication *m*	Sammelleitung *f*	group hunting line; communication bus; communication line
bus de conférence *m*	Konferenzsammelschiene *f*	conference bus
bus d'émission *m*	Sendesammelschiene *f*, Abk.: SSA	transmitting busbar
bus de réception *m*	Empfangssammelschiene *f*, Abk.: ESA	receiving bus
bus de signalisation *m*	Meldebus *m*	signaling bus
bus de terre *m*	Erdsammelschiene *f* (*Kabelschrank*)	earth bus (*cable cabinet*)
bus d'interface périphérique *m*	Interface Peripheriebus *n*, Abk.: IPB	peripheral interface bus
bus du processeur *m*	Prozessorbus *m*, Abk.: PRB	processor bus
bus périphérique *m*	Peripheriebus *m*, Abk.: PB	peripheral bus
bus relais *m*	Relaisschiene *f*	relay bus
bus système *m*	Systembus *m*, Abk.: SB	system bus
but *m*	Ziel *n*	target; destination; objective
BUWH (abr.) = blue white (blanc bleu) = IEC 757	BUWH, Abk.: weiß blau	BUWH, abbr.: blue white
buzzer *m*	Schnarre *f*	buzzer (*ac*)

C

CAA (abr.) = centre autonomie d'acheminement	HVSt, Abk.: Hauptvermittlungsstelle *f*; Zentralvermittlungsamt *n*; Zentralamt *n*; Hauptamt *n*	central switching office; central exchange; central office; district exchange; main exchange; primary exchange
cabestan *m*	Antriebsrolle *f*	capstan
cabine *f*	Apparaturraum *m*	equipment room
cabine téléphonique *f*	Münzfernsprecher *m*; Fernsprechzelle *f*	coin telephone; payphone (*Am*); pay telephone
câblage *m*	Verdrahtung *f*; Rangierung *f*	wiring
câblage *m*	Verseilung *f*; Verkabelung *f*	twisting of cables; cabling
câble *m*	Anschlußschnur *f*	connecting cord; connecting flex
câble à fibres optiques *m*	Lichtwellenleiter *m*, Abk.: LWL	beam waveguide; optical waveguide; optical fiber waveguide
câble d'alimentation *m*	Netzkabel *n*; Netzanschlußkabel *n*	power connecting cable; mains connecting cable; power cord
câble de campagne *m*	Feldkabel *n*	field cable
câble de connexion *m*	Verbindungskabel *n*	connecting / connection cable
câble de fibres optiques *m*	Lichtwellenleiterkabel *n*; Glasfaserkabel *n*	fiber optic(al) cable
câble de liaison enfichable *m*	steckbares Schaltkabel *n*	plug-in switchboard cable
câble de raccordement *m*	Anschlußkabel *n*	connecting cable
câble de télécommunication de campagne *m*	Feldfernkabel *n*	field trunk cable
câble local *m*	Ortskabel *n*	local cable
câble longue distance *f*	Fernkabel *n*	long-distance cable
câble non pupinisé *m*	unbespultes Kabel *n*	loose cable; unloaded cable
câble plat *m*	Flachbandkabel *n*; Bandkabel	ribbon cable; flat cable; flat conductor cable
câble principal *m*	Hauptkabel *n*, Abk.: HK	main cable
câble pupinisé *m*	bespultes Kabel *n*	coiled cable; loaded cable
câble secteur *m*	Netzleitung *f*	power line; mains lead
câble sous-marin *m*	Seekabel *n*	submarine cable
cadencement *m*	Taktzähler *m*	pulse counter
cadencement de tonalité *m*	Tonsignal-Rhythmus *m*	tone cadence
cadran d'appel *m*	Nummernscheibe *f*; Nummernschalterwerk *n*	rotary dial
cadran décimal *m*	Nummernschalter *m*	dialswitch; dial
cadre de guidage *m*	Führungsrahmen *m*	guide frame
cage *f*	Baugruppenträger *m*; Baugruppenrahmen *m*; Rahmen *m*; Gestellrahmen *m*; Gestell *n*	subrack; module frame; frame (*Am*); rack
cahier de charges *m*	Spezifikation *f*; Pflichtenheft *n*; Leistungsbeschreibung *f*	equipment specifications; specification
calcul *m*	Berechnung *f*	calculation; invoicing; billing
calculateur de zonage *m*	Zoner *m*; Verzoner *m*	zoner
calculateur extérieur *m*	externer Rechner *m*, Abk.: ER	information provider database (*Vtx*)
calcul par tableaux *m*	Tabellenkalkulation *f*	spreadsheet calculation
caméra couleur *f*	Farbkamera *f*	color TV camera
caméra de studio *f*	Studiokamera *m*	studio camera
caméra de surveillance *f*	Überwachungskamera *f*	monitoring camera; surveillance camera
caméra extérieure *f*	Außenkamera *f*	outside camera
caméra vidéo *f*	Videokamera *f*	video camera
CAN (abr.) = convertisseur analogique/numérique	Analog-Digitalkonverter *m*	analog-digital converter
canal *m*	Kanal *m*	channel

canal à grande vitesse *m*	Schnellkanal *m*, Abk.: SK	high-speed channel
canal B *m*	B-Kanal, Abk.: 64-kbit/s- Informationskanal	B channel, 64 kbit information channel, basic access
canal commun de signalisation *m*	zentraler Zeichenkanal *m*; zentraler Zeichengabekanal *m*, Abk.: ZZK	common signaling channel
canal commun de signalisation *m* (*méthode, système*)	zentrales Signalisierungsverfahren *n*; zentrales Zeichengabesystem *n*; Zeichengabesystem *n*	common channel signaling system
canal D *m* = RNIS	D-Kanal *m* = ISDN-Steuerkanal = Steuerkanal auf der Teilnehmer-Anschlußleitung	D channel = ISDN channel on the subscriber line
canal d'accès *m*	Anschlußkanal *m*	access channel
canal de commande *m*	Steuerkanal *m*	control channel
canal de données *m*	Datenkanal *m*	data channel
canal de données large bande *m*	Breitband-Datenkanal *m*	broadband data channel; wideband data channel
canal de signalisation central *m*	zentraler Zeichenkanal *m*; zentraler Zeichengabekanal *m*, Abk.: ZZK	common signaling channel
canal de transmission *m*	Übertragungskanal *m*	transmission channel
canal d'information large bande avec un débit de 1920 kbit/s *m*	Breitband-Informationskanal mit einer Bitrate von 1920 kbit/s, Abk.: H12	broadband information channel with a bit rate of 1920 kbit/s
canal d'information large bande avec un débit de 384 kbit/s *m*	Breitband-Informationskanal mit einer Bitrate von 384 kbit/s, Abk.: HO	broadband information channel with a bit rate of 384 kbit/s
canal d'information transparent à large bande *m*	transparenter Breitband-Informationskanal *m*, Abk.: H-Kanal	transparent broadband communications channel
canal multiplexeur *m*	Multiplexorkanal *m*	multiplexer channel
canal sémaphore *m*	zentraler Zeichenkanal *m*; zentraler Zeichengabekanal *m*, Abk.: ZZK	common signaling channel
canal téléphonique *m*	Übertragungskanal *m*	transmission channel
canal utile *m*	Nutzkanal *m*	user channel; information channel
canal vocal *m*	Gesprächskanal *m*; Gesprächsband *n*	voice channel; telephone channel
caniveau des câbles *m*	Kabelkanal *m*	cable channel; cable duct; cable conduit
capacité *f*	Leistungsfähigkeit *f*; Leistung *f*; Kapazität *f*; Ausbau *m*	call handling capacity; traffic handling capacity; capacity
capacité d'accès *f*	Zugangsfähigkeit *f*; Anschlußkapazität *f*; Anschlußfähigkeit *f*	access capability
capacité de couplage *f*	Nebensprechkopplung *f*	crosstalk coupling
capacité de trafic *f*	Verkehrsleistung *f*	traffic capacity
capacité de transmission *f*	Übertragungskapazität *f*	transmission capacity
capacité d'informations *f*	Informationskapazität *f*	information capacity
capacité effective *f*	Betriebskapazität *f*	mutual capacitance; operating capacity
capacité finale	Endausbau *m*	final capacity
capacité fonctionnelle *f*	funktionelle Fähigkeit *f*; Funktionsfähigkeit *f*	functional capability
capacité initiale *f*	Erstausbau *m*; Grundausbau *m*	initial capacity; basic capacity; basic design
capacité par rapport à la terre *f*	Erdkapazität *f*	earth capacitance; capacity to earth
capot *m*	Abdeckung *f*; Deckel *m*	cover(ing)
capsule d'écoute *f*	Hörmuschel *f*	earpiece
capsule microphonique *f*	Sprechkapsel *f*	transmitter inset
capsule réceptrice *f*	Hörkapsel *f*	receiver inset; receiver capsule
capter	abfangen; abhören; heranholen	intercept; pick up
capteur *m*	Sensor *m*; Meßfühler *m*; Meßzelle *f*	sensor
capuchon à vis *m*	Schraubkappe *f*	screw cap
caractère *m*	Signal *n*; Zeichen *n*; Symbol *n*	signal; character; symbol
caractère final *m*	Endzeichen *n*	terminating character
caractère générique *m*	Stellvertreterzeichen *n*	wildcard
caractéristique d'atténuation *f*	Dämpfungsverlauf *m*	attenuation characteristic

caractéristique de courant de boucle *f*	Schleifenstromkennlinie *f*	loop current characteristic
caractéristique de la connexion *f*	Verbindungsmerkmal *n*	connection attribute
caractéristique d'exploitation *f*	Betriebsmerkmal *n*	operating feature
caractéristique du secteur *f*	Netzmerkmal *n*	network utility; network parameter
caractéristiques électriques *f, pl*	elektrische Daten *n, pl*	electrical data
car de reportage *m*	Ü-Wagen *m*	outside-broadcast vehicle, abbr.: OB vehicle
carte *f*	Leiterplatte *f*, Abk.: LP; Baugruppe *f*	circuit board, abbr.: CB; PC board, abbr.: PCB; printed circuit board, abbr.: PCB
carte à mémoire *f*	Chipkarte *f*	chipcard
carte d'accès *f*	Berechtigungskarte *f*	authorization card
carte de câblage *f*	Verdrahtungsplatte *f*, Abk.: VP; Basisleiterplatte *f*	wiring plate; wiring board; motherboard
carte de câblage pour l'alimentation *f*	Verdrahtungsplatte für Stromversorgung *f*, Abk.: VSV	motherboard for power supply
carte de câblage pour organes de connexion *f*	Verdrahtungsplatte für Anschlußorgane *f*, Abk.: VAO	motherboard for connecting circuits / devices
carte de câblage pour système de gestion doublé *f*	Verdrahtungsplatte für gedoppelte Steuerung *f*, Abk.: VSD	motherboard for duplicated control system
carte de câblage pour système de gestion multigroupes *f*	Verdrahtungsplatte für mehrgruppige Anlage *f*	motherboard for multi-group system
carte de câblage pour système de gestion simple *f*	Verdrahtungsplatte für einfache Steuerung *f*, Abk.: VSE	motherboard for single control system
carte de connexions *f*	Rangierplatte *f*	jumper board
carte de distribution de lignes *f*	Linienverteilerplatte *f*	line distribution plate; line distribution board
carte de raccordement *f*	Anschlußplatte *f*	connecting board
carte d'identité, ~ d'identification *f*	Personalausweis *m*	identity card, abbr.: ID card
carte d'interface *f*	Schnittstellenkarte *f*, Abk.: SSK	interface board
carte enfichable *f*	Steckkarte *f*	plug-in card; plug-in board
carte européenne *f*	Europakartenformat *n*	Eurocard (*Euroformat card*)
carte mère *f*	Verdrahtungsplatte *f*, Abk.: VP; Basisleiterplatte *f*	wiring plate; wiring board; motherboard
carte opérateur *f*, abr.: COP	Leiterplatte Vermittlungsplatz *f*; LP Vermittlungsplatz *f*	circuit board operator position; CB operator position
carte principale *f*	Verdrahtungsplatte *f*, Abk.: VP; Basisleiterplatte *f*	wiring plate; wiring board; motherboard
carte routière numérique *f*	digitale Straßenkarte *f*	digital road map
cartouche fusible *f*	Schmelzeinsatz *m*	fuse cartridge
CAS (abr.) = Channel Associated, Signaling, carte d'équipement numérique	CAS, abr.: Channel Associated, Signaling, digitale Anschlußorganbaugruppe	CAS, abbr.: Channel Associated Signaling
casque *m*	Sprechgarnitur *f*; Kopfhörer *m*	headset; headphone(s)
catégorie *f*	Betriebsberechtigung *f*; Berechtigung *f*, Abk.: BER; Berechtigungsklasse *f*; Amtsberechtigung *f*	class of service, abbr.: COS; authorization; access status
catégorie d'accès individuelle *f*	Teilnehmerberechtigung *f*	extension access status; extension class of service
catégorie de poste *f*	Benutzerklasse *f*; Anschlußberechtigung *f*; Anschlußklasse *f*	user class of service; class of line
cause de la perturbation *f*	Störungsursache *f*	cause of malfunction
cavalier *m*	Drahtbrücken-Zweipunktverbindung *f*; Lötbrücke *f*; Schaltdraht *m*; Drahtbrücke *f*; Brücke *f*	jumper 2-point connection; solder jumper; strap; jumper; hookup wire; wire bridge
CC (abr.) = courant continu	Gleichstrom *m*	DC, abbr.: direct current
CCBNT (abr.) = circuit commuté dans un canal B non transparent	nichttransparente, schaltbare Verbindung in einem B-Kanal *f*	nontransparent switchable connection in a B channel
CCBT (abr.) = circuit commuté dans un canal B transparent	transparente, schaltbare Verbindung in einem B-Kanal *f*	transparent switchable connection in a B channel

CCIR (abr.) = Comité Consultatif International des Radiocommunications	Internationaler beratender Funkausschuß *m*	International Radio Consultative Committee
CCITT (abr.) = Comité Consultatif International Téléphonique et Télégraphique	CCITT, Abk.: internationaler beratender Ausschuß für den Telegrafen- u. Fernsprechdienst	CCITT, abbr.: International Telegraph and Telephone Consultative Committee
CEE (abr.) = Commission Économique des Nations Unies pour l' Europe	CEE, Abk.: Wirtschaftskommission der Vereinten Nationen für Europa *f*	CEE, abbr.: United Nations Economic Commission for Europe
CEI (abr.) = Commission Electrotechnique Internationale	CEI, Abk.: Internationale Elektrotechnische Kommission *f*	CEI, abbr.: International Electrotechnical Commission
cellule *f*	Zelle *f* (*Element*)	cell
CEM (abr.) = Centre d'Expoitation et Maintenance	Betriebs- und Wartungszentrum *n*	O&M center, abbr.: operation and maintenance center
CEN (abr.) = Comité Européen de Normalisation	Europäisches Komitee für Normung *n*	European Committee for Standardization
CENELEC (abr.) = Comité Européen de Normalisation Électrotechnique	Europäisches Komitee für elektrotechnische Normung *n*	European Committee for Electrotechnical Standardization
central automatique *m*	Wählvermittlungsstelle *f*; Wählnebenstellenanlage *f*	automatic exchange
central d'abonnés *m*	Teilnehmeramt *n*	subscriber exchange
central de destination *m*	Zielvermittlungsstelle *f*	destination exchange
central de transit *m*	Transitvermittlungsstelle *f*; Durchgangsamt *n*; Durchgangsvermittlungsstelle *f*; Knotenamt *n*	transit exchange, abbr.: TEX; tandem switching center / ~ ~ exchange, abbr.: TSX; transit switching center
central directeur / ~ maître *m*	übergeordnetes Amt *n*; Muttervermittlungsstelle *f*	higher-rank exchange; higher-parent exchange; master exchange; host exchange
central distant *m*	Fernvermittlung *f*	trunk exchange, abbr.: TEX; toll exchange; trunk switching center; long-distance exchange
central domestique *m*	Hauszentrale *f*	Private Automatic Exchange, abbr.: PAX
central d'origine *m*	Ursprungsvermittlungsstelle *f*	originating exchange
centrale de détection incendie *f*	Brandmelderzentrale *f*	fire alarm terminal station
central esclave *m*	Tochtervermittlungsstelle *f*; untergeordnetes Amt *n*	slave exchange; subsidiary exchange
central international *m*	Auslandsvermittlung *f*	international call exchange
central interurbain *m*	Fernvermittlung *f*	trunk exchange, abbr.: TEX; toll exchange; trunk switching center; long-distance exchange
central local *m*, abr.: CLASS 5	Ortsvermittlungsstelle *f*, Abk.: OVSt; Ortsamt *n*; Endamt *n*; Ortsvermittlung *f*; Endvermittlungsstelle *f*, Abk.: EVSt	local office; local exchange, abbr.: LEX; terminal exchange; end exchange
central nodal *m*	Knotenvermittlungsstelle *f*, Abk.: KVSt	tandem exchange
central numérique *m*	digitale zentrale Einrichtung *f*; digitale Vermittlung(sstelle) *f*, Abk.: DIV; Digital-Vermittlungseinrichtung *f*	digital exchange
central opposé *m*	Gegenamt *n*	distant exchange
central principal *m*	Zentralvermittlungsamt *n*; Zentralamt *n*; Hauptamt *n*; Hauptvermittlungsstelle *f*, Abk.: HVSt	central switching office; central exchange; central office; district exchange; main exchange; primary exchange
central public *m*	öffentliche Vermittlungsstelle *f*; Amt *n*; Vermittlungsstelle *f*, Abk.: VSt; Vermittlung *f* (*Anlage*); Vermittlungsamt *n*; Fernsprechamt *n*; Zentrale *f*	public exchange; exchange; central office, abbr.: CO (*Am*); switching center; exchange office; telephone exchange (*Brit*)

central radio *m*	Funkzentrale *f*	radio center
central régional *m*	Ortsvermittlungsstelle *f*, Abk.: OVSt; Ortsamt *n*; Endamt *n*; Ortsvermittlung *f*; Endvermittlungsstelle *f*, Abk.: EVSt	local office; local exchange, abbr.: LEX; terminal exchange; end exchange
central rural détaché *m*	Unteramt *n*	sub-exchange (*PTT exchange*); sub-office
central satellite *m*	Zweitnebenstellenanlage *f*; Unteranlage *f*; Teilvermittlungsstelle *f*	secondary PABX; satellite PABX / ~ exchange; sub-exchange (*subscriber exchange*); subcenter
central téléphonique *m* (*central public*)	öffentliche Vermittlungsstelle *f*; Amt *n*; Vermittlungsstelle *f*, Abk.: VSt; Vermittlung *f* (*Anlage*); Vermittlungsamt *n*; Fernsprechamt *n*; Zentrale *f*	public exchange; exchange; central office, abbr.: CO (*Am*); switching center; exchange office; telephone exchange (*Brit*)
central terminal / ~ urbain *m*	Ortsvermittlungsstelle *f*, Abk.: OVSt; Ortsamt *n*; Endamt *n*; Ortsvermittlung *f*; Endvermittlungsstelle *f*, Abk.: EVSt	local office; local exchange, abbr.: LEX; terminal exchange; end exchange
centre *m*	Zentrum *n*; Mittelpunkt *m*	centre (*Brit*); center (*Am*)
centre autonomie d'acheminement *m*, abr.: CAA	Zentralvermittlungsamt *n*; Zentralamt *n*; Hauptamt *n*; Hauptvermittlungsstelle *f*, Abk.: HVSt	central switching office; central exchange; central office; district exchange; main exchange; primary exchange
centre de commutation *m*	Vermittlungs-Zentrale *f*	transmission center
centre de commutation local *m*	Ortsvermittlungsstelle *f*, Abk.: OVSt; Ortsamt *n*; Endamt *n*; Ortsvermittlung *f*; Endvermittlungsstelle *f*, Abk.: EVSt	local office; local exchange, abbr.: LEX; terminal exchange; end exchange
centre de commutation public *m*	öffentliches Vermittlungssystem *n*	public switching system
centre de contrôle du réseau de données *m*	Datennetzkontrollzentrum *n*, Abk.: DNKZ	data network control center, abbr.: NCC
centre de frais *m*	Kostenstelle *f*	cost center; accounting section
centre de transit *m*, abr.: CLASS 4, abr.: CT	Transitvermittlungsstelle *f*; Durchgangsamt *n*; Durchgangsvermittlungsstelle *f*; Knotenamt *n*	transit exchange, abbr.: TEX; tandem switching center / ~ ~ exchange, abbr.: TSX; transit switching center
Centre d'Exploitation et Maintenance *m*, abr.: CEM	Betriebs- und Wartungszentrum *n*	operation and maintenance center, abbr.: O&M center
centre international *m*	Auslandsvermittlung *f*	international call exchange
centre interurbain *m*	Fernvermittlungsstelle *f*	long-distance center; toll office (*Am*)
centre local *m*, abr.: CL	Ortsvermittlungsstelle *f*, Abk.: OVSt; Ortsamt *n*; Endamt *n*; Ortsvermittlung *f*; Endvermittlungsstelle *f*, Abk.: EVSt	local office; local exchange, abbr.: LEX; terminal exchange; end exchange
centre nodal *m*	Knotenvermittlungsstelle *f*, Abk.: KVSt	tandem exchange
centre nodal local / ~ ~ de transit *m*	Ortsknotenamt *n*	local tandem exchange
Centre pour le Développement des Télécommunications (dans les pays en voie de développement) *m*	Zentrum zur Förderung des Fernmeldewesens (in Entwicklungsländern) *n*; Abk.: CTD	Center for Telecommunication Development (in developing countries); abbr.: CTD
centre primaire *m*, abr.: CP	Hauptanlage *f*	main system; host PBX
centre principal *m*	Zentralvermittlungsamt *n*; Zentralamt *n*; Hauptamt *n*; Hauptvermittlungsstelle *f*, Abk.: HVSt	central switching office; central exchange; central office; district exchange; main exchange; primary exchange
centre principal de sécurité *m*	Sicherheitsleitstelle *f*	security control center
centre terminal de commutation *m*	Ortsvermittlungsstelle *f*, Abk.: OVSt; Ortsamt *n*; Endamt *n*; Ortsvermittlung *f*; Endvermittlungsstelle *f*, Abk.: EVSt	local office; local exchange, abbr.: LEX; terminal exchange; end exchange
centre vidéotext *m*	Bildschirmtext-Zentrale *f*	Btx center

CEPAL (abr.) = Commission Économique des Nations Unies pour l'Amérique Latine	Wirtschaftskommission der Vereinten Nationen für Lateinamerika *f*	United Nations Economic Commission for Latin America
CEPT (abr.) = Conférence Européene des Administrations des Postes et Télécommunications	CEPT, Abk.: Europäische Konferenz für das Post- u. Fernmeldewesen	CEPT, abbr.: Conference of European Postal and Telecommunications Administrations
céramique *f*	Keramik *f*	ceramic
certificat *m*	Zeugnis *n*	record; certificate
chaînage *m*	Verkettung *f*	chaining
chaînage d'appels *m*	Kettengespräch *n*	sequential call; chain call; serial call, abbr.: SC; series call, abbr.: SC
chaîne *f*	Kette *f*	string
chaîne de comptage *f*	Zählkette *f*	counter chain; counting chain
chaîne de connexion *f*	Anschluß *m*; Verbindung *f*	connection; path
chaîne de discrimination / ~ ~ sélection *f*	Ausscheidungskette *f*	discrimination chain
chaîne de sélection *f*	Auswählkette *f*	select chain; pick-out chain
champ *m*	Feld *n*	field
champ d'alarme / ~ de signalisation *m* (*appareil de transmission*)	Signalfeld *n* (*Übertragungseinrichtung*)	signaling panel; alarm panel / ~ unit (*transmission equipment*)
champ d'information *m*	Informationsfeld *n*, Abk.: I-Feld; Hinweisfeld *n*	information field
champ électrique *m*	Feld, elektrisches ~ *n*	electric field
champ magnétique *m*	Feld, magnetisches ~ *n*	magnetic field
champ magnétique d'une bobine *m*	Spulenfeld *n* (*Magnetfeld*)	coil field
champs hertzien *m*	Funkfeld *n*	radio hop
changement de service *m*	Dienstübergang *m*, Abk.: DÜ	service interworking
changer	wechseln; austauschen; tauschen; auswechseln	interchange; change; replace; exchange
changer la connexion sur le bus	Umstecken am Bus *n*	plugging and unplugging on the bus
changer la connexion sur port	Umstecken am Anschluß *n*	terminal portability, abbr.: TP
chaque fois	jeweilig	respective; for the time being
charge *f*	Last *f*; Belastung *f*	load (*electrical*); charge (*load*); strain (*mechanical*); stress (*mechanical*)
charge admissible *f*	Systembelastung *f*	system load
charge de pointe *f*	Spitzenbelastung *f*	peak load
charge de trafic *f*	Verkehrsbelastung *f*	traffic load
charge de trafic f	Verkehrsbelegung f	traffic occupancy
charge du faisceau *f*	Bündelbelastung *f*	bundle usage load
charge nominale *f*	Nennlast *f*	nominal load; rated load
charger	laden; aufladen	charge (*action*); load
chargeur de ligne *m*	Netzladegerät *n*	line charger
charge utile de communications *f*	nachrichtentechnische Nutzlast *f*	telecommunications payload
châssis *m*	Baugruppenträger *m*; Baugruppenrahmen *m*; Rahmen *m*; Gestellrahmen *m*; Gestell *n*	subrack; module frame; frame (*Am*); rack
châssis de câble *m*	Flächenkabelrost *m*	overhead cable rack
châssis de montage *m*	Montagerahmen *m*	mounting frame
châssis étroit *m*	Schmalgestellbauweise *f*	slimline rack
châssis supérieur *m*	Kopfrahmen *m*	top frame
châssis vidéo m	Videoturm m	video rack
chemin *m*	Straßenverlauf *m*	route (*road*)
chemin alternatif *m*	Ersatzweg *m*	alternative route
chemin de connexion interne *m*	Innenverbindungsweg *m*	internal connection path
chemin de dernier choix *m*	Letztweg *m*	last-choice route
chemin de premier choix *m*	Erstweg *m*	first-choice route
chercheur d'appel *m*	Anrufsucher *m*	call finder; line finder; line selector
cheville *f*	Lötstift *m*	soldering pin
chiffre *m*	Ziffer *f*	digit
chiffre de sélection *m*	Wählziffer *f*	selection digit
chip de connexion *m*	Zuschaltechip *m*	connection chip
chronogramme *m*	Impulsdiagramm *n*	timing diagram

chronologie *f*	Zeitplan *m*	time schedule
chronométrage *m*	Zeitmessung *f*	time metering; timing
chronomètre *m*	Zeitmeßeinrichtung *f*; Stoppuhr *f*	timing device; stop watch
chute de tension *f*	Spannungsabfall *m*; Spannungsverlust *m*	voltage drop / ~ loss
CI (abr.) = circuit imprimé	LP, Abk.: Leiterplatte *f*; Baugruppe *f*	CB, abbr.: circuit board; PC board, abbr.: PCB; printed circuit board, abbr.: PCB
cible *f*	Ziel *n*	target; destination; objective
circonscription de taxes *f*	Gebührenzone *f*; Tarifstufe *f*	meter pulse rate; tariff zone; metering zone; chargeband; tariff stage; rate district
circonscription téléphonique *f*	Anschlußbereich *m*	exchange area; service area; line circuit area
circuit *m*	Leitung *f* (*Schaltkreis*); Stromkreis *m*	circuit
circuit à exploitation automatique *m*	Wählleitung *f*	dialup line; switched line; automatic circuit
circuit analogique d'abonné *m*	Teilnehmerschaltung, analog *f*, Abk.: TSA	analog subscriber circuit
circuit à point milieu *m*	Mittelpunktschaltung *f*	mid-point tapping
circuit commuté dans un canal B non transparent *m*, abr.: CCBNT	nichttransparente, schaltbare Verbindung in einem B-Kanal *f*	nontransparent switchable connection in a B channel
circuit commuté dans un canal B transparent *m*, abr.: CCBT	transparente, schaltbare Verbindung in einem B-Kanal *f*	transparent switchable connection in a B channel
circuit couche fine *m*	Dünnschichtschaltung *f*	thin-film circuit
circuit d'abonné *m*	Teilnehmerschaltung *f*, Abk.: TS	line circuit; extension circuit; subscriber circuit; extension line circuit
circuit d'abonné interurbain *m*	Fernteilnehmeranschluß *m*	long-distance subscriber circuit
circuit d'abonné numérique *m*	digitale Teilnehmerschaltung *f*, Abk.: TDN	digital subscriber circuit
circuit d'adaptation *m*	Adapterschaltung *f*; Anpassungsschaltung *f*	adapter circuit
circuit d'attente *m*	Anrufordnung *f*; Wartekreis *m*	call queuing; holding circuit
circuit de conférence *m*	Konferenzschaltung *f*	conferencing; conference circuit; conference connection
circuit de connexion *m*	Anschlußorgan *n*, Abk.: AO	connecting device; connecting circuit
circuit de connexion interne *m*	Innenverbindungssatz *m*	internal link
circuit de contrôle de signalisation *m*	Signalkontrolleinrichtung *f*	signal controller
circuit d'écoute *m*	Abhörschaltung *f*	monitoring circuit
circuit de découplage *m*	Entkopplungsschaltung *f*	decoupling circuit
circuit de ligne réseau *m*	Amtsleitungsübertrager *m*; Amtsverbindungssatz *m*; Amtsleitungsübertragung *f*, Abk.: AUE; Amtsübertrager *m*; Amtsübertragung *f*, Abk.: AUE	exchange line repeater coil; exchange line transformer; exchange line junction; exchange line circuit
circuit de ligne spécialisée / ~ ~ ~ interautomatique *m*	Querleitungsübertrager *m*, Abk.: QUE; Querverbindungsübertragung *f*, Abk.: QUE	tie line circuit; tie line transmission
circuit de location *m*	Mietleitung *f*	leased circuit / ~ line
circuit de modification *m*	Änderungsschaltung *f*	modification circuit
circuit d'entrée *m*	Eingangschaltung *f*	input circuit
circuit d'entrée sortie *m*	Eingabe/Ausgabe-Schaltung *f*	input/output circuit
circuit de parole *m*	Sprechkreis *m*	speech circuit
circuit de protection *m*	Schutzschaltung *f*	protective circuit
circuit de protection anti-choc acoustique *m*	Knackschutz *m*; Gehörschutz *m*	click suppression; acoustic shock absorber; click absorber
circuit de protection de la voix *m*	Sprachschutz *m*	speech protection
circuit de raccordement *m*	Anschlußorgan *n*, Abk.: AO	connecting device; connecting circuit
circuit de référence *m*	Bezugsverbindung *f*; Eichleitung *f*	reference circuit; standard transmission line
circuit de réglage *m*	Regelschaltung *f*	control circuit

circuit des communications internes *m*	Hausverbindungssatz *m*	internal connecting set
circuit de sélection directe à l'arrivée *m*	Durchwahlübertragung *f*, Abk.: DUE	in-dialing circuit; DID circuit; direct inward dialing circuit
circuit de signalisation *m*	Signalisierungskreis *m*	signaling circuit
circuit d'étalon *m*	Bezugsverbindung *f*; Eichleitung *f*	reference circuit; standard transmission line
circuit de télécommunications *m*	Telekommunikationsleitung *f*	telecommunication circuit
circuit de temporisation *m*	Verzögerungsschaltung *f*	delay circuit
circuit d'opératrice *m*	Vermittlungssatz *m*	operator circuit
circuit d'usager *m*	Teilnehmerschaltung *f*, Abk.: TS	line circuit; extension circuit; subscriber circuit; extension line circuit
circuit équivalent *m*	Ersatzschaltung *f*	standby circuit; equivalent circuit
circuit ET *m*	UND-Schaltung *f*	AND circuit
circuit fantôme *m*	Viererleitung *f*; Phantomleitung *f*	phantom circuit
circuit hybride *m*	Amtsgabel *f*	exchange hybrid
circuit imprimé *m*	gedruckte Schaltung *f*	printed circuit, abbr.: PC
circuit imprimé *m*, abr.: CI	Leiterplatte *f*, Abk.: LP; Baugruppe *f*	circuit board, abbr.: CB; PC board, abbr.: PCB; printed circuit board, abbr.: PCB
circuit intégré *m*	integrierte Schaltung *f*, Abk.: IC	integrated circuit, abbr.: IC
circuit intégré de numérotation *m*	Wählbaustein *m*	dialing chip
circuit intégré monolithique à semiconducteurs *m*	monolitische Halbleiterschaltung *f*	monolithic semiconductor circuit
circuit international *m*	Auslandsleitung *f*; internationale Leitung *f*	international circuit; international line
circuit interurbain de sortie *m*	gehende Fernleitung *f*	outgoing trunk line
circuit libre *m*	freie Leitung *f*	free-line condition; free line
circuit local *m*	Ortskreis *m*	local circuit
circuit loué *m*	Mietleitung *f*	leased circuit / ~ line
circuit modem *m*	Modemschaltung *f*	modem circuit
circuit NAND *m*	NAND-Schaltung *f*	NAND circuit
circuit numérique *m*	digitale Leitung *f* (*Schaltkreis*)	digital circuit
circuit numérique de télécommunications *m*	digitale Telekommunikationsleitung *f*	digital telecommunication circuit
circuit OU *m*	ODER-Schaltung *f*	OR circuit
circuit permanent *m*	festgeschaltete Verbindung *f*; Festverbindung *f*, Abk.: FV	permanent circuit; non-switched connection; point-to-point circuit; permanently connected circuit; dedicated circuit; fixed connection
circuit point-à-point *m*	festgeschaltete Verbindung *f*; Festverbindung *f*, Abk.: FV	permanent circuit; non-switched connection; point-to-point circuit; permanently connected circuit; dedicated circuit; fixed connection
circuit porte *m*	Torschaltung *f*	gate circuit
circuit RC *m*	RC-Glied *n*	RC element; resistance-capacitance element
circuit récepteur de taxe *m*	Gebührenempfangskreis *m*, Abk.: GEK	call charge receiving unit
circuit retardateur *m*	Verzögerungsschaltung *f*	delay circuit
circuits de couplage *m, pl*	Mischkoppelgruppe *f*	grading switching group
circuit téléphonique *m*	Telefonschaltung *f*; Fernsprechleitung *f*	telephone circuit
circuit témoin *m*	Zeugenschaltung *f*	witness circuit
circuit temporisé *m*	Zeitglied *n*	timing element
circuit termineur *m*	Endschaltung *f*	terminating circuit
circuit virtuel *m*, abr.: CV	Logikschaltkreis *m*; virtuelle Verbindung *f*	logic circuit; virtual connection, abbr.: VC
circuit virtuel commuté *m*, abr.: CVC	geschaltete, virtuelle Verbindung *f*	switched virtual connection
circuit virtuel dans un canal B *m*, abr.: CVB	virtuelle Verbindung in einem B-Kanal *f*	virtual connection in a B channel

circuit virtuel dans un canal D *m*, abr.: CVD	virtuelle Verbindung in einem D-Kanal *f*	virtual connection in a D channel
circuit virtuel permanent *m*, abr.: CVP	permanente, virtuelle Verbindung *f*	permanent virtual connection
CL (abr.) = centre local	OVSt, Abk.: Ortsvermittlungsstelle *f*; Ortsamt *n*; Endamt *n*; Ortsvermittlung *f*; EVS, Abk.: Endvermittlungsstelle *f*	LEX, abbr.: local office; local exchange; terminal exchange; end exchange
CLA (abr.) = poste à clavier	Tastwahlapparat *m*	pushbutton telephone
CLASS 4 (abr.) = centre de transit	Transitvermittlungsstelle *f*; Durchgangsamt *n*; Durchgangsvermittlungsstelle *f*; Knotenamt *n*	TEX, abbr.: transit exchange; TSX, abbr.: tandem switching center /~ ~ exchange; transit switching center
CLASS 5 (abr.) = central local	OVSt, Abk.: Ortsamt *n*; Ortsvermittlungsstelle *f*; Endamt *n*; Ortsvermittlung *f*; EVSt, Abk.: Endvermittlungsstelle *f*	LEX, abbr.: local exchange; local office; terminal exchange; end exchange
classe d'abonné *f*	Benutzerklasse *f*; Anschlußberechtigung *f*; Anschlußklasse *f*	user class of service; class of line
classe de qualité *f*	Qualitätsklasse *f*	quality class
classe de service *f*	Benutzerklasse *f*; Anschlußberechtigung *f*; Anschlußklasse *f*	user class of service; class of line
classe de service *f*	Betriebsberechtigung *f*; Berechtigung *f*, Abk.: BER; Berechtigungsklasse *f*; Amtsberechtigung *f*	class of service, abbr.: COS; authorization; access status
classe pour appel standard *f*, abr.: CLS	Gesprächsberechtigung der Vermittlung *f*	operator-position class of service
classeur d'appels *m*	Anrufordner *m*; Rufordner *m*	allotter; traffic distributor
clavier *m*	Wähltastatur *f*; Zifferntastatur *f*; Tastatur *f*; Tastenfeld *n*	keypad; keyboard, abbr.: KBD, abbr.: kybd; key field
clavier à effleurement *m*	Folientastatur *f*	membrane keyboard / ~ keypad
clavier alphanumérique *m*	alphanumerische Tastatur *f*	alphanumeric keyboard
clavier à mémoire *m*	Speicherzahlengeber *m*	store keysender
clavier à relais *m*	Relaiszahlengeber *m*	relay keysender
clavier d'émetteur automatique d'impulsions *m*	Zahlengebertastatur *f*; Zifferntasten *f, pl*	keysender keyboard; digit keys
clavier d'entrée *m*	Eingabetastatur *f*	input keyboard
clavier de numérotation *m*	Wähltastatur *f*; Zifferntastatur *f*; Tastatur *f*; Tastenfeld *n*	keypad; keyboard, abbr.: KBD, abbr.: kybd; key field
clavier de répartition *m*	Zuteiltastatur *f*	assignment keyboard / keypad
clavier numérique *m*	Zahlengebertastatur *f*; Zifferntasten *f, pl*	keysender keyboard; digit keys
clé de codage *f*	Schlüsselzahl *f*	security code; code number
clé d'écoute *f*	Mithöraufforderungstaste *f*; Mithörtaste *f*; Überwachungstaste *f*	monitoring request button; listen-in key; monitoring button; supervisory button
clics *m, pl*	Knackgeräusche *n, pl*	clicks; clicking noise
client *m*	Kunde *m*; Auftraggeber *m*	customer; client
clignoter	blinken (*Displayanzeige*)	blink; flash(ing)
clôture *f*	Verriegelung *f*; Schloß *n*; Verschluß *m*	interlock; lock(ing)
CLS (abr.) = classe pour appel standard	Gesprächsberechtigung der Vermittlung *f*	operator-position class of service
CNA (abr.) = convertisseur numérique/analogique	Digital-Analog-Konverter *m*	digital-analog converter
CNE (abr.) = concentrateur numérique éloigné	abgesetzter Anlagenteil *m*	remote system part (*concentrator*)
CNET (abr.) = Centre National d'Etudes des Télécommunications	französisches FTZ *n*	French central telecommunications engineering office
codage *m*	Kodierung *f*	coding
codage bi-dimensionnel *m*	zweidimensionales Codierverfahren *n*	two-dimensional coding

code *m*	Kennzahl *f*; Kennung *f*; Code *m*	code
code 1 parmi 10 *m*	Code 1 aus 10 *m*	one-out-of-ten code
code à un chiffre *m*	einstellige Kennzahl *f*	single-digit code
code auto-correcteur *m*	fehlerkorrigierender Code *m*	self-correcting code
code binaire *m*	Binärcode *m*	binary code
code chiffré *m*	Schlüsselzahl *f*	security code; code number
code correcteur d'erreur *m*	fehlerkorrigierender Code *m*	self-correcting code
code d'accès *m*	Zugangskennung *f*	access code
code d'accès programmable *m*	Auswahlkennziffer *f*; Ausscheidungsziffer *f*; Ausscheidungskennziffer *f*, Abk.: AKZ	selection code; programmable access code; discriminating code
code d'appels internationaux *m*	Auslandskennziffer *f*	international line code
code de blocage *m*	Sperrzahl *f*	barring number
code de classe de service *m*	Berechtigungszeichen *n*	right-of-access code; class-of-service code
code de destination *m*	Empfängererkennung *f*	destination identifier
code de numérotation réseau *m*	Netzkennzahl *f*; Amtskennzahl, -ziffer *f*; Amtsziffer *f*	network code number; exchange code (*Brit*); external line code; trunk code (*Am*)
code détecteur d'erreur *m*	fehlererkennender Code *m*	self-checking code
code d'identification *m*	Identifizierungskode *m*	identification code
code d'identification de l'impulsion *m*	Impulskennzeichen *n*, Abk.: IKZ	pulse signal
code l'identification de ligne *m*	Anschlußerkennung *f*	line identification code
code parallèle *m*	Parallelcode *m*	parallel code
code réseau *m*	Netzkennzahl *f*; Amtskennzahl, -ziffer *f*; Amtsziffer *f*	network code number; exchange code (*Brit*); external line code; trunk code (*Am*)
code série *m*	Reihencode *m*	series code
code spécial *m*	Sonderkennzeichen *n*	special identifier (*code*, *mark*)
codeur *m*	Kodierer *m*	coder; encoder; coding device
codeur vocal *m*	Sprachcodierer *m*	voice-operated coder, abbr.: vocoder; voice encoder
coefficient d'adaptation *m*	Reflexionsfaktor *m*; Anpassungskoeffizient *m*	return current coefficient / ~ ~ factor
coefficient d'affaiblissement *m*	Dämpfungskonstante *f*	attenuation coefficient; attenuation constant (*Am*)
coefficient d'affaiblissement du quadripôle *m*	Vierpoldämpfungsmaß *n*	image-attenuation coefficient; image-attenuation constant (*Am*)
coefficient d'atténuation *m*	Dämpfungskonstante *f*	attenuation coefficient; attenuation constant (*Am*)
coefficient de distorsion harmonique *m*	Klirrfaktor *m*	K factor; nonlinear distortion factor; distortion factor
coefficient de transmission *m*	Transmissionskoeffizient *m*	transmission coefficient
coefficient itératif de propagation m	Kettenübertragungsmaß n	iterative propagation coefficient / ~ ~ constant
coffret *m*	Schrankgehäuse *n*; Gehäuse *n*	cabinet housing; housing; casing; case
coffret mural *m*	Wandgehäuse *n*	wall housing; wall casing
COFIDEC (abr.) = codeur/décodeur/filtre	COFI, Abk.: Kodierer/Dekodierer, Filter	CODEC, abbr.: coder/decoder/filter
coïncidence d'abonnés d'extension *f*	Teilnehmeranbietekoinzidenz *f*	extension offering coincidence
collier de serrage *m*	Kabelbinder *m*	cable clip; cable tie
colonne *f*	Spalte *f*; Säule *f*	column; pillar
colonne support *f*	Tragsäule *f*	supporting column
COM (abr.) = communication	Übermittlung *f*; Kommunikation *f*	communication
combiné *m*	Hörer *m*; Handapparat *m*, Abk.: HA	receiver (*handset*); handset
combiné d'essai de sélection directe à l'arrivée *m*	Durchwahlprüfteilnehmer *m*	in-dialing test extension
combiné monté sur pupitre *m*	Pulteinbau-Sprechstelle *f*	desk-mounted set
combiner	zusammensetzen	combine; assemble; compile; compose; compound

Comité Consultatif International des Radiocommunications *m*	Internationaler beratender Funkausschuß *m*	International Radio Consultative Committee
Comité Consultatif International Téléphonique et Télégraphique *m*, abr.: CCITT	Internationaler beratender Ausschuß für den Telegrafen- u. Fernsprechdienst, Abk.: CCITT	International Telegraph and Telephone Consultative Committee, abbr.: CCITT
Comité Européen de Normalisation *m*, abr.: CEN	Europäisches Komitee für Normung *n*	European Committee for Standardization
Comité Européen de Normalisation Électrotechnique *m*, abr.: CENELEC	Europäisches Komitee für elektrotechnische Normung *n*	European Committee for Electrotechnical Standardization
Comité International d'Enregistrement des Fréquences *m*	Internationaler Ausschuß zur Registrierung von Frequenzen *m*	International Frequency Registration Board, abbr.: IFRB
commande *f*	Befehl *m* (*Computer*)	command; instruction (*computer*)
commandé	gesteuert	controlled
commande *f*	Steuerung *f*, Abk.: ST; Regelung *f*; Kontrolle *f*	control; controller
commande à distance *f*	Fernsteuerung *f*; Fernbedienung *f*; Fernsteuern *n*	remote control; telecommand
commande centrale *f*	Zentralsteuerung *f*; zentrale Steuerung *f*	central control
commande de panneau de couplage *f*	Koppelfeldsteuerung *f*, Abk.: KST	switching matrix control
commande de sauvegarde *f*	Einspeichersteuerung *f*	storing control; read-in control
commande des équipements d'abonné *f*	Teilnehmersteuerung *f*	extension control
commande d'interrogation *f* (*télécommande*)	Abfragebefehl *m* (*Fernwirktechnik*)	interrogation command (*telecontrol*)
commande du bus système *f*	Systembussteuerung *f*, Abk.: SBS	system bus control
commande du poste d'opérateur *f*	Vermittlungssteuerung *f* (*Anlage*)	operator control (*exchange*)
commande du réseau de connexion *f*	Koppelfeldsteuerung *f*, Abk.: KST	switching matrix control
commande finale *f*	Endregler *m*	final control
commande générale *f*	Gesamtsteuerung *f*	overall control
commande par programme enregistré *f*	speicherprogrammierte Steuerung *f*	stored-program control, abbr.: SPC
commande séquentielle *f*	Ablaufsteuerung *f* (*BTX-Modem*)	process control (*videotex modem*)
commerçant *m*	Händler *m*	dealer
commettant *m*	Kunde *m*; Auftraggeber *m*	customer; client
Commission Économique des Nations Unies pour l'Amérique Latine *f*, abr.: CEPAL	Wirtschaftskommission der Vereinten Nationen für Lateinamerika *f*	United Nations Economic Commission for Latin America
Commission Économique des Nations Unies pour l'Europe *f*, abr.: CEE	Wirtschaftskommission der Vereinten Nationen für Europa *f*, Abk.: CEE	United Nations Economic Commission for Europe, abbr.: CEE
Commission Electrotechnique Internationale *f*, abr.: CEI	Internationale Elektrotechnische Kommission *f*, Abk.: CEI	International Electrotechnical Commission, abbr.: CEI
commun	gemeinsam	common
commun de supervision *m*	Zentralüberwachungsgemeinsam *n*	central monitoring multiple
communication *f*, abr.: COM	Übermittlung *f*; Kommunikation *f*	communication
communication à longue distance nationale *f*	Inlands-Fernverbindung *f*	domestic trunk call
communication de données *f*	Datenkommunikation *f*	data communication
communication de texte *f*	Textkommunikation *f*	text communication
communication en franchise *f*	gebührenfreie Verbindung *f*	non-chargeable call; free call
communication externe *f*	Externverbindung *f*	external connection
communication identifiée *f*	gekennzeichnete Verbindung *f*	flagged call
communication internationale *f*	Auslandsverbindung *f*	international call; international connection
communication interne *f*	Hausverbindung *f*	internal call connection
communication interurbain *f*	Fernverbindung *f*	long-distance trunk call; interoffice trunk call

communication large bande *f*	Breitbandkommunikation *f*	broadband communication
communication locale *f*	Ortsgespräch *n*	local call; city call
communication par intercom *f*	Wechselsprechen *n*	intercom
communication privée *f*	Privatgespräch *n*	private call
communication réseau *f*	externes Gespräch *n*; Amtsgespräch *n*	external call; exchange line call; CO call = city call = exchange call; exchange call (*Brit*)
communications mobiles *f, pl*	mobile Informationstechnik *f*	mobile communications
communication téléphonique *f*	Fernsprechkommunikation *f*	telephone communication
communication téléphonique interurbaine *f*	Ferngespräch *n*	trunk call (*Brit*); toll call (*Am*); long-distance call
commutable	umschaltbar	switchable
commutateur *m* (*télécommunication*)	Hakenschalter *m*; Gabelumschalter *m*	hook switch; cradle switch
commutateur *m* (*central public*)	öffentliche Vermittlungsstelle *f*; Amt *n*; Vermittlungsstelle *f*, Abk.: VSt; Vermittlung *f* (*Anlage*); Vermittlungsamt *n*; Fernsprechamt *n*; Zentrale *f*	public exchange; exchange; central office, abbr.: CO (*Am*); switching center; exchange office; telephone exchange (*Brit*)
commutateur *m* (*PABX*)	zentrale Einrichtung *f*; Nebenstellenanlage *f*; Fernsprechnebenstellenanlage *f*, Abk.: NStAnl, PABX	Private Automatic Branch Exchange, abbr.: PABX
commutateur *m* (*électricité*)	Schalter *m*, Abk.: S	switch
commutateur à clef *m*	Sperrschloß *n*	barring facility
commutateur à coulisse *m*	Schiebeschalter *m*	slide switch
commutateur à crochet *m*	Hakenschalter *m*; Gabelumschalter *m*	hook switch; cradle switch
commutateur à touches *m*	Tastenschalter *m*	keyswitch
commutateur central *m* (*PABX*)	zentrale Einrichtung *f*; Nebenstellenanlage *f*; Fernsprechnebenstellenanlage *f*, Abk.: NStAnl, PABX	Private Automatic Branch Exchange, abbr.: PABX
commutateur crossbar *m*	Koordinatenwähler *m*	crossbar switch
commutateur numérique *m*	digitale zentrale Einrichtung *f*; digitale Vermittlung(sstelle) *f*, Abk.: DIV; Digital-Vermittlungseinrichtung *f*	digital exchange
commutateur pour renvoi de nuit *m*	Nachtumschalter *m*	night changeover switch
commutation *f*	Durchschaltung *f*; Schalten *n*; Vermittlung *f* (*Tätigkeit*); Umschaltung *f*, Abk.: UM	switching; through-connection; routing; switchover; changeover
commutation à deux fils *f*	Zweidrahtdurchschaltung *f*	two-wire switching
commutation à distance *f*	Fernschalten *n*	remote switching
commutation à quatre fils *f*	Vierdraht-Durchschaltung *f*	four-wire switching
commutation d'appel *f*	Wahlumschaltung *f*	dial changeover
commutation d'appels *f*	Gesprächsvermittlung *f*; Rufumschaltung *f*, Abk.: RU	call switching
commutation de la tension *f*	Spannungsumschaltung *f*	voltage changing
commutation de lignes *f*	Wegedurchschaltung *f*	speech path through-connection
commutation de lignes par répartition dans le temps *f*	zeitmultiplexe Wegedurchschaltung *f*	time-division multiplex switching of connecting paths
commutation de parole *f*	Gesprächsvermittlung *f*; Rufumschaltung *f*, Abk.: RU	call switching
commutation de voie spatiale *f*	räumliche Wegedurchschaltung *f*	spatial path through-connection
commutation du tarif jour/nuit *f*	Tag/Nacht-Umschaltung der Gebühren *f*	day/night changeover of tariff rates
commutation en multiplex spatial *f*	Raummultiplexdurchschaltung *f*	space-division through-connection
commutation numérique *f*	digitales Vermitteln *n*; digitale Durchschaltung *f*	digital switching, abbr.: DS
commutation par/de paquets *f*	Paketvermittlung *f*; Teilstreckentechnik mit paketweiser Übertragung *f*	packet switching, abbr.: PS
commutation par répartition dans le temps / ~ temporelle *f*	Zeitmultiplexdurchschaltung *f*	time-division multiplex switching

commutation radio *f*	Funkvermittlung *f*	mobile switching center
commutation spatiale *f*	räumliche Durchschaltung *f*	space-division switching; space-spatial switching
commutation spatiale *f* (*méthode*)	Raummultiplex *n*	space-division multiplex, abbr.: SDM
commutation temporelle *f*	Zeitmultiplexverfahren *n*	time-division multiplex, abbr.: TDM
commuter (~ *une communication*)	durchschalten (*ein Gespräch* ~); verbinden; anschließen (an); anschalten	switch through; through-connect; link; connect (to)
commuter (*transmettre*)	übertragen; übermitteln; senden	transmit; send; forward; broadcast; pass on; communicate
commuter (*électricité*)	vermitteln; schalten	switch
commuter (*coupler*)	einkoppeln; koppeln; umschalten	couple; switch over; change over
comparaison du trafic *f*	Verkehrsausgleich *m*	traffic balancing
compartiment de module *m*	Fach *n*; Modulfach *n*	module compartment
compatibilité électromagnétique *f*, abr.: EMC	elektro-magnetische Verträglichkeit *f*, Abk.: EMV	electromagnetic compatibility, abbr.: EMC
compensateur *m*	Kompensationsglied *n*	compensator
compensation de l'armortissement *f*	Entdämpfung *f*	deattenuation; regeneration
compensation du temps de propagation *f*	Laufzeitausgleich *m*	delay equalization
comportement des impulsions *m*	Impulsverhalten *n*	pulse behaviour
composant *m* (*module*)	Modul *n*; Chip *m*; Baustein *m*	chip; module, abbr.: Mod
composant *m* (*électronique*)	Teil *n* ; Bauteil *n*; Bauelement *n*; Komponente *f*	part; component part; component
composant analogique multiplexé *m*	TV-Standard, Abk.: MAC	Multiplexed Analog Component; abbr.: MAC
composant de commutation *m*	Koppelbaustein *m*	switching component
composants supplémentaires *m, pl*	Bauteile hinzu *n, pl*	parts added
composants supprimés *m, pl*	Bauteile entfallen *n, pl*	parts dropped; parts not required
composer *m* (~ *un numéro*)	anwählen (*eine Nummer* ~); auswählen; wählen	dial (*a number*); choose; select
composer	zusammensetzen	combine; assemble; compile; compose; compound
composition de texte *f*	Texteinblendung *f*	text overlay; fade-in
compound de systèmes réseau *m*	Systemverbund *m*	systems network compound
compresser	komprimieren	compress
comptage des taxes *m*	Gebührenberechnung *f*; Gebührenaufzeichnung *f*; Gebührenerfassung *f*; Gebührenzählung *f*; Gesprächsdatenerfassung *f*	call rate accounting; call charging; call billing; call charge recording / ~ ~ registration / ~ ~ registering; rate accounting; call charge data recording; call metering; Station Message Detail Recording, abbr.: SMDR (*Am*); call logging; call charge metering
comptage du temps d'occupation *m*	Belegungszählung *f*	seizure counter
compte détaillé des taxes *m*	Einzelgesprächszählung *f*	single call counting
compteur *m*, abr.: CPT	Zähler *m* (*Meßgerät*~)	counter; meter
compteur avec remise à zéro *m*	rückstellbarer Zähler *m*	resettable meter
compteur binaire *m*	Binärzähler *m*	binary counter
compteur d'abonné *m*	Teilnehmerzähler *m*	extension rate meter; subscriber rate meter
compteur d'appels *m*	Gesprächszähler *m*	call meter
compteur de communication *m*	Gesprächszähler *m*	call meter
compteur de limitation d'appels *m*	Rufbegrenzungszähler *m*	call limiting counter
compteur des taxes *m*	Gebührenzähler *m*, Abk.: GZ	call charge meter
compteur de taxes de frais *m*	Summenzähler für Kostenstelle *m*	departmental account meter; cost center account meter
compteur d'événements du faisceau *m*	Bündelereigniszähler *m*	bundle event counter
compteur de zones horaires *m*	Zeitzonenzähler *m*	time-zone meter
compteur d'impulsions *m*	Taktzähler *m*	pulse counter

compteur d'occupation *m*	Besetztzählgerät *n*	busy counter
compteur horaire *m*	Zeitzähler *m*	time counter; timer
compteur totalisateur *m*	Summenzähler *m*, Abk.: SUZ	totalizing meter
computer *m*	Computer *m*; Rechner *m*	computer
COMSAT (abr.)	COMSAT, Abk.	COMSAT, abbr.: Communications Satellite Corporation
concentrateur *m*	Konzentrator *m*	concentrator
concentrateur de lignes *m*	Wählsterneinrichtung *f*; Leitungskonzentrator *m*	line concentrator
concentrateur numérique *m*	digitaler Konzentrator *m*, Abk.: DIC	digital concentrator
concentrateur numérique éloigné *m*, abr.: CNE	abgesetzter Anlagenteil *m*	remote system part (*concentrator*)
concentrateur principal d'abonnés *m*, abr.: CPA	Hauptteilnehmerbündler *m*	main subscriber concentrator
concentrateur satellite électronique *m*, abr.: CSE	elektronische Unteranlage *f*	electronic subsystem
concentrateur satellite numérique *m*, abr.: CSN	digitale Unteranlage *f*	digital subexchange
concentration d'appels *f*	Anrufkonzentration *f*	concentrated call facility
concordance *f*	Identität *f*; Übereinstimmung *f*	identity, abbr.: ID; match
condensateur *m*	Kondensator *m*	capacitor
condensateur anti-parasite *m*	Entstörkondensator *m*	anti-interference capacitor
condensateur céramique multicouches *m*	Keramik-Vielschicht-Kondensator *m*	ceramic multiple layer capacitor
condensateur céramique tubulaire *m*	Keramik-Rohr-Kondensator *m*	ceramic tubular capacitor
condensateur de découplage *m*	Entkopplungskondensator *m*	isolating capacitor; decoupling capacitor
condensateur électrolytique *m*	Elektrolyt-Kondensator *m*, Abk.: Elko	electrolytic capacitor
condition *f*	Bedingung *f*; Status *m*; Zustand *m*	status; state; condition
condition ambiente *f*	Umgebungsbedingung *f*	environmental condition; ambient condition
condition d'abonné occupé *f*	Teilnehmerbesetztzustand *m*	extension busy condition
condition d'environnement *f*	Umgebungsbedingung *f*	environmental condition; ambient condition
conditions *f, pl*	Anforderungen *f, pl*	requirements
conditions d'agrément *f, pl*	Zulassungsbedingungen *f, pl*, Abk.: ZulB	conditions of approval; approval conditions
conditions de branchement *f, pl*	Anschlußbedingungen *f, pl*	interface conditions; terminal conditions
conditions opératoires *f, pl*	Betriebsbedingungen *f, pl*	operating conditions
conductance de sortie *f*	Ausgangsleitwert *m* (*Halbleiter*)	output conductance (*semiconductor*)
conducteur *m*	Leiter *m*	conductor
conducteur de chaleur *m*	wärmeleitend	heat-conductive
conducteur imprimé *m*	Leiterbahn *f*	conductor track; conducting path
conductivité *f*	Leitfähigkeit *f*	conductivity
conduire	durchführen	carry out; conduct; make
conduite d'eau *f*	Wasserleitung *f*	water conduit; water pipe
CONF (abr.) = conférence	Konferenzgespräch *n*; Sammelgespräch *n*; Konferenz *f*	CONF, abbr.: conference call; multiparty facility; conference calling add-on
conférence *f*, abr.: CONF	Konferenzgespräch *n*; Sammelgespräch *n*; Konferenz *f*	conference call; multi-party facility; conference calling add-on, abbr.: CONF
conférence à trois *f*	Dreiergespräch *n*	three-party (call / ~-~ conference), abbr.: 3PTY; three-way calling
conférence dans un groupe d'interception *f*	Teamkonferenz *f*	team conference
Conférence Européene des Administrations des Postes et Télécommunications *f*, abr.: CEPT	Europäische Konferenz für das Post- u. Fernmeldewesen, Abk.: CEPT	Conference of European Postal and Telecommunications Administrations, abbr.: CEPT

Conférence Interaméricaine pour les Télécommunications *f*, abr.: CITEL	Interamerikanische Konferenz für das Fernmeldewesen, Abk.: CITEL	Committee for Inter-American Telecommunications, abbr.: CITEL
conférence intérieure *f*	Intern-Konferenz *f*	internal conference
CONFIG (abr.) = configuration	Bestückung *f*; Konfigurierung, Konfiguration *f*; Anordnung *f*; Ausrüstung *f*	configuration; equipment; outfitting
configuration *f*, abr.: CONFIG	Bestückung *f*; Konfigurierung, Konfiguration *f*; Anordnung *f*; Ausrüstung *f*	configuration; equipment; outfitting
configuration de groupes *f*	Gruppierungsanordung *f*	trunking array
configuration de référence *f*	Bezugskonfiguration *f*	reference configuration, abbr.: RC
configuration de référence du RNIS *f*	ISDN-Bezugskonfiguration *f*	ISDN reference configuration
configuration de système *f*	Systemausbau *m*; Systemkonfiguration *f*	system configuration
configuration minimale *f*	Mindestausbau *m*	minimum configuration
confirmation *f*	Bestätigung *f*	confirmation
confirmation de réception *f*	Quittung *f*; Rückmeldung *f*; Empfangsbestätigung *f*	acknowledgement, abbr.: ACK; answer back; message; reply; checkback; reception confirmation; confirmation of receipt
confirmer	zulassen; genehmigen	approve
conflit d'accès *m*	Zugriffskonflikt *m*	access conflict; access contention
conformité *f*	Identität *f*; Übereinstimmung *f*	identity, abbr.: ID; match
connecter (à)	durchschalten (*ein Gespräch ~*); verbinden; anschließen (an); anschalten	switch through; through-connect; link; connect (to)
connecteur *m*	Verbindungsstecker *m*; Stecker *m*	connecting plug; connector; plug
connecteur à jack à ressorts *m*	Federleistenhalter *m*	socket connector bracket
connecteur AV *m*	AV-Anschluß , Abk. *m*	AV jack
connecteur cylindrique *m*	Walzenstecker *m*	cylindrical plug
connecteur d'abonné *m*	Teilnehmeranschalteeinheit *f*	subscriber connector
connecteur de groupement *m*	Gruppenverbinder *m*	group connector; trunk connector
connecteur de groupes d'abonnés *m*	Teilnehmergruppenverbinder *m*	extension group connector
connecteur de groupes de registre *m*	Registergruppenverbinder *m*	register group connector
connecteur de segment *m*	Segmentstecker *m*	square-section plug
connecteur multi-points *m*	Steckerleiste *f*	multipoint connector
connecteur par pression *m*	Druckverbinder *m*; Andruckverbinder *m*	pressure connector
connecteur plat *m*	Flachstecker *m*	low-profile plug
connecteur secteur *m*	Netzstecker *m*	mains connector; mains plug
connecteur téléphonique double *m*	Doppelanschluß *m*	dual-telephone connection
connexion *f*	Anschluß *m*; Verbindung *f*	connection; path
connexion à grande distance *f*	Fernverbindung *f*	long-distance trunk call; interoffice trunk call
connexion automatique des lignes réseau *f*	automatische Anschaltung von Amtsleitungen *f*	automatic line connection
connexion avec ... *f*	Anschaltung an ... *f*; Anbindung an ... *f*	connection to ...
connexion bidirectionnelle *f*	Doppelverbindung *f*	double connection
connexion commutée *f*	Wählverbindung *f*	dial connection; automatic connection; switched connection
connexion de commutateur *f*	vermittelte Verbindung *f*	exchange connection
connexion de contrôle *f*	Prüfanschluß *m*	test connection
connexion de lignes *f*	Leitungsanschaltung *f*	line connection
connexion de rétro-appel *f*	Rückfrageverbindung *f*	enquiry call
connexion de test *f*	Prüfanschluß *m*	test connection
connexion en cas de panne secteur *f*	Netzausfallschaltung *f*; Notstrombetrieb *m*	mains failure operation; power failure operation

connexion en mode pas à pas *f*	Verbindungsaufbau mit direkter Wählereinstellung *m*	step-by-step switching
connexion erronée *f*	Falschverbindung *f*; Fehlschaltung *f*	wrong connection; faulty switching
connexion fibres optiques *f*	Glasfaser-Anschluß *m*	fiber-optic connection
connexion fixe *f*	festgeschaltete Verbindung *f*; Festverbindung *f*, Abk.: FV	permanent circuit; non-switched connection; point-to-point circuit; permanently connected circuit; dedicated circuit; fixed connection
connexion interautomatique a/b terre *f*	Querverbindung a/b Erde *f*, Abk.: QUA	tie line circuit a/b earth
connexion lâche *f*	Wackelkontakt *m*	loose contact; loose connection
connexion multiple *f* (*accès*)	Mehrfachanschluß *m*	multiplex link; multi-access line; multipoint access
connexion multiple *f* (*circuit*)	Vielfachschaltung *f*	multiple connection
connexion multi-points *f*	Mehrpunktanschluß *m*	multipoint connection
connexion non commutée *f*	festgeschaltete Verbindung *f*; Festverbindung *f*, Abk.: FV	permanent circuit; non-switched connection; point-to-point circuit; permanently connected circuit; dedicated circuit; fixed connection
connexion non réalisée *f*	erfolglose Verbindung *f*	ineffective connection; unsuccessful connection
connexion non synchronisée *f*	nicht schritthaltender Verbindungsaufbau *m*	common control switching
connexion numérique *f*	Digitalverbindung *f*	digital connection
connexion parallèle *f*	Parallelschaltung *f*	parallel connection
connexion par micro-ondes *f*	Richtfunkverbindung *f*	microwave connection
connexion par signaux numériques *f*	Digitalsignalverbindung *f*, Abk.: DSV	digital path
connexion point à multi-points *f*	Punkt-zu-Mehrpunkt-Verbindung *f*	point-to-multipoint connection
connexion point à point *f*	Punkt-zu-Punkt Verbindung *f*	point-to-point communication; point-to-point connection
connexion réseau *f* (*ligne au central*)	Amtsverbindung *f*	exchange line connection
connexion réseau *f* (*alimentation*)	Netzanschluß *m* (*Lichtnetz*)	network connection, abbr.: NC; power connection; mains connection
connexion RNIS *f*	ISDN-Verbindung *f*; ISDN-Anschlußeinheit *f*	ISDN connection; ISDN connection unit
connexion RNIS point-à-point *f*	ISDN-Punkt-zu-Punkt-Verbindung *f*	point-to-point ISDN connection
connexion RNIS point-multi-points *f*	ISDN-Punkt-zu-Mehrpunkt-Verbindung *f*	point-to-multipoint ISDN connection
connexion secondaire *f*	Sekundaranschluß *m*	secondary connection
connexion série-parallèle *f*	Reihenparallelschaltung *f*	series-parallel circuit
connexion synchronisée *f*	schritthaltender Verbindungsaufbau *m*	stage-by-stage switching
connexion téléphonique *f*	Telefonanschluß *m*; Fernsprechanschluß *m*	telephone connection; subscriber set, (*device*)
connexion temporelle *f*	Zeitmultiplexdurchschaltung *f*	time-division multiplex switching
connexion visuelle *f*	Sichtverbindung *f*	line-of-sight connection
console *f*	Bedienplatz *m*; Konsole *f*	console
console de visualisation de données *f*	Datenanzeigeeinrichtung *f*	data display equipment; data display unit
console d'opératrice *f*	Abfragetisch *m*; Vermittlungstisch *m*; Vermittlungspult *n*	operator desk; operator console
consommateur *m*	Verbraucher *m*; Anwender *m*	consumer
consommation *f* (*courant*)	Aufnahme *f* (*Strom~*)	consumption (*current, power*)
consommation de courant / ~ ~ puissance *f*	Energiebedarf *m*; Leistungsaufnahme *f*; Stromaufnahme *f*; Leistungsverbrauch *m* (*Watt*)	power consumption (*watts*); current consumption
consommation en énergie *f*	Energiebedarf *m*; Leistungsaufnahme *f*; Stromaufnahme *f*; Leistungsverbrauch *m* (*Watt*)	power consumption (*watts*); current consumption

constante d'affaiblissement *f*	Dämpfungskonstante *f*	attenuation coefficient; attenuation constant (*Am*)
constante d'atténuation *f*	Dämpfungskonstante *f*	attenuation coefficient; attenuation constant (*Am*)
constante de propagation *f*	Übertragungskonstante *f*; Fortpflanzungskonstante *f*	propagation constant / ~ factor
constante de transmission *f*	Übertragungskonstante *f*; Fortpflanzungskonstante *f*	propagation constant / ~ factor
constante itérative de propagation *f*	Kettenübertragungsmaß *n*	iterative propagation coefficient / ~ ~ constant
construction de baie *f*	Gestellaufbau *m*	frame construction
construction modulaire *f*	Modulaufbau *m*	modular construction
consultation *f* (*faculté*)	Halten in Rückfrage *n* (LM)	consultation hold
consultation *f*	Rücksprache *f*	consultation
consultation pendant une conversation *f*	Rückfragen während eines Gespräches *f, pl*	refer-back during a call
contact à came *m*	Nockenkontakt *m*	cam contact
contact à fiche *m*	Steckkontakt *m*	plug contact
contact de repos *m*	Ruhekontakt *m*	break contact; normally closed contact, abbr.: nc contact
contacteur à crochet *m*	Hakenschalter *m*; Gabelumschalter *m*	hook switch; cradle switch
contact reed en or *m*	golddiffundierte Kontaktlamellen *f, pl*	gold-diffused reed contacts
contacts du crochet *m, pl*	Hakenschalter *m*; Gabelumschalter *m*	hook switch; cradle switch
contact visuel *m*	Sichtkontakt *m*	line-of-sight contact
contenance *f* (*volume*)	Gehalt *m* (*Rauminhalt*); Volumen *n* (*Rauminhalt*); Inhalt *m* (*Rauminhalt*)	content (*volume*); volume (*capacity*)
contenu *m*	Inhalt *m*	contents
contre-cellule *f*	Gegenzelle *f*	countercell
contrôlé	geprüft	checked; tested
contrôlé (*ordinateurs*)	gesteuert (*Rechner*)	controlled
contrôle *m*	Überwachung *f*, Abk.: UEB; Betriebsüberwachung *f*	supervision; monitoring; operating observation
contrôle A *m*	Steuerung A *f*, Abk.: STA	control A
contrôle à distance *m*	Fernsteuerung *f*; Fernbedienung *f*; Fernsteuern *n*	remote control; telecommand
contrôle aléatoire *m*	Stichprobe *f*	random check; random sample
contrôle automatique *m*	automatische Regelung *f*	automatic control; loop control
contrôle d'accès *m*	Zutrittskontrolle *f*	access control
contrôle de contraste *m*	Kontrastverstärkung *f*	contrast control
contrôle de données *m*	Datenprüfung *f*	data validation
contrôle de ligne intermédiaire m	Zwischenleitungsprüfung f	link test
contrôle de parité *m*	Paritätskontrolle *f*; Paritätsprüfung *f*	parity check
contrôle de porteuse *m*	Pilotüberwachung *f*	pilot control
contrôle de tension *m*	Spannungsüberwachung *f*	voltage monitoring
contrôle de trafic *m*	Verkehrssteuerung *f*	traffic control
contrôle d'une seule main *m*	Einhandbedienung *f*	one-hand control
contrôle du temps d'occupation *m*	Belegt-Zeitüberwachung *f*	holding time supervision
contrôle horaire *m*	Zeiterfassung *f*	time recording
contrôler	überprüfen; prüfen	check; verify; test
contrôleur *m*	Prüfgerät *n*	test set; test unit; tester
contrôleur de durée d'impulsions de numérotation *m*	Wahlimpulszeitmesser *m*	dial pulse meter
contrôleur de parité *m*	Paritätsprüfer *m*, Abk.: PAR	parity checker
contrôleur de tension positive *m*	Plusspannungsüberwacher *m*	positive voltage monitor
contrôle visuel *m*	Sichtprüfung *f*	visual inspection
contrôle vocal *m*	Sprachsteuerung *f*	speech-based control
conversation *f* (~ téléphonique)	Gespräch *n*; Anruf *m* (*Telefon*~); Ruf *m*; Konversation *f*	conversation; talk; call (*telephone* ~); calling
conversation *f* (*langue*)	Sprache *f*	speech; voice; language
conversation "mains libres" *f*	Freisprechen *n*	handsfree operation

conversation payable à l'arrivée *f*, abr.: PCV	R-Gespräch *n*; Gebührenübernahme *f*	reversed charge call (*Brit*); collect call (*Am*); reverse charging
conversation privée *f*	Privatgespräch *n*	private call
conversion analogique-numérique *m*	Analog-Digital-Umsetzung/ (Um)wandlung *f*	analog-digital conversion, abbr.: A/D conversion; analog-to-digital conversion, abbr.: A/D conversion
conversion numérique-analogique *f*	Digital-Analog-Wandlung/Umsetzung *f*, Abk.: D/A Wandlung/ Umsetzung	digital(-to)-analog conversion, abbr.: D-A conversion
convertisseur *m*	Wandler *m*; Umsetzer *m*	converter
convertisseur à courant continu *m*	Gleichspannungswandler *m*	DC voltage converter; DC voltage transformer
convertisseur analogique/numérique *m*, abr.: CAN	Analog-Digitalkonverter *m*	analog-digital converter
convertisseur continu-alternatif *m*	Wechselrichter *m*, Abk.: WE	inverter; DC/AC converter
convertisseur continu-continu *m*	Gleichspannungswandler *m*	DC voltage converter; DC voltage transformer
convertisseur de canaux *m*	Kanalumsetzer *m*	channel converter
convertisseur de code *m*	Codewandler *m*	code converter
convertisseur de données *m*	Datenwandler *m*	data converter
convertisseur de taxes *m*	Gebührenumsetzer *m*; Gebührenumrechner *m*	call charge translator; call charge converter
convertisseur de téléfax G3/G4 *m*	Fax G3 - Fax G4 - Umsetzer *m*, Abk.: FFU	FAX group 3 - FAX group 4 converter
convertisseur numérique/analogique *m*, abr.: CNA	Digital-Analog-Konverter *m*	digital-analog converter
convertisseur opto-électrique *m*	optisch-elektrischer Wandler *m*	opto-electrical converter
convertisseur SHF *m*	SHF-Umsetzer *m*	SHF converter
convertisseur synchrone-asynchrone *m*	Asynchron/Synchron-Umsetzer *m*, Abk.: ASU	asynchronous-to-synchronous converter
convivial	bedienungsfreundlich; benutzerfreundlich	user-friendly
COP (abr.) = carte opérateur	Leiterplatte Vermittlungsplatz *f*; LP Vermittlungsplatz *f*	circuit board operator position; CB operator position
CORBF (abr.) = correspondant BF	Niederfrequenzverbindung *f*	LF connection
cordon de combiné *m*	Handapparateschnur *f*	handset cord
cordon de raccordement *m*	Anschlußschnur *f*	connecting cord; connecting flex
correcteur *m*	Kompensationsglied *n*	compensator
correction *f*	Korrektur *f*	correction
correspondant au téléphone *m*	gerufener Teilnehmer *m*, Abk.: GT; gerufene Nebenstelle *f*	called subscriber; called party; called extension
correspondant BF *m*, abr.: CORBF	Niederfrequenzverbindung *f*	LF connection
corriger	korrigieren	correct
corroder	ätzen	etch
cosse *f*	Zunge *f*	lug; tongue
cosse à souder *f*	Lötöse *f*	soldering lug; soldering tag; soldering eyelet
cosses *f, pl*	Hülsen *f, pl* = (Steck~) für Anschlußdraht; Zwischenstecker *m, pl m*	adapter plug(s)
côté arrière *m*	Rückseite *f*	rear side; back side
côté câblage *m*	Verdrahtungsseite *f*	wiring side
côté composants *m*	Bauteilseite *f*; Bestückungsseite *f*	components side
côté postérieur *m*	Rückseite *f*	rear side; back side
côté raccordement *m*	Anschlußseite *f*	connection side
côté soudure *m*	Lötseite *f*; Leiterseite *f*	solder(ing) side
couche *f* (*niveau*)	Schicht *f* (*Ebene*)	layer (*level*)
couche céramique *f*	Keramiksubstrat *n*	ceramic substrate
couche d'application *f*	Anwendungsschicht *f*	application layer
couche de liaison de données *f*	Sicherungsschicht *f*	data link layer
couche de présentation *f*	Darstellungsschicht *f*	presentation layer
couche de raccordement *f*	Standort *m*; räumliche Lage *f*; Anschlußlage *f*	location; line location; site

couche de réseau *f*	Netzschicht *f*	network layer, abbr.: NL
couche épaisse *f*	Dickschicht *f*	thick-film
couche physique *f*	Bitübertragungsschicht *f*	physical layer
couleur *f*	Farbe *f*	colour (*Brit*); color (*Am*)
coup de téléphone *m*	Gespräch *n*; Anruf *m* (*Telefon~*); Ruf *m*; Konversation *f*	conversation; talk; call (*telephone ~*); calling
coupe *f* (*profil*)	Schnitt *m* (*Profil*)	section (*profile*)
coupé (*état*)	unterbrochen (*Zustand*); abgeschaltet (*Zustand*)	interrupted (*state*); cut off (*state*); disconnected (*state*); switched off (*state*)
coupe-circuit (automatique) *m*	Schutzschalter *m*; Sicherungsautomat *m*; Fernmeldeschutzschalter *m*	automatic circuit-breaker; miniature circuit-breaker, abbr.: mcb; circuit-breaker; automatic cutout; fuse switch
couper	trennen; schneiden; entriegeln; ausschneiden; auftrennen	cut off; break; isolate; cut
couper la ligne à un utilisateur *f*	Anschlußsperre *f*	interface lockout
couper le circuit	Freigabe *f* (*Verbindung*); Abwurf *m* (*Verbindung*); Auslösung *f* (*Verbindung*)	release (*connection*); clear down (*connection*); disconnect (*connection*)
couplage *m*	Kopplung *f*	coupling
couplage de lumière *m*	Lichteinkopplung *f*	light insert
couple différentiel *m*	Differentialkuppler *m*	differential coupler
coupler	einkoppeln; koppeln; umschalten	couple; switch over; change over
coupleur *m*	Koppler *m*; Koppeleinheit *f*	coupling unit; coupler
coupleur auxiliaire *m*	Hilfskoppler *m*	auxiliary connector; auxiliary coupler
coupleur d'abonné *m*	Teilnehmerkoppler *m*	extension coupler
coupleur de bus *m*	Buskoppler *m*	bus coupler
coupleur de fonction *m*	Funktionskoppler *m*	functional coupling unit
coupleur de groupe *m*	Gruppenkoppler *m*	group coupler
coupleur de rétro-appel *m*	Rückfragekoppler *m*	consultation call coupling unit; refer-back coupler
coupleur en étoile *m*	Sternverteiler *m*	star coupler
coupleur optique, ~ optoélectronique *m*	Optokoppler *m*	optocoupler
coupure *f*	Fehlfunktion *f*; Störung *f*; Störbeeinflussung *f*; Fehlerstörung *f*; Ausfall *m*	malfunction; failure; disturbance; trouble; breakdown; outage (*Am*)
coupure de signal *f*	Signalunterbrechung *f*	signal break
coupure électronique *f*	elektronischer Schnitt *m*	electronic cut
courant	laufend, aktuell	current
courant alternatif *m*, abr.: AC	Wechselspannung *f*; Wechselstrom *m*	AC voltage; alternating current, abbr.: AC
courant alternatif de sonnerie *m*	Rufwechselspannung *f*	ac ringing current; ac ringing voltage
courant continu *m*, abr.: CC	Gleichstrom *m*	direct current, abbr.: DC
courant correcteur *m*	Stellstrom *m*	corrective current; control current
courant d'alimentation *m*	Versorgungsstrom *m*	supply current
courant de sonnerie *m*	Rufstrom *m*	ring power; ringing current
courant de trafic *m*, abr.: CTF	Betriebsspannung *f*; Betriebsstrom *m*	operating voltage; operating current
courant nominal *m*	Nennstrom *m*	rated current; nominal current
courant nominal, charge *m*	Nennstrom, Last *m*	rated current, load
courant nominal, tension à vide *m*	Nennstrom, Leerlauf *m*	rated current, no load
courant résiduel *m*	Reststrom *m*	residual current
courbe d'atténuation *f*	Dämpfungsverlauf *m*	attenuation characteristic
course *f*	Lauf *m*	flow; run
couvercle *m*	Abdeckung *f*; Deckel *m*	cover(ing)
couvercle de protection *m*	Deckplatte *f*; Abdeckblech *n*	cover plate
couverture *f*	Abdeckung *f*; Deckel *m*	cover(ing)
couvrir	bedecken; umfassen; abdecken	cover
CP (abr.) = centre primaire	Hauptanlage *f*	main system; host PBX
CPA (abr.) = concentrateur principal d'abonnés	Hauptteilnehmerbündler *m*	main subscriber concentrator
CPT (abr.) = compteur	Zähler *m* (*Meßgerät~*)	counter; meter

créneau entre deux impulsions intervalle *m*	Pause zwischen zwei Impulsen *f*; Zwischenwahlzeit *f*; Wählpause *f*	interdigital interval / ~ pause; interdialing pause / ~ time
creux de charge *m*	Belastungstal *n*	off-peak
critère *m*	Kriterium *n*	criterion
critérium *m*	Kriterium *n*	criterion
crochet *m*	Klammer(n) *f* (*eckige* ~)	bracket(s)
crochet combiné *m*	Handapparat-Ablage *f*	handset cradle
crochet commutateur *m*	Gabelschlag *m*	hook flash
CSE (abr.) = concentrateur satellite électronique	elektronische Unteranlage *f*	electronic subsystem
CSN (abr.) = concentrateur satellite numérique	digitale Unteranlage *f*	digital subexchange
CT (abr.) = centre de transit	Transitvermittlungsstelle *f*; Durchgangsamt *n*; Durchgangsvermittlungsstelle *f*; Knotenamt *n*	TEX, abbr.: tandem switching center / ~ ~ exchange; transit exchange; TSX, abbr.: transit switching center
CTF (abr.) = courant de trafic	Betriebsspannung *f*; Betriebsstrom *m*	operating voltage; operating current
cuivre *m*	Kupfer *n*	copper
CV (abr.) = circuit virtuel	Logikschaltkreis *m*; virtuelle Verbindung *f*	VC, abbr.: virtual connection; logic circuit;
CVB (abr.) = circuit virtuel dans un canal B	virtuelle Verbindung in einem B-Kanal *f*	virtual connection in a B channel
CVC (abr.) = circuit virtuel commuté	geschaltete, virtuelle Verbindung *f*	switched virtual connection
CVD (abr.) = circuit virtuel dans un canal D	virtuelle Verbindung in einem D-Kanal *f*	virtual connection in a D channel
CVP (abr.) = circuit virtuel permanent	permanente, virtuelle Verbindung *f*	permanent virtual connection
cycle *m*	Zyklus *m*	cycle
cycle de scrutation *m*	Abfragetakt *m*	interrogation clock pulse
cyclique	zyklisch	cyclic

D

DA (abr.) = double appel	Rfr, Abk.: Rückfrage *f*; Rückfragegespräch *n*	consultation call (*Brit*); ; refer-back call; call hold (*Am*)
DACT (abr.) = Direction des Affaires Commerciales et Télématiques	DACT, Abk.: oberste französische Fernmeldebehörde für kommerzielle und Masseninformatik-Angelegenheiten *f*	French supreme authority for telecommunication and telematics affairs
DAO (abr.) = dessin assisté par ordinateur	CAD, Abk.: computergestützte Entwicklung *f*,	CAD, abbr.: computer-aided design
date *f*	Datum *n*	date
date de fabrication *f*	Herstellungsdatum *n*	manufacturing date; date of manufacture
date de livraison *m*	Liefertermin *m*	date of delivery
débit binaire *m*	Bitrate *f*	bit rate
débit de transmission *m*	Übertragungsgeschwindigkeit *f*; Übertragungsrate *f*	transmission speed; transmission rate
débit d'information *m*	Informationsfluß *m*	information flow
débit efficace *m*	Nutzbitrate *f*	effective bit rate
déblocage *m* (*connexion*)	Freigabe *f* (*Verbindung*); Abwurf *m* (*Verbindung*); Auslösung *f* (*Verbindung*)	release (*connection*); clear down (*connection*); disconnect (*connection*)
déblocage d'une ligne *m*	Entsperren einer Leitung *f*; Freigabe einer Leitung *f*	unblocking a line; clearing a line; releasing a line; enabling a line
débordement *m*	Überlauf *m*	overflow
débrancher	trennen; schneiden; entriegeln; ausschneiden; auftrennen	cut off; break; isolate; cut
début de taxation *m*	Zähleinsatz *m*, Zählbeginn *m*	start of charging
décalage de fréquence *m*	Frequenzverwerfung *f*	frequency shift
décentralisé	dezentral	decentralized
décharge *f*	Entladung *f* (*Stromkreis*)	discharge (*circuit*)
déchargé	unbelastet	unloaded; off-load
décharge de traction *f*	Zugentlastung *f*	pull relief; strain relief
décharge électrostatique *f*, abr.: DES	elektrostatische Entladung *f*	electrostatic discharge
décharge luminescente *f* (*circuit*)	Glimmentladung *f* (*Stromkreis*)	glow discharge (*circuit*)
décharge totale *f*	Tiefentladung *f*	total discharge
décibel *m*	Dezibel *n*, Abk.: dB	decibel(s)
décision *f*	Maßnahme *f*	step; measure
décision de modification *f*	Änderungsmaßnahme *f*	modification measure; modification step
décodeur *m*	Dekodierer *m*	decoder
décodeur de tonalité *m*	Tondecoder *m*, Abk.: TDEC	tone decoder
décodeur vidéotext *m*	Btx-Decoder *m*	Btx decoder
déconnectable	abnehmbar	removable; dismountable
déconnecté (*état*)	unterbrochen (*Zustand*); abgeschaltet (*Zustand*)	interrupted (*state*); cut off (*state*); disconnected (*state*); switched off (*state*)
déconnecter	trennen; schneiden; entriegeln; ausschneiden; auftrennen	cut off; break; isolate; cut
déconnexion *f*	Abschaltung *f*; Freischalten *n*	disconnection
déconnexion d'une liaison *f*	Verbindungsabbau *m*	clear connection
déconnexion prématurée *f*	vorzeitiges Auftrennen *n*; vorzeitige Verbindungsauflösung *f*	premature disconnection; cleardown release; clearing release
découvert	offen	open; unenclosed
décrocher (*le combiné*)	abheben (*den Hörer ~*); aufnehmen (*den Hörer ~*); aushängen (*den Hörer ~*); hochheben (*den Hörer ~*)	pick up (*the handset*); lift (*the handset*); go off-hook

de départ *m*	abgehend, gehend gerichtet, Abk.: g	outgoing, abbr.: og
défaillance d'une tension partielle *f*	Teilspannungsabfall *m*	partial voltage loss
défaillance partielle *f*	Teilausfall *m*	partial failure
défaut *m*	Fehler *m*	defect; error; fault
défaut de composant *m*	Bauteilausfall *m*	component failure
défaut de fonctionnement *m*	Fehlfunktion *f*; Störung *f*; Störbeeinflussung *f*; Fehlerstörung *f*; Ausfall *m*	malfunction; failure; disturbance; trouble; breakdown; outage (*Am*)
défaut de la base de temps *m*	Zeitbasisfehler *m*	time-base fault
défaut de supervision *m*	Zentralüberwachungsfehler *m*	central monitoring fault
défectueux	defekt; schadhaft; fehlerhaft	defective
définir (*critères*)	festlegen (*Kriterien*); definieren	define (*criteria*); determine
définition *f*	Definition *f*; Bestimmung *f*	definition
définition de l'image *f*	Bildschärfe *f*	picture sharpness
DEL (abr.) = diode électroluminescente	LED, Abk.: Leuchtdiode *f*	LED, abbr.: light-emitting diode
délai *m*	Zeitverzögerung *f*; Verzögerung *f*	time delay; retardation; lag; delay
délai d'attente de la tonalité de retour d'appel *m*	Rufverzug *m*	postdialing delay
délai d'attente moyen *m*	mittlere Wartedauer *f*	mean delay
délai de réponse *m*	Ansprechverzögerung *f*; Meldeverzug *m*	response delay; answering delay
de la technique de communications *f*	nachrichtentechnisch ...	communications ...
démagnétisation *f*	Entmagnetisierung *f*	demagnetization
demande *f*	Bedarf *m*	demand; need
demande d'accès au réseau *f*	Amtsbegehren *n*	exchange line call attempt
demande d'appel *f*	Rufanforderung *f*; Gesprächsanmeldung *f*	call request; call booking
demande de communication *f*	Verbindungsanforderung *f*; Belegungswunsch *m*	call request
demande de prise *f*	Verbindungsanforderung *f*; Belegungswunsch *m*	call request
demande de registre *f*	Anforderung Register *f*	register request
demande de service *f*	Anforderung des Dienstes *f*	request for service
demander	anfordern; abrufen	request
démarche administrative *f*	Dienstgang *m*	official trip
démarrage *m*	Einschaltung *f*	cut-over; starting; switching on
démarrer (*alimentation*)	anlaufen (*Stromversorgung*); anlassen	start up (*power supply*); start
demi-onde *f*	Halbwelle *f*	half-wave
démontable	abnehmbar	removable; dismountable
démonté	entfällt (*bei Ausbau*)	removed; dropped
démonter	entfernen; ausbauen	remove; dismount
dénivellement *m*	Meßpegel *m*	test level; through level; expected level (*Am*)
densité *f* (*~ du réseau*)	Dichte *f* (*Netz~*)	coverage (*~ of network*); density (*~ of network*)
densité de trafic *f*	Verkehrsdichte *f*	traffic density
densité de trafic du faisceau *f*	Bündelbelastung *f*	bundle usage load
densité d'information *f*	Informationsdichte *f*	information density
dépannage *m* (*matériel*)	Fehlersuche *f* (*Hardware*)	fault location (*hardware*); troubleshooting
dépannage *m* (*logiciel*)	Fehlersuche *f* (*Software*)	debugging (*software*)
départ de taxation *m*	Zähleinsatz *m*	start of charging
Département communication mobile *m*	Geschäftsbereich Mobile Kommunikation *m*	Mobile Communications Division
Département Technique Central des Télécommunications (*centre technique de télécommunications*)	Fernmeldetechnisches Zentralamt *n*, Abk.: FTZ	Federal Bureau for Telecommunications (*telecommunications engineering centre*)
dépasser	überschreiten	exceed

dépendant du système *m*	systembedingt; systemgebunden	system-dependent; system-associated; system-related; system-tied
déphasage *m*	Phasenlaufzeit *f*	phase delay; phase lag
déphasage conjugué *m*	konjugiert-komplexes Winkelmaß *n*	conjugate phase constant
déphasage introduit par le quadripôle *m*	Vierpolwinkelmaß *n*	image-phase change coefficient; image-phase change constant (*Am*)
déphasage itératif *m*	Kettenwinkelmaß *n*	phase constant; iterative phase coefficient / ~ ~ constant
déplacer	verdrängen	pre-empt; displace; supersede
dérangement *m*	Fehlfunktion *f*; Störung *f*; Störbeeinflussung *f*; Fehlerstörung *f*; Ausfall *m*	malfunction; failure; disturbance; trouble; breakdown; outage (*Am*)
dérangement de ligne *m*	Leitungsstörung *f*	line fault
dérangement de signalisation *m*	Signalstörung *f*	signal breakdown
dérivation *f* (*perte*)	Ableitung *f* (*Verlust*)	derivation; leakage
dérivation *f* (*branchement*)	Gabel *f* (*Abzweigung*)	branch connection
dernière route accessible *f*	Letztweg *m*	last-choice route
DES (abr.) = décharge électrostatique	elektrostatische Entladung *f*	electrostatic discharge
désactivation du trafic local confidentiel *f*	Aufhebung des geheimen Internverkehrs *f*	station override security
descriptif *m*	Beschreibung *f*	description
descriptif condensé *m*	Kurzbeschreibung *f*	short description
description *f*	Beschreibung *f*	description
description de faisceau *f*	Bündelbeschreibung *f*	bundle description
design *m*	Entwurfsverfahren *n*	design method
désignation *f*	Bezeichnung *f*; Benennung *f*	designation
désignation de taxes *f*	Gebührenbezeichnung *f*	tariff designation
dessin assisté par ordinateur *m*, abr.: DAO	computergestützte Entwicklung *f*, Abk.: CAD	computer-aided design, abbr.: CAD
dessouder	auslöten	unsolder
dessoudeur *m*	Entlötgerät *n*	unsoldering set; solder extraction device
destinataire *m*	Empfänger *m* (*einer Nachricht*)	receiver; addressee; recipient
destination *f*	Ziel *n*	target; destination; objective
détecter	auffinden	detect
détecteur *m* (*général*)	Melder *m*; Detektor *m*	detector; call point; alarm device
détecteur *m* (*capteur*)	Sensorgerät *n*	sensor device
détecteur d'angle *m*	Winkelsensor *m*	angle sensor
détecteur de disponibilité pour la numérotation *m*	Wahlbereitschaftsfühler *m*	proceed-to-dial detector
détecteur de phase *m*	Winkelsensor *m*	angle sensor
détecteur de taxes *m*	Gebührenweiche *f*	call charge switch
détecteur de tonalités *m*	Tonerkenner *m*	tone identifier
détecteur de voie *m*	Wegsensor *m*	distance sensor; position sensor
détecteur (d'excitation) *m*	Anreizsucher *m*	event detector
détection *f*	Erkennung *f* (*Signalisierung*)	recognition (*signal*)
détection d'appels malveillants *f*	Fangen *n*; Identifizieren böswilliger Anrufer *n*; Fangschaltung *f*	malicious call tracing (circuit); malicious call identification, abbr.: MCID
détection de boucle *f*	Schleifenerkennung *f*	loop identification
détection d'erreur *f*	Fehlererkennung *f*	error detection
détection de tonalités *f*	Tonerkennung *f*	tone recognition
détection du signal de numérotation *f*	Erkennung des Wähltons *f*; Wähltonerkennung *f*	dial tone detection
détermination *f*	Definition *f*; Bestimmung *f*	definition
déterminer	festlegen (*Kriterien*); definieren	define (*criteria*); determine
détournement *m*	Umleitung *f*	diversion
deuxième affichage *m*	Zweitanzeige *f*	second display
déverrouiller (~ le téléphone)	aufschließen (~ des Telefons)	unlocking (~ the telephone)
déviation *f*	Abweichung *f*; Ablenkung *f*	deviation
déviation *f* (*indication*)	Ausschlag *m* (*Anzeige*)	deflection (*meter*)

déviation en fréquence *f*	Frequenzabweichung *f*	frequency deviation
dévier (*fréquence*)	abweichen (*Frequenz*)	deviate (*frequency*)
DGT (abr.) = Directione Générale des Télécommunications	DGT, Abk.: Generaldirektion für Telekommunikation (franz. Behörde)	DGT, abbr.: French general telecoms directorate
diagnostic à l'arrière-plan *m*	Hintergrund-Diagnose *f*	automatic diagnosis
diagnostic d'erreur *m*	Fehlerdiagnose *f*	error diagnosis; fault diagnosis
diagramme *m*	Diagramm *n*; Blockschaltbild *n*	diagram; block diagram
diagramme des temps *m*	Taktschema *n*	timing scheme
diagramme général des jonctions *m*	Gruppenverbindungsplan *m*	trunking diagram
diagramme schématique *m*	Kurzübersicht *f*; Übersichtsplan *m*	overview; general drawing; overall layout; overall plan
diagramme temporel *m*	Impulsdiagramm *n*	timing diagram
dialogue avec l'ordinateur *m*	Computerdialog *m*	computer dialog
dialogue homme-machine *m*	Mensch-Maschinen-Sprache *f*, Abk.: MML	man-machine language, abbr.: MML; man-machine communication, abbr.: MMC
diamètre *m* (*câble*)	Querschnitt *m* (Kabel~)	cross section (*cable*)
diamètre de brin / ~ ~ fil *m*	Aderndicke *f*	wire diameter
diamètre de miroir *m*	Spiegeldurchmesser *m*	mirror diameter
diaphonie *f*	Nebensprechen *n*	crosstalk
diaphonie inintelligible *f*	unverständliches Nebensprechen *n*	unintelligible crosstalk; inverted crosstalk (*Am*)
diaphonie intelligible *f*	verständliches Nebensprechen *n*	intelligible crosstalk; uninverted crosstalk (*Am*)
différencier	differenzieren	differentiate
digit *m*	Kennziffer *f*	code digit
digit supplémentaire *m*	Zusatzkennziffer *f*	additional code
dimension *f*	Abmessung *f*; Bemessung *f*	dimension; dimensioning
dimension de montage *f*	Einbaumaß *n*	mounting dimensions
dimensionnement *m*	Abmessung *f*; Bemessung *f*	dimension; dimensioning
dimensionnement *m* (*dispositif/module*)	Platzbedarf *m* (*Gerät/Baugruppe*)	space requirement (*device/module*)
dimension théorique *f*	Richtmaß *n*	standard dimension; guiding dimension
DIN (abr.) = norme industrielle allemande	DIN, Abk.: Deutsches Institut für Normung; Deutsche Industrienorm	DIN, abbr.: German Institute for Standardization
diode *f*	Diode *f*	diode
diode anti-choc acoustique *f*	Gehörschutzdiode *f*	acoustic shock absorber diode
diode à pointe *f*	Spitzendiode *f*	point contact diode
diode au silicium *f*	Siliziumdiode *f*	silicon diode
diode d'amortissement *f*	Löschdiode *f*	quenching diode
diode de protection *f*	Gehörschutzdiode *f*	acoustic shock absorber diode
diode électroluminescente *f*, abr.: DEL	Leuchtdiode *f*, Abk.: LED	light-emitting diode, abbr.: LED
diode photosensible *f*	lichtempfindliche Diode *f*	light-sensitive diode
directe réseau partielle discriminée *m*	halbamtsberechtigter Teilnehmer *m*; halbamtsberechtigte Nebenstelle *f*	semirestricted extension; partially-restricted extension
directeur de trafic *m*	Verkehrsordner *m*	traffic control unit
direction *f*	Richtung *f*	direction
direction d'émission *f*	Senderichtung *f*	transmission direction
Direction des Affaires Commerciales et Télématiques *f*, abr.: DACT	Oberste französische Fernmeldebehörde für kommerzielle und Masseninformatik-Angelegenheiten *f*, Abk.: DACT	French supreme authority for telecommunication and telematics affairs
direction du trafic *f*	Verkehrsrichtung *f*	traffic direction
Direction Génerale des Télécommunications *f*; abr.: DGT	Generaldirektion für Telekommunikation (franz. Behörde), Abk.: DGT	French general telecoms directoraté abbr.: DGT
directive *f*	Richtlinie *f*, Abk.: RL; Anweisung *f* (*Verordnung*)	order; directive (*EU*); instruction
dirigé	gesteuert	controlled
discours *m*	Sprache *f*	speech; voice; language

DISCRI (abr.) = discrimination	Sperrung *f*; Sperre(n) *f n*; Diskrimination *f*	barring; inhibiting; discrimination
discriminateur *m*	Rufnummernsperre *f*; Sperreinrichtung *f*; Sperrwerk *n*	call restrictor; discriminator; barring unit; dial code restriction facility; code restriction (*Am*)
discrimination *f*, abr.: DISCRI	Sperrung *f*; Sperre(n) *f n*; Diskrimination *f*	barring; inhibiting; discrimination
discrimination accès réseau pubic *f*	Rufnummernsperre *f*; Sperreinrichtung *f*; Sperrwerk *n*	call restrictor; discriminator; barring unit; dial code restriction facility; code restriction (*Am*)
discrimination d'accès au réseau *f*	nichtamtsberechtigt, Abk.: na; hausberechtigt	fully-restricted
discrimination d'appel *f*	Rufnummernsperre *f*; Sperreinrichtung *f*; Sperrwerk *n*	call restrictor; discriminator; barring unit; dial code restriction facility; code restriction (*Am*)
discrimination des abonnés d'extension *f*	Teilnehmerberechtigung *f*	extension access status; extension class of service
discrimination partielle *f* (*faculté*)	halbamtsberechtigt, Abk.: ha	semirestricted
discrimination partielle *f*	Teilsperre *f*	partial barring
discrimination totale *f*	Vollsperre *f*	total barring
discriminer	sperren	bar; inhibit; block; disable
disjoncteur de protection *m*	Schutzschalter *m*; Sicherungsautomat *m*; Fernmeldeschutzschalter *m*	automatic circuit-breaker; miniature circuit-breaker, abbr.: mcb; circuit-breaker; automatic cutout; fuse switch
disponibilité *f*	Verfügbarkeit *f*	availability
disponible	vorhanden; verfügbar	existing; available
dispositif appareil *m*	Gerät *n*	device; unit
dispositif de balayage *m*	Abtaster *m*	scanner; sampler
dispositif de commutation radio *m*	Funkvermittlungseinrichtung *f*	radio-exchange facilities
dispositif de contrôle *m*	Prüfgerät *n*	test set; test unit; tester
dispositif de contrôle de canal *m*	Kanalsteuerung *f*, Abk.: KST	channel control device
dispositif de distribution d'appels automatique *m*	automatische Anrufverteilung *f*, Abk.: ACD	Automatic Call Distribution, abbr.: ACD
dispositif de mise en mémoire *m*	Datenspeicher *m*	data storage device; data storage equipment
dispositif d'émission *m*	Sendeanlage *f*	transmission facility
dispositif de retard *m*	Verzögerungsglied *n*	time element; time-lag device
dispositif de sécurité *m*	Sicherheitseinrichtung *f*	alarm equipment
dispositif de sélection directe à l'arrivée *m*	Durchwahlzusatz *m*	through-dialing attachment
dispositif de sonnerie *m*	Ruforgan *n*; Anruforgan *n*	ringing unit; calling device; calling equipment; calling unit
dispositif de support *m*	Haltevorrichtung *f*	carrying device
dispositif de test *m*	Prüfgerät *n*	test set; test unit; tester
dispositif de verrouillage *m*	Klemmvorrichtung *f*	clamping arrangement
dispositif d'identification *m*	Identifizierungseinrichtung *f*	identification facility
dispositif d'interrogation du trafic des données *m*	Abfrageeinrichtung für Datenverkehr *f*, Abk.: AED	inquiry device; interrogator unit for data traffic
dispositif d'observation *m*	Mithöreinrichtung *f*	monitoring device
dispositif d'orientation d'antenne *m*	Antennenausrichtmechanismus *m*	antenna pointing mechanism
dispositif enregistreur de données *m*	Datenspeicher *m*	data storage device; data storage equipment
disposition *f*	Struktur *f*; Aufbau *m*; Gruppierung *f*; Geräteausstattung *f*	arrangement
disposition des lignes intermédiaires *f*	Zwischenleitungsanordnung *f*	link arrangement
disque *m*	Platte *f* (*Schallplatte*); Scheibe *f*	disk (*Brit*); disc (*Am*)
disque dur *m*	Festplatte *f*	harddisk
disque mémoire *m*	Plattenspeicher *m* (*EDV*)	disk storage, EDP
disquette *f*	Diskette *f*	diskette; floppy disk
dissipateur de chaleur / ~ thermique *m*	Kühlkörper *m*; Wärmeableiter *m*	heat sink

dissipation de chaleur *f*	Wärmeabgabe *f*	heat dissipation
dissipation de puissance *f*	Leistungsverlust *m*	power dissipation
distance *f*	Entfernung *f*, Abstand *m*	distance; pitch
distorsion *f*	Verzerrung *f*	distortion
distorsion d'affaiblissement en fonction de la fréquence *f*	Dämpfungsverzerrung *f*	attenuation distortion; frequency distortion (*Am*)
distorsion de non-linéarité *f*	nichtlineare Verzerrung *f*	nonlinear distortion
distorsion de phase *f*	Laufzeitverzerrung *f*	frequency delay distortion; envelope delay distortion
distorsion d'impulsion *f*	Impulsverzerrung *f*	pulse distortion
distorsion du signal *f*	Signalverzerrung *f*	signal distortion
distorsion du temps de propagation *f*	Laufzeitverzerrung *f*	frequency delay distortion; envelope delay distortion
distorsion du temps de propagation de groupe *f*	Gruppenlaufzeitverzerrung *f*	group delay distortion
distorsion harmonique *f*	harmonische Verzerrung *f*	harmonic distortion
distorsion non linéaire *f*	nichtlineare Verzerrung *f*	nonlinear distortion
distorsion totale *f*	Gesamtverzerrung *f*	total distortion
distributeur automatique d'appels *m*	Buchungsanlage *f*	automatic call distribution system, abbr.: ACD system; reservation system
distributeur d'appel *m*	Anrufverteiler *m*	call distributor
distributeur de communications large bande *m*	Breitbandverteilkommunikation *f*	broadband distributor communications
distribution *f*	Zuteilung *f*	allotment; allocation
distribution de charge *f*	Lastverteilung *f*	load distribution; call load sharing
distribution de courant *f*	Stromverteilung *f*	current distribution
distribution des appels *f*	Anrufverteilung *f*	call distribution
distribution des signaux d'horloge centrale *f*	Taktverteilung Zentral *f*, Abk.: TVZ	central clock distribution
distribution des signaux d'horloge du bus *f*	Taktverteilung Sammelschiene *f*, Abk.: TVS	bus(bar) clock distribution
distribution des signaux d'horloge du groupe *f*	Taktverteilung Gruppe *f*, Abk.: TVG	group clock distribution
disymétrie *f*	Unsymmetrie *f*	imbalance; asymmetry
diviser	teilen; dividieren	divide
diviseur de tension *m*	Spannungsteiler *m*	voltage divider
division d'appels *f*	Anrufteilung *f*	call sharing
division en hexadécimal *f*	Hexateilung *f*	hexa division
doce de transfert d'appel *m*	Umlegekennzeichen *n*	call transfer code
documents supplémentaires *m, pl*	Zusatzunterlagen *f, pl*	additional documents; additional documentation
domaine de correction *m*	Entzerrbereich *m* (*Empfangssignal*)	equalization range (*received signal*)
domaine de fréquence en émission *m*	Sendefrequenzbereich *m*	transmission frequency range
domaine de réglage fin *m*	Feineinstellbereich *m*	fine adjustment range
domaine des fréquences *m*	Frequenzbereich *m*	frequency range
domaine de transmission *m*	Übertragungsbereich *m*	transmission range
domaine du serveur *m*	Serverbereich *m*	servers sector
domaine d'utilisation *m*	Arbeitsbereich *m* (*Gerät*)	operating range (*equipment*)
données *f, pl*	Daten *n, pl*	data
données client *f, pl*	Kundendaten *n, pl*, Abk.: KD	customer data
données de connexion *f, pl*	Verbindungsdaten *f, pl*	call data; connecting data
données de taxation *f, pl*	Gebühreninformation *f*; Gebührendaten *n, pl*	call charge data; charging information
données de transmission *f, pl*	Sendedaten *f, pl*	transmit data
données radio *f, pl*	Datenfunk *m*	data radio
données routières *f, pl*	Straßendaten *f, pl*	road data
donneur d'ordre *m*	Kunde *m*; Auftraggeber *m*	customer; client
double appel *m*, abr.: DA	Rückfragegespräch *n*; Rückfrage *f*, Abk.: Rfr	consultation call (*Brit*); refer-back call; call hold (*Am*)
double appel avec une LR *m*	Rückfrage zum Amt *f*	refer back to external line

double appel courtier *m*	Umschalten, abfrage-/zuteilseitig *n*; Makeln *n*; makeln; Makelverbindung *f*	splitting; brokerage; conduct broker's calls; switch between lines (*Brit*); consultation hold (*Am*); broker's call
double appel dans le double appel *m*	Rückfrage in Rückfrage *f*	refer-back within refer-back
double appel intérieur *m*	Raumrückfrage *f*	internal consultation call; internal refer-back
douille *f*	Buchse *f*; Hülle *f*; Umkleidung *f*	sleeve
douille cylindrique *f*	Walzenstecker *m*	cylindrical plug
douille de codage *f*	Kodierstecker *m*	coding plug
douille de connexion *f*	Anschlußkasten *m*; Anschaltekasten *m*; Anschlußdose *f*, Abk.: ADO	connecting box; junction box; connection box
douille enfichable *f*	Steckbuchse *f*	plug-in jack
douille entretoise *f*	Blindbuchse *f*	dummy jack
douille mâle *f*	Steckerstift *m*	plug pin; male plug
douilles *f, pl*	Hülsen *f, pl* = (Steck~) für Anschlußdraht; Zwischenstecker *m, pl m*	adapter plug(s)
douille secteur *f*	Netzstecker *m*	mains connector; mains plug
driver, Edp *m*	Laufwerk, EDV *n*; Plattenlaufwerk, EDV *n*	disk drive, EDP; drive, EDP
driver *m* (*télécommunication*)	Treiber *m*, Abk.: TR	driver
driver de ligne *m*	Leitungstreiber *m*, Abk.: LT	line driver
driver de sortie *m*	Ausgangstreiber *m*	output driver
driver d'unité *m*	Gerätetreiber *m*	device driver
DS0 (abr.) = Digital Linecard S0, circuit d'abonné numérique	DS0, Abk.: Digital Linecard S0, digitale Teilnehmerschaltung	DS0, abbr.: Digital Linecard S0
DT0 (abr.) = Digital Linecard T0/TIE, circuit numérique avec diverses possibilités de configuration	DT0, Abk.: Digital Linecard TIE/T0, digitale Anschlußorganbaugruppe	DT0, abbr.: Digital Linecard TIE/T0
DUART (abr.) = Dual Universal Asynchronous Receiver/Transmitter	DUART, Abk.: Dual Asynchronous Receiver/Transmitter	DUART, abbr.: Dual Asynchronous Receiver/Transmitter
DUP0 (abr.) = Digital Linecard UP0, circuit d'abonné numérique	DUP0, Abk.: Digital Linecard UP0, digitale Teilnehmerschaltung	DUP0, abbr.: Digital Linecard UP0
duplex *m*	duplex, Abk.: dx	duplex
durée *f*	Zeitdauer *f*	duration
durée de communication taxable *f*	gebührenpflichtige Zeit *f*; gebührenpflichtige Verbindungsdauer *f*	chargeable time; billing time
durée de la communication *f*	Gesprächsdauer *f*	call duration; conversation time
durée de la conversation *f*	Gesprächsdauer *f*	call duration; conversation time
durée de livraison *f*	Lieferzeit *f*	time of delivery
durée de numérotation *f*	Wähldauer *f*	dialing time
durée de retour au zéro *f*	Abklingzeit *f* (*Signal*)	release time (*signal*); decay time (*signal*)
durée de sonnerie *f*	Rufdauer *f*	ringing time
durée d'établissement d'une communication *f*	Aufbauzeit einer Verbindung *f*	connection setup time
durée de vie *f*	Nutzungsdauer *f*; Lebensdauer *f*	service life; useful time; lifetime
durée d'impulsion *f*	Impulsdauer *f*	pulse duration
durée d'occupation *f*	Belegungszeit *f*; Belegungsdauer *f*	seizure time; holding time; duration of holding
durée d'utilisation *f*	Nutzungsdauer *f*; Lebensdauer *f*	service life; useful time; lifetime
durée moyenne d'attente *f*	mittlere Wartedauer *f*	mean delay
durée moyenne de prise de ligne *f*	mittlere Belegungsdauer *f*	mean holding duration
durée moyenne d'occupation de ligne *f*	mittlere Belegungsdauer *f*	mean holding duration
durée taxable *f*	gebührenpflichtige Zeit *f*; gebührenpflichtige Verbindungsdauer *f*	chargeable time; billing time
durée taxable d'un appel *f*	gebührenpflichtige Verbindungsdauer *f*	chargeable call time
durée taxable d'une communication *f*	gebührenpflichtige Verbindungsdauer *f*	chargeable call time

durée totale *f*	Gesamtdauer *f*	total duration
dynamique *f*	Dynamik *f* (*der Sprache*)	dynamic range

E

EAE (abr.) = étage d'abonné éloigné	Fernverkehrsebene *f*	long-distance traffic level
eb (abr.) = élément binaire	Bit *n*	bit
EBCDIC (abr.) = code à 8 bits pour installations IBM et compatibles	EBCDIC, Abk.: 8-Bit-Code für IBM und kompatible Anlagen	EBCDIC, abbr.: 8-bit code for IBM and compatible systems
écart de tension *m*	Spannungsabweichung *f*	voltage deviation
écart diaphonique *m*	Grundwert des Nebensprechens *m*	signal-to-crosstalk ratio
échange de données *m*	Datenaustausch *m*	data exchange
échange de signaux *m*	Zeichenaustausch *m*	exchange of signals
échange d'identification *m*	Kennungsaustausch *m*	exchange of identification
échanger	wechseln; austauschen; tauschen; auswechseln	interchange; change; replace; exchange
échantillon de parole *m*	Sprachmuster *n*	speech sample
échantillonnage *m*	Stichprobenverfahren *n*	sampling
échelle *f*	Maßstab *m*	scale; graduation
écho *m*	Echo *n*	echo
écho et stabilité *m*	Nachbild-Fehlerdämpfung *f*	terminal balance return loss
éclateur *m*	Blitzschutz *m*	lightning protection; surge arrester
éclateur à étincelle / ~ déchargeur *m*	Überspannungsableiter *m*	overvoltage protector; overvoltage surge arrester
écoute amplifée *f* (*facilité*)	Lauthören *n* (*Leistungsmerkmal*)	monitoring (*feature*); amplified voice; open listening
écouteur *m*	Sprechgarnitur *f*; Kopfhörer *m*	headset; headphone(s)
écran *m* (*affichage*)	Anzeige *f*, Abk.: ANZ; Display *n*	display; indication
écran *m* (*téléphone*)	Anzeigeteil *m*; Anzeigefeld *n* (*Telefon*), Abk.: AZF	display section; display area (*telephone*); display panel; display field
écran *m* (*moniteur*)	Bildschirm *m* (*Monitor*)	screen (*monitor*)
écran de visualisation *m*	Leuchtanzeige *f*	light display
écran de visualisation de l'occupation *m*	Besetztanzeigenfeld *n*	busy indication field
écran (électrostatique) *m*	Abschirmung *f*	shielding
écran tactile *m*	Touchscreen *f*	touchscreen
écrire (*données*)	ausgeben (*Werte*, *Signale*)	read out (*data*); output (*information*, *signals*)
écrou *m*	Schraubenmutter *f*; Mutter *f*	nut
écrou hexagonal *m*	Sechskantmutter *f*	hexagonal nut
écrou six pans *m*	Sechskantmutter *f*	hexagonal nut
écusson indiquant la puissance *m*	Leistungsschild *n*	output plate; rating plate
éditer	editieren (*Daten*); bearbeiten; nachbearbeiten	edit (*data*); process
édition *f* (*impression*)	Ausdruck *m*	printout
édition *f* (*logiciel*)	Ausgabe *f*	edition; release (*software* ~)
EDU (abr.) = Error Display Unit, affichage des erreurs	EDU, Abk.: Error Display Unit, Fehleranzeige	EDU, abbr.: Error Display Unit
effacé (*instrument*)	gelöscht; annuliert	erased; canceled; deleted; cleared
effacement général *m*	Generallöschung *f*	general clearing
effacer	löschen (*Speicher*); auflösen; streichen, tilgen	erase; clear (*memory*); cancel; delete
effacer une mémoire	Speicher löschen *m*	clear memory; erase memory
effectuer	wirken; einwirken	effect
effectuer une extension *f* (*de l'équipement*)	nachrüsten	retrofit
effet *m*	Effekt *m*; Wirkung *f*; Auswirkung *f*	effect
effet anti-local *m*	Nachbild-Fehlerdämpfung *f*	terminal balance return loss
effet de rémance *m*	Nahzieheffekt *m*	lag effect
efficace	wirksam	effective

efficient	wirksam	effective
EJE (abr.) = étage de joncteur éloigné	Fernübertragung *f*	remote transmission
électronique grand public *f*	Unterhaltungselektronik *f*	home entertainment electronics; consumer electronics
électrotechnique *f*	Elektrotechnik *f*	electrotechnics; electrical engineering
élément *m*	Element *n*; Bestandteil *m*	element
élément binaire *m*, abr.: eb	Bit *n*	bit
élément d'antiparasitage *m*	Entstörglied *n*	interference suppressor
élément de commande *m*	Bedienungselement *n*	control element
élément de connexion *m*	Verbindungselement *n*; Verbindungsabschnitt *m*; Koppelelement *n*	connection element; connecting piece; joining element; switching element
élément de connexion commutée *m*	Wählverbindungselement *n*	switched connection element
élément de connexion non commutée *m*	festgeschaltetes Verbindungselement *n*	non-switched connection element
élément de connexion RNIS *m*	ISDN-Verbindungselement *n*; ISDN-Verbindungsabschnitt *m*	ISDN connection element
élément de connexion RNIS commutée *m*	ISDN-Wählverbindungselement *n*	switched ISDN connection element
élément de connexion RNIS non commutée *m*	festgeschaltetes ISDN-Verbindungselement *n*	non-switched ISDN connection element
élément de contrôle *m*	Steuersatz *m*; Steuergerät *n*; Steuerelement *n*; Steuereinheit *f*	control set; control module; control unit
élément de raccordement *m*	Verbindungselement *n*; Verbindungsabschnitt *m*; Koppelelement *n*	connection element; connecting piece; joining element; switching element
élément de refroidissement *m*	Kühlkörper *m*; Wärmeableiter *m*	heat sink
élément en plastique injecté *m*	Kunststoff-Spritzgußteil *n*	injection-moulded plastic part
élément numérique *m*	Ziffer *f*	digit
embase *f* (*général*)	Sockel *m*; Boden *m*; Fußrahmen *m*	base; plinth; base frame
embase *f* (*électricité*)	Steckverbinder *m*	plug connector
emboutir	wrappen; crimpen	wrap; crimp
embranchement *m*	Gabel *f* (*Abzweigung*)	branch connection
EMC (abr.) = compatibilité électromagnétique	EM, Abk.: Velektro-magnetische Verträglichkeit *f*	EMC, abbr.: electromagnetic compatibility
émetteur *m*	Sender *m*; Geber *m*	transmitter
émetteur de données *m*	Datengeber *m*	data transmitter
émetteur de la date *m*	Datumgeber *m*	date transmitter
émetteur de numéros *m*	Nummerngeber *m*	electric key sender
émetteur de numéros d'appel abrégés *m*	Rufnummerngeber *m*	call number transmitter; automatic dialer
émetteur de numérotation *m*	Zahlengeber *m*, Abk.: ZG	keysender
émetteur de numérotation décimale *f*	Impulswahlsender *m*	pulse dialing sender; pulse dialing transmitter
émetteur de signaux *m*	Signalgeber *m*	signal transmitter
émetteur d'impulsions *m*	Zahlengeber *m*, Abk.: ZG	keysender
émetteur MF *m* (*Q23*)	MFV-Sender *m*	DTMF transmitter
émettre (*signal*)	ausgeben (*Werte, Signale*)	read out (*data*); output (*information, signals*)
émission d'impulsions du cadran *f*	Impulswahl *f*; Nummernschalterwahl *f*, Abk.: NW	pulse dialing; dial selection; dial plate selection
emplacement *m*	Standort *m*; räumliche Lage *f*; Anschlußlage *f*	location; line location; site
emplacement de la carte *m*	Einsteckplatz *m*	plug-in position
emplacement de mémoire *m*	Speicherplatz *m*	memory location
emplacement d'opératrice *m*	Platzwähler *m*	position selector
emplacement du module *m*	Steckplatz *m*; Modulplatz *m*	slot
emplacements des PROMs *m, pl*	PROM-Steckplätze *m, pl*	PROM locations
emploi *m*	Einsatz *m* (*Anwendung*); Verwendung *f*; Anwendung *f*	use; application
employé	verwendet	applied; utilized; used
employer	verwenden	employ; use; utilize
EN (abr.) = Européenne Norme	Europäische Norm *f*	European Standard

encastré	Einbau-...; eingebaut	built-in ...; built-in; integrated
encastrement sous crépi *m*	Unterputzmontage *f*	flushmounting
encastrement sur crépi *m*	Aufputzmontage *f*	mounting on plaster; surface mounting
enchaînement *m*	Verkettung *f*	chaining
enchaînement renvoi d'appel / transfert d'appel *m*	Verkettung Rufumleitung / Rufweiterleitung *f*	multiple call diversion / call forwarding
enchaîner	überblenden	fading one image into another
encliqueter	einrasten; einschnappen	latch; snap in; catch; engage; lock
encoche *f*	Steckplatz *m*; Modulplatz *m*	slot
encodeur vidéo *m*	Bildkodierer *m*	video coder
encombrement *m*	gassenbesetzt	congested; all trunks busy; no-exit condition
enfiché	gesteckt	plugged
enficher (*CI, module*)	einstecken (*LP, Modul*); stecken	insert (*PCB, module*)
enficher	einrasten; einschnappen	latch; snap in; catch; engage; lock
en fonction du système *f*	systembedingt; systemgebunden	system-dependent; system-associated; system-related; system-tied
en fonction du temps *f*	zeitabhängig	time-dependent
engorgement de papier *m*	Papierstau *m*	paper jam
enlever	entfernen; ausbauen	remove; dismount
en multipex *m*	Multiplexbetrieb *m*	multiplex operation; mulitplex mode
en option *f*	nur bei Bedarf *m*	only if required; optional
enregistrement *m*	Aufzeichnung *f*	recording
enregistrement audio *m*	Tonaufnahme *f*	audio recording
enregistrement automatique de taxes *m*	automatische Gebührenregistrierung *f*	automatic call charge recording
enregistrement d'appel *m*	Anrufaufnahme *f*	call recording
enregistrement de la taxation *m*	Gebührenberechnung *f*; Gebührenaufzeichnung *f*; Gebührenerfassung *f*; Gebührenzählung *f*; Gesprächsdatenerfassung *f*	call rate accounting; call charging; call billing; call charge recording / ~ ~ registration / ~ ~ registering; rate accounting; call charge data recording; call metering; Station Message Detail Recording, abbr.: SMDR (*Am*); call logging; call charge metering
enregistrement des dérangements *m*	Störungsaufzeichnung *f*	fault recording
enregistrement détaillé de taxes *m*	Einzelgesprächserfassung *f*	detailed registration of call charges
enregistrement en heure locale *m*	Ortszeitzählung *f*, Abk.: OZZ	local time metering
enregistrement horaire *m*	Zeiterfassung *f*	time recording
enregistrement sur bande *m*	Bandaufnahme *f*	tape recording
enregistrement vidéo *m*	Videoaufnahme *f*	video recording
enregistreur *m*	Registergerät *n*	register unit
enregistreur d'appel et de numérotation *m*	Ruf- und Wahlinformationsspeicher *m*	information store
enregistreur de messagerie vocale *m*	Sprachaufzeichnungsgerät *n*	speech recording unit; voice unit
enregistreur vidéo *m*	Videorecorder *m*	video recorder
en réseau *m*	vernetzt	networked
enroulement *m*	Wicklung *f*	winding
ensemble (CI) *m*	Baugruppe (LP) *f*, Abk.: BG	assembly (PCB)
ensemble de connecteurs *m*	Steckerfeld *n*	plug connector field
ensemble de montage *m*	Einbausatz *m*; Bausatz *m*	built-in set; assembly set
ensemble des facultés *m*	Leistungsumfang *m*	scope of performance
ensemble d'informations *m*	Informationsvielfach *n*	information multiple
en simplex *m*	simplex, Abk.: sx	simplex
en temps différé *m*	versetzt (*zeitlich*)	staggered (*in time*)
en temps réel *m*	Echtzeit *f*	real time
entrant	ankommend, Abk.: k; kommend gerichtet, Abk.: k	incoming, abbr.: ic
entrée *f*	Eingang *m*; Eingabe *f*	input

entrée *f* (*accès*)	Zugang *m*; Zugriff *m*	access
entrée de commande *f*	Steuereingang *m*	control input
entrée de données *f*	Dateneingabe *f*; Datenerfassung, EDV *f*	data input; data entry; data acquisition, EDP; data collection; data recording
entrée en tiers dans une communication intérieure *m*	internes Aufschalten *n*	internal cut-in
entrée individuelle *f*	Einzeleingabe *f*	individual input
entrée/sortie *f*	Eingabe/Ausgabe *f*, Abk.: EA	Input (voltage earth), Output, abbr.: I/O
entrer	aufschalten	cut in; intrude
entretien *m*	Wartung *f*	maintenance; servicing
entretien préventif *m*	vorbeugende Wartung *f*; vorbeugende Unterhaltung *f*	preventive maintenance
entretoises *f, pl*	Distanzrohre *n, pl*	spacers; distance pieces
entre-train *m*	Pause zwischen zwei Impulsen *f*; Zwischenwahlzeit *f*; Wählpause *f*	interdigital interval / ~ pause; interdialing pause / ~ time
envoyer	übertragen; übermitteln; senden	transmit; send; forward; broadcast; pass on; communicate
EOC (abr.) = Electrical Optical Converter, convertisseur opto-électronique	EOC, Abk.: Electrical Optical Converter, elektr./optischer Umformer	EOC, abbr.: Electrical Optical Converter
épissure *f*	Spleiße *f*	splice
éqt (abr.) = équipement	Bestückung *f*; Konfigurierung, Konfiguration *f*; Anordnung *f*; Ausrüstung *f*	configuration; equipment; outfitting
équilibrage automatique de lignes *m*	automatischer Leitungsausgleich *m*	automatic line equalization
équilibrage des blancs *m*	Weißabgleich *m*	white balance
équilibreur *m*	Nachbildung *f* (*Leitungs~*)	balancing network
équilibreur complexe *m*	komplexes Nachbild *n*	complex terminal balance
équilibreur de ligne artificielle *m*	Leitungsnachbildung *f*	line balancing network
équilibreur Hoyt *m*	Hoyt-Nachbildung *f*	Hoyt balancing network
équipé	bestückt	assembled; provided; fitted
équipement *m*, abr.: éqt	Bestückung *f*; Konfigurierung, Konfiguration *f*; Anordnung *f*; Ausrüstung *f*	configuration; equipment; outfitting
équipement commun *m*	gemeinsame Einrichtung *f*	common equipment
équipement complémentaire *m*	Ergänzung(seinrichtung) *f*; Zusatzeinrichtung *f*	supplementary equipment / ~ unit
équipement d'alimentation supplémentaire *m*	Zusatzspeisegerät *n*	booster
équipement de base *m*	Erstausbau *m*; Grundausbau *m*	initial capacity; basic capacity; basic design
équipement de cassettes vidéo *m*	Videobandanlage *f*	video tape equipment
équipement de commande *m*	Bedienungseinrichtung *f*, Abk.: BE	operating control; operating facility (facilities); operating equipment; operator control (*user*)
équipement de commutation *m*	Vermittlungseinrichtung *f*	exchange equipment; switching equipment
équipement de commutation temporelle *m*	Zeitmultiplexgerät *n*	time-division multiplexing equipment
équipement de conférence *m*	Mitsprecheinrichtung *f*; Konferenzeinrichtung *f*	call participation device; conference equipment
équipement de connexion *m*	Anschaltsatz *m*; Verbindungssatz *m*; Verbinder *m*	connecting set; connecting junction; connector
équipement de connexion d'émetteur d'impulsions *m*	Zahlengeberanschaltsatz *m*	keysender connecting set
équipement de connexion de télécommunications *m*	Telekommunikationsanschlußeinheit *f*, Abk.: TAE	telecommunications connecting unit
équipement de connexion de télétext *m*	Teletexanschlußeinheit *f*	teletex connecting unit

équipement de liaison hertzienne *f*	Richtfunkverbindungseinrichtung *f*; Richtfunkgerät *n*	microwave equipment
équipement de luxe *m*	Komfortausstattung *f*	convenience outfitting; deluxe outfitting
équipement de mesure du trafic *m*	Verkehrsmessgerät *n*	traffic measuring unit
équipement de multiplexage *m*	Multiplexeinrichtung *f*	multiplexing equipment
équipement de multiplexage temporel *m*	Zeitmultiplexübertragungseinrichtung *f*	time-division multiplex equipment
équipement d'enregistrement *m*	Registriersatz *m*	recording set
équipement d'enregistrement de données *m*	Datenregistriereinrichtung *f*	data recording equipment
équipement d'enregistrement magnétique *m*	Magnetaufzeichnungsgerät *n*, Abk.: MAZ	magnetic (tape-)recording equipment
équipement de numérotation automatique *m*	automatische Wähleinrichtung *f*; Wählautomat für Datenverbindung *m*, Abk.: WAD	automatic dialing equipment; automatic call unit, abbr.: ACU; automatic calling equipment
équipement de protection contre les surtensions *m*	Spannungsschutzeinrichtung *f*	overvoltage protection equipment; overload protection equipment
équipement de raccordement *m*	Anschlußorgan *n*, Abk.: AO	connecting device; connecting circuit
équipement de rapport de ronde *m*	Wächterprotokolleinrichtung *f*	watchman feature
équipement de réception *m*	Empfangsanlage *f*	reception facility; reception equipment
équipement de recherche de voie *m*	Verbindungssuchgerät *n*	path tracing unit
équipement de sécurité *m*	Sicherheitseinrichtung *f*	alarm equipment
équipement de signal lumineux *m*	Lichtzeicheneinrichtung *f*	light signal unit; luminous signal unit
équipement de studio et télévision *m*	Fernseh- und Studiotechnik *f*	television and studio equipment
équipement de taxation *m*	Gebührenerfassungseinrichtung *f*; Anlage zur Gebührenzählung *f*	call charge equipment; call charge metering system
équipement de terminaison de ligne *m*	Leitungsendgerät *n*, Abk.: LE (*PCM*)	line-terminating equipment, abbr.: LTE; line termination unit
équipement de transmission *m*	Übertragungseinrichtung *f*	transmission equipment
équipement du son pour studio *m*	Tonstudio-Einrichtung *f*	sound studio equipment
équipement indicateur visible de porte *m*	Türtableau *n*; Türanzeigeeinrichtung *f*	door visual indication equipment
équipement mains-libres *m*	Freisprecheinrichtung *f*	handsfree unit
équipement mixeur d'image *m*	Bildmischgerät *n*	video mixing equipment
équipement multicanaux *m*	Mehrkanalausstattung *f*	multi-channel outfitting
équipement opérateur *m*	Bedienungseinrichtung *f*, Abk.: BE	operating control; operating facility (facilities); operating equipment; operator control (*user*)
équipement périphérique *m*	Peripherie *f*; periphere Einrichtung *f*, Abk.: PE	periphery; peripherals; peripheral equipment; peripheral unit
équipements optionnels *m, pl*	Ergänzung(seinrichtung) *f*; Zusatzeinrichtung *f*	supplementary equipment / ~ unit
équipement supplémentaire *m*	Ergänzung(seinrichtung) *f*; Zusatzeinrichtung *f*	supplementary equipment / ~ unit
équipement supplémentaire de commutation *m*	Durchschaltezusatz *m*	through-switching supplementary unit; through-switching attachment
équipement téléphonique *m*	Fernsprecheinrichtung *f*	telephone equipment
équipement terminal *m* (*général*)	Endeinrichtung *f*	terminal equipment, abbr.: TE
équipement terminal *m* (*terminal d'abonné*)	Endstelleneinrichtung *f*	subscriber apparatus
équivalent	gleichwertig	equivalent
équivalent de référence à la réception *m*	Empfangsbezugdämpfung *f*	receiving reference loss
équivalent de référence à l'émission	Sendebezugsdämpfung *f*, Abk.: SBD	transmitting reference loss; sending reference equivalent
équivalent de référence de l'effet local *m*	Rückhörbezugsdämpfung *f*	sidetone reference equivalent
ergot de verrouillage *m*	Verriegelungsnase *f*	locking nose
erlang *m*	Erlang *n*	erlang (*traffic unit*)

erreur *f*	Fehler *m*	defect; error; fault
erreur de code *f*	Codefehler *m*	code error
erreur de l'horloge système *f*	Fehler Taktsystem *m*, Abk.: FTS	system clock error
erreur de manipulation *f*	Bedienungsfehler *m*	operator's mistake; operating error
erreur d'objectif *m*	Objektivfehler *m*	lens aberrations
erreur d'opération *f*	Bedienungsfehler *m*	operator's mistake; operating error
escamotable	verdeckt; verborgen	masked; concealed
espace *m* (*clavier*)	Leerzeichen *n*	space; blank
essai de numérotation *m*	Wählversuch *m*	dial attempt
établi en service manuel *m*	handvermittelt	manually switched; manually put through
établir (*une communication / liaison*)	aufbauen (*Verbindung, Gespräch*)	set up (*connection, call*); establish (*connection, call*)
établissement automatique des communications *m*	selbsttätiger Verbindungsaufbau *m*	automatic call setup
établissement d'une communication *m*	Verbindungsaufbau *m*; Verbindungsherstellung *f*	connection setup; call setup; call establishment
établissement d'une communication au meilleur coût *m*	kostenoptimierter Verbindungsaufbau *m*	Least Cost Routing, abbr.: LCR
établissement d'une communication avec retour *m*	Verbindungsaufbau mit Rücksprung *m*	call setup with return
établissement du point de connexion *m*	Koppelpunkteinstellung *f*	crosspoint setting
étage *m*	Stufe *f*; Pegel *m*	stage; level
étage d'abonné éloigné *m*, abr.: EAE	Fernverkehrsebene *f*	long-distance traffic level
étage de joncteur éloigné *m*, abr.: EJE	Fernübertragung *f*	remote transmission
étage de sélection *m*	Wahlstufe *f*	selection stage
étage de sortie *m*	Ausgangsstufe *f*	output stage
étage du réseau de connexion *m*	Koppelstufe *f*	matrix stage; switching stage
étainé	verzinnt	tinned; tin-coated, tin-plated
étamé	verzinnt	tinned; tin-coated, tin-plated
étanche	wasserdicht	waterproof
état *m*	Bedingung *f*; Status *m*; Zustand *m*	status; state; condition
état de communication *m*	Verbindungszustand *m*	connection status
état de disponibilité pour la numérotation *m*	Wählbereitschaft *f*	proceed-to-dial condition
état de fonctionnement *m*	Funktionszustand *m*	function state
état de la communication *m*	Gesprächszustand *m*	conversation condition; call condition
état (de) mise en garde *m*	Haltezustand *m*	holding condition
état des chambres *m*	Zimmerzustand *m*	room status
état d'occupation *m*	Belegtzustand *m*; Besetztzustand *m*	busy condition
état libre *m*	Freizustand *m*; Ruhezustand *m*	idle condition
état libre/occupé *m*	Frei/Besetzt-Zustand *m*	free/busy status; free/busy condition
éteindre	verlöschen; löschen	extinguish; go out
étiquetage *m*	Beschriftung *f*; Anzeichnen *n*	lettering; marking; labeling
étiquette (adhésive) *f*	Etikett *n*; Aufkleber *m*	label; sticker; adhesive label
étiquette de repérage *f*	Bezeichnungsstreifen *m*	designation strip
être à l'écoute *f*	mithören	monitor; listen-in
Européenne Norme *f*, abr.: EN	Europäische Norm *f*	European Standard
Eurosignal *m*	Eurosignal *n*	Eurosignal
évaluation *f*	Auswertung *f*; Wertung *f*	evaluation
évaluation des taxes *f*	Gebührendatenauswertung *f*, Abk.: GDA; Gesprächsdatenauswertung *f*, Abk.: GDA	call data evaluation
évaluer	auswerten (*Daten usw.*)	evaluate; analyze (*error listing etc.*); interpret (*statement, signal*)
événement *m*	Anreiz *m*; Ereignis *n*	event
excitation *f*	Anreiz *m*; Ereignis *n*	event
exciter (*train d'impulsions*)	anregen (*Impulsfolge*)	stimulate (*pulse train*)
exciter (*général*)	ansteuern	drive; trigger; activate

exciter (*un relais*)	erregen (*Relais*); ansprechen (*Relais*)	energize (*relay*); operate (*relay*); pick-up (*relay*); excite (*relay*)
exclure	ausnehmen; ausschließen	exempt; except; exclude
excursion *f* (*indication*)	Ausschlag *m* (*Anzeige*)	deflection (*meter*)
exécuter (*p.ex. signal*)	ausführen (*z.B. Signal*)	execute (*e.g. signal*)
exécuter (*général*)	durchführen	carry out; conduct; make
exécution *f* (*construction*)	Aufbausystem *n*; Bauweise *f*	module system; construction; design; style
exécution *f*	Version *f*; Ausbaustufe *f*; Ausführung *f*; Baustufe *f*; Machart *f*	version; execution
exécution de base *f*	Erstausbau *m*; Grundausbau *m*	initial capacity; basic capacity; basic design
exécution sur rail *f*	Schienenbauweise *f*	bar-mounted execution; bar-mounted construction; bar-mounted design; bar-mounted style
exemple de marquage *m*	Beschriftungsbeispiel *n*	lettering example
exemple de repérage *m*	Beschriftungsbeispiel *n*	lettering example
exemple d'étiquetage *m*	Beschriftungsbeispiel *n*	lettering example
exigences *f, pl*	Anforderungen *f, pl*	requirements
exiger	anfordern; abrufen	request
existant	vorhanden; verfügbar	existing; available
expansion *f*	Ausdehnung *f*; Erweiterung *f*; Expansion *f*	expansion; extension (*functions*); enlargement
exploitation *f*	Funktion *f*	function
exploitation avec numérotation automatique *f*	Wählbetrieb *m*	automatic operation
exploitation en mode temporel *f*	Zeitmultiplexbetrieb, im ~ arbeiten *m*	operate in the time-division multiplex mode
exploitation en multiplex *f*	Multiplexbetrieb, im ~ arbeiten *m*	perform a multiplex function; multiplexing
exploitation en multiplex spatial *f*	Raummultiplexbetriebsweise *f*	space-division mode
exploitation en parallèle *f*	Parallelbetrieb *m*	parallel operation; parallel mode
exploitation en réseau *f*	Betrieb eines Netzes *m*	network operation
exposant de transfert sur impédance conjuguée *m*	konjugiert-komplexes Übertragungsmaß *n*	conjugate transfer constant
exposé *m*	Struktur *f*; Aufbau *m*; Gruppierung *f*; Geräteausstattung *f*	arrangement
extensible	ausziehbar	extendible; extensible; pull-out
extension *f*	Ausdehnung *f*; Erweiterung *f*; Expansion *f*	expansion; extension (*functions*); enlargement
extérieur	extern; außen	outside; external
externe	extern; außen	outside; external
extraire	ausspeichern	read out; roll out
extrait *m*	Auszug *m*	extract; excerpt
extrémité *f* (*fin*)	Abschluß *m* (*Ende*)	termination (*end*)

F

fabrication assistée par ordinateur *f*, abr.: FAO	computergestützte Fertigung *f*, Abk.: CAM	computer-aided manufacturing, abbr.: CAM
face avant *f* (*coffret*)	Frontplatte *f*; Front *f*	front plate; front panel
face avant *f* (*vue*)	Vorderansicht *f*	front view
facilité *f* (*télécom*)	Leistungsmerkmal *n*, Abk.: LM	feature; performance feature
facilité *f* (*général*)	Einrichtung *f*; Hilfsmittel *n*	facility
facilité d'opération *f*	Bedienbarkeit *f*	ease of operation
facteur de qualité *m*	Schalleigenschaft *f*	resonance quality
facteur de réduction *m*	Reduzierungsfaktor *m*	reduction factor
facteur de transmission *m*	Übertragungsfaktor *m*	transfer factor; steady state gain
facteurs humains en téléphonie *m, pl*	Mensch und Telefon *m*	human factors in telephony
facturation *f*	Berechnung *f*	calculation; invoicing; billing
facturation abonné *f*	Gebührenrechnung des Teilnehmers *f*	extension rate bill
facturation détaillée *f*	Einzelabrechnung (*Gebühr*)	detailed bill; charge-per-call basis; itemized billing
facturation détaillée des communications *f*	Einzelgesprächserfassung *f*	detailed registration of call charges
facturation détaillée par communication *f*	Einzelabrechnung (*Gebühr*)	detailed bill; charge-per-call basis; itemized billing
facturation entre administrations des postes *f*	Abrechnung zwischen Postverwaltungen *f*	accounting between postal administrations
facturation globale *f*	Summenrechnung *f*	bulk billing
facture détaillée *f*	detaillierte Rechnung *f*	itemized bill
faculté *f*	Leistungsmerkmal *n*, Abk.: LM	feature; performance feature
faculté d'appel au décroché *f*	Direktrufeinrichtung *f*	direct-access facility
faculté de base *f*	Basismerkmal *n*	basic feature
faculté de commutation *f*	vermittlungstechnische Einrichtung *f*	switching facility
faculté de discrimination *f*	Rufnummernsperre *f*; Sperreinrichtung *f*; Sperrwerk *n*	call restrictor; discriminator; barring unit; dial code restriction facility; code restriction (*Am*)
faculté de numérotation abrégée *f*	Zielwahleinrichtung *f*	automatic full-number dialing unit
faculté de service *f*	Betriebsmerkmal *n*	operating feature
faculté fonctionelle *f*	funktionelle Fähigkeit *f*; Funktionsfähigkeit *f*	functional capability
faculté "ne pas déranger" *f*	Ruhe vor dem Telefon *f*; Anrufschutz *m* (*Leistungsmerkmal*)	do-not-disturb service; do-not-disturb facility, abbr.: DND; station guarding; don't disturb
faculté ralenti *f*	Zeitlupenmöglichkeit *f*	slow-motion capability
facultés de chaînage *f, pl*	Kettengesprächseinrichtung *f*	sequential call facility; sequential call transfer facility
facultés offertes sur la ligne *f, pl*	Leitungseinrichtungen *f, pl*	line facilities; circuit facilites
fading *m*	Schwund *m* (*Radio/Telefon n*)	fading
faible	leise	low (*quiet*)
faire	durchführen	carry out; conduct; make
faire une exception *f*	ausnehmen; ausschließen	exempt; except; exclude
faisceau (de circuits / de lignes) *m*, abr.: FSC	Bündel *m*; Leitungsbündel *n*	group; bundle; trunk group; line group; line bundle
faisceau de circuits interurbains *m*	Weitverkehrsbündel *n*	long-distance trunk group
faisceau de lignes directes *m*	Direktbündel *n*; direktes Bündel *n*	primary trunk group; direct circuit group
faisceau de lignes internationales *m*	Auslandsbündel *n*	international line group; international line bundle
faisceau de lignes réseau *m*	Amtsbündel *n*	exchange line trunk group; exchange line bundle
faisceau de premier choix *m*	Direktbündel *n*; direktes Bündel *n*	primary trunk group; direct circuit group

faisceau d'usagers *m*	Abnehmerbündel *n*	customer bundle
faisceau hertzien *m*	Richtfunkverbindung *f*	microwave connection
faisceau mixte *m*	Bündelmischung *f*	mixing of bundles
faisceau occupé *m*	Bündel besetzt *n*	bundle busy
falsification *f*	Verfälschung *f*	falsification; corruption (of data)
FAO (abr.) = fabrication assistée par ordinateur	CAM, Abk.: computergestützte Fertigung *f*,	CAM, abbr.: computer-aided manufacturing,
fausse connexion *f*	Falschverbindung *f*; Fehlschaltung *f*	wrong connection; faulty switching
fausse numérotation *f*	Falschwahl *f*	faulty selection; wrong selection
fautif	defekt; schadhaft; fehlerhaft	defective
faux	defekt; schadhaft; fehlerhaft	defective
Fax à papier thermoréactif	Thermofaxpapier *n*	fax thermal paper
FC (abr.) = fréquence de contrôle	Kontrollfrequenz *f*	control frequency
FCT (abr.) = fonction	Funktion *f*	function
Fédération des Ingénieurs des Télécommunications de la Communauté Européenne *f*, abr.: FITCE	Föderation der Ingenieure des Fernmeldewesens der Europäischen Gemeinschaft *f*, Abk.: FITCE	Federation of Telecommunication Engineers of the European Community, abbr.: FITCE
fem (abr.) = force électromotrice	EMK, Abk.: elektromotorische Kraft *f* (*Widerstand*)	EMF, abbr.: electromotive force (*resistance*)
fenêtre *f*	Fenster *n*	window
fermeture *f*	Verriegelung *f*; Schloß *n*; Verschluß *m*	interlock; lock(ing)
fermeture de protection d'une connexion *f*	Verbindungsschutzmuffe *f*	joint protection closure
feuille *f*	Blatt *n*	sheet
feuille de caractéristiques *f*	Datenblatt *n*; technisches Datenblatt *n*	data sheet
feuille de mise à jour *f*	Ersatzblatt *n*	replacement sheet
feu tournant à éclats généraux *m*	Rundumkennleuchte *f*	rotary beacon
F.I. (abr.) = fréquence intermédiaire	ZF, Abk.:Zwischenfrequenz *f*	i.f., abbr., intermediate frequency, IF abbr.:
fiabilité *f*	Zuverlässigkeit *f*	reliability
fiabilité opérationnelle *f*	Betriebszuverlässigkeit *f*	operational reliability
fibre monomode *f*	Monomode-Faser *f*	single-mode fiber
fibre optique *f*	Lichtwellenleiter *m*, Abk.: LWL	beam waveguide; optical waveguide; optical fiber waveguide
fibres optiques *f, pl*	Glasfaser *f*; Licht(wellen)leitfaser *f*	optical fiber; glass fiber
fiche *f*	Verbindungsstecker *m*; Stecker *m*	connecting plug; connector; plug
fiche cylindrique *f*	Walzenstecker *m*	cylindrical plug
fiche de caractéristiques *f*	Datenblatt *n*; technisches Datenblatt *n*	data sheet
fiche de programmation *f*	Brückenstecker *m*; Programmierstecker *m*	bridging plug
fiche de tranfert *f*	Adapter *m*; Übergabestecker *m*	adapter; transfer plug
fiche femelle *f*	Steckbuchse *f*	plug-in jack
fiche technique *f*	Datenblatt *n*; technisches Datenblatt *n*	data sheet
fichier de données *m*	Datei *f* (*EDV*)	data file, EDP; file, EDP
fichier réseau *m*	Amtskartei *f*	exchange file
figure *f*	Bild *n*; Abbildung *f*; Illustration *f*	figure; picture; illustration; image
fil *m*	Draht *m*, Abk.: Dr; Ader *f*	wire
fil A/B de conversation *m*	A/B Sprechader *f*	A/B speaking wire
fil de commande *m*	Leitader *f*	guide wire
fil de connexion *m*	Drahtbrücken-Zweipunktverbindung *f*; Lötbrücke *f*; Schaltdraht *m*; Drahtbrücke *f*; Brücke *f*	jumper 2-point connection; solder jumper; strap; jumper; hookup wire; wire bridge
fil dénudé *m*	Blankdraht *m*	bare wire; naked wire
fil de parole *m*	Sprechader *f*	speech wire
fil de pont *m*	Brückenstecker *m*; Programmierstecker *m*	bridging plug
fil de réception *m*	Empfangsader *f*	receive wire
file d'attente *f*	Warteschlange *f*; Wartefeld *n*	queue; waiting field
file d'attente de faisceau *f*	Bündelwarteliste *f*	bundle waiting list
file d'attente sur abonné occupé *f*	Zuteilung auf besetzte Nebenstelle *f*	camp-on
file d'attente sur poste opérateur *f* (*P.O.*)	Anrufordnung *f*; Wartekreis *m*	call queuing; holding circuit

filerie *f*	Verdrahtung *f*; Rangierung *f*	wiring
film *m*	Film *m*	film
film de marquage / ~ de repérage / ~ d'étiquetage *m*	Beschriftungsfilm *n*	lettering film
filtrage *m*, abr.: FILTR	Filterung *f*	filtering
filtrage d'appel *m*	Gesprächsfilterung *f* (*Voranmeldung*)	call filtering
filtrage numérique *m*, abr.: FNU	digitaler Filter *m*	digital filter
filtre *m*	Filter *m*	filter
filtre anti-parasite *m*	Entstörfilter *m*	noise suppression filter
filtre de canal *m*	Kanalfilter *m*	channel filter
filtre de secteur *m*	Netzfilter *n*	mains filter
filtre passe-bas *m*	Tiefpassfilter *m*	low-pass filter
fin *f*	Ende *n*	end
fin de numérotation *f*	Wahlende *n*	end of selection; end of dialing
FITCE (abr.) = Fédération des Ingénieurs des Télécommunications de la Communauté Européenne	FITCE, Abk.: Föderation der Ingenieure des Fernmeldewesens der Europäischen Gemeinschaft *f*	FITCE, abbr.: Federation of Telecommunication Engineers of the European Community
fixation *f*	Bügel *m*; Halterung *f*	bracket; support; brace; base (*fuse*)
fixation murale *f*	Wandhalterung *f*	wall fixing device
fixer/coller (*étiquette adhésive*)	anbringen *n* (*Aufkleber ~*)	attach (*label, plate*); glue (*label*); stick (*label*)
flanc d'impulsion *m*	Pulsflanke *f*	pulse edge
fluctuation *f*	Schwankung *f*	fluctuation
fluctuation en fréquence *f*	Frequenzabweichung *f*	frequency deviation
fluctuations de fréquences du secteur *f, pl*	Netzfrequenzschwankungen *f, pl*	fluctuations of the mains frequency
flux de données *m*	Datenrate *f*	data rate
flux numérique efficace *m*	Nutzbitrate *f*	effective bit rate
flux numérique nominal *m*	Nennbitrate *f*	nominal bit rate
FNU (abr.) = filtrage numérique	digitaler Filter *m*	digital filter
focus *m*	Fokus *m*; Brennpunkt *m*	focus
follow me *m*	Rufmitnahme *f*; Follow me *n*; Anrufumleitung *f*; Rufumleitung *f*, Abk.: RUL	follow me; call diversion
fonction *f* (*facilité*)	Leistungsmerkmal *n*, Abk.: LM	feature; performance feature
fonction *f*, abr.: FCT	Funktion *f*	function
fonction commutateur *f*	Gabelfunktion *f*	hybrid function
fonction d'alarme *f*	Funktionsalarm *m*	function alarm
fonction d'intercommunication *f*	Teamfunktion *f*	custom intercom; team function
fonctionnalité *f*	Leistungsmerkmal *n*, Abk.: LM	feature; performance feature
fonctionnement en batterie locale *m*	OB-Betrieb *m*	local battery operation
fonctionnement en duplex *m*	Duplexbetrieb *m*; Gegensprechen *n*	duplex operation; duplex communication
fonctionnement en full-duplex *m*	Gegenschreiben *n*	full-duplex traffic operation
fonctionnement en semi-duplex *m*	Halbduplexbetrieb *m*	half-duplex operation
fonctionnement en simplex *m*	Simplexbetrieb *m*	one-way operation; simplex operation
fonctionnement multi-points à commande centrale *m*	zentralgesteuerter Mehrpunktbetrieb *m*	centralized multipoint facility
fonctionnement secouru *m*	Notbetrieb *m*	emergency operation
fonctionnement sur alimentation secourue *f*	Netzausfallschaltung *f*; Notstrombetrieb *m*	mains failure operation; power failure operation
fonction "ne pas déranger" *f*	Ruhe vor dem Telefon *f*; Anrufschutz *m* (*Leistungsmerkmal*)	do-not-disturb service; do-not-disturb facility, abbr.: DND; station guarding; don't disturb
fonction "partenaire" *f*	Partnerfunktion *f*	partner function
fonction patron/secrétaire *f*	Chef/Sekretär-Funktion *f*	executive/secretary function; executive/secretary working
fonctions des couches supérieures *f, pl*	Funktionen höherer Schichten *f, pl*	higher-layer functions, abbr.: HLF
fond *m*	Rückwand *f*	backplane; back cover

fond de cage *m*	Verdrahtungsrahmen *m*, Abk.: VR	wiring frame
fond (de montage) *m*	Montageboden *m*	mounting base
force électromotrice *f*, abr.: fem	elektromotorische Kraft *f*, Abk.: EMK (*Widerstand*)	electromotive force, abbr.: EMF (*resistance*)
format *m*	Format *n*	format
format de carte *m*	Plattengröße *f* (Leiterplatten~)	size of PCB; board size
forme de câbles *f*	Kabelbaum *m*	cable form; wiring harness (*Am*); cable harness; harness
forme de l'impulsion *f*	Pulsform *f*	pulse shape
fournisseur *m*	Auftragnehmer *m*; Lieferant *m*	supplier; contractor
fractionner	teilen (*auf-/zerteilen*)	split; share
frais de ligne *m, pl*	Leitungskosten *f, pl*	line expenses
France Telecom, abr.: FT	französische Telekom-Behörde *f*	French telecoms authority
frapper	anklopfen	knock
fréquence acoustique *f*	Sprachfrequenz *f*; Sprechfrequenz *f*; Tonfrequenz *f*; Hörfrequenz *f*	voice frequency, abbr.: VF; audio frequency, abbr.: AF; speech frequency
fréquence assignée *f*	Nennfrequenz *f*	rated frequency; nominal frequency
fréquence de balayage *f*	Abtastfrequenz *f*	scanning frequency; sampling frequency
fréquence de contrôle *f*, abr.: FC	Kontrollfrequenz *f*	control frequency
fréquence de modulation *f*	Modulationsfrequenz *f*	modulation frequency
fréquence de réception *f*	Empfangsfrequenz *f*	receiving frequency
fréquence de référence *f*	Vergleichsfrequenz *f*	reference frequency
fréquence des impulsions d'horloge *f*	Taktfrequenz *f*; Taktfolge *f*	clock pulse frequency; clock pulse rate; timing pulse rate
fréquence des micro-ondes *f*	Richtfunkfrequenz *f*	microwave frequency
fréquence d'impulsion *f*	Pulsfrequenz *f*	pulse frequency; repetition rate
fréquence intermediaire *f*, abr.: F.I.	Zwischenfrequenz *f*, Abk.: ZF	intermediate frequency, abbr.: i.f., abbr.: IF
fréquence limite *f*	Grenzfrequenz *f*; Eckfrequenz *f*	threshold frequency; limiting frequency; limit frequency; cut-off frequency
fréquencemètre *m*	Frequenzmeßgerät *n*	frequency meter
fréquence nominale *f*	Nennfrequenz *f*	rated frequency; nominal frequency
fréquence porteuse *f*	Trägerfrequenz *f*, Abk.: TF	carrier frequency, abbr.: CF
fréquence téléphonique *f*	Sprachfrequenz *f*; Sprechfrequenz *f*; Tonfrequenz *f*; Hörfrequenz *f*	voice frequency, abbr.: VF; audio frequency, abbr.: AF; speech frequency
fréquence vocale *f*, abr.: FV	Sprachfrequenz *f*; Sprechfrequenz *f*; Tonfrequenz *f*; Hörfrequenz *f*	voice frequency, abbr.: VF; audio frequency, abbr.: AF; speech frequency
friture *f*	Knackgeräusche *n, pl*	clicks; clicking noise
front *m*	Vorderseite *f*	front side
front du signal d'appel *m*	Anrufflanke *f*	call signal edge
FSC (abr.) = faisceau	Bündel *m*; Leitungsbündel *n*	group; bundle; trunk group; line group; line bundle
FT (abr.) = France Telecom	französische Telekom-Behörde *f*	French telecoms authority
fuite *f*	Streuverlust *m*	scatter loss
fusible *m*	Sicherung *f*	fuse
fusible secteur *m*	Netzsicherung *f*	mains fuse
fusion rapide *f* (*fusible*)	flink (*Sicherung*)	quick acting (*fuse*)
FV (abr.) = fréquence vocale	Sprachfrequenz *f*; Sprechfrequenz *f*; Tonfrequenz *f*; Hörfrequenz *f*	VF, abbr.: voice frequency; AF, abbr.: audio frequency; speech frequency

G

gâche électrique *f*	Türöffner *m*	door opener
gain asymétrique *m*	Unsymmetriegrad *m*	imbalance degree
gain composite *m*	Betriebsverstärkung *f*	overall amplification
gain de boucle *m*	Schleifenverstärkung *f*	loop gain
gain d'insertion *m*	Einfügungsgewinn *m*	insertion gain
gain transductique *m*	Wirkverstärkung *f*	effective amplification
galet tendeur *m*	Spannrolle *f*	drag roller
gamme *f*	Reichweite *f*; Bereich *m*	range
généralités *f, pl*	Allgemeines *n*	general
générateur de numérotation *m*	Wahlsender *m*; Wahlgeber *m*	signal sender; dial transmitter
générateur de signalisation *m*	Signalgenerator *m*	signal generator
générateur de sonnerie *m*	Rufgenerator *m*	ringing generator
générateur de tonalité et de sonnerie *m*	Ruf- und Signalgeber *m*	ringing and tone generator
générateur de tonalités *m*	Hörtongenerator *m*, Abk.: HTG	audible tone generator
générateur d'horloge *m*	Synchronisiereinrichtung *f*, Abk.: SYE	timing generator; synchronizing device
générateur d'horloge *m*	Zeittaktgeber *m*; Taktgenerator, Taktgeber *m*, Abk.: TG	time pulse generator; time pulse clock; clock generator
générateur d'horloge synchrone *m*	Synchrontakterzeugung *f*, Abk.: STE	sync clock generation
générateur d'impulsions *m*	Impulszahlgeber *m*; Impulsgeber *m*; Takterzeugung *f*	pulsing key sender; digit emitter; electronic pulse generator; pulse generation; clock generation
générateur d'impulsions d'horloge *m*	Zeittaktgeber *m*; Taktgenerator, Taktgeber *m*, Abk.: TG	time pulse generator; time pulse clock; clock generator
générateur d'impulsions par zones *m*	Zoner *m*; Verzoner *m*	zoner
générateur d'information *m*	Informationsgeber *m*	information generator
générateur intermédiaire *m*	Zwischenregenerator *m*, Abk.: ZWR	regenerative repeater
géométrie d'image *f*	Bildgeometrie *f*	image geometry
géré par ordinateur *m*	computergesteuert; rechnergesteuert	computer-controlled
gestion *f*	Steuerung *f*, Abk.: ST; Regelung *f*; Kontrolle *f*	control; controller
gestion de couplage *f*	Koppelkontrolle *f*	coupling control
gestion de groupement *f*	Gruppensteuerung *f*, Abk.: GS	group control
gestion de la supervision *f*	Zentralüberwachungssteuerung *f*	central monitoring control
gestion de l'horloge système *f*	Aufbereitung Systemtakt *f*	system clock processing
gestion de matrice *f*	Matrixsteuerung *f*	matrix control
gestion de prise *f*	Belegungssteuerung *f*	seizure control
gestion de programme *f*	Programmsteuerung *f*	program control
gestion de registre *f*	Registersteuerung *f*	register control
gestion de réponse *f*	Abfragesteuerung *f*	answering control
gestion de sélection de route *f*	Wegeauswahlsteuerung *f*	route selection control; path selection control
gestion des joncteurs réseau *f*	Amtsverbindungssatzsteuerung *f*	exchange line junction control
gestion dupliquée par ordinateur *f*	duplizierte Rechnersteuerung *f*	duplicated computer control
gestion du réseau *f*	Netzführung *f*	network management
gestion du réseau de connexion *f*	Koppelfeldsteuerung *f*, Abk.: KST	switching matrix control
gestionnaire de fichiers *m*	Dateimanager *m*	file manager
glossaire *m*	Glossar *n*	glossary
GN (abr.) = green (vert) = IEC 757	GN, Abk.: grün	GN, abbr.: green
GNBU (abr.) = green blue (vert bleu) = IEC 757	GNBU, Abk.: grün blau	GNBU, abbr.: green blue
GNGY (abr.) = green grey (gris vert) = IEC 757	GNGY, Abk.: grau grün	GNGY, abbr.: green grey

GNPK (abr.) = green pink (rose vert) = IEC 757	GNPK, Abk.: rosa grün	GNPK, abbr.: green pink
GNWH (abr.) = green white (blanc vert) = IEC 757	GNWH, Abk.: weiß grün	GNWH, abbr.: green white
gorge de maintien *f*	Kabelkanal *m*	cable channel; cable duct; cable conduit
graduation *f*	Maßstab *m*	scale; graduation
grand affichage *m*	Großanzeige *f*	large-scale display
grandeur *f*	Ausmaß *n*; Größe *f*	size; extent
gratuit	gebührenfrei	non-chargeable; free (*no charge*)
grille *f*	Gatter *n*; Raster *n*	gate; grid; screen
grille de fréquences *f*	Frequenzraster *m*	frequency pattern
gris, abr.: GY = IEC 757	grau, Abk.: GY	grey, abbr.: GY
gris bleu, abr.: BUGY = IEC 757	grau blau, Abk.: BUGY	blue grey, abbr.: BUGY
gris brun, abr.: BNGY = IEC 757	grau braun, Abk.: BNGY	brown grey, abbr.: BNGY
gris noir, abr.: BKGY = IEC 757	grau schwarz, Abk.: BKGY	black grey, abbr.: BKGY
gris rose, abr.: GYPK = IEC 757	grau rosa, Abk.: GYPK	grey pink, abbr.: GYPK
gris rouge, abr.: RDGY = IEC 757	grau rot, Abk.: RDGY	red grey, abbr.: RDGY
gris vert, abr.: GNGY = IEC 757	grau grün, Abk.: GNGY	green grey, abbr.: GNGY
groupe d'abonnés *m*	Teilnehmergruppe *f*	extension group
Groupe d'Analyse et de Prévision *m*	Gruppe Analysen und Prognosen (SOGT Untergruppe), Abk.: GAP	analysis and prognosis group
groupe de connexion *m*	Koppelgruppe *f*	matrix group
groupe de connexions de direction *m*	Richtungskoppelgruppe *f*	directional coupling group
groupe de connexions de registre *m*	Registerkoppelgruppe *f*	register coupling group
groupe de couplage d'abonnés *m*	Teilnehmerkoppelgruppe *f*	extension switching group
groupe de joncteur *m*	Verbindungssatzgruppe *f*	junction group
groupe de positions multiples *m*	Mehrfach-Platzgruppe *f*	multiple position group
groupe fermé d'usagers *m*	geschlossene Teilnehmergruppe *f*; geschlossene Benutzergruppe *f*	closed extension group; closed user group, abbr.: CUG
groupe fonctionnel *m*	Funktionsgruppe *f*	functional group; functional grouping
groupement *m*	Struktur *f*; Aufbau *m*; Gruppierung *f*; Geräteausstattung *f*	arrangement
groupement à un étage *m*	Gruppierung, einstufig *f*	single-stage trunking
groupement de lignes cyclique *m*	zyklischer Sammelanschluß *m*	cyclic hunt group
groupement de lignes hiérarchique *m*	hierarchischer Sammelanschluß *m*	hierarchical hunt group
groupement de multiples des routes *m*	Gruppierung des Wegevielfachs *f*	trunk scheme grouping; path-multiple grouping
groupement de postes *m*	geschlossene Teilnehmergruppe *f*; geschlossene Benutzergruppe *f*	closed extension group; closed user group, abbr.: CUG
groupement de postes, ~ de lignes *m*	Sammelanschluß *m*	hunt group; extension hunting; station hunting; group hunting
groupement fonctionnel *m*	Funktionsgruppe *f*	functional group; functional grouping
guide d'ondes *m*	Lichtwellenleiter *m*, Abk.: LWL	beam waveguide; optical waveguide; optical fiber waveguide
guide d'ondes lumineuses *m*	Lichtwellenleiter *m*, Abk.: LWL	beam waveguide; optical waveguide; optical fiber waveguide
guide d'ondes optique *m*	Lichtwellenleiter *m*, Abk.: LWL	beam waveguide; optical waveguide; optical fiber waveguide
guide opérateur *m*	Bedienerführung *f*	user prompting
guide sommaire *m*	Kurzübersicht *f*; Übersichtsplan *m*	overview; general drawing; overall layout; overall plan
GY (abr.) = grey (gris) = IEC 757	GY, Abk.: grau	GY, abbr.: grey
GYPK (abr.) = grey pink (gris rose) = IEC 757	GYPK, Abk.: grau rosa	GYPK, abbr.: grey pink
GYWH (abr.) = grey white (blanc gris) = IEC 757	GYWH, Abk.: weiß grau	GYWH, abbr.: grey white

H

haut *m*	Oberteil *n*	upper part
haute-fréquence *f*, abr.: HF	Hochfrequenz *f*, Abk.: HF	high-frequency, abbr.: HF
haute intégration *f* (*circuits intégrés*)	hochintegriert (*Schaltungen*)	large-scale integration, abbr.: LSI (*circuits*)
haute résolution *f*	hochauflösend	high-resolution
hauteur *f*	Höhe *f*	height
hauteur de passage *f*	Raumhöhe *f*	headroom; clearance height; stud (*Am*)
hauteur d'installation *f*	Aufstellungshöhe *f*	installation height
haut-parleur *m*	Lautsprecher *m*	loudspeaker
haut-parleur à pavillon *m*	Trichterlautsprecher *m*	horn loudspeaker
haut-parleur de porte *m*	Türlautsprecher *m*	door loudspeaker
heure *f*	Uhrzeit *f*	time
heure chargée / ~ de pointe *f*	Hauptverkehrsstunde *f*	main traffic; busy hour; peak hour
heure locale *f*	Ortszeit *f*	local time
HF (abr.) = haute fréquence	HF, Abk.: Hochfrequenz *f*	HF, abbr.: high-frequency
homogénéisation du réseau d'abonnés *f*	Homogenisierung des Anschlußnetzes *f*	homogenization of the subscriber network
horloge *f*	Uhrzeitgeber *m*; Uhr *f*; Takt *m*	time transmitter; clock
horloge de référence *f*	Grundtakt *m*	basic clock signal; basic timing signal
horloge de supervision *f*	Zentralüberwachungstakt *m*	central monitoring clock
horloge d'heure locale *f*	Ortszeituhr *f*	local time clock
horloge interne au réseau *f*	netzinterner Takt *m*	internal network timing; internal network clock
horloge maître *f*	zentraler Taktgeber *m*	central clock
horloge secondaire *f*	Nebenuhr *f*	slave clock
horloge système *f*	Systemtakt *m*, Abk.: ST	system clock
housse *f*	Staubschutzhülle *f*	dust cover
humidité relative *f*	relative Luftfeuchte *f*	relative humidity
hybride couche épaisse *m*	Dickschichthybrid *n*	thick-film hybrid

I

IBRD (abr.) = Banque Internationale pour la Reconstruction et le Développement (Banque Mondiale)	IBRD (Abk.) = Internationale Bank für Wiederaufbau und Entwicklung (Weltbank) *f*	IBRD (abbr.) = International Bank for Reconstruction and Development (World Bank)
ICU (abr.) = Interface Control Unit, unité de contrôle d'interface	ICU, Abk.: Interface Control Unit	ICU, abbr.: Interface Control Unit
identificateur *m*	Erkenner *m*	identifier, abbr.: ID; recognition circuit; recognizer
identificateur d'abonné *m*	Teilnehmererkenner *m*	extension recognizing unit; extension identifier
identificateur d'appels *m*	Anruferkenner *m*	call identifier
identificateur de connexion *m*	Verbindungserkennung *f*	connection identifier
identificateur de faisceau *m*	Bündelerkennung *f*	bundle identification
identificateur de groupes *m*	Gruppenerkenner *m*	group identifier
identificateur de ligne *m*	Leitungskennung *f*	circuit identification
identificateur de tonalités *m*	Tonerkenner *m*	tone identifier
identificateur particulier *m*	Sonderkennzeichen *n*	special identifier (*code*, *mark*)
identificateur vocal *m*	Spracherkenner *m*	voice detector
identification (de l'appelant) *f*	Ruferkennung *f*; Identifizierung des Anrufers *f*	call identification
identification *f*	Identifizierung *f*; Identifizieren *n*	identification
identification automatique du demandeur *f*	automatische Identifizierung des Rufes *f*	automatic call identification
identification d'abonnés *f*	Teilnehmererkennung *f*; Teilnehmeridentifizierung *f*	subscriber identification; extension identification
identification d'appel *f*	Ruferkennung *f*; Identifizierung des Anrufers *f*	call identification
identification de commande *f*	Steuerkennung *f*	control identification
identification de ligne *f*	Verbindungsidentifikation *f*, Abk.: CID	connection identification, abbr.: CID
identification d'émission *f*	Senderidentifizierung *f*	transmitting identification
identification des taxes *f*	Gebührenerkennung *f*	call charge recognition
identification de tonalité *f*	Tonerkennung *f*	tone recognition
identification du bouton de terre *f*	Erdtastenerkennung *f*	earth button identification; ground button identification (*Am*)
identification du poste principal *f*	Hauptanschlußkennzeichengabe *f*, Abk.: Hkz; Hauptanschluß-Kennzeichen *n*, Abk.: HKZ	loop-disconnect signaling; loop-disconnect signal
identifier	identifizieren	identify
identifier le type d'appel *m*	Anrufart identifizieren *f*	call type identification
identité *f*	Identität *f*; Übereinstimmung *f*	identity, abbr.: ID; match
IEEE (abr.)	Verein der Elektro- und Elektronik-Ingenieure *m*	IEEE, abbr.: Institute of Electrical and Electronics Engineers
illustration *f*	Bild *n*; Abbildung *f*; Illustration *f*	figure; picture; illustration; image
image de film *f*	Filmbild *n*	frame
image mobile *f*	Bewegtbild *n*	moving image; full-motion image
image primaire *f*	Hauptbild *n*	primary image
image sonore *f*	Klangbild *n*	sound pattern
imitation de signal *f*	Zeichenimitation *f*	signal imitation
impédance *f*	Impedanz *f*	impedance
impédance caractéristique *f*	Kennwiderstand *m*; Wellenwiderstand *m* (Leitungs-)	characteristic impedance; image impedance; characteristic wave impedance
impédance caractéristique de ligne *f*, abr.: ZREF	Leitungskennwiderstand *m*	chacteristic line impedance
impédance conjugée *f*	konjugiert-komplexer Widerstand *m*	conjugate impedance

impédance côté abonné analogique *f*	Widerstand analoge Teilnehmerseite *m*	analog subscriber-side impedance
impédance côté réseau analogique *f*, abr.: Ze	Widerstand analoge Amtsseite *m*	analog exchange-side impedance
impédance d'entrée *f*	Eingangsscheinwiderstand *m*	input impedance; sending end impedance
impédance image *f*	Kennwiderstand *m*	characteristic impedance; image impedance
impédance itérative *f*	Kettenwiderstand *m*	iterative impedance
implantation *f*	Bestückung *f*; Konfigurierung, Konfiguration *f*; Anordnung *f*; Ausrüstung *f*	configuration; equipment; outfitting
impression *f*	Ausdruck *m*	printout
impression thermique *f*	Thermoaufzeichnung *f*	thermal printout
imprimante *f*	Protokolldrucker *m*; Drucker *m*	printer
imprimante à matrice *f*	Matrix-Drucker *m*	dot-matrix printer
imprimeur *m*	Schreibwerk *n*	typing mechanism
impulsion *f*	Impuls *m*	pulse
impulsion de caractère *f*	Zeichentakt *m*	character pulse
impulsion d'échantillonnage *f*	Abtastimpuls *m*	sample pulse
impulsion d'échantillonnage unique *f*	Einzelabtastimpuls *m*	discrete sampling pulse
impulsion de comptage *f*	Zähltakt *m*; Zählimpuls *m*; Gebührenimpuls *m*	counting pulse; counter pulse; meter(ing) pulse
impulsion de libération *f*	Auslöseimpuls *m*	release pulse; clearing pulse
impulsion de numérotation *f*	Wahlimpuls *m*	dial pulse, abbr.: DP
impulsion de réception *f*	Empfangstakt *m*	received clock pulse
impulsion de référence *f*	Vergleichsimpuls *m*	comparison pulse
impulsion de sonnerie *f*	Rufimpuls *m*	ringing pulse
impulsion de taxe *f*	Gebührenimpuls *m*; Zählimpuls *m*	meter(ing) pulse
impulsion de trame *f*	Rahmentakt *m*	frame clock-timing
impulsion d'horloge *f*	Zeittakt *m*; Taktsignal *n*; Takt *m*	clock pulse; signal pulse; timing pulse
impulsion en tension *f*	Spannungsimpuls *m*	voltage pulse
impulsion optique *f*	Lichtblitz *m*	light impulse
impulsions de taxation *f, pl*	Gebührentaktserie *f*	metering pulse train
impulsions d'horloge *f, pl*	Einzeltakt *m*	single clock; single pulse; single timing pulse
impulsions multiples de l'horloge *f, pl*	Taktvielfach *n*	timing pulse bus clock / ~ ~ ~ multiple
imputation des unités de taxation *f*	Gebührenzuschreibung *f*	notification of chargeable time
inacceptable	unzulässig	inadmissible; unacceptable; impermissible
inaccessible	unzugänglich	inaccessible
inadmissible	unzulässig	inadmissible; unacceptable; impermissible
incorporé	Einbau-...; eingebaut	built-in ...; built-in; integrated
index *m*	Stichwortverzeichnis *n*	index
index des abréviations *m*	Abkürzungsverzeichnis *n*	abbreviations
index d'implantation *m*	Belegungsverzeichnis *n*	layout index
indicateur d'appel *m*	Rufanzeiger *m*; Anrufanzeiger *m*	call indicator
indicateur de présence *m*	Anwesenheitskennung, Abk.: KZA	presence signal
indicateur de tonalité *m*, abr.: ITON	Wähltonanzeige *f*	dialing tone indication
indicateur d'événement *m*	Anreizindikator *m*	event indicator
indicateur d'occupation *m*	Besetztanzeiger *m*	busy indicator
indicateur numérotation *m*, abr.: INUM	Wahlanzeige *f*	dialing indication
indicatif *m*	Kennzahl *f*; Kennung *f*; Code *m*	code
indicatif interurbain *m*	Ortsnetzkennzahl *f*; Fernverkehrskennziffer *f*; Vorwahlnummer	area code; long-distance code; area code number
indicatif national *m*	Landeskennzahl *f*	destination (country) code
indication d'appels en attente *f*	Anrufanzeige *f*	call waiting indication

indication de clé *f*	Schlüsselzeichen *n*	key signal
indication de dérangement *f*	Alarmmeldung *f*; Störungssignal *n*; Störungsmeldung *f*	alarm signal; trouble signal; fault signal; fault report; failure indication
indication de poste occupé *f*	Besetztschauzeichen *n*; Besetztanzeige *f*	visual busy indicator; extension busy indication; busy lamp display; busy display; busy lamp field
indication de puissance par rapport à ... *f*	Wattangaben bezogen auf ... *f, pl*	wattage referred to ...
indication d'état pour la ligne réseau *f*	Amtsleitungs-Zustandsanzeige *f*	display of line status
indication digitale lumineuse *f*	Leuchtziffernanzeige *f*	luminous display; illuminated display
indiquer	markieren	mark
indiscriminé	vollamtsberechtigt, Abk.: va; amtsberechtigt	nonrestricted
individuel	einzeln	single; individual
induction effective *f*	Kabelinduktivität *f*	mutual inductance
industrie mécanique *f*	Maschinenbau *m*	mechanical engineering
ineffectif	unwirksam; wirkungslos	ineffective
inefficace	unwirksam; wirkungslos	ineffective
inexactitude *f*	Ungenauigkeit *f*	inaccuracy
information d'abonné *f*	Teilnehmermeldung *f*	call connected signal; extension answering
information de numérotation *f*	Wahlinformation *f*	dialing information
information sur le trafic *f*	Verkehrsinformation *f*	traffic information
information téléphonique *f*	Fernsprechauskunft *f*	directory inquiries (*service*)
infrastructurel	infrastrukturgebunden	infrastructural
ingénieur d'image *m*	Videoingenieur *m*; Bildingenieur *m*	video engineer; picture engineer
ingénieur du son *m*	Toningenieur *m*	audio engineer; sound engineer
initialisation *f*	Initialisierung *f* (*Gerät*)	initialization; setup (*device*)
initialiser	initialisieren (*Digitalschaltung*)	initialize (*digital circuit*)
inséré	Einbau-...; eingebaut	built-in ...; built-in; integrated
insérer	einstecken; stecken (*LP*, *Modul*)	insert (*PCB*, *module*)
insérer dans la boucle *f*	einschleifen	loop in
insert *m*	Einsatz *m* (*Einfügung*); Einsatzteil *n*	insert(ion)
insertion *f*	Einsatz *m* (*Einfügung*); Einsatzteil *n*	insert(ion)
inspection visuelle *f*	Sichtprüfung *f*	visual inspection
installation *f*	Montage *f*	installation; mounting
installation de filtrage *f*	Vorzimmeranlage *f*	executive system; secretary system
installation de liaison radio *f*	Richtfunkanlage *f*	radio-link installation
installation de télécommunication *f*	Fernmeldeanlage *f*; Telekommunikationsanlage *f*, Abk.: TKAnl	telecommunications system
installation de traitement de données *f*	Datensystem *n*; Datenverarbeitungsanlage *f*, Abk.: DVA	data system; data-processing system
installation d'intercommunication *f*	Reihenanlage *f*; Sprechsystem *n*; Wechselsprechanlage *f*	intercom system; key telephone system, abbr.: KTS; key system; press-to-talk system; two-way telephone system
installation fixe de radiotéléphonie *f*	ortsfeste Sprechfunkanlage *f*	base-station transceiver
installation privée *f*, abr.: IP	private Einrichtung *f*	private system
installation radio-téléphonique *f*	Sprechfunkanlage *f*; Funkfernsprechsystem *n*	radio telephone system
installations de communications *f, pl*	Kommunikationsanlagen *f, pl*, Abk.: K-Anlagen	communications systems
installation sous crépi *f*	Unterputzmontage *f*	flushmounting
installation sur crépi *f*	Aufputzmontage *f*	mounting on plaster; surface mounting
installation téléphonique *f* (*central public*)	öffentliche Vermittlungsstelle *f*; Amt *n*; Vermittlungsstelle *f*, Abk.: VSt; Vermittlung *f* (*Anlage*); Vermittlungsamt *n*; Fernsprechamt *n*; Zentrale *f*	public exchange; exchange; central office, abbr.: CO (*Am*); switching center; exchange office; telephone exchange (*Brit*)
installation téléphonique *f* (*général*)	Telefonanlage *f*; Fernsprechsystem *n*	telephone system

installation téléphonique *f* (*PABX*)	zentrale Einrichtung *f*; Nebenstellenanlage *f*; Fernsprechnebenstellenanlage *f*, Abk.: NStAnl, PABX	Private Automatic Branch Exchange, abbr.: PABX
installation téléphonique d'abonnés *f*	automatische Nebenstellenanlage *f*; Telekommunikationssystem *n* (*auf mehreren Grundstücken*); Telekommunikationsanlage *f* (*auf einem Grundstück*)	Private Telecommunication Network, abbr.: PTN
installation téléphonique de bureau *f*	Bürotelefonanlage *f*	office telephone system
installation téléphonique privée *f*	Privatfernsprechanlage *f*	private exchange, abbr.: PX
installation téléphonique privée *f* (*PABX*)	zentrale Einrichtung *f*; Nebenstellenanlage *f*, Fernsprechnebenstellenanlage *f*, Abk.: NStAnl, PABX	Private Automatic Branch Exchange, abbr.: PABX
installation terminale avec interface a/b *f*	Endeinrichtung mit a/b-Schnittstelle (z.B. Modem) *f*, Abk.: EE	terminal equipment with a/b interface (e.g. modem)
installation terminale d'abonné *f*, abr.: ITA	Teilnehmerendeinrichtung *f*	subscriber terminal (equipment)
Institut Européen des Normes de Télécommunications *m*	Europäisches Institut für Telekommunikationsstandards *n*, Abk.: ETSI	European Telecommunications Standards Institute, abbr.: ETSI
instruction *f* (*ordinateur*)	Befehl *m* (*Computer*)	command; instruction (*computer*)
instruction *f* (*général*)	Richtlinie *f*, Abk.: RL; Anweisung *f* (*Verordnung*)	order; directive (*EU*); instruction
instruction de connexion *f*	Koppelbefehl *m*	through-switching instruction
instruction de montage *f*	Montageanweisung *f*	mounting instructions
instruction de réglage *f*	Einstellanleitung, ~vorschrift *f*	adjustment instructions
instructions de montage *f, pl*	Aufbauanleitung *f*	installation instructions
intégré	Einbau-...; eingebaut	built-in ...; built-in; integrated
intelligibilité *f*	Verständlichkeit *f*	intelligibility
intelligibilité de la parole *f*	Sprachverständlichkeit *f*	speech intelligibility
INTELSAT (abr.) = Organisation Internationale des Télécommunications par Satellites	INTELSAT, Abk.: Internationales Fernmeldesatellitenkonsortium *n*	INTELSAT, abbr.: International Telecommunications Satellite Consortium
intensité du son *f*	Volumen *n* (*Pegel*); Lautstärke *f*	volume (*level*)
intercepter	abfangen; abhören; heranholen	intercept; pick up
interception automatique d'un appel *f*	automatisches Heranholen eines Rufes *n*	automatic pickup
interception d'appels *f*	Heranholen von Anrufen *n*; Anrufübernahme *f*; Pickup *n*	call pick-up, abbr.: CPU
interception générale *f*	allgemeines Pickup *n*	general pickup
intercom *m*	Reihenanlage *f*; Sprechsystem *n*; Wechselsprechanlage *f*	intercom system; key telephone system, abbr.: KTS; key system; press-to-talk system; two-way telephone system
interconnecter	zusammenschalten; vernetzen	interconnect
interconnexion de réseau(x) *f*	Verflechtung von Netzen *f*; Netzverbund *m*	interlacing of networks; compound system
interconnexion des systèmes ouverts *f*	Kommunikation zwischen offenen Systemen *f*	open systems interconnection
interdiction *f*	Sperrung *f*; Sperre(n) *f n*; Diskrimination *f*	barring; inhibiting; discrimination
interdiction de déranger *f* (*faculté*)	Ruhe vor dem Telefon *f*; Anrufschutz *m* (*Leistungsmerkmal*)	do-not-disturb service; do-not-disturb facility, abbr.: DND; station guarding; don't disturb
interdiction du trafic *f*	Verkehrsverhinderung *f*	traffic restriction; traffic prevention
interdire	sperren	bar; inhibit; block; disable
interface *f*	Schnittstelle *f*, Interface *n*	interface
interface avec sortie série *f*	Serienschnittstelle Ausgang *f*	series interface output
interface barres omnibus - groupes *f*	Interface Sammelschiene Gruppen *n*, Abk.: ISSG	group busbars interface
interface bus système pour la gestion des matrices de connexion *f*	Interface Systembus für Koppelfeldsteuerung *n*	system bus interface for switching matrix control

interface d'alimentation *f*	Versorgungsschnittstelle *f* (Strom~)	power supply interface
interface de communication *f*	Kommunikationsschnittstelle *f*	communication interface
interface de couche *f*	Schichtschnittstelle *f*	layer interface
interface de courant *f*	Stromschnittstelle *f*	current loop
interface de données *f*	Datenschnittstelle *f*	data interface
interface de ligne *f*	Leitungsschnittstelle *f*	line interface
interface d'unité *f*	Geräteinterface *n*, Abk.: GI	device interface
interface entrée sortie *f*	Ein-/Ausgabeschnittstelle *f*	I/O interface
interface physique *f*	physikalische Schnittstelle *f*	physical interface
interface usager *f*	Benutzeroberfläche *f*; Benutzerschnittstelle *f*	user interface; user surface
interface usager à large bande *f*	Breitband User/Network Interface (RACE-Projekt), Abk.: BUNI	Broadband User/Network Interface, RACE-project
interface usager-réseau *f*	Teilnehmer-Amtsschnittstelle *f*	user-network interface, abbr.: UNI
interface V.24 *f*	Schnittstelle V.24 *f*, Abk.: SSV	V.24 interface
interférence *f*	Interferenz *f*	interference
interférence mutuelle *f*	gegenseitige Beeinflussung *f* (*Signalkanal*)	mutual interference (*signaling channel*)
intérieur	innen; intern	inside; internal
interligne *m*	Zeilenvorschub *m*	line feed
interne	innen; intern	inside; internal
interpréter	auswerten (*Daten usw.*)	evaluate; analyze (*error listing etc.*); interpret (*statement, signal*)
interpréteur *m*	Auswerteeinrichtung *f*	evaluation unit
interroger	abfragen	accept a call; answer; enquire (*Brit*); inquire (*Am*)
interrompre (*programme, repos téléphonique*)	durchbrechen (*Anrufschutz ~*); unterbrechen (*Programm*)	override (*DND*); abort (*program*); interrupt (*program*)
interrupteur *m*	Schalter *m*, Abk.: S	switch
interrupteur à bascule *m*	Kippschalter *m*	toggle switch
interrupteur à contact au repos *m*	Ruhekontakt *m*	break contact; normally closed contact, abbr.: nc contact
interrupteur de codage *m*	Kodierschalter *m*	coding switch
interrupteur d'interface *m*	Schnittstellenschalter *m*	interface switch
interruption *f* (*ligne*)	Unterbrechung *f* (*Leitung*); Bruch *m*	interruption; break (*line*)
interruption de ligne *f*	Leitungsbruch *m*; Leitungsunterbrechung *f*	line break; line interruption
interruption de programme *f*	Programmabbruch *m*	program abort
interruption de signal *f*	Signalunterbrechung *f*	signal break
intervalle de temps *m*	Zeitmultiplexkanal *m*; Zeitkanal *m*; Zeitmultiplexweg *m*; Zeitschlitz *m*; Zeitlage *f*, Abk.: ZL	time-division multiplex channel; time slot; time-division multiplex path
intervalle de temps entre appels *m*	Einfallabstand, Ruf~ *m*	interval time of calls
intervalle d'impulsions *m*	Puls/Pausenverhältnis *n*	mark-to-space ratio
intervalle temporel *m*, abr.: IT	Zeitmultiplexkanal *m*; Zeitkanal *m*; Zeitmultiplexweg *m*; Zeitschlitz *m*; Zeitlage *f*, Abk.: ZL	time-division multiplex channel; time slot; time-division multiplex path
intervention en ligne *f*	Eintreten *n*; Aufschalten (bei besetzt) *n*; Eintreteaufforderung *f*; Eintreteanruf *m*	break-in; priority break-in; cut-in; busy override; call offer(ing), abbr.: CO; assist
introduction des données *f*	Dateneingabe *f*; Datenerfassung, EDV *f*	data input; data entry; data acquisition, EDP; data collection; data recording
intrusion *f*	Aufschaltung *f*	intrusion, abbr.: INTR
INUM (abr.) = indicateur numérotation	Wahlanzeige *f*	dialing indication
inversion de polarité *f*	Verpolung *f*	reversed polarity; polarity reversal
invitation à numéroter *f*	Wahlaufforderung *f*	proceed-to-dial
IP (abr.) = installation privée	private Einrichtung *f*	private system
isolateur *m*	Isolator *m*	insulator
isolation *f*	Isolierung *f*	insulation (*electrical*); isolation (*separation*)

IT (abr.) = intervalle temporel	ZL, Abk.: Zeitlage *f*; Zeitmultiplexkanal *m*; Zeitkanal *m*; Zeitmultiplexweg *m*; Zeitschlitz *m*	time-division multiplex channel; time slot; time-division multiplex path
ITA (abr.) = installation terminale d'abonné	Teilnehmerendeinrichtung *f*	subscriber terminal (equipment)
itinéraire dans le réseau de connexion *m*	Koppelfeldweg *m*	matrix path
ITON (abr.) = indicateur de tonalité	Wähltonanzeige *f*	dialing tone indication

J

JAB (abr.) = joncteur d'abonné	TS, Abk.: Teilnehmerschaltung *f*	line circuit; extension circuit; subscriber circuit; extension line circuit
jack à ressorts *m*	Federleiste *f*	spring connector strip; socket connector; female multipoint connector
jack encastré *m*	Einbaubuchse *f*	panel jack
jaillir	überspringen	skip
JAN (abr.) = joncteur d'abonné numérique	TDN, Abk.: digitale Teilnehmerschaltung *f*	digital subscriber circuit
JAR (abr.) = joncteur réseau	AUE, Abk.: Amts(leitungs)übertragung *f*; Amts(leitungs)übertrager *m*; Amtsverbindungssatz *m*	exchange line repeater coil; exchange line transformer; exchange line junction; exchange line circuit
jarretière de connexion *f*	Rangierdraht *m*	jumpering wire
jaune, abr.: YE = IEC 757	gelb, Abk.: YE	yellow, abbr.: YE
jaune bleu, abr.: YE BU= IEC 757	gelb blau, Abk.: YEBU	yellow blue, abbr.: YEBU
jaune brun, abr.: BNYE = IEC 757	gelb braun, Abk.: BNYE	brown yellow, abbr.: BNYE
jaune gris, abr.: YEGY= IEC 757	gelb grau, Abk.: YEGY	yellow grey, abbr.: YEGY
jaune noir, abr.: BKYE = IEC 757	gelb schwarz, Abk.: BKYE	black yellow, abbr.: BKYE
jaune rose, abr.: YEPK= IEC 757	gelb rosa, Abk.: YEPK	yellow pink, abbr.: YEPK
jaune rouge, abr.: RDYE = IEC 757	gelb rot, Abk.: RDYE	red yellow, abbr.: RDYE
JCT (abr.) = joncteur	Anschaltsatz *m*; Verbindungssatz *m*; Verbinder *m*	connecting set; connecting junction; connector
jeu de montage *m*	Einbausatz *m*; Bausatz *m*	built-in set; assembly set
jeu de relais *m*	Relaissatz *m*	relay set
joncteur *m*, abr.: JCT	Anschaltsatz *m*; Verbindungssatz *m*; Verbinder *m*	connecting set; connecting junction; connector
joncteur d'abonné *m*, abr.: JAB	Teilnehmerschaltung *f*, Abk.: TS	line circuit; extension circuit; subscriber circuit; extension line circuit
joncteur d'abonné numérique *m*, abr.: JAN	digitale Teilnehmerschaltung *f*, Abk.: TDN	digital subscriber circuit
joncteur de commutation *m*	Durchschalteverbindungssatz *m*	through-switching junction
joncteur de groupes *m*	Gruppenverbindungssatz *m*	group junction equipment
joncteur de messages généraux *m*	Rundspruchverbindungssatz *m*	broadcasting junction
joncteur intermédiaire *m*	Zwischenverbindungssatz *m*	intermediate junction
joncteur pour liaison interautomatique *m*	Querverbindungssatz *m*; Querleitung *f*, Abk.: QL; Querverbindungsleitung *f*	tie line
joncteur pour numérotation à 3 chiffres *m*	Verbinder für dreistellige Wahl *m*	connector for 3-digit selection
joncteur réseau *m*, abr.: JAR	Amts(leitungs)übertragung *f*; Amtsleitungsübertrager *m*, Abk.: AUE; Amtsverbindungssatz *m*	exchange line repeater coil; exchange line transformer; exchange line junction; exchange line circuit
joncteur spécial *m*	Sonderverbindungssatz *m*	special junction
jour *m*	Tag *m*	day

K

kit *m* (*bâti*)	Einbausatz *m*; Gestelleinbausatz *m*	kit (*rack*)

L

lame *f*	Zunge *f*	lug; tongue
lame fusible *f*	Schmelzeinsatz *m*	fuse cartridge
lampe *f*	Lampe *f*, Abk.: L	lamp
lampe à résistance *f*	Ballastlampe *f*	ballast lamp
lampe ballast *f*	Ballastlampe *f*	ballast lamp
lampe pilote *f*	Kontrollampe *f*	pilot lamp
langue *f*	Sprache *f*	speech; voice; language
large bande RNIS *f*	Breitband ISDN *n*, Abk.: B-ISDN	broadband ISDN
largeur *f*	Breite *f*	width
largeur de bande de transmission *f*	Übertragungsbandbreite *f*	transmission bandwidth
laser à semi-conducteurs *m*	Halbleiterlaser *m*	semiconductor laser
LD (abr.) = ligne directe	Direktrufdienst *m*; Direktverbindung *f*; Fernvermittlungsleitung *f*	Hotline-Dienst *m* hot-line service; direct connection; trunk junction circuit (*Brit*); toll switching trunk (*Am*)
lecteur de bande magnétique *m*	Magnetbandleser *m*	tape reader
lecteur de carte (à puce) *m*	Kartenleser *m*	card reader
lecteur de carte d'identité *m*	Ausweisleser *m*	identity card reader, abbr.: ID card reader; badge reader
lecteur de cartes perforées *m*	Lochkartenleser *m*	punched card reader
lecteur de code barre *m*	Lesestift *m*; Strichcode-Lesestift *m*	decoder light pen; barcode scanner
lecteur de disquette, Edp *m*	Laufwerk, EDV *n*; Plattenlaufwerk, EDV *n*	disk drive, EDP; drive, EDP
lecteur de données *m*	Datenleser *m*	data reader
lecteur de rubans perforés *m*	Lochstreifenleser *m*	punched tape reader
lecture seule *f*	schreibgeschützt	read only; write-protected
LIA (abr.) = ligne interautomatique	QL, Abk.: Querverbindungssatz *m*; Querleitung *f*; Querverbindungsleitung *f*	tie line
liaison *f*	Anschluß *m*; Verbindung *f*	connection; path
liaison *f* (*ligne intermédiaire*)	Versorgungsleitung *f*; Zwischenleitung *f*; Verbindungsleitung *f*	supply line; link line; auxiliary line; link
liaison commutée *f*	Wählverbindung *f*	dial connection; automatic connection; switched connection
liaison de données protégée *f*	geschützte Datenverbindung *f*	protected data connection
liaison de parole *f*	Sprechverbindung *f*	speech connection
liaison de télécommunications *f*	Nachrichtenverbindung *f*	telecommunications link
liaison de transmission *f*	Übertragungsstrecke *f*; Übertragungsabschnitt *m*	transmission link
liaison de transmission numérique *f*	digitale Übertragerverbindung *f*, Abk.: DUEV; digitaler Übertragungsabschnitt *m*	digital transmission link; digital link
liaison ET *f*	UND-Verknüpfung *f*	AND operation; logical AND
liaison externe *f*	Externverbindung *f*	external connection
liaison fixe *f*	Standverbindung *f*; festgeschaltete Leitung *f*; Standleitung *f*	dedicated line; permanently connected line
liaison hertzienne *f*	Richtfunkverbindung *f*	microwave connection
liaison internationale *f*	Auslandsverbindung *f*	international call; international connection
liaison interstandards *f*, abr.: LIS	Verbindung zwischen Vermittlungsplätzen *f*	connection between operator positions
liaison locale *f*	Ortsverbindung *f*	local call connection
liaison logique permanente *f*, abr.: LLP	Logikdauerverbindung *f*	permanent logic connection
liaison multi-points *f*	Mehrpunktverbindung *f*	multiport connection

liaison numérique *f*	digitale Übertragerverbindung *f*, Abk.: DUEV; digitaler Übertragungsabschnitt *m*	digital transmission link; digital link
liaison par intercom *f*	Wechselsprechverbindung *f*	two-way communication
liaison par ondes courtes *f*, abr.: o.c.	Kurzwellenverbindung *f*	short-wave link
liaison point à point *f*	Punktverbindung *f*	point connection
liaison radio *f*	Funkverbindung *f*	radio link
liaison radio par ondes courtes *f*	Mikrowellen-Funkstrecke *f*	microwave radio link
liaison sémaphore de données *f*, abr.: LSD	Datenverbindung *f*	data connection; data link
liaison série *f*	Serienverbindung *f*	polling call
liaison sortante *f*	abgehende Verbindung *f*	outgoing connection
liaison spécialisée *f*	Sonderübertragung *f*, Abk.: SUE	special link
liaison urbaine *f*	Ortsverbindung *f*	local call connection
libération *f* (*connexion*), abr.: LIB	Freigabe *f* (*Verbindung*); Abwurf *m* (*Verbindung*); Auslösung *f* (*Verbindung*)	release (*connection*); clear down (*connection*); disconnect (*connection*)
libération au raccrochage du demandeur *f*	Rückauslösung *f*; Rückwärtsauslösung *f*	back release; called-subscriber release
libération automatique *f*	automatische Auslösung *f*	automatic release
libération de la ligne par l'abonné demandé *f*	Auslösen durch den gerufenen Teilnehmer *n*	called-party release
libération de la ligne par l'abonné demandeur *f*	Auslösen durch den rufenden Teilnehmer *n*	calling party release
libération de la ligne par raccrochage du dernier abonné *f*	Auslösen durch den zuletzt auflegenden Teilnehmer *n*	last-party release
libération forcée *f*	Zwangsauslösung *f*	forced release
libération inverse *f*	Rückauslösung *f*; Rückwärtsauslösung *f*	back release; called-subscriber release
libération inverse automatique *f*	automatische Rückauslösung *f*	automatic back release
libération par raccrochage du premier abonné *f*	Auslösen durch den zuerst auflegenden Teilnehmer *n*	first-party release
libération prématurée *f*	vorzeitiges Auftrennen *n*; vorzeitige Verbindungsauflösung *f*	premature disconnection; cleardown release; clearing release
libéré	befreit; nicht angeschlossen, ~ verbunden	disengaged; non-connected
libérer	befreien; freimachen	disengage
libre	frei; in Ruhe *f*; im Ruhezustand *m*	idle; free
ligne *f* (~ *de texte*)	Zeile *f* (*Text~*)	line (*text* ~)
ligne *f* (*téléphonique*)	Leitung *f*, Abk.: Ltg	line
ligne à deux fils *f*	Zweidrahtleitung *f* (*Teilnehmer*)	two-wire line (*subscriber*)
ligne aérienne *f*	Freileitung *f*	overhead line; open-air line
ligne à fréquence porteuse *f*	Trägerfrequenzleitung *f*, Abk.: TF-Leitung	carrier frequency line, abbr.: CF line
ligne analogique *f*	Analoganschluß *m*	analog line
ligne auxiliaire *f*	Versorgungsleitung *f*; Zwischenleitung *f*; Verbindungsleitung *f*	supply line; link line; auxiliary line; link
ligne bidirectionnelle *f*	doppeltgerichtete Leitung *f*; ungerichtet betriebene Leitung *f*	both-way line; two-way line; both-way trunk
ligne commune *f*	Zweieranschluß *m*	two-party line
ligne d'abonné *f*	Anschlußleitung *f*; Teilnehmeranschlußleitung *f*	subscriber line
ligne d'attente *f*	Ersatzleitung *f*	standby path
ligne de branchement *f*	Abzweigleitung *f*	branch line
ligne de communication imperméable au CC *f* (*courant continu*)	abgeriegelte Fernmeldeleitung *f*	DC-isolated communication line
ligne de dérivation *f*	Abzweigleitung *f*	branch line
ligne de données *f*	Datenleitung *f*	data line
ligne départ *f*	abgehende Leitung *f*	outgoing line
ligne de poste secondaire *f*	Nebenanschlußleitung *f*, Abk.: NAL; Nebenanschluß *m*	extension line; sub-exchange line

ligne de prolongement *f*	Verlängerungsleitung *f*	artificial line; pad; extension cable
ligne de réception *f*	Empfangsleitung *f*	receive path
ligne de service *f*	Serviceleitung *f*; Hausanschluß *m*, Abk.: H; Innenverbindung *f*	administrative trunk; internal connection; house connection
ligne de service d'opérateur *f*	Meldeleitung *f*, Abk.: ML	operator line
ligne de signalisation *f*	Meldeleitung *f*, Abk.: ML	operator line
ligne de supervision *f*	Zentralüberwachungsleitung *f*	central monitoring line
ligne d'étalonnage *f*	Bezugsverbindung *f*; Eichleitung *f*	reference circuit; standard transmission line
ligne de transmission de données *f*	Datenleitung *f*	data line
ligne de transmission d'informations *f*	Hilfsleitung *f*; Hinweisleitung *f*	information line; intercept line
ligne de transmission numérique *f*	digitale Übertragerverbindung *f*, Abk.: DUEV; digitaler Übertragungsabschnitt *m*	digital transmission link; digital link
ligne d'image *f*	Bildzeile *f*	picture line
ligne d'impulsions d'horloge *f*	Taktleitung *f*	clock pulse line
ligne d'informations *f*	Hilfsleitung *f*; Hinweisleitung *f*	information line; intercept line
ligne directe *f*, abr.: LD	Direktrufdienst *m*; Direktverbindung *f*; Fernvermittlungsleitung *f*; Hotline-Dienst *m*	hot-line service; direct connection; trunk junction circuit (*Brit*); toll switching trunk (*Am*)
ligne du faisceau *f*	Bündelleitung *f*	bundle line
ligne d'usager *f*	Anschlußleitung *f*; Teilnehmeranschlußleitung *f*	subscriber line
ligne fantôme *f*	Viererleitung *f*; Phantomleitung *f*	phantom circuit
ligne individuelle *f*	Einzelanschluß *m*	single line
ligne individuelle d'abonné *f*	Einzelanschlußleitung *f*	single-line circuit; single-line subscriber
ligne interautomatique *f*, abr.: LIA	Querverbindungssatz *m*; Querleitung *f*, Abk.: QL; Querverbindungsleitung *f*	tie line
ligne interautomatique en fonctionnement tandem *f*	Querverbindung/Verbundleitung *f*	tie line connection; tandem tie trunk switching (*Am*)
ligne interautomatique signalisation en c.a. *f*	Querverbindung Wechselstrom-Kennzeichen *f*	tie line a.c. signaling
ligne interautomatique signalisation RON-TRON *f*	Querverbindung E+M-Kennzeichen *f*, Abk.: QUM	tie line E and M signaling
ligne intermédiaire *f*	Versorgungsleitung *f*; Zwischenleitung *f*; Verbindungsleitung *f*	supply line; link line; auxiliary line; link
ligne internationale *f*	Auslandsleitung *f*; internationale Leitung *f*	international circuit; international line
ligne libre *f*	freie Leitung *f*	free-line condition; free line
ligne locale *f*	Ortskreisleitung *f*; Ortsverbindungsleitung *f*	local line; interoffice trunk junction line; interoffice local junction line
ligne louée *f*	Mietleitung *f*	leased circuit / ~ line
ligne multibrins *f*	Gruppenvielfachleitung *f*	group multiwire line
ligne multiplex *f*	Multiplexleitung *f*	multiplex line
ligne numérique *f*	Digitalanschluß *m*	digital line
ligne partagée *f*	Zweieranschluß *m*	two-party line
ligne pilote *f*	Hilfsleitung *f*; Hinweisleitung *f*	information line; intercept line
ligne principale *f*	Amtsleitung *f*, Abk.: Al	exchange line (*Brit*); trunk line (*Am*)
ligne privée *f*	Privatleitung *f*	private line
ligne réseau *f*, abr.: LR	Amtsleitung *f*, Abk.: Al	exchange line (*Brit*); trunk line (*Am*)
ligne réseau arrivée *f*, abr.: SPB	kommende Fernleitung *f*	incoming trunk line
ligne réseau interurbain *f*	Fernleitung *f*	long-distance line; long-trunk line
ligne réseau sortante *f*	gehende Fernleitung *f*	outgoing trunk line
lignes collectives *f, pl*	Gemeinschaftsanschluß *m*	shared line
lignes groupées *f, pl*	Sammelanschluß *m*	hunt group; extension hunting; station hunting; group hunting
ligne spéciale *f*	Sonderleitung *f*	special line
ligne spécialisée *f* (*liaison interautomatique*)	Querverbindungssatz *m*; Querleitung *f*, Abk.: QL; Querverbindungsleitung *f*	tie line

ligne spécialisée *f* (*abonné*)	Sonderteilnehmer *m*	special line circuit; special line extension
ligne spécialisée *f* (*liaison fixe*), abr.: LS	Standverbindung *f*; festgeschaltete Leitung *f*; Standleitung *f*	dedicated line; permanently connected line
ligne téléphonique *f*	Telefonschaltung *f*; Fernsprechleitung *f*	telephone circuit
ligne unidirectionnelle *f*	gerichtet betriebene Leitung *f*	one-way trunk
ligne urbaine *f*	Ortskreisleitung *f*; Ortsverbindungsleitung *f*	local line; interoffice trunk junction line; interoffice local junction line
limitation *f*	Einschränkung *f*	limitation; restriction
limitation des appels en arrivée *f*	Ruhe vor dem Telefon *f*; Anrufschutz *m* (*Leistungsmerkmal*)	do-not-disturb service; do-not-disturb facility, abbr.: DND; station guarding; don't disturb
limitation du courant *f*	Strombegrenzung *f*	current control; current limiting
limitation du trafic interne *f*	Einschränken des Internverkehrs *n*	limitation of internal traffic
limite du flux numérique *f*	Oberbitrate *f*	upper bit rate
limiter	begrenzen	limit
limiteur *m*	Begrenzer *m*	delimiter; limiter
limiteur de chocs acoustiques *m*	Knackschutz *m*; Gehörschutz *m*	click suppression; acoustic shock absorber; click absorber
limiteur de tension de choc *m*	Stoßspannungsbegrenzer *m*	surge voltage limiter
lire la mémoire *f*	ausspeichern	read out; roll out
LIS (abr.) = liaison interstandards	Verbindung zwischen Vermittlungsplätzen *f*	connection between operator positions
liste *m*	Listing *n*	listing
liste d'appels *f*	Anrufliste *f*	call list
liste de connexion des lignes *f*	Beschaltungsliste *f*	assignment list; allocation list
liste de faisceau *f*	Bündelliste *f*	bundle list
liste de logatome *f*	Logatomliste *f*	logatom list
liste de pièces détachées *f*	Stückliste *f*; Ersatzteilliste *f*	parts list; itemized list; spare parts list
liste de programme *f*	Programmliste *f*, Abk.: PL	program list
livraison *f*	Lieferung *f*	delivery
LLP (abr.) = liaison logique permanente	Logikdauerverbindung *f*	permanent logic connection
localisation de défauts *f*	Fehlerortung *f*	fault location
localité *f*	Standort *m*; räumliche Lage *f*; Anschlußlage *f*	location; line location; site
location de ligne *f*	Leitungsmiete *f*	lease of circuits
logiciel *m*	Software *f*, Abk.: SW	software, abbr.: SW
logiciel d'exploitation *m*	Betriebssoftware *f*	system software
logique de basculement *f*	Umschaltelogik *f*, Abk.: UML	switchover logic
longévité *f*	Nutzungsdauer *f*; Lebensdauer *f*	service life; useful time; lifetime
lot de composants *m*	Teilesatz *m*	components set
lot de montage *m*	Einbausatz *m*; Bausatz *m*	built-in set; assembly set
LR (abr.) = ligne réseau	Al, Abk.: Amtsleitung *f*	exchange line (*Brit*); trunk line (*Am*)
LS (abr.) = ligne spécialisée	Standverbindung *f*; festgeschaltete Leitung *f*; Standleitung *f*	dedicated line; permanently connected line
LSD (abr.) = liaison sémaphore de données	Datenverbindung *f*	data connection; data link
lumière clignotante *f*	Blinklicht *n*	flashing light
lumière modulée *f*	moduliertes Licht *n*	modulated light

M

machine d'appels et de signaux *f*	Ruf- und Signalmaschine *f*	ringing and signaling machine
magnétophone *m*	Tonbandgerät *n*	tape recorder
main(s)-libres *ff, pl*	Freisprechen *n*	handsfree operation
maintenance *f*	Wartung *f*	maintenance; servicing
maintenance corrective *f*	instandsetzende Unterhaltung *f*	corrective maintenance
maintenance du réseau *f*	Unterhaltung eines Netzes *f*	network maintenance
maintenance préventive *f*	vorbeugende Wartung *f*; vorbeugende Unterhaltung *f*	preventive maintenance
maître de conférence *m* (*poste chef*)	Einberufer-Chefapparat *m*, Abk.: DRE	convener executive set, abbr.: DKC; originator executive set, abbr.: DKC
manipulation *f*	Operation *f*; Betätigung *f*	operation
manœuvrer	betätigen; betreiben; arbeiten	operate
marche *f*	Lauf *m*	flow; run
marche de détection des émetteurs *f*	Sendersuchlauf *m*	music scan
marquage *m*	Beschriftung *f*; Anzeichnen *n*	lettering; marking; labeling
marque *f*	Kennzeichen *n*; Marke *f*	mark
marquer	markieren	mark
marqueur *m*	Markierer *m*	marker
marqueur d'abonné *m*	Teilnehmermarkierer *m*	extension marker
marqueur de direction *m*	Richtungsmarkierer *m*	directional marker
marqueur de joncteurs *m*	Verbindungssatzmarkierer *m*	junction marker
marqueur de lignes groupées *m*	Sammelanschlußmarkierer *m*	hunt group marker
marqueur de lignes intermédiaires *m*	Zwischenleitungsmarkierer *m*	link marker
marqueur de réception de numérotation *m*	Wahlempfängermarkierer *m*	dial receiver marker
marqueur de registre *m*	Register-Markierer *m*	register marker
marqueur de répartition *m*	Zuteilmarkierer *m*	assignment marker
marqueur de transmission de la numérotation *m*	Wahlsendermarkierer *m*	dial sender marker
marqueur final *m*	Endmarkierer *m*	end marker; final marker
masque *m*	Maske *f*; Schablone *f*	mask
masse *f*	Masse *f*; Betriebserde *f*	earth; ground (*Am*); operating earth; operational earth
matériel *m*	Hardware *f*	hardware, abbr.: HW
matrice d'abonnés *f*	Teilnehmer-Koppelfeld *n*	extension matrix
matrice de commutation *f*	Sprechwegenetzwerk *n*; Koppelnetzwerk *n*; Koppelvielfach *n*; Koppelmatrix *f*; Koppelfeld *n*, Abk.: KF; Koppelanordnung *f*; Koppelnetz *n*	speech path network unit; switching network, abbr.: SN; switching matrix; coupling network
matrice de connexion *f*	Sprechwegenetz *n*	connecting matrix; speech path network
matrice de connexion de multiplex spatial *f*	Raummultiplexkoppelfeld *n*	space-division matrix field / ~-~ coupling field
matrice de couplage de dispositifs de test *f*	Prüfgeräte-Koppelvielfach *n*	test set coupling matrix
matrice de DEL *f*	Leuchtdiodenmatrix *f*	LED matrix
matrice de réception de numérotation *f*	Wahlempfängerkoppelfeld *n*	dial receiver switching matrix, (*network*)
matrice de routage *f*	Richtungskoppelfeld *n*	directional matrix field; directional coupling field
matrice de transmission de la numérotation *f*	Wahlsenderkoppelfeld *n*	signal sender switching matrix (*network*)
MCX (abr.) = mode de connexion	Verbindungsart *f*; Anschlußart *f*	type of connection; connecting mode; connection type

mécanisme d'ouverture de porte *m*	Türöffner *m*	door opener
mécanisme enregistreur *m*	Schreibwerk *n*	typing mechanism
mégacycle *m*	Megahertz *n*, Abk.: MHz	megacycles per second
mélange *m*	Mischung *f*	combination
mélangeur *m*	Mischer *m*, Abk.: MIS	mixer
mémoire *f*	Speicher *m*	memory; store; storage device
mémoire à ferrite *f*	Kernspeicher *m*	core memory
mémoire à noyau *f*	Kernspeicher *m*	core memory
mémoire à relais *f*	Relaisspeicher *m*	relay store
mémoire d'écriture/lecture *f*	Schreiblesespeicher *m*	read-write memory
mémoire de masse *f*	Massenspeicher *m*; Hintergrundspeicher *m*, Abk.: HGS	mass storage device; background memory
mémoire d'enregistrement *f*	Registrierspeicher *m*	recording store
mémoire de numéros *f*	Rufnummernspeicher *m*	call number memory
mémoire de parole *f*	Sprachspeicher *m*	voice mail; speech memory
mémoire de registre *f*	Registerspeicher *m*	register store
mémoire de répétition (automatique) de la numérotation *f*	Wahlwiederholspeicher *m*	redialing memory
mémoire de sélection *f*	Auswahlspeicher *m*	selection memory
mémoire de sélection de route *f*	Wegeauswahlspeicher *m*	route selection store; path selection store
mémoire de station *f*	Stationsspeicher *m*	station store
mémoire de taxation *f*	Gebührenspeicher *m*	call charge memory
mémoire de transmission de la numérotation *f*	Wahlsenderspeicher *m*	dial sender memory
mémoire intermédiaire *f*	Puffer *m*; Zwischenspeicher *m*; Pufferspeicher *m*	buffer; intermediate electronic memory; intermediate electronic buffer; buffer memory
mémoire morte *f*, abr.: ROM	Lesespeicher *m*, Abk.: ROM; Festwertspeicher *m*, Abk.: ROM; Festspeicher *m*, Abk.: ROM	read-only memory, abbr.: ROM
mémoire principale *f*	Arbeitsspeicher *m*, Abk.: AS	main memory
mémoire principale code ASCII *f*	Amerik. Standard-Code = Code DIN 66003 = CCITT, Abk.: ASCII	American Standard Code for Information Interchange, abbr.: ASCII
mémoire programmable à lecture seule *f*, abr.: PROM	PROM, Abk.	programmable read only memory, abbr.: PROM
mémoire sur disque dur *f*	Festplattenspeicher *m*	harddisk storage
mémoire tampon *f*	Puffer *m*; Zwischenspeicher *m*; Pufferspeicher *m*	buffer; intermediate electronic memory; intermediate electronic buffer; buffer memory
mémoire vive dynamique *f*	dynamischer Speicher *m*, Abk.: DSP	dynamic memory
mémoriser, Edp	zwischenspeichern, EDV; abspeichern, EDV; einspeichern, EDV; speichern, EDV	buffer, EDP; store, EDP; save, EDP
message bref *m*	Kurzansage *f*	short announcement
message court *m*	Kurzansage *f*	short announcement
message de perturbation *m*	Alarmmeldung *f*; Störungssignal *n*; Störungsmeldung *f*	alarm signal; trouble signal; fault signal; fault report; failure indication
message d'erreur *m*	Fehlermeldung *f*	error message; fault report / ~ signal; fault message
message d'état *m*	Zustandsmeldung *f*	status report
message de taxation *m*	Gebührenmeldung *f*	customer billing information
message enregistré *m*	Tonbandansage *f*; Bandansage *f*	recorded announcement
messagerie électronique *f*	E-Mail; elektronische Nachrichten *f, pl*; elektronische Post *f*	E-mail; electronic mail
mesure *f*	Maßnahme *f*	step; measure
mesure de modification *f*	Änderungsmaßnahme *f*	modification measure; modification step
mesure de niveaux *f*	Pegelmessung *f*	level measuring
mesure de protection *f*	Schutzmaßnahme *f*	safety precaution
mesure de transmission du quadripôle *f*	Vierpolübertragungsmaß *n*	image-transfer coefficient; image-transfer constant (*Am*)

mesure du trafic *f*	Verkehrsmessung *f*; Verkehrsuntersuchung *f*	traffic measurement; traffic analysis
mesure sur demi-canal *f*	Halbkanalmessung *f*	half channel measurement
méthode d'accès *f*	Zugangsverfahren *n*	access method
méthode de conception *f*	Entwurfsverfahren *n*	design method
méthode de facturation *f*	Abrechnungsverfahren *n*; Gebührenabrechnungsverfahren *n*	accounting method; billing method
méthode de reconnaissance *f*	Erkennungsmethode *f*	recognition system
méthode de signalisation centrale *f*	zentrales Signalisierungsverfahren *n*; zentrales Zeichengabesystem *n*; Zeichengabesystem *n*	common channel signaling system
méthode de taxation *f*	Abrechnungsverfahren *n*; Gebührenabrechnungsverfahren *n*	accounting method; billing method
méthode Line-Plex *f*	Line-Plex Verfahren *n*	Lineplex process
mettre (~ au point)	setzen; stellen	set
mettre à jour	aktualisieren (*Daten*)	update (*data*)
mettre en action *f*	betätigen; betreiben; arbeiten	operate
mettre en circuit *m*	einschalten; zuschalten	switch on
mettre en garde *f*	halten	hold
mettre en marche *f*	anlaufen (*Stromversorgung*); anlassen	start up (*power supply*); start
mettre en mémoire, Edp *f*	zwischenspeichern, EDV; abspeichern, EDV; einspeichern, EDV; speichern, EDV	buffer, EDP; store, EDP; save, EDP
mettre en service *m*	setzen; stellen (in Betrieb ~)	set into operation
mettre hors circuit *m*	ausschalten; abschalten	switch off
mettre sous tension *f*	einschalten; zuschalten	switch on
meuler	einschleifen	loop in
MF (abr.) = récepteur MF (Q 23) de signalisation multifréquence	MFV-Empfänger *m*	DTMF receiver
MF (abr.) = numérotation multifréquence	MFV, Abk.: Multifrequenzverfahren *n*; MFV, Abk.: Mehrfrequenzwahlverfahren *n*	DTMF dialing, abbr.: dual-tone multifrequency dialing; multifrequency dialing
MIA (abr.) = modulation par impulsions en amplitude, modulation d'impulsions en amplitude	PAM, Abk.: Pulsamplitudenmodulation *f*	PAM, abbr.: Pulse-Amplitude Modulation
MIC (abr.) = modulation par impulsion codée, modulation par impulsions et codage	PCM, Abk.: Pulscode-Modulation *f*	PCM, abbr.: Pulse Code Modulation
MIC de deuxième génération, abr.: MIC2G	PCM der zweiten Generation *f*	PCM of the second generation
microélectronique *f*	Mikroelektronik *f*	microelectronics
microphone à grenaille de carbone *m*	Kohlemikrofon *n*	carbon microphone
microphone à transistors *m*	Transistormikrofon *n*	transistorized microphone
microphone au carbone *m*	Kohlemikrofon *n*	carbon microphone
microphone sur flexible *m*	Schwanenhalsmikrofon *n*	gooseneck microphone
milieu de télécommunication *m*	Telekommunikationsmedium *n*	telecommunications medium
MINITEL (abr.) *m*	MINITEL, Abk.: elektronisches Telefonbuch in Frankreich	MINITEL, abbr.: electronic telephone directory in France
minuterie *f*	Zeittaktgeber *m*; Taktgenerator, Taktgeber *m*, Abk.: TG	time pulse generator; time pulse clock; clock generator
mise	setzen; stellen	set
mise à disposition *f*	Vorbereitung *f*; Bereitstellung *f*	preparation; provision; load (*DP*)
mise à jour *f*	Aktualisierung *f*	upgrading
mise à jour schéma *f*	Schaltungsnachtrag *m*	circuit addendum
mise à la terre *f*	Erdung *f*	grounding system; earthing (*Brit*)
mise à l'heure	Uhr stellen *f* (*die ~*)	set the clock
mise en attente *f*	Wartestellung *f* (für Nebenstellen)	station camp-on; camp-on status; camp-on position
MISE EN GARDE *f*	Warnung *f* (*auf Geräten*)	CAUTION (*damage to equipment*); WARNING (*danger to life*)

mise en garde *f* (*faculté RNIS*)	Halten *n* (*ISDN-Dienstmerkmal*)	call hold, abbr.: HOLD (*ISDN feature*)
mise en place *f*	Vorbereitung *f*; Bereitstellung *f*	preparation; provision; load (*DP*)
mise en place d'un test *f*	Versuchsanordnung *f*	experimental arrangement; test setup
mise en réseau *f*	Vernetzung *f*	networking; interconnection
mise en service *f*	anlaufen (*Stromversorgung*); anlassen	start up (*power supply*); start
mise en service *f*	Inbetriebnahme *f*	commissioning
mise sous tension *f*	Einschaltung *f*	cut-over; starting; switching on
mixage de faisceaux *m*	Bündelmischung *f*	mixing of bundles
mixeur *m*	Mischer *m*, Abk.: MIS	mixer
mixeur son et image *m*	Ton- und Bildmischer *m*	sound and video mixer
MMG (abr.) = Module Manager, gestionnaire de module	MMG, Abk.: Module Manager	MMG, abbr.: Module Manager
mode auto *m*	automatischer Arbeitsmodus *m*	auto mode; manual mode
mode de connexion *m*, abr.: MCX	Verbindungsart *f*; Anschlußart *f*	type of connection; connecting mode; connection type
mode de fonctionnement du faisceau *m*	Bündelbetriebsart *f*	bundle operating mode
mode d'emploi *m*	Bedienungsanleitung *f*	operating instructions; user manual
mode de multiplexage par répartition dans le temps *m*	Zeitlagenvielfach *n*; Zeitmultiplex-betriebsweise *f*	time-slot interchange element; time-division multiplex mode
modèle *m*	Bildvorlage *f*	picture original
modèle de référence de protocoles *m*	Protokoll-Referenzmodell *n*	protocol reference model
modèle fonctionnel d'architecture de réseau *m*	funktionelles Modell der Netzwerk-architektur *n*	network architecture functional model
modem *m*	Modem *n*	modem
mode manu *m*	automatischer Arbeitsmodus *m*	auto mode; manual mode
mode multiplex *m*	Multiplexbetrieb *m*	multiplex operation; multiplex mode
mode opératoire *m*	Betriebsart *f*	operating mode
mode opératoire de base *m*	grundsätzliche Arbeitsweise *f*	mode of operation; basic principles of operation
mode temporel *m*	Zeitlagenvielfach *n*; Zeitmultiplex-betriebsweise *f*	time-slot interchange element; time-division multiplex mode
modification *f*	Änderung *f*; Veränderung *f*; Wechsel *m*	modification; change
modification automatique de la classe de service *f*	automatische Berechtigungsum-schaltung *f*	automatic class of service switchover
modification de la classe de service *f*	Berechtigungsumschaltung *f*, Abk.: BU	modification of COS; COS change-over; COS switchover; class of service switchover
modification du logiciel *f*	Softwarestand-Änderung *f*	software version modification
modification optionnelle de circuit *f*	Bedarfsänderungsschaltung *f*	required circuit modification
modulateur *m*	Modulationsgerät *n*	modulator
modulateur en anneau *m*	Ringmodulator *m*	ring modulator
modulateur toroïdal *m*	Ringmodulator *m*	ring modulator
modulation d'impulsions en amplitude *f*, abr.: MIA	Pulsamplitudenmodulation *f*, Abk.: PAM	Pulse-Amplitude Modulation, abbr.: PAM
modulation en fréquence *f*	Frequenzmodulation *f*	frequency modulation, abbr.: FM
modulation par amplitude d'impulsion *f*	Pulsamplitudenmodulation *f*, Abk.: PAM	Pulse-Amplitude Modulation, abbr.: PAM
modulation par fréquence d'impulsion *f*	Pulsfrequenzmodulation *f*, Abk.: PFM	Pulse-Frequency Modulation, abbr.: PFM
modulation par impulsion codée *f*, abr.: MIC	Pulscode-Modulation *f*, Abk.: PCM	Pulse Code Modulation, abbr.: PCM
modulation par impulsions en amplitude *f*, abr.: MIA	Pulsamplitudenmodulation *f*, Abk.: PAM	Pulse-Amplitude Modulation, abbr.: PAM
modulation par impulsions et codage *f*, abr.: MIC	Pulscode-Modulation *f*, Abk.: PCM	Pulse Code Modulation, abbr.: PCM

module *m*	Modul *n*; Chip *m*; Baustein *m*; Leiterplatte *f*, Abk.: LP; Baugruppe *f*	chip; module, abbr.: Mod; circuit board, abbr.: CB; PC board, abbr.: PCB; printed circuit board, abbr.: PCB
module à microcassettes *m*	Mikrokassettenmodul *n*	microcassette module
module amplificateur *m*	Verstärkermodul *m*	amplifier module
module de base *m*	Grundbaustein *m*	basic unit
module de gestion du réseau de connexion *m*	Koppelfeldsteuerungsbaugruppe *f*, Abk.: KS	switching matrix control module
module de groupement *m*	Gruppierungsbaustein *m*	trunking unit
module d'émission *m*	Sendermodul *n*	transmitting module
module de réponse *m*	Abfragebaustein *m*	answering module
module d'extension *m*	Erweiterungsbaugruppe *f*	expansion module
module d'occupation des postes *m*	Besetztanzeigemodul *n*, Abk.: BAM	busy display module
module enfichable *m*	Steckbaugruppe *f*; steckbare Baugruppe *f*; aufsetzbarer Bausatz *m*	plug-in module; plug-in unit; detachable kit
module enfichable du tableau de signalisation *m*	Signalfeldeinschub *m*	slide-in panel
module mémoire *m*	Speichereinheit *f*	memory unit
module plat *m*	Flachbaugruppe *f*	flat module
module récepteur *m*	Empfangsmodul *n*	receiving module
module système *m*	Systembaustein *m*	system unit
moniteur *m*	Monitor *m*	monitor
moniteur de caméra *m*	Kameramonitor *m*	camera monitor
moniteur de contrôle de qualité de couleur *m*	Farbbild-Qualitäts-Kontroll-Empfänger *m*	color-quality control monitor
moniteur d'émission *m*	Sendemonitor *m*	transmission monitor
moniteur de réception *m*	Empfangsmonitor *m*	reception monitor
moniteur vidéo en couleur *m*	Farbfernsehmonitor *m*	color video monitor
monitoring *m* (*facilité*)	Lauthören *n* (*Leistungsmerkmal*)	monitoring (*feature*); amplified voice; open listening
monnaie *f*	Geld *n*	money
montage *m*	Montage *f*	installation; mounting
montage de Hartley *m*	Dreipunktschaltung *f*	three-point connection (*circuit*); Hartley circuit (*oscillator*)
montage en série *m*	Hintereinanderschalten *n*	connection in series
montage flottant *m*	erdfrei	ungrounded; earth-free
montage intégré *m*	integrierte Schaltung *f*, Abk.: IC	integrated circuit, abbr.: IC
montée *f* (*signal*)	Anstieg *m* (*Signal*)	rise (*signal*)
mot de code *m*	Kennwort *n*; Paßwort *n*	password; code word
mot de passe *m*	Kennwort *n*; Paßwort *n*	password; code word
mot de passe de carte *m*	Baugruppenpaß *m*	PC board ID data
motif de modification *m*	Änderungsgrund *m*	reason for modification
mouvement récepteur *m*	Nebenuhrwerk *n*	slave clock movement
moyen de chargement de données *m*	Datenladegerät *n*, Abk.: LG	data loader
moyen de mémorisation *m*	Speichermedium *n*	storage medium
moyens de communication *m, pl*	Kommunikationsmittel *n*	means of communication
multicouches *f, pl*	Mehrlagen *f, pl*, Abk.: ML	multilayer
multimètre *m*	Universal-Vielfachmeßgerät *n*	multimeter
multiple *m*	Vielfach *n*	multiple
multiple libre-occupé *m*	Frei/Besetzt-Vielfach *n*	free/busy multiple
multiplex *m*	Signalvielfach *n*	signal multiple
multiplex	bündeln (*Übertragungskanäle ~*); multiplex	multiplex
multiplexage fréquentiel *m*	Frequenzmultiplex *n*	frequency-division multiplex, abbr.: FDM
multiplexage temporel *m*	Zeitlagenvielfach *n*; Zeitmultiplexbetriebsweise *f*	time-slot interchange element; time-division multiplex mode
multiplex de données *m*	Datenvielfach *n*	data multiple
multiplexer (*voies de transmission*)	bündeln (*Übertragungskanäle ~*); multiplex	multiplex

multiplexeur *m*	Multiplexer *m*, Abk.: MUL; Datenübertragungs-Steuereinheit, EDV *f*	multiplexer, abbr.: MUX
multiplexeur de fréquence *m*	Frequenzmultiplexer *m*	frequency-division multiplexer
multiplexeur fréquentiel *m*	Frequenzmultiplexer *m*	frequency-division multiplexer
multiplex spatial *m*	Raummultiplex *n*	space-division multiplex, abbr.: SDM
multiplex temporel *m*	Zeitmultiplexverfahren *n*	time-division multiplex, abbr.: TDM
multiplicateur *m*	Vervielfacher *m*	multiplier
multipolaire	mehrpolig	multipole
murmure confus *m*	Babbeln *n*	babble
musique d'ambiance *f*	Musik in Wartestellung *f*	music on hold, abbr.: MOH
musique de fond *f*	Hintergrundmusik *f*	background music, abbr.: BGM
mutilé	verstümmelt	mutilated; garbled

N

NA (abr.) = numéro d'annuaire	RN, Abk.: Rufnummer *f*; Teilnehmerrufnummer *f*; Teilnehmernummer *f*	call number; subscriber's number; telephone number; subscriber number; extension number
NCS (abr.) = numéro de circuit de suivi	Kennziffer für Follow-me *f*	follow-me code
ND (abr.) = numéro de désignation	Zielnummer *f*	destination number
NE (abr.) = numéro d'équipement	Positionsnummernvielfach *n*	equipment number program; equipment program
NEF (abr.) = normes d'exploitation françaises	französische Betriebsnormen *f, pl*	French operating standards
ne pas déranger	Ruhe vor dem Telefon *f*; Anrufschutz *m* (*Leistungsmerkmal*)	do-not-disturb service; do-not-disturb facility, abbr.: DND; station guarding; don't disturb
NET (abr.) = Norme Européenne de Télécommunications	Europäische Norm für Telekommunikation *f*	European Telecommunications Standard
netteté de la parole *f*	Satzverständlichkeit *f*	phrase intelligibility
netteté pour les logatomes *f*	Silbenverständlichkeit *f*	syllable intelligibility / ~ articulation
netteté pour les phrases *f*	Satzverständlichkeit *f*	phrase intelligibility
neutre *m*	Nulleiter *m*, Abk.: N	neutral conductor
niveau *m*	Stufe *f*; Pegel *m*	stage; level
niveau absolu *m*	absoluter Pegel *m*	absolute level
niveau attendu *m*	Meßpegel *m*	test level; through level; expected level (*Am*)
niveau clavier *m*	Tastenebene *f* (*Telefon*)	keypad level
niveau de bruit *m*	Störpegel *m*	noise level
niveau de couplage du groupe *m*	Gruppenkoppelstufe *f*	group coupling stage
niveau de mesure *m*	Meßpegel *m*	test level; through level; expected level (*Am*)
niveau d'émission *m*	Sendepegel *m*	transmission level
niveau de modulation *m*	Sprachpegel *m*	speech level; audio level
niveau de parasites *m*	Funkstörgrad *m*	degree of RFI
niveau de référence *m*	Bezugspegel *m*	reference level
niveau de réseau *m*	Netzebene *f*	network level
niveau de taxes *m*	Gebührenzone *f*; Tarifstufe *f*	meter pulse rate; tariff zone; metering zone; chargeband; tariff stage; rate district
niveau moyen de la mer *m*	Normalnull *n*, Abk.: NN	mean sea level, abbr.: MSL
niveau relatif *m*	relativer Pegel *m*	relative level
niveau sonore *m*	Volumen *n* (*Pegel*); Lautstärke *f*	volume (*level*)
niveau utile *m*	Nutzpegel *m*	usable level
NNU (abr.) = numéro non utilisé	nichtbeschaltete Nummer *f*	unused number
noir, abr.: BK = IEC 757	schwarz, Abk.: BK	black, abbr.: BK
nombre *m*	Anzahl *f*; Nummer *f*, Abk.: Nr.; Zahl *f*	quantity; number, abbr.: no.
nomenclature *f*	Bezeichnung *f*; Benennung *f*	designation
non chargé	unbespult	non-loaded
non connecté	nicht beschaltet	vacant; not wired; not connected
non discriminé	vollamtsberechtigt, Abk.: va; amtsberechtigt	nonrestricted
non disponible pour la réception *f*	nicht empfangsbereit	receive not ready, abbr.: RNR
non employé	unbelegt; unbenutzt	unassigned; unused
non-maintenu (*touche*)	nichtrastend (*Taste*)	nonlocking (*key*)
non présentation appelant *f*	Rufnummernunterdrückung *f*	call number suppression
non régularisé	ungeregelt	uncontrolled
non relié à la terre *f*	erdfrei	ungrounded; earth-free
non soumis à la taxation *f*	gebührenfrei	non-chargeable; free (*no charge*)
non-taxé	gebührenfrei	non-chargeable; free (*no charge*)

non utilisé	unbelegt; unbenutzt	unassigned; unused
non valable	ungültig	void; null; invalid; illegal
Norme Européenne de Télécommunications *f*, abr.: NET	Europäische Norm für Telekommunikation *f*	European Telecommunications Standard
normes d'exploitation françaises *f, pl*	französische Betriebsnormen *f, pl*	French operating standards
NOSFER (abr.) = Nouveau Système Fondamental pour la détermination des Equivalents de Référence	NOSFER-Verfahren *n*	new master system for the determination of reference equivalents
notation des données *f*	Dateneingabe *f*; Datenerfassung, EDV *f*	data input; data entry; data acquisition, EDP; data collection; data recording
note *f*	Anmerkung *f*; Bemerkung *f*	note
note infrapaginale *f*	Fußnote *f*	footnote
noter	vormerken	note down; make a note of
notice de montage *f*	Montageanleitung *f*	assembly instructions
Nouveau Système Fondamental pour la détermination des Equivalents de Référence *m*, abr.: NOSFER	NOSFER-Verfahren *n*	new master system for the determination of reference equivalents
nouvel appel *m*	erneuter Anruf *m*	renewed call
nœud *m*	Knoten *m*	node
nœud d'alarme *m*	Meldeknoten *m*	alarm node
nœud de commutation *m*	Durchschalteknoten *m*; Vermittlungsknoten *m*	switching node
nœud de commutation numérique *m*	digitaler Vermittlungsknoten *m*; digitaler Durchschalteknoten *m*	digital switching node
nul *m*	Null *f*	zero
nul	ungültig	void; null; invalid; illegal
numérique	digital	digital
NUMERIS (abr.), abr.: voir: RNIS	ISDN, Abk.: diensteintegrierendes digitales Fernmeldenetz *n*	ISDN, abbr.: Integrated Services Digital Network
NUMERIS à large bande	Breitband ISDN *n*, Abk.: B-ISDN	broadband ISDN
numérisation *f*	Digitalisierung *f*	digitalization; digitization
numéro *m*	Anzahl *f*; Nummer *f*, Abk.: Nr.; Zahl *f*	quantity; number, abbr.: no.
numéro abrégé *m*	Kurzrufnummer *f*	abbreviated number; repertory code
numéro complet *m*	Langrufnummer *f*	non-abbreviated call number
numéro complet obtenu par construction *m*	Prinzip der konstruierbaren Rufnummer *n*	deducible directory number
numéro côté composants *m*	Bauteilseiten-Nummer *f*	components side no.
numéro côté soudure *m*	Leiterseitennummer *f*, Abk.: Ls Nr.	solder side no.
numéro court *m*	Kurzwahl *f* (*Apparateleistungsmerkmal*)	abbreviated dialing; short-code dial; repertory dialing; abbreviated code dialing; speed dialing
numéro d'abonné *m*	Rufnummer *f*, Abk.: RN; Teilnehmerrufnummer *f*; Teilnehmernummer *f*	call number; subscriber's number; telephone number; subscriber number; extension number
numéro d'annuaire *m*, abr.: NA	Rufnummer *f*, Abk.: RN; Teilnehmerrufnummer *f*; Teilnehmernummer *f*	call number; subscriber's number; telephone number; subscriber number; extension number
numéro d'appel *m*	Rufnummer *f*, Abk.: RN; Teilnehmerrufnummer *f*; Teilnehmernummer *f*	call number; subscriber's number; telephone number; subscriber number; extension number
numéro d'appel collectif *m*	Sammelrufnummer *f*	collective number
numéro d'appel d'abonné *m*	Rufnummer *f*, Abk.: RN; Teilnehmerrufnummer *f*; Teilnehmernummer *f*	call number; subscriber's number; telephone number; subscriber number; extension number
numéro d'appel de nuit *m*	Nachtrufnummer *f*	night service number
numéro d'appel en mémoire *m*	gespeicherte Rufnummer *f*	stored number
numéro d'appel enregistré *m*	gespeicherte Rufnummer *f*	stored number
numéro d'appel interne *m*	Internrufnummer *f*	internal dialing number

numéro d'appel multiple *m*	Mehrfachrufnummer *f*, Abk.: MSN	Multiple Subscriber Number, abbr.: MSN
numéro d'appel réseau *m*	Amtsrufnummer *f*	exchange call number
numéro de centre de frais *m*	Kostenstellennummer *f*	cost center code; payroll code
numéro de circuit de suivi *m*, abr.: NCS	Kennziffer für Follow-me *f*	follow-me code
numéro de code du réseau *m*	Netzkennzahl *f*; Amtskennzahl, -ziffer *f*; Amtsziffer *f*	network code number; exchange code (*Brit*); external line code; trunk code (*Am*)
numéro de désignation *m*, abr.: ND	Zielnummer *f*	destination number
numéro de destinataire *m*	Zielnummer *f*	destination number
numéro de fabrication *m*	Fertigungsnummer *f*	serial number; manufacturing number
numéro de facturation *m*	Verrechnungsnummer *f*	account number
numéro de faisceau *m*	Bündelnummer *f*	bundle number
numéro de message *m*	Mitteilungsnummer *f*	note number, abbr.: note no.
numéro d'emplacement *m*	Positionsnummer *f*	position number; item no.
numéro de poste *m*	Rufnummer *f*, Abk.: RN; Teilnehmerrufnummer *f*; Teilnehmernummer *f*	call number; subscriber's number; telephone number; subscriber number; extension number
numéro de projet *m*	Projektnummer *f*	project number; project code; account code
numéro d'équipement *m*, abr.: NE	Positionsnummernvielfach *n*	equipment number program; equipment program
numéro de référence *m*	Sachnummer *f*	reference number, abbr.: Ref.No.
numéro de série *m*	Fertigungsnummer *f*	serial number; manufacturing number
numéro d'identification personnel *m*	persönliche Identifikationsnummer *f*, Abk.: PIN	personal identification number, abbr.: PIN; ID number
numéro d'information *m*	Mitteilungsnummer *f*	note number, abbr.: note no.
numéro discriminé *m*	Sperrzahl *f*	barring number
numéro d'ordre *m*	laufende Nummer *f*, Abk.: Lfd. Nr.	consecutive number; sequence number
numéro du groupement *m*	Gruppennummer *f*	group number
numéro non utilisé *m*, abr.: NNU	nichtbeschaltete Nummer *f*	unused number
numérotage *m*	Wahl *f*, Abk.: W; Numerierung *f*; Rufnummernzuordnung *f*	dialing; selection; numbering
numérotation *f*	Wahl *f*, Abk.: W; Numerierung *f*; Rufnummernzuordnung *f*	dialing; selection; numbering
numérotation abrégée *f*	Kurzwahl *f* (*Apparateleistungsmerkmal*)	abbreviated dialing; short-code dial; repertory dialing; abbreviated code dialing; speed dialing
numérotation abrégée commune *f*	gemeinsame Codewahl *f*	common code dial
numérotation abrégée du groupement *f*	Gruppenkurzwahl *f*	group abbreviated dialing; group code dial
numérotation abrégée individuelle *f*	individuelle Codewahl *f*	individual code dialing
numérotation au clavier *f*	Tastwahl *f*; Tastenwahl *f*	pushbutton dialing / ~ selection
numérotation au clavier fictive *f*	unechte Tastwahl *f*	quasi pushbutton dialing
numérotation automatique *f*	automatische Wahl *f*; selbsttätige Wahl *f*; Selbstwahl *f*; Direktwahl *f*	automatic dialing; automatic selection; direct dialing; autodial; direct access
numérotation automatique (complète) *f*	Zielwahl *f* (*Apparateleistungsmerkmal*)	destination speed dialing; automatic full-number dialing; automatic speed dialing
numérotation automatique (par central) *f*	Codewahl *f*, Abk.: CW (*Anlagenleistungsmerkmal*)	code dialing (*system feature*)
numérotation automatique pour liaison de données *f*	automatische Wähleinrichtung *f*; Wählautomat für Datenverbindung *m*, Abk.: WAD	automatic dialing equipment; automatic call unit, abbr.: ACU; automatic calling equipment
numérotation automatique pour lignes de données *f*	Automatische Wähleinrichtung für Datenverbindungen im Fernsprechnetz *f*, Abk.: AWD	automatic dialing unit for data connection in telephone networks
numérotation clavier *f*	Tastaturwahl *f*	keyboard dialing; keypad dialing

numérotation clavier à fréquences vocales *f*	tonfrequente Tastwahl *f*	VF/AF pushbutton selection; VF/AF touch-tone dialing
numérotation d'abonné sur réseau interurbain *f*	Selbstwählfernwahl *f*; Teilnehmerfernwahl *f*	subscriber trunk dialing
numérotation d'accès à l'opératrice *f*	Hausgespräch *n*; Interngespräch, internes Gespräch *n*; Internruf *m*	internal call; extension-to-extension call
numérotation décimale *f*	Impulswahl *f*; Nummernschalterwahl *f*, Abk.: NW; Schleifenwahl *f*	pulse dialing; dial selection; dial plate selection; loop dialing
numérotation du destinataire *f*	Zielwahl *f* (*Apparateleistungsmerkmal*)	destination speed dialing; automatic full-number dialing; automatic speed dialing
numérotation en retour *f*	Rückwärtswahl *f*	backward dialing
numérotation erronée *f*	falsch wählen	faulty dialing; wrong dialing; incorrect dial
numérotation externe *f*	Externwahl *f*	external dialing
numérotation fermée *f*	verdeckte Numerierung *f*	closed numbering
numérotation incomplète *f*	unvollständige Wahl *f*	incomplete dialing
numérotation internationale *f*	Auslandswahl *f*	international dialing
numérotation interne *f*	Internwahl *f*	internal dialing
numérotation interurbaine *f*	Landesfernwahl *f*; Fernwahl *f*	nationwide trunk dialing; long-distance dialing; trunk dialing
numérotation multifréquence *f*, abr.: MF	Multifrequenzverfahren *n*, Abk.: MFV; Mehrfrequenzwahlverfahren *n*, Abk.: MFV	dual-tone multifrequency dialing, abbr.: DTMF dialing; multi-frequency dialing
numérotation ouverte *f*	offene Numerierung *f*	open numbering
numérotation prématurée *f*	Frühwahl *f*	premature dialing
numérotation sans décrocher *f*	Wahl bei aufgelegtem Handapparat *f*, Abk.: WA	on-hook dialing
numérotation sans discrimination *f*	fernwahlberechtigt	nonrestricted trunk dialing
numérotation simultanée *f*	Simultanwahl *f*	simplex dialing
numérotation transmise *f*	abgesetzte Wahl *f*	transmitted dialing
numéroter	anwählen (*eine Nummer* ~); auswählen; wählen	dial (*a number*); choose; select
numéroteur automatique *m*	Rufnummerngeber *m*	call number transmitter; automatic dialer
numéro verrouillé *m*	Sperrzahl *f*	barring number

observation *f* (*général*)	Anmerkung *f*; Bemerkung *f*	note
observation *f*, abr.: OBS	Überwachung *f*, Abk.: UEB; Betriebsüberwachung *f*	supervision; monitoring; operating observation
observer (*général*)	beachten; berücksichtigen	observe; mind; take into account; follow (*comply with*)
observer (*télécom*)	mithören	monitor; listen-in
obtenir	erreichen	access; reach
o.c. (abr.) = liaison par ondes courtes	Kurzwellenverbindung *f*	short-wave link
occupation *f* (*ligne*)	Belegung *f* (*Leitung*); Leitungsbelegung *f*, Abk.: LB	seizing (*line*); seizure (*line*); occupancy; busying; line seizure; line occupancy
occupation circuit *f*, abr.: OCR	Belegung *f* (*Leitung*); Leitungsbelegung *f*, Abk.: LB	seizing (*line*); seizure (*line*); occupancy; busying; line seizure; line occupancy
occupation de file d'attente *f*	Wartefeldbelegung *f*	queue seizure
occupation des touches *f*	Tastenbelegung *f*	key assignment
occupation fictive *f*	Blindbelegung *f*	dummy connection
occupé	besetzt	busy; engaged
occuper (*un circuit*)	belegen (*Leitung*)	seize (*line*); engage (*line*)
OCR (abr.) = occupation circuit	LB, Abk.: Belegung *f* (*Leitung*); Leitungsbelegung *f*	seizing (*line*); seizure (*line*); occupancy; busying; line seizure; line occupancy
octet *m*	Byte *n*	byte; octet
offre en tiers *f*	wartender Anruf *m*; Anklopfen *n*	knocking; call waiting, abbr.: CW
offrir	Zuteilen *n*	assign; allot; call announce
onduleur *m*	Wechselrichter *m*, Abk.: WE	inverter; DC/AC converter
opérateur *m* (*PABX*)	Vermittlungsperson *f*; Bedienungsperson *f* (*Nebenstellenanlage*)	attendant; operator; attendant operator (*PABX*)
opération *f*	Operation *f*; Betätigung *f*	operation
opératrice *f*	Vermittlungsperson *f*; Bedienungsperson *f* (*Nebenstellenanlage*)	attendant; operator; attendant operator (*PABX*)
opérer	betätigen; betreiben; arbeiten	operate
optionnel	nur bei Bedarf *m*	only if required; optional
options *f, pl*	Ergänzung(seinrichtung) *f*; Zusatzeinrichtung *f*	supplementary equipment / ~ unit
optique	optisch	optic(al); visual
optoélectronique *f*	Optoelektronik *f*	optoelectronics
ordinateur *m*	Computer *m*; Rechner *m*	computer
ordinateur central *m*	übergeordneter Rechner *m*; Großrechner *m*; Host *m*	host computer; mainframe
ordinateur principal *m*	übergeordneter Rechner *m*; Großrechner *m*; Host *m*	host computer; mainframe
ordinateurs en réseau *m, pl*	Rechner-Verbundnetz *n*	computer network
ordre *m* (*directive*)	Richtlinie *f*, Abk.: RL; Anweisung *f* (*Verordnung*)	order; directive (*EU*); instruction
ordre *m* (*structure*)	Struktur *f*; Aufbau *m*; Gruppierung *f*; Geräteausstattung *f*	arrangement
oreille artificielle *f*	künstliches Ohr *n*	artificial ear
OREM (abr.) = appareil de mesure objective d'affaiblissement équivalent	OBDM, Abk.: objektiver Bezugsdämpfungsmeßplatz *m*	EATMS, abbr.: objective reference system test station; electroacoustic transmission measuring system
organe *m*	Organ *n*	organ
organe circuit réseau *m*	Amtsorgan *n*	exchange circuit
organes de connexion pour des lignes et du poste opérateur *m, pl*	Leitungs- und Platzanschaltungsorgane *n, pl*	line and position connecting units

Organisation des Nations Unies pour le Développement Industriel *f*, abr.: UNIDO	Organisation der Vereinten Nationen für industrielle Entwicklung *f*, Abk.: UNIDO	United Nations Industrial Development Organization, abbr.: UNIDO
Organisation Internationale de Normalisation *f*	Internationale Normungsorganisation *f*, Abk.: ISO	International Standards Organisation, abbr.: ISO
Organisation Internationale des Télécommunications par Satellites *f*, abr.: INTELSAT	Internationales Fernmeldesatellitenkonsortium *n*, Abk.: INTELSAT	International Telecommunications Satellite Consortium, abbr.: INTELSAT
orifice *m*	Loch *n*	hole
OS (abr.) = système d'exploitation	BS, Abk.: Betriebssystem *n*	OS, abbr.: operating system
oscillateur à quartz *m*	Schwingquarz *m*	quartz oscillator
oscillation *f*	Schwankung *f*	fluctuation
oscillation sinusoïdale *f*	Sinusschwingung *f*	sine wave
outil *m*	Werkzeug *n*; Arbeitsgerät *n*	tool; implement
outil de sertissage *m*	Wrapwerkzeug *n*; Crimpwerkzeug *n*	wire-wrapping tool; wrapping tool; crimping tool
outillage *m*	Werkzeug *n*; Arbeitsgerät *n*	tool; implement
output *m*	Ausgangsleistung *f*; ausgangsseitig	output
ouvert	offen	open; unenclosed
ouverture de boucle *f*	Schleifenunterbrechung *f*	loop interruption
ouvrir	öffnen	open
oxyder électrolytiquement	eloxieren	anodize

P

PABX (abr.) *m*	NStAnl, PABX, Abk.: Nebenstellenanlage *f*; Fernsprechnebenstellenanlage *f*; zentrale Einrichtung *f*	PABX, abbr.: Private Automatic Branch Exchange
page *f*	Seite *f*	page; side
page de garde *f*	Deckblatt *n*	cover sheet
paire de conducteurs *f*	Leitungspaar *n*; Doppelader *f*, Abk.: DA; Adernpaar *n*	wire pair
PAL (abr.) = protocole d'accès à la liaison	Übertragungsprotokoll *n*	LAP, abbr.: link access protocol
PAL (abr.) = norme TV allemande	PAL, Abk.: TV-Standard	PAL, abbr.: Phase Alternation Line
palpeur de température *m*	Temperaturfühler *m*	temperature sensor; temperature feeler
panne *f* (*général*)	Fehler *m*	defect; error; fault
panne *f* (*ordinateurs*)	Fehlfunktion *f*; Störung *f*; Störbeeinflussung *f*; Fehlerstörung *f*; Ausfall *m*	malfunction; failure; disturbance; trouble; breakdown; outage (*Am*)
panneau arrière *m*	Rückwand *f*	backplane; back cover
panneau de porte *m*	Türtableau *n*; Türanzeigeeinrichtung *f*	door visual indication equipment
panneau de service *m*	Bedienfeld *n*	control panel
panne de composant *f*	Bauteilausfall *m*	component failure
panne de secteur *f*	Netzausfall *m*	mains failure; power outage (*Am*)
panne de signalisation *f*	Signalstörung *f*	signal breakdown
panne générale *f*	Gesamtausfall *m*	blackout
panne subite *f*	Sprungausfall *m* (*Bauteil*)	sudden failure
papier thermique pour télécopieurs *m*	Thermofaxpapier *n*	fax thermal paper
paquet *m*	Paket *n*	packet
paquet de données *m*	Datenblock *m*	data block
paradiaphonie *f*	Nahnebensprechen *n*	near-end crosstalk
parafoudre *m*	Blitzschutz *m*	lightning protection; surge arrester
paramètre de référence *m*	Sollwert *m*	reference value; set value; setpoint value; control value
paramètre de tube *m*	Röhrenparameter *m*	tube parameter
parcage *m*	Parken *n*	call park, abbr.: CPK
parcours du courant *m*	Leitung *f* (*Schaltkreis*); Stromkreis *m*	circuit
par exemple *m*, abr.: p.e(x).	zum Beispiel *n*, Abk.: z.B.	for example (exempli gratia), abbr.: e.g.
par l'intermédiaire de	über	via; over; by means of
par sections *f, pl*	abschnittweise	in sections; section by section
partage de charge *m*	Lastteilung *f*	load sharing
partage de fonction *m*	Funktionsteilung *f*	function sharing
partager	teilen (*auf-/zerteilen*)	split; share
participant *m*	Teilnehmer *m*	participator
partie centrale *f*	Mittelteil *m*; Zentralteil *n*	middle part; central section
partiellemennt discriminé pour la prise réseau interurbain *f*	teilfernwahlberechtigt	semirestricted trunk dialing
partiellement discriminé pour la prise réseau *f*	teilamtsberechtigt	semirestricted exchange dialing
partie pivotante *f*	Schwenkteil *n*	hinged part
partie supérieure *f*	Oberteil *n*	upper part
par touches *f, pl*	tastend	keying
par tranches *f, pl*	abschnittweise	in sections; section by section
parvenir à	erreichen	access; reach
passer outre "ne pas déranger"	Anrufschutz durchbrechen *m*	do-not-disturb override, abbr.: DNDO; override don't disturb
passer une communication en manuel *f*	handvermittelt	manually switched; manually put through

patin en caoutchouc *m*	Gummifuß *m*	rubber foot
pause *f*	Pause *f*; Sendepause *f*; Arbeitsunterbrechung *f*	pause
pause inter-digit *f*	Pause zwischen zwei Impulsen *f*; Zwischenwahlzeit *f*; Wählpause *f*	interdigital interval / ~ pause; interdialing pause / ~ time
pavé de touches *m*	Tastenblock *m*	keyboard block; pushbutton block
PBX (abr.) = autocommutateur privé (*avec connexion réseau*) *m*	Nebenstellenanlage (*mit Amtsanschluß*) *f*	PBX (abbr.) = Private Branch Exchange
PBX multiple *m*	Mehrfachnebenstellenanlage *f*	multi-PBX
PCS (abr.) = point de contrôle de service	PT, Abk.: Prüfpunkt *m*; Meßpunkt *m*; Testpunkt *m*	measuring point; test(ing) point
PCV (abr.) = conversation payable à l'arrivée	R-Gespräch *n*; Gebührenübernahme *f*	reversed charge call (*Brit*); collect call (*Am*); reverse charging
peigne de câbles *m*	Kabelbaum *m*	cable form; wiring harness (*Am*); cable harness; harness
perçage *m*	Bohrung *f*	boring; drilling
percer	bohren	drill
percer (*repos téléphonique*)	durchbrechen (*Anrufschutz ~*); unterbrechen (*Programm*)	override (*DND*); abort (*program*); interrupt (*program*)
percer le repos téléphonique *m*	Anrufschutz durchbrechen *m*	do-not-disturb override, abbr.: DNDO; override don't disturb
perditance *f*	Verlust *m*	loss; leakance; drop
perforation *f*	Loch *n*	hole
période *f*	Zeitraum *m*	period
période creuse de trafic *f*	verkehrsschwache Zeit *f*	low traffic period; off-peak period
période de disponibilité *f*	Verfügbarkeitszeitraum *m*	uptime; available time
périphérie *f*	Peripherie *f*; periphere Einrichtung *f*, Abk.: PE	periphery; peripherals; peripheral equipment; peripheral unit
périphérique de supervision *m*	Zentralüberwachungsperipherie *f*	central monitoring peripherals
permutations de bus *f, pl*	Umstecken am Bus *n*	plugging and unplugging on the bus
permutations de raccordement *f, pl*	Umstecken am Anschluß *n*	terminal portability, abbr.: TP
perte *f*	Verlust *m*	loss; leakance; drop
perte de couplage *f*	Koppelverlust *m*	coupling loss
perte de lumière *f*	Lichtverlust *m*	light loss
perte de transition *f*	Stoßdämpfung *f*	mismatch; transition loss
perte d'information *f*	Dropout *m*	dropout
pertes en ligne *f, pl*	Leitungsdämpfung *f*	line attenuation; transmission loss
perturbation *f*	Fehlfunktion *f*; Störung *f*; Störbeeinflussung *f*; Fehlerstörung *f*; Ausfall *m*	malfunction; failure; disturbance; trouble; breakdown; outage (*Am*)
perturbation haute fréquence *f*	Hochfrequenzstörung *f*	radio frequency interference, abbr.: RFI
p.e(x). (abr.) = par exemple	z.B., Abk.: zum Beispiel *n*	e.g., abbr.: for example, (exempli gratia)
PH (abr.) = phase	Phase *f*	phase
phase *f*, abr.: PH	Phase *f*	phase
phase de commutation *f*	Durchschaltephase *f*	switching phase; through-connect phase
phase sonnerie *f*	Rufzustand *m*	ringing condition
pièce *f*	Teil *n*; Bauteil *n*; Bauelement *n*; Komponente *f*	part; component part; component
pièce détachée *f*	Teil *n*; Bauteil *n*; Bauelement *n*; Komponente *f*	part; component part; component
pièces de monnaie *f, pl*	Geldstücke *n, pl*	coins
pile *f*	Batterie *f*	battery
pilote *m*, Edp	Laufwerk, EDV *n*; Plattenlaufwerk, EDV *n*	disk drive, EDP; drive, EDP
pilote *m*	Treiber *m*, Abk.: TR	driver
pilote électronique pour les automobilistes *m*	Elektronischer Verkehrslotse für Autofahrer *m*	autonomous traffic pilot for motorists
piloté par ordinateur *m*	computergesteuert; rechnergesteuert	computer-controlled

pince *f*	Klemme *f*; Quetschvorrichtung *f*; Klammer *f*	clamp; crimp; clip
piste *f* (*CI*)	Leiterbahn *f*	conductor track; conducting path
piste *f* (*ruban magnétique*)	Spur *f* (*Magnetband*)	track
pivotant	schwenkbar	swinging; swiveling; hinged
PK (abr.) = pink (rose) = IEC 757	PK, Abk.: rosa	PK, abbr.: pink
plage *f*	Reichweite *f*; Bereich *m*	range
plaine *f*	Feld *n*	field
plain language display *m*	Klartextanzeige *f*	text in clear display
plan *m*	Projekt *n*	project; plan
plan d'affaiblissement *m*	Dämpfungsplan *m*	overall loss plan; overall attenuation plan
plan de câblage *m*	Montageschaltplan *m*	installation wiring diagram
plan de groupement *m*	Gruppenverbindungsplan *m*	trunking diagram
plan de numérotage *m*	Rufnummernplan *m*; Numerierungsplan *m*	numbering plan; numbering scheme
plan de numérotation *m*	Rufnummernplan *m*; Numerierungsplan *m*	numbering plan; numbering scheme
plan de numérotation fermé *m*	verdeckte Rufnummern *f, pl*; verdeckter Rufnummernplan *m*	closed numbering scheme
plan de numérotation programmable *m*	freie Rufnummernzuordnung *f*	flexible numbering system
plan d'implantion *m*	Belegungsplan *m*	location plan; layout diagram
plan échelonné *m*	Maßzeichnung *f*	dimensional drawing; scale drawing
plan général *m*	Kurzübersicht *f*; Übersichtsplan *m*	overview; general drawing; overall layout; overall plan
plaque *f*	Platte *f* (*allgemein*)	plate
plaque à bornes *f*	Buchsenklemmleiste *f*	sleeve connector strip
plaque de câblage *f*	Verdrahtungsplatte *f*, Abk.: VP; Basisleiterplatte *f*	wiring plate; wiring board; motherboard
plaque de couverture *f*	Deckplatte *f*; Abdeckblech *n*	cover plate
plaque frontale *f*	Frontplatte *f*; Front *f*	front plate; front panel
plaque indicatrice *f*	Leistungsschild *n*	output plate; rating plate
plaque signalétique *f*	Bezeichnungsschild *n*; Typenschild *n*	nameplate; designation plate; identification plate; type plate
platine de commande *f*	Steuerplatte *f*	control board
platine de relais de commande *f*	Steuerrelaisschiene *f*	control relay bar
pleine capacité *f*	Vollausbau *m*	fully equipped configuration; full capacity
pliant	schwenkbar	swinging; swiveling; hinged
plot à soudure *m*	Lötstift *m*	soldering pin
PLSM (abr.) = sous-carte signalisation passive de boucle	Subbaugruppe für passive Schleifenkennzeichen *f*	PLSM, abbr.: Passive Loop Sub Module
P.O. (abr.) = poste d'opérateur, poste d'opératrice, position d'opératrice	Vermittlungsplatz (PABX) *m*; Abfrageplatz (PABX) *m*; Vermittlungsapparat (PABX) *m*, Abk.: VA; Platz *m* (*PABX*)	operator set (PABX) (*Brit*); attendant console (PABX) (*Am*)
pochette de cassette *f*	Cassettendeck *n*	cassette deck
poids *m*	Gewicht *n*	weight
poignée *f*	Griff *m*	handle
point de connexion *m*	Koppelpunkt *m*; Steckerpunkt *m*	crosspoint; plug-in point
point de contrôle *m* (*test*)	Meßpunkt *m*; Prüfpunkt *m*, Abk.: PT; Testpunkt *m*	measuring point; test(ing) point
point de contrôle de service *m*, abr.: PCS	Meßpunkt *m*; Prüfpunkt *m*, Abk.: PT; Testpunkt *m*	measuring point; test(ing) point
point de couplage de barre *m*	Schienenkoppelpunkt *m*	bar crosspoint
point de fusion *m*	Schmelzpunkt *m* (*Dielektr.*)	melting point (*dielectric*)
point de mesure *m*	Meßpunkt *m*; Prüfpunkt *m*, Abk.: PT; Testpunkt *m*	measuring point; test(ing) point
point de référence *m*	Referenzpunkt *m*; Bezugspunkt *m*	reference point
point de référence du RNIS *m*	ISDN-Referenzpunkt *m*; ISDN-Bezugspunkt *m*	ISDN reference point

point de test *m*	Meßpunkt *m*; Prüfpunkt *m*, Abk.: PT; Testpunkt *m*	measuring point; test(ing) point
point milieu *m*	Zentrum *n*; Mittelpunkt *m*	centre (*Brit*); center (*Am*)
point neutre du bus système *m*	Sternpunkt Systembus *m*, Abk.: SSB	system bus neutral point
points de soudure *m, pl*	Lötpunkte *m, pl*	soldering points
pollution *f*	Verunreinigung *f*	contamination; pollution
P.O. multiple *m*	Mehrfachabfrageplatz *m*	multiple operator position
pontages *m, pl*	Brücken *f, pl*	bridges; links
pont d'alimentation *m*	Speisebrücke *f*	feeding bridge
ponter	Brücke einlegen *f*; überbrücken	bridge; set up a bridge; jumper
pool de modems *m*	freie Zuordnung von Modems *f*	modem pools
port *m*	Anschlußeinheit *f*; Port *m*	connecting unit; port
porte *f*	Gatter *n*; Raster *n*	gate; grid; screen
portée *f*	Reichweite *f*; Bereich *m*	range
portée de la transmission *f*	Übertragungsbereich *m*	transmission range
porte ET *f*	AND-Gatter *n*	AND gate
porte fusible *m*	Sicherungshalter *m*	fuse holder
port entrée sortie *m*	Ein-/Ausgabeanschluß *m*	I/O port
porte OU *f*	ODER-Schaltung *f*	OR circuit
porteur d'information *m*	Nachrichtenträger *m*	carrier
portier *m*	Torsprechstelle *f*; Torstation *f*	gate station
portier mains-libre *m*	Türfreisprecheinrichtung *f*	door handsfree device; door handsfree unit
port universel *m*	freie Anschlußorganzuordnung *f*	free port assignment
position *f*	Position *f*; Platz *m* (*Lage*)	position
position de raccordement *f*	Standort *m*; räumliche Lage *f*; Anschlußlage *f*	location; line location; site
position de réponse *f*	Abfrageapparat *m*	answering set; operator position; answering position; answering station
position de travail *f*	Arbeitsplatz *m*	workstation
position d'opératrice *f*	Abfrageapparat *m*	answering set; operator position; answering position; answering station
position d'opératrice (PABX) *f*, abr.: P.O.	Vermittlungsplatz (PABX) *m*; Abfrageplatz (PABX) *m*; Vermittlungsapparat (PABX) *m*, Abk.: VA; Platz *m* (*PABX*)	operator set (PABX) (*Brit*); attendant console (PABX) (*Am*)
position d'opératrice pour les lignes réseau *f*	Abfragestelle für Amtsleitungen *f*	answering station for external lines
position initiale *f*	Grundstellung *f* (*Gerät*)	normal position; initial position
positionnement des interrupteurs *m*	Schaltereinstellung *f*	switch setting
position pour opérateur non-voyant *f*	Blindenplatz *m*	sight-impaired operator position; blind-operator position
position(s) de réponse *ff, pl*	Abfragestelle(n) *ff, pl*, Abk.: AbfrSt	answering set(s); operator position(s); answering position(s); answering station(s)
position(s) d'opératrice *ff, pl*	Abfragestelle(n) *ff, pl*, Abk.: AbfrSt	answering set(s); operator position(s); answering position(s); answering station(s)
possibilité de transmission *f*	Übertragungsmöglichkeit *f*	transmission capability
possibilité de transmission stéréo *f*	Stereo-Übertragungsmöglichkeit *f*	stereo transmission capability
poste *m* **(téléphonique)**	Sprechstelle *f*	telephone station
poste abonné occupé *m*	Teilnehmer besetzt *m*	extension busy
poste à clavier *m*, abr.: CLA	Tastwahlapparat *m*	pushbutton telephone
poste à deux fils *m*	Wählteilnehmer *m*, Abk.: W-Teilnehmer	two-wire extension; PSTN subscriber
poste appelé *m*	gerufener Teilnehmer *m*, Abk.: GT; gerufene Nebenstelle *f*	called subscriber; called party; called extension
poste à quatre fils *m*	Reihenteilnehmer *m*, Abk.: R-Teilnehmer	four-wire extension
poste à sortie illimitée *m*	vollamtsberechtigte Nebenstelle *f*	nonrestricted extension
poste à sortie limitée *m*	halbamtsberechtigter Teilnehmer *m*; halbamtsberechtigte Nebenstelle *f*	semirestricted extension; partially-restricted extension

poste d'abonné *m*	Apparat *m*; Telefonapparat *m*; Fernsprechapparat *m*, Abk.: FeAp	instrument (*telephone*); set (*telephone*); telephone; phone; telephone instrument; telephone set; subscriber set
poste d'abonné local *m*	Ortsteilnehmer *m*	local subscriber; local subscriber station
poste d'appel au décroché *m*	Direktrufteilnehmer *m*	direct-access extension
poste de bureau *m*	Fernsprechtischapparat *m*	desk telephone; desk set; desk instrument
poste de commutation de données *m*	Datenvermittlungsstelle *f*, Abk.: DVST	data switching exchange, abbr.: DSE
poste de commutation de données par circuits *m*	Datenvermittlungsstelle, leitungsvermittelt *f*, Abk.: DVSt-L	data switching exchange, circuit-switched
poste de commutation de données par paquets *m*	Datenvermittlungsstelle, paketvermittelt *f*, Abk.: DVSt-P	data switching exchange, packet-switched
poste déconnecté du groupement de postes *m*	Herausschalten aus dem Sammelanschluß *n*	withdrawal from group hunting
poste de contrôle *m*	Mithörapparat *m*; Überwachungsgerät *n*	monitoring set; monitoring equipment; supervisory unit
poste de conversion de données *m*	Datenumsetzerstelle *f*, Abk.: DUST	data converter center
poste de directeur *m*	Chefapparat *m*	executive set
poste de maintenance *m*	Prüfteilnehmer *m*, Abk.: PT	test extension; test subscriber
poste de nuit *m*	Nachtstelle *f*	subsidiary operator; night-answer station
poste de radio *m*	Funkgerät *n*	two-way radio
poste de renseignements *m*	Auskunftsplatz *m*	information position
poste de rétro-appel *m*	Rückfrageteilnehmer *m*	refer-back extension
poste destinataire des appels transférés *m*	Nebenstelle zur Rufweiterleitung *f*	call transfer extension
poste de surveillance *m*	Mithörapparat *m*; Überwachungsgerät *n*	monitoring set; monitoring equipment; supervisory unit
poste de test automatique *m*	automatischer Prüfteilnehmer *m*	automatic test extension
poste de travail *m*	Arbeitsplatz *m*	workstation
poste de travail de bureau *m*	Büro-Arbeitsplatz *m*	office workstation
poste de travail en communications *m*	Kommunikationsschreibplatz *m*	communication workstation
poste de travail maître *m*	Master-Arbeitsplatz *m*	master workstation
poste de travail multiple *m*	Mehrplatzsystem *n*	multi-user system
poste de travail vidéo *m*	Bildschirmarbeitsplatz *m*	video workstation
poste de travail vidéotext *m*	Bildschirmtext-Eingabegerät *n*	Btx workstation
poste distant *m*	außenliegende Nebenstelle *f*; Außennebenstelle *f*	off-premises extension / ~ station, abbr.: OPX; outside extension / ~ station; external extension / ~ station
poste d'observation *m*	Mithörapparat *m*; Überwachungsgerät *n*	monitoring set; monitoring equipment; supervisory unit
poste d'opérateur / ~ d'opératrice (PABX) *m*, abr.: P.O.	Vermittlungsplatz (PABX) *m*; Abfrageplatz (PABX) *m*; Vermittlungsapparat (PABX) *m*, Abk.: VA; Platz *m* (*PABX*)	operator set (PABX) (*Brit*); attendant console (PABX) (*Am*)
poste émetteur-récepteur portatif *m*	Handsprechfunk *m*; Handfunk *m*	hand-held two-way radio
poste évolué *m*	Komfortapparat *m*; Komforttelefon *n*	convenience telephone; feature set; deluxe set; feature telephone
poste extérieur *m*	Torsprechstelle *f*; Torstation *f*	gate station
poste mains-libres *m*	Freisprechapparat *m*	handsfree telephone
poste numérique *m*	digitaler Fernsprechapparat *m*, Abk.: DigFeAp	digital telephone
poste patron/secrétaire *m*	Vorzimmeranlage *f*	executive system; secretary system
poste portatif avec clavier incorporé *m*	Handtelefon mit integrierter Tastwahl *n*	hand-held telephone with integrated pushbutton dialing
poste portatif radioélectrique *m*	Handsprechfunkgerät *n*	walkie-talkie (*Am*)
poste principal *m*	Hauptstelle *f*, Abk.: HSt	main station

poste principal d'abonné *m*	Hauptanschluß *m*, Abk.: HAs	main line; main telephone; subscriber telephone
poste principal pour appel direct *m*	Hauptanschluß für Direktruf *m*, Abk.: HfD	main station for fixed connection
poste prioritaire *m*	bevorrechtigte Nebenstelle *f*	priority extension
poste privé *m*	nichtamtsberechtigt, Abk.: na; hausberechtigt	fully-restricted
Postes et Télécommunications *f, pl*, abr.: PTT	französische Postbehörde *f*	French Postal and Telecommunication Authority; postal, telegraph and telephone administration
postes patron/secrétaire *m, pl*	Chefanlage *f*	executive/secretary extensions
Postes Télégraphe et Téléphone *f, pl*, abr.: PTT	französische Postbehörde *f*	French Postal and Telecommunication Authority; postal, telegraph and telephone administration
poste supplémentaire *m*, abr.: P.S.	Nebenstellenapparat *m*; Nebenstelle *f*, Abk.: NSt	extension (*telephone*); extension set
poste supplémentaire sans accès au réseau public *m*	nichtamtsberechtigte Nebenstelle *f*	fully-restricted extension
poste téléphonique *m* (*appareil*)	Apparat *m* (*Telefon~*); Telefonapparat *m*; Fernsprechapparat *m*, Abk.: FeAp	instrument (*telephone*); set (*telephone*); telephone; phone; telephone instrument; telephone set; subscriber set
poste téléphonique *m* (*organe*)	Telefonanschluß *m*; Fernsprechanschluß *m*	telephone connection; subscriber set (*device*)
poste téléphonique à carte *m*	Kartentelefon *n*; Chipkartentelefon *n*	card-operated telephone; cardphone
poste téléphonique évolué *m*	intelligenter Fernsprechapparat *m*, Abk.: IFA	automatic computerized telephone
poste téléphonique mural *m*	Fernsprech-Wandapparat *m*	wall telephone instrument / ~ ~ set
poste terminal *m*	Endstelle *f*	terminal station
post-sélection *f*	Nachwahl *f*; , nachgesetzte Kennung *f*	suffix dialing; after-dial; subsequent dialing; postdialing; suffix
P.O. superviseur *m*	Aufsichtsplatz *m*	supervisor position
potentiel cohérent *m*	Frittpotential *n*	coherer potential; wetting potential
potentiomètre *m*	Potentiometer *n*, Abk.: Poti	potentiometer
potentiomètre variable *m*	Drehpotentiometer *n*	rotary potentiometer
pour écoute *f*	Mithörverbindungstaste *f*	monitoring-connection button
pré-accentuation *f*	Vorverzerrung *f*	pre-emphasis
précaution *f*	Achtung *f*; Vorsicht *f*; Warnung *f*	attention; caution; warning; precaution
précédent	zurück; vorhergehend	back; previous
précision d'alignement *f*	Abgleichgenauigkeit *f*	adjustment accuracy
précision de couleur *f*	Farbtreue *f*	color accuracy
précision d'équilibrage *f*	Abgleichgenauigkeit *f*	adjustment accuracy
préfixe *m*	vorgesetzte Kennung *f*; Vorwahl *f*; Verkehrsausscheidungszahl, ~ziffer *f*	prefix; area code
préfixe d'accès *m*	Zugriffskennziffer *f*	access digit
préfixe de numérotation abrégée *m*	Codewahl-Kennzeichen *n*	abbreviated dialing code
préfixe interurbain *m*	Ortsnetzkennzahl *f*; Fernverkehrskennziffer *f*; Vorwahlnummer	area code; long-distance code
préfixe interurbain *m*	Vorwahlnummer *f*; Ortsnetzkennzahl *f*; Fernverkehrskennziffer *f*	area code number; area code; long-distance code
prEN (abr.) = projet de EN	vorläufige europäische Norm *f*	Draft European Standard
prendre (*la tension d'un amplificateur*)	abnehmen (*Spannung vom Verstärker*)	tap (*voltage from amplifier*)
prendre en considération *f*	beachten; berücksichtigen	observe; mind; take into account; follow (*comply with*)
prendre note (de)	vormerken	note down; make a note of
Prénorme Européenne *f*	Europäische Vornorm *f*;	European Prestandard, abbr.: ENV
prENV (abr.) = projet de ENV	vorläufige europäische Vornorm *f*	Draft European Prestandard
préparation *f*	Vorbereitung *f*; Bereitstellung *f*	preparation; provision; load (*DP*)
préparation des données *f*	Datenvorbereitung *f*; Datenaufbereitung *f*	data preparation
pré-routage central *m*	zentrale Wegevoreinstellung *f*	central path preselection; central route preselection

prescription technique *f*	technische Vorschrift *f*, Abk.: tV	technical regulation
pré-sélection de lignes *f*	Wegevoreinstellung *f*	route preselection; path preselection
pré-sélection de lignes externes *f*	Vorbelegung von Amtsleitungen *f*; Reservierung von Amtsleitungen *f*	pre-selection of external lines
préserver	verhindern	prevent (from); avoid
présignalisation fin de papier *f*	Papiervoralarm *m*	paper-supply-low alarm
pression de touche *f*	Tastendruck *m*	key pressure; keypunch
prestataire de services *m*	Diensteanbieter *m*	service provider
prêt	Bereitzustand *m*	ready condition
prêt à fonctionner	betriebsbereit	ready for operation; ready; operative
prêt à transmettre	Übertragungsbereitschaft *f*	ready for data
pré-télégramme *m*	Vortelegramm *n*	pretelegram
prévu	vorgesehen	intended
principe de la sélection *m*	Wahlverfahren *n*	dialing method
principe de multiplex spatial *m*	Raumvielfach *n*; Raummultiplex-verfahren *n*	space-division multiplex principle, abbr.: SDM principle; space-division multiplex method
principe d'enfichage de carte *m*	Einschubtechnik *f*	slide-in technique
principe de numérotation décimale *m*	Impulswahlverfahren *n*, Abk.: IWV	pulse dialing method; pulse dialing system; pulse dialing principle
priorité avec écoute *f*	Eintreten *n*; Aufschalten (bei besetzt) *n*; Eintreteaufforderung *f*; Eintreteanruf *m*	break-in; priority break-in; cut-in; busy override; call offer(ing), abbr.: CO; assist
prise *f* (*ligne*)	Belegung *f* (*Leitung*); Leitungsbe-legung *f*, Abk.: LB	seizing (*line*); seizure (*line*); occupancy; busying; line seizure; line occupancy
prise contrôlée du réseau *f*	halbamtsberechtigt, Abk.: ha	semirestricted
prise de courant *f*	Steckhülse *f*; Steckdose *f*; Fassung *f*; Dose *f*	receptacle; socket; wall socket; plug receptacle (*Am*)
prise de ligne opératrice *f*	Platzbelegung *f*	position seizure
prise de maintenance *f*	Servicestecker *m*, Abk.: S	service plug
prise directe *f* (*faculté*)	Vollamtsberechtigung *f*	direct outward dialing, abbr.: DOD; nonrestricted dialing
prise directe *f*	automatische Wahl *f*; selbsttätige Wahl *f*; Selbstwahl *f*; Direktwahl *f*	automatic dialing; automatic selection; direct dialing; autodial; direct access
prise directe pour l'international *f*	Selbstwähl-Auslandsverbindung *f*	subscriber-dialed international call
prise directe pour l'interurbain *f*	Selbstwählferndienst *m*, Abk.: swf; Selbstwählfernverkehr *m*	subscriber trunk dialing service; direct distance dialing, abbr.: DDD
prise directe réseau *f*	halbamtsberechtigt, Abk.: ha	semirestricted
prise femelle *f*	Steckhülse *f*; Steckdose *f*; Fassung *f*; Dose *f*	receptacle; socket; wall socket; plug receptacle (*Am*)
prise inutile *f*	unnötige Belegung *f*	unnecessary seizure
prise mâle *f*	Verbindungsstecker *m*; Stecker *m*	connecting plug; connector; plug
prise réseau sans discrimination *f*	Vollamtsberechtigung *f*	direct outward dialing, abbr.: DOD; nonrestricted dialing
privé, abr.: PRV	privat	private
probabilité d'occupation *f*	Belegungswahrscheinlichkeit *f*	utilization factor; traffic probability
procédé de la sélection *m*	Wahlverfahren *n*	dialing method
procédé de signalisation multi-fréquence *m*	MFV-Verfahren *n*	DTMF system
procédé d'exploitation *m*	Betriebsverfahren *n*	operation mode
procédure *f*	Ablauf *m* (*Verfahren*); Verfahren *n*; Vorgehen *n*; Prozedur *f*	procedure
procédure de guidage *f*	Bedienerführung *f*	user prompting
procédure de numérotation décimale *f*	Impulswahlverfahren *n*, Abk.: IWV	pulse dialing method; pulse dialing system; pulse dialing principle
procédure RON et TRON *f*	E & M-Signalisierung *f*	E & M signaling
processeur *m*	Prozessoreinheit *f*, Abk.: PE	processor unit
processeur de numérotation abrégée *m*	Kurzwahlprozessor *m*	abbreviated dialing processor
profondeur *f*	Tiefe *f*	depth
programme de contrôle *m*	Prüfprogramm *n*; Testprogramm *n*	test program

programme de gestion *m*	Verwaltungsprogramm *n*	administration program
programme de mise en mémoire *m*	Programm im Speicher *n*	stored program
programme de mise en route *m*	Einschaltroutine *f*, Abk.: ER, Abk.: ESR	power-up routine; start routine
programme de recherche de lignes *m*	Wegesuchprogramm *n*	route-finding program; path-finding program
programme de recherche d'erreurs *m*	Fehlersuchprogramm *n*	debugger
programme de test *m*	Prüfprogramm *n*; Testprogramm *n*	test program
programme d'initialisation *m*	Erstprogrammierung *f*	initialization programming
programme en logique câblée *m*	Programm in der Verdrahtung *n*	wired-program control
programme utilisateur *m*	Anwenderprogramm *n*	user program
projet *m*	Projekt *n*	project; plan
projet de EN *m*, abr.: prEN	vorläufige europäische Norm *f*	Draft European Standard
projet de ENV *m*, abr.: prENV	vorläufige europäische Vornorm *f*	Draft European Prestandard
PROM (abr.) = mémoire programmable à lecture seule	PROM, Abk.	PROM, abbr.: programmable read only memory
propagation de l'erreur *f*	Fehlerfortpflanzung *f*	error propagation
protection *f*	Schutz *m*	protection
protection antivol *f*	Diebstahlsicherung *f*	anti-theft protection
protection contre interception *f*	Pickup-Schutz *m*	pickup protection
protection contre la surcharge *f*	Überspannungsschutz *m*; Überlastungsschutz *m*	overload prevention / ~ protection (*elec.*)
protection contre les fréquences parlées *f*	Sprachschutz *m*	speech protection
protection contre les surcharges *f*	Schutz gegen hohes Verkehrsaufkommen *m*	overload protection (*traffic*)
protection de données *f*	Datenschutz *m*	data protection
protection des lignes de données contre l'intrusion *f*	Schutz von Datenverbindungen gegen Aufschalten *m*	data privacy; data restriction
protection domestique *f*	Raumsicherung *f*	home or office protection
protection fusible *f*	Absicherung *f*	fusing; fuse protection
protection intrusion *f*	Aufschaltesperre *f*; Aufschaltverhinderung *f*	cut-in prevention; break-in prevention; privacy; do-not-disturb
protection offre en tiers *f*	Anklopfverhinderung *f*; Anklopfsperre *f*, Abk.: AKS	knocking prevention
protégé (*inf.: protéger*)	abgeschirmt	screened; protected (*Brit*); shielded (*Am*)
protégé contre le court-circuit *m*	kurzschlußfest	short-circuit-proof
protéger (*blinder*)	abschirmen	shield; screen (*Brit*)
protéger	verhindern	prevent (from); avoid
protocole *m*	Protokoll *n*	protocol; log; report
protocole d'accès *m*	Zugangsprotokoll *n*	access protocol
protocole d'accès à la liaison *m*, abr.: PAL	Übertragungsprotokoll *n*	link access protocol, abbr.: LAP
protocole de contrôle qualité *m*	Güteprüfprotokoll *n*	quality control protocol
protocole de signalisation *m*	Zeichengabeverfahren *n* (*Schnittstelle*)	signaling protocol (*interface*)
protocole d'usager à usager *m*	Teilnehmer-Teilnehmer-Protokoll *n*; Benutzerprotokoll *n*	user-(to-)user protocol
protocole unitaire de communications *m*	einheitliche höhere Kommunikationsprotokolle *n*, *pl*, Abk.: EHKP	uniform higher-level communications protocols
protocole usager *m*	Teilnehmer-Teilnehmer-Protokoll *n*; Benutzerprotokoll *n*	user-(to-)user protocol
PRV (abr.) = privé	privat	private
P.S. (abr.) = poste supplémentaire	NSt, Abk.: Nebenstelle *f*, Nebenstellenapparat *m*	extension (*telephone*); extension set
PTT (abr.) = Postes et Télécommunications; Postes Télégraphe et Téléphone	französische Postbehörde *f*	French Postal and Telecommunication Authority; postal, telegraph and telephone administration

PTT allemands (ancien) = voir: Télécom allemand	Bundespost (veraltet) *f* = heute: Deutsche Telekom; Deutsche Bundespost (veraltet) *f*, Abk.: DBP = siehe: Deutsche Telekom	German Federal Post Office (outdated) = see: German Telecom; German Federal Postal Administration (outdated) = see: German Telecom
puce *f*	Modul *n*; Chip *m*; Baustein *m*	chip; module, abbr.: Mod
puissance *f*	Leistung *f*	power; performance
puissance de sortie *f*	Ausgangsleistung *f*; ausgangsseitig	output
puissance dissipée *f*	Verlustleistung *f*	power loss; dissipated power
pupitre *m*	Platzgruppe *f*	position group
pupitre de mixage du son *m*	Tonmischpult *n*	audio-mixing control panel
pupitre d'opérateur *m*	Abfrageeinrichtung *f*	answering equipment

Q

quadripôle *m*	Vierpol *m*	four-terminal network; fourpole
qualité de commutation *f*	Vermittlungsgüte *f*	switching quality
qualité de réception *f*	Empfangsqualität *f*	reception quality
qualité de service *f*	Dienstgüte *f*; Verkehrsgüte *f*; Betriebsgüte *f*	service quality; traffic quality; grade of service; operational quality
qualité de trafic *f*	Dienstgüte *f*; Verkehrsgüte *f*; Betriebsgüte *f*	service quality; traffic quality; grade of service; operational quality
qualité de transmission *f*	Übertragungsgüte *f*	transmission quality
quantification *f*	Quantisierung *f*	quantization
quantité *f*	Anzahl *f*; Nummer *f*, Abk.: Nr.; Zahl *f*	quantity; number, abbr.: no.

R

raccord à fiche *m*	Steckverbinder *m*	plug connector
raccordement *m*	Anschluß *m*; Verbindung *f*	connection; path
raccordement collectif *m*	Gemeinschaftsanschluß *m*	shared line
raccordement concentré de lignes *m*	konzentrierte Leitungsanschaltung *f*	concentrated line connection
raccordement imprimante *m*	Druckeranschluß *m*	printer connection
raccordement par ligne *m*	Anschluß je Anschlußleitung *m*	terminal per line
raccordement par poste téléphonique *m*	Anschluß je Sprechstelle *m*	terminal per station
raccordement secondaire *m*	Nebenanschlußleitung *f*, Abk.: NAL; Nebenanschluß *m*	extension line; sub-exchange line
raccrocher (~ le combiné)	auflegen (den Hörer ~); einhängen (den Hörer ~)	replace (the handset); go on-hook; hang up
racine carrée *f* (de)	Wurzel *f* (aus)	root (of)
rack *m*	Baugruppenträger *m*; Baugruppenrahmen *m*; Rahmen *m*; Gestellrahmen *m*; Gestell *n*	subrack; module frame; frame (*Am*); rack
radiateur *m*	Kühler *m*	cooler
radio en stéréo *f*	Stereo-Hörfunk *m*	stereo radio
radio mobile *f*	Kraftfahrzeugfunk *m*	in-car transceiver; private mobile radio; mobile radio
radiotechnique *f*	Funktechnik *f*	radio technology
radiotéléphone *m*	Funktelefon *n*; Sprechfunkgerät *n*; Funkfernsprecher *m*	radio telephone
radio-téléphone *m*	Kraftfahrzeugfunk *m*	in-car transceiver; private mobile radio; mobile radio
rail de guidage *m*	Führungsschiene *f*	guide bar
rail d'équilibrage de potentiel *m*	Potentialausgleichschiene *f*	potential compensation bar
raison de modification *f*	Änderungsgrund *m*	reason for modification
RAM (abr.) = Random Access Memory, mémoire à accès aléatoire	RAM, Abk.: Random Access Memory	RAM, abbr.: Random Access Memory
rangée *f*	Reihe *f*	row
rangée horizontale de radiateurs *f*	Schallzeile *f*	horizontal row of radiators
rapide	schnell	fast; rapid; quick
rapidité de modulation *f*	Schrittgeschwindigkeit *f*	modulation rate
rappel (automatique) *m*	automatische Rufwiederholung *f*; selbsttätiger Rückruf *m*; automatischer Rückruf *m*; Rückrufautomatik *f*; Rückruf bei Besetzt/Frei *m*	automatic callback = completion of calls on no reply, abbr.: CCNR; outgoing trunk queuing; automatic recall = completion of call to busy subscriber, abbr.: CCBS; automatic retry; call repetition
rappel (en retour) *m*	Rückruf *m*; Wiederanruf *m*	callback; recall; returned call
rapport de ronde *f*	Wächterrundgangsmeldung *f*	watchman's round report
rapport de touches *m*	Tastenverhältnis *n*	keying ratio
rapport d'impulsions *m*	Impulsverhältnis *n*; Zeichen-/Pausen-Verhältnis *n*	pulse ratio; mark-to-pulse ratio
rapport individuel de communication *m*	Einzelgesprächsbericht *m*	exceptional call report
rapport signal/bruit *m*	Geräuschabstand *m*; Störabstand *m*; Signalgeräuschabstand *m*	signal-to-noise ratio, abbr.: S/N
rapport signal sur bruit *m*	Geräuschabstand *m*; Störabstand *m*; Signalgeräuschabstand *m*	signal-to-noise ratio, abbr.: S/N
rayer	löschen (*Speicher*); auflösen; streichen, tilgen	erase; clear (*memory*); cancel; delete
rayonner	leuchten	light; be lit

RCX (abr.) = réseau de connexion	KF, Abk.: Koppelfeld *n*; Sprechwegenetzwerk *n*; Koppelnetzwerk *n*; Koppelvielfach *n*; Koppelmatrix *f*; Koppelnetz *n*; Koppelanordnung *f*	SN, abbr.: speech path network unit; switching network; switching matrix; coupling network
RD (abr.) = red (rouge) = IEC 757	RD, Abk.: rot	RD, abbr.: red
RDBU (abr.) = red blue (rouge bleu) = IEC 757	RDBU, Abk.: rot blau	RDBU, abbr.: red blue
RDGN (abr.) = red green (vert rouge) = IEC 757	RDGN, Abk.: grün rot	RDGN, abbr.: red green
RDGY (abr.) = red grey (gris rouge) = IEC 757	RDGY, Abk.: grau rot	RDGY, abbr.: red grey
RDPK (abr.) = red pink (rose rouge) = IEC 757	RDPK, Abk.: rosa rot	RDPK, abbr.: red pink
RDS (abr.) = sytème de données radio	RDS	RDS, abbr.: Radio Data System
RDWH (abr.) = red white (blanc rouge) = IEC 757	RDWH, Abk.: weiß rot	RDWH, abbr.: red white
RDYE (abr.) = red yellow (jaune rouge) = IEC 757	RDYE, Abk.: gelb rot	RDYE, abbr.: red yellow
ré-acheminement *m*	Umleitung *f*	diversion
ré-acheminement des appels *m*	Umleiten von Verbindungen *n*	redirection of calls
ré-acheminement en cas de poste occupé *m*	Rufumleitung bei besetzt *f*	call diversion on busy; call forwarding busy, abbr.: CFB
réarrangement d'une communication *m*	Verlagern einer Verbindung *n*	re-arrangement of a call
récepteur *m*	Empfänger *m* (*einer Nachricht*)	receiver; addressee; recipient
récepteur *m* (*appareil*)	Empfangsgerät *n*; Empfangseinrichtung *f*	receiver; receiving equipment
récepteur à clavier *m*	Tastwahl-Empfänger *m*	keying pulse selection receiver; pushbutton selection receiver
récepteur d'appel *m*	Rufempfänger *m*; Anrufempfänger *m*	call receiver
récepteur de ligne *m*	Leitungsempfänger *m*, Abk.: LE	line receiver
récepteur de numérotation *m*	Wahlempfänger *m*	dial receiver
récepteur de numérotation décimale *m*	Impulswahlempfänger *m*	pulse dialing receiver
récepteur de numérotation numérique *m*	Wahlaufnahmesatz, digital *m*, Abk.: WASD	digit input circuit, digital
récepteur de poche *m*	Personenrufempfänger *m*	pocket receiver
récepteur de signalisation *m*	Signalempfänger *m*	signal receiver
récepteur de signaux *m*	Signalempfänger *m*	signal receiver
récepteur Eurosignal *m*	Eurosignalempfänger *m*	Eurosignal receiver
récepteur MF (Q 23) de signalisation multifréquence *m*, abr.: MF	MFV-Empfänger *m*	DTMF receiver
réception *f*	Empfang *m*	reception; receiving; receipt
réception de dérangements *f*	Störungsannahme *f*	fault recording
réception de la numérotation *f*	Wahlaufnahme *f*	dial reception; selection code acceptance
réception radio *f*	Rundfunkempfang *m*	radio reception
recevoir	empfangen	receive
recherche *f*	Aufruf *m*	call-in; call-up; call
recherche de chemin / ~ de lignes *f*	Wegsuche / Wegesuche *f*	path search(ing); route search(ing)
recherche de lignes inconditionnelle *f*	nichtbedingte Wegsuche *f*	unconditional path / route search
recherche de personne *f*	Bündelfunk *m*	paging
recherche d'une opératrice libre *f*	Platzsucher *m*	position searcher; position finder
rechercher	suchen	search; find
recommandation *f*	Empfehlung *f*	recommendation
recommandation de CCITT *f*	CCITT-Empfehlung *f*	CCITT recommendation
recommandé	vorgeschlagen; empfohlen	recommended; suggested
réconfiguration *f*	Umkonfigurierung *f*	reconfiguration
reconnaissance *f*	Erkennung *f* (*Signalisierung*)	recognition (*signal*)

reconnaissance de la voix *f*	Spracherkennung *f*	speech recognition; voice recognition
rectification *f*	Korrektur *f*	correction
recul *m*	Rücklauf *m*	rewind
récupération d'information *f*	Informationsabruf *m*	information retrieval
redémarrage *m*	Wiederanlauf *m*; Restart *m*	restart
redémarrage après panne de secteur *m*	Netzausfall-Restart *m*	power fail restart
redevance *f*	Gebühr *f*	charge (*billing*); fee
redevance d'abonnement *f*	Grundgebühr *f*	fixed charge
redondance *f*	Weitschweifigkeit *f*; Redundanz *f*	redundancy
redresseur *m*	Gleichrichter *m*	rectifier
redresseur anti-choc acoustique *m*	Gehörschutzgleichrichter *m*	acoustic shock absorber rectifier
redresseur à semi-conducteurs *m*	Halbleitergleichrichtergerät *n*	semiconductor rectifier unit
réduire	sich verringern; abnehmen	decrease; reduce
référence locale a *f*	lokale Referenz a *f*, Abk.: LRa	local reference a
réfraction *f*	Brechung *f*	refraction
refroidisseur *m*	Kühler *m*	cooler
régénérateur *m*	Regenerator *m*	regenerator
régénération *f*	Entdämpfung *f*	deattenuation; regeneration
régénération de signal *f*	Signalregenerierung *f*	signal regeneration
régénérer	regenerieren	regenerate
régie de production *f*	Fernsehregie *f*	production direction
régime de charge *m*	Belastungsbereich *m*	load range
région *f*	Zone *f*	area; zone; region
registre *m*	Register *n*, Abk.: RG	register
registre de commande *m*	Leitregister *n*	originating register
registre de répartition *m*	Zuteilregister *n*	assignment register
registre d'erreurs d'heure locale *m*	Ortszeitfehlerregister *n*	local time error register
registre de supervision *m*	Zentralüberwachungsregister *n*	central monitoring register
registre de transit *m*	Durchgangsregister *n*	transit register
registre tampon du bus système *m*	Systembuspuffer *m*, Abk.: SBB	system bus buffer, abbr.: SBB
réglable	verstellbar; einstellbar	adjustable
réglage *m*	Einstellung *f*	setting; adjustment
réglage à distance *m*	Ferneinstellen *n*	remote adjustment
réglage de fréquence *m*	Frequenzeinstellung *f*	frequency setting
réglementation de la construction téléphonique *f*	Fernmeldebauordnung *f*, Abk.: FBO	telecommunications regulations
réglementation de la taxation *f*	Gebührenordnung *f*	schedule of rates; scale of charges
réglementation des télécommunications *f*	Fernmeldeordnung *f*, Abk.: FO; Telekommunikationsordnung *f*, Abk.: TKO	Telecommunications Act
règlements des télécommunications *m*, *pl*	Fernmeldeordnung *f*, Abk.: FO; Telekommunikationsordnung *f*, Abk.: TKO	Telecommunications Act
régler	regeln; steuern; einpegeln; justieren	control; adjust (*level*)
régler au maximum *m*	aussteuern (*Relaiskontakt*)	drive (*relay contact*)
réglette *f*	Leiste *f*	strip
réglette à bornes *f*	Verteilerleiste *f*; Klemmleiste *f*	terminal strip
réglette à souder *f*	Lötverteiler *m*	solder distributor
réglette de contacts à couteau *f*	Messerleiste *f*	insulation displacement connector, abbr.: IDC
réglette de fixation *f*	Befestigungsbügel *m*	mounting bracket
réglette de poste-étiquettes *f*	Bezeichnungsstreifen *m*	designation strip
réglette de repartiteur *f*	Verteilerleiste *f*; Klemmleiste *f*	terminal strip
réglette incorporée *f*	Einbauschiene *f*	built-in bar
réglette TENOFIX *f*	Tenofixleiste *f*	Tenofix strip
réglette terminale *f*	Verteilerleiste *f*; Klemmleiste *f*	terminal strip
regrouper	zusammensetzen	combine; assemble; compile; compose; compound
ré-initialisation *f*	Rückstellung *f*	resetting
ré-initialiser	zurücksetzen	reset; resetting
rejet d'appel *m*	Rufabweisung *f*	call stopping; call-not-accepted signal

relâcher	freischalten; loslassen; nachlassen; lockern; lose machen; freigeben; auslösen	release; clear
relais *m*	Relais *n*	relay
relais à lames vibrantes *m*	Herkon-Kontakt *m*	hermetically sealed dry-reed contact
relais de comptage *m*	Zählrelais *n*	counting relay
relais de file d'attente *m*	Wartefeldrelaissatz *m*	queue relay set
relais de ligne réseau *m*	Amtsleitungsübertrager *m* (*Wählanlage*)	exchange line relay set
relais de repère *m*	Markierrelais *n*	marking relay
relais d'impulsion d'appel *m*	Wahlbegleitrelais *n*	pulse supervisory relay
relais reed *m*	Herkon-Relais *n*	reed relay
relatif aux données client *f, pl*	kundenspezifisch	customer-specific; customized
relations homme-machine *f, pl*, abr.: RHM	Mensch-Maschine-Verhältnis *n*	man-machine relation
relier	durchschalten (*ein Gespräch ~*); verbinden; anschließen (an); anschalten	switch through; through-connect; link; connect (to)
remarque *f*	Anmerkung *f*; Bemerkung *f*	note
remise *f*	Rückstellung *f*	resetting
remise en circuit *f*	Vorwärtsauslösung *f*	forward release
remise sous tension *f*	Wiederanlauf *m*; Restart *m*	restart
remplacé (par)	ersetzt (durch)	replaced (by)
remplacer	wechseln; austauschen; tauschen; auswechseln	interchange; change; replace; exchange
rendement *m*	Leistungsfähigkeit *f*; Leistung *f*; Kapazität *f*; Ausbau *m*	call handling capacity; traffic handling capacity; capacity
rendement acoustique *m*	Sprechwirkungsgrad *m*	efficiency of speech
rendez-vous *m* (*faculté téléphonique*)	Termin *m* (*Leistungsmerkmal*)	appointment (*feature*)
renforcement de fréquence *m*	Frequenzanhebung *f* (*Oktavfilterentzerrer*)	boost (*graphic equalizer*)
renvoi *m*	Rufmitnahme *f*; Follow me *n*; Anrufumleitung *f*; Rufumleitung *f*, Abk.: RUL	follow me; call diversion
renvoi à l'opérateur *m*	Abwurf zum Platz / ~ zur AbfrSt *m*	return to operator / ~ ~ attendant
renvoi automatique *m*	selbsttätige Rufweiterschaltung *f*	automatic call forwarding
renvoi automatique / ~ temporaire *m*	Rufweiterleitung *f*, Abk.: RWL; Rufweiterschaltung *f*, Abk.: RW; Umlegung *f*; Weiterschaltung *f*; Anrufweiterschaltung *f*; Weiterleitung *f*	call forwarding
renvoi d'appel *m*	Rufmitnahme *f*; Follow me *n*; Anrufumleitung *f*; Rufumleitung *f*, Abk.: RUL	follow me; call diversion
renvoi d'appel fixe *m*	feste Rufumleitung *f*	fixed call diversion
renvoi d'appel variable *m*	veränderliche Besuchsschaltung *f*	flexible call transfer
renvoi de nuit *m*	Nachtschaltung *f*	night service, abbr.: NS; night switching; night service connection
renvoi de nuit automatique *m*	automatische Nachtschaltung *f*	automatic night service
renvoi de nuit collectif *m*	Sammelnachtschaltung *f*	common night switching
renvoi de nuit flexible *m*	flexible Nachtschaltung *f*	flexible night service
renvoi de nuit manuel *m*	manuelle Nachtschaltung *f*	manual night service switching
renvoi de nuit tournant *m*	Ringabfrage bei Nacht *f*	night ringer; common night service
renvoi des lignes pour le service de nuit *m*	Nachtschaltung *f*	night service, abbr.: NS; night switching; night service connection
renvoi d'un poste *m*	Rufmitnahme *f*; Follow me *n*; Anrufumleitung *f*; Rufumleitung *f*, Abk.: RUL	follow me; call diversion
renvoi fixe temporisé *m*, abr.: RFT	verzögerte, feste Rufumleitung *f*	delayed, fixed call forwarding
renvoi permanent *m*	Rufumleitung ständig *f*; Anrufumleitung ständig *f*	call diversion unconditional

renvoi temporaire *m*	zeitweilige Rufumleitung *f*	temporary call diversion
renvoi temporisé *m*	Rufweiterleitung nach Zeit *f*	delayed call transfer
renvoi variable *m*	variable Rufumleitung *f*, Abk.: ru	variable call diversion (*class of service*)
REP (abr.) = réponse	Abfrage *f* (*Telefon*)	answering (*telephone*)
répartir	Zuteilen *n*	assign; allot; call announce
répartir en zone *f*	verzonen	zoning
répartiteur *m*	Rangierverteiler *m*; Verteiler *m*	jumpering distributor; distributor; distribution frame
répartiteur de sélection *m*	Auswahlverteiler *m*	selection distributor
répartiteur de test *m*	Prüfverteiler *m*	test allotter
répartiteur d'interface *m*	Schnittstellenverteiler *m*, Abk.: SSV	interface distributor
répartiteur général *m*, abr.: RG	Hauptverteiler *m*, Abk.: HVT, HV	main distribution frame, abbr.: MDF
répartiteur principal *m*	Hauptverteiler *m*, Abk.: HVT, HV	main distribution frame, abbr.: MDF
répartition *f*	Zuteilung *f*	allotment; allocation
répartition d'abonné *f*	Teilnehmerrangierung *f*	extension jumpering
répartition d'affichage *f*	Anzeigeverteilung *f*	display distribution
répartition d'appels *f*	Gesprächszuteilung *f*; Anruf zuteilen *m*	call assignment; assign a call
répartition de charge *f*	Lastverteilung *f*	load distribution; call load sharing
répartition des appels *f*	Anrufverteilung *f*	call distribution
répartition des lignes de réseau *f*	Amtsleitungsrangierung *f*	exchange line jumpering
répartition de zones *f*	Bereichsaufteilung *f*	area partitioning
répartition du trafic sur les faisceaux *f*	Bündelspaltung *f*	bundle splitting
repérage *m*	Beschriftung *f*; Anzeichnen *n*	lettering; marking; labeling
repérage de l'enroulement et du champ *m*	Wicklung- u. Feldbezeichnung *f*	winding and square designation
repère *m*	Kennzeichen *n*; Marke *f*	mark
repère de contacts et de colonnes *m*	Kontakt- und Feldanzeige *f*	contact and square designation
repérer	markieren	mark
répéteur *m* (de circuit)	Leitungsverstärker *m*	circuit release; line amplifier
répétiteur *m*	Relaisstation *f*	relay station; repeater station
répétition *f*	Wiederholung *f*	repeat; repetition
répétition d'appel *f*	Weiterruf *m*	periodic ring(ing) condition
répétition de la numérotation *f*	Wahlwiederholung *f*, Abk.: WWH	redialing
répétition d'impulsion *f*	Impulswiederholung *f*	pulse repetition
répétition du dernier numéro (composé) *f*	Wahlwiederholung der zuletzt gewählten Rufnummer *f*	last number redial
répondeur d'appels *m*	Anrufbeantworter *m*	answering machine; responder
répondeur (téléphonique) *m*	Anrufbeantworter *m*	answering machine; responder
répondre	abfragen	accept a call; answer; enquire (*Brit*); inquire (*Am*)
réponse *f*, abr.: REP	Abfrage *f* (*Telefon*)	answering (*telephone*)
réponse automatique *f*	automatische Abfrage *f*; automatische Rufbeantwortung *f*	automatic answer(ing)
réponse concentrée *f*	konzentrierte Abfrage *f*	concentrated answering
réponse manuelle *f*	manuelle Rufbeantwortung *f*	manual answering
réponse non affectée *f*	offene Amtsabfrage *f*	unassigned answer
réponse non attributée *f*	offene Amtsabfrage *f*	unassigned answer
réponse sélective *f*	Auswahl bei ankommenden Gesprächen *f*; gezielte Abfragen *f, pl*	selective call acceptance
repos *m*	Ruhe *f* (*Pause*)	rest
repos téléphonique *m* (*faculté*)	Ruhe vor dem Telefon *f*; Anrufschutz *m* (*Leistungsmerkmal*)	do-not-disturb service; do-not-disturb facility, abbr.: DND; station guarding; don't disturb
repousser	verdrängen	pre-empt; displace; supersede
reprendre	übernehmen; annehmen	adopt; accept; pick up (call)
reprise *f*	Wiederbelegung *f*	reseizure
reproduction *f*	Wiedergabe *f* (*Mikrokassettenmodul*)	playback (*microcassette*)
reproduction de la voix *f*	Sprachausgabe *f*	speech reproduction; speech output
rerouter	umsteuern	rerouting

réseau *m*	Netz *n*; Leitungsnetz *n*	network, abbr.: N
réseau à bande étroite *m*	Schmalbandnetz *n*	narrowband network
réseau à étages multiples *m*	mehrstufiges Netzwerk *n*	multistage network
réseau à fibres optiques *m*	Glasfasernetz *n*	fiber-optics network
réseau à large bande *m*	Breitbandnetz *n*	broadband network
réseau automatique *m*	Wählnetz *n*	switched network; automatic network
réseau avec intégration des services *m*	diensteintegrierendes Fernmeldenetz *n*	integrated services network
réseau B *m*	B-Netz *n*	B-network
réseau C *m*	C-Netz *n*	C-network
réseau câblé large bande *m*	Breitbandkabelnetz *n*	broadband cable network
réseau commuté *m*	Wählnetz *n*	switched network; automatic network
réseau correcteur *m*	Ausgleichsschaltung *f*	compensating circuit
réseau D *m*	D-Netz *n*	D-network
réseau d'appel direct *m*	Direktrufnetz *n*, Abk.: DRN	network for fixed connections
réseau d'autocommutateurs *m*	Transitvermittlungsstelle *f*; Durchgangsamt *n*; Durchgangsvermittlungsstelle *f*; Knotenamt *n*	transit exchange, abbr.: TEX; tandem switching center / ~ ~ exchange, abbr.: TSX; transit switching center
réseau de communication *m*	Kommunikationsnetz *n*	communication network
réseau de communications *m*	Nachrichtennetz *n*	communications network
réseau de commutation par/de paquets *m*	Paketvermittlungsnetz *n*	packet-switched network, abbr.: PSN
réseau de commutation téléphonique *m*	Fernsprechvermittlungsnetz *n*	telephone switching network
réseau de commutation temporelle *m*	Zeitmultiplexkoppelfeld *n*	time-division multiplex switching matrix; time-division multiplex switching coupling field
réseau de connexion *m*, abr.: RCX	Sprechwegenetzwerk *n*; Koppelnetzwerk *n*; Koppelvielfach *n*; Koppelmatrix *f*; Koppelfeld *n*, Abk.: KF; Koppelanordnung *f*; Koppelnetz *n*	speech path network unit; switching network, abbr.: SN; switching matrix; coupling network
réseau de connexion à un étage *m*	einstufige Koppelung *f*	single-stage switching array; single-stage switching coupling
réseau de connexion de direction *m*	Richtungskoppelnetz *n*	directional coupling network
réseau de connexion de multiplex spatial *m*	Raummultiplexkoppelfeld *n*	space-division matrix field / ~-~ coupling field
réseau de connexion de registre *m*	Registerkoppelnetz *n*	register switching network
réseau de connexion multiple *m*	Sprechwegenetzwerk *n*; Koppelnetzwerk *n*; Koppelvielfach *n*; Koppelmatrix *f*; Koppelfeld *n*, Abk.: KF; Koppelanordnung *f*; Koppelnetz *n*	speech path network unit; switching network, abbr.: SN; switching matrix; coupling network
réseau de connexion replié *m*	gefaltetes Koppelnetz *n*	folded network
réseau de connexion sans blocage *m*	blockierungsfreies Koppelfeld *n*; Koppelfeld mit voller Erreichbarkeit *n*	non-blocking (switching) matrix
réseau de couplage *m*	Sprechwegenetzwerk *n*; Koppelnetzwerk *n*; Koppelvielfach *n*; Koppelmatrix *f*; Koppelfeld *n*, Abk.: KF; Koppelanordnung *f*; Koppelnetz *n*	speech path network unit; switching network, abbr.: SN; switching matrix; coupling network
réseau de couplage d'abonnés *m*	Teilnehmerkoppelnetz *n*	extension switching network
réseau de débordement *m*	überlagertes Netz *n*	overlay network
réseau de distribution large bande *m*	Breitbandverteilernetz *n*	broadband distributor network
réseau de distribution local *m*	lokales Netz *n*, Abk.: LAN; Orts(leitungs)netz *n*, Abk.: ON	local area network, abbr.: LAN; local (line) network, abbr.: LN
réseau de données *m*	Datennetz *n*	data network
réseau de données avec convertisseur de télex *m*	Telex-Umsetzer Integriertes Datennetz *m*, Abk.: TUI	telex converter integrated data network

réseau de données intégré *m*	integriertes Text- und Datennetz *n*, Abk.: IDN; integriertes Datennetz *n*, Abk.: IDN	integrated text and data network
réseau de raccordement *m*	Teilnehmeranschlußbereich *m*	subscriber network
réseau de radio *m*	Funknetz *n*	radio network
réseau de radio-téléphone cellulaire *m*	zellulares Funktelefonnetz *n*	cellular radio telephone network
réseau de recherche de personnes *m*	Funkrufnetz *n*	paging network
réseau de résistances *m*	Widerstandsnetz *n*	resistor network
réseau de télécommunications *m*	Telekommunikationsnetz *n*	telecommunication network
réseau de télécommunications intégré à large bande *m*	Integriertes Breitband-Fernmelde-Netz *n*, Abk.: IBFN	integrated broadband communications network
réseau de télédiffusion *m*	Fernsehübertragungsnetz *n*	TV network
réseau de téléphonie mobile *m*	Mobilfunknetz *n*	mobile telephone network
réseau d'ordinateurs *m*	Rechner-Verbundnetz *n*	computer network
réseau en multiplex spatial *m*	Raummultiplexnetzwerk *n*	space-division network
réseau équivalent *m*	Ersatzschaltung *f*	standby circuit; equivalent circuit
réseau hiérarchique *m*	hierarchisches Netz *n*	hierarchical network
réseau intégré de données *m*	integriertes Text- und Datennetz *n*, Abk.: IDN; integriertes Datennetz *n*, Abk.: IDN	integrated text and data network
réseau intelligent *m*	Intelligentes Netz *n*	intelligent network, abbr.: IN
réseau interne *m*	In-Haus-Datennetz *n*	in-house data network
réseau interurbain *m*	Fernnetz *n*	long-distance network; toll network (*Am*)
réseau local *m*	lokales Netz *n*, Abk.: LAN; Orts(leitungs)netz *n*, Abk.: ON	local area network, abbr.: LAN; local (line) network, abbr.: LN
réseau local câblé *m*	Ortskabelnetz *n*	local cable network
réseau national *m*	Inlandsnetz *n*	domestic network
réseau numérique *m*	digitales Netz *n*	digital network
Réseau Numérique à / avec Intégration de Services *m*, abr.: RNIS	diensteintegrierendes digitales Fernmeldenetz *n*, Abk.: ISDN	Integrated Services Digital Network, abbr.: ISDN
réseau numérique intégré *m*	integriertes Digitalnetz *n*	integrated digital network, abbr.: IDN
réseau Numéris *m*	diensteintegrierendes digitales Fernmeldenetz *n*, Abk.: ISDN	Integrated Services Digital Network, abbr.: ISDN
réseau primaire *m*	Primärnetz *n*	primary network
réseau privé *m*	privates Netz *n*	private network
réseau privé d'entreprise *m*	automatische Nebenstellenanlage *f*; Telekommunikationssystem *n* (*auf mehreren Grundstücken*); Telekommunikationsanlage *f* (*auf einem Grundstück*)	Private Telecommunication Network, abbr.: PTN
réseau PTT *m*	Postnetz *n*; , öffentliches Fernsprechnetz *n*	PTT network; Public Switched Telephone Network, abbr.: PSTN
réseau public *m*	öffentliches Netz *n*	public telephone network, abbr.: ATN
réseau public de données *m*	öffentliches Datennetz *n*	public data network
réseau régional *m*	Bezirksnetz *n*	district network
réseau téléphonique *m*	Fernsprechnetz *n*, Abk.: Fe; Fernmeldenetz *n*; Telefonnetz *n*, Abk.: TelN	telephone network; telecommunications network
réseau téléphonique commuté *m*	Postnetz *n*; öffentliches Fernsprechnetz *n*	PTT network; Public Switched Telephone Network, abbr.: PSTN
réseau téléphonique public *m*	Postnetz *n*; öffentliches Fernsprechnetz *n*	PTT network; Public Switched Telephone Network, abbr.: PSTN
réseau urbain *m*	lokales Netz *n*, Abk.: LAN; Orts(leitungs)netz *n*, Abk.: ON	local area network, abbr.: LAN; local (line) network, abbr.: LN
réservation de lignes *f*	Wegereservierung *f*	route reservation; path reservation
réserve *f*	Reserve *f*	spare; standby
réservé	reserviert	reserved
réserver	reservieren	reserve
reset *m*	Rückstellung *f*	resetting
résiduel	restliche, Rest...	remaining; residual

résistance *f* (*composant*)	Widerstand *m* (*Bauteil*)	resistor (*unit*)
résistance *f* (*valeur*)	Widerstand *m* (*Wert*)	resistance (*value*)
résistance à couche métallique *f*	Metallschichtwiderstand *m*	metal film resistor
résistance à la traction *f*	Zugfestigkeit *f*	tensile strength
résistance au choc *f*	Schlagfestigkeit *f* (*Dielektr.*)	impact resistance (*dielectrics*)
résistance au vieillissement *f*	Alterungsbeständigkeit *f*	aging stability
résistance aux interférences *f*	Störunempfindlichkeit *f*; Störfestigkeit *f*	immunity to EMI (*electromagnetic interference*); interference immunity; noise immunity
résistance calorifique *f*	Wärmebeständigkeit *f*	thermal resistivity; heat resistance
résistance de boucle *f*	Schleifenwiderstand *m*	loop resistance
résistance de contact *f*	Kontaktübergangswiderstand *m*	contact transition resistance
résistance de fuite *f*	Ableitungswiderstand *m*	leak resistance (*resistor*)
résistance de ligne *f*	Leitungswiderstand *m*	line resistance
résistance d'équilibrage *f*	Abgleichwiderstand *m*	adjustable resistor; balancing resistor
résistance de tarage *f*	Abgleichwiderstand *m*	adjustable resistor; balancing resistor
résistance diélectrique *f*	Spannungsfestigkeit *f*; Durchschlagfestigkeit *f*	dielectric strength
résistance d'isolement *f*	Isolationswiderstand *m*; Isolationsfestigkeit *f*	insulating resistance; insulation strength
résistance fixe *f*	Festwiderstand *m*	fixed resistor
résistance partielle *f*	Teilwiderstand *m*	partial resistor
résistance passante *f* (*semiconducteur*)	Gleichstrom-Durchlaßwiderstand *m* (*Halbleiter*)	DC forward resistance (*semiconductor*)
résistance terminale *f*	Abschlußwiderstand *m*	terminal resistance; terminal resistor
résolution de conflit d'accès *f*	Auflösung des Zugriffskonfliktes *f*	access contention resolution
résolution d'image *f*	Bildauflösung *f*	image resolution
résolution verticale *f*	vertikale Auflösung *f*	vertical resolution
respectif	jeweilig	respective; for the time being
restriction *f*	Einschränkung *f*	limitation; restriction
résultat *m* **(d'un contrôle)**	Prüfergebnis *n*	test result
retard *m*	Zeitverzögerung *f*; Verzögerung *f*	time delay; retardation; lag; delay
retardation *f*	Zeitverzögerung *f*; Verzögerung *f*	time delay; retardation; lag; delay
retard au déclenchement *m*	Abfallverzögerung *f*	release delay; delayed release
retard d'appel *m*	Rufverzug *m*	postdialing delay
retard de libération *m*	Auslöseverzögerungszeit *f*	release delay time
retard de réponse *m*	Ansprechverzögerung *f*; Meldeverzug *m*	response delay; answering delay
retard d'horloge *m*	Taktverzögerung *f*	clock delay
retardé	verzögert	delayed
retardement *m*	Zeitverzögerung *f*; Verzögerung *f*	time delay; retardation; lag; delay
retirer (*général*)	entfernen; ausbauen	remove; dismount
retirer (*télécom*)	sich herausschalten	withdraw; opt out
retombée temporisée *f*	Abfallverzögerung *f*	release delay; delayed release
retour *m* (*connexion*)	Freigabe *f* (*Verbindung*); Abwurf *m* (*Verbindung*); Auslösung *f* (*Verbindung*)	release (*connection*); clear down (*connection*); disconnect (*connection*)
retour d'appel *m* (*tonalité*)	Anrufsignal *n*; Rufton *m*; Freiton *m*, Abk.: Ft, Abk.: F-Ton; Anrufton *m*	calling signal; ringing tone; ringback tone, abbr.: RBT
retour d'appel *m* (*faculté*)	Rückruf *m*; Wiederanruf *m*	callback; recall; returned call
retour d'appel sur opérateur *m*	Abwurf zum Platz / ~ zur AbfrSt *m*	return to operator / ~ ~ attendant
retour sur opérateur *m*	Abwurf zum Platz / ~ zur AbfrSt *m*	return to operator / ~ ~ attendant
retrait du module *m*	Ziehen der Baugruppe *n*	removing the module
retrieval à numéroter *m*	Wahlabruf *m*	dial retrieval
rétro-appel *m*	selbsttätiger Rückruf *m*; automatischer Rückruf *m*; Rückrufautomatik *f*; Rückruf bei Besetzt / Frei *m*	automatic callback = completion of calls on no reply, abbr.: CCNR; outgoing trunk queuing; automatic recall = completion of call to busy subscriber, abbr.: CCBS
rétro-appel automatique *m*	selbsttätige Rückfrage *f*; automatische Rückfrage *f*	automatic refer-back
réveil *m*	Wecker *m*	telephone bell; bell (*Brit*); ringer (*Am*)

réveil automatique *m*	automatischer Wecker *m*	automatic wake-up
réverbération *f*	Nachhall *m*	reverberation; double echo
RFT (abr.) = renvoi fixe temporisé	verzögerte, feste Rufumleitung *f*	delayed, fixed call forwarding
RG (abr.) = répartiteur général	HVT, HV, Abk.: Hauptverteiler *m*	MDF, abbr.: main distribution frame
RHM (abr.) = relations homme-machine	Mensch-Maschine-Verhältnis *n*	man-machine relation
RNIS (abr.) = Réseau Numérique à / avec Intégration de Services	ISDN, Abk.: diensteintegrierendes digitales Fernmeldenetz *n*	ISDN, abbr.: Integrated Services Digital Network
roder	einschleifen	loop in
ROM (abr.) = mémoire morte	ROM, Abk.: Lesespeicher *m*; Festwertspeicher *m*; Festspeicher *m*	ROM, abbr.: read-only memory
rondelle *f*	Unterlegscheibe *f*; Dichtungsring *m*	washer
rondelle éventail *f*	Zahnscheibe *f*	serrated washer
ronfleur *m*	Summer *m*, Abk.: SU	buzzer
rose, abr.: PK = IEC 757	rosa, Abk.: PK	pink, abbr.: PK
rose bleu, abr.: BUPK = IEC 757	rosa blau, Abk.: BUPK	blue pink, abbr.: BUPK
rose brun, abr.: BNPK = IEC 757	rosa braun, Abk.: BNPK	brown pink, abbr.: BNPK
rose noir, abr.: BKPK = IEC 757	rosa schwarz, Abk.: BKPK	black pink, abbr.: BKPK
rose rouge, abr.: RDPK = IEC 757	rosa rot, Abk.: RDPK	red pink, abbr.: RDPK
rose vert, abr.: GNPK = IEC 757	rosa grün, Abk.: GNPK	green pink, abbr.: GNPK
roue de réglage *f*	Justierrad *n*	adjusting wheel
rouge, abr.: RD = IEC 757	rot, Abk.: RD	red, abbr.: RD
rouge bleu, abr.: RDBU = IEC 757	rot blau, Abk.: RDBU	red blue, abbr.: RDBU
rouge noir, abr.: BKRD = IEC 757	rot schwarz, Abk.: BKRD	black red, abbr.: BKRD
rouleau d'impression *m*	Druckrolle *f* (*Drucker*)	print roll
routage *m* (*sélection de route*)	Wegeauswahl *f*; Richtungsausscheidung *f*	route selection; path selection; direction selection; direction discrimination
routage *m*	Fertigungssteuerung *f*; Arbeitsvorbereitung *f*	production management
routage automatique *m*	automatische Leitweglenkung *f*	automatic route selection
routage de faisceau *m*	Richtungsausscheidung für Leitungsbündel *f*	direct bundle selection
routage de la connexion *m*	Amtsaufschaltung *f*	cut-in on exchange line
routage des appels *m*	Leitweglenkung *f*	alternate routing; route advance (*Am*); alternative routing; call routing
routage par voie détournée *m*	Umweglenkung *f*	detour routing
route *f* (*télécom*)	Leitweg *m*	route (*transmission*)
route *f* (*général*)	Straßenverlauf *m*	route (*road*)
routine de mise sous tension *f*	Einschaltroutine *f*, Abk.: ER, Abk.: ESR	power-up routine; start routine
routine d'interruption *f*	Interruptroutine *f*	interrupt routine
rupture de boucle *f*	Schleifenunterbrechung *f*	loop interruption
rythme de scrutation *m*	Abfragetakt *m*	interrogation clock pulse

S

sac en plastique *m*	Kunststoffbeutel *m*	plastic bag
saisie de données *f*	Dateneingabe *f*; Datenerfassung, EDV *f*	data input; data entry; data acquisition, EDP; data collection; data recording
saisie de données d'appel *f*	Gebührenberechnung *f*; Gebührenaufzeichnung *f*; Gebührenerfassung *f*; Gebührenzählung *f*; Gesprächsdatenerfassung *f*	call rate accounting; call charging; call billing; call charge recording / ~ ~ registration / ~ ~ registering; rate accounting; call charge data recording; call metering; Station Message Detail Recording, abbr.: SMDR (*Am*); call logging; call charge metering
saisie de données de fabrication *f*	Fertigungsdatenerfassung *f*	production data acquisition
saisie de données industrielles *f*	Betriebsdatenerfassung *f*	industrial data acquisition
saisie de données matériel *f*	Materialdatenerfassung *f*	materials data acquisition
saisie des données concernant le poids *f*	Gewichtsdatenerfassung *f*	weight data gathering
saisie des données de taxation centralisée *f*	zentrale Gebühren-/ Gesprächsdatenerfassung *f*	centralized call charge data recording; centralized call charge recording, abbr.: CAMA (*Am*)
saisie individuelle de la taxation *f*	Einzelgebührenerfassung *f*	call detail recording
saisir	eintasten	key in
sans charge *f*	keine Belegung *f*, Abk.: K. Bel	no seizure
sans cordon *m*	schnurlos	cordless
sans fil *m*	drahtlos	wireless
sans occupation *f*	keine Belegung *f*, Abk.: K. Bel	no seizure
sans ondulation *f*	sauber (*nicht pulsierende Spannung*)	ripple-free
sans pertes *f, pl*	verlustlos (*Leitung*)	zero-loss (*circuit*)
sans soudure *f*	lötfrei (*Anschlußdraht auflegen*)	solderless
sans tension *f*	spannungsfrei; spannungslos	stress-free; without tension; dead; idle (*electr.*)
sas *m*	Schleuse *f*	sluice
satellite de communications *m*	Nachrichtensatellit *m*	communications satellite
satellite expérimental de télécommunications *m*	Versuchs-Nachrichten-Satellit *m*	experimental communications satellite
saturation *f*	Rufanzahlüberschreitung *f*	call rate overflow
saturation de fréquence *f*	Frequenzknappheit *f*	congestion frequency
saut de ligne *m*	Zeilenvorschub *m*	line feed
sauter	überspringen	skip
sauvegarde cyclique *f*	Umlaufspeicher *m*	cyclic storage
sauvegarde de données *f*	Sicherung (von Daten) *f*; Datensicherheit *f*; Datensicherung *f*	data security; data backup; backup
sauvegarde de l'identification *f*	Identifizierungsspeicher *m*	identification store
sauvegarde intermédiaire *f*	Zwischenspeicherung *f*	buffering
sauvegarder, Edp	zwischenspeichern, EDV; abspeichern, EDV; einspeichern, EDV; speichern, EDV	buffer, EDP; store, EDP; save, EDP
SCA (abr.) = carte d'adaptation pour équipements de maintenance	SCA, Abk.: Anschluß für Servicegeräte *m*	SCA, abbr.: Service Connection Adapter
schéma *m*	Bild *n*; Abbildung *f*; Illustration *f*	figure; picture; illustration; image
schéma *m* (*de circuit*)	Stromlaufplan *m*; Schaltung *f*	schematic; circuit diagram
schéma de câblage *m*	Montageschaltplan *m*	installation wiring diagram
schéma de circuit *m*	Stromlaufplan *m*; Schaltung *f*	schematic; circuit diagram
schéma de connexions *m*	Bauschaltplan *m*	wiring diagram
schéma de montage *m*	Aufbauzeichung *f*	component layout plan
schéma de principe *m*	Prinzipschaltbild *n*	basic circuit diagram; principle layout
schéma des signaux d'horloge *m*	Taktschema *n*	timing scheme

schéma effectif *m*	Wirkschaltplan *m*	effective circuit diagram
scintiller (*affichage*)	blinken (*Displayanzeige*)	blink; flash(ing)
scintiller	flackern; flickern	flicker; flutter
scrutation *f* (*ordinateur*)	Abfrage *f* (*Computer*)	scanning (*computer*)
scrutation de données *f*	Datenprüfung *f*	data validation
SDA (abr.) = sélection directe à l'arrivée	DUWA, Abk.: Durchwahl *f*; Nebenstellendurchwahl *f*	DID, abbr.: direct inward dialing
secret des communications internes *m*	geheimer Internverkehr *m*	internal call privacy; secret internal traffic
secteur *m*	Sektor *m*; Gebiet *n*; Teilgebiet *n*	sector
section *f*	Abschnitt *m*	section
section *f* (*câble*)	Querschnitt *m* (Kabel~)	cross section (*cable*)
section de commutation *f*	Koppelabschnitt *m*	switching section
section d'une ligne *f*	Leitungsteil *m*	line section
section par section *f*	abschnittweise	in sections; section by section
section routière *f*	Straßenabschnitt *m*	road section
section satellite *f*	Satellitenabschnitt *m*	satellite section
sécurité de données *f*	Sicherung (von Daten) *f*; Datensicherheit *f*; Datensicherung *f*	data security; data backup; backup
sécurité de fonctionnement *f*	Betriebssicherheit *f*	operating reliability; operational security
sécurité de service *f*	Betriebssicherheit *f*	operating reliability; operational security
sécurité opérationelle *f*	Betriebssicherheit *f*	operating reliability; operational security
sécurité vers fréquences parlées *f*	Sprachsicherheit *f*	speech security
se déconnecter	sich herausschalten	withdraw; opt out
se déloguer	sich abmelden (*Programm*)	log off (*program*)
segment *m*	Abschnitt *m*	section
sélecteur de données *m*	Datenselektor *m*, Abk.: DSEL	data selector
sélecteur final *m*	Leitungswähler *m*	final selector
sélection à distance de l'abonné demandé *f*	Selbstwählfernwahl *f*; Teilnehmerfernwahl *f*	subscriber trunk dialing
sélection bas niveau *f*	Tiefpegelwahl *f*	low-level selection
sélection de faisceaux *f*	Bündelauswahl *f*	bundle selection
sélection de groupe *f*	Gruppenauswahl *f*	group selection
sélection de groupement *f*	Gruppenweiche *f*	group branching switch
sélection de niveaux hauts *f*	Hochpegelwahl *f*	high-level selection
sélection de programme *f*	Programmauswahl *f*	program selection
sélection de route *f*	Wegeauswahl *f*; Richtungsausscheidung *f*	route selection; path selection; direction selection; direction discrimination
sélection de terminaux *f*	Endgeräteauswahl *f*	terminal selection
sélection directe *f*	automatische Wahl *f*; selbsttätige Wahl *f*; Selbstwahl *f*; Direktwahl *f*	automatic dialing; automatic selection; direct dialing; autodial; direct access
sélection directe *f* (*faculté*)	Hereinwahl *f* (*LM*)	direct dial-in, abbr.: DDI
sélection directe à l'arrivée *f*, abr.: SDA	Durchwahl *f*, Abk.: DUWA; Nebenstellendurchwahl *f*	direct inward dialing, abbr.: DID
sélection directe programmée *f*	Programmdirektwahl *f*	program direct selection
sélection du code de service *f*	Kennziffernwahl *f*	code selection; code digit dialing
sélection externe *f*	Externwahl *f*	external dialing
sélection interne *f*	Internwahl *f*	internal dialing
sélection interurbaine automatique *f*	Landesfernwahl *f*; Fernwahl *f*	nationwide trunk dialing; long-distance dialing; trunk dialing
sélectionner	anwählen (*eine Nummer* ~); auswählen; wählen	dial (*a number*); choose; select
sélection par clavier pour courant continu *f*	Gleichstrom-Tastwahl *f*	DC push-button dialing
sélection par induction *f*	Induktivwahl *f*	inductive dialing
self *f*	Drossel *f*	choke
self de garde du réseau *f*	Amtshaltedrossel *f*	exchange line holding coil

se mettre en file d'attente *f*	Warten auf Freiwerden *n*	camp-on busy; park on busy; queuing; camp-on individual (*Am*)
semi-conducteur *m*	Halbleiter *m*	semiconductor
semi-discriminé	halbamtsberechtigt, Abk.: ha	semirestricted
sens *m*	Richtung *f*	direction
sens du trafic *m*	Verkehrsrichtung *f*	traffic direction
sensibilité *f*	Empfindlichkeit *f* (*Meßgerät*)	sensitivity (*measuring instrument*)
sensibilité aux interférences *f*	Störempfindlichkeit *f*	interference susceptibility
sensibilité relative du circuit de garde *f*	Sprachschutzfaktor *m*	speech protection factor
sensibilité relative du circuit de signalisation *f*	Sprachschutzfaktor *m*	speech protection factor
sensible à la chaleur *f*	wärmeempfindlich	heat-sensitive
séparable	abnehmbar	removable; dismountable
séparateur de fichiers *m*	Hauptgruppen-Trennzeichen *n*	file separator
séparation de faisceaux *f*	Bündeltrennung *f*	bundle separation
séparation entre pistes *f*	Leiterbahntrennung *f*	conductor track cut; conductor track separation
séparer	trennen; schneiden; entriegeln; ausschneiden; auftrennen; zerlegen	cut off (*verb*); break; isolate; cut; separate; disassemble
séquence *f*	Ablauffolge *f*	sequence
SER (abr.) = service	Dienst *m*; Betrieb *m*	service
se recouvrier	überlappen	overlap
se renseigner	abfragen	accept a call; answer; enquire (*Brit*); inquire (*Am*)
série de signaux *f*	Zeichenfolge *f*	character string; signal sequence
sérigraphie *f*	Siebdruck *m*	serigraphy; screen printing process
serrure *f*	Verriegelung *f*; Schloß *n*; Verschluß *m*	interlock; lock(ing)
serrure à combinaison *f*	Zahlenkombinationsblockschloß *n*	numerical combination block lock
serrure d'interdiction *f*	Sperrschloß *n*	barring facility
serti	gesickt; gefalzt	crimped; creased; flanged
sertir	wrappen; crimpen	wrap; crimp
serveur *m*	Server *m*	server
service *m*, abr.: SER	Dienst *m*; Betrieb *m*	service
Service 130 *m* (*dans RNIS*)	Service 130 *m* (*im ISDN*)	freephone, abbr.: FPH
service de circuit (de télécommunications) permanent *m*	Festverbindungsdienst *m*; Dienst mit festen Verbindungen *m*	permanent circuit (telecommunication) service
service de circuit de télécommunications réservé *m*	Reservierungsdienst *m*; Leitungsvoranmeldedienst *m*	reserved circuit (telecommunication) service
service de circuit réservé *m*	Reservierungsdienst *m*; Leitungsvoranmeldedienst *m*	reserved circuit (telecommunication) service
service de demandes *f, pl*	Anforderungsdienst *m*	demand service
service de nuit *m*	Nachtschaltung *f*	night service, abbr.: NS; night switching; night service connection
service de radio TV par satellite *m*	Satelliten-Rundfunkdienst *m*	satellite radio TV service
service de recherche de personnes *m*	Funkrufdienst *m*	paging-service
service de renseignements *m*	Informationsdienst *m*; Auskunftsdienst *m*; Bescheiddienst *m*; Hinweisdienst *m*	information service; intercept service; interception of calls service
service de renseignements téléphoniques *m*	Rufnummernauskunft *f*	directory information service
service de réveil *m*	Weckdienst *m*	wake-up service
service des abonnés absents *m*	Abwesenheitsdienst *m*	absent-subscriber service
service des annonces *m*	Ansagedienst *m*	recorded information service
service de sécurité *m*	Sicherheitsdienst / -service *m*	security service
service de téléaction *m*	Fernwirkdienst *m*	teleaction service
service de télécommunications *m*	Telekommunikationsdienst *m*; Fernmeldedienst *m*; Telefondienst *m*, Abk.: Tel	telecommuncations service; telecommunication service; telephone service

service de télécopie *m*	Telefaxdienst *m*, Abk.: Tfx	facsimile transmission service; telecopying service; fax service
service de télémesure *m*	Telemetriedienst *m*	telemetry service
service de transmission *m*	Unterstützungsdienst *m*; Übermittlungsdienst *m*	bearer service
service d'incendies *m*	Feuerwehr *f*	fire department
service d'information(s) *m*	Informationsdienst *m*; Auskunftsdienst *m*; Bescheiddienst *m*; Hinweisdienst *m*	information service; intercept service; interception of calls service
service d'interception d'appels d'informations *m*	Informationsdienst *m*; Auskunftsdienst *m*; Bescheiddienst *m*; Hinweisdienst *m*	interception of calls service; information service; intercept service
service en parallèle *m*	Parallelbetrieb *m*	parallel operation; parallel mode
service horaire *m*	Zeitdienst *m*	timekeeping service
service international automatique *m*	Selbstwähl-Auslandsverbindung *f*	subscriber-dialed international call
service interurbain automatique *m*	Selbstwählferndienst *m*, Abk.: swf; Selbstwählfernverkehr *m*	subscriber trunk dialing service; direct distance dialing, abbr.: DDD
service local de recherche de personnes par radio *m*	Stadtfunkrufdienst *m*, Abk.: SFuRD	city radio-paging service
services à valeur ajoutée *m, pl*	Mehrwertdienste *m, pl*	value-added services, abbr.: VAS
service simple de données *m*	einfacher Datendienst *m*	simple data service
service spécial *m*	Sonderdienst *m*	special service
service support *m*	Unterstützungsdienst *m*; Übermittlungsdienst *m*	bearer service
service téléfax *m*	Telefaxdienst *m*, Abk.: Tfx	facsimile transmission service; telecopying service; fax service
service téléphonique *m*	Telekommunikationsdienst *m*; Fernmeldedienst *m*; Telefondienst *m*, Abk.: Tel	telecommuncations service; telecommunication service; telephone service
service urbain *m*	Ortsverkehr *m*	local traffic
service urbain des télécommunications *m*	Ortsvermittlungsstelle *f*, Abk.: OVSt; Ortsamt *n*; Endamt *n*; Ortsvermittlung *f*; Endvermittlungsstelle *f*, Abk.: EVSt	local office; local exchange, abbr.: LEX; terminal exchange; end exchange
service visiophonique *m*	Bildtelefondienst *m*	videophone service
se servir (de)	verwenden	employ; use; utilize
seuil (de réponse) *m*	Ansprechwert *m*; Schwellwert *m*; Ansprechschwelle *f*; Schwelle *f* (*Grenze*)	response threshold; threshold value; threshold
seul	einzeln	single; individual
seulement en cas de nécessité *m*	nur bei Bedarf *m*	only if required; optional
SFERT (abr.) = système fondamental de référence pour la transmission téléphonique	Ureichkreis *m*	master telephone transmission reference system
shunt *m*	Kurzschlußbügel *m*	shorting plug
SIA (abr.) = signal indicateur d'alarme (en MIC)	Alarmsignalgeber *m* (*bei PCM*)	PCM alarm indicator
signal *m*	Signal *n*; Zeichen *n*; Symbol *n*	signal; character; symbol
signal acoustique *m*	akustisches Zeichen *n*	audible signal
signal analogique *m*	Analogsignal, analoges Kennzeichen *n*	analog signal
signal audible *m*	akustisches Zeichen *n*	audible signal
signal continu *m*	Dauerkennzeichen *n*	continuous signal
signal d'accusé / ~ d'acquit *m*	Quittungszeichen *n*	acknowledgement signal; receipt signal
signal d'acquit de libération *m*	Auslösequittungszeichen *n*	release guard signal
signal d'acquit de prise *m*	Rückbelegungszeichen *n*	seizing acknowledgement signal
signal d'adresse *m*	Adressenkennzeichnung *f*	address signal
signal d'alarme *m*	Alarmmeldung *f*; Störungssignal *n*; Störungsmeldung *f*	alarm signal; trouble signal; fault signal; fault report; failure indication

signal d'appel *m*	Anrufsignal *n*; Rufton *m*; Freiton *m*, Abk.: Ft, Abk.: F-Ton; Anrufton *m*	calling signal; ringing tone; ringback tone, abbr.: RBT
signal d'appel d'abonné *m*	Teilnehmerruf *m*	subscriber ringing signal
signal d'appel réseau *m*	Fernkennzeichen *n*	trunk call signal
signal d'attention *m*	Aufmerksamkeitssignal *n*	special information signal
signal de base *m*	Grundsignal *n* (*Takt*)	basic signal (*clock pulse*)
signal de blocage *m*	Sperrsignal *n*	blocking signal
signal de commutation *m*	Durchschaltesignal *n*	through-connection signal
signal de confirmation *m*	Quittungszeichen *n*	acknowledgement signal; receipt signal
signal de confirmation d'appel *m*	Anrufbestätigung *f*	call confirmation signal
signal de connexion *m*	Schaltsignal *n*	switch signal
signal de contrôle à distance *m*	Fernwirksignal *n*	remote-control signal
signal de début *m*	Beginnzeichen *n*	start signal
signal de début de numérotation *m*	Wahlbeginnzeichen *n*; Wahleinleitungszeichen *n*	start-of-section signal; dial beginning request
signal d'effacement *m*	Löschsignal *n*	erase signal
signal de fin de numérotation *m*	Wahlendezeichen *n*	end of dialing signal; end of clearing signal; end-of-selection signal
signal de groupe *m*	Gruppensignal *n*	group signal
signal de libération (de ligne) *m*	Auslösezeichen *n*	release signal
signal de libération *m*	Schlußzeichen *n*	clear-back signal; disconnect signal
signal de ligne *m*	Leitungssignal, ~zeichen *n*	line signal
signal de mise en garde *m*	Aufmerksamkeitssignal *n*	special information signal
signal d'entrée en tiers de l'opératrice *m*	Eintretezeichen *n*; Aufschalteton *m*, Abk.: AT	intrusion tone; intervention tone; cut-in tone
signal de numérotation *m*	Amtswählton *m*; Amtszeichen *n*; Wählton *m*, Abk.: WT, Abk.: W-Ton	exchange dial tone; dial tone; dialing tone
signal de parole *m*	Sprachsignal *n*	speech signal
signal de prise *m*	Besetztzeichen *n*; Besetztton *m*, Abk.: BT; Belegungssignal *n*; Anschlußbesetztton *m*	busy signal; busy tone; seizing signal; line-busy tone
signal de raccrochage *m*	Einhängezeichen *n*	on-hook; clearing signal
signal de réception *m*	Quittungszeichen *n*	acknowledgement signal; receipt signal
signal de registre *m*	Registersignal *n*; Registerzeichen *n*	register character; register mark; register signal
signal de réponse *m*	Meldesignal *n*	answering signal
signal de transfert d'appel *m*	Umlegekennzeichen *n*	call transfer code
signal d'impulsion d'appel *m*	Wahlbegleitzeichen *n*	pulse supervisory signal
signal d'invitation à numéroter *m*	Wahlaufforderungszeichen *n*; Wahlabrufzeichen *n*	dialing request signal; proceed-to-dial signal; proceed-to-select signal
signal discret *m*	diskret-getaktetes Signal *n*	discretely-timed signal
signal d'occupation *m*	Besetztzeichen *n*; Besetztton *m*, Abk.: BT; Belegungssignal *n*; Anschlußbesetztton *m*	busy signal; busy tone; seizing signal; line-busy tone
signal d'offre *m*	Anbietezeichen *n*	offering signal
signal et horloge de groupe *m*	Gruppensignal- und Zeittaktgeber *m*	group signal and clock
signal indicateur d'alarme *m* (*en MIC*), abr.: SIA	Alarmsignalgeber *m* (*bei PCM*)	PCM alarm indicator
signal inverse *m*	Rückwärtszeichen *n*	backward signal
signalisation *f*	Signalübertragung *f*; Signalgabe *f*; Signalisierung *f*; Zeichengabe *f*; Kennzeichengabe, Kennzeichnung *f*; Schaltkennzeichengabe *f*	signal transmission; signaling
signalisation à fréquences vocales *f*	Tonfrequenzsignalisierung *f*	VF/AF signaling
signalisation collective de réseau *f*	allgemeiner Anruf *m*; Sprachdurchsage an alle *f*	common ringing; general call
signalisation collective des appels *f*	allgemeiner Anruf *m*; Sprachdurchsage an alle *f*	common ringing; general call
signalisation dans la bande *f*	Signalisierung im Sprachband *f*; Tonwahl *f*	inband signaling; inband dialing; voice-frequency signaling

signalisation dans le créneau temporel *f*	Inband-Kennzeichengabe *f*	in-slot signaling
signalisation d'appel en instance *f*	wartender Anruf *m*; Anklopfen *n*	knocking; call waiting, abbr.: CW
signalisation d'appel entrante *f*	kommende Anrufsignalisierung *f*	incoming call signaling
signalisation de bout en bout *f*	durchgehende Signalisierung *f*	end-to-end signaling
signalisation de proche en proche *f*	abschnittweise Signalisierung *f*	link-by-link signaling
signalisation des appels en arrivés *f*	kommende Anrufsignalisierung *f*	incoming call signaling
signalisation des appels en attente *f*	Signalisierung wartender Gespräche *f*	automatic ringback on held calls
signalisation du poste principal *f*	Hauptanschlußkennzeichengabe *f*, Abk.: Hkz; Hauptanschluß-Kennzeichen *n*, Abk.: HKZ	loop-disconnect signaling; loop-disconnect signal
signalisation d'usager à usager *f*	Teilnehmer-Teilnehmer-Zeichengabe *f*	user-to-user signaling, abbr.: UUS
signalisation en courant continu *f*	Gleichstromsignalisierung *f*	DC signaling
signalisation hors bande *f*	Signalisierung außerhalb des Sprachbandes *f*	outband signaling
signalisation hors bande pour système à porteuse *f*	systemeigene Wahl *f*	outband signaling for carrier system
signalisation hors créneau temporel *f*	Außenband-Signalisierung *f*; Außenband-Kennzeichengabe *f*	out-slot signaling
signalisation inter-centraux *f*	Ämtersignalisierung *f*	interexchange signaling
signalisation manuelle *f*	Morseruf *m*	manual signaling; Morse code
signalisation multifréquence *f*	Mehrfrequenzsignalisierung *f*	dual-tone multifrequency signaling; DTMF signaling
signalisation numérique *f*	digitales Kennzeichenverfahren *n*	digital signaling method
signalisation occupé externe *f* (*P.O.*)	Extern-Besetztkennung *f* (*Vermittlungsplatz*)	external busy indication (*operator position*)
signalisation par canal sémaphore *f*	Zentralkanal-Zeichengabe *f*; Zeichengabe mit gemeinsamen Zeichenkanal *f*	common channel signaling
signalisation par courant alternatif *f*	Wechselstromsignalisierung *f*	ac signaling; alternating current signaling
signalisation par éléments numériques vocaux *f*	Sprachband-Signalisierung *f*	speech digit signaling
signalisation par impulsions *f*	Impulssignalisierung *f*	pulse signaling
signalisation par rupture de boucle *f*	Hauptanschlußkennzeichengabe *f*, Abk.: Hkz; Hauptanschluß-Kennzeichen *n*, Abk.: HKZ	loop-disconnect signaling; loop-disconnect signal
signalisation par système asservi *f*	Zwangslaufverfahren, Signalisierung im ~ *n*	compelled signaling
signalisation (section) par section *f*	abschnittweise Signalisierung *f*	link-by-link signaling
signalisation simultanée *f*	simultane Zeichengabe *f*	simplex signaling
signalisation sur voie commune *f*	Zentralkanal-Zeichengabe *f*; Zeichengabe mit gemeinsamen Zeichenkanal *f*	common channel signaling
signalisation voie par voie *f*	assoziierte Kanalzeichengabe *f*; kanalgebundene Signalisierung *f*	channel associated signaling
signal lumineux d'occupation / ~ ~ de prise *m*	Besetztschauzeichen *n*; Besetztanzeige *f*	visual busy indicator; extension busy indication; busy lamp display; busy display; busy lamp field
signal multiple *m*	Signalvielfach *n*	signal multiple
signal numérique *m*	Digitalsignal *n*; digitales Signal *n*	digital signal
signal télévisuel *m*	Fernsehsignal *n*	TV signal
signal temporel discret *m*	diskret-getaktetes Signal *n*	discretely-timed signal
signaux audibles *m, pl*	Hörtöne *m, pl*	audible tones
signaux de baie *m, pl*	Buchtsignale *n, pl*	bay signals
signaux tonalités *m, pl*	Hörtöne *m, pl*	audible tones
signe *m*	Signal *n*; Zeichen *n*; Symbol *n*	signal; character; symbol
silence *m*	Ruhe *f* (*Schweigen*)	silence
silicium *m*	Silizium *n*, Abk.: Si	silicon
simple face *f*	einseitig	single-sided; one-way
simplex	simplex, Abk.: sx	simplex

simulateur de connexion périphérique *m*	Peripherie-Anschluß-Simulator *m*, Abk.: PAS	peripheral connection simulator
simulation *f*	Nachbildung *f* (*allgemein*); Simulation *f*	simulation
sinusoïdal	sinusförmig	sinusoidal
site *m*	Standort *m*; räumliche Lage *f*; Anschlußlage *f*	location; line location; site
situation de mise en garde *f*	Haltezustand *m*	holding condition
SMDT (abr.) = System Message Distribution Task, tâche d'édition de message	SMDT, Abk.: System Message Distribution Task, Textausgabetask *m*	SMDT, abbr.: System Message Distribution Task
Société Téléphonique Allemande *f*	Deutsche Fernsprechgesellschaft *f*, Abk.: DFG	German telephone association
socle *m*	Sockel *m*; Boden *m*; Fußrahmen *m*	base; plinth; base frame
socle à fiches *m*	Stecksockel *m*	plug holder
sol *m*	Sockel *m*; Boden *m*; Fußrahmen *m*	base; plinth; base frame
solutions de mise en réseau *f, pl*	Vernetzungslösungen *f, pl*	networking solutions
sommaire *m*	Inhaltsverzeichnis *n*	table of contents
sommet *f*	Oberteil *n*	upper part
sonde de température *f*	Temperaturfühler *m*	temperature sensor; temperature feeler
sonner	rufen (*läuten*); anrufen (telefonieren)	ringing; ring; phone; give a ring; ring up; call; call up
sonnerie *f* (*signal d'appel*)	Anrufsignal *n*; Rufton *m*; Freiton *m*, Abk.: Ft, F-Ton; Anrufton *m*	calling signal; ringing tone; ringback tone, abbr.: RBT
sonnerie *f* (*appel*)	Gespräch *n*; Anruf *m* (*Telefon~*); Ruf *m*; Konversation *f*	conversation; talk; call (*telephone ~*); calling
sonnerie *f* (*dispositif*)	Ruforgan *n*; Anruforgan *n*	ringing unit; calling device; calling equipment; calling unit
sonnerie *f* (*tonalité d'appel*)	Tonruf *m*	VF ringing; tone ringing
sonnerie différenciée *f*	unterschiedlicher Ruf *m*	distinctive ringing; discriminating ringing
sortant	abgehend; gehend gerichtet, Abk.: g	outgoing, abbr.: og
sortie *f* (*ordinateurs*)	Ausgabe *f*	edition; release (*software ~*)
sortie *f* (*général*)	Auslaß *m*; Austritt *m*; Ausgang *m*	outlet
sortie (de) commande *f*	Steuerausgang *m*	control output
sortie de données *f*	Datenausgabe *f*	data output
sortie machine *f*	Ausdruck *m*	printout
souder	einlöten	solder
soumis à la taxe *f*	gebührenpflichtig	chargeable
source de données *f*	Datenquelle *f*	data source
source d'erreurs *f*	Fehlerquelle *f*	error source
souris *f*	Maus *f*	mouse
sous-adressage *m*	Subadressierung *f*; Unteradressierung *f*	subaddressing, abbr.: SUB
sous-central *m* (*côté PTT*)	Unteramt *n*	sub-exchange (*PTT exchange*); sub-office
sous-central *m* (*centrale d'abonné*)	Zweitnebenstellenanlage *f*; Unteranlage *f*; Teilvermittlungsstelle *f*	secondary PABX; satellite PABX / ~ exchange; sub-exchange (*subscriber exchange*); subcenter
sous-module *m*	Submodul *n*; Subbaugruppe *f*; Unterbaugruppe *f*	submodule
sous-programme, Edp *m*	Unterprogramm, EDV *n*	subroutine, EDP
sous-programme d'interruption *m*	Interruptroutine *f*	interrupt routine
soutenu en traction *f*	Zugentlastung *f*	pull relief; strain relief
SPA (abr.) = spécialisé départ = de départ = sortant	g, Abk.: abgehend; gehend gerichtet	og, abbr.: outgoing
SPB (abr.) = ligne réseau arrivée	kommende Fernleitung *f*	incoming trunk line
spécialisé arrivée *f*, abr.: SPB	ankommend; kommend gerichtet, Abk.: k	incoming, abbr.: ic
spécialisé départ *m*, abr.: SPA	abgehend; gehend gerichtet, Abk.: g	outgoing, abbr.: og
spécification d'interface *f*	Schnittstellenspezifikation *f*	interface specification

spécification d'interface physique *f*	physikalische Schnittstellenspezifikation *f*	physical interface specification, (*physical interface*)
spécification technique *f*	technische Daten *f, pl*; technische Spezifikation *f*	technical data; technical specification
spécifique	spezifisch	specific
SSSM (abr.) = Simplex Signaling Sub Module, sous-carte de signalisation simultanée	SSSM, Abk.: Subbaugruppe für Simultansignalisierung *f*	SSSM, abbr.: Simplex Signaling Sub Module
stabilité *f*	Stabilität *f*	stability
standard *m*	Platzgruppe *f*	position group
standard manuel *m*	Handvermittlungsplatz *m*	manual operator position
station au sol *f*	Bodenstation *f*; Erdfunkstelle *f*	earth station
station caméra *f*	Kamerastation *f*	camera station
station d'amplification *f*	Verstärkerstation *f*	amplifier station
station de base *f*	Basisstation *f*	base station
station de radio-diffusion *f*	Sendestation *f*; Rundfunkanstalt *f*	broadcasting station; broadcasting corporation
station de réception satellite *f*	Satellitenempfangsstelle *f*	satellite reception station
station de recherche de personnes *f*	Funkruf-Feststation *f*	paging base station
station de télédiffusion / ~ télévision *f*	Fernsehanstalt *f*; Fernsehstation *f*	TV broadcasting corporation; TV station
station de tête *f*	Kopfstation *f*	head-end station
station de travail principale *f*	Master-Arbeitsplatz *m*	master workstation
station émettrice *f*	Sendestation *f*; Rundfunkanstalt *f*	broadcasting station; broadcasting corporation
station mobile ondes courtes *f*	mobile Richtfunkstation *f*	mobile microwave station; mobile radio-relay station
station relais *f*	Relaisstation *f*	relay station; repeater station
station relais à micro-ondes *f*	Richtfunkrelaisstation *f*	microwave relay station; radio-relay station
station répétrice *f*	Relaisverstärker *m*	relay repeater
station télétext *f*	Teletexstation *f*	teletex station
statistique de clients *f*	Kundenstatistik *f*	customer statistics
stimuler	anregen (*Impulsfolge*)	stimulate (*pulse train*)
strap (à souder) *m*	Drahtbrücken-Zweipunktverbindung *f*; Lötbrücke *f*; Schaltdraht *m*; Drahtbrücke *f*; Brücke *f*	jumper 2-point connection; solder jumper; strap; jumper; hookup wire; wire bridge
strap de fil *m*	Blankdrahtbrücke *f*	bare wire strap
strap enfichable *m*	Steckbrücke *f*	jumper plug; plug-in jumper
straper	Brücke einlegen *f*; überbrücken	bridge; set up a bridge; jumper
straps *m, pl*	Brücken *f, pl*	bridges; links
structure *f*	Struktur *f*; Aufbau *m*; Gruppierung *f*; Geräteausstattung *f*	arrangement
structure de canal *f*	Kanalstruktur *f*	channel structure
structure d'interface *f*	Schnittstellenstruktur *f*	interface structure
structure du réseau *f*	Netzstruktur *f*	network structure
studio de télévision *m*	Fernsehstudio *n*	television studio
subdivision *f*	Untergruppe *f*; Gruppenteil *n*	subassembly
suffixe *m*	Nachwahl *f*; , nachgesetzte Kennung *f*	suffix dialing; after-dial; subsequent dialing; postdialing; suffix
suiveur de communications *m*	Rückwärtsverfolgen *n*	call tracing
suivez-moi *m*	Rufmitnahme *f*; Follow me *n*; Anrufumleitung *f*; Rufumleitung *f*, Abk.: RUL	follow me; call diversion
supervision *f*	Gesamtsteuerung *f*	overall control
supervision du temps d'occupation *f*	Belegt-Zeitüberwachung *f*	holding time supervision
supplément *m* (*addenda*)	Nachtrag *m*	addendum
supplément *m*	Zusatz *m*	supplement; add-on; attachment
supplémentaire	hinzu; kommt hinzu	added

support *m*	Baugruppenträger *m*; Baugruppenrahmen *m*; Rahmen *m*; Gestellrahmen *m*; Gestell *n*	subrack; module frame; frame (*Am*); rack
support *m* (*fixation*)	Bügel *m*; Halterung *f*	bracket; support; brace; base (*fuse*)
support à jack à ressorts *m*	Federleistenträger *m*	socket connector support
support de données *m*	Datenträger *m*	data support; data carrier; data medium
support mural *m*	Wandhalterung *f*	wall fixing device
suppression de l'affichage du nom de l'appelant sur le poste de l'appelé *f*	Unterdrückung der Namensanzeige des rufenden Teilnehmers beim gerufenen Teilnehmer durch den rufenden Teilnehmer *f*	Calling Name Identification Restriction, abbr.: CNIR
suppression de l'affichage du nom de l'appelé sur le poste appelant *f*	Unterdrückung der Namensanzeige des gerufenen Teilnehmers beim rufenden Teilnehmer *f*	Called Name Identification Restriction, abbr.: CONR
suppression de l'affichage du numéro d'appel et du nom *f*	Unterdrückung der Rufnummern- und Namensanzeige *f*	suppression of calling party ID (*number/name*)
suppression de l'affichage du numéro de l'appelé sur le poste appelant *f*	Unterdrückung der Rufnummeranzeige des gerufenen Teilnehmers beim rufenden Tln *f*	Connected Line Identification Restriction, abbr.: COLR
suppression de la friture *f*	Knackschutz *m*; Gehörschutz *m*	click suppression; acoustic shock absorber; click absorber
suppression de l'interférence *f*	Störunterdrückung *f*	noise suppression
suppression des impulsions *f*	Impulsunterdrückung *f*	pulse absorbtion; pulse suppression
suppression du numéro d'appel *f*	Rufnummernunterdrückung *f*	call number suppression
suppression par l'appelant de l'affichage de son numéro d'appel sur le poste de l'appelé *f*	Unterdrückung der Rufnummernanzeige des rufenden Teilnehmers beim gerufenen Teilnehmer durch den rufenden Teilnehmer *f*	Calling Line Identification Restriction, abbr.: CLIR
supprimé	unterdrückt; entfällt; gestrichen	suppressed; omitted; not applicable; not required
surcharge *f*	Überlast(ung) *f*	overload
surcharge de faisceau *f*	Bündelüberlauf *m*	bundle overflow
surcharge de trafic *f*	Verkehrsüberlastung *f*; Engpass *m*	traffic overload / ~ overflow; traffic bottleneck
surchauffe *f*	Burn-in *m* (*Einbrennen*)	burn-in
surface *f*	Oberfläche *f*	surface
surtension *f*	Überspannung *f*	overvoltage
surtension à l'état bloqué *f*	Stoßsperrspannung *f* (*Transistor*)	surge reverse voltage (*transistor*)
surveillance à distance *f*	Fernüberwachung *f*	remote monitoring
surveillance centrale *f*	zentrale Überwachung *f*	central monitoring; central supervision
surveillance de bâtiment *f*	Gebäudeüberwachung *f*	building surveillance
surveillance de niveau *f*	Pegelüberwachung *f*	level monitoring
surveillance d'erreurs *f*	Fehlerüberwachung *f*	error control; fault monitoring
surveillance de télévision *f*	Fernsehüberwachung *f*	TV surveillance; TV monitoring
surveillance du réseau *f* (*courant électrique*)	Netzüberwachung *f* (*elektr. Strom*)	mains supervision (*current network*)
surveillance du réseau *f*	Netzüberwachung *f* (*Leitungsnetz*)	network monitoring
surveillance du trafic *f*	Verkehrsüberwachung *f*	traffic monitoring
surveillance par télévision *f*	Fernsehüberwachung *f*	TV surveillance; TV monitoring
surveillance (système) *f*	Überwachung *f*, Abk.: UEB; Betriebsüberwachung *f*	supervision; monitoring; operating observation
surveiller	mithören	monitor; listen-in
symbole *m*	Signal *n*; Zeichen *n*; Symbol *n*	signal; character; symbol
symétrie *f*	Symmetrie *f*	symmetry; balance
synchrone avec l'horloge *f*	taktsynchron	clock-synchronous
synchronisation *f*	Einphasung Synchrontakt *f*, Abk.: ESY	sync clock phase-in
synthétiseur vocal *m*	Sprachsynthetisator *m*	speech synthesizer
système *m*	Anlage *f*, Abk.: Anl.; System *n*	system
système à attente *m*	Wartesystem *n*	delay system
système à bande étroite *m*	Schmalbandsystem *n*	narrowband system

système à basse fréquence *m*	Tieftonsystem *n*	low-frequency system
système à commande directe *m*	direkt gesteuertes System *n*	direct-control system
système à commande indirecte *m*	indirekt gesteuertes System *n*	indirect-control system
système à contrôle direct *m*	direkt gesteuertes System *n*	direct-control system
système acoustique d'écriture de données *m*	Dialoggerät *n*; akustisches Datenerfassungssystem *n*	acoustic data entry system
système acoustique d'entrée de données *m*	Dialoggerät *n*; akustisches Datenerfassungssystem *n*	acoustic data entry system
système à éléments standardisés *m*	Baukastenprinzip *m*	modularity; modular concept; modular principle
système analogique *m*	Analogsystem *n*	analog system
système à onde commune *m*	Gleichwellen-System *n*	common wave system
système à perte *m*	Verlustsystem *n*	loss system
système asservi *m*	Zwangslaufverfahren *n*	compelled signaling system
système avec mémorisation intermédiaire *m*	Teilstreckentechnik *f*	message switching; store-and-forward principle
système bande moyenne *m*	Mittelbandsystem *n*	medium system
système courtier *m*	Makleranlage *f*	brokerage system
système d'abonné *m*	Teilnehmersystem *n*	subscriber system
système d'acquisition de données *m*	Datenerfassungssystem *n*	data acquisition system
système d'affichage *m*	Anzeigesystem *n*	display system
système d'alarme *m*	Gefahrenmeldeanlage *f*	danger alarm system
système d'alarme anti-vol *m*	Überfallmeldesystem *n*	hold-up alarm system
système d'alarme incendie *m*	Brandmeldesystem *n*; Feuermeldesystem *n*	fire alarm system
système d'alarme interne *m*	Hausnotrufsystem *n*	in-house emergency alarm system
système d'alarme radio *m*	Funkalarmsystem *n*	radio alarm system
système d'allocation d'appels *m*	Anrufverteilsystem *n*	call distribution system
système d'annonces *m*	Beschallungsanlage *f*, Beschallungssystem *n*	public address system, abbr.: PA system
système d'antenne *m*	Antennensystem *n*	antenna system
système d'appel *m*	Rufsystem *n*	call system
système d'appel courtier *m*	Makleranlage *f*	brokerage system
système de communication privé *m*	privates Kommunikationssystem *n*	private communication system
système de communications *m*	Kommunikationssystem *n*	communication system
système de communication spatiale *m*	Raumvielfachsystem *n*	space-division multiplex system
système de commutation *m*	Vermittlungssystem *n*	switching system
système de commutation numérique *m*	elektronisches Vermittlungssystem *n*	digital switching system
système de commutation temporelle *m*	zeitmultiplexes Vermittlungssystem *n*	time-division multiplex switching system
système de commutation temporelle pour la parole *m*	Zeitmultiplexsystem für Sprachübermittlung *n*	time-division multiplex system for speech transmission
système de composants *m*	Komponentenanlage *f*	component system
système de construction *m*	Aufbausystem *n*; Bauweise *f*	module system; construction; design; style
système de construction sur rail *m*	Schienenbauweise *f*	bar-mounted execution; bar-mounted construction; bar-mounted design; bar-mounted style
système de contrôle à distance *m*	Fernwirkanlage *f*	remote-control systems
système de contrôle de trafic *m*	Verkehrsleitsystem *n*	traffic control system
système de contrôle du son *m*	Tonregie-Anlage *f*	sound-control system
système de contrôle et d'affichage *m*	Anzeige- und Bediensystem *n*	display and control system
système de couplage *m*	Steckverbindung *f*	plug connection
système de détection d'incendie *m*	Brandmeldesystem *n*; Feuermeldesystem *n*	fire alarm system
système de distribution *m*	Verteilsystem *n*	distributor system
système de données *m*	Datensystem *n*; Datenverarbeitungsanlage *f*, Abk.: DVA	data system; data-processing system
système de fermeture à levier *m*	Hebelverschluß *m*	locking lever

système de génération des impulsions d'horloge du groupe *m*	Takterzeugungssystem *n*, Abk.: TSE	clock generator system; clock generation system
système de gestion temporelle *m*	Zeitwirtschaftssystem *n*	time management system
système de lignes intermédiaires *m*	Zwischenleitungssystem *n*	link system
système de mise à la terre *m*	Erdung *f*	grounding system; earthing (*Brit*)
système de mixage du son *m*	Tonmischanlage *f*	sound-mixing system
système de moniteur vidéo *m*	Fernsehüberwachungssystem *n*	video monitor system
système de multiplexage temporel *m*	Zeitvielfachsystem *n*; Zeitmultiplexsystem *n*	time-division multiplex system
système de multiplex spatial *m*	Raumvielfachsystem *n*	space-division multiplex system
système de navigation *m*	Fahrzeugnavigationssystem *n*	vehicle navigation system
système d'enregistrement *m*	Aufzeichnungssystem *n*	recorder system
système d'enregistrement horaire *m*	Zeiterfassungsystem *n*	time-recording system
système d'enregistrement par caméra *m*	Kamera-Aufzeichnungssystem *n*	TV camera recording system
système de numérotation décimale *m*	Impulswahlverfahren *n*, Abk.: IWV	pulse dialing method; pulse dialing system; pulse dialing principle
système de protection des objets *m*	Objektschutzsystem *n*	property-protection system
système de radioguidage et d'information routière *m*	Autofahrer-Leit- und Infosystem *n*, Abk.: ALI	Route Guidance and Info system
système de radio mobile *m*	mobiles Funksystem *n*	mobile radio system
système de radio-téléphone *m*	Sprechfunkanlage *f*; Funkfernsprechsystem *n*	radio telephone system
système de réception de communications par satellite *m*	Satelliten-Kommunikations-Empfang *m*, Abk.: SKE	sat communications reception system
système de réception satellite *m*	Satellitenempfänger *m*	satellite receiving system; satellite receiver
système de recherche de personnes *m*	Personensuchsystem *n*; Personensuchanlage *f*; Personensucheinrichtung *f*	paging system; staff-location system; paging device
système de reconnaissance de la voix *m*	Spracherkennungssystem *n*	speech recognition system; voice recognition system
système de réduction de bruit *m*	Rauschunterdrückungssystem *n*	noise-reduction system
système de relais pour oberservation d'une table *m*	Platzkontroll- und Mithörrelaissatz *m*	position control and monitoring relay set
système de renseignements *m*	Auskunftssystem *n*	information system
système de repérage de véhicules pour les véhicules d'intervention *m*	Ortung von Kraftfahrzeugen für Einsatzfahrzeuge *f*, Abk.: OKE	automatic vehicle location system for fleet management
système de reproduction de la voix *m*	Sprachausgabesystem *n*, Abk.: SPRAUS	voice reproduction system
système de réservation *m*	Buchungsanlage *f*	automatic call distribution system, abbr.: ACD system; reservation system
système de saisie vocal *m*	Spracheingabesystem *n*	voice entry system
système de scrutation *m*	Abtastsystem *n*	scanning system
système de sécurité *m*	Sicherheitssystem *n*	security system
système de sécurité de plein champ *m*	Freilandsicherung *f*	security system for open field
système de sélection numérique *m*	Digital-Wählsystem *n*	digital dialing system
système de service horaire *m*	Zeitdienstanlage *f*	time-service system
système de signalisation *m*	Signalisierungsverfahren *n*	signaling system, abbr.: SS
système de signalisation lumineuse *m*	Lichtrufsystem *n*	signal light system
système de signalisation par voie commune *m*	zentrales Signalisierungsverfahren *n*; zentrales Zeichengabesystem *n*; Zeichengabesystem *n*	common channel signaling system
système de taxation *m* (*principe*)	Gebührengestaltung *f*	rate structure
système de télécommunication *m*	Fernmeldeanlage *f*; Telekommunikationsanlage *f*, Abk.: TKAnl	telecommunications system

système de télécommunications par fibre optique *m*	Fernmeldeanlage mit Glasfaserkabel *f*	fiber-optic telecommunications system
système de téléinformatique *m*	Rechnerverbundsystem *n*	computer communication system
système de trafic longue distance *m*	Weitverkehrsystem *n*	long-distance traffic system
système de transmission de texte Bosch *m*	Bosch-Text-Übertragungssystem *n*	Bosch text transmission system, abbr.: BOTE
système de transmission optique *m*	optisches Übertragungssystem *n*	optical transmission system
système d'exploitation *m*, abr.: OS	Betriebssystem *n*, Abk.: BS	operating system, abbr.: OS
système d'horloge *m*	Taktversorgung *f*	clock pulse supply; clock supply
système d'horloge du bus *m*	Taktsystem Sammelschiene *n*, Abk.: TSS	bus system clock
système d'horloge du groupe *m*	Taktsystem Gruppe *n*, Abk.: TSG	group system clock
système d'identification *m*	Kennungssystem *n*	identification system
système d'information à usage interne *m*	innerbetriebliche Informationswesen *n*	intracompany information system
Système d'information et de navigation Berlin *m*	Leit- und Informationssystem Berlin *n*, Abk.: LISB	Navigation & Information System Berlin, abbr.: LISB
système d'information et recherche de personnes *m*	Personenruf- und Informationsanlage *f*	radiopaging and information system
système d'intercommunication *m*	Gegensprechanlage *f*	two-way intercom system
système d'intercommunication *m* (*intercom*)	Reihenanlage *f*; Sprechsystem *n*; Wechselsprechanlage *f*	intercom system; key telephone system, abbr.: KTS; key system; press-to-talk system; two-way telephone system
système d'interrogation *m*	Auskunftssystem *n*	information system
système distant *m*	Gegenanlage *f*, Abk.: GEGA	opposite system; distant system
système d'opération partagé *m*	verteiltes Betriebssystem *n*	distributed operating system
système électronique de commutation de données *m*	Elektronisches Datenvermittlungssystem *n*, Abk.: EDS	electronic data switching system
système en duplex *m*	Gegenanlage *f*, Abk.: GEGA	opposite system; distant system
système fondamental de référence pour la transmission téléphonique *m*, abr.: SFERT	Ureichkreis *m*	master telephone transmission reference system
système large bande *m*	Breitbandsystem *n*	broadband system
système MIC *m*	PCM-System *n*	PCM system
système modulaire *m*	Bausteinsystem *n*	modular system
système multiple à répartition dans le temps *m*	Zeitvielfachsystem *n*; Zeitmultiplexsystem *n*	time-division multiplex system
système multiplex *m*	Multiplexsystem *n*	multiplex system
système multi-poste modulaire *m*	modulares Mehrplatzsystem *n*	modular multi-user system
système non bloquant *m*	blockierungsfrei (*Durchschaltung*)	non-blocking (*switching*)
système numérique *m*	Digitalsystem *n*	digital system
système numérique de commutation publique *m*	öffentliches Digital-Vermittlungssystem *n*	public digital switching system
système numérique grande capacité *m*	digitales Großsystem *n*	large-scale digital system
système ondes courtes à large bande *m*	Breitbandrichtfunksystem *n*	broadband microwave radio system
système patron/secrétaire *m*	Vorzimmeranlage *f*	executive system; secretary system
système piloté par programme gravé en mémoire *m*	speicherprogrammgesteuertes System *n*	stored-program control system, abbr.: SPC system
système radio *m*	Funksystem *n*	radio system
système (radio) à micro-ondes *m*	Richtfunk(system) *n*	microwave (radio) system; radio-relay system
systèmes de communications publics *m, pl*	öffentliche Kommunikationssysteme *n, pl*	public communications systems
systèmes de transmission (d'information) *m, pl*	Nachrichtenübertragungssysteme *n, pl*	transmission systems
systèmes ouverts *f*	offene Kommunikationssysteme *n, pl*	open systems
système téléphonique *m*	Telefonanlage *f*; Fernsprechsystem *n*	telephone system
système téléphonique à grande capacité *m*	Groß-Fernsprechsystem *n*	large-capacity telephone system

système temporel *m*	Zeitvielfachsystem *n*; Zeitmultiplexsystem *n*	time-division multiplex system
système véhicule *m*	Fahrzeugsystem *n*	in-car system

T

tableau d'affichage *m*	Anzeigetafel *f*	display panel
tableau d'affichage matriciel *m*	Vollmatrixtafel *f*; matrixfähige Anzeigentafel *f*	full-matrix display board; matrix-capable display panel
tableau d'attente *m*	Wartefeldanzeige *f*	waiting field display; queuing field display
tableau de commande *m*	Bedienfeld *n*	control panel
tableau de fiches programme *m*	Programmsteckerfeld *n*	program plug panel
tableau d'entrée *m*	Eingangsfeld *n*	input panel
tableau de signalisation de groupe *m*	Gruppensignalfeld *n*	group signaling panel
tableau des voyants d'occupation *m*	Besetztlampenfeld *n*; Besetztanzeigefeld *n*	busy lamp panel; busy lamp display panel
tableau d'opérateur *m*	Bedientableau *n*	operator panel
table de contrôle *f*	Aufsichtsplatz *m*	supervisor position
table de mesure *f*	Meßplatz *m*	test station
table de mixage *f*	Mischpult *n*	mixer control panel; mixing desk
table d'épellation *f*	Buchstabiertafel *f*	spelling list
table des matières *f*	Inhaltsverzeichnis *n*	table of contents
table d'extension du faisceau *f*	Bündelerweiterungstabelle *f*	bundle expansion table
table d'opératrice *f*	Abfragetisch *m*; Vermittlungstisch *m*; Vermittlungspult *n*	operator desk; operator console
tabulateur *m*	Zahlengeber *m*, Abk.: ZG	keysender
tâche de contrôle *f*	Überwachungsaufgabe *f*	supervisory task
TAF (abr.) = type d'affichage	Anzeigeart *f*	type of display
taille *f*	Abmessung *f*; Bemessung *f*	dimension; dimensioning
taille de faisceaux *f*	Bündelstärke *f*; Bündelgröße *f*	bundle size
taille du faisceau *f*	Bündelstärke *f*; Bündelgröße *f*	bundle size
tampon *m*	Puffer *m*; Zwischenspeicher *m*; Pufferspeicher *m*	buffer; intermediate electronic memory; intermediate electronic buffer; buffer memory
tamponné	gepuffert	buffered
tarif *m*	Gebühr *f*	charge (*billing*); fee
tarif de nuit *m*	Nachttarif *m*	night-time rate; overnight rate
tarif de nuit réduit *m*	verbilligter Nachttarif *m*	reduced night-time rate
tarif de taxation *m*	Gebührentarif *m*	call charge rate; tariff rate
tarif forfaitaire *m*	Pauschalgebühr *f*; Pauschaltarif *m*	flat fee; flat rate; bulk connection charge; flat connection charge; flat-rate tariff
tarif heures creuses *m*	gebührengünstig	cheap-rate; low-rate
tarification *f*	Gebührentarif *m*	call charge rate; tariff rate
tarif interurbain *m*	Ferntarif *m*	long-distance rate
tarif local *m*	Ortsgebühr *f*; Ortstarif *m*	local rate; local call fee; local tariff
tarif réduit *m*	verbilligter Tarif *m*	reduced rate; cheap rate
tarif urbain *m*	Ortsgebühr *f*; Ortstarif *m*	local rate; local call fee; local tariff
taux d'affaiblissement *m* (*d'une ligne*)	Dämpfungsmaß *n* (*einer Leitung*)	attenuation measure (*of a line*); attenuation constant (*of a line*); attenuation equivalent
taux de pannes *m*	Ausfallrate *f*; Ausfallhäufigkeitsdichte *f*	failure rate; failure density
taux d'erreurs *m*	Fehlerrate *f*	error rate
taux d'impulsion d'erreur *m*	Fehlerimpulshäufigkeit *f*	error pulse rate
taux d'utilisation de la ligne *m*	Ausnutzungsgrad einer Leitung *m*	line utilization rate
taxable	gebührenpflichtig	chargeable

taxation *f*	Gebührenberechnung *f*; Gebührenaufzeichnung *f*; Gebührenerfassung *f*; Gebührenzählung *f*; Gesprächsdatenerfassung *f*	call rate accounting; call charging; call billing; call charge recording / ~ ~ registration / ~ ~ registering; rate accounting; call charge data recording; call metering; Station Message Detail Recording, abbr.: SMDR (*Am*); call logging; call charge metering
taxation centralisée *f*	zentrale Gebühren-/ Gesprächsdatenerfassung *f*	centralized call charge data recording; centralized call charge recording, abbr.: CAMA (*Am*)
taxation d'abonnés *f*	Teilnehmergebührenerfassung *f*	extension call charge recording
taxation des abonnés *f*	Gebührenzählung *f* (*Nebenstelle*)	call charge metering (*extension*)
taxation en fonction de la durée *f*	Zeittarif *m*	time tariff
taxation inverse *f*	Wechsel der Gebührenpflicht *m*	reversed charges
taxation multiple *f*	Mehrfachzählung *f*	multi-metering
taxation périodique au cours d'une communication *f*	Mehrfachzählung während einer Verbindung *f*	periodic metering during a connection
taxation simple *f*	Einfachzählung *f*; einmalige Gebühr *f*	single metering; non-recurring charge; one-off charge; one-time charge
taxation unique *f*	Einfachzählung *f*; einmalige Gebühr *f*	single metering; non-recurring charge; one-off charge; one-time charge
taxe *f*	Gebühr *f*	charge (*billing*); fee
taxe de base *f*	Grundgebühr *f*	fixed charge
taxe forfaitaire *f*	Pauschalgebühr *f*; Pauschaltarif *m*	flat fee; flat rate; bulk connection charge; flat connection charge; flat-rate tariff
taxe locale *f*	Ortsgebühr *f*; Ortstarif *m*	local rate; local call fee; local tariff
taxe minimum *f*	Mindestgebühr *f*	minimum charge; minimum fee
taxer (*taxes*)	zuschreiben (*Gebühren* ~)	allocate (*charges*)
taxes internationales *f, pl*	Auslandsgebühren *f, pl*	international call charge rates
taxeur *m*	Tarifgerät *n*	tariff zoner; rate meter
taxiphone *m*	Münzfernsprecher *m*; Fernsprechzelle *f*	coin telephone; payphone (*Am*); pay telephone
TC (abr.) = type de conversation	Gesprächsart *f*	type of call
technique *f*	Technik *f*	technology; engineering; technique
technique audio *f*	Tontechnik *f*; Audiotechnik *f*	audio engineering
technique d'échantillonage *f*	Abtast- und Haltetechnik *f*	sample-and-hold technique
technique de communication *f*	Kommunikationstechnik *f*	communication(s) technology
technique de communication privée *f*	private Kommunikationstechnik *f*	private communications engineering
technique de commutation *f*	Durchschaltetechnik *f*; Vermittlungstechnik *f*	circuit switching, abbr.: CS; switching (technology)
technique de commutation publique *f*	öffentliche Vermittlungstechnik *f*	public exchange engineering
technique de commutation temporelle *f*	zeitmultiplexes Durchschalteverfahren *n*	time-division multiplex switching technique
technique de conception *f*	Entwurftechnik *f*	design techniques
technique de l'épissure *f*	Spleißtechnik *f*	splicing technique
technique de l'information *f*	Informationstechnik *f*	information technology, abbr.: IT
technique de l'informatique *f*	Datentechnik *f*	data engineering
technique de sécurité *f*	Sicherheitstechnik *f*	security engineering
technique des fibres optiques *f*	Glasfasertechnik *f*	fiber optics, abbr.: FO
technique de téléphonie mobile *f*	mobile Fernsprechtechnik *f*	mobile telephone technology
technique de transition *f*	Überleittechnik *f*	relay technology
technique de transmission *f*	Übertragungstechnik *f*	transmission technology
technique du son *f*	Tontechnik *f*; Audiotechnik *f*	audio engineering
technique MF *f* (*multifréquence*)	MFV-Verfahren *n*	DTMF system
technique monomode *f*	Monomode-Technik *f*	single-mode technology
technique numérique *f*	Digitaltechnik *f*	digital technology
technique par impulsions *f*	Impulsverfahren *n*	pulsing system
technique ping-pong *f*	Zeitgetrenntlageverfahren *n*	ping-pong technique; time-separation technique

technique radio *f*	Rundfunktechnik *f*	radio engineering; radio technology
technique radio à micro-ondes *f*	Richtfunktechnik *f*	microwave radio-link technology
technique radio et télévision *f*	Fernseh- und Rundfunktechnik *f*	radio and television engineering
technique téléphonique *f*	Fernsprechtechnik *f*	telephone technology
technique télévisuelle *f*	Fernsehtechnik *f*	television technology; TV technology
technique vidéo *f*	Bildtechnik *f*	video engineering
technologie *f*	Technik *f*	technology; engineering; technique
technologie des satellites *f*	Satellitentechnik *f*	satellite technology
technologie / technique vidéo *f*	Videotechnologie, ~technik *f*	video technology
Télécom allemand	Deutsche Telekom	German Telecom
télécommande *f*	Fernsteuerung *f*; Fernbedienung *f*; Fernsteuern *n*	remote control; telecommand
télécommunication *f*	Fernmeldewesen *n*; Telekommunikation *f*	telecommunication(s)
télécopie *f*	Fernkopieren *n*	telecopying
télécopie *f* (*message*)	Telefax *n* (*Schriftstück*); Fax *n* (*Schriftstück*)	telefax (*writing*); fax (*writing*)
télécopieur *m* (*enregistreur*)	Fernkopierer *m* (*Gerät*); Faxgerät *n*	fax (*recorder*); facsimile (*recorder*); fax machine; telecopier
télécopieur numérique *m*	digitaler Fernkopierer *m*	digital telecopier
télédiaphonie *f*	Fernnebensprechen *n*	far-end crosstalk
télédiffusion intercontinentale *f*	interkontinentale Fernsehsendung *f*	intercontinental telecasting
télégestion *f*	Fernverwaltung *f*; Fernwartung *f*	remote maintenance
télégestion de données *f*	Datenfernverarbeitung *f*	remote data processing; teleprocessing
télémaintenance *f*	Ferndiagnose *f*	remote diagnosis
télémaintenance/télégestion *f*	Ferndiagnose/Fernverwaltung *f*, Abk.: FDV	remote diagnosis/remote maintenance
télémesure *f*	Fernmessen *n*; Telemetrie *f*	telemetering; telemetry
téléphone *m*	Apparat *m*; Telefonapparat *m*; Fernsprechapparat *m*, Abk.: FeAp	instrument; set; telephone; phone; telephone instrument; telephone set; subscriber set
téléphone de campagne *m*	Feldfernsprecher *m*	field telephone
téléphone évolué *m*	Komfortapparat *m*; Komforttelefon *n*	convenience telephone; feature set; deluxe set; feature telephone
téléphone mains-libres *m*	Freisprechapparat *m*	handsfree telephone
téléphoner	rufen (*läuten*); anrufen (*telefonieren*)	ringing; ring; phone; give a ring; ring up; call; call up
téléphone-radio *m*	Autotelefon *n*	car (tele)phone
téléphonie *f*	Telefonie *f*; Fernsprechwesen *n*	telephony, abbr.: TEL
téléphonie bidirectionelle *f*	Duplexbetrieb *m*; Gegensprechen *n*	duplex operation; duplex communication
téléphonie duplex *f*	Duplexbetrieb *m*; Gegensprechen *n*	duplex operation; duplex communication
téléphonie mobile *f*	Mobiltelefon *n*	mobile telephone
téléphonie rurale *f*	Rural Telefon *n*	rural telephone
téléphonométrie *f*	Übertragungsmessung *f*	transmission measurement
téléréception *f*	Fernsehempfang *m*	TV reception
téléscripteur *m*	Fernschreiber *m*; Telexgerät *n*	teleprinter (*Brit*); teletype machine; teletypewriter (*Am*)
téléservice *m*	Teledienst *m*	teleservice
télétel *m*	Bildschirmtext *m*, Abk.: Btx	interactive videotex, abbr.: Btx; videotex, abbr.: VDX
télétext *m*	Teletex	teletex, abbr.: TTX
télétransmission de données *f*	Datenfernübertragung *f*, Abk.: DFÜ; Fernübermittlung von Informationen *f*	remote data transmission
télétype *m*, abr.: TTY	Fernschreiber *m*; Telexgerät *n*	teleprinter (*Brit*); teletype machine; teletypewriter (*Am*)
télévision *f*	Fernsehen *n*	television, abbr.: TV
télévision câblée *f*	Kabelfernsehanlage *f*	cable TV system
Temex (*service Telecom*)	Temex (*Telekom-Dienst*)	telemetry exchange service

température ambiante *f*	Umgebungstemperatur *f*	ambient temperature
température surfacique de ... *f*	Oberflächentemperatur von ... *f*	surface temperature of ...
temporisateur *m*	Verzögerungsglied *n*	time element; time-lag device
temporisation de blocage *f*	Sperrzeit *f*; Timeout *n*	timeout
temporisé	verzögert	delayed
temps alloué *m*	Vorgabezeit *f*	timeout control; allowed time
temps d'accès *m*	Zugriffszeit *f*	access time
temps d'amortissement *m*	Abklingzeit *f* (*Signal*)	release time (*signal*); decay time (*signal*)
temps d'approvisionnement *m*	Beschaffungszeitraum *m*	acquisition time; procurement time
temps d'arrêt *m*	Stillstandszeit *f*; Ausfallzeitraum *m*	downtime
temps de blocage *m*	Sperrzeit *f*; Timeout *n*	timeout
temps de charge *m*	Aufladezeit *f*	charging time
temps de coupure *m* (*semiconducteur*)	Ausschaltzeit *f* (*Halbleiter*)	turn-off time (*semiconductor*)
temps de décroissance *m* (*transistor*)	Abfallzeit *f* (*Schalttransistor und Impulse*)	fall time (*switching transistor and pulses*)
temps de déplacement *m* (*relais*)	Abfallzeit *f* (*Relais*)	release time (*relay*)
temps de libération *m*	Auslösedauer *f*	release time
temps de mise à zéro *m* (*impulsion*)	Abfallzeit *f* (*Impuls*)	decay time (*pulse*)
temps de propagation *m*	Laufzeit *f*	transit time; propagation time
temps de propagation de groupe *m*	Gruppenlaufzeit *f*	envelope delay; group delay
temps de propagation de l'écho *m*	Echolaufzeit *f*	echo-transmission time
temps de propagation de phase *m*	Phasenlaufzeit *f*	phase delay; phase lag
temps de protection de ligne *m*	Amtsleitungs-Schutzzeit *f*	line protection time
temps de récupération *m*	Nachbearbeitungszeit *f*, Abk.: Nbz	wrap-up time, abbr.: WRP; after-call work time
temps de relâchement *m* (*relais*)	Abfallzeit *f* (*Relais*)	release time (*relay*)
temps de réponse *m* (*oscillateur*)	Einschwingzeit *f* (*Oszillator*)	response time (*oscillator*)
temps de surveillance d'appel *m*	Rufüberwachungszeit *f*	call monitoring time
temps d'établissement d'une communication *m*	Aufbauzeit einer Verbindung *f*	connection setup time
temps d'établissement d'une connexion dans le réseau de connexion *m*	Koppelfeldeinstellzeit *f*	matrix setting time
temps de transmission *m*	Übertragungszeit *f*	transmission time
temps d'exécution de programme *m*	Programmlaufzeit *f*	program delay time
temps d'identification d'appel *m*	Ruferkennungszeit *f*	call identification time
temps d'occupation *m*	Belegungszeit *f*; Belegungsdauer *f*	seizure time; holding time; duration of holding
temps d'utilisation *m*	Nutz(ungs)zeit *f*	utilization time
temps moyen de prise (de ligne) *m*	mittlere Belegungszeit *f*	mean holding time
temps réel *m*	Echtzeit *f*	real time
tenir compte	beachten; berücksichtigen	observe; mind; take into account; follow (*comply with*)
tenon de verrouillage *m*	Verriegelungsnase *f*	locking nose
tension alternative *f*	Wechselspannung *f*; Wechselstrom *m*	AC voltage; alternating current, abbr.: AC
tension d'alimentation *f*	Versorgungsspannung *f*; Speisespannung *f*	supply voltage
tension de boucle *f*	Schleifenspannung *f*	loop voltage
tension de choc *f*	Stoßspannung *f*	surge voltage
tension de circuit intermédiaire *f*	Zwischenkreisspannung *f*, Abk.: ZKS	intermediate circuit voltage
tension de connexion *f*	Schaltspannung *f*	switching voltage
tension de fonctionnement *f*	Betriebsspannung *f*; Betriebsstrom *m*	operating voltage; operating current
tension d'entrée *f*	Eingangsspannung *f*	input voltage
tension de pointe à l'état bloqué *f*	Spitzensperrspannung *f* (*Transistoren*)	peak reverse voltage (*transistors*)
tension de pointe en direct *f*	Spitzendurchgangsspannung *f* (*Transistoren*)	peak forward voltage (*transistors*)

tension de service *f*	Betriebsspannung *f*; Betriebsstrom *m*	operating voltage; operating current
tension de seuil *f*	Schwellwertspannung *f*	threshold value voltage
tension de sonnerie *f*	Rufspannung *f*	ringing voltage
tension de sortie *f*	Ausgangsspannung *f*	output voltage
tension d'exploitation *f*	Betriebsspannung *f*; Betriebsstrom *m*	operating voltage; operating current
tension disruptive *f*	Durchschlagspannung *f*	disruptive voltage; breakdown voltage
tension externe *f*	Fremdspannung *f*	external voltage; unweighted noise voltage
tension indépendante *f*	Fremdspannung *f*	external voltage; unweighted noise voltage
tension nominale *f*	Nennspannung *f*	nominal voltage; rated voltage
tension parasite *f*	Störspannung *f*	interference voltage; noise voltage
tension perturbatrice *f*	Störspannung *f*	interference voltage; noise voltage
tension psophométrique *f*	Geräuschspannung *f*	weighted noise; psophometric voltage
tension résiduelle *f*	Restspannung *f*	residual voltage
tension secteur *f*	Anschlußspannung *f*	mains voltage; a.c. voltage (*rectifier*)
tension transversale *f*	Querspannung *f*	transverse voltage
tentative d'accès au réseau *f*	Amtsbegehren *n*	exchange line call attempt
tentative de prise *f*	Belegungsversuch *m*	call attempt
terme technique *m*	Fachausdruck *m*	technical term
terminaison *f*	Abschluß *m* (*Ende*)	termination (*end*)
terminaison de ligne *f*	Leitungsabschluß *m*	line termination, abbr.: LT
terminaison numérique d'abonné *f*, abr.: TNA	digitale Teilnehmerendeinrichtung *f*	digital subscriber terminal
terminaison quatre fils *f*	Vierdraht-Gabel *f*	four-wire termination
terminaison réseau *f*	Netzendeinrichtung *f*; Netzabschluß *m*	network termination(s), abbr.: NT
terminal *m*	Terminal *n*; Endgerät *n*	terminal; station
terminal d'abonné *m*	Teilnehmerendeinrichtung *f*	subscriber terminal (equipment)
terminal d'alarme *m*	Meldeterminal *n*	alarm terminal
terminal d'alarme interne *m*	Hausnotrufzentrale *f*	in-house emergency alarm terminal
terminal de données *m*	Datenstelle *f*; Datenterminal *m*; Datenendeinrichtung *f*, Abk.: DEE	data station; data terminal; data terminal equipment
terminal de maintenance *m*	Serviceeendeinrichtung *f*, Abk.: SEE	service terminal equipment
terminal d'entrée *m*	Eingabe-Terminal *m*	input terminal
terminal de réseau de données *m*	Datennetzabschlußeinrichtung, Abk.: DNAE	data network terminating equipment
terminal de texte et de donnée *m*	Text- und Datenendgerät *n*	text and data terminal
terminal de transmission de données *m*	Datenstelle *f*; Datenterminal *m*; Datenendeinrichtung *f*, Abk.: DEE	data station; data terminal; data terminal equipment
terminal multifonctions *m*	Multifunktionsterminal *n*, Abk.: MFT	multifunctional terminal
terminal numérique *m*	digitales Endgerät *n*	digital terminal
terminal numérique de réseau *m*, abr.: TNR	digitaler Netzabschluß *m*	digital network termination
terminal par ligne *m*	Anschluß je Anschlußleitung *m*	terminal per line
terminal par poste téléphonique *m*	Anschluß je Sprechstelle *m*	terminal per station
terminal téléphonique *m*	Telefonterminal *n*	telephone terminal
terminal télétext *m*	Teletex-Endgerät *n*	teletex terminal
terminal verrouillé/hors-service *m*	Anschluß gesperrt oder aufgehoben *m*	line blocked or ceased
terminaux de communication *m, pl*	Endgeräte der Kommunikationstechnik *n, pl*	communication terminals
termineur *m*	Gabel *f* (*Gabelschaltung*)	hybrid; terminating circuit; termination
termineur de ligne *m*	Leitungsendgerät *n*, Abk.: LE (*PCM*)	line-terminating equipment, abbr.: LTE; line termination unit
terre *f*	Masse *f*; Betriebserde *f*	earth; ground (*Am*); operating earth; operational earth
terre de compensation *f*	Ausgleichserdung *f*	compensating earth
terre de protection *f*	Schutzerde *f*, Abk.: PE	protective earth, abbr.: PE; protective ground (*Am*), abbr.: PE

terre de protection des fonctions *f*	Fernmeldebetriebserde *f*, Abk.: FE; Funktionserde *f*, Abk.: FE	system earth; functional earth
terre de protection générale et des fonctions *f*	Funktions- und Schutzerde *f*, Abk.: FPE	functional protective earth
terre téléphonique *f*	Fernmeldebetriebserde *f*, Abk.: FE; Funktionserde *f*, Abk.: FE	system earth; functional earth
test d'échantillonnage *m*	Stichprobenprüfung *f*	sampling test
test de code *m*	Codeprüfung *f*	code check
test de continuité *m*	Durchgangsprüfung *f*; Kontinuitätsprüfung *f*	continuity check
test d'occupation *m*	Besetztprüfung *f*	busy test
testé	geprüft	checked; tested
tester	überprüfen; prüfen	check; verify; test
testeur de lignes d'abonné *m*	Teilnehmerprüfgerät *n*	extension test set
tête de distribution de câble *f*	Trennendverschluß *m*	cable distribution head
tête de groupement *f*	Sammelanschlußkopf *m*	group hunting head
texte Braille *m*	Braille-Text *m*	Braille text
théorie de la transmission *f*	Verkehrstheorie *f*	communication theory
ticket de taxation *m*	Gebührenabrechnungszettel *m*	call charge ticket
tiers *m*, abr.: TRS	Dritter *m*; Drittel *n*	third party; one-third
TIN (abr.) = tonalité d'invitation à numéroter	WT, Abk.: W-Ton, Abk.: Amtswählton *m*; Amtszeichen *n*; Wählton *m*	exchange dial tone; dial tone; dialing tone
titulaire *m* (*général*)	Auftragnehmer *m*; Lieferant *m*	supplier; contractor
titulaire *m* (*télécom*)	Teilnehmer *m* (*Telefonie*), Abk.: Tln	subscriber (*telephony*)
TNA (abr.) = terminaison numérique d'abonné	digitale Teilnehmerendeinrichtung *f*	digital subscriber terminal
TNR (abr.) = terminal numérique de réseau	digitaler Netzabschluß *m*	digital network termination
tôle de guidage *f*	Führungsblech *n*	guide plate
tôle de protection *f*	Deckplatte *f*; Abdeckblech *n*	cover plate
TON (abr.) = tonalités	Töne *m, pl*	tones
tonalité composée *f*	Kombinationston *m*	combination tone
tonalité continue *f*	Dauerton *m*	continuous tone
tonalité d'accusé de réception *f*	Quittungston *m*	acknowledgement tone
tonalité d'appel *f*	Tonruf *m*	VF ringing; tone ringing
tonalité d'attente *f*	Warteton *m*	hold-on tone
tonalité d'avertissement *f*	Anklopfton *m*	knocking tone; call waiting tone
tonalité de frappe *f*	Anklopfton *m*	knocking tone; call waiting tone
tonalité d'encombrement de lignes *f*	Wegebesetztton *m*	congestion tone; trunk-busy tone
tonalité d'entrée en tiers *f*	Eintretezeichen *n*; Aufschalteton *m*, Abk.: AT	intrusion tone; intervention tone; cut-in tone
tonalité de numérotation *f*	Amtswählton *m*; Amtszeichen *n*; Wählton *m*, Abk.: WT, Abk.: W-Ton	exchange dial tone; dial tone; dialing tone
tonalité de poste libre *f*	Anrufsignal *n*; Rufton *m*; Freiton *m*, Abk.: Ft, Abk.: F-Ton; Anrufton *m*	calling signal; ringing tone; ringback tone, abbr.: RBT
tonalité de retour d'appel *f*	Anrufsignal *n*; Rufton *m*; Freiton *m*, Abk.: Ft, Abk.: F-Ton; Anrufton *m*	calling signal; ringing tone; ringback tone, abbr.: RBT
tonalité de surcharge de lignes *f*	Wegebesetztton *m*	congestion tone; trunk-busy tone
tonalité d'indication d'appel en instance *f*	Anklopfton *m*	knocking tone; call waiting tone
tonalité d'information spéciale *f*	Hinweiston *m*	reference information tone; special information tone; reference tone
tonalité d'invitation à numéroter *f*, abr.: TIN	Amtswählton *m*; Amtszeichen *n*; Wählton *m*, Abk.: WT, Abk.: W-Ton	exchange dial tone; dial tone; dialing tone
tonalité d'invitation à numéroter spéciale *f*	Sonderwählton *m*	special dial tone
tonalité d'occupation *f*	Besetztzeichen *n*; Besetztton *m*, Abk.: BT; Belegungssignal *n*; Anschlußbesetztton *m*	busy signal; busy tone; seizing signal; line-busy tone
tonalité modulée *f*	Hinweiston *m*	reference information tone; special information tone; reference tone

tonalités *f, pl*, abr.: TON	Töne *m, pl*	tones
tonalité spéciale *f*	Sonderwählton *m*	special dial tone
top de synchronisation *m*	Einigungstakt *m*	agreement pulse
top de synchronisation externe *m*	externer Synchrontakt *m*, Abk.: EXSYN	external sync clock
totalisateur pour centre de frais *m*	Summenzähler für Kostenstelle *m*	departmental account meter; cost center account meter
totalisation de taxes *f*	Summenzählung *f*	totalizing metering
touche *f*	Knopf *m* (*Betätigungs~, Druck~*); Taste *f*; Schaltfläche *f*	pushbutton, abbr.: PB; button; key
touche auxiliaire *f*	Hilfstaste *f*	auxiliary button
touche d'appel *f*	Ruftaste *f*	call button
touche d'appel collectif *f*	Sammelruftaste *f*	collective call button
touche d'appel direct *f*	Schnellruftaste *f*	quick-call button / ~ key
touche d'appel rapide *f*	Schnellruftaste *f*	quick-call button / ~ key
touche de basculement *f*	Umschaltetaste *f*	switchover button
touche de blocage *f*	Sperrtaste *f*	lockout key; locking key
touche de commutation d'appel *f*	Wahlumschaltetaste *f*	dial changeover key
touche de conférence *f*	Konferenztaste *f*	conference key; conference button
touche de connexion *f*	Mithörverbindungstaste *f*	monitoring-connection button
touche de connexion pour observation *f*	Mithörverbindungstaste *f*	monitoring-connection button
touche de coupure *f*	Trenntaste *f*, Abk.: T-Taste	cut-off key; cancel key; disconnect button
touche d'écoute *f*	Mithöraufforderungstaste *f*; Mithörtaste *f*; Überwachungstaste *f*	monitoring request button; listen-in key; monitoring button; supervisory button
touche de dérangement *f*	Irrungstaste *f*; Löschtaste *f*	error switch; erase button
touche de double appel intérieur *f*	Raumrückfragetaste *f*	internal refer-back button
touche de flèche *f*	Pfeiltaste *f*	cursor key
touche de fonction *f*	Funktionstaste *f*	function key
touche de fonction programmable *f*	frei programmierbare Funktionstaste *f*	freely programmable function key
touche de lignes commutées *f*	Leitungstaste *f*	line key
touche de mise à la terre *f*	Erdtaste *f*	earth button
touche de mise en garde *f*	Haltetaste *f*	holding key
touche d'entrée en tiers *f*	Aufschaltetaste *f*, Abk.: AU-Taste	cut-in key
touche de numérotation abrégée *f*	Codewahltaste *f*, Abk.: C-Taste; Zieltaste *f* (*Telefon*)	code dialing key; destination key
touche de réglage *f*	Stelltaste *f*	set key; regulating key
touche de réponse *f*	Abfragetaste *f*, Abk.: A-Taste	answering button; answering key
touche de sélection de faisceaux *f*	Bündeltaste *f*	bundle button
touche d'espacement *f* (*clavier*)	Leertaste *f* (*Tastatur*)	space bar (*keyboard*)
touche de transfert *f*	Umlegetaste *f*	transfer button
touche de volume *f*	Lautstärketaste *f*	volume control
touche d'initialisation *f*	Rückholtaste *f*	reset key
touche d'interception *f*	Fangtaste *f*	intercept key
touche d'interdiction réseau *f*	Amtssperrtaste *f*	exchange line barring button
touche d'observation *f*	Mithöraufforderungstaste *f*; Mithörtaste *f*; Überwachungstaste *f*	monitoring request button; listen-in key; monitoring button; supervisory button
touche logicielle *f*	Softkey *m* (*Displaytaste*)	softkey
touche microphone marche / arrêt *f*	Mikrofon-Abschaltetaste *f*	microphone disconnect button
touche priorité *f*	Bevorrechtigungstaste *f*	priority button
touche programmable *f*	Softkey *m* (*Displaytaste*)	softkey
touche régionale *f*	Regionaltaste *f*	regional key
touches d'édition *f, pl*	Editiertasten *f, pl*	editing keys
trace *f*	Spur *f* (*Magnetband*)	track
tracé *m*	Struktur *f*; Aufbau *m*; Gruppierung *f*; Geräteausstattung *f*	arrangement
traducteur *m*	Zuordner *m*; Umwerter *m*	allocator; translator; director; route interpreter

traducteur de code central *m*	zentraler Codewandler *m*	central code converter
traducteur de numéros d'appel *m*	Rufnummernzuordner *m*	call number translator; call number allotter
traducteur du numéro de groupe d'abonnés *m*	Gruppennummernzuordner *m*	extension group number translator
trafic *m*	Verkehr *m*; Verkehrsfluß *m*	traffic; traffic flow
trafic à grande distance *m*	Fernverkehr *m*	long-distance traffic; long-distance calls; trunk calls
trafic automatique *m*	automatischer Wählverkehr *m*	automatic traffic
trafic avec numérotation *m*	wahlfähiger Verkehr *m*; Wählverkehr *m*	dial traffic
trafic d'appel au décroché *m*	Direktwahlverkehr *m*	direct-dialing traffic
trafic d'appel d'abonné *m*	Teilnehmerwahlverkehr *m*	subscriber dialing traffic
trafic de messages *m*	Meldungsverkehr *m*	message traffic
trafic des communications internes *m*	Hausverkehr *m*	internal call traffic
trafic de transit *m*	Durchgangsverkehr *m*	transit traffic
trafic direct *m*	Sofortverkehr *m*	no-delay traffic; straight outward completion (*Am*)
trafic d'origine *m*	Ursprungsverkehr *m*	originating traffic
trafic du central principal *m*	Hauptamtsverkehr *m*	district exchange traffic; main exchange traffic
trafic entrant *m*	ankommender Verkehr *m*	incoming traffic
trafic fictif *m*	Blindverkehr *m*	blind traffic; dummy traffic
trafic intérieur *m*	Inlandsverkehr *m*	domestic trunk traffic; national trunk traffic
trafic international *m*	Auslandsverkehr *m*	international traffic
trafic international automatique *m*	Auslandswählverkehr *m*	automatic international traffic
trafic international entrant *m*	ankommender Auslandsverkehr *m*	incoming international traffic
trafic interne *m*	Internverkehr *m*	internal traffic
trafic interne privé *m*	geheimer Internverkehr *m*	internal call privacy; secret internal traffic
trafic interurbain *m*	Fernverkehr *m*	long-distance traffic; long-distance calls; trunk calls
trafic local *m*	Ortsverkehr *m*	local traffic
trafic multiplex *m*	Multiplexbetrieb *m*	multiplex operation; mulitplex mode
trafic national *m*	Inlandsverkehr *m*	domestic trunk traffic; national trunk traffic
trafic point à point *m*	End-End-Verkehr *m*	end-to-end traffic
trafic régional *m*	Bezirkssprung *m*	intradistrict traffic
trafic réseau longue distance *m*	Weitverkehrsnetz *n*	long-distance traffic network
trafic sortant *m*	abgehender Verkehr *m*	outgoing traffic
trafic sortant à grande distance *m*	abgehender Fernverkehr *m*	outgoing long-distance traffic; outgoing trunk traffic
trafic sortant international *m*	abgehender Auslandsverkehr *m*	outgoing international traffic
trafic sortant interurbain *m*	abgehender Fernverkehr *m*	outgoing long-distance traffic; outgoing trunk traffic
trafic téléphonique *m*	Telefonverkehr *m*; Fernsprechverkehr *m*	telephone traffic
train d'impulsions *m*	Impulsfolge *f* (*Serie*)	pulse train
traitement *m*	Bearbeitung *f* (*EDV*)	processing (*EDP*)
traitement de canal *m*	Kanalaufbereitung *f*	channel processing equipment
traitement de données *m*	Datenverarbeitung *f*	data processing, abbr.: DP
traitement de la taxation *m*	Gebührendatenverarbeitung *f*, Abk.: GDV; Gesprächsdatenverarbeitung *f*, Abk.: GDV	call charge data processing; call data processing
traitement des données centralisé *m*	zentrale Datenverarbeitung *f*	centralized data processing
traitement des informations *m*	Informationsverarbeitung *f*	information processing
traitement des taxes *m*	Gebührendatenverarbeitung *f*, Abk.: GDV; Gesprächsdatenverarbeitung *f*, Abk.: GDV	call charge data processing; call data processing
traitement de texte *m*	Textverarbeitung *f*	text processing; word processing

traitement d'impulsions *m*	Taktaufbereitung *f*, Abk.: TAB	clock pulse processing
trame *f*	Raster *n*	grid; screen
trames d'information numérisée *f, pl*	numerierte Informationsrahmen *m, pl*, Abk.: I-frames	numbered information frames, abbr.: I-frames
TRAN (abr.) = transit	Transit *m*; Durchgang *m*	transit
transférer (~ *une communication*)	übergeben (*ein Gespräch* ~)	hand over; transfer (~ *a call*)
transférer en mémoire auxiliaire *f*	zwischenspeichern, EDV; abspeichern, EDV; einspeichern, EDV; speichern, EDV	buffer, EDP; store, EDP; save, EDP
transfert *m*	Überweisung *f*; Weitervermittlung *f*; Rufweitergabe *f*; Gesprächsumlegung *f*; Weitergabe *f*; Weiterverbinden *n*; Übergabe *f*; Umlegen *n* (*Ruf*)	call transfer; call assignment; explicit call transfer, abbr.: ECT
transfert *m* (*faculté*), abr.: TRF	Rufweiterleitung *f*, Abk.: RWL; Rufweiterschaltung *f*, Abk.: RW; Umlegung *f*; Weiterschaltung *f*; Anrufweiterschaltung *f*; Weiterleitung *f*	call forwarding
transfert automatique d'appel réseau *m*	selbsttätige Amtsrufweiterschaltung *f*	automatic exchange call transfer
transfert d'appel automatique *m*	selbsttätige Rufweiterleitung *f*	automatic call transfer
transfert d'appel / ~ de base *m*	Rufweiterleitung *f*, Abk.: RWL; Rufweiterschaltung *f*, Abk.: RW; Umlegung *f*; Weiterschaltung *f*; Anrufweiterschaltung *f*; Weiterleitung *f*	call forwarding
transfert de données *m*	Datenübertragung *f*	data transmission; data transfer
transfert d'images *m*	Bildübertragung *f*	picture transmission; video transmission
transfert d'une communication *m*	Weitergeben eines Gespräches *n*	transfer of call
transfert en cas de non-réponse *m*	Rufweiterleitung *f*, Abk.: RWL; Rufweiterschaltung *f*, Abk.: RW; Umlegung *f*; Weiterschaltung *f*; Anrufweiterschaltung *f*; Weiterleitung *f*	call forwarding
transfert en cas d'occupation *m*	Rufweiterleitung bei besetzt *f*	busy line transfer; call forwarding on busy
transfert fixe *m*	feste Besuchsschaltung *f*	fixed call transfer
transfert non-supervisé *m*	Einmannumlegung *f*	hold-for pickup; simplified call transfer
transfert spécial *m*	Umlegen besonderer Art *n*	special transfer
transfert temporaire *m*	zeitweilige Rufumschaltung *f*; zeitweilige Rufweiterleitung *f*	temporary call transfer; temporary call forwarding
transfert variable *m*	veränderliche Besuchsschaltung *f*	flexible call transfer
transformateur *m*	Übertrager *m*; Transformator *m*	transformer
transformateur de tension *m*	Spannungswandler *m*	voltage transformer
transformateur d'isolation *m*	Trenntransformator *m*	isolating transformer
transformation analogique-numérique *f*	Analog-Digital-Umsetzung/(Um)wandlung *f*	analog-digital conversion, analog-to-digital conversion, abbr.: A/D conversion
transistor *m*	Transistor *m*	transistor
transistor au silicium *m*	Si-Transistor *m*	Si transistor
transistor au silicon *m*	Siliziumtransistor *m*	silicon transistor
transit *m*, abr.: TRAN	Transit *m*; Durchgang *m*	transit
translateur *m*	Zuordner *m*; Umwerter *m*	allocator; translator; director; route interpreter
translateur de ligne réseau *m*	Amts(leitungs)übertrager *m*; Amtsverbindungssatz *m*; Amts(leitungs)-übertragung *f*, Abk.: AUE	exchange line repeater coil; exchange line transformer; exchange line junction; exchange line circuit
translateur de numéro abrégé *m*	Kurzwahlzuordner *m*	abbreviated dialing translator
translateur d'informations *m*	Informationszuordner *m*	information translator
translateur intégré *m*	integrierter Zuordner *m*	integrated translator

translateur intégré émetteur *m*	integrierter Zuordner-Sender *m*	integrated translator sender
translateur intégré-point milieu A, B *m*	integrierter Zuordner-Zentralteil A, B *m*	integrated translator central part A, B; integrated central part A, B
transmetteur *m*	Sender *m*; Geber *m*	transmitter
transmetteur de numérotation *m*	Wahlsender *m*; Wahlgeber *m*	signal sender; dial transmitter
transmettre	übertragen; übermitteln; senden	transmit; send; forward; broadcast; pass on; communicate
transmission *f*	Übertragung *f*	transmission
transmission à bande étroite *f*	Schmalbandübertragung *f*	narrowband transmission
transmission de données *f*	Datenübertragung *f*	data transmission; data transfer
transmission de la parole *f*	Sprachübertragung *f*	speech transmission; voice transmission
transmission de signalisation / ~ de signaux *f*	Signalübertragung *f*; Signalgabe *f*; Signalisierung *f*; Zeichengabe *f*; Kennzeichengabe, Kennzeichnung *f*; Schaltkennzeichengabe *f*	signal transmission; signaling
transmission de télévision *f*	Fernsehübertragung *f*	television transmission; telecast
transmission de texte *f*	Textübertragung *f*	text transmission
transmission d'image *f*	Bildübertragung *f*	picture transmission; video transmission
transmission d'information *f*	Nachrichtenübertragung *f*	information transmission
transmission en arrivée *f*	Übertragung, kommend *f*, Abk.: Ue-k	incoming circuit
transmission en duplex *f*	Zweiwegeübertragung *f*	duplex transmission
transmission et commutation d'information *f*	Nachrichtenübermittlung *f*	transmission and switching of information
transmission et commutation numériques intégrées *f*	integrierte Digitalübertragung und -durchschaltung *f*	integrated digital transmission and switching
transmission numérique *f*	digitale Übertragung *f*	digital transmission
transmission ondes courtes large bande *f*	Breitbandrichtfunk *m*	broadband microwave transmission
transmission radio *f*	Funkübertragung *f*	radio broadcasting
transmission satellite *f*	Satellitenübertragung *f*	satellite transmission
transmission simple de données *f*	einfache Datenübertragung *f*	simple data transmission
transmission sortante *f*	Übertragung, gehend *f*, Abk.: Ue-g	outgoing circuit
TRANSPAC (abr.) = réseau de commutation par paquets	französisches Paketvermittlungsnetz *n*	X.25 packet switched network used in France
transpondeur satellite *m*	Satellitentransponder *m*	satellite transponder
travée *f*	Gestellreihe *f*	rack line / ~ row
trembloter	flackern; flickern	flicker; flutter
TRF (abr.) = transfert	RWL, Abk.: Rufweiterleitung *f*; RW, Abk.: Rufweiterschaltung *f*; Umlegung *f*; Weiterschaltung *f*; Anrufweiterschaltung *f*; Weiterleitung *f*	call forwarding
troncature *f* (*ordinateur*)	Abbruch, EDV *m*	abort, EDP
trou *m*	Bohrloch *n*	bore hole
trou métallisé *m*	durchplattiertes Auge *n* (*LP*); durchkontaktierte Bohrung *f*	plated-through hole (*PCB*); feed-through (*PCB*)
TRS (abr.) = tiers	Dritter *m*; Drittel *n*	third party; one-third
TTY (abr.) = télétype	Fernschreiber *m*; Telexgerät *n*	teleprinter (*Brit*); teletype machine; teletypewriter (*Am*)
tube *m*	Rohr *n*	tube; pipe
tube image en couleurs *f*	Farbbildrohr *n*	color picture tube
tuner à large bande *m*	Allband-Tuner *m*	all-band tuner
tuyau *m*	Rohr *n*	tube; pipe
type *m*	Typ *m*	type
type d'affichage *m*, abr.: TAF	Anzeigeart *f*	type of display
type de connexion *m*	Verbindungsart *f*; Anschlußart *f*	type of connection; connecting mode; connection type
type de connexion RNIS *m*	ISDN-Verbindungsart *f*; ISDN-Anschlußart *f*	ISDN connection type
type de conversation *m*, abr.: TC	Gesprächsart *f*	type of call

type de fonctionnement *m*	Betriebsfall *m*	type of operation
type d'exploitation *m*	Betriebsfall *m*	type of operation
types équivalents *m, pl*	gleichwertige Typen *f, pl*	equivalent types

U

UAPT (abr.) = Union Africaine des Postes et Télécommunications	Afrikanische Post- und Fernmeldeunion *f*	African Postal and Telecommunications Union
UC (abr.) = unité centrale (de traitement)	CPU, Abk.: Zentraleinheit *f*	CPU, abbr.: central processing unit
UE (abr.) = Union Européenne	EU, Abk.: Europäische Union	EU, abbr.: European Union
UE (abr.) = unité d'échange	Austauschgerät *n*; Austauschteil *n*	exchange device; replacement device; replacement unit; exchange part
UEX (abr.) = unité d'exploitation	Betriebseinheit *f*	operating unit
UGT (abr.) = unité de gestion téléphonique	Telefonsteuerungsgerät *n*	telephone control; telephone management; telephone supervisory unit
UIP (abr.) = Universal Interface Platform, carte lignes numériques en liaison avec des sous-cartes	UIP, Abk.: digitale, universelle Anschlußbaugruppe *f*	UIP, abbr.: Universal Interface Platform
UIT (abr.) = Union Internationale des Télécommunications	ITU, Abk.: Internationale Fernmeldeunion *f*	ITU, abbr.: International Telecommunication Union
Union Africaine des Postes et Télécommunications *f*, abr.: UAPT	Afrikanische Post- und Fernmeldeunion *f*	African Postal and Telecommunications Union
Union Arabe des Télécommunications *f*	Arabische Fernmeldeunion *f*	Arab Telecommunication Union, abbr.: ATU
Union Européenne *f*, abr.: UE	Europäische Union *f*, Abk.: EU	European Union, abbr.: EU
Union Internationale des Télécommunications *f*, abr.: UIT	Internationale Fernmeldeunion *f*, Abk.: ITU	International Telecommunication Union, abbr.: ITU
Union Panafricaine des Télécommunications *f*	Panafrikanische Fernmeldeunion *f*	Panafrican Telecommunication Union, abbr.: PATU
Union Postale Universelle *f*	Weltpostverein *m*;	Universal Postal Union, abbr.: UPU
unique	einzeln	single; individual
unité *f*	Gerät *n*	device; unit
unité arithmétique et logique *f*	arithmetische Logikeinheit *f*, Abk.: ALU	arithmetic logic unit, abbr.: ALU
unité centrale *f*	Prozessoreinheit *f*, Abk.: PE	processor unit
unité centrale (de traitement) *f*, abr.: UC	Zentraleinheit *f*, Abk.: CPU	central processing unit, abbr.: CPU
unité d'acquisition de données *f*	Datenerfassungsgerät *n*	data acquisition unit
unité d'alarme / ~ de signalisation *f* (*appareil de transmission*)	Signalfeld *n* (*Übertragungseinrichtung*)	signaling panel; alarm panel / ~ unit (*transmission equipment*)
unité de bande magnétique *f*	Video-Magnetbandmaschine *f*	video tape unit
unité de base *f*	Grundbaustein *m*	basic unit
unité de canaux de supervision *f*	Zentralüberwachungskanalwerk *n*	central monitoring channel unit
unité d'échange *f*, abr.: UE	Austauschgerät *n*; Austauschteil *n*	exchange device; replacement device; replacement unit; exchange part
unité de commande *f*	Steuersatz *m*; Steuergerät *n*; Steuerelement *n*; Steuereinheit *f*	control set; control module; control unit
unité de commande du réseau de connexion *f*	Koppelsteuerwerk *n*	coupling control unit
unité de contrôle de groupe *f*	Gruppensteuerung *f*, Abk.: GS	group control
unité de contrôle d'état *f*	Zustandsteuerwerk *n*	status control unit
unité de disques, Edp *f*	Laufwerk, EDV *n*; Plattenlaufwerk, EDV *n*	disk drive, EDP; drive, EDP
unité de driver et de contrôle *f*	Treiber- und Überwachungseinheit *f*, Abk.: TRU	driver and supervisory unit
unité de gestion téléphonique *f*, abr.: UGT	Telefonsteuerungsgerät *n*	telephone control; telephone management; telephone supervisory unit
unité (de mesure) *f*	Einheit *f* (*Maßeinheit*)	unit (of measurement)
unité d'entrée *f*	Eingabegerät *n*	input unit

unité de pré-traitement central *f*	Zentrale Vorverarbeitungseinheit *f*, Abk.: ZVE	central preprocessing unit
unité de raccordement *f*, abr.: UR	Anschlußeinheit *f*; Port *m*	connecting unit; port
unité de raccordement d'abonnés *f*, abr.: URA	Teilnehmeranschlußeinheit *f*	subscriber connecting unit
unité de raccordement d'abonnés distante *f*, abr.: URAD	Anschlußeinheit entfernter Teilnehmer *f*	remote subscriber connecting unit
unité de raccordement mobile *f*, abr.: URM	mobile Anschlußeinheit *f*	mobile connecting unit
unité de raccordement numérique *f*	digitale Anschlußeinheit *f*, Abk.: DAE	digital connecting unit
unité de studio mobile *f*	mobile Aufnahmeeinheit *f*	mobile studio unit
unité de taxe *f*	Gebühreneinheit *f*	call charge unit; unit fee
unité de temps *f*	Zeiteinheit *f*	time unit; clock unit
unité de transmission par modem *f*	Übertragungs-Einheit mit Modem-Verfahren *f*, Abk.: UEM	transmission unit in modem procedure
unité de visualisation *f*	Sichtgerät *n*; Datensichtgerät *n*	visual display unit, abbr.: VDU
unité d'exploitation *f*, abr.: UEX	Betriebseinheit *f*	operating unit
unité mémoire *f*	Speichereinheit *f*	memory unit
unité principale de bus *f*	zentrale Busstation *f*	master bus unit
UNIX (abr.)	UNIX, Abk.: Betriebssystem von Bell Lab (16-bit-Prozessor)	UNIX, abbr.: Bell Laboratories' operating system for mini- and microcomputers
UP0 (abr.) = interface de ligne	UP0, Abk.: Leitungsschnittstelle	UP0, abbr.: line interface
UR (abr.) = unité de raccordement	Anschlußeinheit *f*; Port *m*	connecting unit; port
URA (abr.) = unité de raccordement d'abonnés	Teilnehmeranschlußeinheit *f*	subscriber connecting unit
URAD (abr.) = unité de raccordement d'abonnés distante	Anschlußeinheit entfernter Teilnehmer *f*	remote subscriber connecting unit
URM (abr.) = unité de raccordement mobile	mobile Anschlußeinheit *f*	mobile connecting unit
usage *m*	Einsatz *m*; Verwendung *f*; Anwendung *f*	use; application
usager *m*	Abnehmer *m*; Benutzer *m*; Nutzer *m*	user
usager appelant *m*	Anrufer *m*; Absender *m* (*eines Rufes*)	calling party; caller; originator
usager d'un réseau de télécommunications *m*	Teilnehmer des Telekommunikationsnetzes *m*	user of a telecommunication network
USDN (abr.) = RNIS de ITT	USDN, Abk.: ISDN von ITT	USDN, abbr.: ISDN from ITT
utilisateur *m*	Verbraucher *m*; Anwender *m*	consumer
utilisateur vidéodext *m*	Bildschirmtextbenutzer *m*	Btx user
utilisation *f*	Einsatz *m*; Verwendung *f*; Anwendung *f*	use; application
utilisation de la première impulsion de taxation *f*	Ausnutzung des ersten Gebührenimpulses *f*	utilization of first metering pulse
utilisé	verwendet	applied; utilized; used
utiliser (*données*)	auswerten (*Daten usw.*)	evaluate; analyze (*error listing etc.*); interpret (*statement, signal*)
utiliser (*général*)	verwenden	employ; use; utilize

V

va-et-vient *m*	Umschalten, abfrage-/zuteilseitig *n*; Makeln *n*; makeln; Makelverbindung *f*	splitting; brokerage; conduct broker's calls; switch between lines (*Brit*); consultation hold (*Am*); broker's call
valeur de référence *f*	Sollwert *m*	reference value; set value; setpoint value; control value
valeur maximum *f* (*circuit*)	Höchstwert *m* (*Stromkreis*)	peak value (*circuit*); maximum
valeur pic *f* (*circuit*)	Höchstwert *m* (*Stromkreis*)	peak value (*circuit*); maximum
valeur réciproque *f*	Kehrwert *m* (*Math.*)	reciprocal (*value*)
valeur seuil *f*	Ansprechwert *m*; Schwellwert *m*; Ansprechschwelle *f*; Schwelle *f* (*Grenze*)	response threshold; threshold value; threshold
validité *f*	Gültigkeit *f*	validity
variante d'équipement *f*	Bestückungsvariante *f*	equipping variant
variations de fréquences du réseau *f*	Netzfrequenzschwankungen *f, pl*	fluctuations of the mains frequency
VDE (abr.) = Association allemande des ingénieurs en électricité	VDE, Abk.: Verband Deutscher Elektrotechniker *m*	VDE , abbr.: German association of electronical engineers
VDMA (abr.) = Association des Constructeurs de Machines Allemands	VDMA, Abk.: Verein Deutscher Maschinenbauanstalten	VDMA , abbr.: Association of German engineering shops
vérification *f*	Prüfung *f*; Untersuchung *f*	check; examination
vérification de code *f*	Codeprüfung *f*	code check
vérification de numéro *f*	Rückprüfung *f*	number verification
vérification d'une identification *f*	Nachprüfen einer Identitätsangabe *n*	verification
vérification du niveau *f*	Pegelmessung *f*	level measuring
vérifié	geprüft	checked; tested
vérifier	überprüfen; prüfen	check; verify; test
verrou codé *m*	Zahlenschloß *n*	combination lock
verrouillage *m*	Verriegelung *f*; Schloß *n*; Verschluß *m*	interlock; lock(ing)
verrouillage de connexion *m*	Schaltschloß *n*	switch lock
verrouillage du clavier *m*	Tastatursperre *f*	keyboard lock
verrouillage pour logiciel *m*	Softwareschloß *n*	software lock
verrouillé	gesperrt	barred; blocked; disabled
verrouiller (~ le téléphone)	abschließen (~ des Telefons)	locking (~ the telephone)
version *f*	Version *f*; Ausbaustufe *f*; Ausführung *f*; Baustufe *f*; Machart *f*	version; execution
version du logiciel *f*	Softwarestand *m*	software version; software status
vert, abr.: GN = IEC 757	grün, Abk.: GN	green, abbr.: GN
vert bleu, abr.: GNBU = IEC 757	grün blau, Abk.: GNBU	green blue, abbr.: GNBU
vert noir, abr.: BKGN = IEC 757	grün schwarz, Abk.: BKGN	black green, abbr.: BKGN
vert rouge, abr.: RDGN = IEC 757	grün rot, Abk.: RDGN	red green, abbr.: RDGN
via	über	via; over; by means of
vibreur *m*	Schnarre *f*	buzzer (*ac*)
vidéo-mixeur *m*	Bildmischer *m*	video mixer
vidéophone *m*	Bildfernsprecher *m*; Bildtelefon *n*; Videophon *n*; Videotelefon *n*	videophone; video telephone; display telephone; picture phone
vidéo-signal couleur *m*	Farbvideosignal *n*	color TV images
vidéo-téléphonie à images fixes *f*	Festbildtelefonie *f*	fixed-image videotelephony
vidéotext *m*	Bildschirmtext *m*, Abk.: Btx	interactive videotex, abbr.: Btx; videotex, abbr.: VDX
vider	leeren	empty; drain
vieillissement *m*	Alterung *f*	aging; degradation (*Brit*)
violet, abr.: VT = IEC 757	violett, Abk.: VT	violet, abbr.: VT
vis *f*	Schraube *f*	screw
visa *m*	Sichtvermerk *m*	endorsement

vis à syntoniser *f*	Abgleichschraube *f*	tuning screw; trimming screw
vis à tête 6 pans *f*	Sechskantschraube *f*	hexagonal screw
vis à tête conique *f*	Senkschraube *f*	countersunk screw
vis à tête cylindrique *f*	Zylinderschraube *f*	cheesehead screw
vis de réglage *f*	Stellschraube *f*	adjusting screw; setscrew
vis hexagonale *f*	Sechskantschraube *f*	hexagonal screw
visible	sichtbar	visible
visiophone *m*	Bildfernsprecher *m*; Bildtelefon *n*; Videophon *n*; Videotelefon *n*	videophone; video telephone; display telephone; picture phone
visiophonie *f*	Fernsehtelefonie *f*; Bildtelefonie *f*	video telephony
visiotéléphone *m*	Bildfernsprecher *m*; Bildtelefon *n*; Videophon *n*; Videotelefon *n*	videophone; video telephone; display telephone; picture phone
vis noyée *f*	Senkschraube *f*	countersunk screw
visualisation de la classe de service *f*	Amtsberechtigungsanzeige *f*	COS display
visualisation de la densité de trafic *f*	Verkehrswertanzeige *f*	traffic intensity indication
visualisation de la taxation *f*	Gebührenanzeige *f*	call charge display; tax indication; advice of charge, abbr.: AOC
visualisation doublée *f*	Zweitanzeige *f*	second display
visualisation du nom *f*	Namensanzeige *f*	caller identification; name display; calling party indication
vite	schnell	fast; rapid; quick
vitesse de fonctionnement *f*	Arbeitsgeschwindigkeit *f*	switching speed; working speed
vitesse de frappe *f*	Zeichengeschwindigkeit *f*	character rate
vitesse de modulation *f*	Schrittgeschwindigkeit *f*	modulation rate
vitesse de phase *f*	Phasengeschwindigkeit *f*	phase velocity; speed of phase
vitesse de propagation *f*	Fortpflanzungsgeschwindigkeit *f*	speed of propagation
vitesse de propagation de groupe *f*	Gruppengeschwindigkeit *f*	envelope velocity; group velocity
vitesse de réponse *f*	Ansprechgeschwindigkeit *f*	response rate
vitesse de télégraphie *f*	Telegrafiergeschwindigkeit *f*	telegraph speed
vitesse de transmission *f*	Übertragungsgeschwindigkeit *f*; Übertragungsrate *f*	transmission speed; transmission rate
voie *f*	Kanal *m*	channel
voie à fort trafic *f*	Querweg *m*; Direktweg *m*	high-usage route; direct route
voie conductrice *f*	Leiterbahn *f*	conductor track; conducting path
voie d'acheminement *f*	Leitweg *m*	route (*transmission*)
voie de communication *f*	Sprechweg *m*; Verbindungsweg *m*; Übertragungsweg *m*	speech path; connecting path; transmission path; transmission route
voie de conversation *f*	Sprechweg *m*; Verbindungsweg *m*; Übertragungsweg *m*	speech path; connecting path; transmission path; transmission route
voie de liaison *f*	Verbindungsweg *m*; Übertragungsweg *m*; Sprechweg *m*	connecting path; transmission path; transmission route; speech path
voie détournée *f*	Umweg *m*	alternate route
voie de transmission *f*	Übertragungsweg *m*; Verbindungsweg *m*; Sprechweg *m*	transmission route; speech path; connecting path; transmission path
voie de transmission numérique *f*	digitaler Übertragungskanal *m*	digital channel; digital transmission channel
voie d'informations *f*	Nachrichtenpfad *m*	information path; communication path
voie numérique *f*	digitaler Übertragungskanal *m*	digital channel; digital transmission channel
voie temporelle *f*, abr.: VT	Zeitmultiplexkanal *m*; Zeitkanal *m*; Zeitmultiplexweg *m*; Zeitschlitz *m*; Zeitlage *f*, Abk.: ZL	time-division multiplex channel; time slot; time-division multiplex path
voix *f*	Sprache *f*	speech; voice; language
voix à demi-synthétisée *f*	halbsynthetische Stimme *f*	semi-synthesized voice
voix artificielle *f*	künstlicher Mund *m*	artificial mouth
voix synthétique *f*	synthetische Stimme *f*	synthesized voice (fully ~)
volant *m*	Schwungrad *n*	momentum wheel; flywheel
voltmètre *m*	Spannungsmeßgerät *n*	voltmeter
voltmètre de pointe *m*	Spitzenspannungsmessgerät *n*	peak voltmeter
volume *m* (*niveau*)	Volumen *n* (*Pegel*); Lautstärke *f*	volume (*level*)

volume *m* (*capacité*)	Gehalt *m* (*Rauminhalt*); Volumen *n* (*Rauminhalt*); Inhalt *m* (*Rauminhalt*)	content (*volume*); volume (*capacity*)
volume de trafic *m*	Verkehrsmenge *f*; Verkehrsaufkommen *n*	traffic volume
voyage d'affaires *m*	Dienstreise *f*	business trip
voyant d'appel *m*	Anruflampe *f*	calling lamp
voyant d'appel en attente *m*	Drängellampe *f*	reminder lamp; hurry-up lamp; urgent lamp
voyant de conférence *m*	Konferenzlampe *f*	conference lamp
voyant de contrôle *m*	Kontrollampe *f*	pilot lamp
voyant de mise en garde *m*	Haltelampe *f*	holding lamp
voyant d'occupation de faisceau *m*	Bündellampe *f*	bundle lamp
VT (abr.) = violet = IEC 757	VT, Abk.: violett	VT, abbr.: violet
VT (abr.) = voie temporelle	ZL, Abk.: Zeitlage *f*; Zeitmultiplexkanal *m*; Zeitkanal *m*; Zeitmultiplexweg *m*; Zeitschlitz *m*;	time-division multiplex channel; time slot; time-division multiplex path
vue de dessus *f*	Draufsicht *f*	top view
vue de face *f*	Vorderansicht *f*	front view
vue d'ensemble *f*	Ansicht *f*	view
vue éclatée *f*	Perspektivdarstellung *f*	perspective view

W

walkie-talkie *m*	Handsprechfunkgerät *n*	walkie-talkie (*Am*)
WAN (abr.) = réseau des communications à longue distance	WAN, Abk.	WAN, abbr.: Wide Area Network
wattmètre *m*	Leistungsmesser *m*	power meter
WH (abr.) = white (blanc) = IEC 757	WH, Abk.: weiß	WH, abbr.: white
WHPK (abr.) = white pink (blanc rose) = IEC 757	WHPK, Abk.: weiß rosa	WHPK, abbr.: white pink
workstation *f*	Arbeitsplatz *m*	workstation
wrapper	wrappen; crimpen	wrap; crimp

X

XENIX (abr.) = système d'exploitation de Microsoft Inc.

XENIX, Abk.: Betriebssystem von Microsoft Inc. *n*

XENIX, abbr.: mini- and micro-computer operating system similar to UNIX

Y

YE (abr.) = yellow (jaune) = IEC 757
YE, Abk.: gelb
YE, abbr.: yellow

YEBU (abr.) = yellow blue (jaune bleu) = IEC 757
YEBU, Abk.: gelb blau
YEBU, abbr.: yellow blue

YEGY (abr.) = yellow grey (jaune gris) = IEC 757
YEGY, Abk.: gelb grau
YEGY, abbr.: yellow grey

YEPK (abr.) = yellow pink (jaune rose) = IEC 757
YEPK, Abk.: gelb rosa
YEPK, abbr.: yellow pink

YEWH (abr.) = yellow white (blanc jaune) = IEC 757
YEWH, Abk.: weiß gelb
YEWH, abbr.: yellow white

Z

Ze (abr.) = impédance côté réseau analogique	Widerstand analoge Amtsseite *m*	analog exchange-side impedance
zéro *m*	Null *f*	zero
Zi (abr.) = impédance côté abonné analogique	Widerstand analoge Teilnehmerseite *m*	analog subscriber-side impedance
zonage *m*	verzonen	zoning
zone *f*	Zone *f*	area; zone; region
zone d'affichage *f*	Anzeigeteil *m*; Anzeigefeld *n* (*Telefon*), Abk.: AZF	display section; display area (*telephone*); display panel; display field
zone de couverture *f*	Abdeckungsbereich *m*; Flächendeckung *f*	coverage area
zone de destination *f*	Zielbereich *m*	destination area
zone de destination difficilement accessible *f*	schwer erreichbarer Zielbereich *m*	hard-to-reach code
zone de numéro d'abonné *f*	Rufnummernfeld *n*	call number field
zone de programme *f*	Programmfeld *n*	program field; program panel
zone de recouvrement *f*	Abdeckungsbereich *m*; Flächendeckung *f*	coverage area
zone de taxation *f*	Gebührenzone *f*; Tarifstufe *f*	meter pulse rate; tariff zone; metering zone; chargeband; tariff stage; rate district
zone interurbaine *f*	Fernverkehrszone *f*	telephone trunk zone
zone locale *f*	Ortsbereich *m*; Ortszone *f*; Nahbereichszone *f*	local area; local zone
zone téléphonique interurbaine *f*	Fernzone *f*	long-distance zone
zone urbaine *f*	Ortsbereich *m*; Ortszone *f*; Nahbereichszone *f*	local area; local zone
ZREF (abr.) = impédance caractéristique de ligne	Leitungskennwiderstand *m*	chacteristic line impedance